도면해독과 도면작성 능력 향상을 위한 2D & 3D CAD 트레이닝 실기실무 활용서

전산응용기계제도 실기
2D도면 작업 & 3D형상 모델링 훈련도집

메카피아 교육사업부 저

M 메카피아

머리말

현재 대한민국은 능력중심사회를 위한 요건조성을 위해 국가직무능력표준(NCS)을 국정과제로 선정하여 산업현장에서 직무를 수행하기 위하여 요구되는 지식, 기술, 소양 등의 내용을 각 산업부문과 수준별로 도출해 표준화하여 각 교육기관에 적용하고 도입하고 있으며, 현재 일선 교육기관에서는 학습자의 역량 향상을 위해 NCS를 기반으로 하여 기존의 교육과정을 표준화하는데 노력하고 있는 실정입니다.

본서는 기계제도 기초에서부터 2D도면 작업과 3D형상 모델링 작업 등에 이르기까지 세부적인 내용을 기술하고 있으며 또한 국가기술자격시험까지 준비할 수 있도록 다양한 예제 도면을 체계적으로 수록하여 학습자가 2D도면 작성 능력 및 3D형상 모델링 능력 향상을 위한 이론 및 실기 교재로 사용하기에 충분하도록 국가직무능력표준 학습 모듈을 기반으로 개발된 교재입니다.

학습자는 가장 기초가 되는 기계제도법 관련 지식과 요소공차의 검토, 부품재질선정 등을 심도있게 학습할 수 있도록 구성하였으며 CAD를 이용한 2D도면 작업과 3D형상 모델링 작업의 학습시 기초부터 실무 예제에 이르기까지 충분한 도면작성과 모델링 실습을 할 수 있도록 구성하는데 중점을 두었으며 각 단계별로 계획을 세워 체계적으로 학습하면 2D도면 작성 능력뿐만 아니라 3D형상 모델링 기법에 대한 많은 노하우를 익힐 수 있을 것으로 기대합니다.

현재 전산응용기계제도기능사, 기계설계산업기사 실기 시험 등은 시험 요구사항에 준하여 2D 과제 도면을 해독하여 3D CAD를 사용해 부품 모델링을 해야하고 모델링 데이터를 이용해 작업한 2D 부품도와 3D 렌더링 등각 투상도를 작성해 제출해야 합니다. 따라서 시험에 응시할 때 CAD 활용 능력뿐만 아니라 KS규격에 의한 기계제도법과 도면 해독법을 익혀야 원하는 결과를 얻을 수 있을 것입니다.

NCS 기계계열의 세분류 '기계요소설계'에 대한 교육을 하는 교육자 및 훈련을 하는 학습자가 본 교재를 활용한다면 기초 도형 작도를 시작으로 초급, 중급, 심화 과정으로 구성된 각 장의 예제를 통해 학습자의 공간지각능력과 CAD 활용능력을 향상시킬 수 있으며, 국가기술자격 실기 시험을 준비하는 수험생들이 본 교재를 활용한다면 시험 준비에 필요한 엄선된 과제도면과 기계요소 기술에 대한 표현을 중점적으로 한 기능검정 실기 도면 예제를 통해 기계제도법과 도면 해독법을 익히고 기본기를 다지는데 많은 도움이 될 것입니다.

또한 본서는 수험생들에게 필요한 엄선된 과제도면과 기계요소 기술에 대한 표현을 중점적으로 한 2D 부품도 예제도면, 3D 렌더링 등각 투상도 예제도면을 수록하였으며 이해를 돕기 위해 3D 등각 분해도 및 조립도 예제도면까지 함께 구성되어 있습니다. 수험생들은 실습할 때 각 예제도면을 참고하여 학습하시면 기계설계 실기·실무 능력을 배양하여 국가 사회에서 필요한 전문인력이 되는 초석이 될 수 있을 것입니다.

기계설계 분야를 학습하는 이들에게 올바른 기술지식을 전달하겠다는 취지로 시작한 집필 작업은 앞으로 다양한 콘텐츠가 계획되어 있습니다. 지속적으로 독자 여러분의 많은 성원과 아낌없는 충고를 부탁드리며, 본서를 보며 발생하는 궁금증들은 아래 이메일을 통해 질의하시면 최선을 다해 정성껏 답변 드리겠습니다.

끝으로 본 교재의 출판을 위해 애써주신 출판 관계자 분들과 일선 교육기관에서 후진 양성을 위해 애쓰시는 모든 선생님들께 깊은 감사를 드리는 바입니다.

2023년 05월 저자 일동

국가직무능력표준(NCS)과 본서의 학습모듈 및 능력단위 적용 범위 안내

국가직무능력표준(NCS, National Competency Standards)이란 산업현장에서 직무를 수행하기 위해 요구되는 지식, 기술, 소양 등의 내용을 국가가 산업부문별, 수준별로 체계화한 것으로 산업현장의 직무를 성공적으로 수행하기 위해 필요한 능력(지식, 기술, 태도)을 국가적 차원에서 표준화한 것을 의미합니다.

국가직무능력표준은 교육훈련기관의 교육훈련과정, 직업능력개발 훈련기준 및 교재 개발 등에 활용되어 산업 수요 맞춤형 인력양성에 기여합니다. 또한, 근로자를 대상으로 경력개발경로 개발, 직무기술서, 채용, 배치, 승진 체크리스트, 자가진단도구로 활용 가능합니다.

NCS의 분류체계는 직무의 유형(Type)을 중심으로 국가직무능력표준의 단계적 구성을 나타내는 것으로, 국가직무능력표준 개발의 전체적인 로드맵을 제시합니다.

한국고용직업분류(KECO: Korean Employment Classification of Occupations)를 중심으로, 한국표준직업분류, 한국표준 산업분류 등을 참고하여 분류하였으며 '대분류(24) → 중분류(81) → 소분류(271) → 세분류 (1,083개)'의 순으로 구성되어 있습니다. 이 중에서 기계 분야는 중분류(11) → 소분류(33) → 세분류(132)로 개발되어 있습니다.

국가직무능력표준(NCS, National Competency Standards)이 현장의 '직무 요구서'라고 한다면, NCS 학습모듈은 NCS의 능력단위를 교육훈련에서 학습할 수 있도록 구성한 '교수·학습 자료'입니다.

NCS 학습모듈은 구체적 직무를 학습할 수 있도록 이론 및 실습과 관련된 내용을 상세하게 제시하고 있습니다.

- NCS 학습모듈은 산업계에서 요구하는 직무능력을 교육훈련 현장에 활용할 수 있도록 성취목표와 학습의 방향을 명확히 제시하는 가이드라인의 역할을 합니다.
- NCS 학습모듈은 특성화고, 마이스터고, 전문대학, 4년제 대학교의 교육기관 및 훈련기관, 직장교육기관 등에서 표준교재로 활용할 수 있으며 교육과정 개편 시에도 유용하게 참고할 수 있습니다.

NCS 학습모듈은 NCS 능력단위 1개당 1개의 학습모듈 개발을 원칙으로 합니다. 그러나 필요에 따라 고용단위 및 교과단위를 고려하여 능력단위 몇 개를 묶어서 1개의 학습모듈로 개발할 수 있으며, 또 NCS 능력단위 1개를 여러 개의 학습모듈로 나누어 개발할 수도 있습니다.

〈본서의 NCS 능력단위별 활용 범위〉

대분류 : 15 (기계)
중분류 : 01 (기계설계)
소분류 : 02 (기계설계)
세분류 : 01 (기계요소설계)
능력단위 : 요소공차 검토, 요소부품 재질선정, 2D도면 작업, 3D형상 모델링 작업, 3D형상 모델링 검토, 도면분석

이 책의 구성과 특징

무료 동영상 강의 제공

출제 빈도가 높고 반드시 도면 작업을 해 봐야 하는 필수 기계요소 부품이 적용된 과제 도면을 엄선하여 동영상 강의를 제작해서 무료로 지원하고 있습니다.
수험생들이 값비싼 온라인 동영상 강의를 유료 구매하지 않고도 본 교재만으로 학습할 수 있도록 구성하였습니다.

▶ [메카피아] NAVER TV [#메카피아]

본서에 수록된 출제 빈도가 높은 과제도면 무료 인벤터 2019 동영상 강의 지원

〈PART 5〉

과제도면 2. 동력전달장치-2

과제도면 5. 기어박스-2

과제도면 12. 편심왕복장치

과제도면 23. 드릴지그-1

과제도면 24. 드릴지그-2

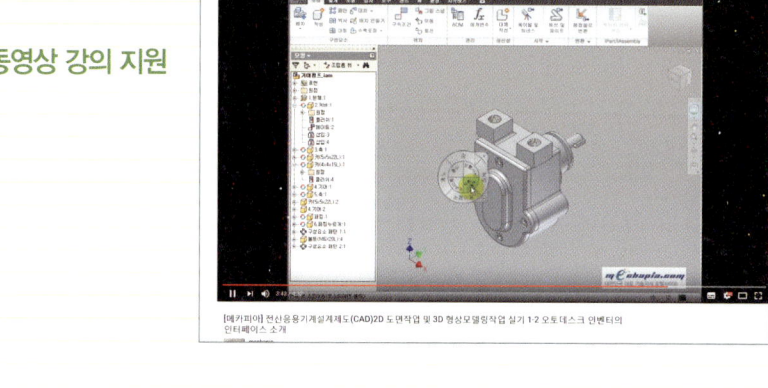

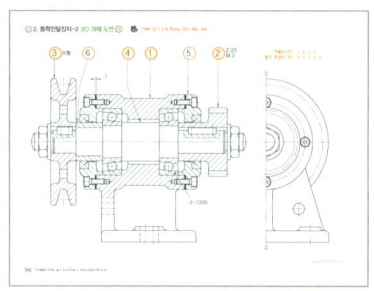 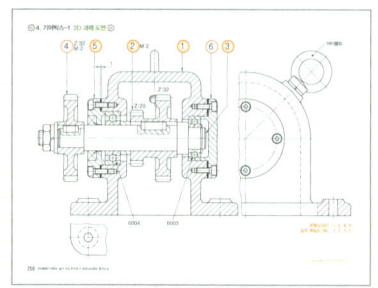 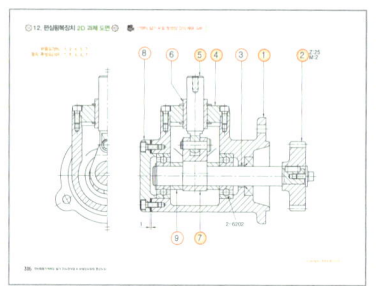

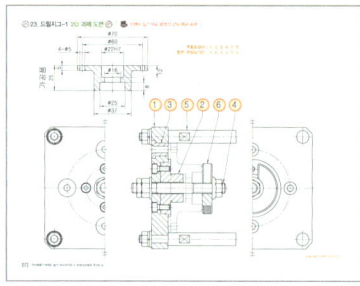 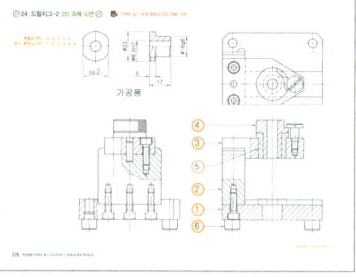

1. **도면작업 필수 핵심내용 지원** : 도면의 검도 요령, 부품의 올바른 기계 재료 선정 및 열처리 지시 사항과 끼워맞춤의 핵심적인 개념에 대해 상세히 기술하였습니다.

2. **출제빈도가 높은 작업형 실기 과제도면 수록** : 국가기술자격증 중에 CAD를 이용한 작업형 실기 시험에 자주 출제되는 과제 도면을 엄선하여 수록하였으며, 최신 출제기준과 KS규격에 의한 모범적인 2D&3D 답안을 예시로 구성하였습니다.

3. **현장실무 도면 수록** : 설계 현장에서 사용하는 도면을 수록하여 자격시험 이외에 실무 설계도면을 가지고 학습할 수 있도록 구성하였습니다. 국가기술자격 시험의 과제 도면은 실무 설계와는 많은 차이가 있으므로 실무 현장도면을 해독하여 도면을 작성해 보면 많은 도움이 될 것입니다.

출제빈도가 높은 과제 도면 활용하기

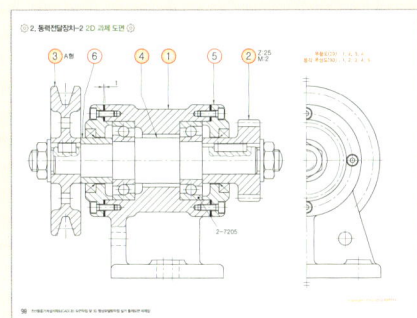

◀ 2D 과제 도면

시험에 자주 출제되는 유형별 과제 도면 수록, 반드시 작도해 보아야 하는 핵심 2D 조립 도면 구성, 도면 해독 능력 향상을 위해 부품별 채색은 지양

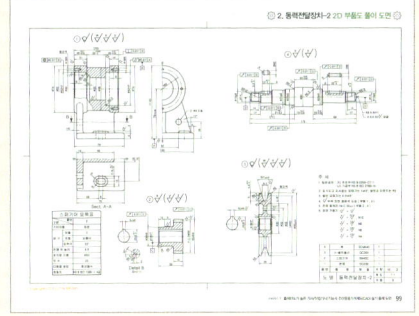

◀ 2D 부품도 풀이 도면

KS 규격에 의한 다양한 투상 기법과 올바른 치수기입, 끼워맞춤, 표면거칠기, 기하공차 적용 등에 대해 모범 예시 답안을 수록

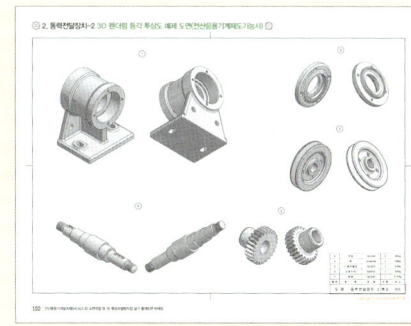

◀ 3D 렌더링 등각 투상도 예제 도면

기능사〈산업기사〈기사 작업형 실기 요구 사항에 맞추어 작업

파라메트릭 솔리드 모델링, 등각축 선정, 부품의 형상 표현 음영, 렌더링 처리 및 부품 비중 기입 예시

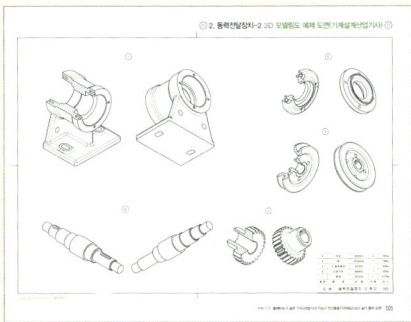

◀ 3D 모델링 예제 도면

기능사〈산업기사〈기사 작업형 실기 요구 사항에 맞추어 작업

파라메트릭 솔리드 모델링, 등각축 선정, 부품의 형상 표현 음영, 렌더링 처리 및 부품 비중 기입 예시

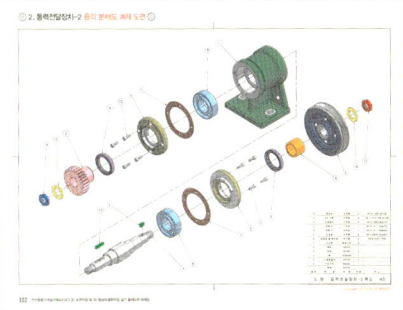

◀ 등각 분해도 예제 도면

각 부품별로 조립되는 방향과 위치를 체계적으로 표현하여 각 부품들과 표준품들 간의 조립 관계를 이해하기 쉽도록 표현

◀ 등각 조립도 예제 도면

과제 도면의 전체 형상을 3D 등각 조립도로 표현하여 주어진 조립도의 구조를 이해하기 쉽도록 표현

CONTENTS 이 책을 보는 순서

PART 01

도면작업 기본 숙지사항

1. 도면검도 요령과 투상도 배치 — 010
2. 동력전달장치류의 부품명과 기계재료 열처리 예시 — 013
3. 지그와 고정구류의 부품명과 기계재료 열처리 예시 — 016
4. 공유압기기류의 부품명과 기계재료 열처리 예시 — 018
5. 열처리 기술자료 — 020
6. 끼워맞춤 공차 적용 — 031
7. 주석문의 예와 해석 및 도면의 검도 요령 — 038

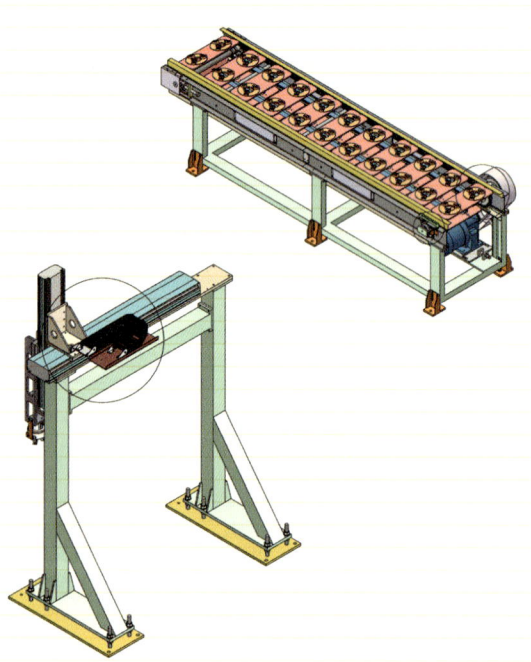

PART 02

2D도면 작성 및 3D형상 모델링 기초 실습도면

1. 벨트 타이트너 — 052
2. 잭 스크류 — 056
3. 축박스 — 060
4. 핸드 레일 컬럼 — 064
5. 나사식 클램프 — 068
6. 플랜지형 커플링 — 072
7. 핸드 슬라이드 장치 — 076
8. 필로우 블록 — 080
9. 동력구동장치 — 084
10. CLAW 클러치 — 088

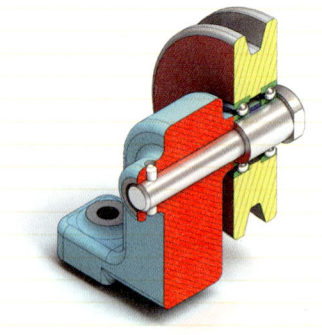

PART 03

스머징에 의한 도면해독 및 작도 실습

1. 동력전달장치-1 — 094
2. 동력전달장치-2 — 100
3. 동력전달장치-3 — 106
4. 동력전달장치-4 — 112
5. 동력전달장치-5 — 118
6. 동력전달장치-6 — 124
7. 동력전달장치-7 — 130
8. 동력전달장치-8 — 136
9. 동력전달장치-9 — 142
10. 드릴지그-1 — 148
11. 드릴지그-2 — 154
12. 드릴지그-3 — 160
13. 드릴지그-4 — 166
14. 드릴지그-5 — 172
15. 드릴지그-6 — 178
16. 드릴지그-7 — 184
17. 리밍지그 — 190
18. 바이스 클램프 — 196
19. 밀링지그 — 202

PART 04

기계설계 현장실무 2D도면 작업 및 3D형상 모델링작업 실습

1. 체인 장력조절장치 — 210
2. 기어회전 감지장치 — 214
3. 베어링 홀더 — 218
4. 공압 실린더 슬라이더 장치 — 222
5. 공압 가이드 실린더 — 226
6. 기어 롤링 장치 — 230
7. 벨트 텐션 조절장치 — 234

PART 05

▶ YouTube 인벤터 실기 무료 동영상 강의 지원

출제빈도가 높은 기사/산업기사/기능사 전산응용 기계제도(CAD) 실기 출제 도면

1. 동력전달장치-1 — 240
2. 동력전달장치-2 ▶ — 246
3. 동력전달장치-3 — 252
4. 기어박스-1 — 258
5. 기어박스-2 ▶ — 264
6. 기어박스-3 — 270
7. 기어박스-4 — 276
8. V-벨트 전동장치 — 282
9. 축 받침 장치 — 288
10. 평 벨트 전동장치 — 294
11. 피벗 베어링 하우징 — 300
12. 편심왕복장치 ▶ — 306
13. 래크와 피니언 구동장치 — 312
14. 아이들러 — 318
15. 스퍼기어 감속기 — 324
16. 증 감속장치 — 330
17. 기어펌프-1 — 336
18. 기어펌프-2 — 342
19. 기어펌프-3 — 348
20. 오일기어펌프 — 354
21. 바이스-1 — 360
22. 바이스-2 — 366
23. 드릴지그-1 ▶ — 372
24. 드릴지그-2 ▶ — 378
25. 드릴지그-3 — 384
26. 드릴지그-4 — 390
27. 드릴지그-5 — 396
28. 드릴지그-6 — 402
29. 드릴지그-7 — 408
30. 드릴지그-8 — 414
31. 드릴지그-9 — 420
32. 드릴지그-10 — 426
33. 리밍지그-1 — 432
34. 리밍지그-2 — 438
35. 리밍지그-3 — 444
36. 클램프-1 — 450
37. 클램프-2 — 456
38. 에어척-1 — 462
39. 에어척-2 — 468
40. 에어척-3 — 474

이 장에서는 CAD를 활용한 도면의 작업 후 필요한 도면의 배치 및 기본적인 검도사항에 대해 나열하고 각 부품별 기능에 알맞은 부품의 명칭과 재료기호 선택, 열처리 선택에 대한 개념과 더불어 표준적인 끼워맞춤의 핵심적인 내용을 정리하여 일목요연하게 구성하였다.
특히 기능사, 산업기사, 기계기사 등의 실기 과제도면에서 자주 사용하는 부품별 기계재료의 선택과 열처리법에 대해 보다 현장실무에 가깝게 범례를 들고 있다.

PART 01

도면작업 기본 숙지사항

1 도면검도 요령과 투상도 배치
2 동력전달장치류의 부품명과 기계재료 열처리 예시
3 지그와 고정구류의 부품명과 기계재료 열처리 예시
4 공유압기기류의 부품명과 기계재료 열처리 예시
5 열처리 기술자료
6 끼워맞춤 공차 적용

SECTION 01 도면 검도 요령과 투상도 배치(기능사/산업기사/기사 공통)

주어진 조립도를 측정하고 해독하여 부품도면 작성을 완료하였다면 이제 마지막으로 요구사항에 맞게 제대로 작도하였는지 검도를 하는 과정이 필요하다. 대부분 주어진 시간 내에 도면을 완성하고 여유있게 검도하는 충분한 시간적 여유를 갖지 못하는 경우가 있을 것이다. 시간이 촉박하다고 당황하지 말고 절대로 미완성상태의 도면을 제출하는 것보다 약간의 시간을 할애해서 최종적으로 검도를 실시하고 제출하는 것이 좋다. 보통 2D 도면 작성에서 실수하거나 오류를 범하는 사례가 많아 감점의 대상이 되므로 반드시 자신이 작성한 도면을 검도하는 습관을 갖는 것이 좋은데 검도는 아래와 같은 요령으로 실시한다면 시험에서나 실무에서도 도움이 될 것이다.

01 도면 작성에 관한 검도 항목

① 도면 양식은 **KS규격**에 준했는가? (A4, A3, A2, A1, A0)
② 부품도는 도면을 보고 이해하기 쉽게 나타내었는가?
③ 정면도, 평면도, 측면도 등 **3각법**에 의한 정투상으로 적절히 배치했는가?
④ 부품이나 제품의 형상에 따라 **보조투상도**나 **특수투상도**의 사용은 적절한가?
⑤ 단면도에서 **단면의 표시**는 적절하게 나타냈는가?
⑥ **선의 용도에 따른 종류**와 **굵기**는 적절하게 했는가? (CAD 지정 LAYER 구분)

02 치수기입 검도 항목

① **누락**된 **치수**나 **중복**된 **치수**, **계산을 해야 하는 치수**는 없는가?
② 기계가공에 따른 **기준면 치수 기입**을 했는가?
③ **치수보조선**, **치수선**, **지시선**, **문자**는 적절하게 도시했는가?
④ 소재 선정이 용이하도록 **전체길이**, **전체높이**, **전체 폭**에 관한 **치수누락**은 없는가?
⑤ **연관 치수**는 해독이 쉽도록 **한곳에 모아 쉽게 기입**했는가?

03 공차 기입 검도 항목

① 상대 부품과의 **조립** 및 **작동 기능**에 필요한 **공차**의 기입을 적절히 했는가?
② 기능상에 필요한 **치수공차**와 **끼워맞춤 공차**의 적용을 올바르게 했는가?
③ 서로 연관이 있는 부품과 부품이 상호 결합되는 조건에 따른 **끼워맞춤** 기호와 **표면거칠기** 기호의 선택은 올바른가?
④ 키, 베어링, 오링, 오일실, 스냅링 등 기계요소 부품들의 공차적용은 **KS규격**을 찾아 올바르게 적용했는가?
⑤ 동일 축선에 베어링이 2개 이상인 경우 동심도 기하공차를 기입하였는가?

04 요목표, 표제란, 부품란, 일반 주서 기입 내용 검도 항목

① 기어나 스프링 등 기계요소 부품들의 **요목표** 및 **내용**의 **누락**은 없는가?
② **표제란**과 **부품란**에 기입하는 **내용**의 누락은 없는가?
③ 구매부품의 경우 정확한 모델사양과 메이커, 수량 표기 등은 조립도와 비교해 올바른가? (실무에 해당)
④ 가공이나 조립 및 제작에 필요한 **주서** 기입 내용이나 열처리 등의 **지시사항**은 적절하고 누락된 것은 없는가?

05 제품 및 부품 설계에 관한 검도 항목

① 부품 구조의 **상호 조립 관계**, **작동**, **간섭여부**, **기능**은 이상없는가?
② 적절한 **재료** 및 **열처리 선정**으로 기능에 이상이 없고 열처리 지정시 열처리가 가능한 재료를 선정했는가?
③ 각 부품의 가공과 기능에 알맞는 **표면거칠기**를 지정했는가?
④ 제품 및 부품에 공차 적용시 **올바른 공차** 적용을 했는가?
⑤ 각 **재질별 열처리 방법의 선택**과 **기호 표시**가 적절한가?
⑥ **표면처리**(도금, 도장 등)는 적절하고 타 부품들과 조화를 이루는가?
⑦ 부품의 **가공성**이 좋고 일반적인 기계 가공에 무리는 없는가?

06 도면의 외관

① 주어진 과제도면 양식에 알맞게 **선의 종류**와 **색상** 및 **문자크기** 등을 설정했는가?

(오토캐드 레이어의 외형선, 숨은선, 중심선, 가상선, TEXT 크기, 화살표 크기 등)

② 표준 **3각법**에 따라 투상을 하고 도면안에 투상도는 **균형있게 배치**하였는가?

③ 도면의 크기는 **표준 도면양식**에 따라 올바르게 그렸는가?

(A2:594 × 420, A3:420 × 297)

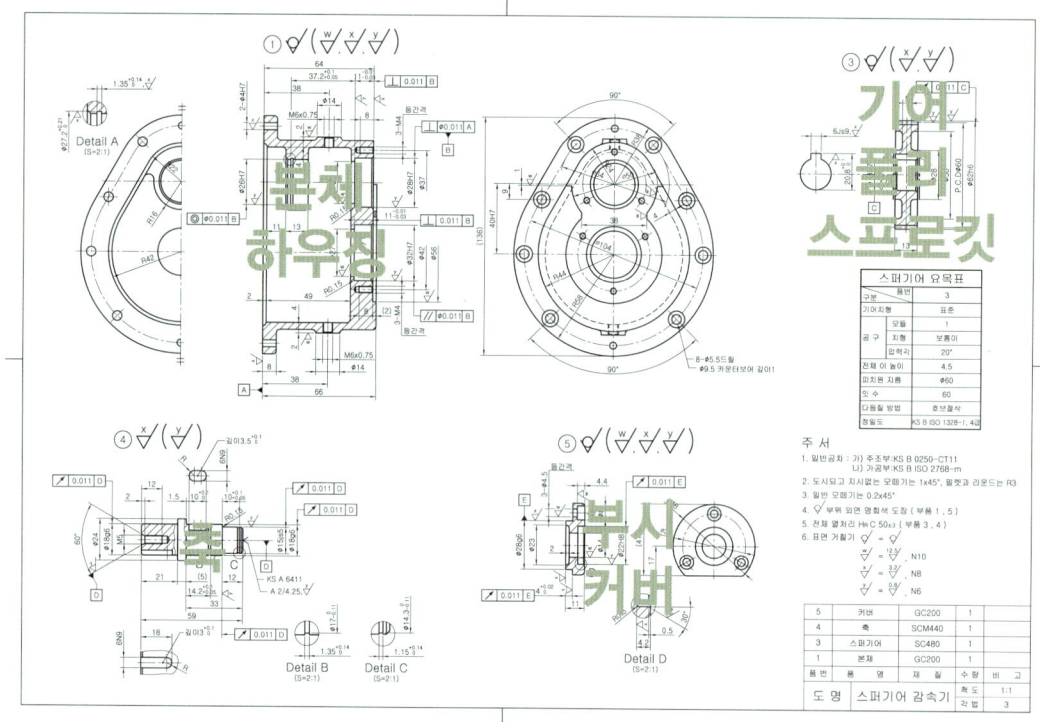

[투상도의 배치]

일반적으로 ①번으로 지시되는 부품은 본체나 베드, 하우징, 몸체, 브라켓 등으로 조립도 상에서 가장 큰 부품이나 복잡한 형상의 주물품 또는 용접구조물, 제관물이나 지그 플레이트, 프레임 등의 경우처럼 큰 기계 가공품으로 주어지는 것이 일반적이다.

자격시험에서도 부품도 작성 후 배치시에 가장 큰 부품을 도면 양식에서 좌측 상단부에 배치하는 게 도면을 보기에도 좋고 치수기입도 용이한 편이다.(1도면에 여러 장의 부품도를 작성하는 경우)

[참고] KS A 3007 : 1998(2003 확인) 제도용어 중

① **1품 1엽 도면** : 1개의 부품 또는 조립품을 1매의 제도 용지에 그림 도면

② **1품 다엽 도면** : 1개의 부품 또는 조립품을 2매 이상의 제도 용지에 그림 도면

③ **다품 1엽 도면** : 몇 개의 부품, 조립품 등을 1매의 제도 용지에 그린 도면

SECTION 02 동력전달장치류의 부품명과 기계재료 열처리 예시

부품의 명칭	재료의 기호	재료의 종류	주요 특징	열처리 및 도금, 도장 예
본체 또는 몸체 (Base or Body)	GC200	회주철(보통 주철) 인장강도 200 N/mm²	• 주조성(용탕 유동성) 양호, 절삭성 우수 • 복잡한 형상의 주물 적합 • 동력전달장치 본체나 하우징 • 공작기계 베드, 내연기관 실린더, 피스톤 등 • 펄라이트+페라이트+흑연	외면 명청, 명적색 도장
	GC250 GC300	회주철(보통 주철) 인장강도 250 N/mm² 인장강도 300 N/mm²		
	SC480	주강 인장강도 480 N/mm²	• 일반 구조용, 용접 가능, 기계적 성질 우수 • 강도를 필요로 하는 대형 부품, 대형 기어	$H_RC50±2$ 외면 명회색 도장
축 (Shaft)	SM45C	기계구조용 탄소강재	• 탄소 함유량 0.42~0.48% • 인장강도 686 N/mm² 이상	인산염 피막, 고주파 열처리 표면경도 H_RC50~
	SM15CK	기계구조용 탄소강재	• 탄소 함유량 0.13~0.18%(침탄 열처리) • 인장강도 490 N/mm² 이상	SM9CK, SM15CK, SM20CK 침탄용으로 사용
	SCM415 SCM435 SCM440	크롬 몰리브덴강	• 기계 구조용 합금강 • SCM415~SCM822의 10종	사삼산화철 피막 무전해 니켈 도금 전체열처리 $H_RC50±2$ H_RC35~40 (SCM435) H_RC30~35 (SCM435)
커버 (Cover)	GC200	회주철(보통 주철) 인장강도 200 N/mm²	• 본체 및 하우징과 동일한 재질 사용시	외면 명청, 명적색 도장
	GC250	회주철(보통 주철) 인장강도 250 N/mm²	• 본체 및 하우징과 동일한 재질 사용시	
	SC480	주강 인장강도 480 N/N/mm²	• 본체 및 하우징과 동일한 재질 사용시	외면 명청, 명적색 도장
V-벨트 풀리 (V-Belt Pulley)	GC250 GC300	회주철(보통 주철) 인장강도 200 N/N/mm² 인장강도 250 N/N/mm²	• 고무벨트를 사용하는 주철제 V-벨트 풀리	외면 명청, 명적색 도장

부품의 명칭	재료의 기호	재료의 종류	주요 특징	열처리 및 도금, 도장 예
스프로킷 (Sprocket)	SCM440	크롬 몰리브덴강	• 용접형은 허브부 일반구조용 압연강재 • 치형부 기계구조용 탄소강재	치면 열처리 $H_RC50\pm2$ 사삼산화철 피막, 인산염 피막
	SCM45C	기계구조용 탄소강		
스퍼 기어 (Spur Gear)	SNC415	니켈 크롬강	• 표면 담금질용, 기계구조용 합금강	기어치부 열처리 $H_RC50\pm2$ 전체열처리 $H_RC50\pm2$
	SCM435	크롬 몰리브덴강	• 기계구조용 합금강	
	SC480	주강	• 대형 기어 제작, 용접 가능, 기계적 성질 우수	
	SM45C	기계구조용 탄소강	• 압력각 20°, 모듈 0.5~3.0	사삼산화철 피막 기어치부 고주파 열처리 $H_RC50\sim55$
래크 (Rack)	SNC415 SCM435	니켈 크롬강 크롬 몰리브덴강	• 기계구조용 합금강	전체열처리 $H_RC50\pm2$
피니언 (Pinion)	SNC415	니켈 크롬강	• 표면 담금질용, 기계구조용 합금강	전체열처리 $H_RC50\pm2$
웜 샤프트 (Worm Shaft)	SCM435	크롬 몰리브덴강	• 기계구조용 합금강	전체열처리 $H_RC50\pm2$
래칫 (Ratch)	SM15CK	기계구조용 탄소강	• 탄소 함유량 0.13~0.18% • 인장강도 490 N/mm² 이상	침탄열처리
로프 풀리 (Rope Pulley)	SC480	주강	• 기계적 성질 우수	쇼트피닝
링크 (Link)	SM45C	기계구조용 탄소강		사삼산화철 피막, 무전해 니켈도금
칼라 (Collar)	SM45C	기계구조용 탄소강	• 베어링 간격유지용 스페이서 링	인산염 피막, 사삼산화철 피막
스프링 (Spring)	PW1	피아노선		
베어링용 부시	CAC502A	인청동주물	• 구기호 : PBC2	
핸들 (Handle)	SS400	일반구조용 압연강재 2종	• 인장강도 400~510 N/mm² • 강판, 강대, 평강, 형강, 봉강	인산염피막, 사삼산화철 피막

부품의 명칭	재료의 기호	재료의 종류	주요 특징	열처리 및 도금, 도장 예
평벨트 풀리	GC250 SF340A	회주철 탄소강 단강품		외면 명청, 명적색 도장
스프링	PW1	피아노선		
편심축	SCM415	크롬 몰리브덴강	• 표면 담금질용, 기계구조용 합금강	전체열처리 $H_RC50\pm2$
힌지핀 (Hinge Pin)	SM45C SUS440C	기계구조용 탄소강 스테인리스강		사삼산화철 피막, 무전해 니켈도금 $H_RC40\sim45$ (SM45C) $H_RC45\sim50$ (SUS440C) 경질크롬도금 도금 두께 3μm 이상
볼스크류 너트	SCM420	크롬 몰리브덴강	• 저온 흑색 크롬 도금	침탄열처리 $H_RC58\sim62$
전조 볼스크류	SM55C	기계구조용 탄소강	• 인산염 피막처리(파커라이징)	고주파 열처리 $H_RC58\sim62$
LM 가이드 본체, 레일	STS304	스테인리스강	• 열간 가공 스테인리스강, 오스테나이트계	열처리 $H_RC56\sim$
사다리꼴 나사	SM45C	기계구조용 탄소강	• 30도 사다리꼴나사(좌, 우나사)	사삼산화철 피막 저온 흑색 크롬 도금
미끄럼 베어링 (소결 함유 베어링)	SBF 계열	자기윤활성 재료	• 금속이나 합금의 분말, 흑연 등의 고체윤활제 분말 압축 소결	분말야금 오일리스 베어링

기어나 스프로킷, V-벨트 풀리 등과 같은 기계요소(machine element)는 도면을 보고 이 부품이 무엇인지를 해독할 수 있다면 부품명을 선정하는 일은 그리 어렵지 않을 것이다. 또한 축과 같은 경우도 마찬가지일 것인데 축은 그 기능과 용도에 따라 품명을 선정해 주어도 무방하며 도면을 해독해서 가공이나 조립을 하는 사람들에게도 품명만 보고도 이 부품이 어떤 기능을 하는 것인지를 알기 쉽게 표기한다면 더욱 좋을 것이다.

예를 들어 동력을 전달하는 경우 전동축, 단순한 회전운동만을 한다면 회전축, 공작기계 스핀들의 경우 주축, 편심운동을 하는 경우 편심축 정도로 품명을 선정해준다면 이해하기가 더욱 쉬울 것이다.

SECTION 03 | 지그와 고정구류의 부품명과 기계재료 열처리 예시

부품의 명칭	재료의 기호	재료의 종류	주요 특징	열처리, 도장 예
지그 베이스 (JIG Base)	SCM415	크롬 몰리브덴강	• 기계 가공용	사삼산화철 피막 인산염피막
	SM45C	기계구조용강		
하우징, 몸체 (Housing, Body)	SC480	주강	• 중대형 지그 본체 및 하우징 주물용	주조부 외면 명회색(명녹색) 도장
위치결정 핀 (Locating Pin)	STS3	합금공구강	• 합금공구강 강재 1종 • 주로 냉간 금형용 • STD는 열간 금형용	$H_RC60\sim63$ 경질 크롬 도금 버핑연마 경질 크롬 도금 + 버핑 연마
지그 부시 (Jig Bush)	SCM415	크롬 몰리브덴강	• 구기호 : SCM21	드릴, 엔드밀 등 공구 안내용 전체열처리 $H_RC65\pm2$
	STC105	탄소공구강	• 구기호 : STC3	
	STS3 / STS21	탄소공구강	• STS3 : 주로 냉간 금형용 • STS21 : 주로 절삭 공구강용	
플레이트 (Plate)	SM45C	기계구조용 탄소강		사삼산화철 피막 인산염피막
스프링 (Spring)	SPS3	실리콘 망간강재	• 겹판, 코일, 비틀림막대 스프링	
	SPS6	크롬 바나듐강재	• 코일, 비틀림막대 스프링	
	SPS8	실리콘 크롬강재	• 코일 스프링	
	PW1	피아노선	• 스프링용	
가이드블록 (Guide Block)	SCM430	크롬 몰리브덴강		사삼산화철 피막 인산염피막
베어링부시 (Bearing Bush)	CAC502A	인청동주물	• 구기호 : PBC2	
	WM3	화이트 메탈	• 각종 베어링 활동부 또는 패킹 등에 사용	

부품의 명칭	재료의 기호	재료의 종류	주요 특징	열처리, 도장 예
브이블록 (V-Block)	STC105 SM45C	탄소공구강 기계구조용 탄소강	• 지그 고정구용, V-블록, 클램핑 죠	H_RC 58~62 H_RC 40~50
로케이터(Locator)	SCM430	크롬 몰리브덴강	• 위치결정구, 로케이팅 핀	$H_RC50±2$
메저링핀(Measuring Pin)			• 측정 핀	$H_RC50±2$
슬라이더(Slider)			• 정밀 슬라이더	$H_RC50±2$
고정다이(Fixed Die)			• 고정대	
힌지핀 (Hinge Pin)	SM45C	기계구조용 탄소강		$H_RC40~45$
지그용 C형 와셔 (C-Washer)	SS400	일반구조용 압연강재	• 인장강도 41~50 kg/mm	인장강도 400~510 N/mm²
지그용 고리모양 와셔	SS400	일반구조용 압연강재	• 인장강도 41~50 kg/mm	인장강도 400~510 N/mm²
지그용 구면 와셔	STC105	탄소공구강	• 구기호 : STC7	H_RC 30~40
지그용 육각볼트, 너트	SM45C	기계구조용 탄소강		
핸들(Handle)	SM35C	기계구조용 탄소강	• 큰 힘 필요시 SF40 적용	
클램프(Clamp)	SM45C		• 치공구용	마모부 H_RC 40~50
캠(Cam)	SM45C SM15CK		• SM15CK는 침탄열처리용	마모부 H_RC 40~50
텅 (Tonge)	STC105	탄소공구강	• T홈에 공구 위치결정시 사용	
쐐기 (Wedge)	STC85 SM45C	탄소공구강 기계구조용 탄소강	• STC85 (구기호 : STC5)	열처리해서 사용
필러 게이지	STC85 SM45C	탄소공구강 기계구조용 탄소강	• STC85 (구기호 : STC5)	H_RC 58~62
세트 블록 (Set Block)	STC105	탄소공구강	• 두께 1.5~3mm, 필러 게이지	H_RC 58~62

SECTION 04 공유압기기류의 부품명과 기계재료 열처리 예시

부품의 명칭	재료의 기호	재료의 종류	주요 특징	열처리, 도장 예
실린더 튜브 (Cylinder Tube)	ALDC10	다이캐스팅용 알루미늄 합금	• 피스톤의 왕복 미끄럼 운동을 안내하며 압축공기의 압력실 역할 • 실린더튜브 내면은 경질 크롬도금	백색 알루마이트
피스톤 (Piston)	ALDC10	알루미늄 합금	• 공기압력을 받는 실린더 튜브 내에서 왕복 미끄럼 운동	크로메이트
피스톤 로드 (Piston Rod)	SCM415 SM45C	크롬 몰리브덴강 기계구조용 탄소강	• 부하의 작용에 의해 가해지는 압축, 인장, 굽힘, 진동 등의 하중에 견딜 수 있는 충분한 강도와 내마모성 요구 • 합금강 사용시 표면 경질크롬도금	전체열처리 $H_RC50\pm2$ 경질 크롬 도금
핑거 (Finger)	SCM430	크롬 몰리브덴강	• 집게역할을 하며 핑거에 별도로 죠(JAW)를 부착 사용	전체열처리 $H_RC50\pm2$
로드 부시 (Rod Bush)	CAC502A	인청동주물	• 왕복운동을 하는 피스톤 로드를 안내 및 지지하는 부분으로 피스톤 로드가 이동시 베어링 역할 수행	구기호 : PBC2
실린더 헤드 (Cylinder Head)	ALDC10	다이캐스팅용 알루미늄 합금	• 원통형 실린더 로드측 커버나 에어척의 헤드측 커버를 의미	알루마이트 주철 사용시 흑색 도장
링크 (Link)	SCM415	크롬 몰리브덴강	• 링크 레버 방식의 각도 개폐형	전체열처리 $H_RC50\pm2$
커버 (Cover)	ALDC10	다이캐스팅용 알루미늄 합금	• 실린더 튜브 양끝단에 설치 피스톤 행정거리 결정	주철 사용시 흑색 도장
힌지핀 (Hinge Pin)	SCM435 SM45C	크롬 몰리브덴강 기계구조용 탄소강	• 레버 방식의 공압척에 사용하는 지점 핀	$H_RC40\sim45$
롤러 (Roller)	SCM440	크롬 몰리브덴강		전체열처리 $H_RC50\pm2$
타이 로드 (Tie Rod)	SM45C	기계구조용 탄소강	• 실린더 튜브 양끝단에 있는 헤드커버와 로드커버를 체결	아연 도금

부품의 명칭	재료의 기호	재료의 종류	주요 특징	열처리, 도장 예
플로팅 조인트 (Floating Joint)	SM45C	기계구조용 탄소강	실린더 로드 나사부와 연결 운동 전달요소	사삼산화철 피막 터프트라이드
실린더 튜브 (Cylinder Tube)	ALDC10	알루미늄 합금	• 다이캐스팅용 알루미늄 합금 10종 • 기계적 성질, 피삭성 및 주조성 양호	경질 알루마이트
	STKM13C	기계 구조용 탄소강관	중대형 실린더용의 튜브, 기계 구조용 탄소강관 13종	내면 경질크롬도금 외면 백금 도금 중회색 소부 도장
피스톤 랙 (Piston Rack)	STS304	스테인리스 강	로타리 액츄에이터 용	
피니언 샤프트 (Pinion Shaft)	SCM435 STS304 SM45C	크롬 몰리브덴강 스테인리스 강 기계구조용 탄소강	로타리 액츄에이터 용	전체열처리 $H_RC50\pm2$

실무현장에서는 글로벌 산업 표준화에 따라 부품의 명칭을 영문으로 표기하는 사례가 많은데 특별히 품명을 한글로 표기하라는 지시나 규정이 없는 한 영문으로 기입하는 것이 일반적이다.

기계설계자 및 제도자는 조립도를 해독하여 각 부품의 기능에 알맞는 기계재료를 선정할 수 있어야 하며 주요 금속재료의 종류 및 기호표시와 용도에 맞는 열처리 선정을 해야 한다. 같은 재료라 하더라도 열처리를 어떻게 하느냐에 따라 전혀 다른 기계적 성질을 가지게 되며, 수험자는 강의 열처리 방법과 경도측정법, 열처리의 도시법에 대해서도 충분한 이해가 필요하다.

SECTION 05 열처리 기술자료

조립도를 해독하고 투상을 하여 도면을 작성하고 치수기입과 공차의 선정 및 표면거칠기 기호를 지정한 다음으로 각 부품명을 선정하고 용도에 알맞도록 부품별로 재질을 선정해 주고 그 부품 기능에 따른 기계적 성질을 맞추어주기 위하여 열처리나 도장처리 등을 선정하게 된다. 열처리는 기계 부품 제조 공정 중 필수적인 공정으로, 기계를 구성하는 부품의 기능에 요구되는 여러가지 **기계적 성질을 향상**시켜 기계의 기능 향상 및 수명을 연장시킬 수 있다. 특히 공구강, 고속도강, 금형용강 등의 합금강은 원료 자체가 비싸고 제품 설계와 가공에 있어서 기술적인 어려움이 많아 부품 제조에 소요되는 생산 원가가 비싼데, 이런 부품의 열처리는 그 결과가 매우 중요하며 열처리 불량으로 인한 손실 또한 커질 수도 있다는 점을 명심해야 한다.

01 열처리의 주요 목적

① **경도** 또는 **인장강도를 증가**시키기 위한 목적(담금질, 담금질 후 보통 취약해지는 것을 막기 위해 뜨임처리)
② 조직을 **연한 성질**로 변화시키거나 또는 **기계 가공**에 **적합한 상태**로 만들기 위한 목적(어닐링, 탄화물의 구상화 처리)
③ **조직**을 **미세화**하고 방향성을 적게 하며, **균일한 상태**로 만들기 위한 목적(노멀라이징)
④ **냉간 가공**의 영향을 **제거**할 목적(중간 어닐링, 변태점 이하의 온도로 가열함으로써 연화 처리)
⑤ **내부 응력**을 **제거**하고 사전에 기계 가공에 의한 제품의 비틀림의 발생 또는 사용중에 파손이 발생하는 것을 방지할 목적 (응력제거 어닐링)
⑥ 산세 또는 전기 도금에 의해 외부에서 강중으로 확산하여 용해된 수소를 제거하여 수소에 의한 취화를 적게 하기 위한 목적 (150~300℃로 가열)
⑦ **조직**을 **안정화**시킬 목적(어닐링, 템퍼링, 심냉 처리 후 템퍼링)
⑧ **내식성**을 **개선**할 목적(스테인리스 강의 퀜칭)
⑨ **자성**을 **향상**시키기 위한 목적(규소강판의 어닐링)
⑩ **표면**을 **경화**시키기 위한 목적(고주파 경화, 화염 경화)
⑪ 강에 **점성**과 **인성**을 **부여**하기 위한 목적(고망간(Mn)강의 퀜칭)

이상과 같은 열처리는 강의 화학 조성과 용도에 따라 열처리 방법이 결정된다.

02 열처리의 종류와 개요

만약 열처리가 필요한 부품에 별도의 지시를 해주지 않는다면 감점의 대상이 되고 나아가 열처리가 되지 않은 부품을 그대로 사용하게 되면 쉽게 마모되어 부품을 금방 교체해야 하는 일이 발생할 수도 있을 것이다. 일반적으로 많이 사용하는 열처리의 종류와 개요에 대해 이해를 하고 설계시 도면에 적용할 수 있는 능력을 갖추어야 한다.

1. 담금질 (퀜칭, quenching)

강을 적당한 온도로 가열하여 오스테나이트 조직에 이르게 한 뒤, 마텐자이트 조직으로 변화시키기 위해 **급냉**시키는 열처리 방법이다. 즉, 강을 단단하게 하기 위하여 강 고유의 온도까지 가열해서 적당한 시간을 유지한 후에 급냉시켜 얻는 조직으로 A3, A1 상 30~50℃에서 유지 후 물 또는 기름에 급냉시켜 얻는다. 담금질은 강의 **경도**와 **강도**를 **증가**시키기 위한 것이다. 강의 담금질 온도가 너무 높으면 강의 오스테나이트 결정 입자가 성장하여 담금질 후에도 기계적 성질이 나빠지고 균열이나 변형이 일어나기 쉽다. 따라서 담금질 온도에 주의해야 한다. 인장, 굽힘, 전단, 내마모성 등 기계적 성질을 향상시키기 위한 경화를 목적으로 한다. 부분 담금질은 강이나 주철로 만든 부품의 필요한 부분만을 열처리하여 기계적, 물리적 성질을 향상시키고자 할 때 사용하는 열처리를 말한다. 탄소함유량이 0.025%C 이하에서는 담금질이 되지 않는다. 담금질을 시키려면 침탄 후 실시해야 하고, 0.25%C 이상에서만 담금질이 가능하며 0.8%C 일 때 가장 담금질이 잘된다고 한다.

■ **담금질처리하는 부품**
   ① 회전, 왕복, 운동부, 습동부 등의 긁힘이나 흠집 등의 방지와 내마모성을 향상
   ② 내마모성을 필요로 하는 부품

2. 풀림 (어닐링, annealing)

일반적으로 풀림이라 하면 완전 풀림(full annealing)을 말한다. A3, A1 상 30~50℃에서 적당한 시간을 유지시킨 후 로냉(로 중에서 냉각)하는 방법으로 주조나 고온에서 오랜 시간 단련된 금속재료는 오스테나이트 결정 입자가 커지고 기계적 성질이 나빠진다. 재료를 일정 온도까지 일정 시간 가열을 유지한 후 서서히 냉각시키면, 변태로 인해 최초의 결정 입자가 붕괴되고 새롭게 미세한 결정입자가 조성되어 **내부 응력**이 **제거**될 뿐만 아니라 **재료**가 **연화**된다. 풀림에는 완전풀림, 항온풀림, 구상화풀림, 확산풀림, 응력제거풀림, 연화풀림 등이 있으며, 이러한 목적을 위한 열처리 방법을 풀림이라 부른다.

■ **풀림의 목적**
   ① 단조나 주조 등의 기계 가공에서 발생한 **내부 응력**의 **제거**
   ② **열처리**에서 발생하는 경화된 **재료**의 **연화**

③ **가공**이나 **공작**으로 경화된 **재료의 연화**

④ 금속 결정 입자의 **미세화**

⑤ **절삭성 향상** 및 **냉간가공성 개선**

■ **풀림처리하는 부품**

① 소재의 경화, 내부응력의 제거, 비틀림(변형) 방지가 필요한 부품

② 철판 구조물, 주물 부품 등 경도를 필요로 하는 부품

3. 불림 (노멀라이징, normalizing)

불림의 목적은 결정 조직을 미세화하고 냉간 가공이나 단조 등으로 인한 **내부 응력**을 **제거**하며 재료의 결정 조직이나 기계적 성질과 물리적 성질 등을 표준화시키는 데 있다. 강을 불림 처리하면 취성이 저하되고, 주강의 경우 주조 상태에 비해 연성이나 인성 등 기계적 성질이 현저히 개선된다. 재료를 변태점 이상의 적당한 온도로 가열한 다음 일정 시간 유지시킨 후 바람이 없는 조용한 공기 중에서 냉각시킨다. 이렇게 하여 미세하고 균일하게 표준화된 금속 조직을 얻을 수 있다. 불림처리는 A3, A1, Acm 상 30~50°C에서 적당한 시간을 유지한 후 **공냉시키는 방법**으로 이렇게 해서 얻은 조직을 표준 조직(standard structure)이라 한다.

■ **불림의 목적**

① 조직의 **균일화** 및 **미세화**

② **피삭성**의 **개선**

③ **잔류응력**의 **제거**

4. 뜨임 (템퍼링, tempering)

담금질한 강은 경도가 증가된 반면 취성을 가지게 되고, 표면에 잔류응력이 남아 있으면 불안정하여 파괴되기 쉽다. 따라서 **재료에 적당한 인성을 부여**하기 위해서는 **담금질 후**에 반드시 **뜨임처리**를 해야 한다. 즉 담금질 한 조직을 안정한 조직으로 변화시키고 잔류 응력을 감소시켜, 필요로 하는 성질과 상태를 얻기 위한 것이 뜨임의 목적이다. 담금질한 강을 적당한 온도까지 가열하여 다시 냉각시킨다. 담금질만 실시한 강은 아주 단단하고 취약하므로 기계 재료로 사용할 수 없으므로 **경도는 다소 낮추더라도 인성**(Toughness)을 주기 위해서 A1(723°C)점 이하에서 실시하는 열처리이다.

key point

담금질은 강(순철과 탄소의 합금)을 일정한 온도 이상으로 가열시킨 후 빠르게 냉각(급냉)시키는 열처리를 의미하며, 가열 시킨 후 빠른 냉각은 강을 단단하게 만든다. 즉, 경도가 높아지는 것을 말하며, **경도가 너무 높은 것**은 **깨지기 쉽게** 된다. 그래서 뜨임을 하는 것인데 경도가 높아진 강을 적당한 온도로 알맞게 가열하면 강의 높은 경도는 그대로 유지하는 반면에 강도는 상당히 높아지게 된다. 이처럼 높은 경도와 강도를 얻어 강인한 재질을 만드는 열처리를 마치 **밥을 한 후**에 **뜸을 들이는 것**과 비슷하다고해서 **'뜨임'**이라고 한다. 뜨임은 강인한 쇠를 만들기 위해 담금질 후 공정으로 꼭 필요한 공정이며, 이러한 담금질 및 뜨임 공정을 영어의 머릿글자를 따서 **'QT'**(Quenching & Tempering)이라고 하고 한자로는 **조질(調質)처리**라고 한다.

5. 침탄경화법(Carburizing)

침탄이란 재료의 표면만을 단단한 재질로 만들기 위해 다음과 같은 단계를 사용하는 방법이다. 탄소함유량이 0.2% 미만인 저탄소강이나 저탄소 합금강을 침탄제 속에 파묻고 오스테나이트 범위로 가열한 다음, 그 표면에 탄소를 침입하고 확산시켜서 표면층만을 고탄소 조직으로 만든다. 침탄 후 담금질하면 표면의 침탄층은 마텐자이트 조직으로 경화시켜도 중심부는 저탄소강 성질을 그대로 가지고 있어 이중 조직이 된다. 표면이 단단하기 때문에 내마멸성을 가지게 되며, 재료의 중심부는 저탄소강이기 때문에 인성을 가지게 된다. 이러한 성질 때문에 고부하가 걸리는 기어에는 대개 침탄 열처리를 사용한다. 침탄법은 침탄에 사용되는 침탄제에 따라 고체침탄법, 액체침탄법, 가스침탄법으로 나눈다. 특별히 액체 침탄의 경우, 질화도 동시에 어느 정도 이루어지기 때문에 침탄 질화법이라 부른다. 표면측만을 경화, 특히 내마모성 혹은 내피로성을 얻는 것을 주 목적으로 한다.

■ **표면경화 처리를 하는 부품**

① 표면경화를 필요로 하는 부품에 경화 방지 부분 (나사, 핀 홀)이 있는 부품
② 충격 하중을 반복적으로 받는 부품
③ 열변형이 발생할 우려가 있는 부품
④ 절단 부위에 크랙(Crack) 현상이 발생할 소지가 있는 부품

6. 고주파 표면경화법(Induction hardening)

0.4~0.5%의 탄소를 함유한 **고탄소강**을 **고주파**를 사용하여 일정 온도로 가열한 후 **담금질**하여 **뜨임**하는 방법이다. 이 방법에 의하면 0.4% 전후의 구조용 탄소강으로도 합금강이 갖는 목적에 적용할 수 있는 재료를 얻을 수 있다. 표면경화 깊이는 가열되어 오스테나이트 조직으로 변화되는 깊이로 결정되므로 가열 온도와 시간 등에 따라 다르다. 보통 열처리에 사용되는 가열 방법은 열에너지가 전도와 복사 형식으로 가열하는 물체에 도달하는 방식을 이용하고 있다. 그러나 고주파 가열법에서는 전자 에너지 형식으로 가공물에 전달되고, 전자 에너지가 가공물의 표면에 도달하면 유도 2차 전류가 발생한다. 이 때 가공물 표면에 와전류(eddy current)가 발생하여 표피효과(skin effect)가 된다. 2차 유도전류는 표면에 집중하여 흐르므로 표면경화에는 다음과 같은 장점이 나타난다.

■ 고주파 표면 경화법의 특징

① 표면에 에너지가 집중하기 때문에 가열 시간을 단축할 수 있어 작업비가 싸다.
② 가공물의 응력을 최대한 억제할 수 있다.
③ 가열시간이 극히 짧으므로 탈탄되는 일이 없고 표면경화의 산화가 극히 적다.
④ 열처리 불량(담금질 균열 및 변형)이 거의 없다.
⑤ 강의 표면은 경도가 높고 내마모성이 향상된다.
⑥ 기계적 성질이 향상되고 동적강도가 높다.
⑦ 재질은 보통 0.30~0.6% 탄소강이면 충분하기 때문에 고탄소강이나 특수강을 필요로 하지 않는다.

7. 화염경화법 (Flame Hardening)

화염경화법은 산소-아세틸렌가스, 프로판가스 또는 천연가스 등을 열원으로 한 가스불꽃으로 강의 표면을 급속히 가열하여 담금질 온도가 되면 냉각액을 표면에 분사하여 경화시키는 방법으로써 이 방법은 강전체를 경화시키는 것보다 효과적이며 담금질에 의한 균열을 방지할 수 있으며 인장강도, 충격치, 내마모성 등을 향상시킨다.

■ 화염경화법의 장점

① 주철, 주강, 특수강, 탄소강 등 거의 모든 강에 담금질할 수 있다.
② 노안에 장입할 수 없는 대형부품의 부분 담금질도 가능하다.
③ 전용 담금질 장치를 제외하고 가열장치의 이동이 가능하다.
④ 장치가 간단한 편이고 다른 담금질 방법에 비해서 설비비가 저렴하다.
⑤ 부분 담금질이나 담금질 깊이의 조절이 가능하다.
⑥ 담금질 균열이나 변형이 적다.
⑦ 기계가공을 생략할 수 있다.
⑧ 강재의 표면은 경화되고 내마모성이 우수하다.
⑨ 강재의 부품은 동적강도가 크고 기계적 성질이 우수하다.
⑩ 간단한 소형부품은 용접용 토오치로도 담금질이 가능하다.

■ 화염경화법의 단점

① 가열온도를 정확하게 측정할 수 없으므로 담금질 조작에는 숙련된 기술이 필요하다.
② 화구(노즐;nozzle)의 설계와 제작이 정밀해야 한다.
③ 불꽃을 일정하게 조절하기가 어렵다.
④ 급속한 가열이므로 복잡한 형상의 것이나 모서리가 있는 부분은 열에 의한 치수의 변형이 생기기 쉽다.
⑤ 가스의 취급 및 조작시에 위험이 따르며 전문성이 요구된다.

03 철강의 열처리 경도 및 용도 범례

기계 구조용 탄소강				
구분	탄소 함유량	담금질	용도	경도
SM 20CK	0.18 ~ 0.23	화염고주파	강도와 경도가 크게 요구되지 않는 기계부품	H_RC 40
SM 35C	0.32 ~ 0.38	화염고주파	크랭크축, 스플라인축, 커넥팅 로드	H_RC 30
SM 45C	0.42 ~ 0.48	화염고주파	톱, 스프링, 레버, 로드	H_RC 40
SM 55C	0.52 ~ 0.58	화염고주파	강도와 경도가 크게 요구되지 않는 기계부품	H_RC 50
SM 9CK	0.07 ~ 0.12	침 탄	강도와 경도가 크게 요구되지 않는 기계부품	H_RC 30
SM 15CK	0.13 ~ 0.18	침 탄	강도와 경도가 크게 요구되지 않는 기계부품	H_RC 35
크 롬 강				
SCr 430	0.28 ~ 0.33	화염고주파	롤러, 줄, 볼트, 캠축, 액슬축, 스터드	H_RC 36
SCr 440	0.38 ~ 0.43	화염고주파	강력볼트, 너트, 암, 축류, 키, 노크 핀	H_RC 50
SCr 420	0.18 ~ 0.23	침 탄	강력볼트, 너트, 암, 축류, 키, 노크 핀	H_RC 45
크롬 몰리브덴강				
SCM 430	0.28 ~ 0.33	화염고주파	롤러, 줄, 볼트, 너트, 자동차 공업에서 연결봉	H_RC 50
SCM 440	0.38 ~ 0.43	화염고주파	암, 축류, 기어, 볼트, 너트, 자동차 공업에서 연결봉	H_RC 55
니켈크롬강				
SNC 236	0.32 ~ 0.40	화염고주파	강력볼트, 너트, 크랭크축, 축류, 기어, 스플라인축, 건설기계부품	H_RC 55
SNC 631	0.27 ~ 0.35	화염고주파	강력볼트, 너트, 크랭크축, 축류, 기어, 스플라인축, 건설기계부품	H_RC 50
SNC 236	0.32 ~ 0.40	화염고주파	강력볼트, 너트, 크랭크축, 축류, 기어, 스플라인축, 건설기계부품	H_RC 55
SNC 415	0.12 ~ 0.18	침 탄	기어, 피스톤 핀, 캠축	H_RC 55
니켈 크롬 몰리브덴강				
SNCM 240	0.38 ~ 0.43	화염고주파	크랭크축, 축류, 연결봉, 기어, 강력볼트, 너트	H_RC 56
SNCM 439	0.36 ~ 0.43	화염고주파	크랭크축, 축류, 연결봉, 기어, 강력볼트, 너트	H_RC 55
SNCM 420	0.17 ~ 0.23	침 탄	기어, 축류, 롤러, 베어링	H_RC 45
탄 소 공 구 강				
STC 105	1.00 ~ 1.10	화염고주파	드릴, 끌, 해머, 펀치, 칼, 탭, 블랭킹 다이	H_RC 62
합 금 공 구 강				
STS 3	0.9 ~ 1.00	화염고주파	냉간성형 다이스, 브로치, 블랭킹 다이	H_RC 65

04 철강재료의 열처리 범례

열처리명칭	비커스경도 (HV)	담금질깊이 (mm)	열처리변형	열처리 가능한 재질	대표적인 재질	비 고
전체 열처리	750 이하	전체	재료에 따라 다르다	고탄소강 C〉0.45%	SKS3 SKS21 STB2 SKH51 SKS93 STC4 SM45C	• 강재를 경화하거나 강도 증가를 위해 변태점 이상 적당한 온도로 가열 후 급속 냉각하는 조작 • 스핀들이나 정밀기계부품은 사용하지 않는 것이 좋다.
침탄 열처리	750 이하	표준0.5 최대2	중간	저탄소강 C〉0.3%	SCM415 SNCM220	• 부분열처리 가능 • 열처리 깊이 도면에 지시할 것 • 정밀부품에 적합
고주파 열처리	500 이하	1~2	크다	중탄소강 C0.3~0.5%	SM45C	• 고주파 유도 전류로 강재 표면을 급열시킨 후 급냉하여 경화시키는 방법 • 부분 열처리 가능 • 소량의 경우 비용 • 내피로성이 우수
질화 열처리	900~1000	0.1~0.2	적다	질화강	SACM645	• 강재 표면에 단단한 질화화합물 경화층 형성시키는 표면 경화법 • 열처리 강도가 높다. • 정밀 기계 부품에 적합 • 미끄럼 베어링용 스핀들에 적합
연질화처리 (터프트라이드)	탄소강 500 스테인리스 1000	0.01~0.02	적다	철강재료	SM45C SCM415 STC3 스테인리스	• 내피로성, 내마모성 우수 • 내식성은 아연 도금과 같은 정도 • 열처리 후 연마가 불가능하므로 정밀 부품에는 부적합 • 무급유 윤활에 적합

05 기어의 재료와 열처리

재료명칭	KS 재료기호	JIS 재료기호	인장강도 (N/mm²)	신장 % 이상	압축 % 이상	경도 (HB)	특징과 열처리 및 용도 예
기계구조용 탄소강	SM 15CK	S15CK	490 이상	20	50	143~235	• 저탄소강, 침탄 열처리로 고강도
	SM 45C	S45C	690 이상	17	45	201~269	• 가장 일반적인 중탄소강 • 조질 및 고주파 열처리
기계구조용 합금강	SCM 435	SCM 435	930 이상	15	50	269~331	• 중탄소 합금강(C함유량 0.3~0.7%) • 조질 및 고주파 열처리 • 고강도(굽힘강도/치면강도)
	SCM 440	SCM 440	980 이상	12	45	285~352	
	SNCM 439	SNCM 439	980 이상	16	45	293~352	
	SCr 415	SCr 415	780 이상	15	40	217~302	• 저탄소 합금강(C함유량 0.3% 이하) • 표면경화처리(침탄, 질화, 침탄질화 등) • 고강도(굽힘강도/치면강도가 큼) • 웜휠 이외의 각종 기어에 사용
	SCM 415	SCM 415	830 이상	16	40	235~321	
	SNC 815	SNC 815	980 이상	12	45	285~388	
	SNCM 220	SNCM 220	830 이상	17	40	248~341	
	SNCM 420	SNCM 420	980 이상	15	40	293~375	
일반구조용 압연강재	SS400	SS400	400 이상	–	–	–	• 저강도/저가
회주철	GC200	FC200	200 이상	–	–	223 이하	• 강에 비해 저강도이며 대량 생산용 기어
구상흑연주철	GCD500-7	FCD500-7	500 이상	7	–	150~230	• 고정밀도인 덕타일 주철, 대형 주조 기어
스테인리스강	STS303	SUS303	520 이상	40	50	187 이하	• STS304보다 피삭성(쾌삭)양호 • 늘어붙지 않는 성질 향상
	STS304	SUS304	520 이상	40	60	187 이하	• 가장 넓게 사용되는 스테인리스강, 식품기구 등
	STS316	SUS316	520 이상	40	60	187 이하	• 해수 등에 대하여 STS304보다 우수한 내식성
	STS420J2	SUS420J2	540 이상	12	40	217 이하	• 열처리 가능한 마르텐사이트계
	STS440C	SUS440C	–	–	–	H$_R$C58 이상	• 열처리하여 최고 경도를 실현, 치면강도가 큼
비철금속	C3604	C3604	335	–	–	HV80 이상	• 쾌삭 황강, 각종 소형 기어
	CAC502 (PBC2)	CAC502	295	10	–	80 이상	• 인청동 주물, 웜휠에 최적
	CAC702 (AlBC2)	CAC702	540	15	–	120 이상	• 알루미늄 청동주물, 웜휠 등
엔지니어링 플라스틱		MC901	96	–	–	HRR 120	• 기계 가공 기어 • 경량화 및 녹슬지 않음
		MC602ST	96	–	–	HRR 120	
		M90	62	–	–	HRR 80	• 사출성형기어, 저가로 대량 생산 적합 • 가벼운 부하가 걸리는 곳에 적용

■ 열처리 경도별 구분

경도	구분
H$_R$C40± 2	보통 과제도면상의 기어의 이의 크기는 작은 편이다. 기어의 이나 스프로킷의 이가 작은 경우 HRC50± 2 이상의 경도로 열처리를 실시하게 되면 강도가 강하여 쉽게 깨지게 될 우려가 있으므로 이가 파손되지 않도록 하기 위하여 사용한다.
H$_R$C50± 2	보통 전동축과 같이 운전중에 지속적으로 하중을 받는 부분에 사용하며 일반적으로 널리 사용되는 열처리로 강도가 크게 요구되는 곳에 적용한다.
H$_R$C60± 2	보통 드릴부시의 경우처럼 공구와 부시 간에 직접적인 마찰이 발생하는 부분에 적용한다. 내륜이 없는 니들 베어링의 축 부분 등에 사용한다.

■ 각종 부품의 침탄 깊이 예

침탄깊이(mm)	필요 성능	대표적인 부품 예
0.5 이하	내마모성만을 필요로 하고 강도는 별로 중요시되지 않는 부품	로드볼, 쉬프트 포크, 속도계 기어, 펌프 축 등
0.5~1.0	내마모성과 동시에 높은 하중에 대한 강도를 필요로 하는 부품	변속기기어, 스티어링 암, 볼 스터드, 밸브 로커암 축
1.0~1.5	슬라이딩 및 회전 등의 마모에 대한 고압하중, 반복굴곡 하중에 견딜 수 있는 강도를 요하는 부품	링기어, 드라이브 피니언, 슬라이드 피니언, 피스톤 핀, 캠 샤프트, 롤러베어링, 기어축, 너클핀 등
1.5 이하	고도의 충격적 마모, 비교적 고도의 반복하중에 충분히 견딜 수 있는 부품	연결축, 캠 등

06 열처리 종류 및 경도 표시 예

종류	재료		표면경도
	KS	JIS	
황삭 후 조질처리 (추가 가공 가능)	SM45C	S45C	H$_R$C 20~25
	SCM415	SCM415	H$_R$C 20~25
	SCM430 SCM435	SCM430 SCM435	H$_R$C 20~25
고주파 (또는 화염경화) 담금질, 뜨임	SM45C	S45C	H$_R$C 40~45
	SCM430	SCM430	H$_R$C 50~55
	SCM435	SCM435	H$_R$C 52~59
	GC300	FC300	H$_R$C 45~55 (슬라이드 베드 Hs70~)
	STD11	SKD11	H$_R$C 60~65
침탄열처리, 뜨임	SCM415	SCM415	H$_R$C 60~65 열처리 깊이 0.88m
담금질 뜨임	STB2	SUJ2	H$_R$C 60~65
	STC85(STC5)	SK5	H$_R$C 59~
	STC95(STC4)	SK4	H$_R$C 61~
	STC105(STC3)	SK3	H$_R$C 63~
	STS3	SKS3	H$_R$C 62~65

07 표면경화강과 열처리 경도

구분	재질	탄소(%)	경화깊이	H$_R$C	용도 및 특징
침탄표면 경화	SM9CK	0.09	0.5 ~ 2.0	58	• 탄소 함유량 0.25% 이하 • 분쇄 롤러, 클러치 이면, 스프라켓 휠 • 캠, 축, 피스톤, 핀, 기어 SNCM 강력 기어 • 축류 압연
	SM12CK	0.12			
	SC21	0.03 ~ 0.18		56	
	SNC22	0.12 ~ 0.18		60	
	SNCM26	0.13 ~ 0.20		60	
	SCM21	0.15		50	
질화표면 경화	SNC3	0.36	0.095 ~ 0.4	64	• Al, Cr : 질화 쉽게 하고 경도 높임 • Mo : 경화 깊이 깊게, 뜨임 취성 방지 • 열기관 실린더, 피스톤, 열간 압연 롤러, 핀치차, 연료 분사 노즐, 다이스, 절삭공구
	SACM2	0.4 ~ 0.5		72	
	SNCM9	0.44 ~ 0.5		64	
고주파표면 경화	SM35C	0.35	고주파 0.05 ~ 1.5	40	• 소형 정, 축, 핀 스크류기어, 캠
	SM40C	0.40		64	
	SM45C	4.45		50	
	SM50C	0.50		58	
	SM55C	0.55		62	
화염경화	SNC1,2,3	0.35	화염 0.8 ~ 6	62	• 대형 크랭크 축, 베드 미끄럼 면, 기어, 캠
	SNCM6,7,8,9	0.45		64	
	SCM4	0.4		60	
	STC5,6,7	0.8		56	
	SPS10	0.5		58	
	STS410	0.2		45	
쇼트피닝	SPS1 ~ 11	0.4 ~ 0.9	가공 경화	38	• 스프링 (연삭, 쇼트 피닝, 블루잉 에나멜)

SECTION 06 끼워맞춤 공차 적용

01 표준적인 끼워맞춤 공차

끼워맞춤 항목	구멍	축
고정밀도의 회전, 위치결정	H7	g6
Ø3mm를 초과하는 구멍과 축의 압입	H7	p6
Ø3mm 이하의 구멍과 축의 압입	H7	r6
윤활 저널 베어링 등	H8	f7
헐거운 가동 끼워맞춤	H9	e9
특히 헐거운 가동 끼워맞춤	H10	d9

정밀도 등급은 **구멍의 경우 7등급, 축의 경우는 6등급**이 정밀 기계가공의 표준이며, 이것을 초과하는 정밀도는 원통 연삭, 원통 래핑 등의 특수가공이 필요하고 이는 원가상승의 요인이 된다. 반대로 정밀도를 낮게 하면 기계가공이 용이하게 되는데 이런 경우는 반드시 끼워맞춤 공차를 따를 필요는 없으며 정밀도의 상한값과 하한값 만을 지정해 주면 된다. H7/g6, H7/p6, H7/r6는 가공에서 끼워맞춤 공차를 지킬 필요가 있다. 이 경우에 한해서는 끼워맞춤 공차와 상한치수, 하한치수를 부품도에 병기하는 것이 좋다.

■ IT기본공차의 값과 적용

ISO 공차방식에 따른 기본공차로서 치수공차와 끼워맞춤에 있어서 정해진 모든 치수공차를 의미하는 것으로 IT기본공차 또는 IT라고 호칭하고, 국제 표준화 기구(ISO)공차 방식에 따라 분류하며, IT01 부터 IT18 까지 20 등급으로 구분하여 KS B 0401에 규정하고 있다.

■ 끼워맞춤 공차 적용하는 요령

부품의 기능과 작동 상태를 고려하여, 가공법과 표준부품의 적용 여부에 따라서 구멍 기준 끼워맞춤 방식이나 축 기준 끼워맞춤 방식으로 선택하여 적용한다.
 ① 구멍 기준 끼워맞춤이나 축 기준 끼워맞춤 방식을 같이 적용시키는 것이 편리할 때에는 아래의 ②와 ③의 방식을 혼용 가능하다.
 ② 구멍이 축보다 가공이나 측정이 어려우므로 구멍 기준 끼워맞춤을 선택하는 것이 편리하며, 일반적으로 기계 설계 도면 작성시 적용한다.
 ③ 주로 표준부품을 적용하는 경우와 그 기능상 필요한 설계 도면에서는 축 기준 끼워맞춤 방식을 적용한다.

02 헐거운 끼워맞춤의 종류와 적용 예

끼워맞춤 상태	끼워맞춤 구멍 기준	끼워맞춤 상태 및 적용 예
헐거운 끼워맞춤	H9/c9	• 아주 헐거운 끼워맞춤 고온시에도 적당한 틈새가 필요한 부분 • 헐거운 고정핀의 끼워맞춤 • 피스톤 링과 링 홈
	H8/d9 H9/d9	• 큰 틈새가 있어도 좋고 틈새가 필요한 부분, 기능상 큰 틈새가 필요한 부분, 가볍게 돌려 맞춤 • 크랭크웨이브와 핀의 베어링(측면) • 섬유기계 스핀들
	H7/e7 H8/e8 H9/e9	• 조금 큰 틈새가 있어도 좋거나 틈새가 필요한 부분 • 일반 회전 또는 미끄럼운동 하는 부분 배기밸브 박스의 피팅 • 크랭크축용 주 베어링
	H6/f6 H7/f7 H8/f7 H8/f8	• 적당한 틈새가 있어 운동이 가능한 헐거운 끼워맞춤 • 윤활유를 사용하여 손으로 조립 자유롭게 구동하는 부분이 아닌, 자유롭게 이동하고 회전하며 정확한 위치결정을 요하는 부분을 위한 끼워맞춤 • 일반적인 축과 부시 • 링크 장치 레버와 부시
	H6/g5 **H7/g6**	• 가벼운 하중을 받는 정밀기기의 연속적인 회전 운동 부분 • 정밀하게 미끄럼 운동을 하는 부분 • 아주 좁은 틈새가 있는 끼워맞춤이나 위치결정 부분 • 고정밀도의 축과 부시의 끼워맞춤 • 링크 장치의 핀과 레버

끼워맞춤에는 **구멍 기준식 끼워맞춤**과 축 기준식 끼워맞춤이 있다. 일반적으로 구멍 쪽이 축 쪽보다 가공하기도 어렵고 정밀도를 향상시키기도 어렵기 때문에 가공하기 어려운 구멍을 기준으로 해서 가공하기 쉬운 축을 조합하여 여러 가지 끼워맞춤을 얻는 구멍 기준식 끼워맞춤이 주로 사용되고 있다. 또한 구멍기준 끼워맞춤 중에서도 H6와 H7에 끼워맞춤 되는 축의 공차역 범위가 넓어서 헐거운 끼워맞춤부터 억지 끼워맞춤까지 널리 사용되며, 이중에서도 **H7에 끼워맞춤되는 축의 공차역 범위가 가장 넓으므로 H7이 가장 많이 이용**되고 있는 것이다.

03 중간끼워맞춤의 종류와 적용 예

끼워맞춤 상태	끼워맞춤 구멍 기준	끼워맞춤 상태 및 적용 예
중간 끼워맞춤	H6/h5 **H7/h6** H8/h7 H8/h8 H9/h9	• 윤활제를 사용하여 손으로 움직일 수 있을 정도의 끼워맞춤 • 정밀하게 미끄럼 운동하는 부분 • 림과 보스의 끼워맞춤 • 부품을 손상시키지 않고 분해 및 조립 가능 • 끼워맞춤의 결합력으로 큰 힘 전달 불가
	H6/js5 H7/k6	• 조립 및 분해시 헤머나 핸드 프레스등을 사용 • 부품을 손상시키지 않고 분해 및 조립 가능 • 기어펌프의 축과 케이싱의 고정
	H6/k5 H6/k6 **H7/m6**	• 작은 틈새도 허용하지 않는 고정밀도 위치결정 • 조립 및 분해시 헤머나 핸드 프레스등을 사용 • 부품을 손상시키지 않고 분해 및 조립 가능 • 끼워맞춤의 결합력으로 전달 불가 • 리머 볼트 • 유압기기의 피스톤과 축의 고정
	H6/m5 H6/m6 H7/n6	• 조립 및 분해시 상당한 힘이 필요한 끼워맞춤 • 부품을 손상시키지 않고 분해 및 조립 가능 • 끼워맞춤의 결합력으로 작은 힘 전달 가능

끼워맞춤하려는 두 개의 부품 간의 치수차에 의해 발생되는 끼워맞춤의 관계는 공차역과 등급에 의하여 결정된다. 설계자는 끼워맞춤을 이해하고 부품의 기능에 따라 적절한 끼워맞춤을 선택하고 해당 공차를 선정할 수 있어야 한다.

- **끼워맞춤(fit)** : 2개의 기계 부품이 서로 끼워 맞추기 전의 치수차에 의해 틈새 및 죔새를 갖고 서로 끼워지는 상태를 의미하고, 구멍과 축이 조립되는 관계를 끼워맞춤이라 하며, 헐거운 끼워맞춤, 중간 끼워맞춤, 억지 끼워맞춤이 있다.
- **틈새(clearance)** : ① 최대 틈새 : 구멍의 최대 허용 치수에서 축의 최소 허용 치수를 뺀 값, ② 최소 틈새 : 구멍의 최소 허용 치수에서 축의 최대 허용 치수를 뺀 값
- **죔새(interference)** : ① 최대 죔새 : 축의 최대 허용 치수에서 구멍의 최소 허용 치수를 뺀 값, ② 최소 죔새 : 축의 최소 허용 치수에서 구멍의 최대 허용 치수를 뺀 값

04 억지끼워맞춤의 종류와 적용 예

끼워맞춤 상태	끼워맞춤 구멍 기준	끼워맞춤 상태 및 적용 예
억지 끼워맞춤	H6/n6 H7/p6 H6/p6 H7/r6	• 조립 및 분해에 큰 힘이 필요한 끼워맞춤 • 철과 철, 청동과 동의 표준 압입 고정부 • 부품을 손상시키지 않고 분해 곤란 • 대형 부품에서는 가열끼워맞춤, 냉각끼워맞춤, 강압입 • 끼워맞춤의 결합력으로 작은 힘 전달 가능 • 조인트와 샤프트
	H7/s6 H7/t6 H7/u6 H7/x6	• 가열끼워맞춤, 냉각끼워맞춤, 강압입 • 분해하는 일이 없는 영구적인 조립 • 경합금의 압입 • 부품을 손상시키지 않고 분해 곤란 • 끼워맞춤의 결합력으로 상당한 힘 전달 가능 • 베어링 부시의 끼워맞춤

중간 끼워맞춤 및 억지 끼워맞춤에서는 기능을 확보하기 위해 선택조합을 하는 경우가 많다.

- **공차등급** : 치수공차 방식, 끼워맞춤 방식으로 전체의 기준 치수에 대하여 동일 수준에 속하는 치수공차의 일군을 의미한다. (예: IT7과 같이, IT에 등급을 표시하는 숫자를 붙여 표기함)

- **공차역** : 치수공차를 도시하였을때, 치수공차의 크기와 기준선에 대한 위치에 따라 결정하게 되는 최대 허용치수와 최소 허용치수를 나타내는 2개의 직선 사이의 영역을 의미한다.

- **공차역 클래스** : 공차역의 위치와 공차 등급의 조합을 의미한다.

- **구멍 기준 끼워맞춤으로 하는 이유**
  ① 구멍의 안지름보다 축의 바깥지름이 가공하기 쉽고, 검사(측정) 또한 용이하므로, 구멍의 지름을 "0"기준으로 하여 축지름을 조정하는 편이 좋다.
  ② 대량 생산 제품의 치수검사에 있어 구멍기준으로 하면 고가인 구멍용 한계게이지가 1개 필요하지만, 축기준으로 하게 되면, 구멍의 지름 공차마다 한계게이지가 필요하게 된다.
  ③ 구멍 다듬질용 리머가 구멍의 지름마다 필요하게 된다.
  ④ 열처리 연마봉은 h 공차역 등급으로 제작되어 있으므로, 외경가공을 할 필요 없이 구멍기준의 끼워맞춤에 사용할 수가 있다.

05 자주 사용하는 끼워맞춤 공차 적용 예

공차 적용부	구멍 공차	축 공차	비고
보통형 평행키의 키홈 부 끼워맞춤 공차	Js9	N9	• 구 : 평행키 보통급
활동형 평행키의 키홈 부 끼워맞춤 공차	D10	H9	• 구 : 미끄럼키
체결형 평행키의 키홈 부 끼워맞춤 공차	P9	P9	• 구 : 조임형
보통형 반달키의 키홈 부 끼워맞춤 공차	Js9	N9	
오일실 끼워맞춤 공차	H8	h8, f8	
가벼운 하중을 받는 정밀기기의 연속적인 회전 운동 부분	H6	g5	• 정밀도가 필요한 축과 부시의 끼워맞춤
정밀하게 미끄럼 운동을 하는 부분	H7	g6	• 링크 장치의 레버와 핀
부품의 기능상 큰 틈새가 필요한 부분	H8	d9	• 크랭크 웨이브와 핀 베어링
가볍게 돌려 끼워맞춤하는 부분	H9	d9	• 섬유기계의 주축
일반 회전 또는 미끄럼 마찰 운동을 하는 부분	H7	e7	• 배기밸브 박스의 끼워맞춤
	H8	e8	• 크랭크축 용 주 베어링
조금 큰 틈새가 있어도 좋거나 틈새가 필요한 부분	H9	e9	
더스트실 끼워맞춤 공차	H7	f8	• 실 제조사 카다로그 참조
부품을 손상시키지 않고 분해 및 조립 가능	H6	k5, k6	• 리머 볼트
끼워맞춤의 결합력으로 동력 전달 불가	H7	m6	• 유압기기 피스톤과 축의 고정부
베어링 커버 끼워맞춤 공차	H7	h6	• 림과 보스의 끼워맞춤 • 부품을 손상시키지 않고 분해 조립이 가능
유압 실린더 피스톤부 끼워맞춤 공차	H7	f7	
유압 실린더 로드부 끼워맞춤 공차	H7	g6	• 아주 좁은 틈새가 있는 끼워맞춤이나 위치결정 부분
회전용 삽입 부시 끼워맞춤 공차	G6	m5	
지그용 고정 부시 끼워맞춤 적용 공차	H7	p6	• 부품을 손상시키지 않고 분해 곤란
가열 끼워맞춤, 냉각 끼워맞춤, 강력 압입	H7	s6, t6, u6, x6	• 베어링 부시의 끼워맞춤 • 분해하는 일이 없는 영구적인 조립

공차 적용부	구멍 공차	축 공차	비고
지그 고정용 키 끼워맞춤 공차	H7	h6, m6	• 부품을 손상시키지 않고 분해 조립이 가능
V-블록 안내부 끼워맞춤 공차	H7	h7, h6	• 정밀 미끄럼 운동 하는 부분
오일리스 부시, 가이드 메탈 부시 끼워맞춤 공차	H7	p6, r6	• 철과 철, 청동과 동의 표준 압입 고정부 • 조립 및 분해에 큰 힘이 필요한 끼워맞춤
틈새가 없는 볼 베어링 및 롤러 베어링의 구멍과 축의 끼워맞춤 적용 공차로 보통 하중을 받는 부분	H7	k6, r6	• 조립 및 분해시 헤머나 핸드프레스 등을 사용
고속의 하중을 제외한 일반적인 볼 베어링 유니트의 샤프트	H7	h7, h9	
틈새가 부품 수명에 영향을 미치는 가벼운 하중을 받는 부분 볼 베어링 등	H7	j6, m6	
유공압 프레스 압입, 열간 압입 등 영구 조립 부분	H7	p6, s6, x6	• 부품을 손상시키지 않고 분해 곤란
손으로 움직여서 쉽게 이동이 가능하며 오일 윤활을 하는 부분	H7	h6	• 정밀 미끄럼 운동 하는 부분

[주] 위 표의 공차 적용은 일반적인 예로써, 실무현장에서는 부품의 기능에 알맞게 끼워맞춤 공차를 적용한다.

06 상용하는 구멍기준식 끼워맞춤 적용 예

기준구멍	축	적용장소	기준구멍	축	적용장소
H6	m5	전동축 (롤러 베어링)	H7	f6	베어링
	k5	전동축, 크랭크축상 밸브, 기어, 부시		e6	밸브, 베어링, 샤프트
	j5	전동축, 피스톤 핀, 스핀들, 측정기		j7	기어축, 리머, 볼트
	h5	사진기, 측정기, 공기 척		h7	기어축, 이동축, 피스톤, 키, 축이음 커플링, 사진기
	p6	전동축 (롤러 베어링)		(g)	베어링
	n6	미션, 크랭크, 전동축		f7	베어링, 밸브 시트, 사진기, 부시, 캠축
	m6	사진기		e7	베어링, 사진기, 실린더, 크랭크축
	k6	사진기	H8	h7	일반 접합부
	j6	사진기		f7	기어축
H7	x6	실린더		h8	유압부, 일반 접합부
	u6	샤프트, 실린더		f8	유압부, 피스톤부, 기어펌프축, 순환 펌프축
	t6	슬리브, 스핀들, 거버너축		e8	밸브, 프랭크축, 오일펌프 링
	s6	변속기		e9	웜, 슬리브, 피스톤 링
	r6	캠축, 플랜지·핀, 압입부		d9	고정핀, 사진기용 작은 축받침
	p6	노크핀, 체인, 실린더, 크랭크, 부시, 캠축	H9	h8	베어링, 조작축 받침
	n6	부시, 미션, 크랭크, 기어, 거버너축		e8	피스톤 링, 스프링 안내홈
	m6	부시, 기어, 커플링, 피스톤, 축		d9	웜, 슬리브
	j6	지그 공구, 전동축	H10	d9	고정핀, 사진기용 작은 베어링
	h6	기어축, 이동축, 실린더, 캠		h9	차륜 축
	g6	회전부, 스러스트, 칼라, 부시		c9	키 부분

[주] 구멍 기준식 끼워맞춤
아래 치수 허용차가 '0'인 H기호 구멍을 기준 구멍으로 하고, 이에 용도에 맞는 적절한 축을 선정하여 요구되는 기능이나 필요로 하는 죔새나 틈새를 얻는 끼워맞춤 방식을 말한다.

SECTION 07 주석문의 예와 해석 및 도면의 검토 요령

01 주석(주서)의 의미와 예

다음 주서는 도면에 일반적으로 많이 기입하는 것을 나열한 것으로 부품의 재질이나 열처리 및 가공방법 등을 고려하여 선택적으로 기입하면 된다. 주서의 위치는 보통 도면양식에서 우측 하단부의 부품란 상단에 배치하는 것이 일반적이다.

[주석(주서)문의 예]

1. 일반공차
   - 가) 가공부 : KS B ISO 2768-m [f : 정밀, m : 중간, c : 거침, v : 매우거침]
   - 나) 주강부 : KS B 0418 보통급
   - 다) 주조부 : KS B 0250 CT-11
   - 라) 프레스 가공부 : KS B 0413 보통급
   - 마) 전단 가공부 : KS B 0416 보통급
   - 바) 금속 소결부 : KS B 0417 보통급
   - 사) 중심거리 : KS B 0420 보통급
   - 아) 알루미늄 합금부 : KS B 0424 보통급
   - 자) 알루미늄 합금 다이캐스팅부 : KS B 0415 보통급
   - 차) 주조품 치수 공차 및 절삭여유방식 : KS B 0415 보통급
   - 카) 단조부 : KS B 0426 보통급(해머, 프레스)
   - 타) 단조부 : KS B 0427 보통급(업셋팅)
   - 파) 가스 절단부 : KS B 0427 보통급
2. 도시되고 지시없는 모떼기는 1x45°, 필렛 및 라운드 R3
3. 일반 모떼기 0.2x45°, 필렛 R0.2
4. ∇부 외면 명청색, 명적색 도장(해당 품번기재)

주 서

1. 일반공차-가)가공부 : KS B ISO 2768-m
   나)주조부 : KS B 0250 CT-11
   다)주강부 : KS B 0418 보통급
2. 도시되고 지시없는 모떼기 1x45°, 필렛 및 라운드 R3
3. 일반 모떼기 0.2x45°, 필렛 R0.2
4. 전체 열처리 H_RC 50±2(품번 3, 4)
5. ∇부 외면 명청색, 명회색 도장 후 가공(품번 1, 2)
6. 표면 거칠기 기호 비교표

$\nabla = \nabla$, Ry200, Rz200, N12
$W = \nabla^{12.5}$, Ry50, Rz50, N10
$x = \nabla^{3.2}$, Ry12.5, Rz12.5, N8
$y = \nabla^{0.8}$, Ry3.2, Rz3.2, N6
$z = \nabla^{0.8}$, Ry0.8, Rz0.8, N4

[주석(주서)문 작성예]

5. 내면 광명단 도장

6. —·— 표면 열처리 $H_RC50 \pm 0.2$ 깊이 ± 0.1(해당 품번기재)

7. 기어치부 열처리 $H_RC40 \pm 0.2$(해당 품번기재)

8. 전체 표면열처리 $H_RC50 \pm 0.2$ 깊이 ± 0.1(해당 품번기재)

9. 전체 크롬 도금 처리 두께 0.05 ± 0.02(해당 품번기재)

10. 알루마이트 처리(알루미늄 재질 적용시)

11. 파커라이징 처리

12. 표면거칠기 기호

[주] 표면거칠기 기호 중 Ry는 최대높이, Rz는 10점 평균거칠기, N(숫자)은 비교표준 게이지번호를 나타낸다. 주석문에는 도면 작성시에 부품도면 상에 나타내기 곤란한 사항들이나 전체 부품도에 중복이 되는 사항들을 위의 예시와 같이 나타내는데 도면상의 부품들과 관계가 없는 내용은 빼고 반드시 필요한 부분만을 나타내준다.

[주석(주서)문의 설명]

■ 일반공차의 해석

일반공차(보통공차)란 특별한 정밀도를 요구하지 않는 부분에 일일이 공차를 기입하지 않고 정해진 치수 범위내에서 일괄적으로 적용할 목적으로 규정되었다. 보통공차를 적용함으로써 설계자는 특별한 정밀도를 필요로 하지 않는 치수의 공차까지 고민하고 결정해야 하는 수고를 덜 수 있다. 또, 제도자는 모든 치수에 일일이 공차를 기입하지 않아도 되며 도면이 훨씬 간단하고 명료해진다. 뿐만 아니라 비슷한 기능을 가진 부분들의 공차 등급이 설계자에 관계없이 동일하게 적용되므로 제작자가 효율적인 부품을 생산할 수가 있다. 도면을 보면 대부분의 치수는 특별한 정밀도를 필요로 하지 않기 때문에 치수 공차가 따로 규제되어 있지 않은 경우를 흔히 볼 수가 있을 것이다.

일반공차는 KS B ISO 2768-1 : 2002(2007확인)에 따르면 이 규격은 제도 표시를 단순화하기 위한 것으로 공차 표시가 없는 선형 및 치수에 대한 일반공차를 4개의 등급(f, m, c, v)으로 나누어 규정하고, 일반공차는 금속 파편이 제거된 제품 또는 박판 금속으로 형성된 제품에 대하여 적용한다고 규정되어 있다.

1. 일반공차

가) 가공부 : KS B ISO 2768-m

나) 주강부 : KS B 0418 보통급

다) 주조부 : KS B 0250 CT-11

일반공차의 도면 표시 및 공차등급 : KS B ISO 2768-m

m은 아래 표에서 볼 수 있듯이 공차등급을 중간급으로 적용하라는 지시인 것을 알 수 있다.

■ 파손된 가장자리를 제외한 선형 치수에 대한 허용 편차 KS B ISO 2768-1

[단위 : mm]

공차등급		보통치수에 대한 허용편차							
호칭	설명	0.5에서 3 이하	3 초과 6 이하	6 초과 30 이하	30 초과 120 이하	120 초과 400 이하	400 초과 1000 이하	1000 초과 2000 이하	2000 초과 4000 이하
f	정밀	±0.05	±0.05	±0.1	±0.15	±0.2	±0.3	±0.5	–
m	중간	±0.1	±0.1	±0.2	±0.3	±0.5	±0.8	±1.2	±0.2
c	거침	±0.2	±0.3	±0.5	±0.8	±1.2	±2.0	±3.0	±4.0
v	매우 거침	–	±0.5	±1.0	±1.5	±2.5	±4.0	±6.0	±8.0

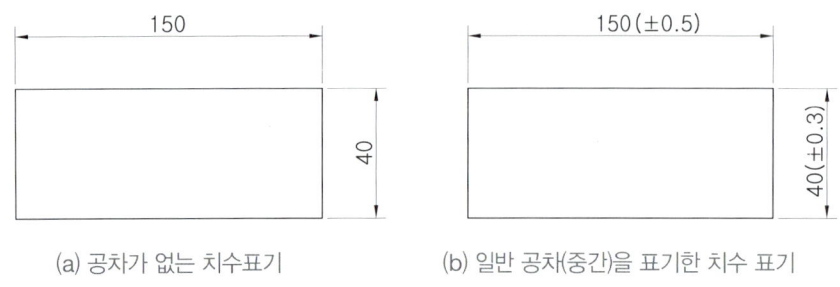

(a) 공차가 없는 치수표기 (b) 일반 공차(중간)을 표기한 치수 표기

[일반공차의 적용 해석]

위 표를 참고로 공차등급을 m(중간)급으로 선정했을 경우의 보통허용차가 적용된 상태의 치수표기를 예로 들어보겠다. 일반공차는 공차가 별도로 붙어 있지 않은 치수수치에 대해서 어느 지정된 범위안에서 +측으로 만들어지든 –측으로 만들어지든 관계없는 공차범위를 의미한다.

■ 주조부 : KS B 0250 CT-11에 대한 해석

이 규격은 금속 및 합금주조품에 관련한 치수공차 및 절삭 여유 방식에 관한 사항인데 여기서는 시험에 나오는 주서문의 예를 보고 주조품의 치수공차에 관한 사항만 해석해보기로 한다. 주조품의 치수공차는 CT1~CT16의 16개 등급으로 나누어 규정하고 있으며 위의 주서 예에 CT-11은 11등급을 적용하면 된다.

■ 주조품의 치수공차 KS B 0250

[단위 : mm]

주조한 대로의 주조품의 기준치수		전체 주조 공차														
		주조 공차 등급 CT														
초과	이하	1	2	3	4	5	6	7	8	9	10	11	12	13	14	15	16
–	10	0.09	0.13	0.18	0.26	0.36	0.52	0.74	1	1.5	2	2.8	4.2	–	–	–	–
10	16	0.1	0.14	0.2	0.28	0.38	0.54	0.78	1.1	1.6	2.2	3	4.4	–	–	–	–
16	25	0.11	0.15	0.22	0.3	0.42	0.58	0.82	1.2	1.7	2.4	3.2	4.6	6	8	10	12
25	40	0.12	0.17	0.24	0.32	0.46	0.64	0.9	1.3	1.8	2.6	3.6	5	7	9	11	14
40	63	0.13	0.18	0.26	0.36	0.5	0.7	1	1.4	2	2.8	4	5.6	8	10	12	16
63	100	0.14	0.2	0.28	0.4	0.56	0.78	1.1	1.6	2.2	3.2	4.4	6	9	100	14	18
100	160	0.15	0.22	0.3	0.44	0.62	0.88	1.2	1.8	2.5	3.6	5	7	10	12	16	20
160	250	–	0.24	0.34	0.5	0.7	1	1.4	2	2.8	4	5.6	8	11	14	18	22
250	400	–	–	0.4	0.56	0.78	1.1	1.6	2.2	3.2	4.4	6.2	9	12	16	20	25
400	630	–	–	–	0.64	0.9	1.2	1.8	2.6	3.6	5	7	10	14	18	22	28
630	1000	–	–	–	–	1	1.4	2	2.8	4	6	8	11	16	20	25	32
1000	1600	–	–	–	–	–	1.6	2.2	3.2	4.6	7	9	13	18	23	29	37
1600	2500	–	–	–	–	–	–	2.6	3.8	5.4	8	10	15	21	26	33	42
2500	4000	–	–	–	–	–	–	–	4.4	6.2	9	12	17	24	30	38	49
4000	6300	–	–	–	–	–	–	–	–	7	10	14	20	28	35	44	56
6300	10000	–	–	–	–	–	–	–	–	–	11	16	23	32	40	50	64

■ 주강부 : KS B 0418 보통급 에 대한 해석

주강품의 보통공차에 대한 KS B 0418의 대응국제규격 ISO 8062이며 KS B 0418에서는 보통 공차의 등급을 3개 등급(정밀급, 중급, 보통급)으로 나누고 있지만, ISO 8062에서는 공차등급을 CT1~CT16의 16개 등급으로 나누어 규정하고 있다.

■ 주강품의 길이 보통 공차 KS B 0418

[단위 : mm]

치수의 구분	공차 등급 및 허용차		
	A급(정밀급)	B급(중급)	C급(보통급)
120 이하	±1.8	±2.8	±4.5
120 초과 315 이하	±2.5	±4.0	±6.0
315 초과 630 이하	±3.5	±5.5	±9.0
630 초과 1250 이하	±5.0	±8.0	±12.0
1250 초과 2500 이하	±9.0	±14.0	±22.0
2500 초과 5000 이하	-	±20.0	±35.0
5000 초과 10000 이하	-	-	±63.0

2. 도시되고 지시없는 모떼기 1x45°, 필렛 및 라운드 R3

key point

모떼기(chamfering)는 모따기 혹은 모서리 면취작업이라고 하며 공작물이나 부품을 기계절삭 가공하고 나면 날카로운 모서리들이 발생하는데 이런 경우 일일이 도면의 모서리부분에 모떼기표시를 하게 되면 도면도 복잡해지고 시간도 허비하게 된다. 특별한 끼워맞춤이 있거나 기능상 반드시 모떼기나 둥글게 라운드 가공을 지시해주어야 하는 곳 외에는 일괄적으로 모떼기 할 부분은 C1(1x45°)로 다듬질하고 필렛 및 라운드는 R3 정도로 하라는 의미이다. 즉, 도면에 아래와 같이 모떼기나 라운드 표시가 되어있지만 별도로 지시가 없는 경우에 적용하라는 주서이다.

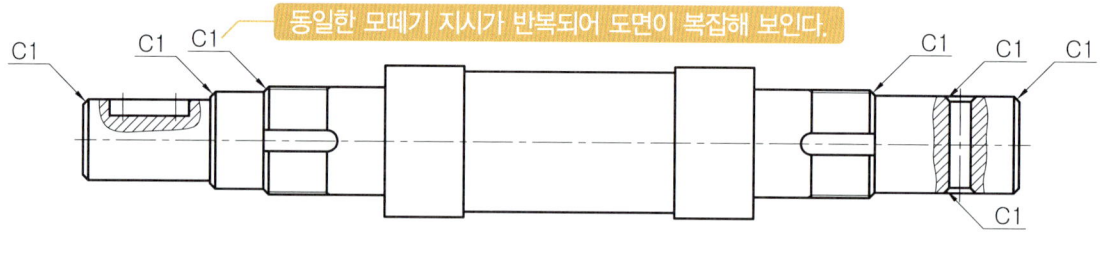

[모떼기의 도시]

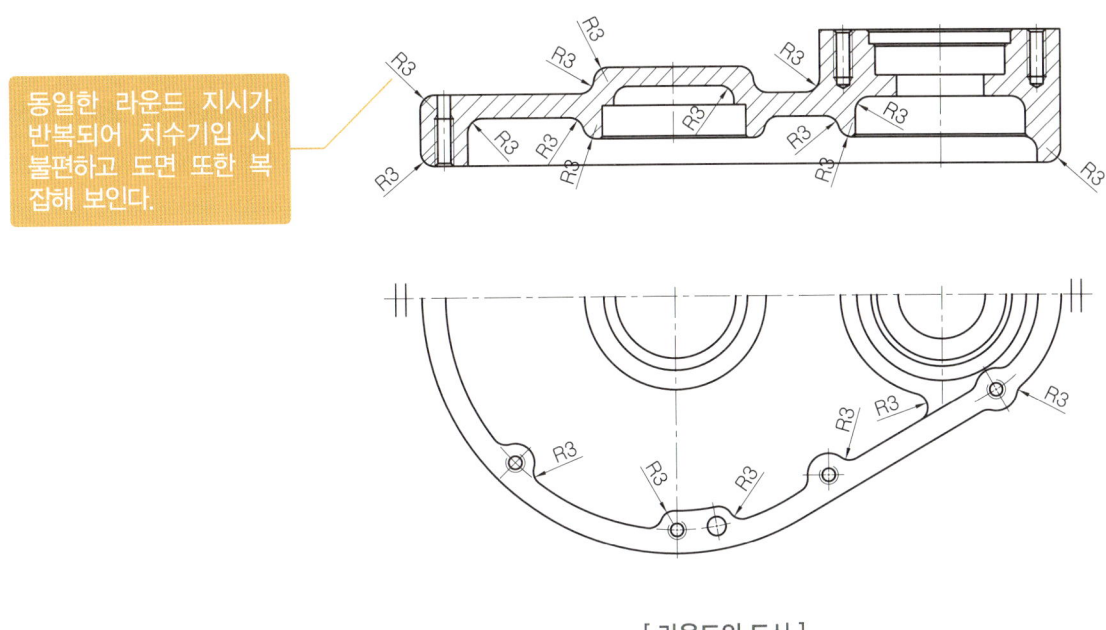

[라운드의 도시]

3. 일반 모떼기 0.2x45°, 필렛 R0.2

key point

일반 모떼기나 필렛은 도면에 별도로 표시가 되어 있지 않은 모서리진 부분을 일괄적으로 일반 모떼기 0.2~0.5×45°, 필렛 R0.2 정도로 다듬질하라는 의미이다.

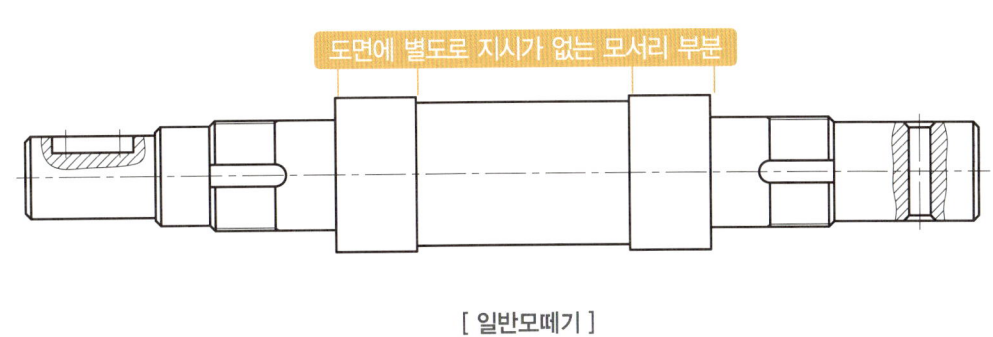

[일반모떼기]

4. ∀부 외면 명청색, 명적색 도장 (해당 품번기재)

일반적적으로 본체나 하우징 및 커버의 경우 회주철(Gray Casting)을 사용하는 경우가 많은데 회주철은 말 그대로 주물을 하고 나면 주물면이 회색에 가깝다. 기계가공을 한 부분과 주물면의 색상이 유사하여 쉽게 가공면의 구분이 되지 않는 경우가 있는데 이런 경우 주물면과 가공면을 쉽게 구별할 수 있도록 밝은 청색이나 밝은 적색의 도장을 하는 경우가 있다. 주물은 회주철 외에도 주강품이나 알루미늄, 황동, 아연, 인청동 등 비철금속에도 많이 사용하는 공정이다. 쉽게 생각해 가마솥이나 형상이 복잡한 자동차의 실린더블록 및 헤드, 캠샤프트, 가공기 베드, 모터 하우징, 밸브 바디 등이 대부분 주물품이라고 보면 된다.

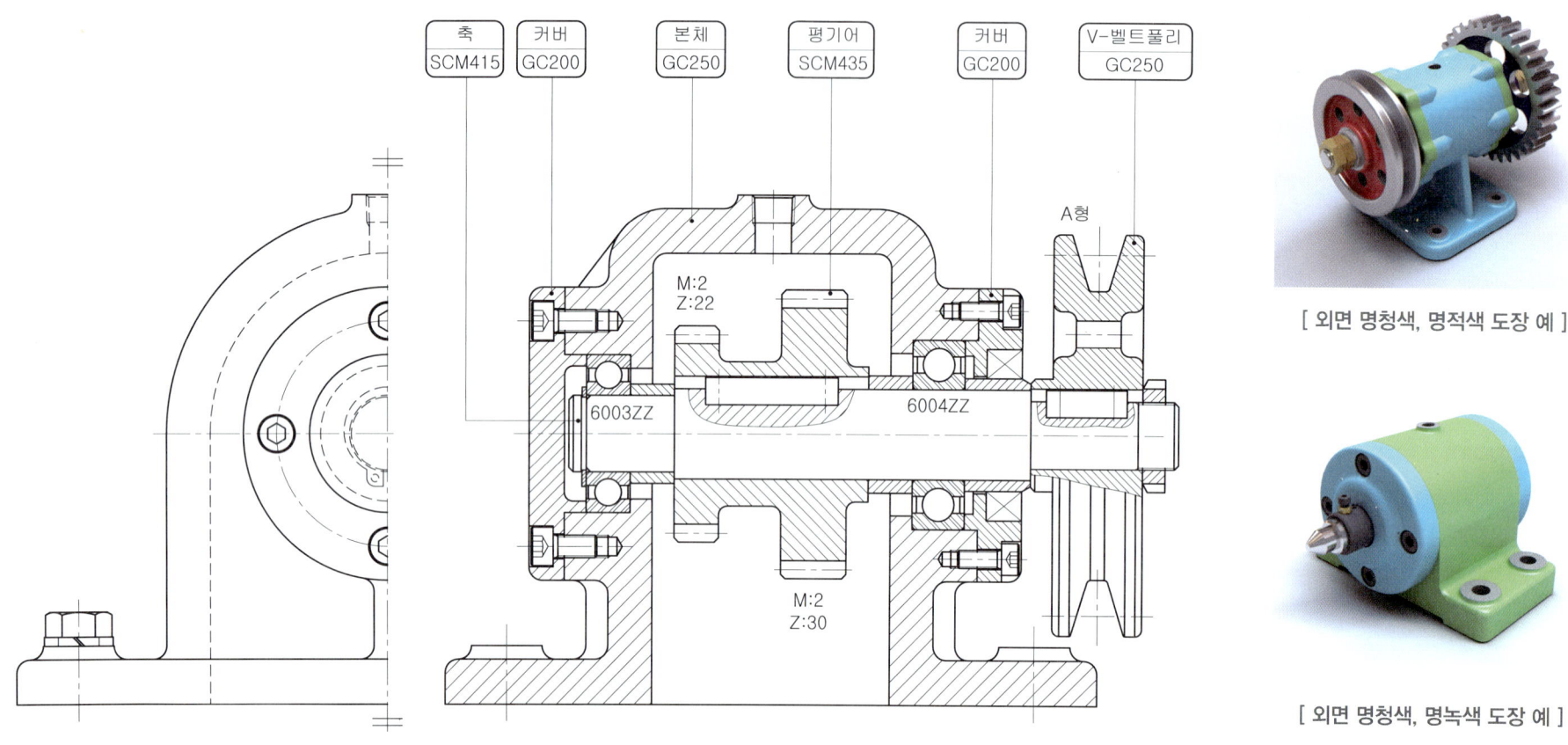

[주물품]

[외면 명청색, 명적색 도장 예]

[외면 명청색, 명녹색 도장 예]

5. 내면 광명단 도장 (해당 품번기재)

광명단은 방청페인트라고도 하는데 이는 철강의 녹 및 부식을 방지하기 위해서 실시하는 도장(페인팅)작업 중의 하나이다.

key point

참고로 도장에는 분체도장과 소부도장이라는 것이 있는데 분체도장은 액체도장과 달리 200℃ 이상의 고온에서 분말도료를 녹여서 철재에 도장하는 방법으로 내식성, 내구성, 내약품성이 우수하고 쉽게 손상이 되지 않으며 모서리 부분에 대한 깔끔한 마무리, 먼지 등에 오염되지 않는 깨끗한 도막을 얻을 수 있는 장점이 있고, 소부도장은 열경화성수지를 사용하여 도장 후 가열하여 건조시키는 공정으로 방청능력이 우수하고 단단하고 균일한 도막 형성으로 아름다운 외관을 갖게 하는 도장이다.

6. —·— 표면 열처리 HRC50± 0.2 깊이± 0.1 (해당 품번기재)

기어가 맞물려 돌아가는 이(tooth)나 스프로킷의 치형부, 마찰이 발생하는 축의 표면 등은 해당 표면부위에만 열처리를 지시해 준다. 불필요한 부분까지 전체 열처리를 해주는 것은 좋지 않다.

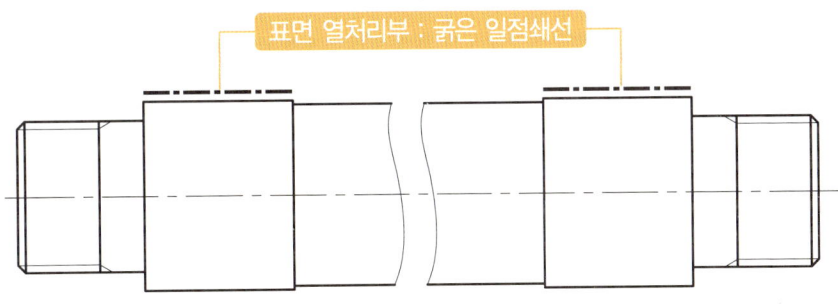

[축의 표면 열처리 지시 예 (1)]

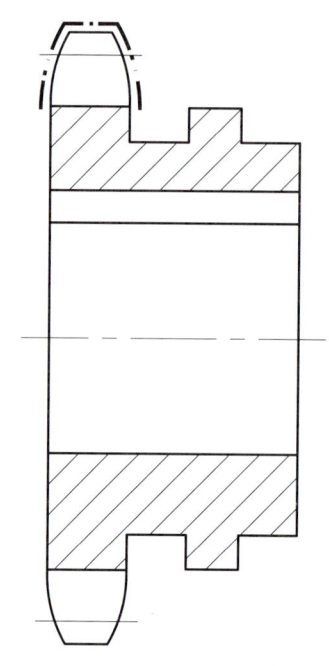
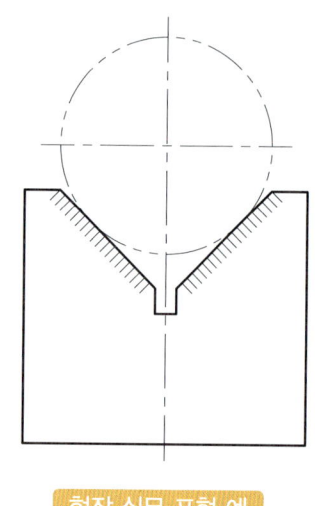
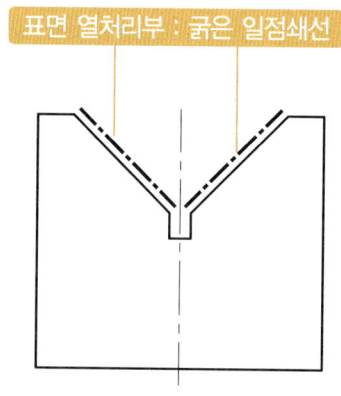

표면 열처리부 : 굵은 일점쇄선

[스프로킷 치부의 표면 열처리 지시 예 (2)]

현장 실무 표현 예

[V-블록의 표면 열처리 지시 예 (3)]

key point

- **로크웰경도(Rockwell Hardness)** : H_RC는 경도를 측정하는 시험법 중에 로크웰경도 C 스케일을 말하는데 이는 꼭지각이 120°이고 선단의 반지름이 0.2mm인 원뿔형 다이아몬드를 이용하여 누르는 방법으로 열처리된 합금강, 공구강, 금형강 등의 단단한 재료에 주로 사용된다. B 스케일은 지름이 1.588mm인 강구를 눌러 동합금, 연강, 알루미늄합금 등 연하고 얇은 재료에 주로 사용하며 금속재료의 경도 시험에서 가장 널리 사용된다고 한다.
- **브리넬경도 시험(Brinell Hardness)** : 브리넬경도는 강구(볼)의 압자를 재료에 일정한 시험하중으로 시편에 압입시켜 이때 생긴 압입자국의 표면적으로 시편에 가한 하중을 나눈 값을 브리넬 경도 값으로 정의하며 기호로는 H_B를 사용하고 주로 주물, 주강품, 금속소재, 비철금속 등의 경도 시험에 편리하게 사용한다.
- **쇼어경도(Shore Hardness)** : 쇼어경도는 끝에 다이아몬드가 부착된 중추가 유리관 속에 있으며 이 중추를 일정한 높이에서 시편의 표면에 낙하시켜 반발되는 높이를 측정할 수 있다. 경도 값은 중추의 낙하높이와 반발높이로 구해진다. 기호는 H_S로 표기한다.
- **비커스경도(Vickers Hardness)** : 비커스경도는 꼭지각이 136°인 다이아몬드 사각뿔의 피라미드 모양의 압자를 이용하여 시편의 표면에 일정 시간 힘을 가한 다음 시편의 표면에 생긴 자국(압흔)의 표면적을 계산하여 경도를 산출한다. 기호는 H_V로 표기한다.

7. 기어치부 열처리 HRC40± 0.2 (해당 품번기재)

시험에 자주 나오는 평기어는 일반적으로 대형기어는 재질을 주강품(예:SC480)으로 하고, 소형기어는 재질을 SM45C, SCM415~SCM440, SNC415 정도를 사용한다. 열처리의 경도를 표기할 때 **HRC40± 0.2** 지정하는 이유로는 대부분의 기어의 이빨의 크기가 작기 때문에 **HRC55± 0.2**으로 열처리를 했을 경우 강도가 강하여 맞물려 회전시 깨질 우려가 있으므로 이빨의 파손을 방지하기 위하여 사용한다. 기어의 치부나 스프로킷의 치부 표면 열처리는 일반적으로 HRC40± 0.2 정도로 지정하면 무리가 없다.

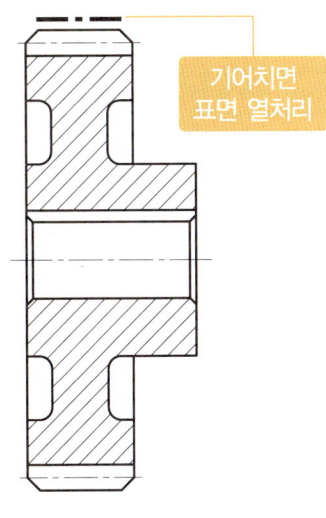

[평기어의 표면 열처리 지시 예]

8. 전체 표면 열처리 HRC50± 0.2 깊이± 0.1 (해당 품번기재)

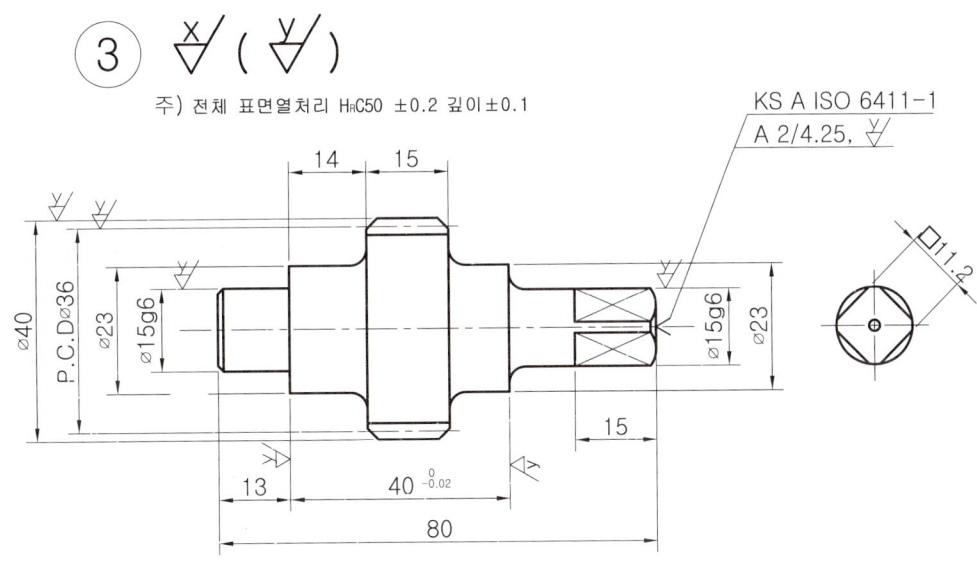

[전체 표면 열처리 지시 예]

9. 전체 크롬 도금 처리 두께 0.05± 0.02 (해당 품번기재)

크롬도금은 높은 내마모성, 내식성, 윤활성, 내열성 등을 요구하는 곳에 사용되며 표면이 아름답다. 실린더의 피스톤로드 같은 열처리된 강에 경질 크롬도금 처리를 한 후에 연마 처리하여 사용하는 것이 일반적이다.

[크롬 도금 부품]

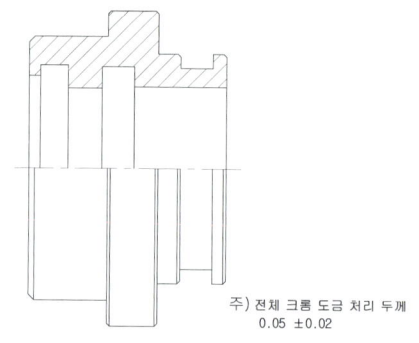

주) 전체 크롬 도금 처리 두께
0.05 ±0.02

[크롬 도금 처리 지시 예]

10. 알루마이트 처리(알루미늄 재질 적용시)

알루마이트(allumite)는 알루미늄에 산화피막처리를 한 것으로 아노다이징 처리를 한 알루미늄 제품을 의미한다.

[알루미늄 아노다이징 처리 부품]

11. 파커라이징 처리

파커라이징(parkerizing)은 흔히 '인산염 피막처리'라고 하며 자동차부품 중에 검은색을 띤 흑갈색의 부품들이 인산염 피막처리를 한 것이다. '흑착색'은 알카리염처리를 말한다.

[참고입체도 : 파커라이징]

12. 표면거칠기 기호

표면거칠기에 관한 사항은 [부록]의 「01. 표면거칠기」를 참조한다.

key point

지금까지 주석문에 대해서 각 항목별로 의미하는 바를 알아보았다. 앞의 내용은 하나의 예로써 그 순서와 내용의 적용에 있어서는 주어진 상황에 맞게 표기하면 되고, 다만 도면을 보는 제3자가 이해하기 쉽도록 기입해 주고 도면과 관련있는 사항들만 간단명료하게 표기해주는 것이 바람직하다. 또한 시험에서 사용하는 주석문과 실제 산업 현장에서 사용하는 주석문은 다를 수가 있으며 각 기업의 사정에 맞는 주석문을 적용하고 있는 것이 일반적인 사항이다.

$\triangledown = \triangledown$, Ry200 , Rz200 , N12
$\underset{\triangledown}{W} = \underset{\triangledown}{12.5}$, Ry50 , Rz50 , N10
$\underset{\triangledown}{X} = \underset{\triangledown}{3.2}$, Ry12.5 , Rz12.5 , N8
$\underset{\triangledown}{y} = \underset{\triangledown}{0.8}$, Ry3.2 , Rz3.2 , N6
$\underset{\triangledown}{Z} = \underset{\triangledown}{0.2}$, Ry0.8 , Rz0.8 , N4

[표면거칠기 기호 비교]

```
NOTE
1. 날카로운 모서리 C0.5로 면취할 것.
2. 지시없는 BOLT & TAP HOLE간 거리 공차는 ±0.1이내일 것.
3. 인산염 피막처리 할 것.
```

```
NOTE
1. 날카로운 모서리 C0.5로 면취할 것.
2. BOLT HOLE및 TAP HOLE간 거리 공차는 ±0.1 이내일것.
3. 용접부 각장 크기는 2.3√t 로 연속 용접할 것.
4. 용접후 응력 제거할 것.
5. 백색아연 도금 할것.(두께 : 3~5um)
6. TAP 부는 도금하지말 것.
```

```
NOTE
1. 날카로운 모서리 C0.5로 면취할 것.
2. 지시없는 BOLT & TAP HOLE간 거리 공차는 ±0.1이내일 것.
3. 백색아연 도금 처리 할 것.(두께:3~5um)
4. ( —··—··— )부 고주파 열처리할 것. (HRC 45~50).
```

```
NOTE
1. 날카로운 모서리 C0.5로 면취할 것.
2. BOLT HOLE및 TAP HOLE간 거리 공차는±0.1 이내일 것.
3. 용접부 각장 크기는 2.3√t 로 연속 용접할 것.
4. 용접후 응력 제거할 것.
5. 지정색 (NO. 5Y 8.5/1) 페인팅할 것. (기계 가공부 제외)
6. 전체 침탄열처리할 것. (단, 나사부 침탄방지할 것)
```

이 장에서는 비교적 난이도가 높지 않은 기초 실습도면들을 예제로 구성하고 조립도, 2D 부품도, 3D형상 모델링과 분해 등각 구조도의 순으로 구성하여 도면해독의 이해도가 용이하도록 하였으며, 도면 작업은 오토캐드와 인벤터로 작성하였다.

[선 굵기에 따른 색상은 다음과 같이 설정하시오.]

선 굵기	색 상	용 도
0.70mm	하늘색(Cyan)	윤곽선, 중심 마크
0.50mm	초록색(Green)	외형선, 개별주서 등
0.35mm	노란색(Yellow)	숨은선, 치수문자, 일반주서 등
0.25mm	빨강(Red), 흰색(White)	치수선, 치수보조선, 중심선, 해칭선 등

※ 위 표는 Autocad 프로그램 상에서 출력을 용이하게 하기 위한 설정이므로 다른 프로그램을 사용할 경우 위 항목에 맞도록 문자, 숫자, 기호의 크기, 선 굵기를 지정하시기 바랍니다.

PART 02

2D도면작성 및 3D형상 모델링 작성
기초 실습도면

1 벨트 타이트너 | **2** 잭 스크류 | **3** 축박스 | **4** 핸드 레일 컬럼 | **5** 나사식 클램프
6 플랜지형 커플링 | **7** 핸드 슬라이드 장치 | **8** 필로우 블록 | **9** 동력구동장치 | **10** CLAW 클러치

1. 벨트 타이트너 조립도

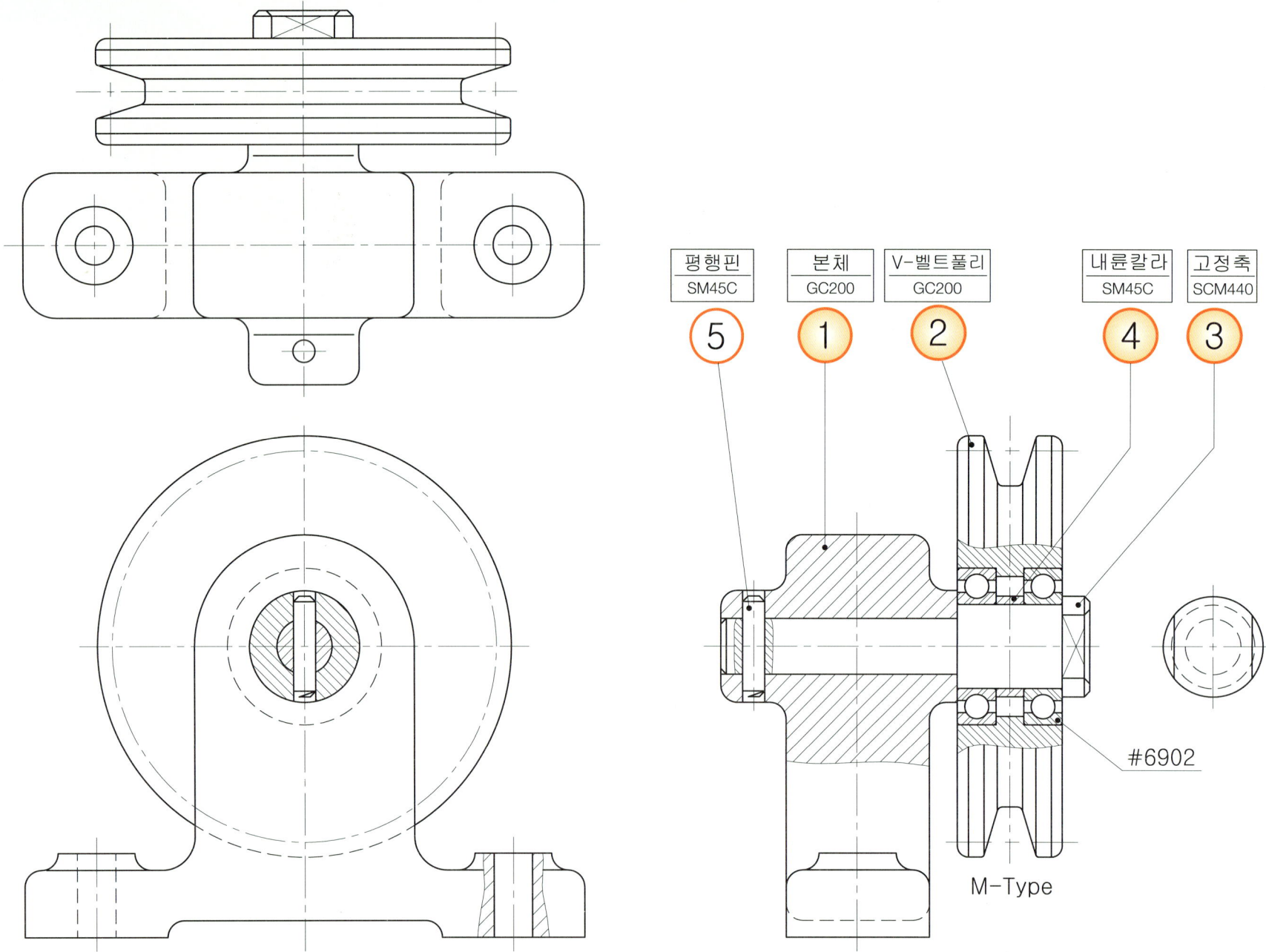

1. 벨트 타이트너 부품도

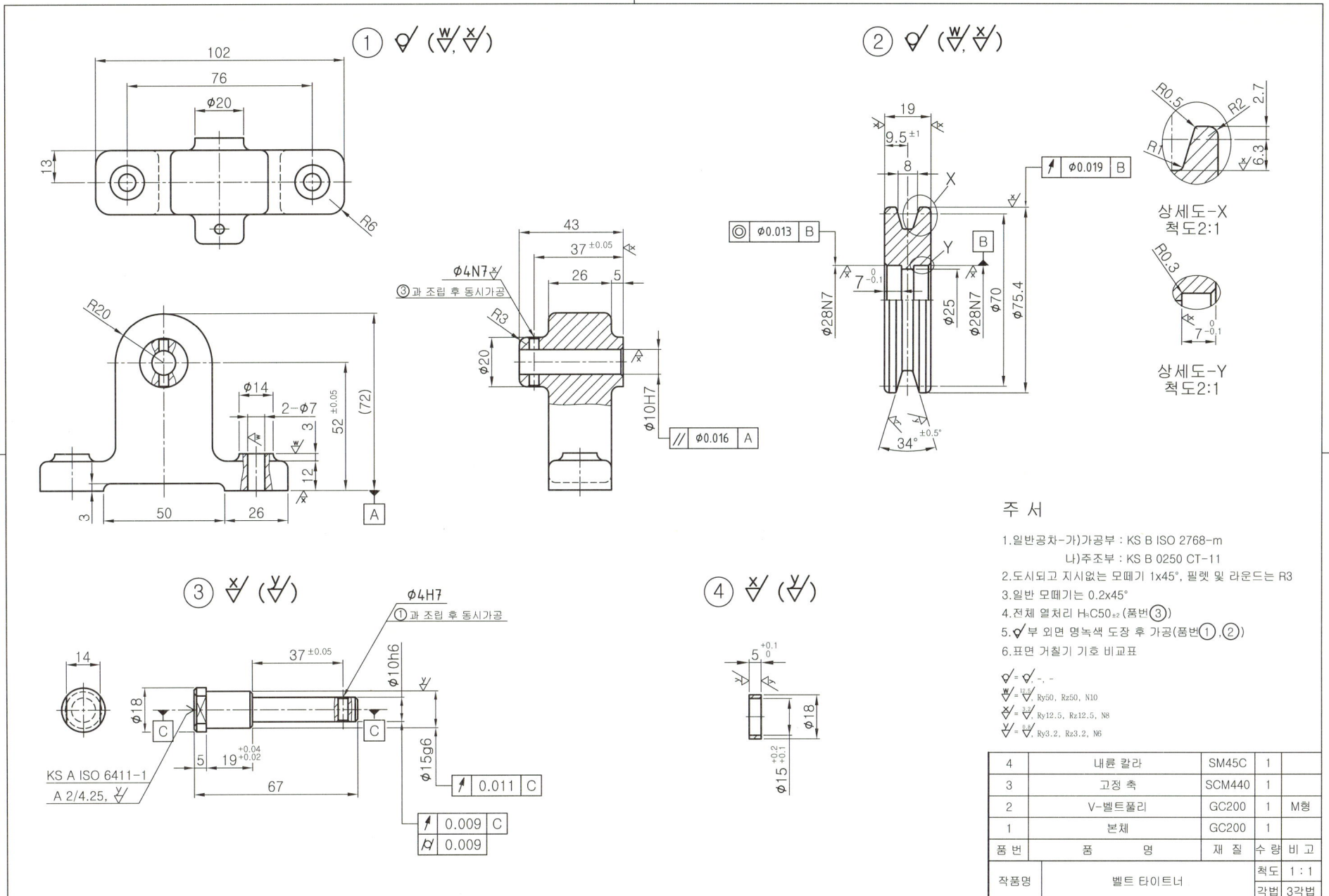

1. 벨트 타이트너 3D 모델링

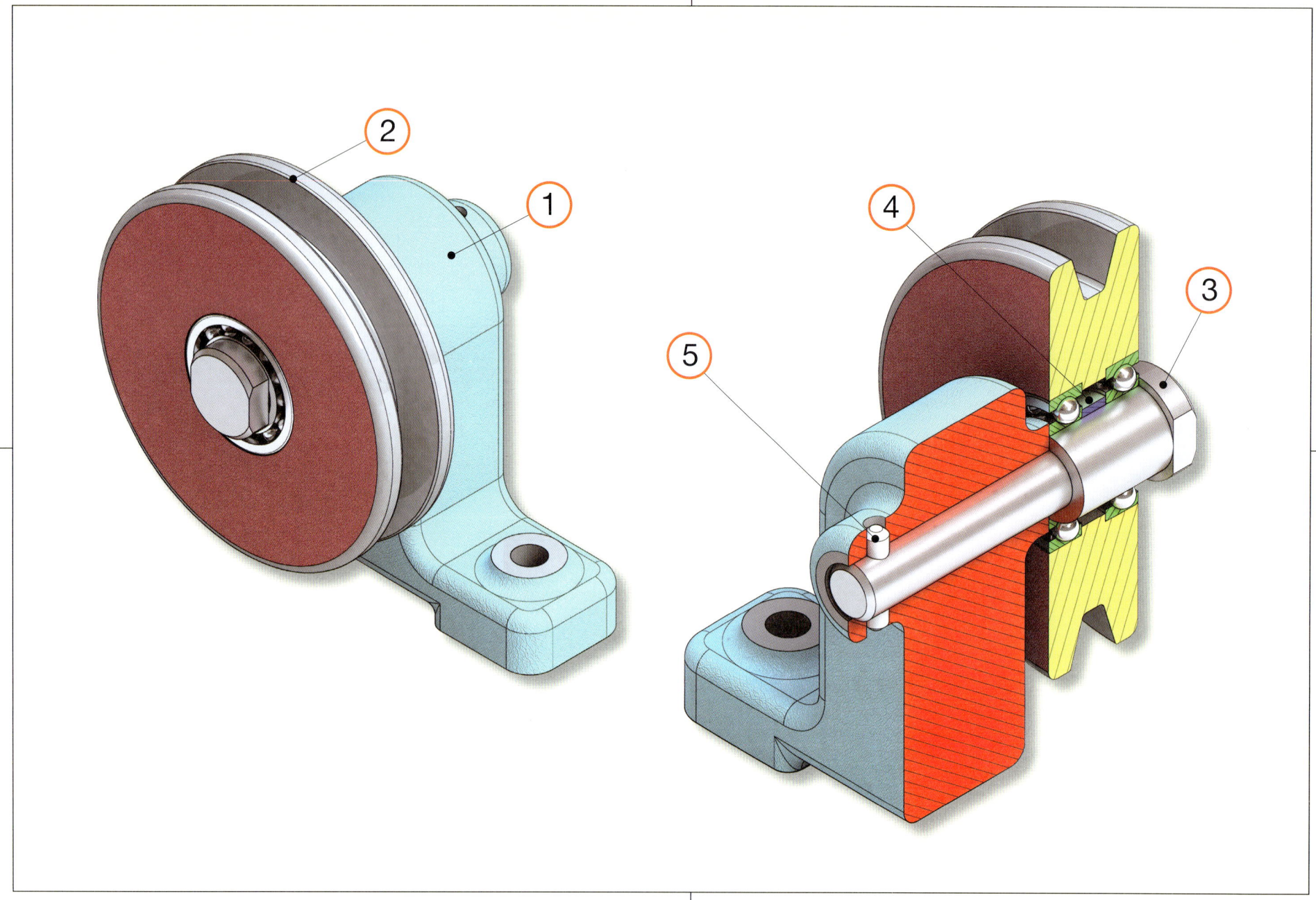

1. 벨트 타이트너 분해 등각구조도

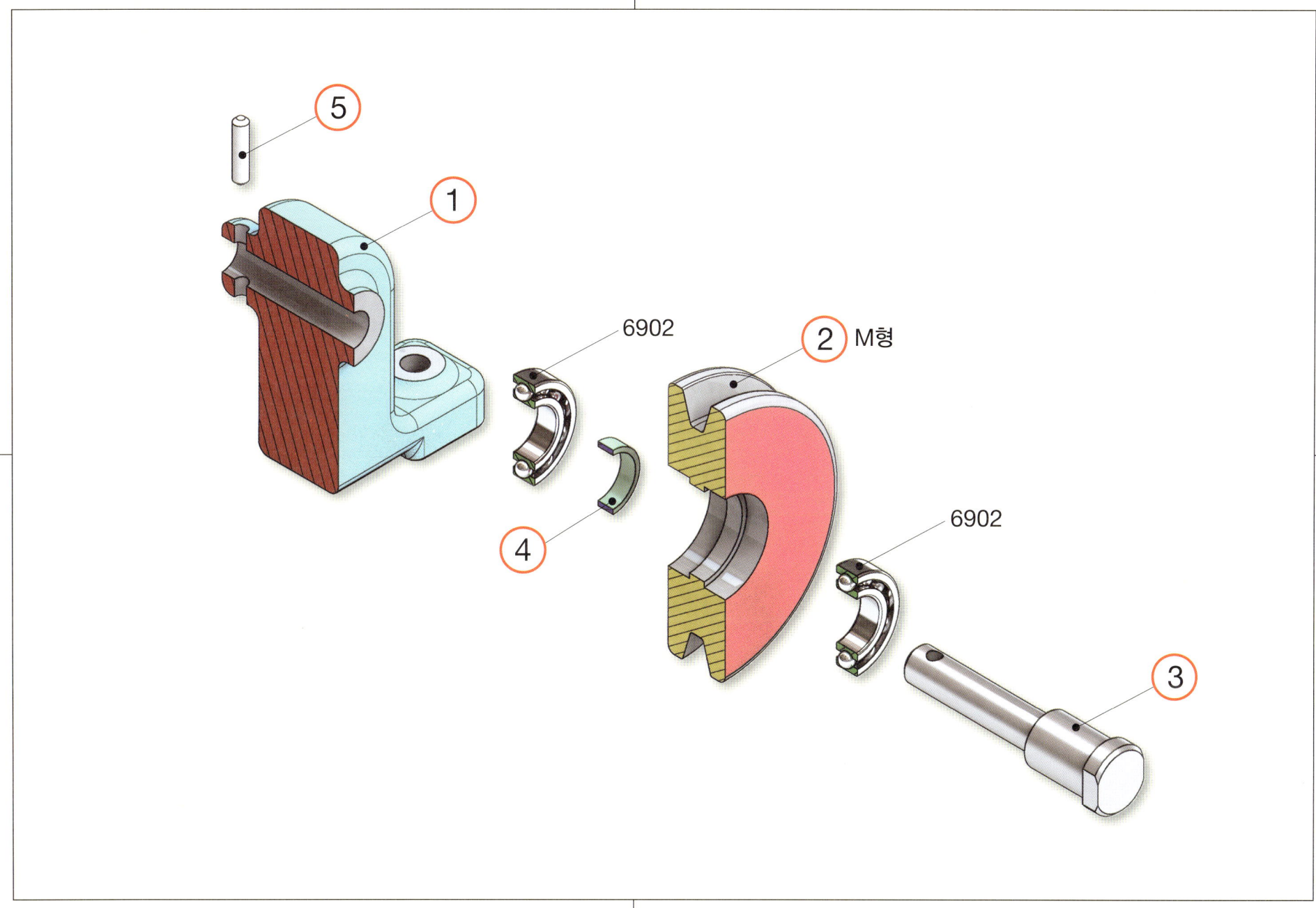

2. 잭 스크류 조립도

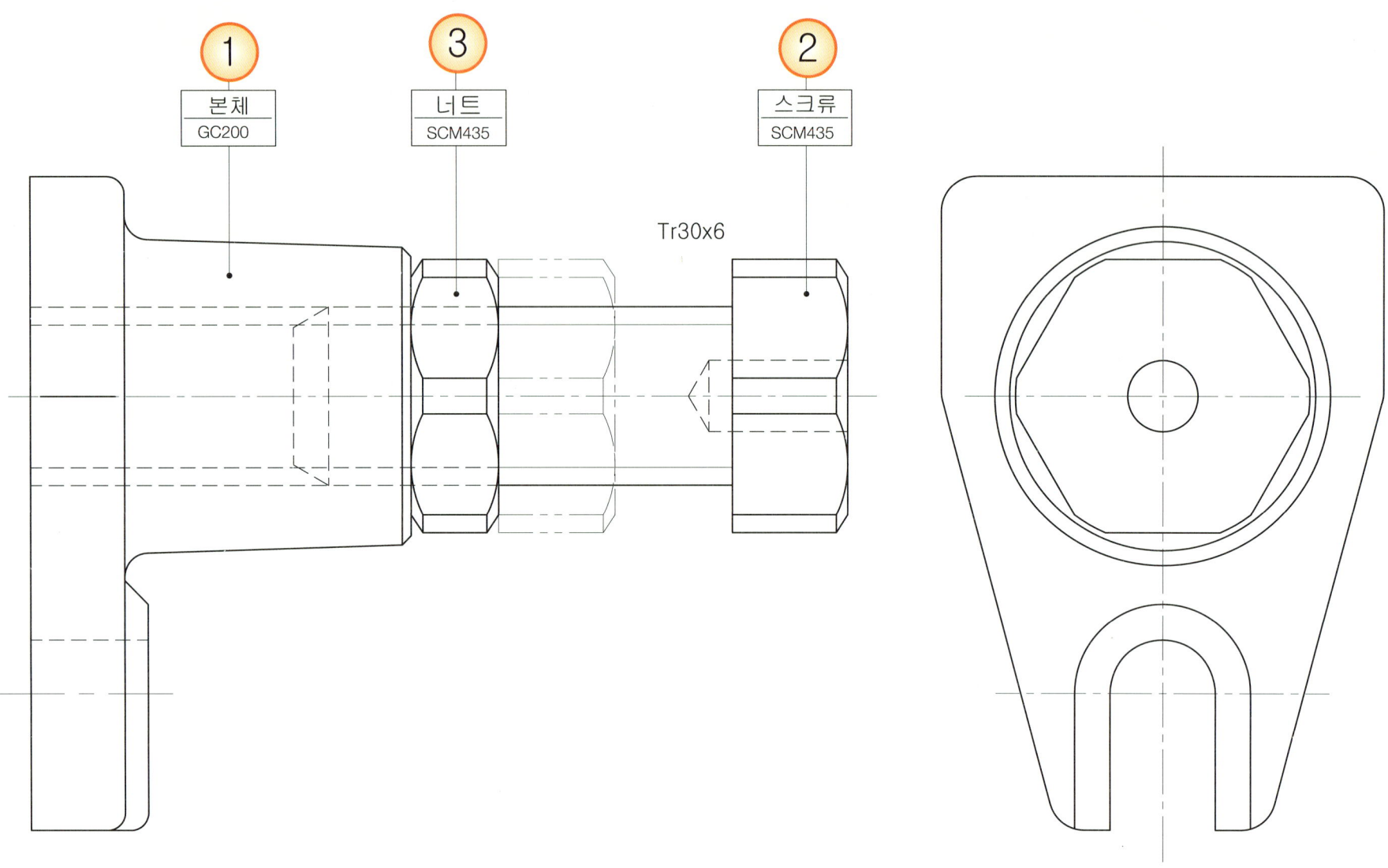

2. 잭 스크류 부품도

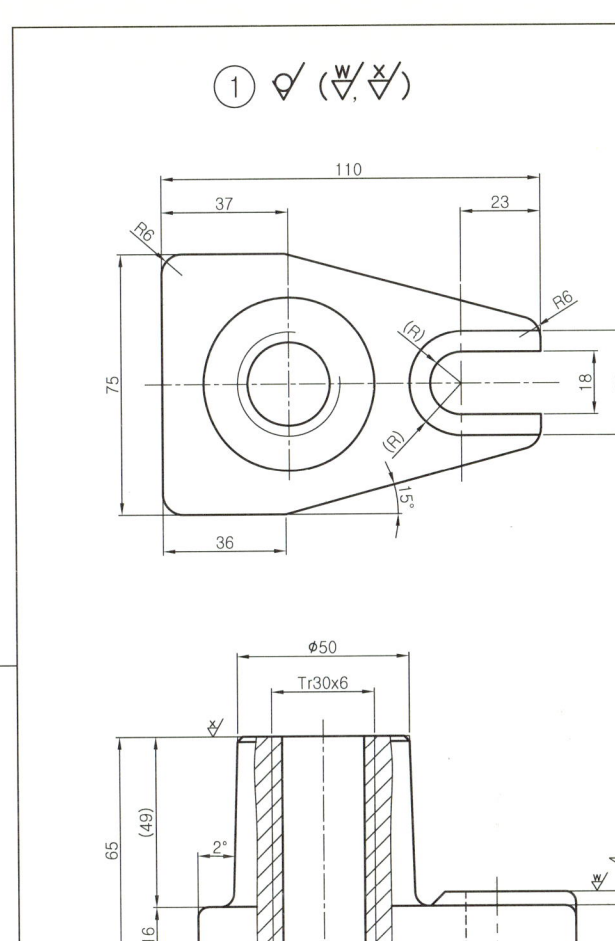

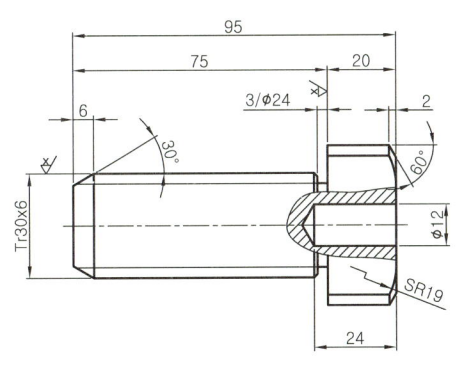

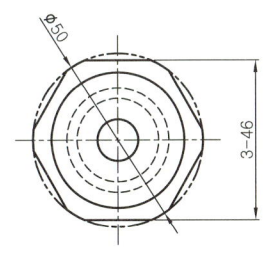

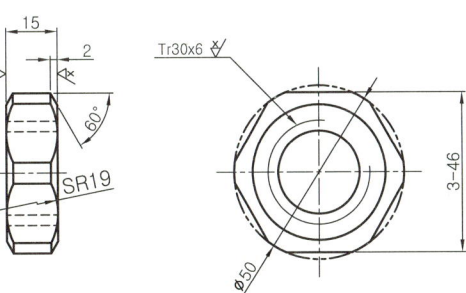

주 서

1. 일반공차-가)가공부 : KS B ISO 2768-m
2. 도시되고 지시없는 모떼기 1x45°, 필렛 및 라운드 R3
3. 일반 모떼기는 0.2x45°
4. 전체 열처리 H₼C50±2(품번 ②,③)
5. ◇부 외면 명녹색 도장 후 가공(품번①)
6. 파커라이징 처리(품번 ②,③)
7. 표면 거칠기 기호 비교표

◇ = ◇ -, -
W/ = ▽ Ry50, Rz50, N10
X/ = ▽ Ry12.5, Rz12.5, N8
Y/ = ▽ Ry3.2, Rz3.2, N6

3	너트	SCM435	1
2	스크류	SCM435	1
1	본체	GC200	1
품번	품 명	재 질	수 량 비고
작품명	잭스크류	척도	1:1
		각법	3각법

2. 잭 스크류 3D 모델링

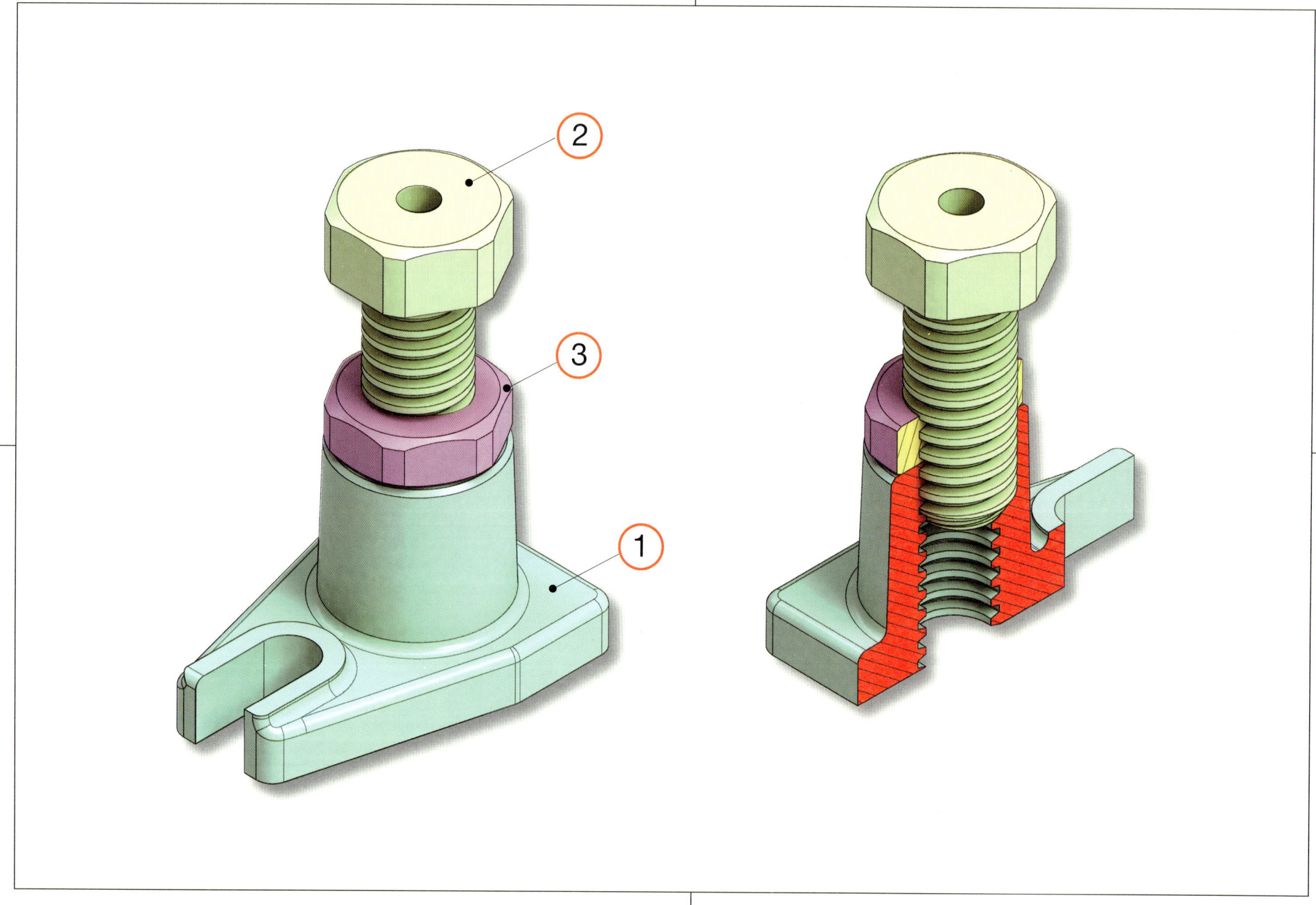

2. 잭 스크류 분해 등각구조도

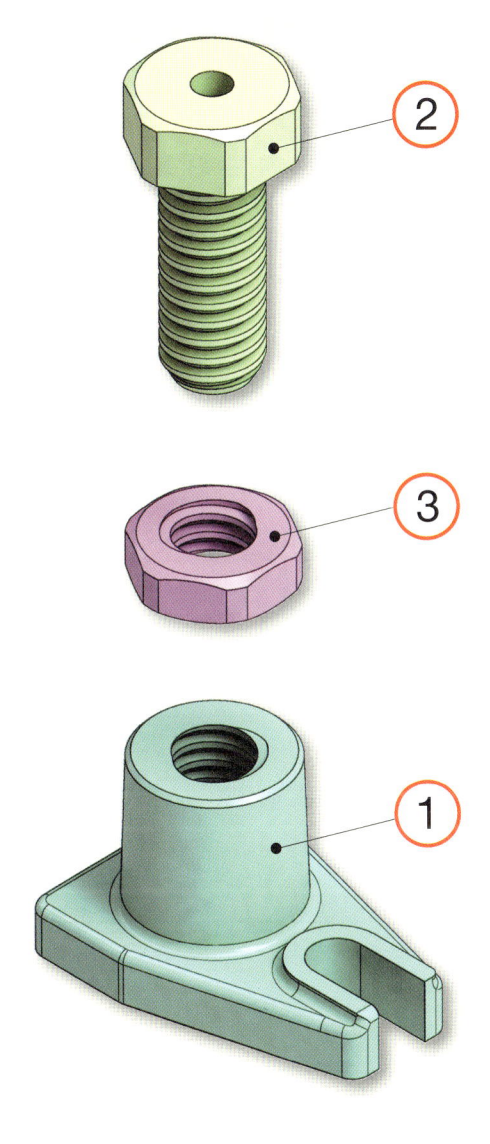

3. 축 박스 조립도

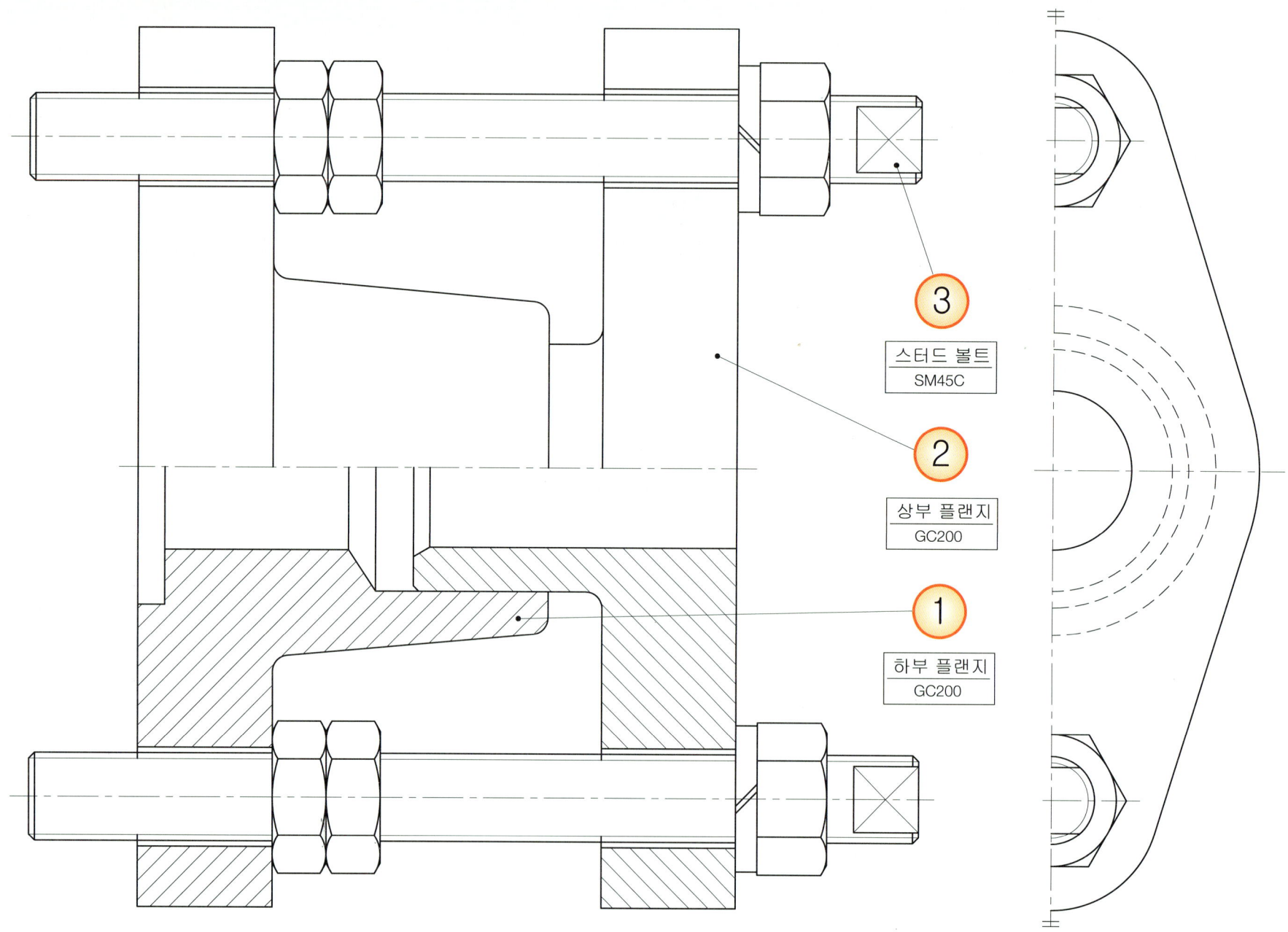

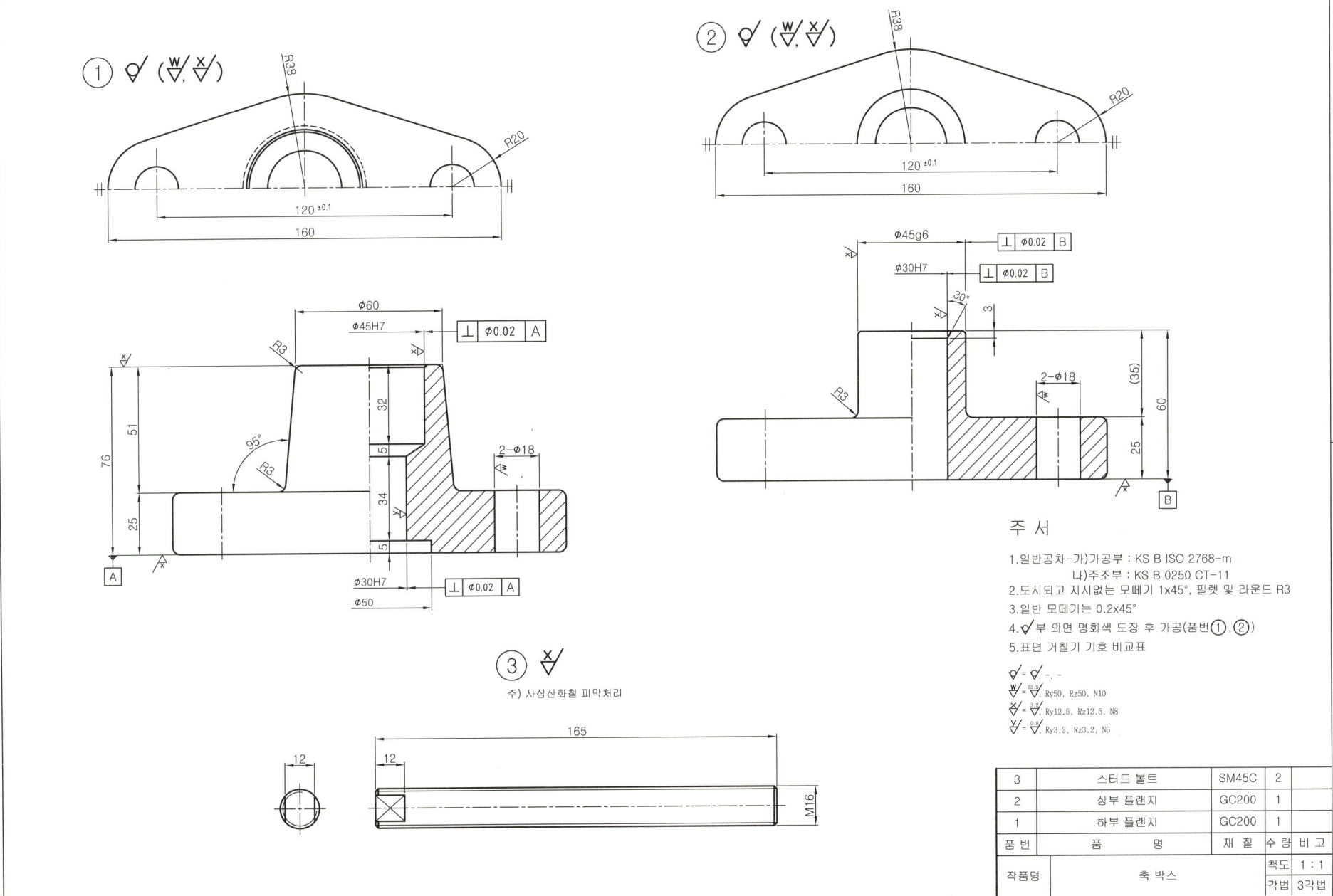

3. 축 박스 3D 모델링

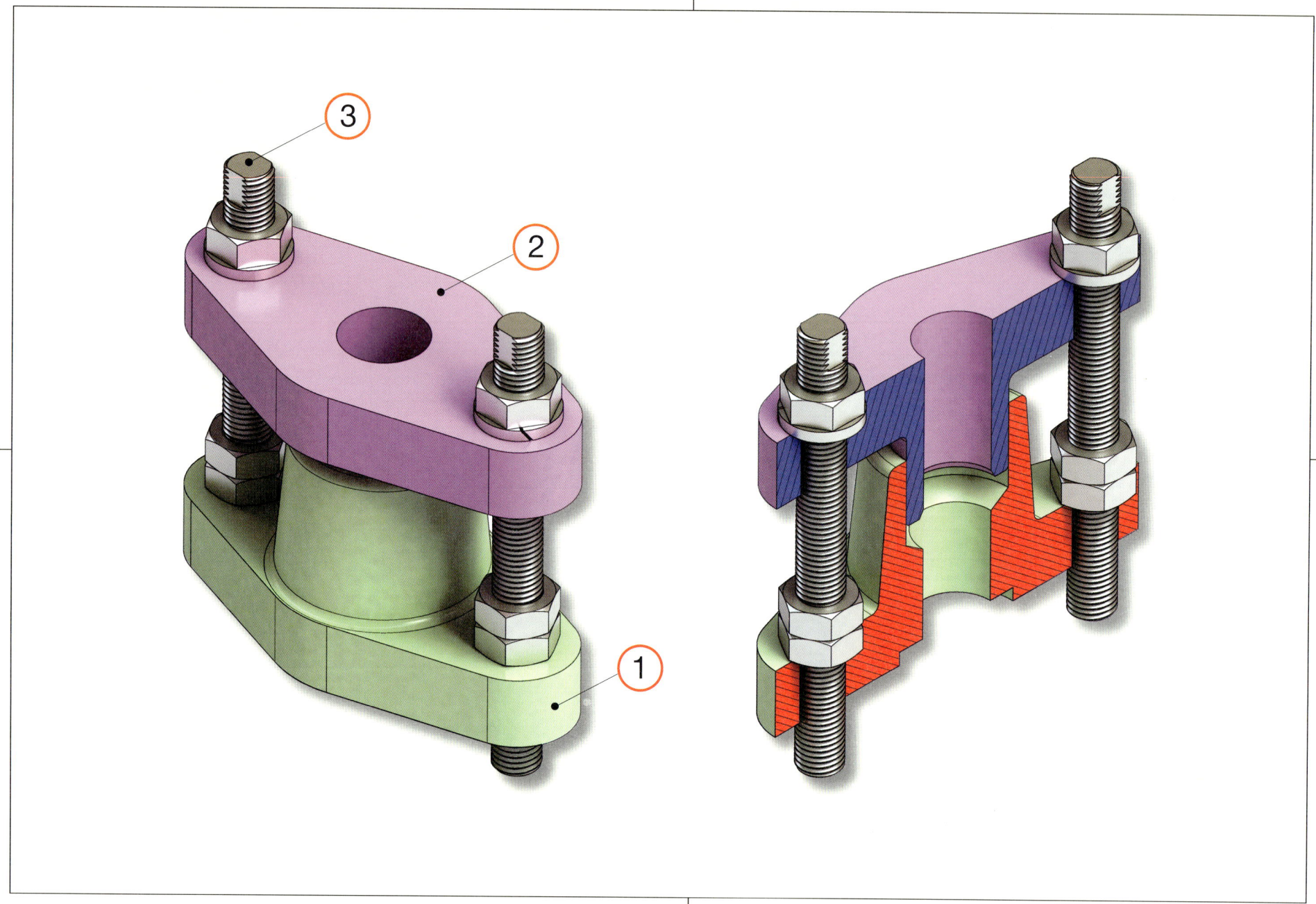

3. 축 박스 분해 등각구조도

4. 핸드 레일 컬럼 조립도

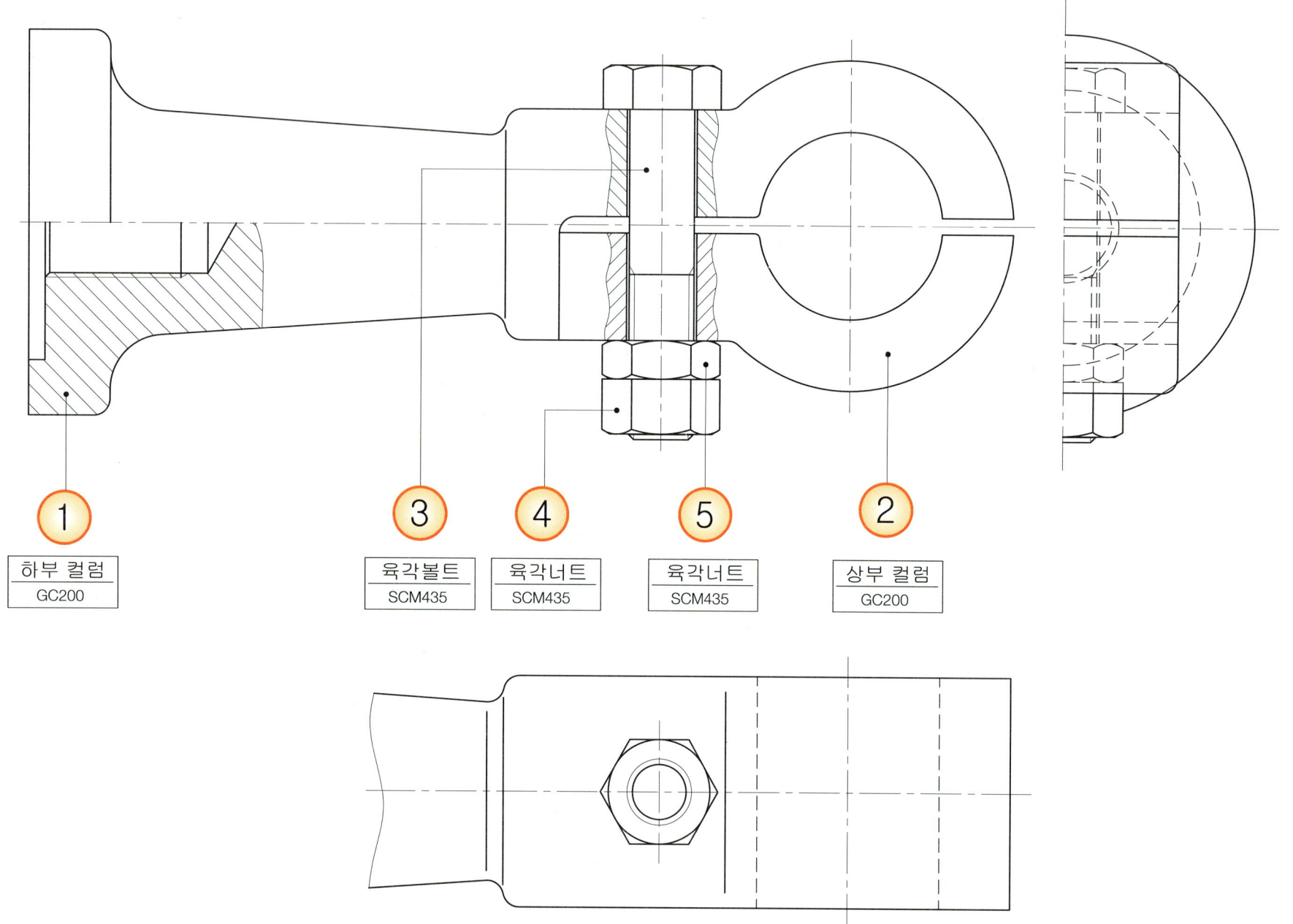

1	3	4	5	2
하부 컬럼 GC200	육각볼트 SCM435	육각너트 SCM435	육각너트 SCM435	상부 컬럼 GC200

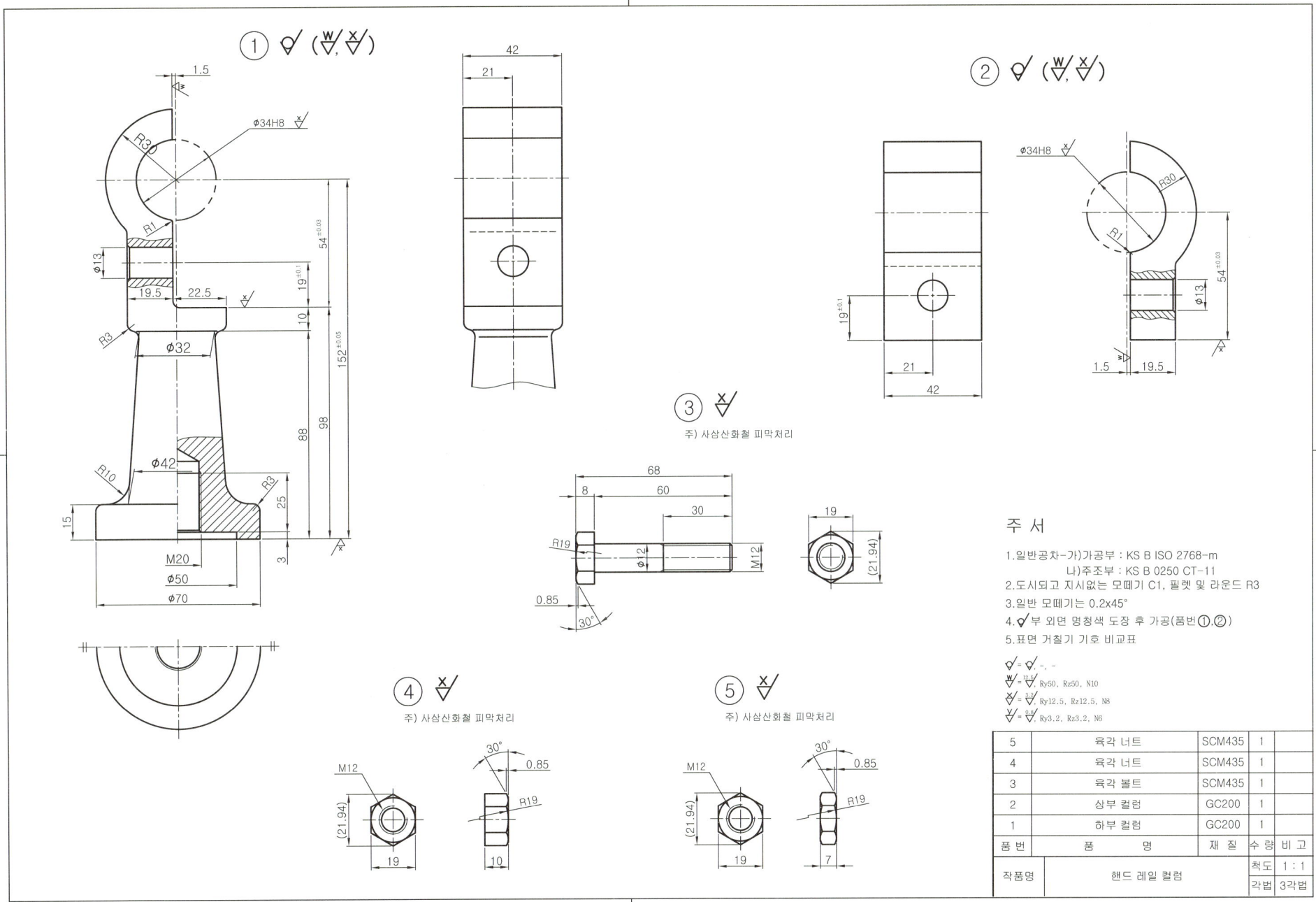

4. 핸드 레일 컬럼 3D 모델링

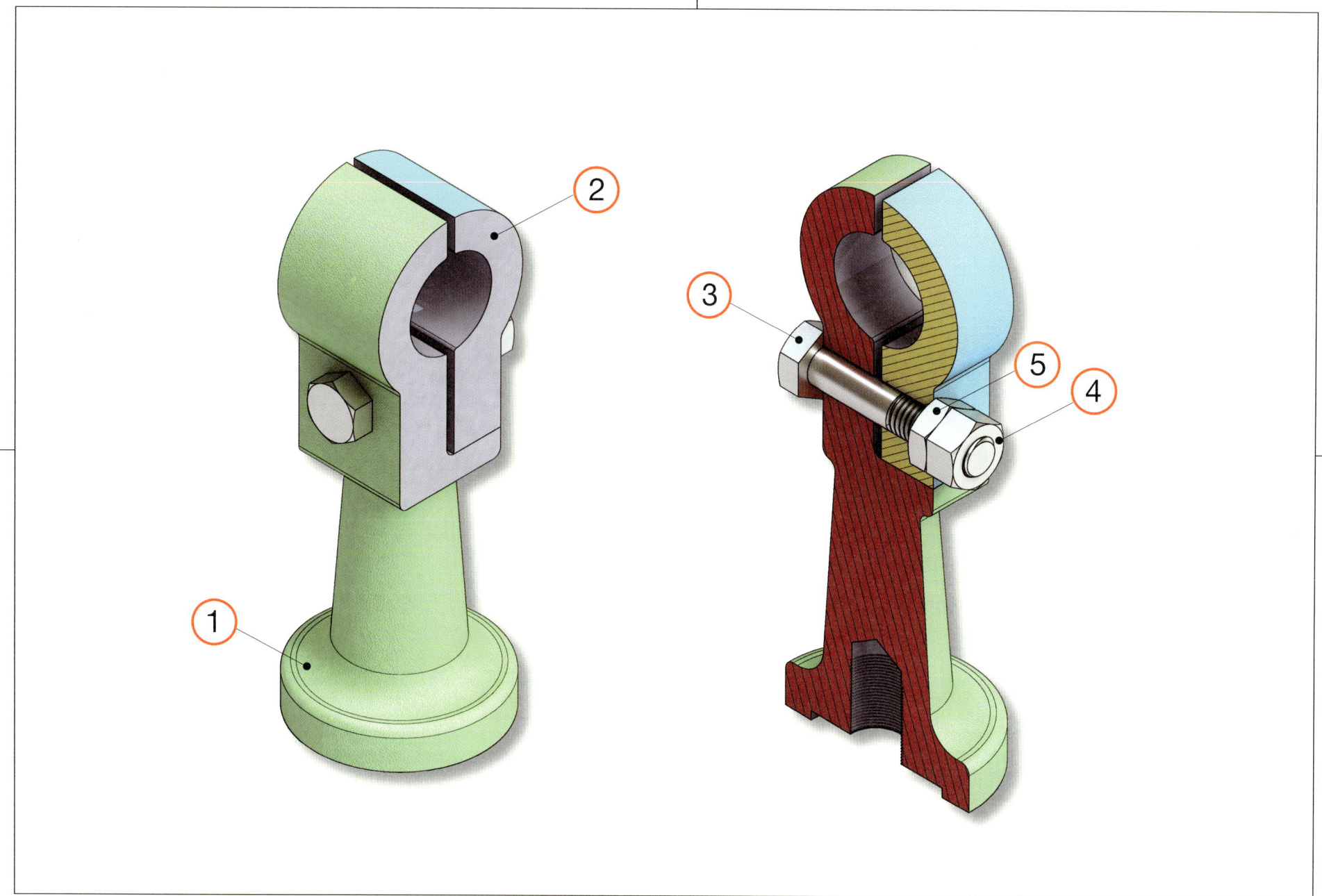

4. 핸드 레일 컬럼 분해 등각구조도

5. 나사식 클램프 조립도

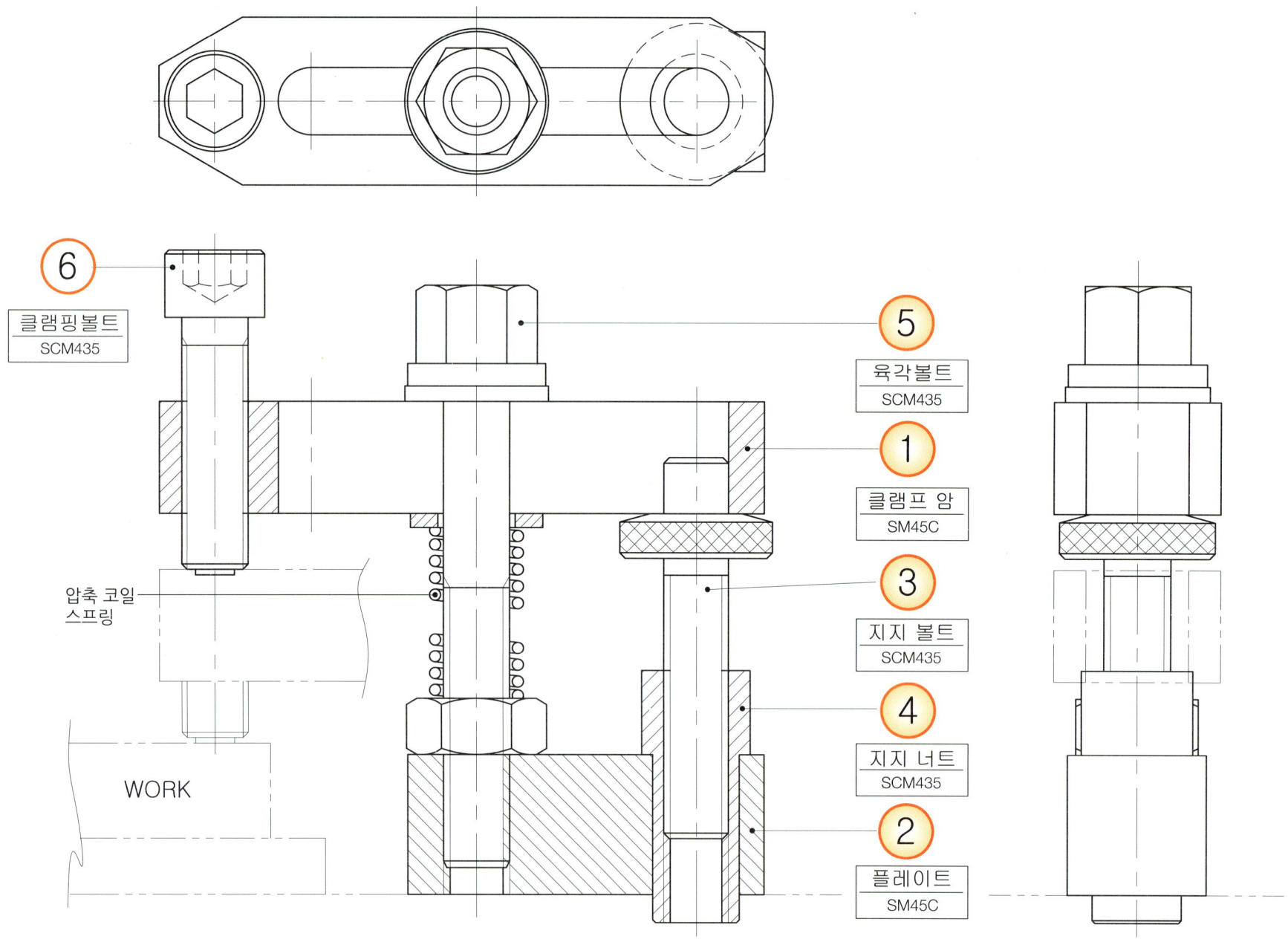

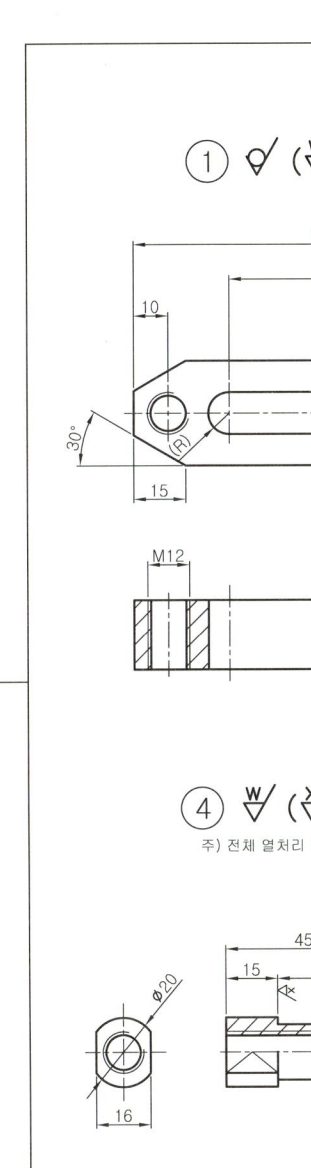
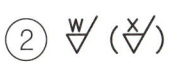
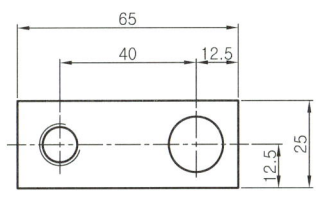
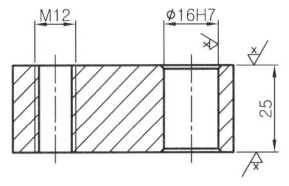

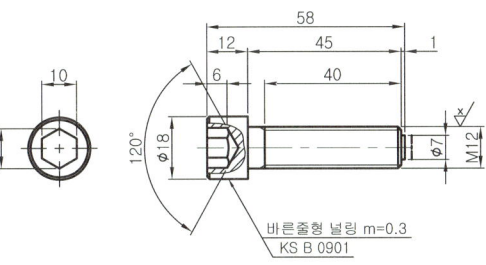
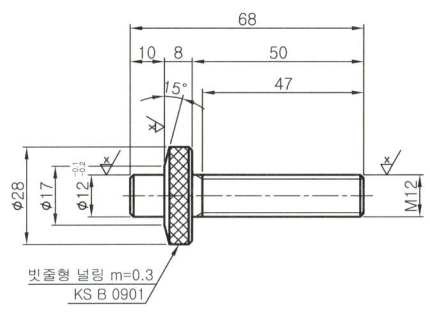

5. 나사식 클램프 3D 모델링

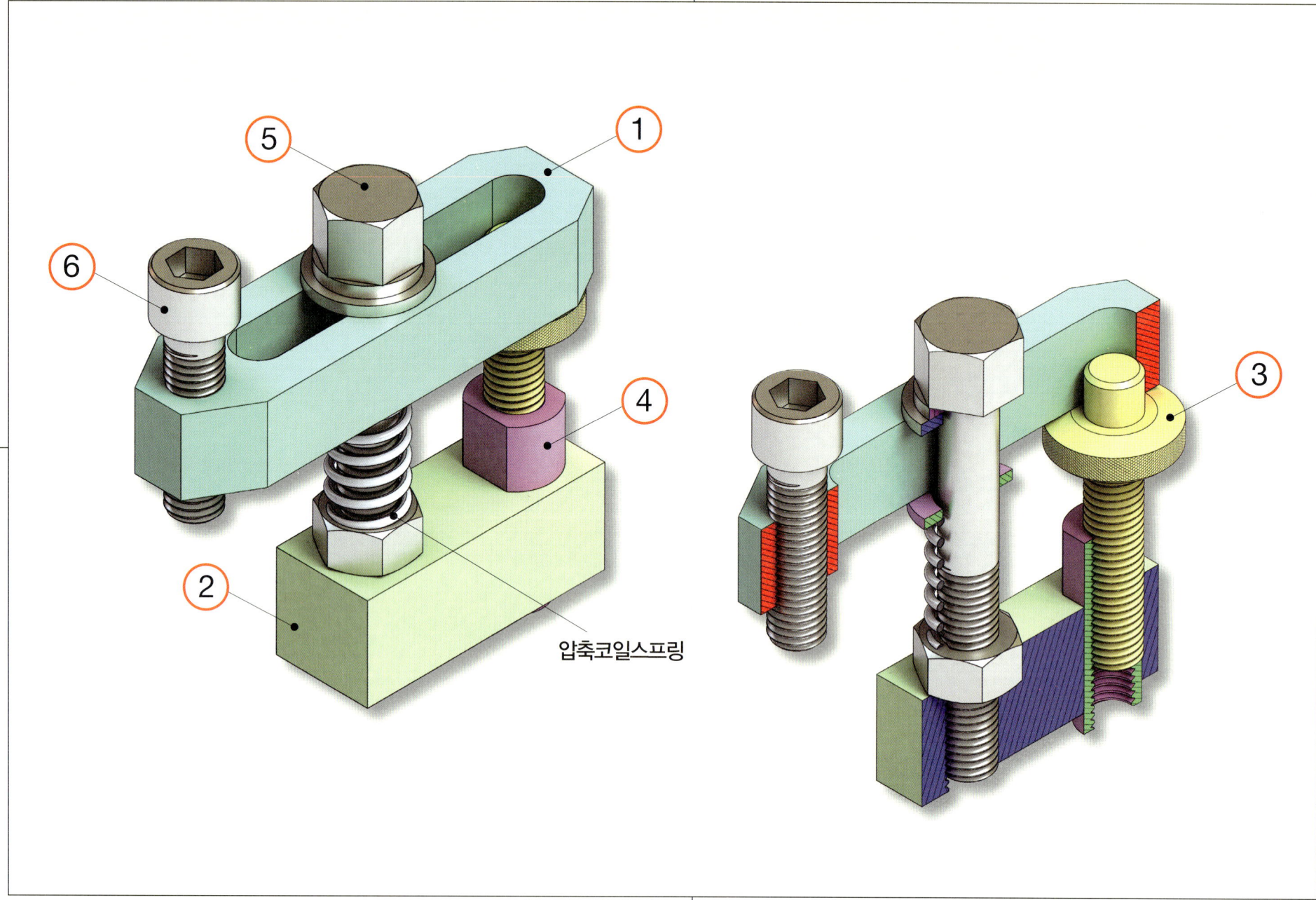

압축코일스프링

5. 나사식 클램프 분해 등각구조도

6. 플랜지형 커플링 조립도

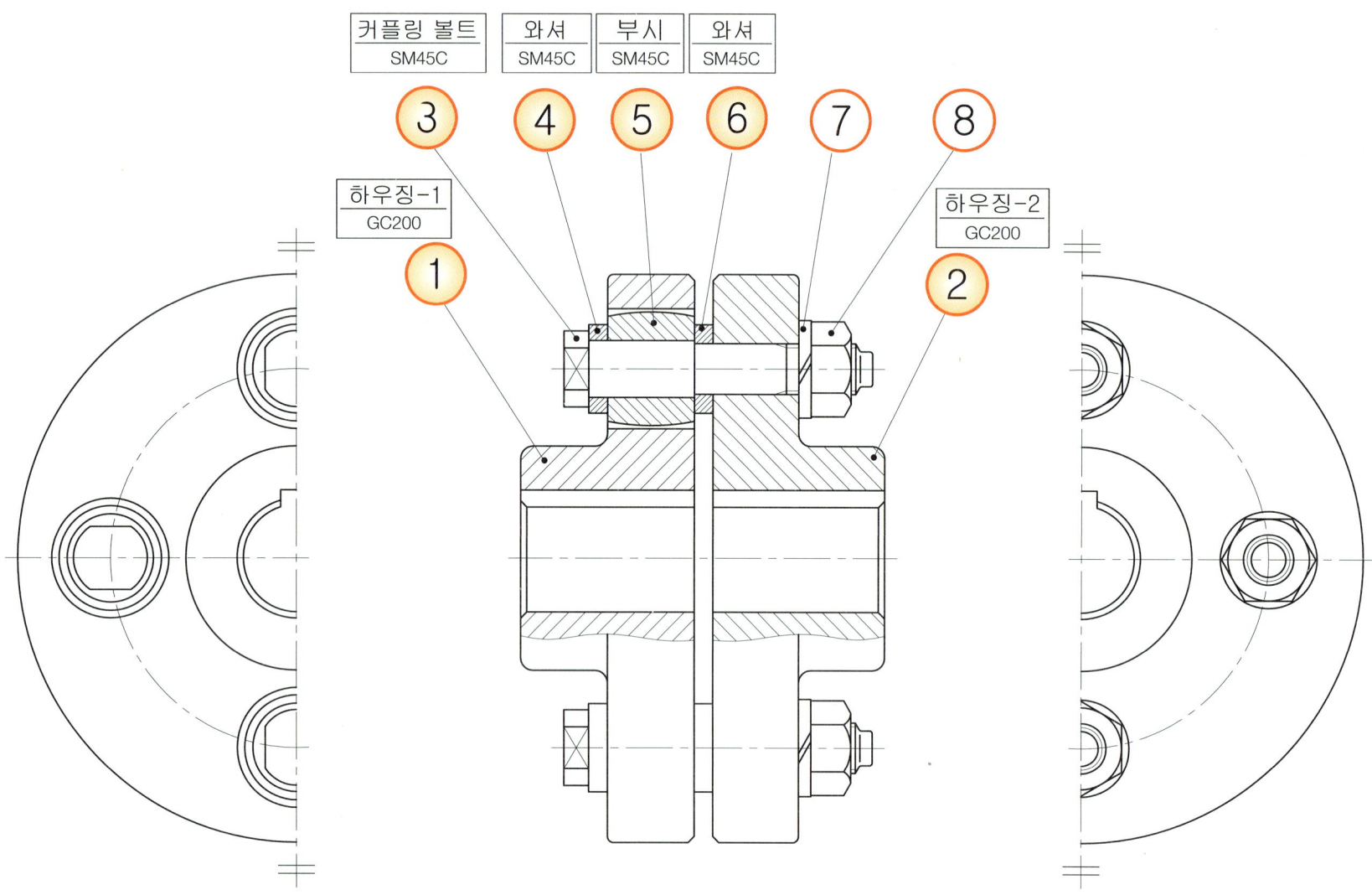

6. 플랜지형 커플링 부품도

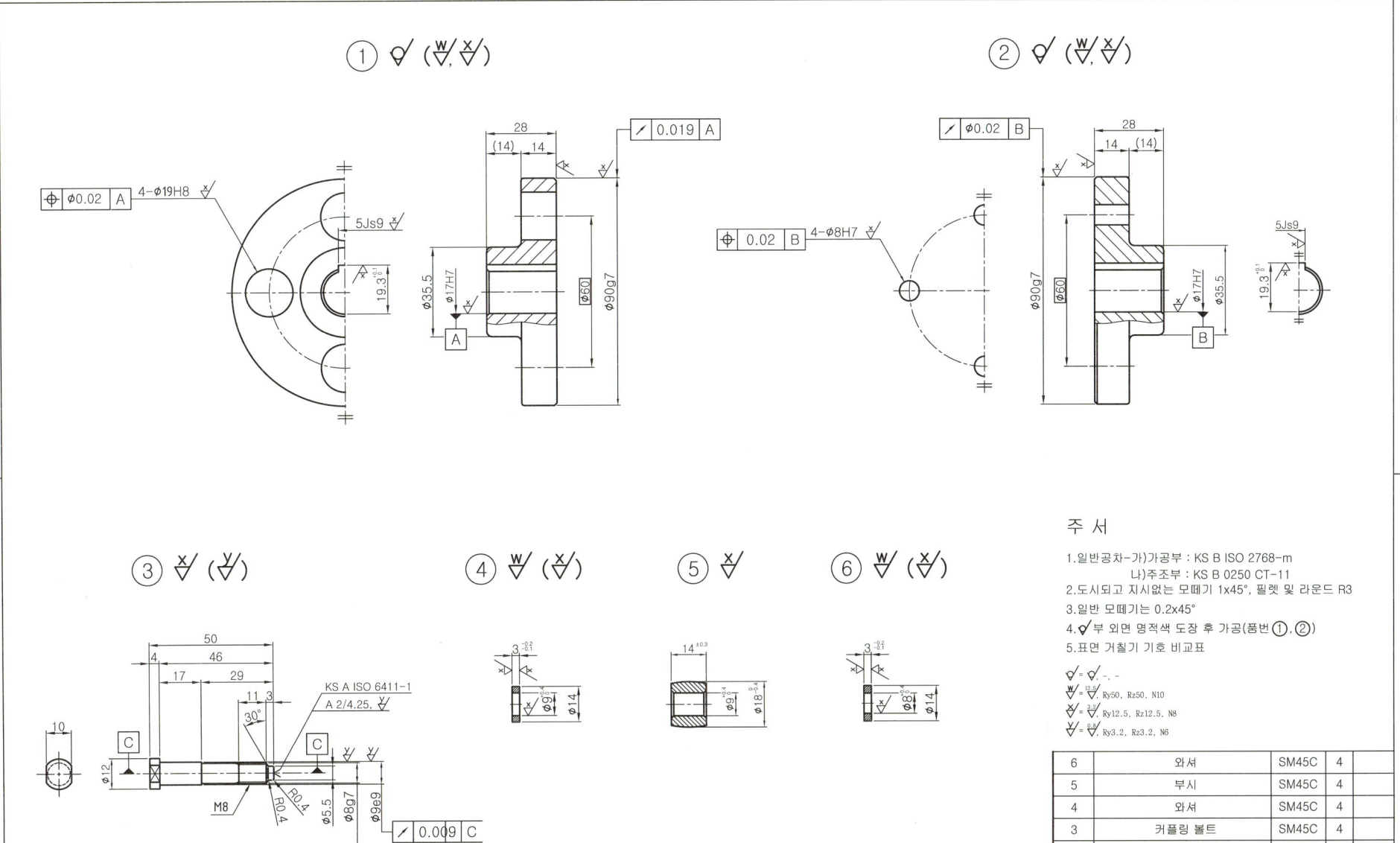

6. 플랜지형 커플링 3D 모델링

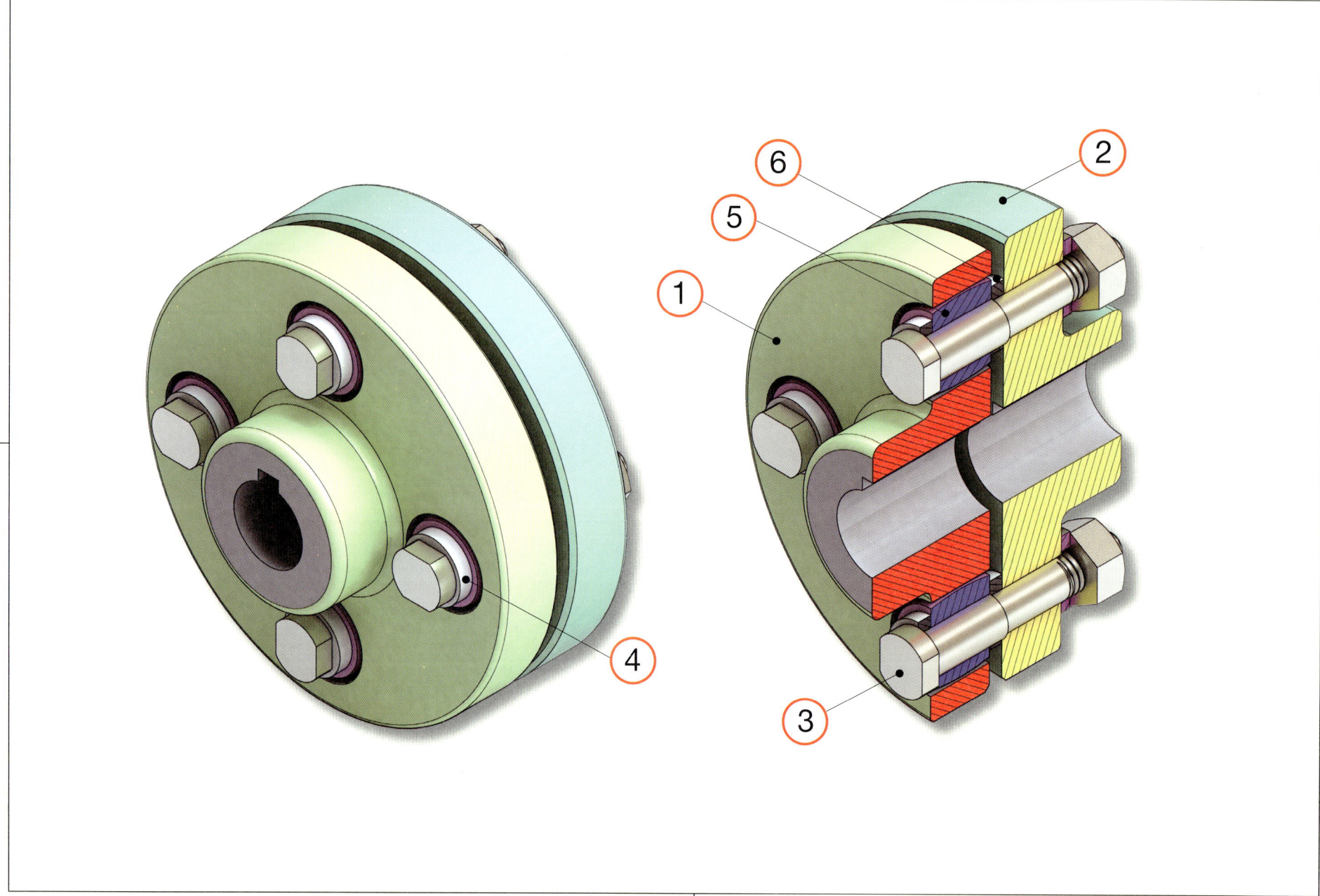

6. 플랜지형 커플링 분해 등각구조도

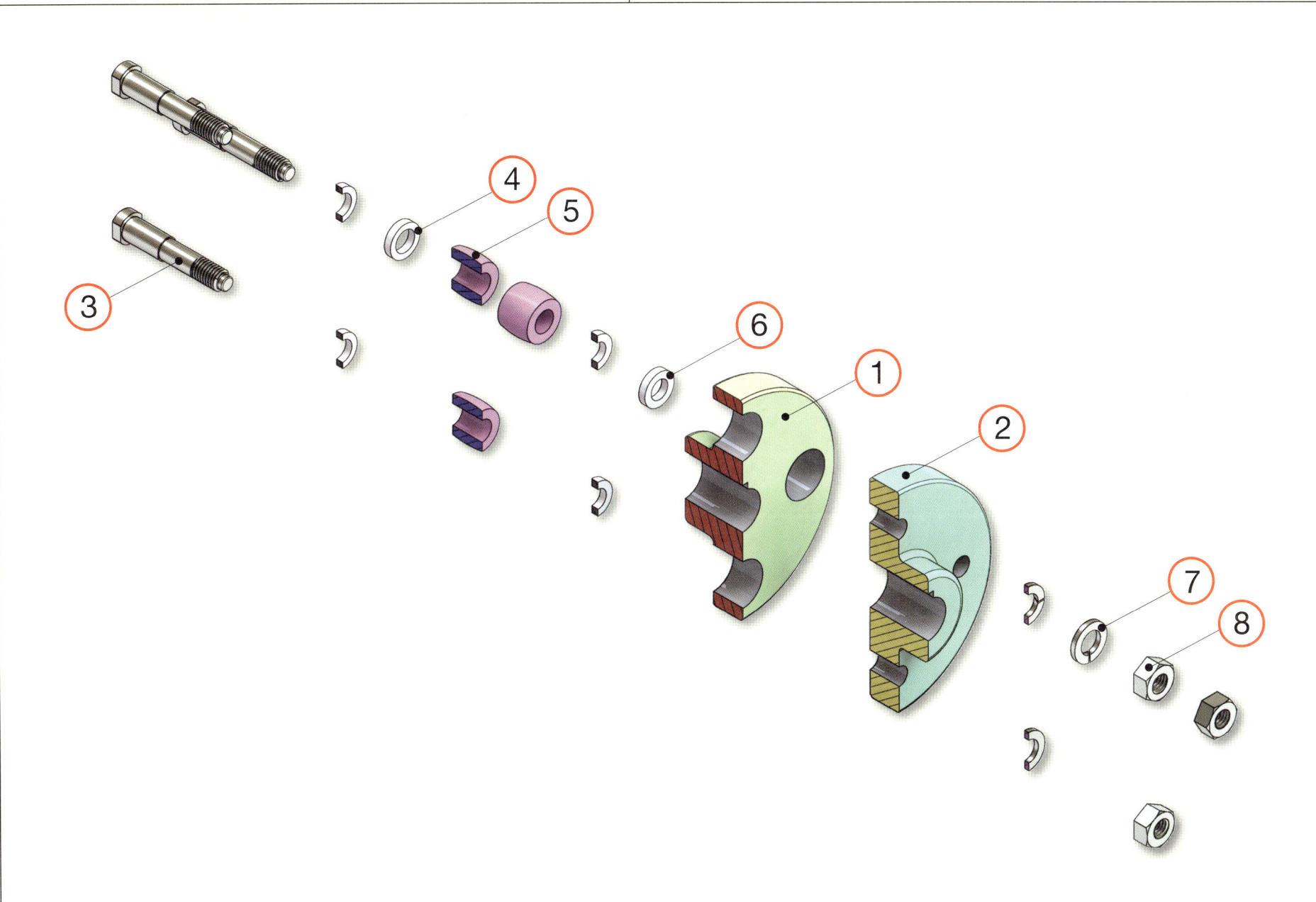

7. 핸드 슬라이드 장치 조립도

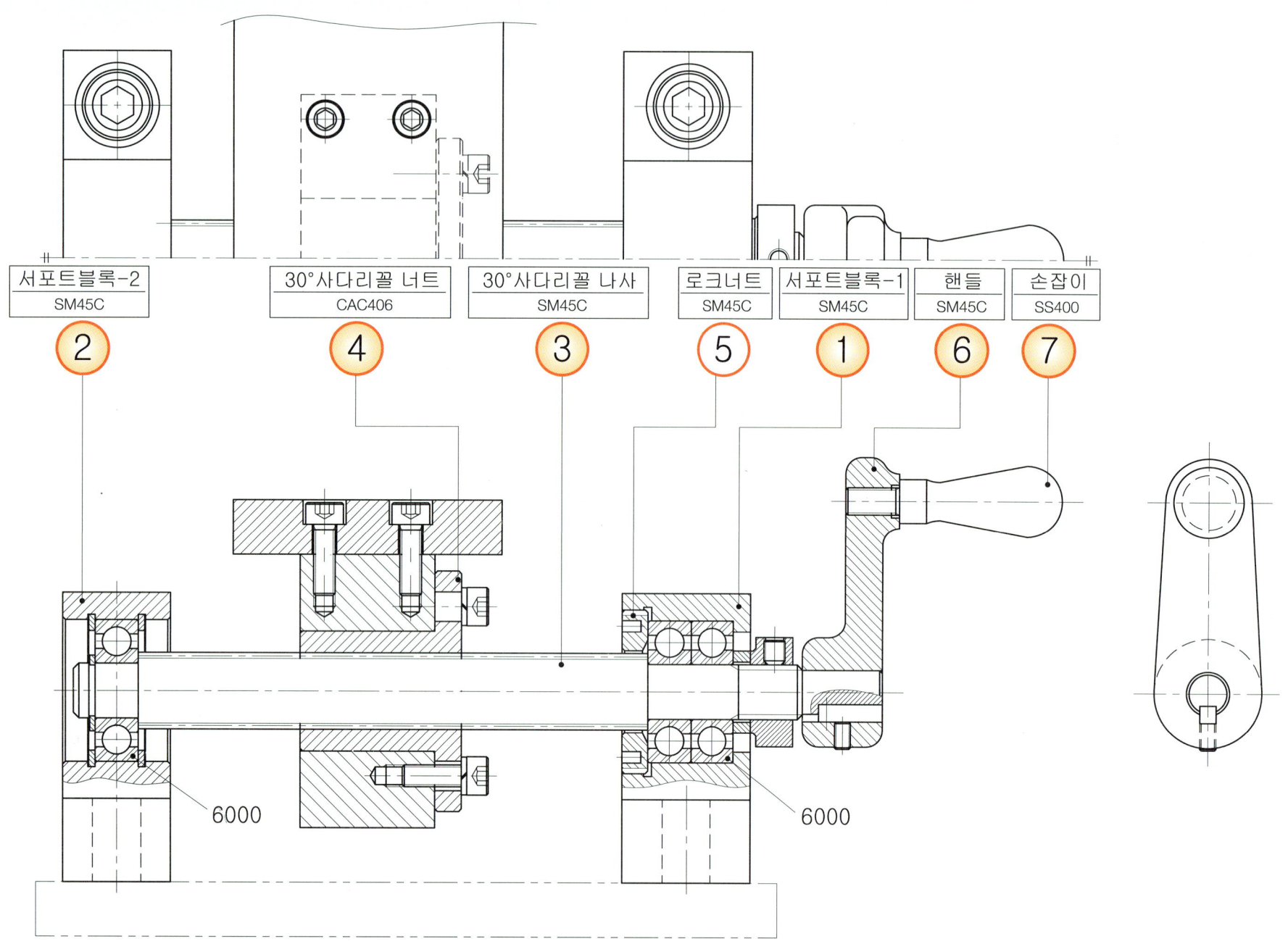

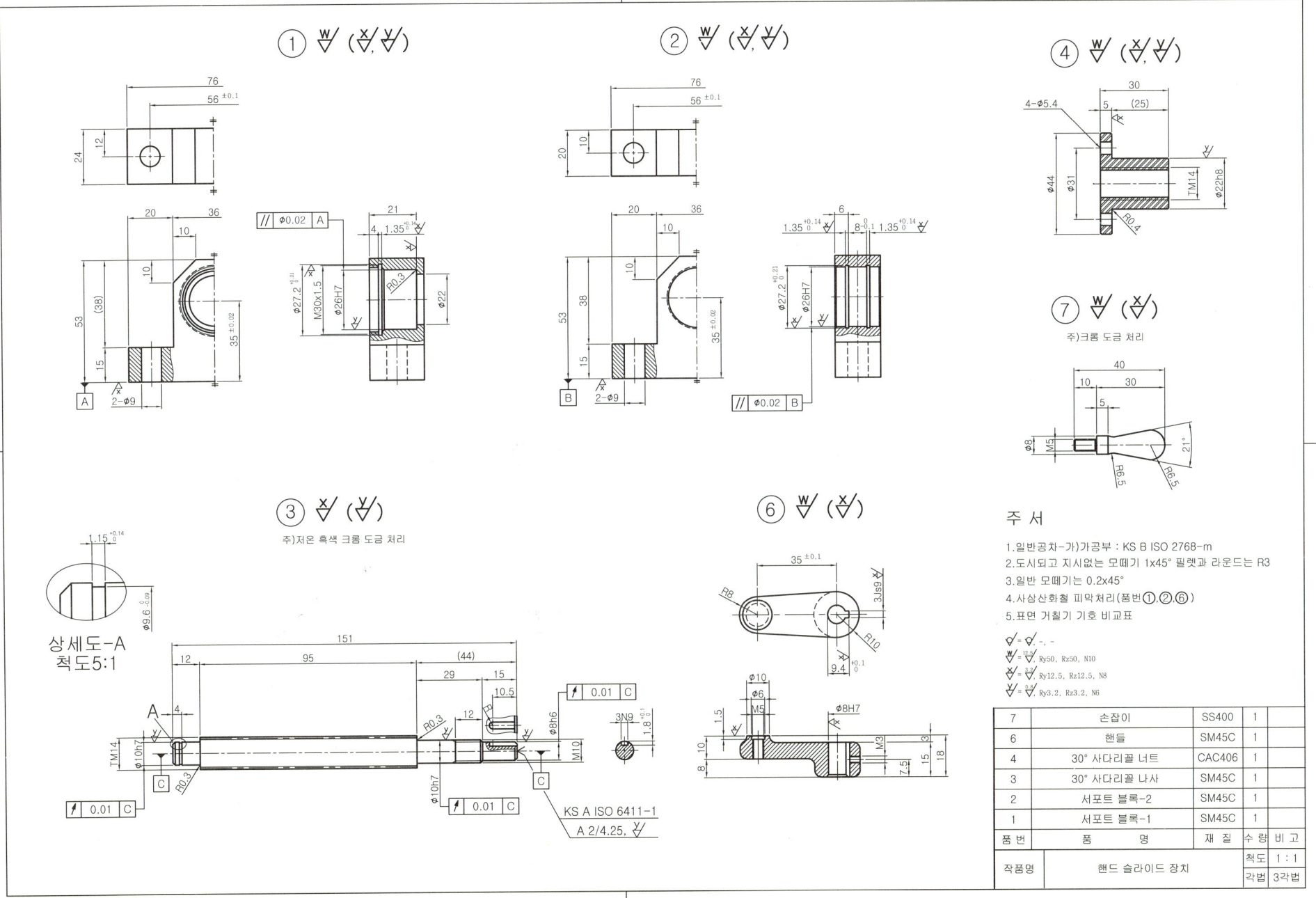

7. 핸드 슬라이드 장치 3D 모델링

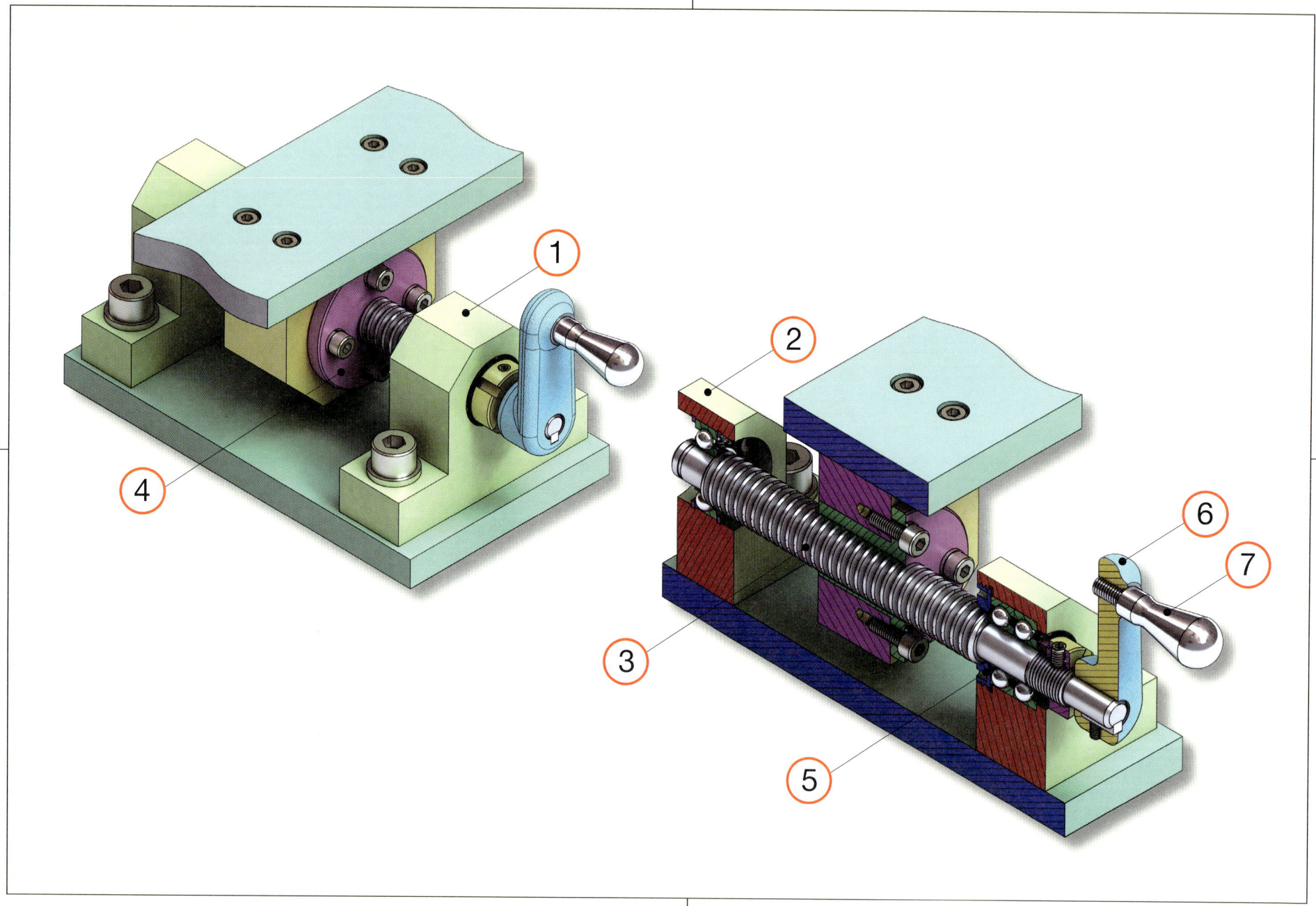

7. 핸드 슬라이드 장치 분해 등각구조도

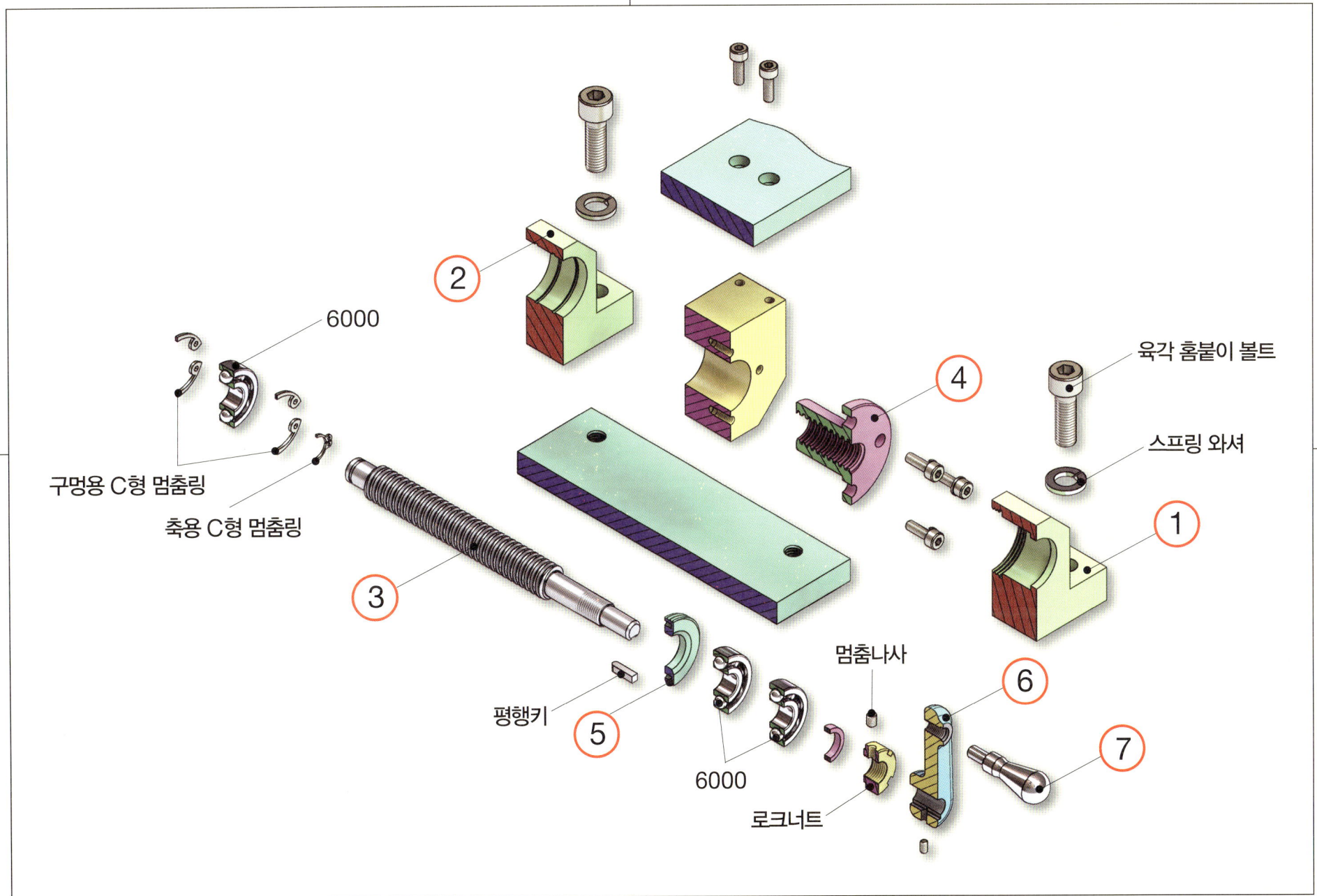

8. 필로우 블록 조립도

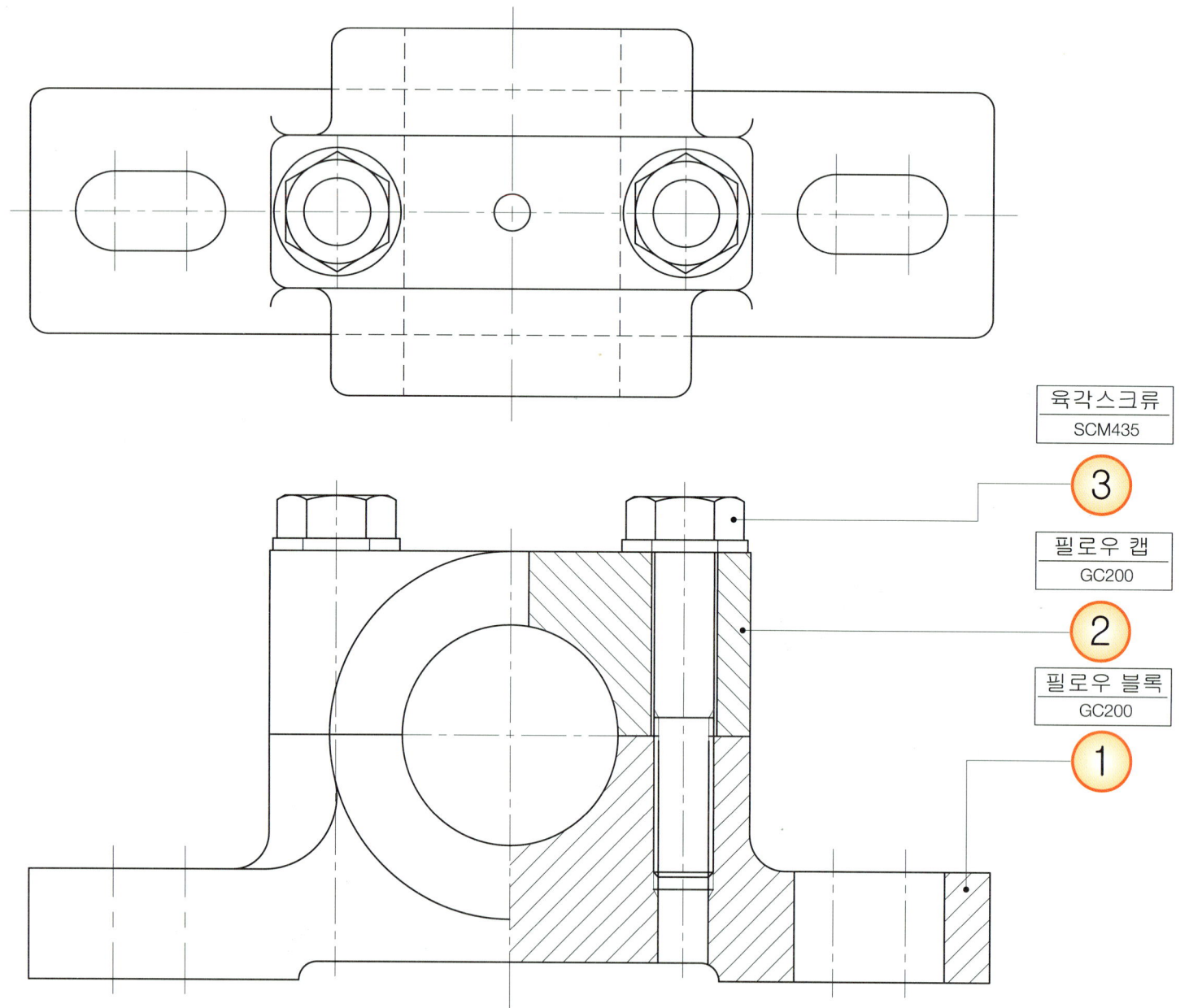

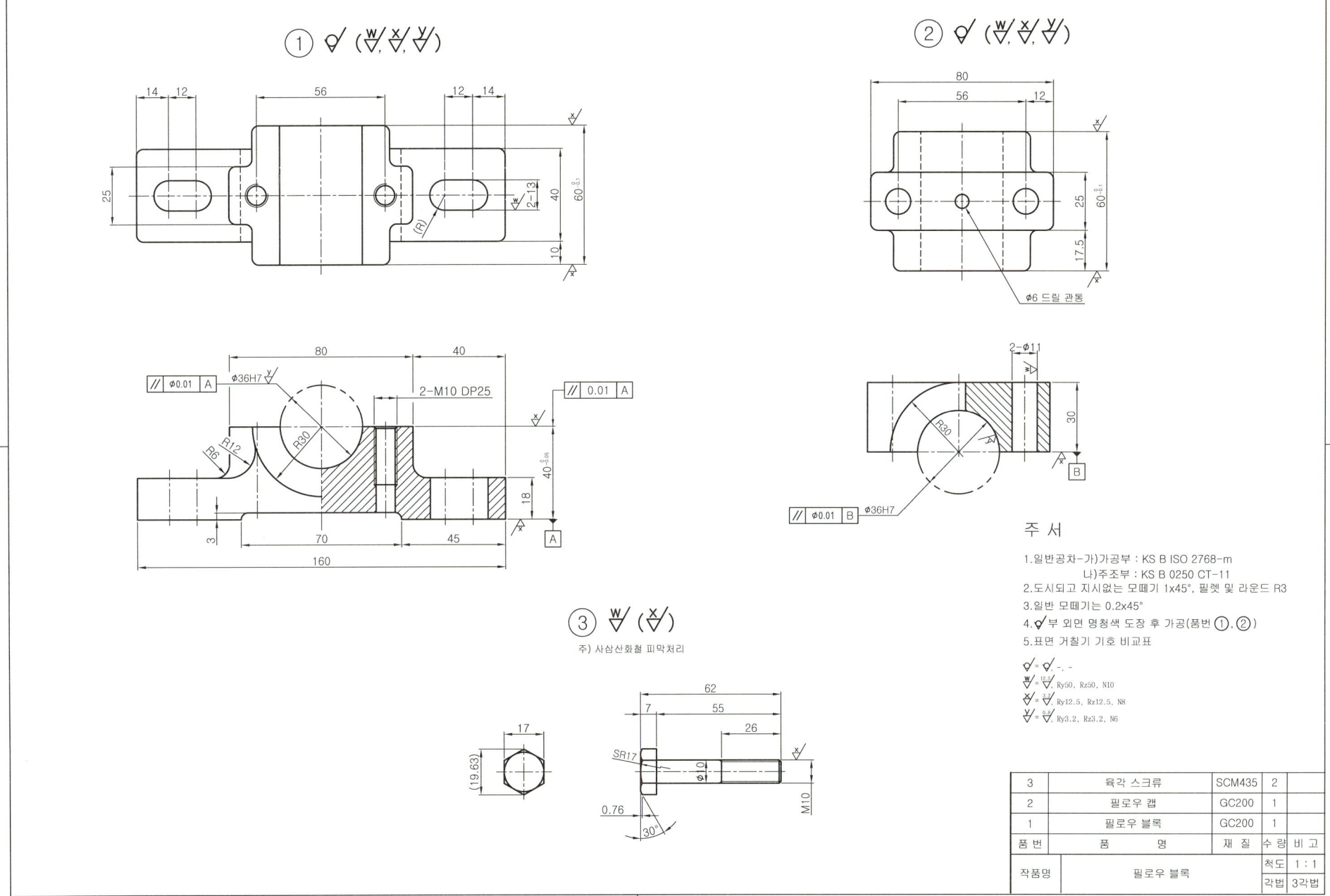

8. 필로우 블록 3D 모델링

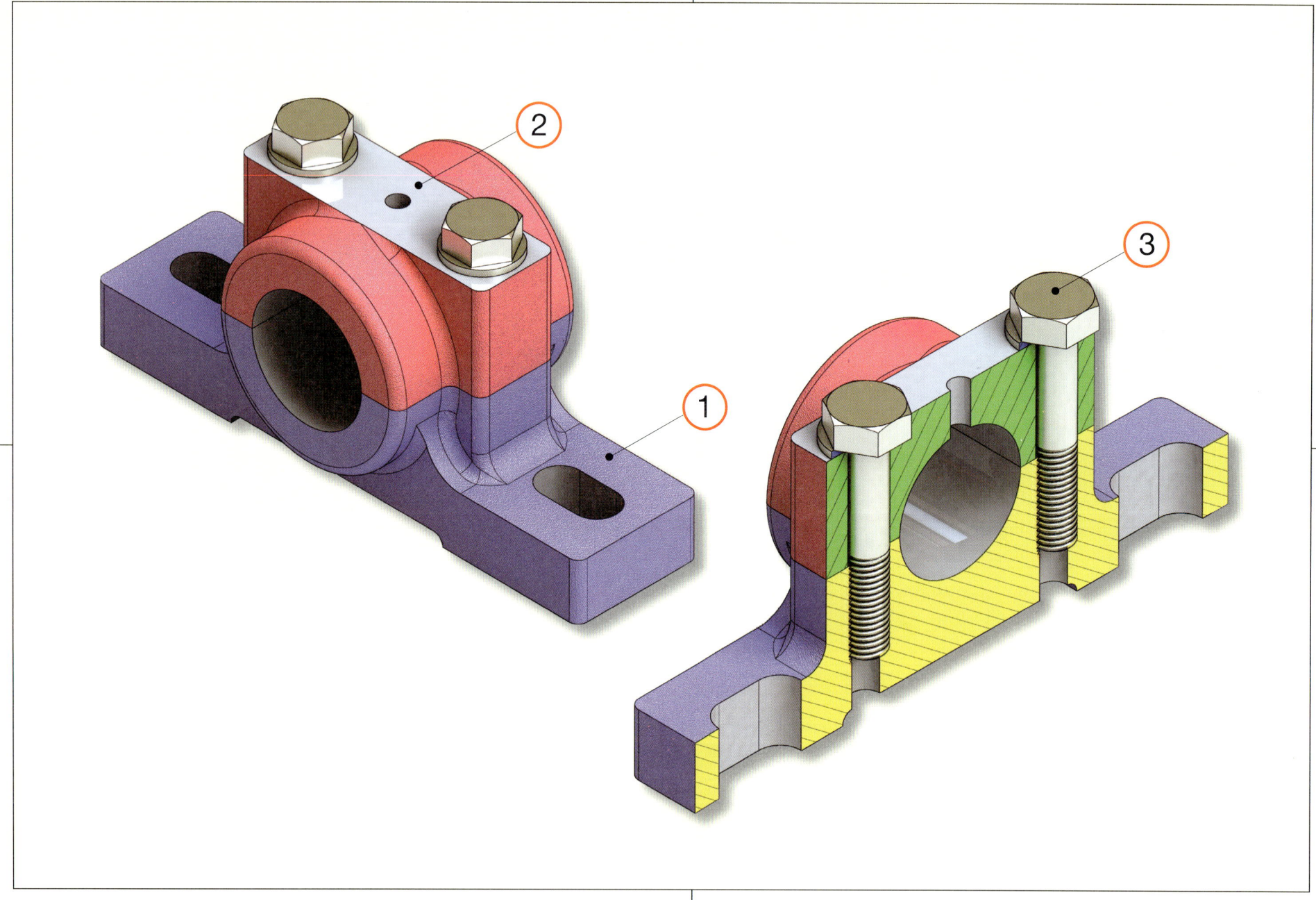

8. 필로우 블록 분해 등각구조도

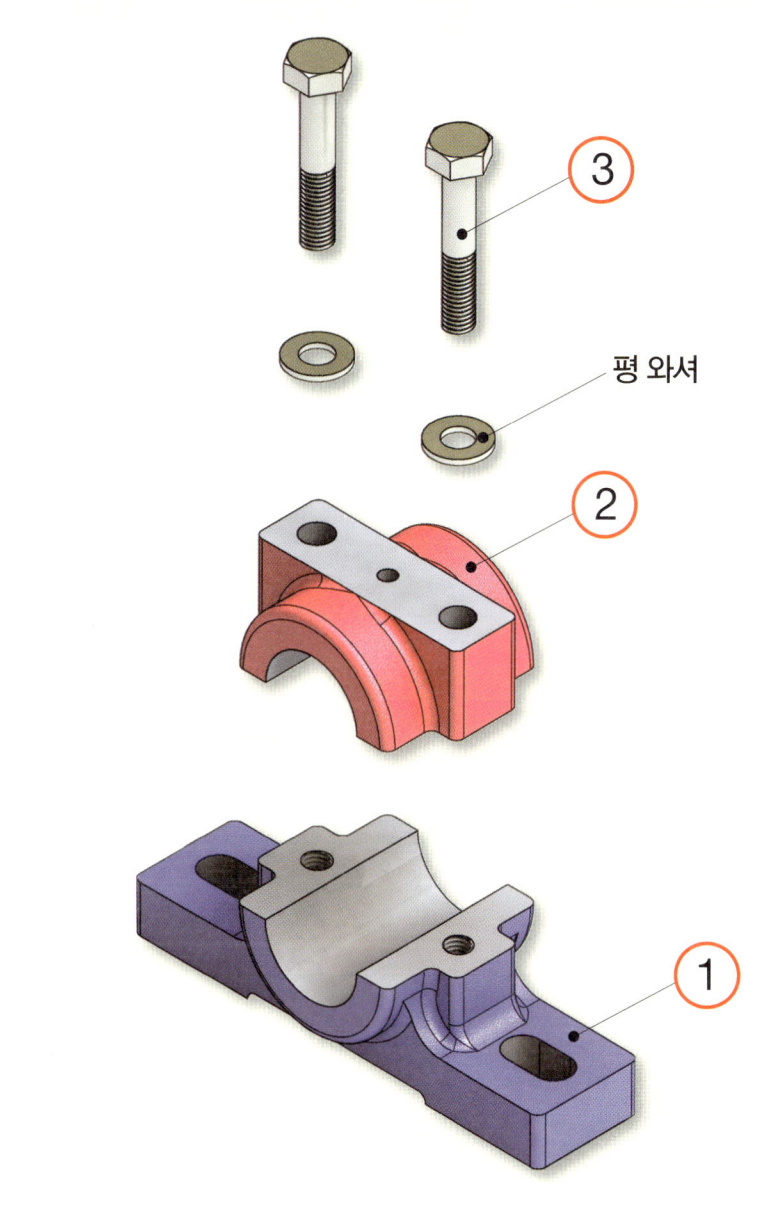

9. 동력구동장치 2D 조립도

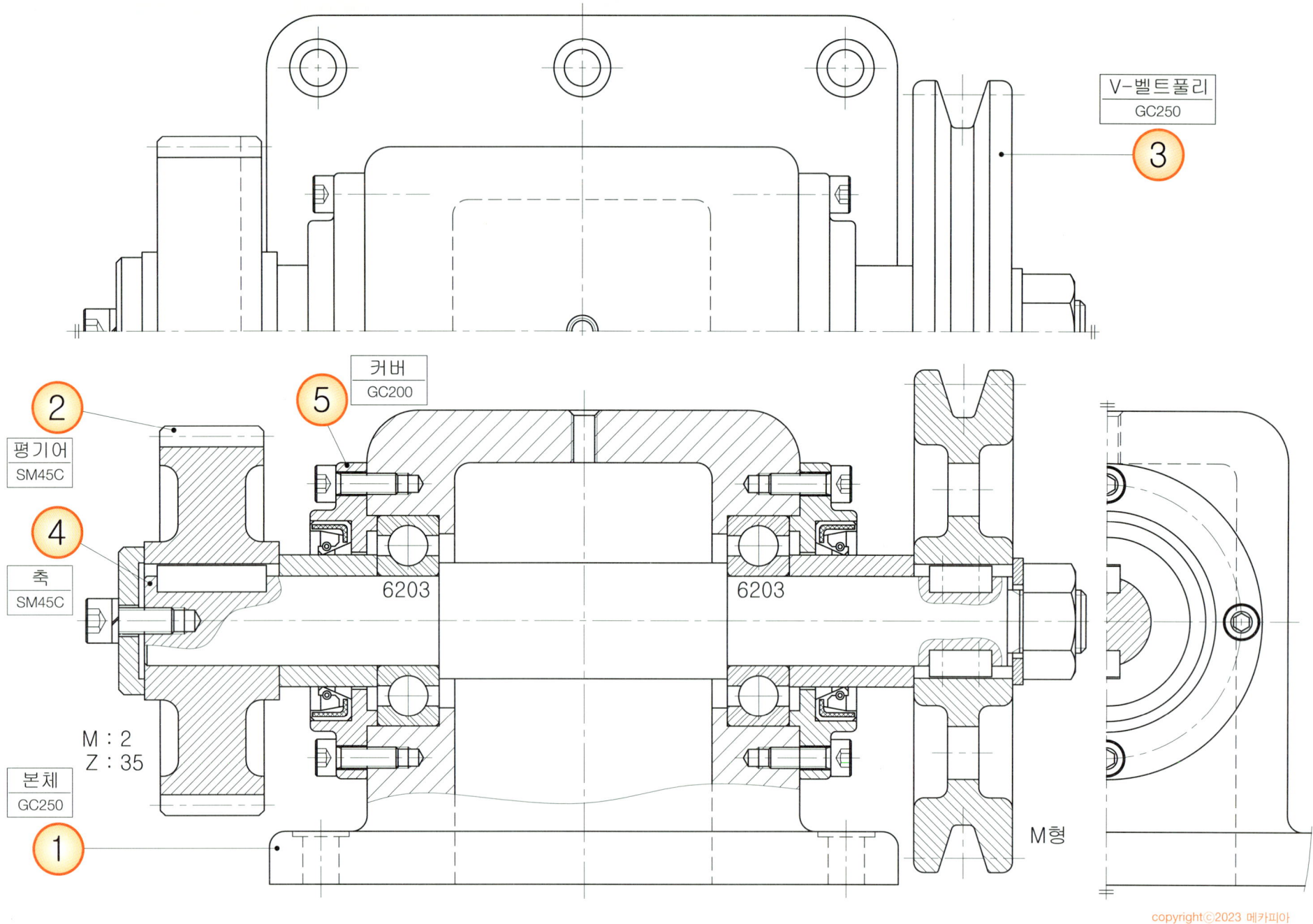

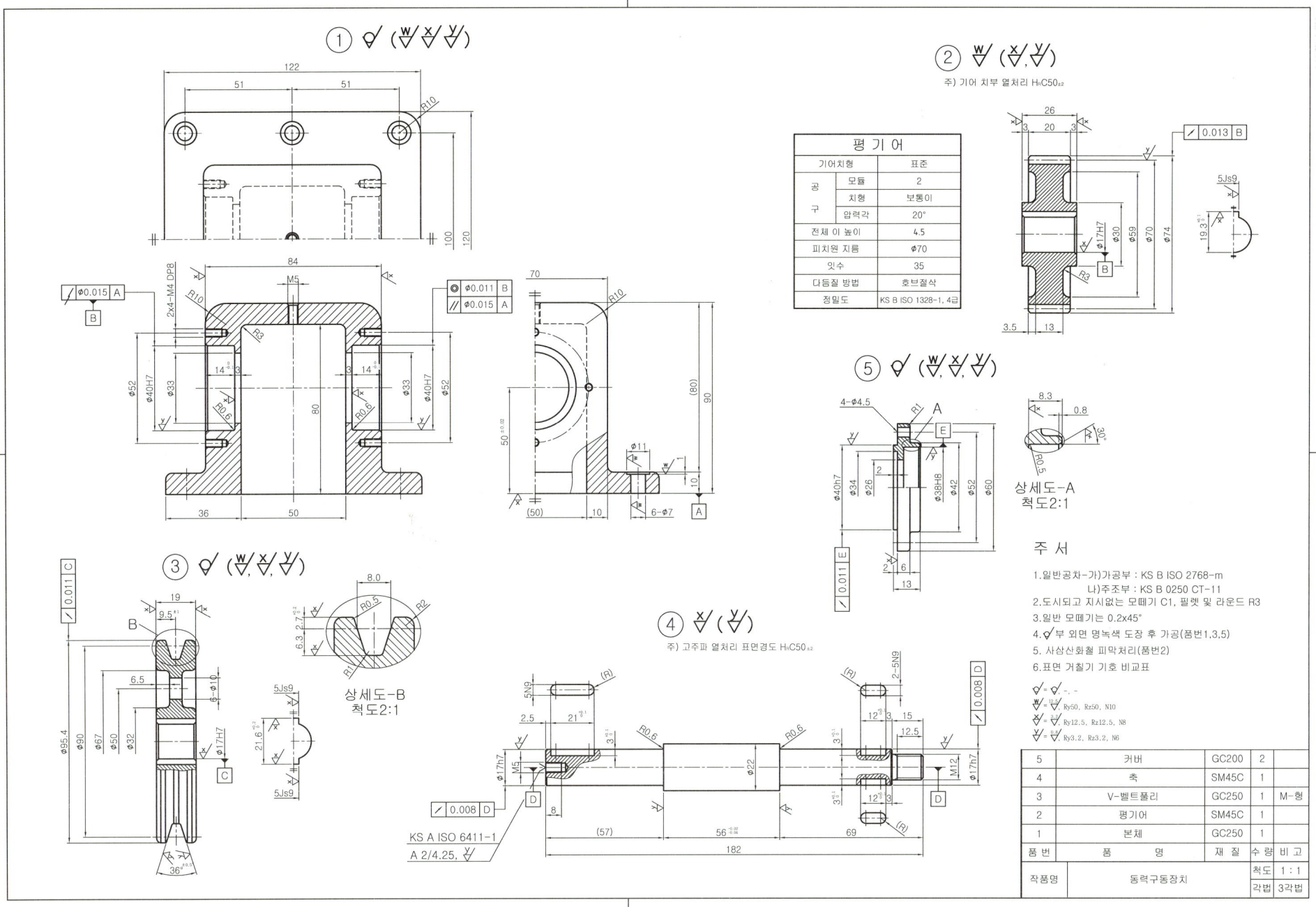

9. 동력구동장치 3D 모델링

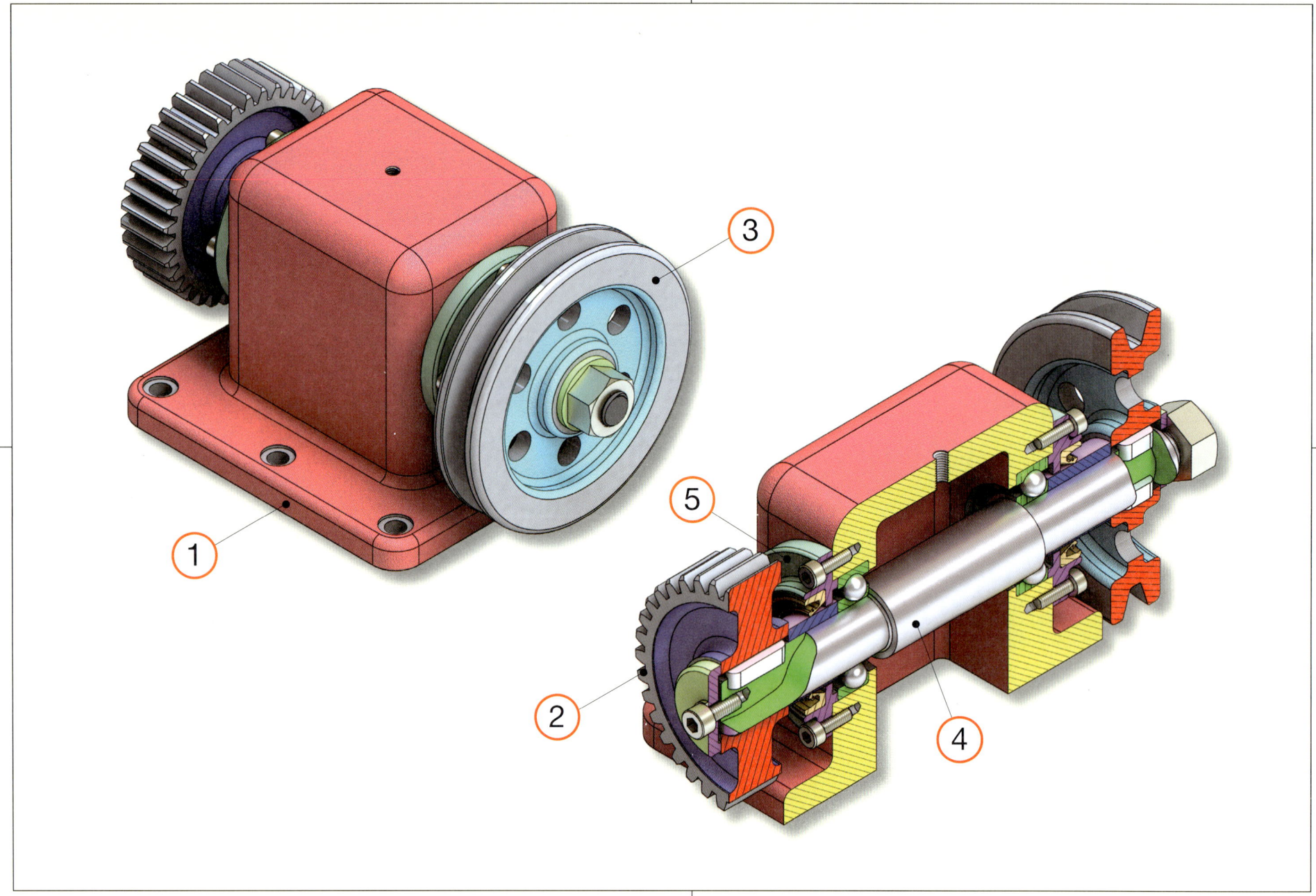

9. 동력구동장치 분해 등각구조도

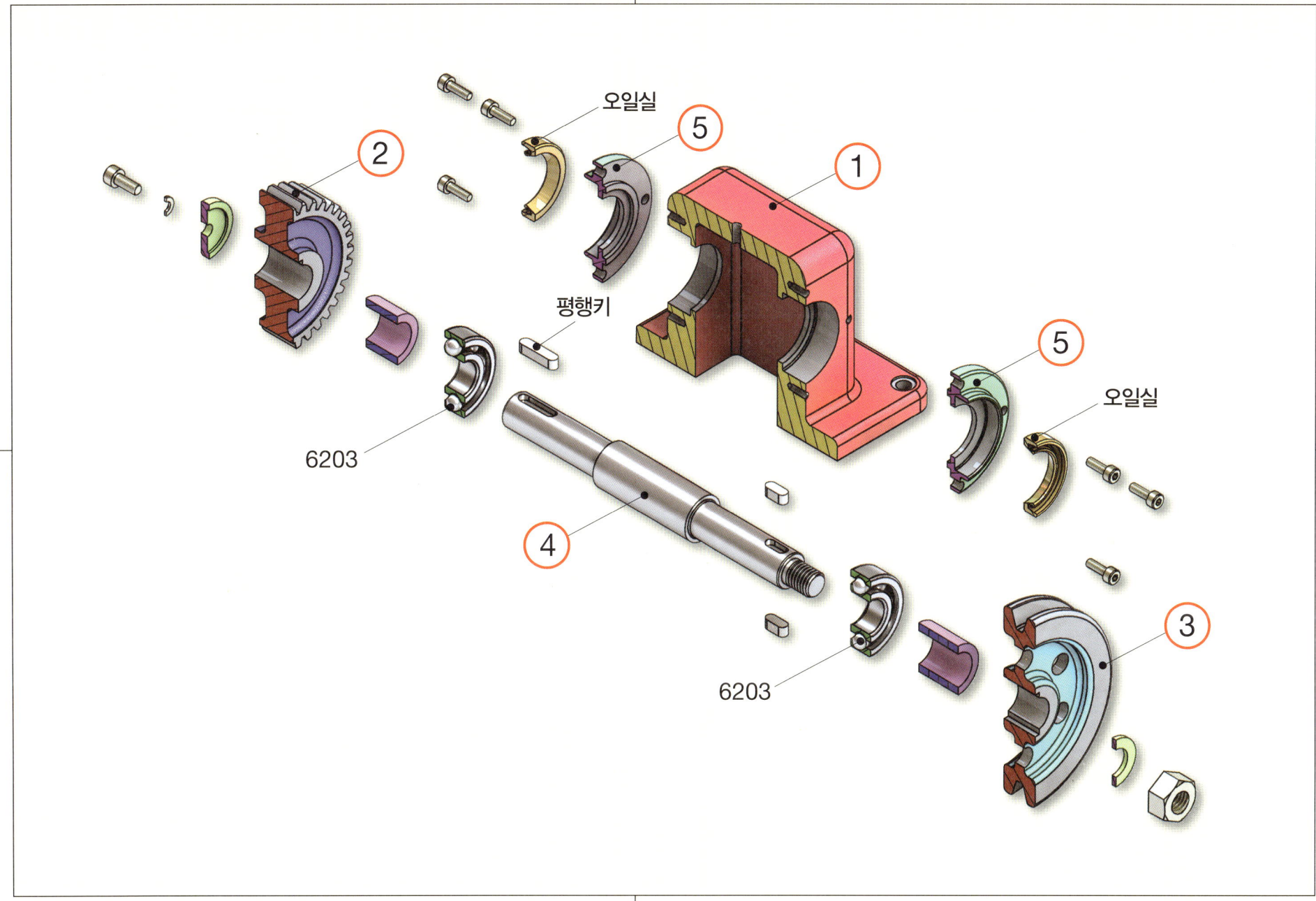

10. CLAW 클러치 2D 조립도

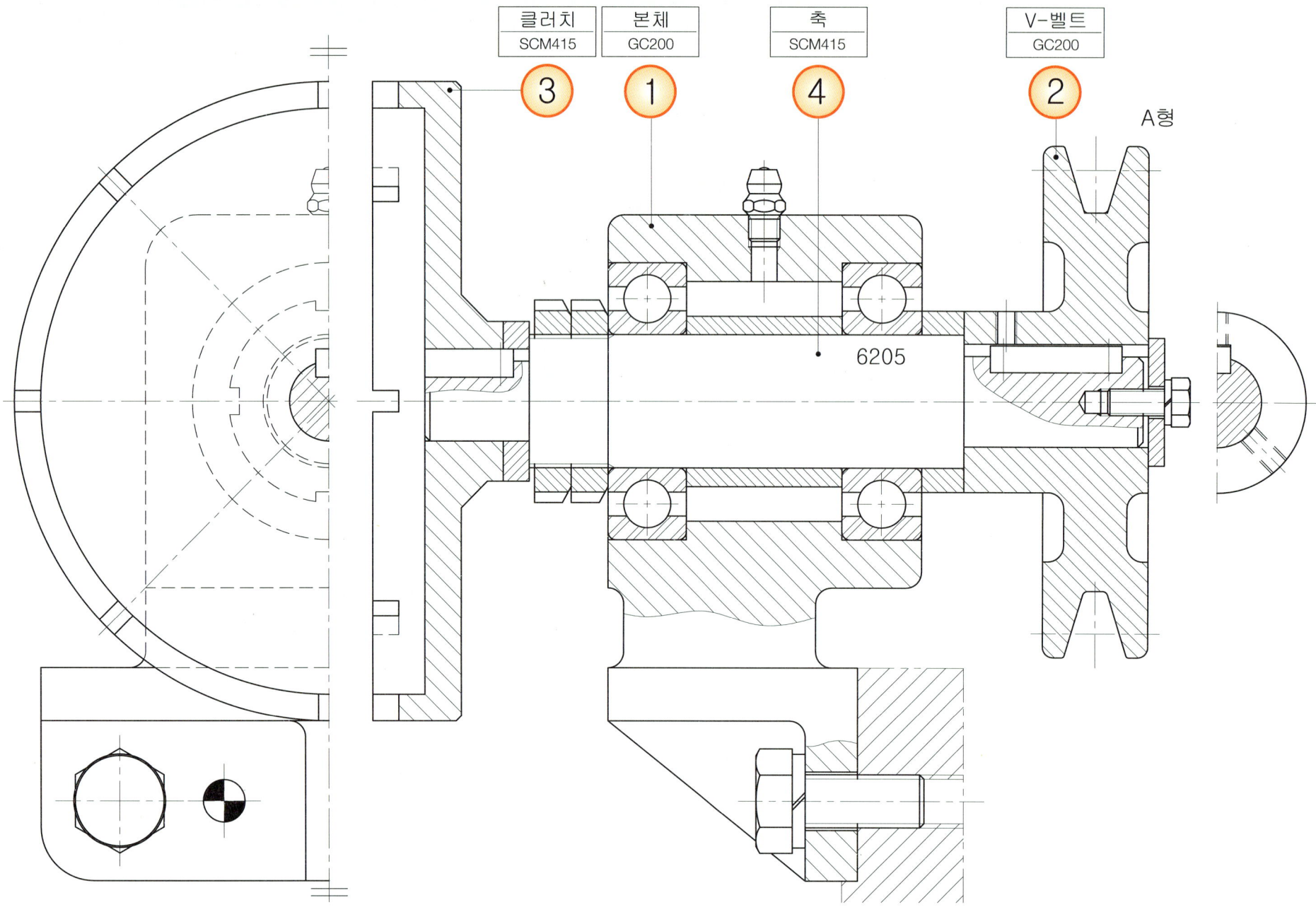

10. CLAW 클러치 부품도

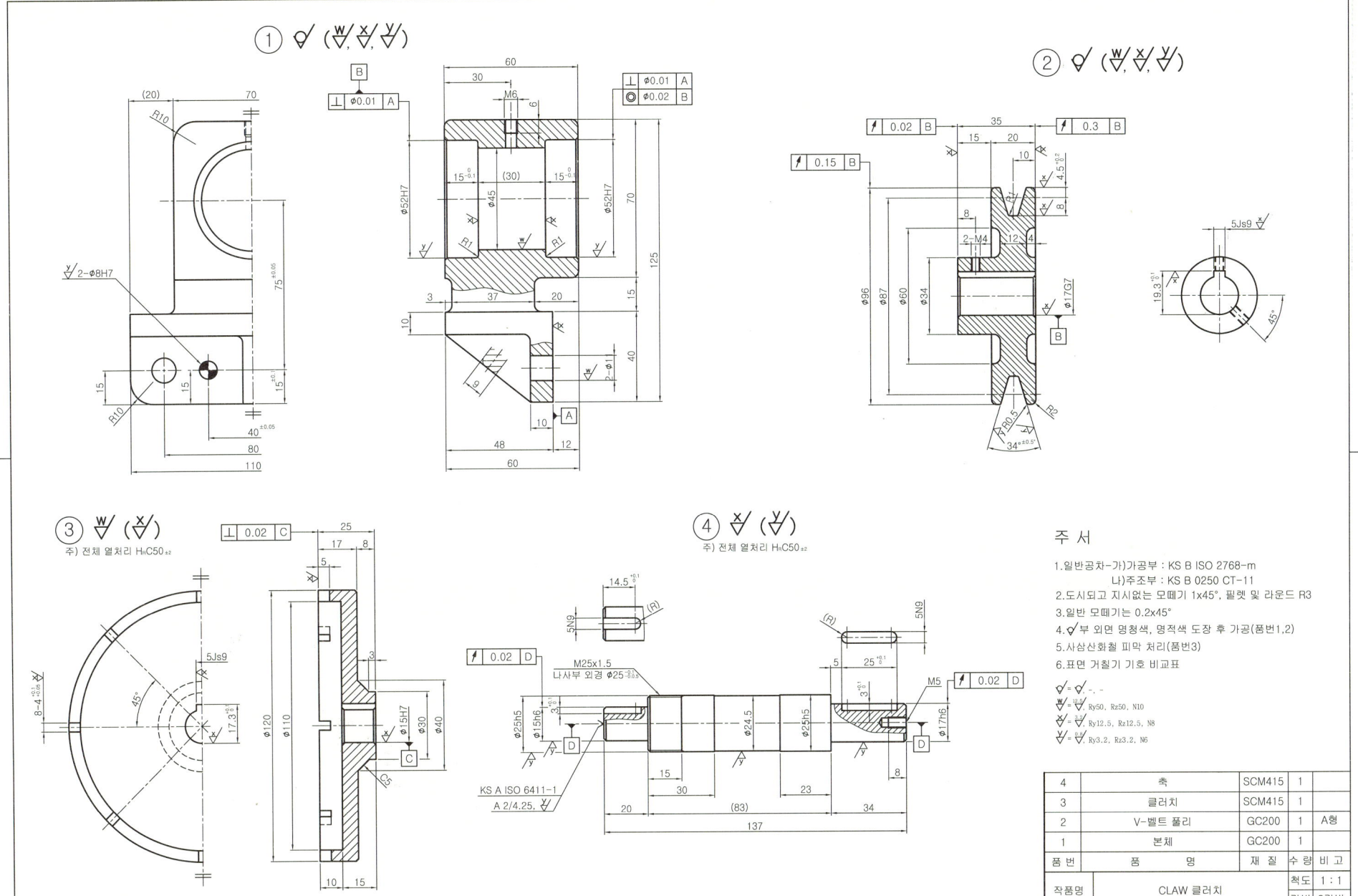

10. CLAW 클러치 3D 모델링

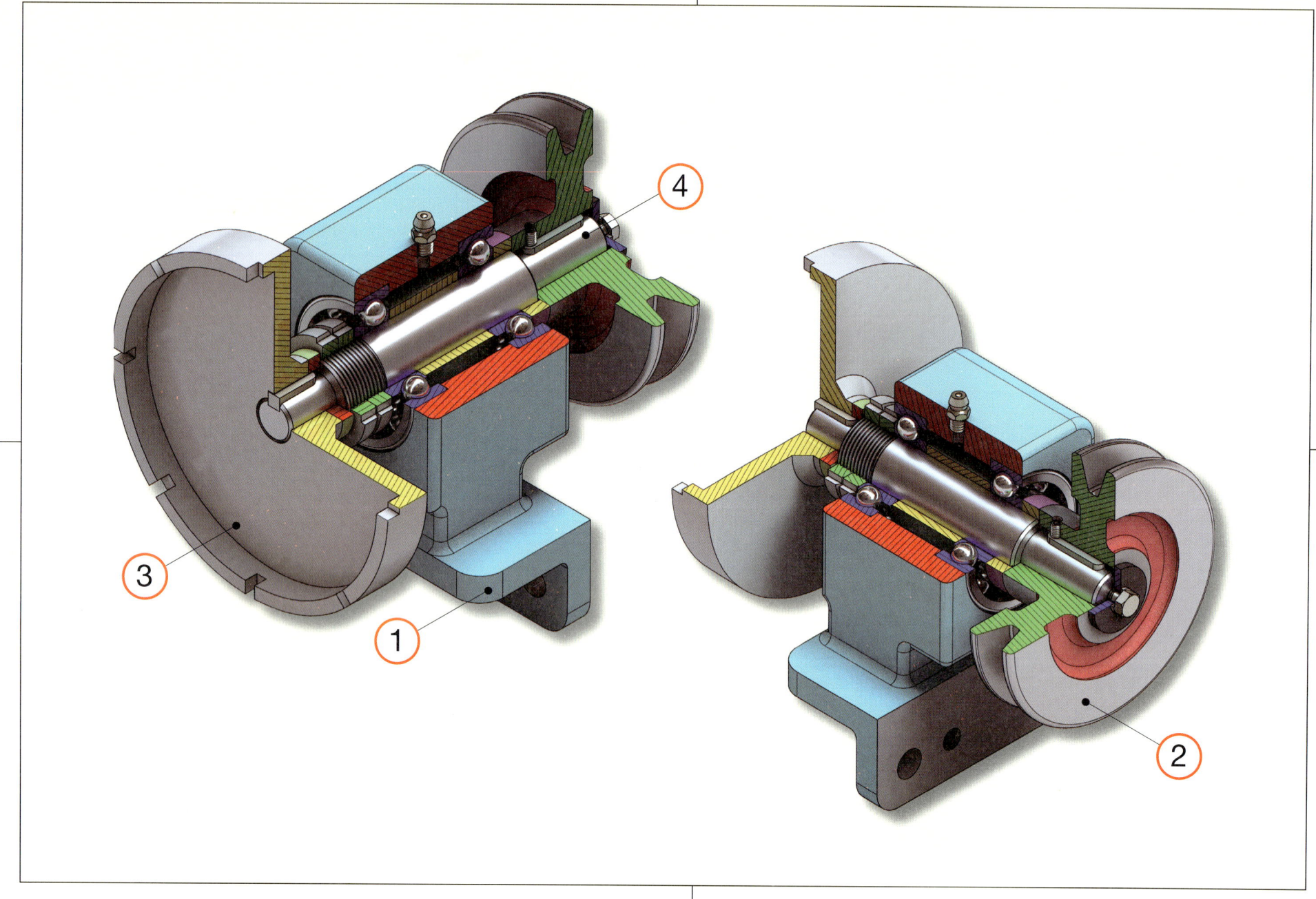

10. CLAW 클러치 분해 등각구조도

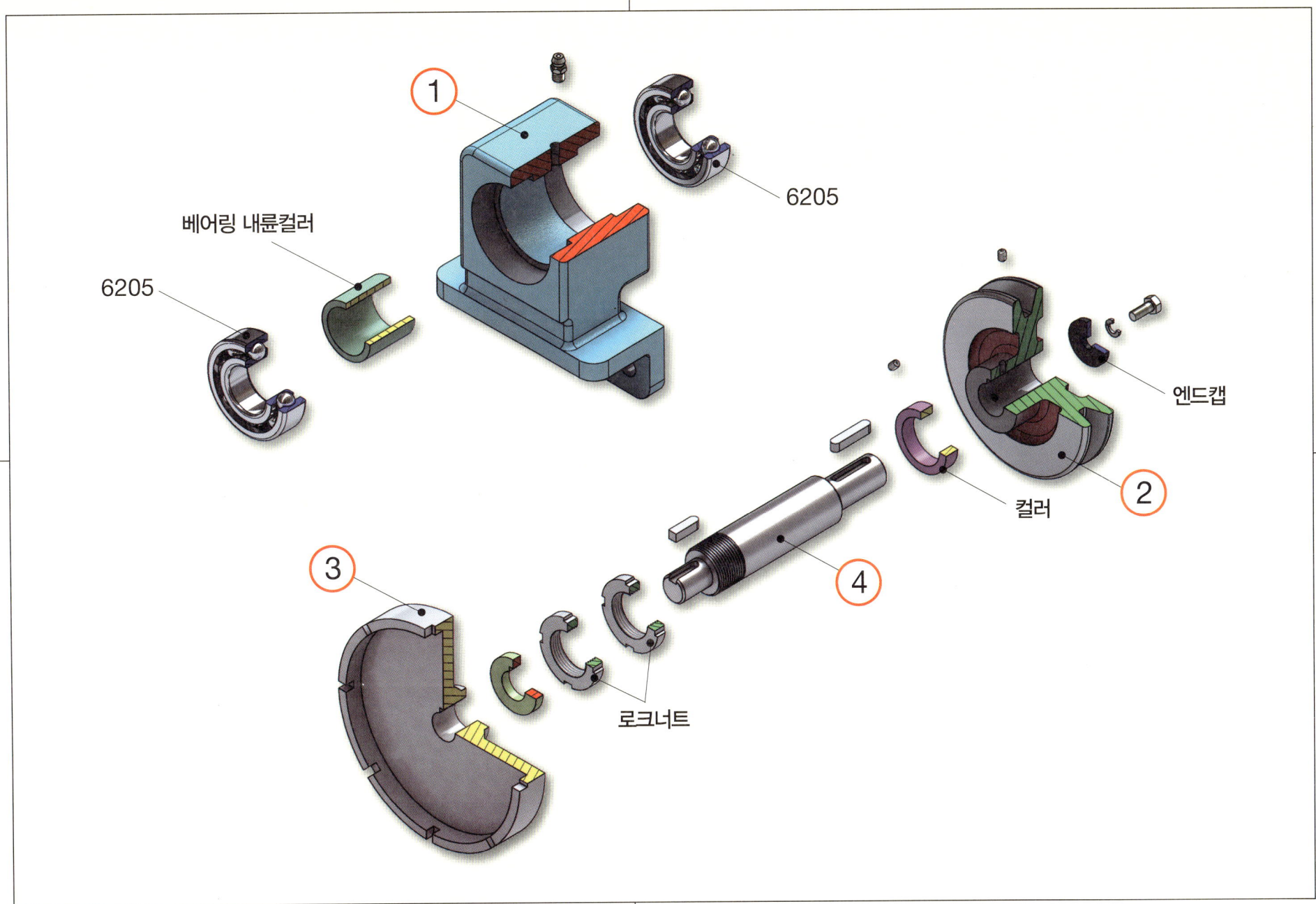

이 장에서는 조립도와 해당 부품도에 스머징(Smudging)을 실시하여 보다 쉽게 도면해독을 할 수 있도록 구성하였다.

PART 03

스머징에 의한
도면해독 및 작도 실습

1-9 동력전달장치-1, 2, 3, 4, 5, 6, 7, 8, 9 | **10-16** 드릴지그-1, 2, 3, 4, 5, 6, 7
17 리밍지그 | **18** 바이스 클램프 | **19** 밀링지그

1. 동력전달장치-1 과제도면

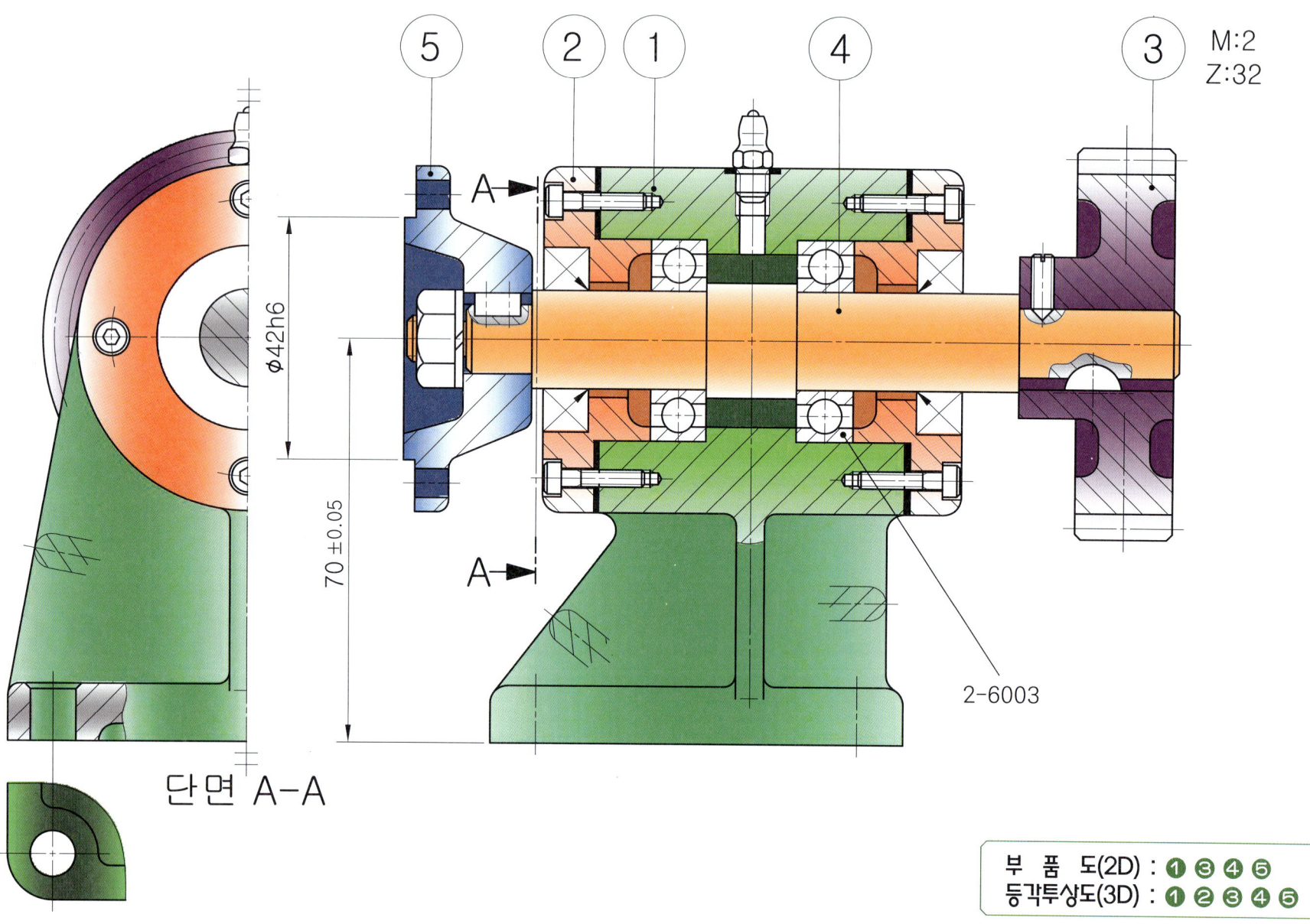

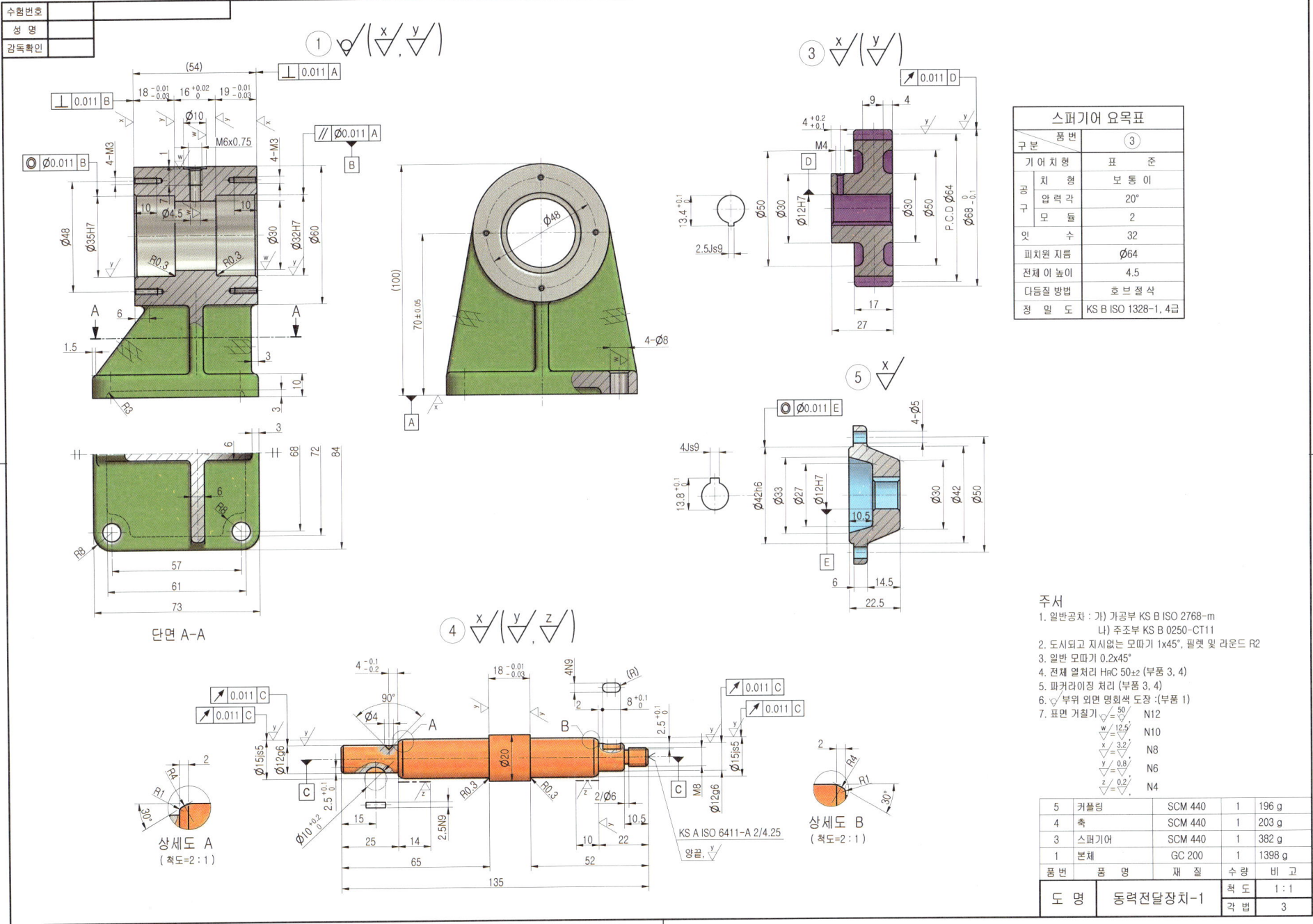

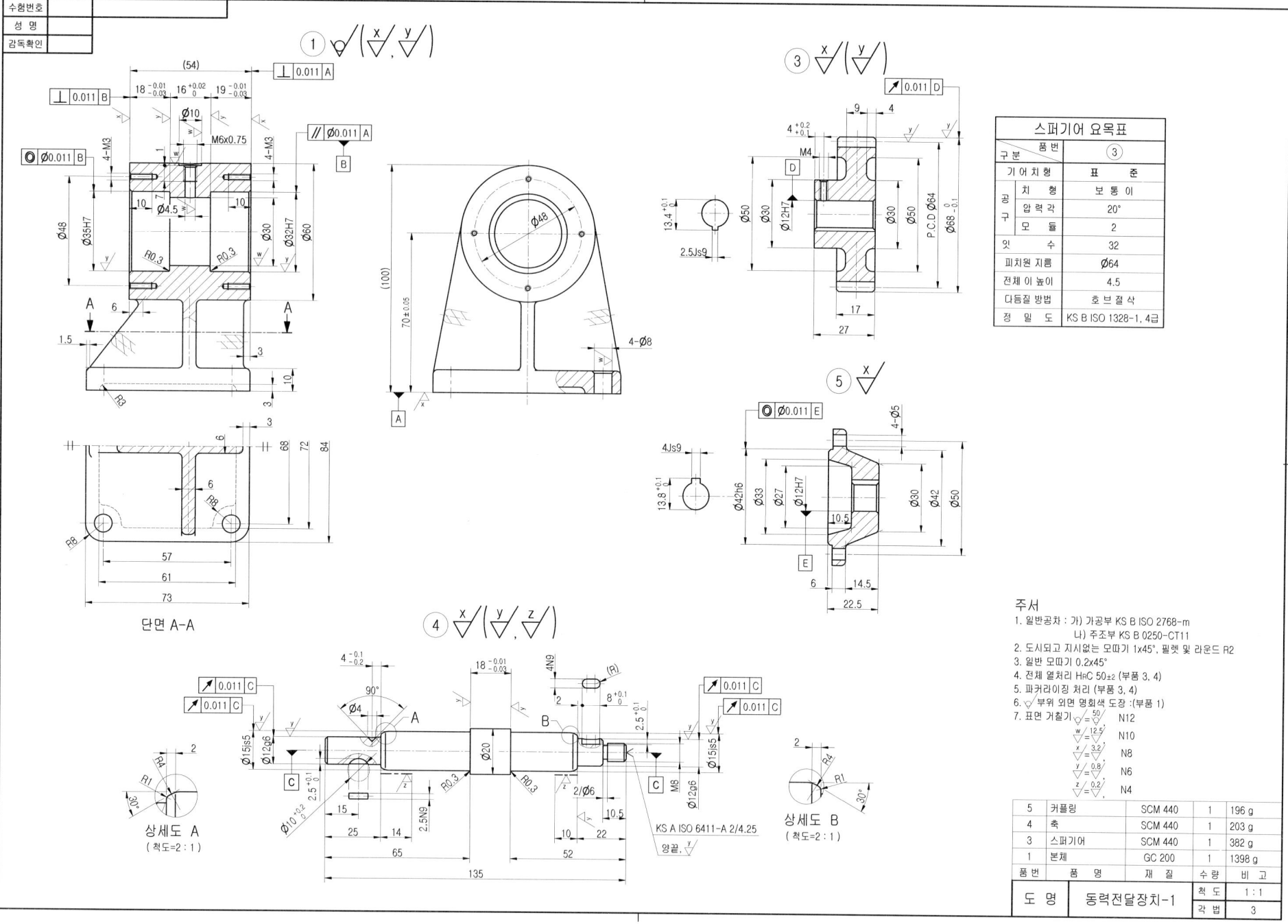

1. 동력전달장치-1 3D 랜더링 등각투상도

5	커플링	SCM 440	1	196 g
4	축	SCM 440	1	203 g
3	스퍼기어	SCM 440	1	382 g
2	커버	GC 200	1	177 g
1	본체	GC 200	1	1398 g
품번	품 명	재 질	수량	비 고

도 명	동력 전달 장치-1	척 도	NS

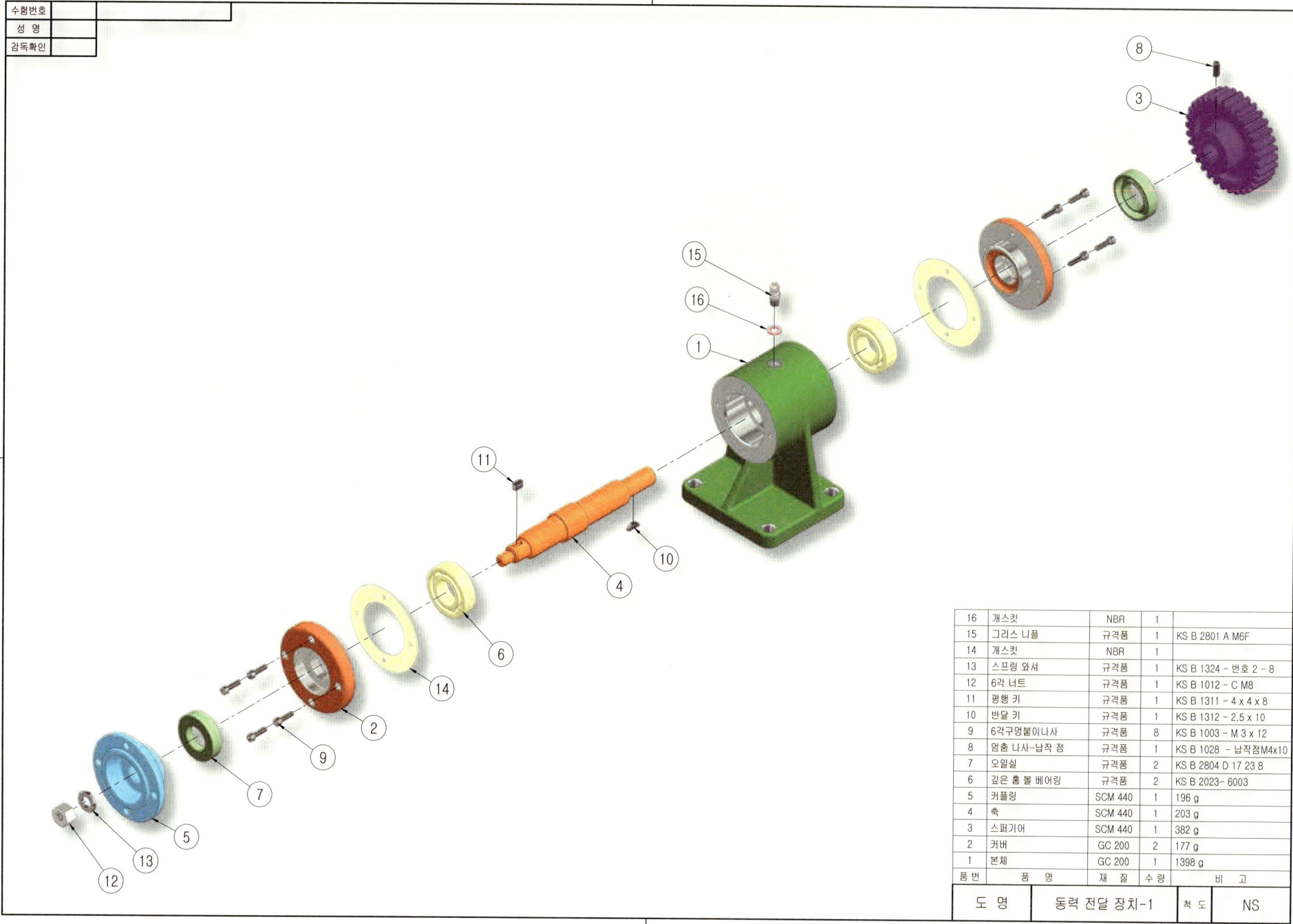

1. 동력전달장치-1 등각조립도

수험번호	
성 명	
감독확인	

| 도 명 | 동력 전달 장치-1 | 척 도 | NS |

2. 동력전달장치-2 과제도면

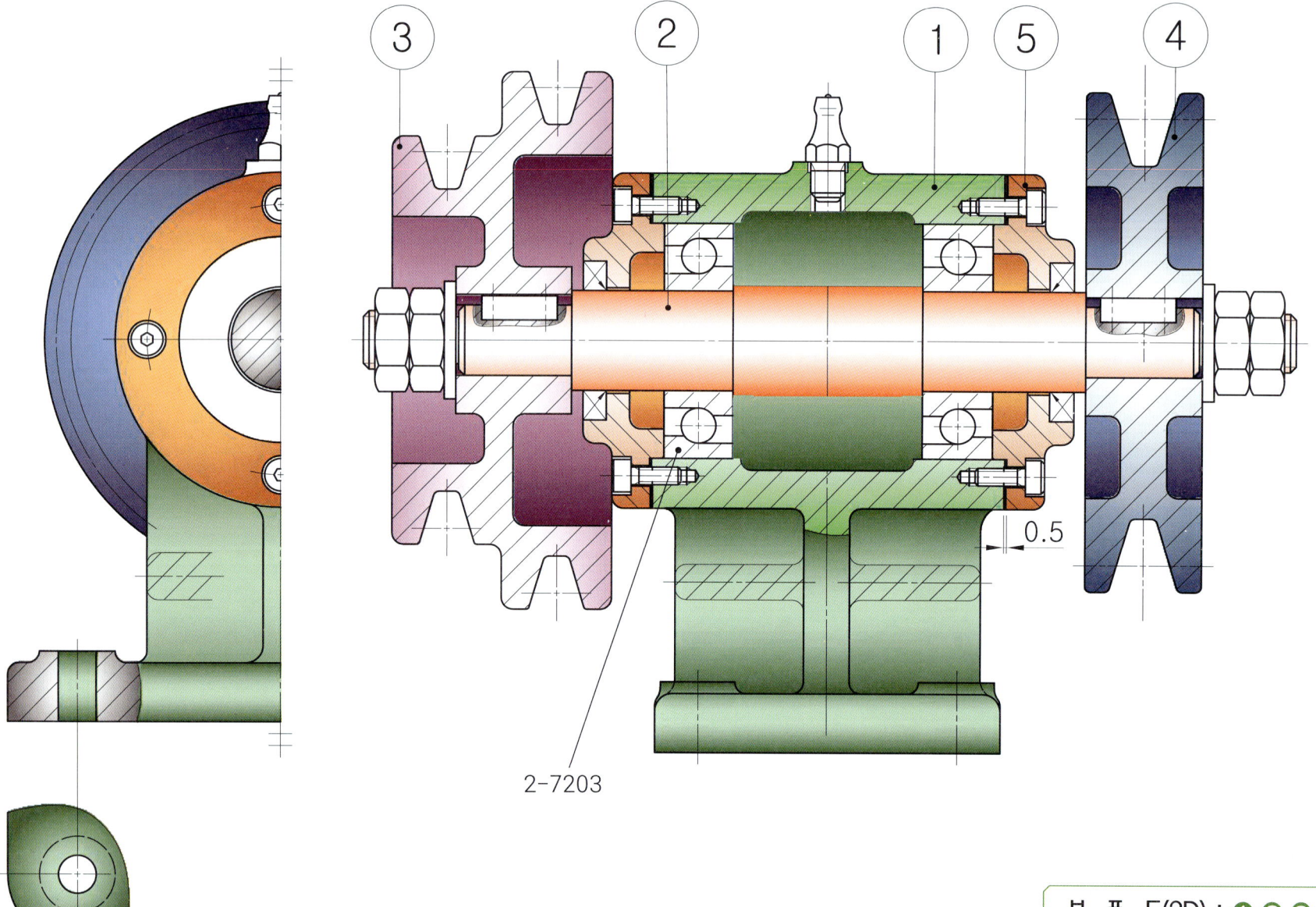

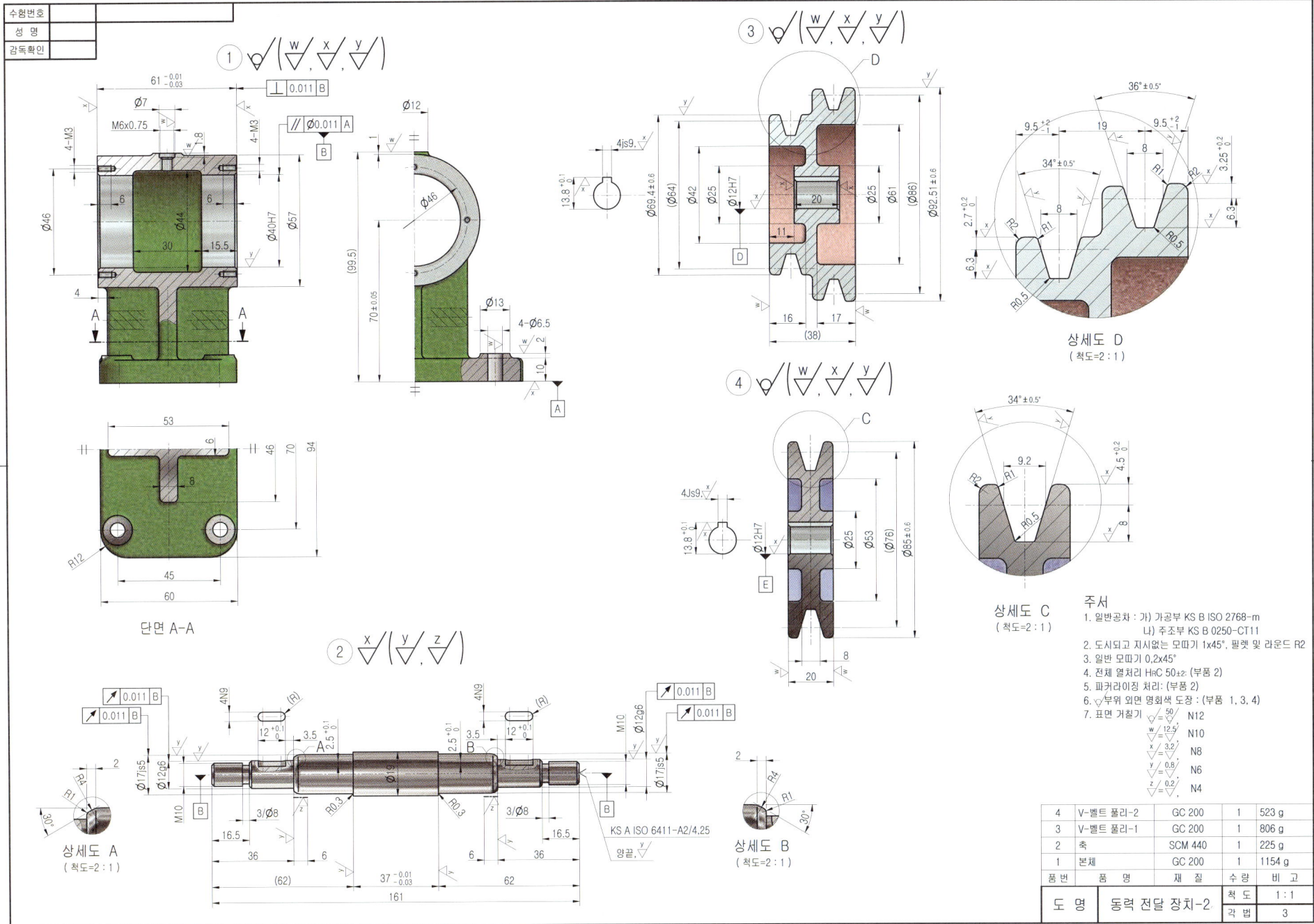

2. 동력전달장치-2 2D 부품도

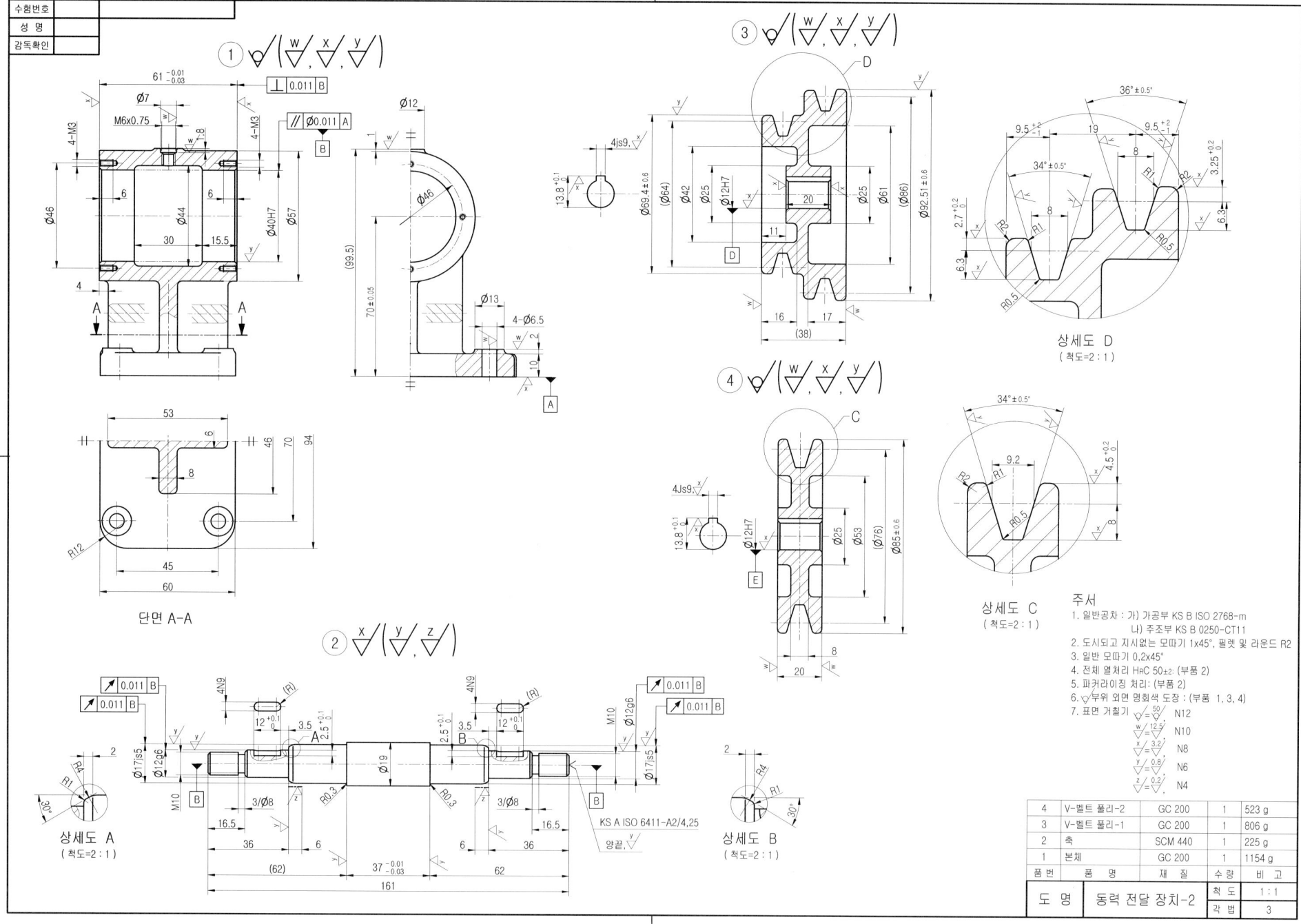

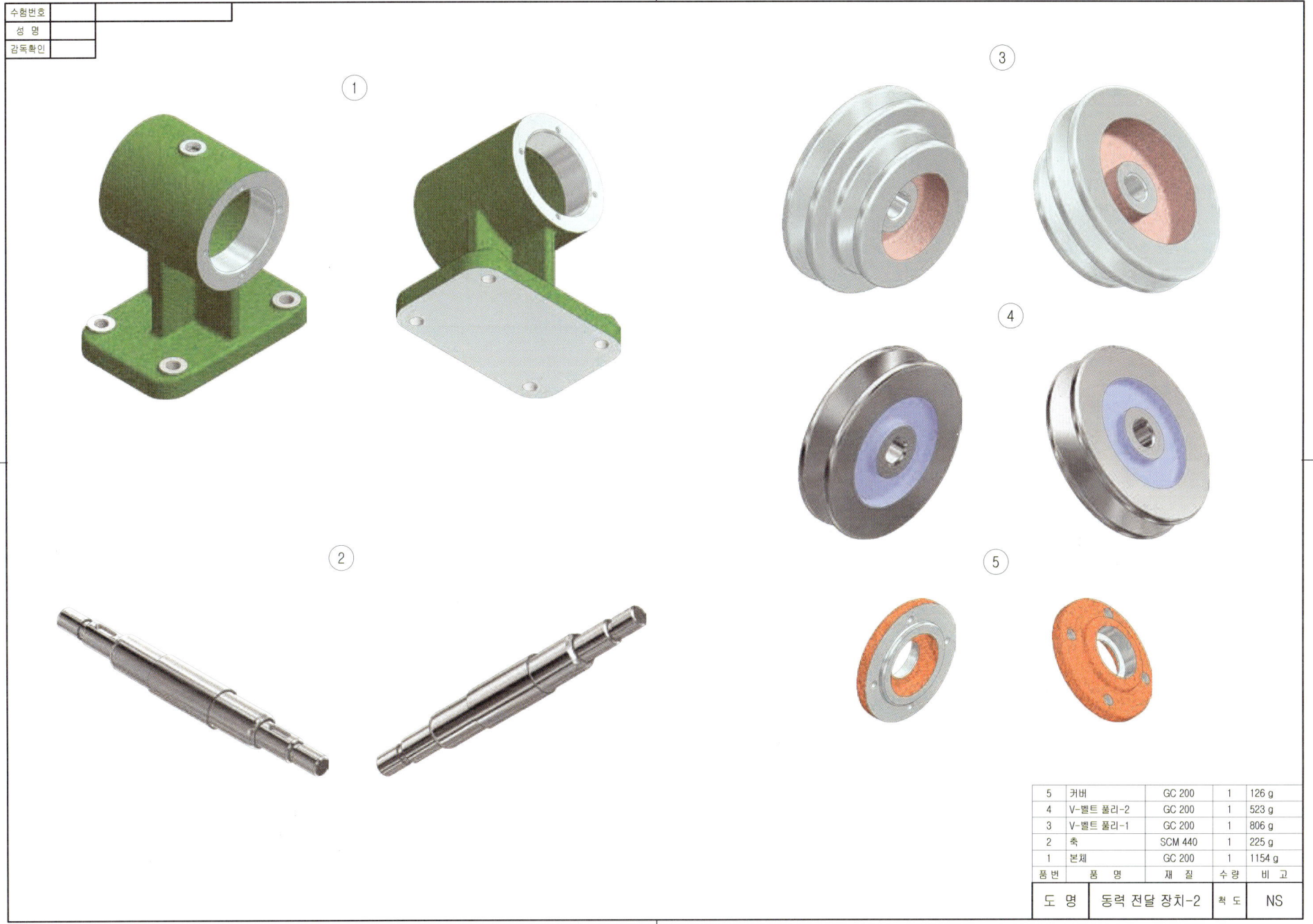

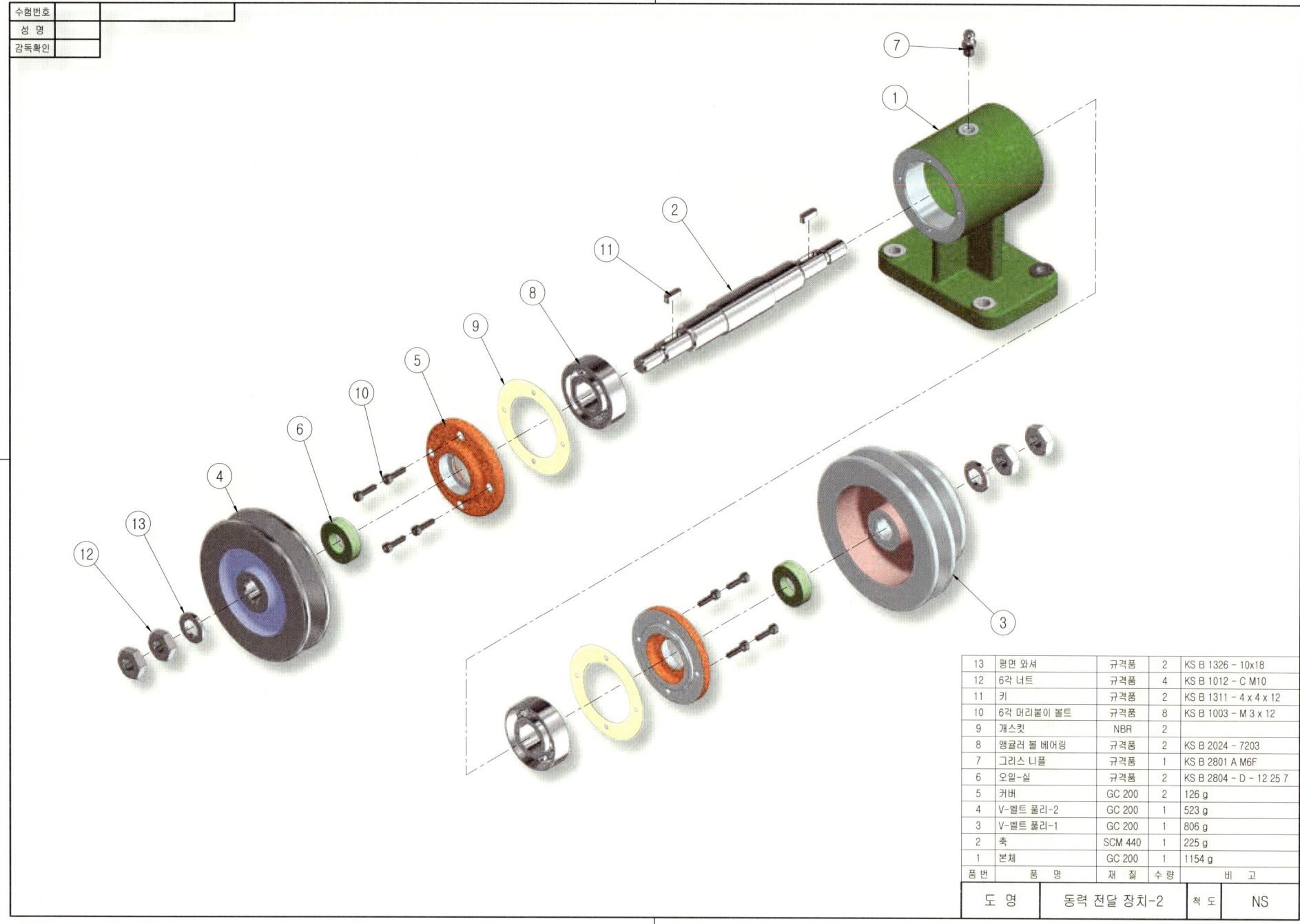

2. 동력전달장치-2 등각조립도

| 도 명 | 동력 전달 장치-2 | 척 도 | NS |

3. 동력전달장치-3 과제도면

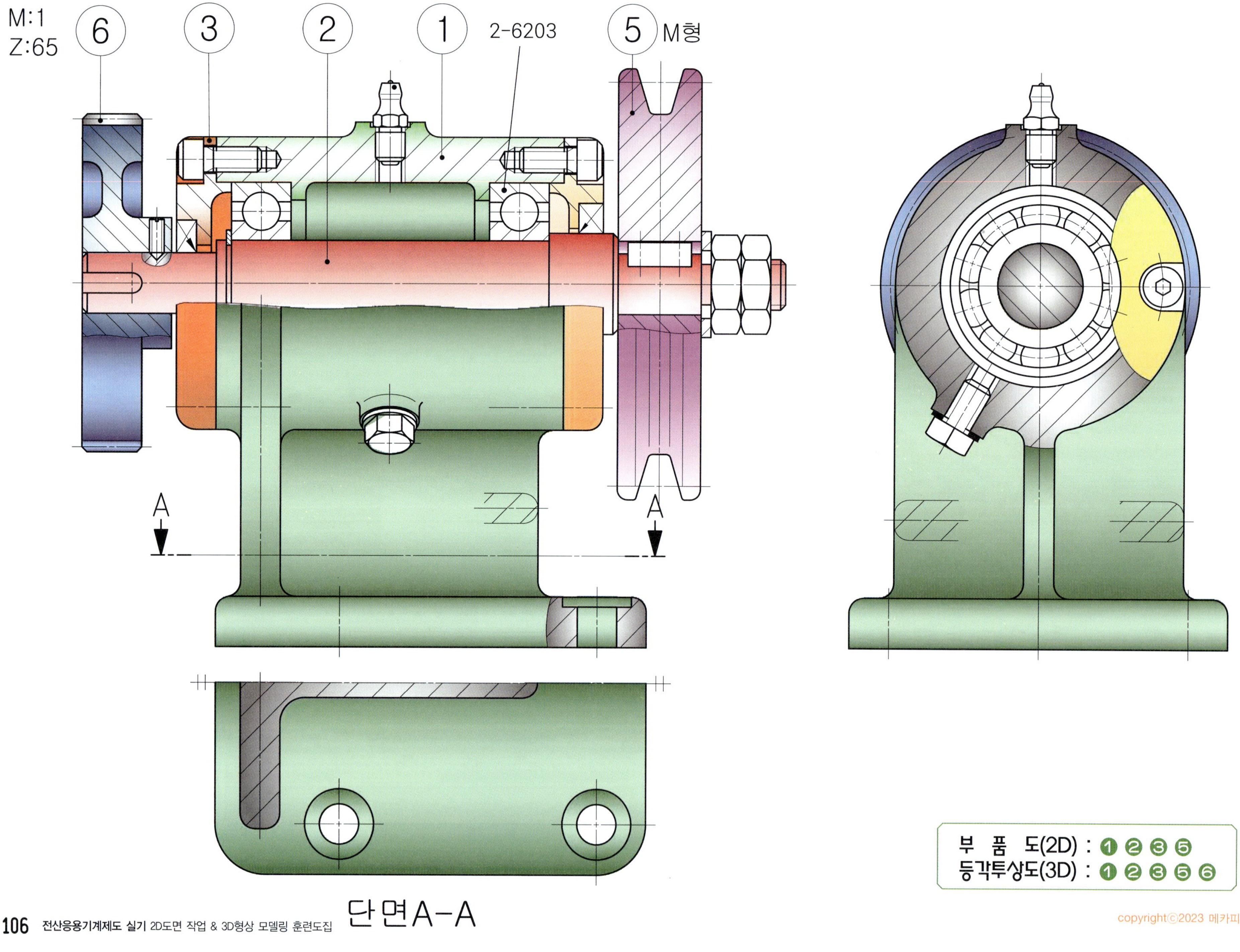

M:1
Z:65

① ② ③ ⑤ ⑥ 2-6203 ⑤ M형

단면A-A

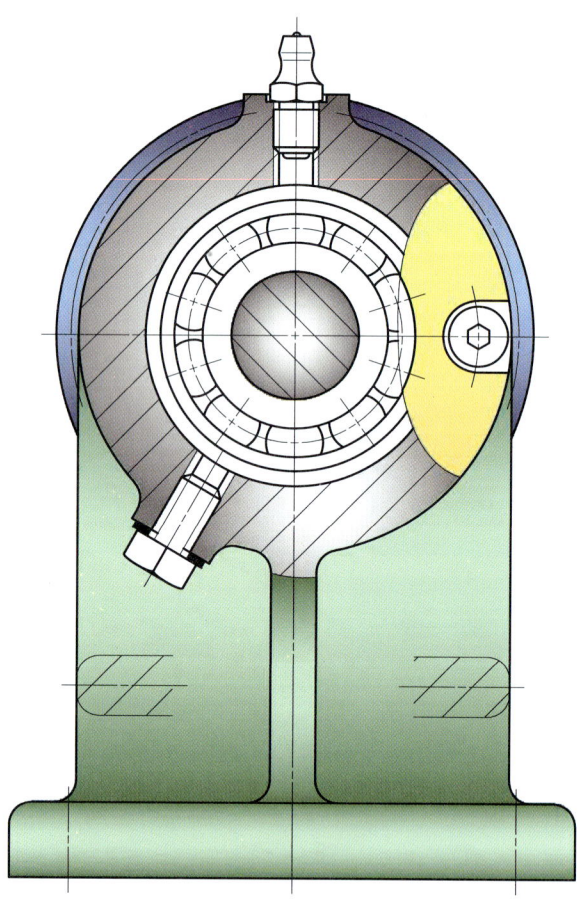

부 품 도(2D) : ① ② ③ ⑤
등각투상도(3D) : ① ② ③ ⑤ ⑥

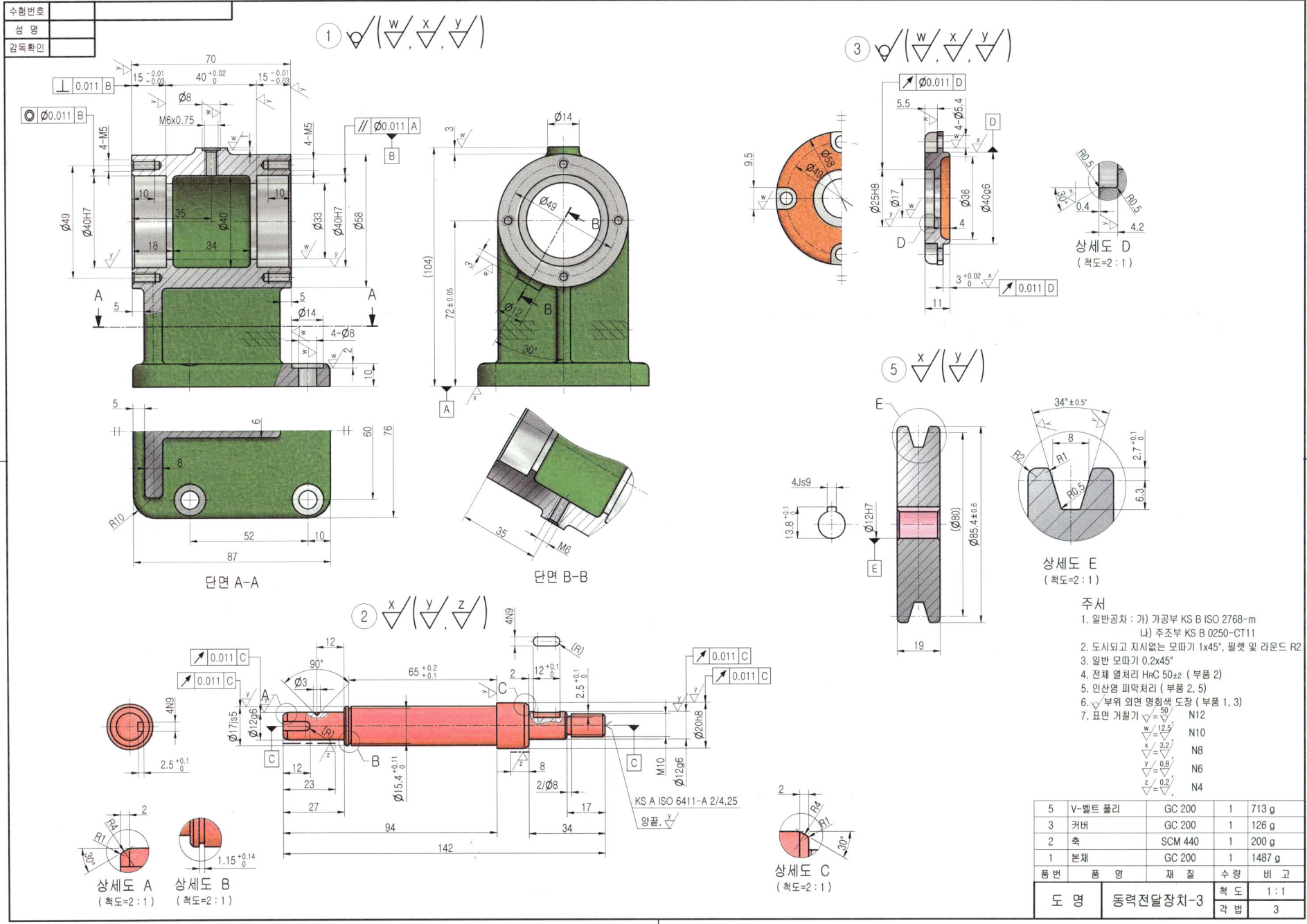

3. 동력전달장치-3 2D 부품도

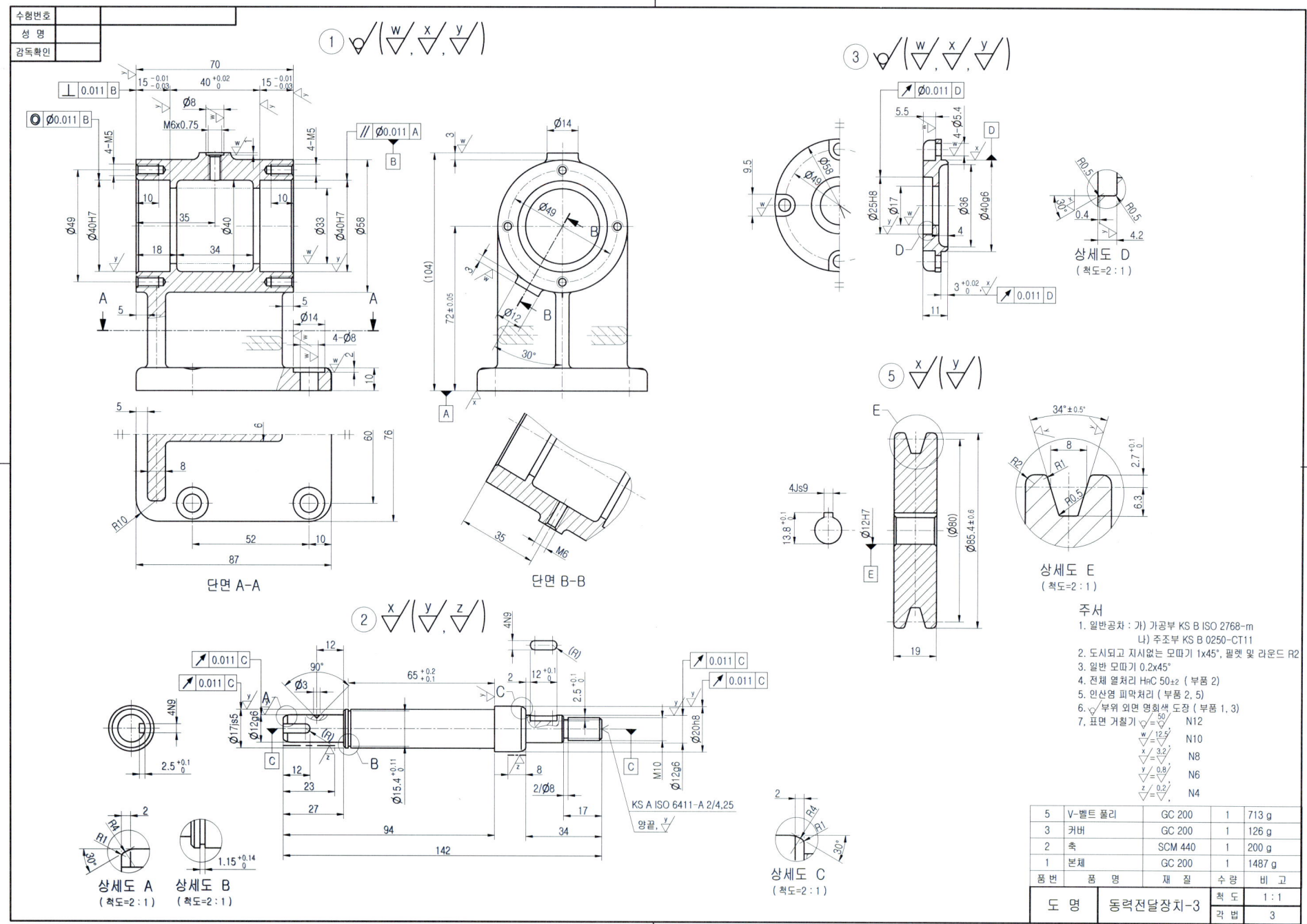

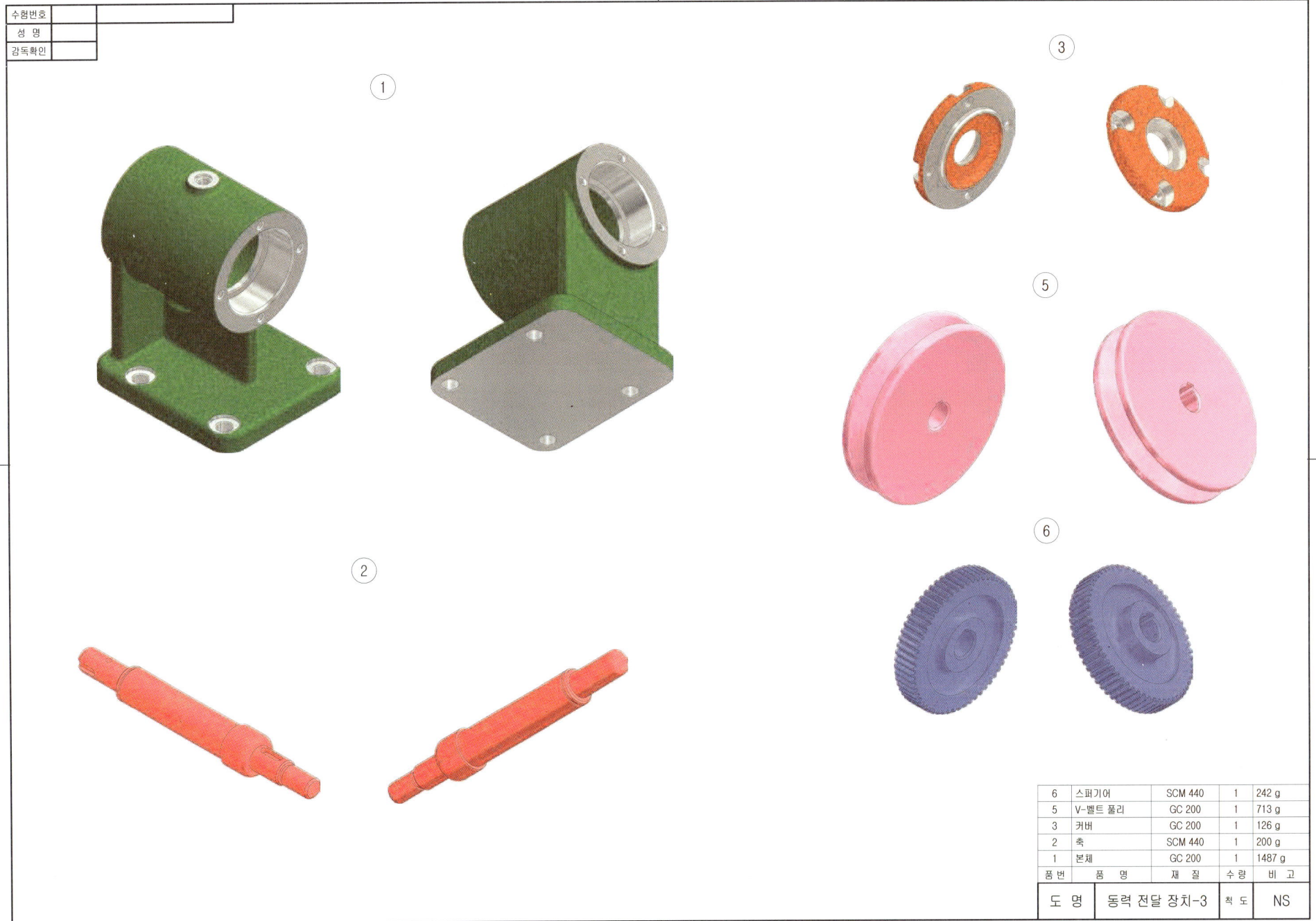

3. 동력전달장치-3 등각분해도

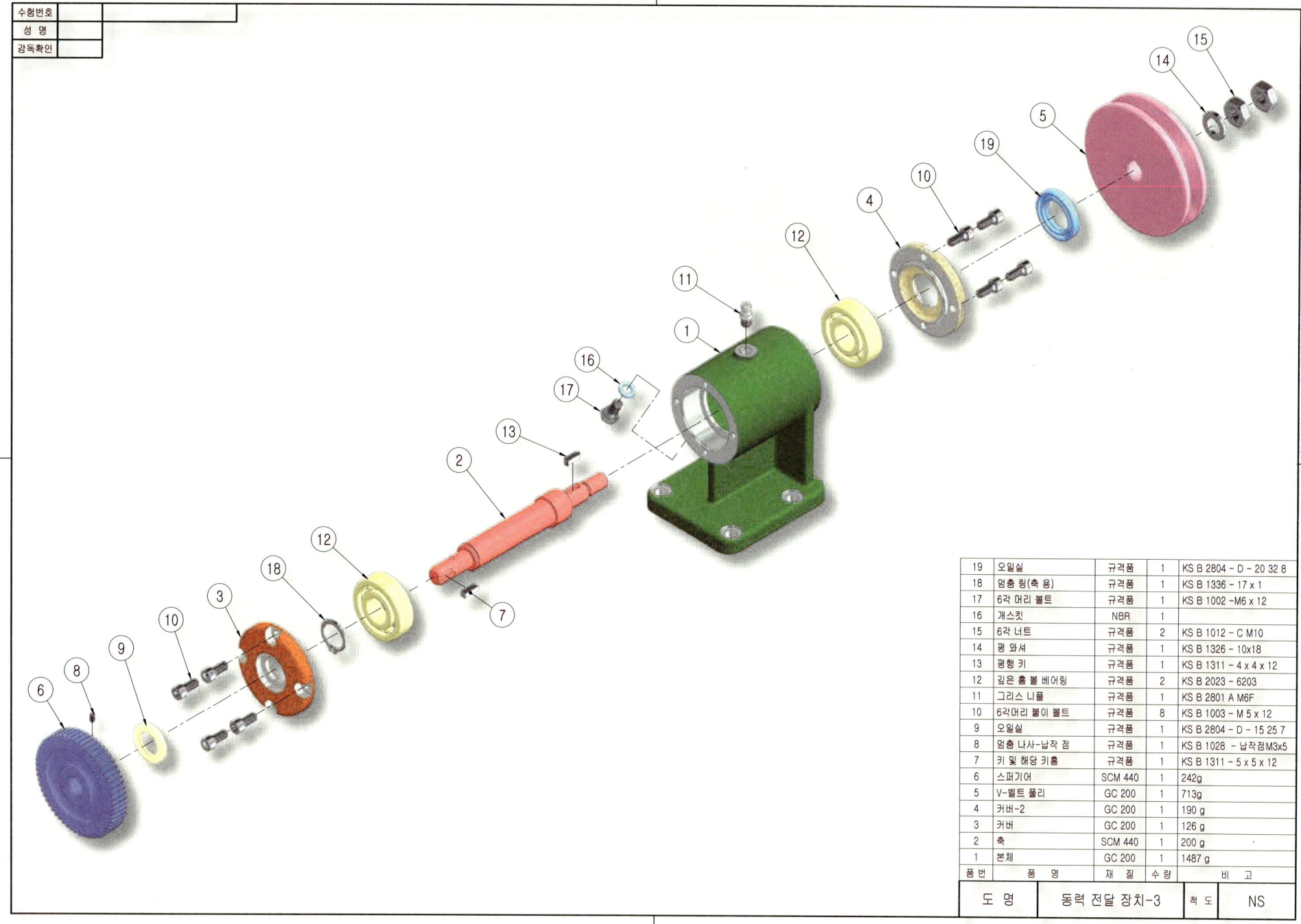

3. 동력전달장치-3 등각조립도

| 도 명 | 동력 전달 장치-3 | 척 도 | NS |

4. 동력전달장치-4 과제도면

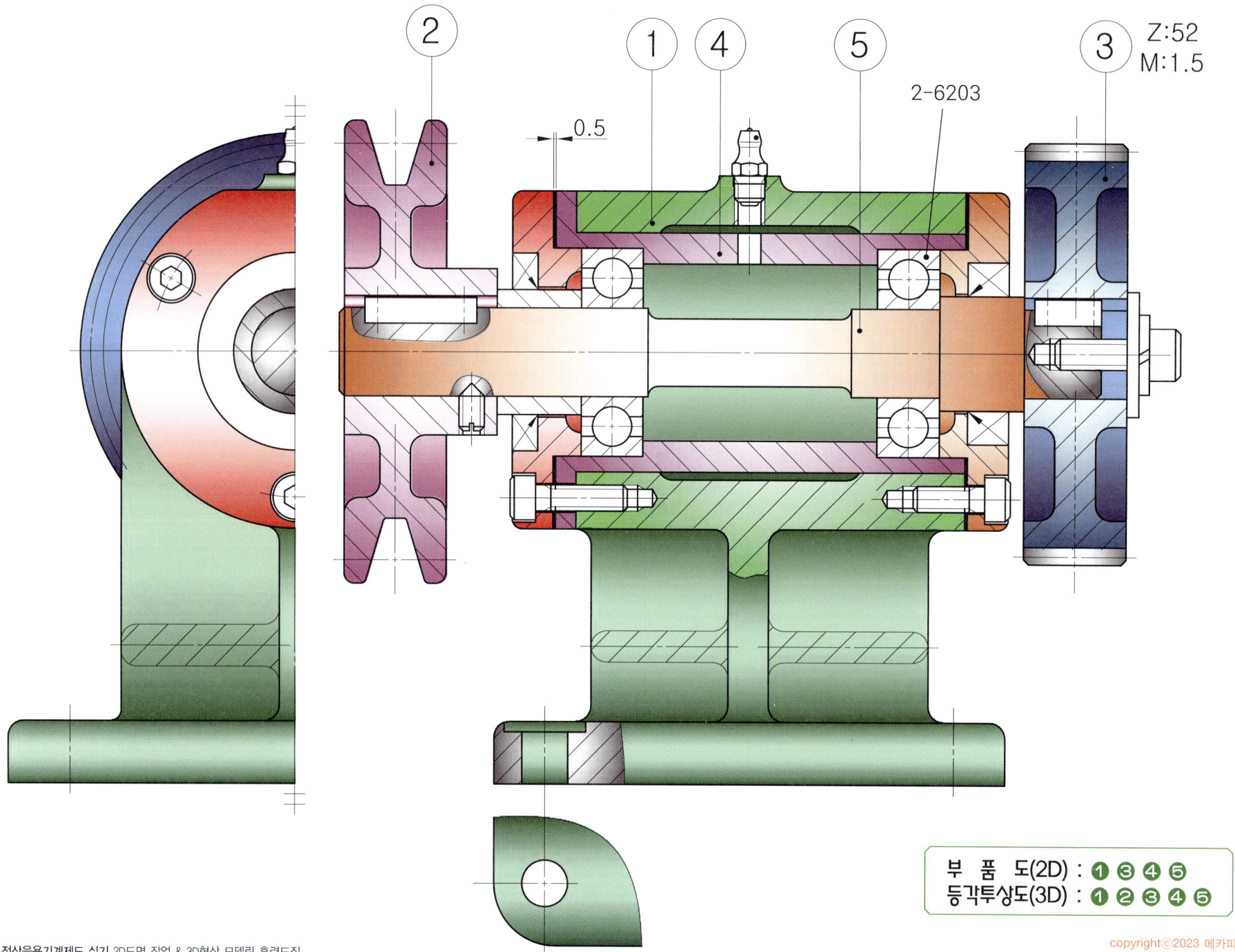

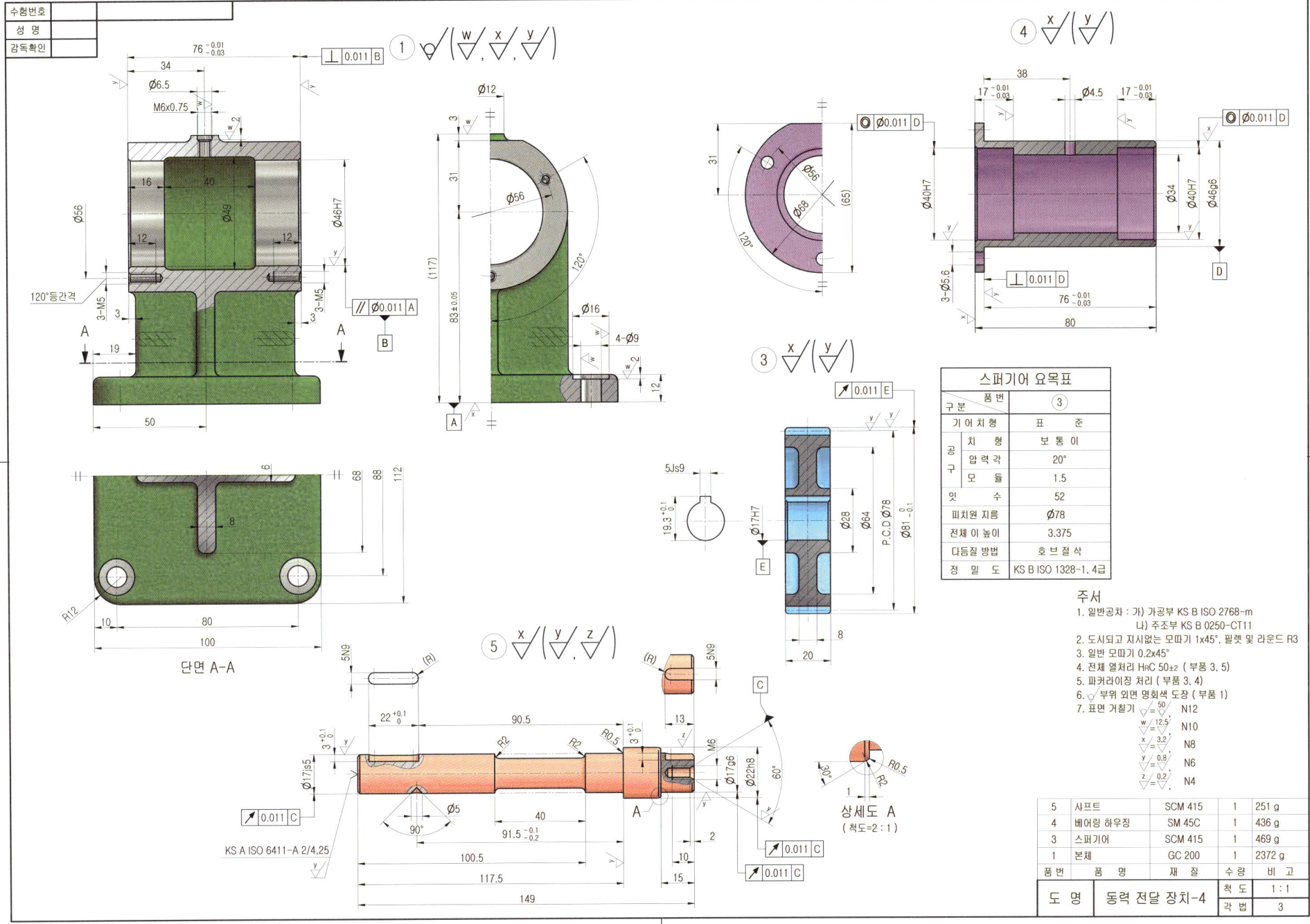

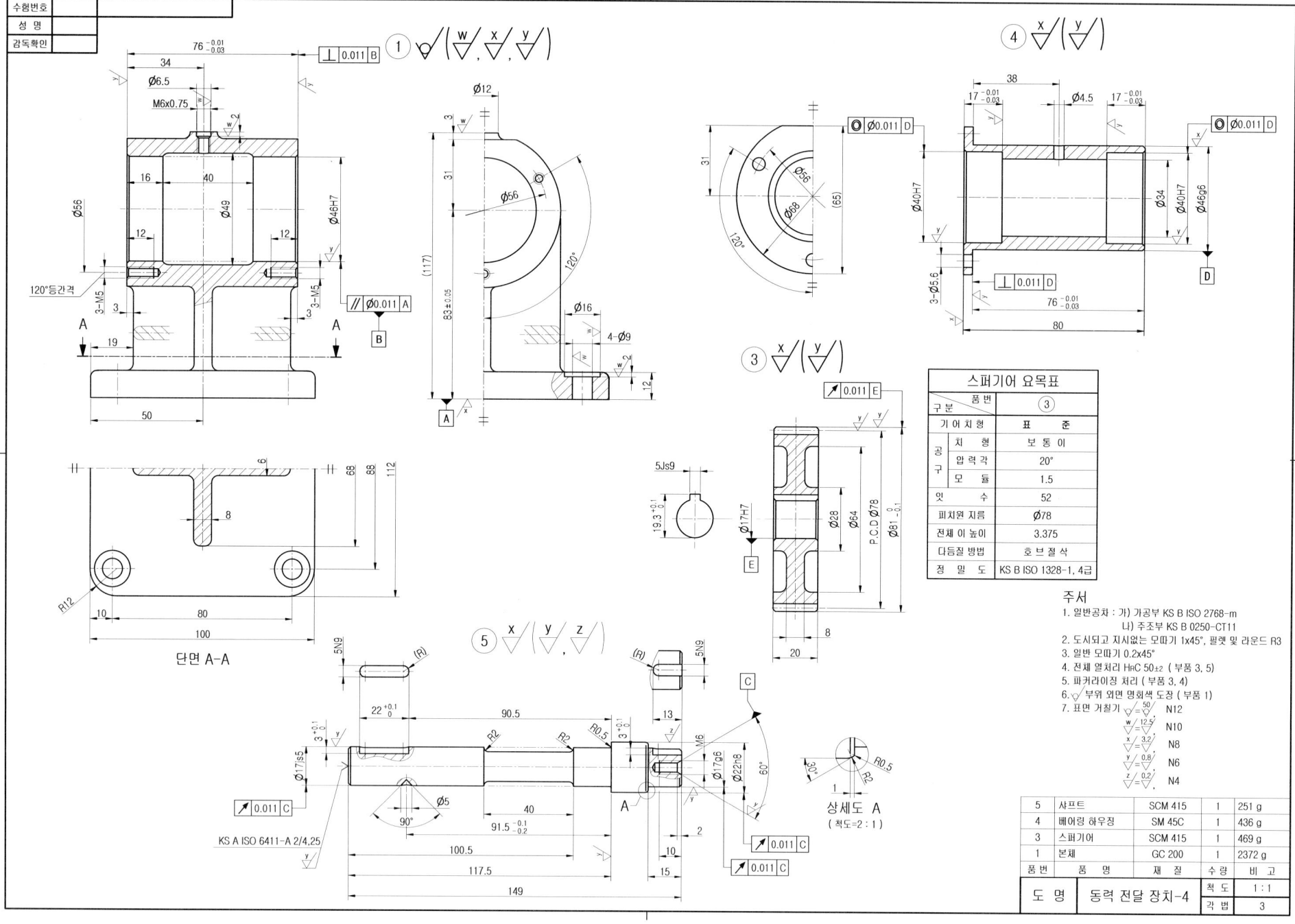

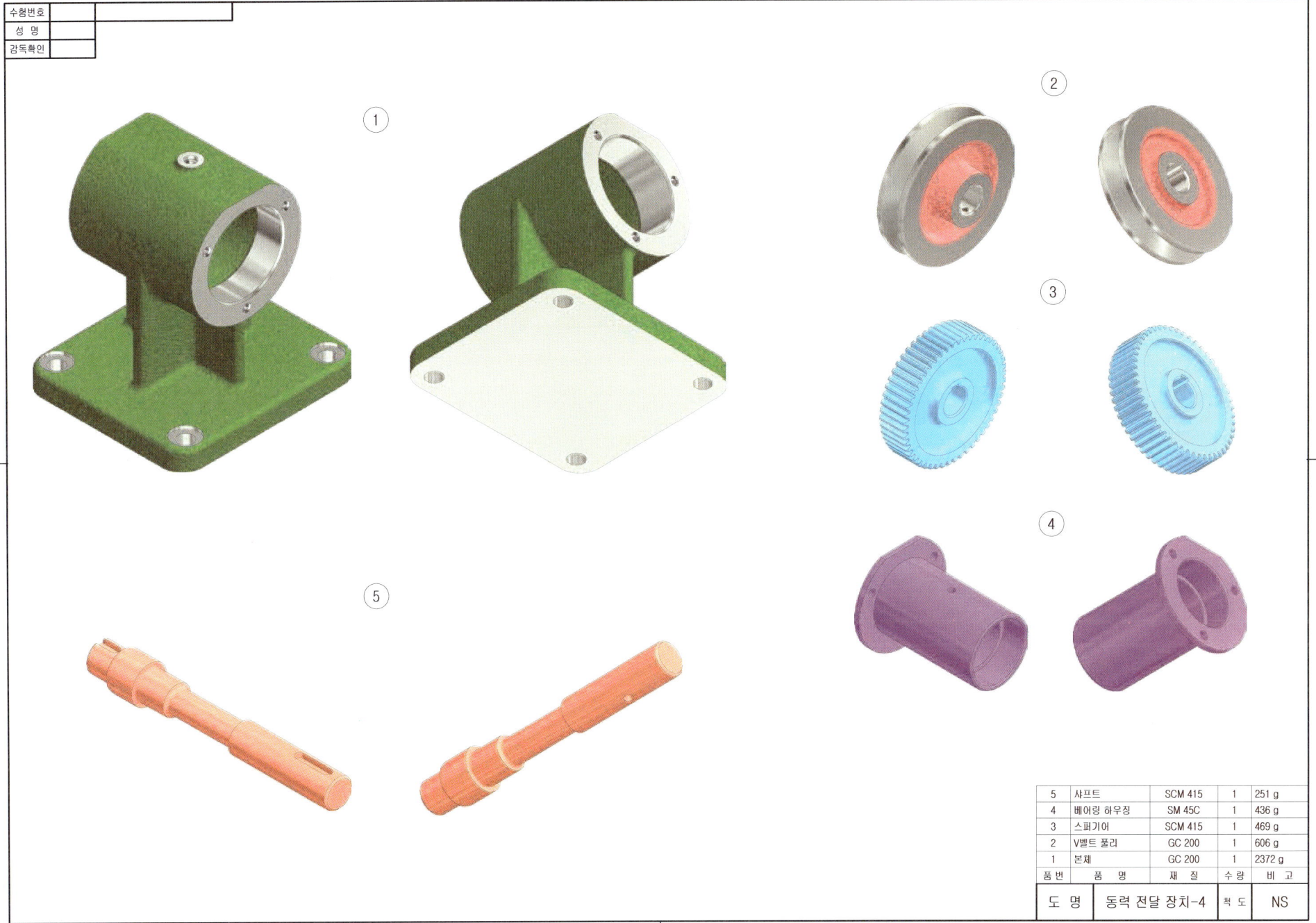

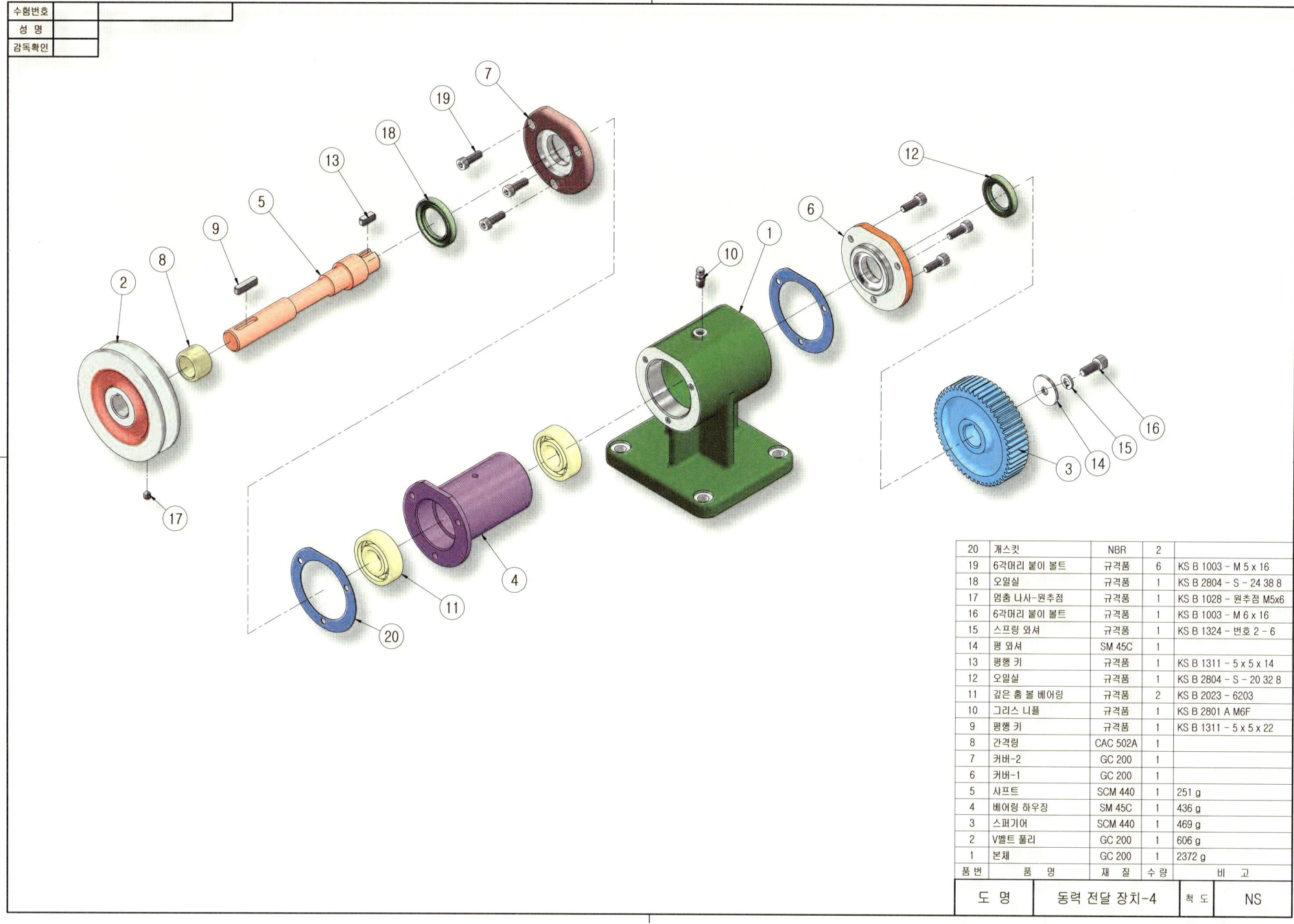

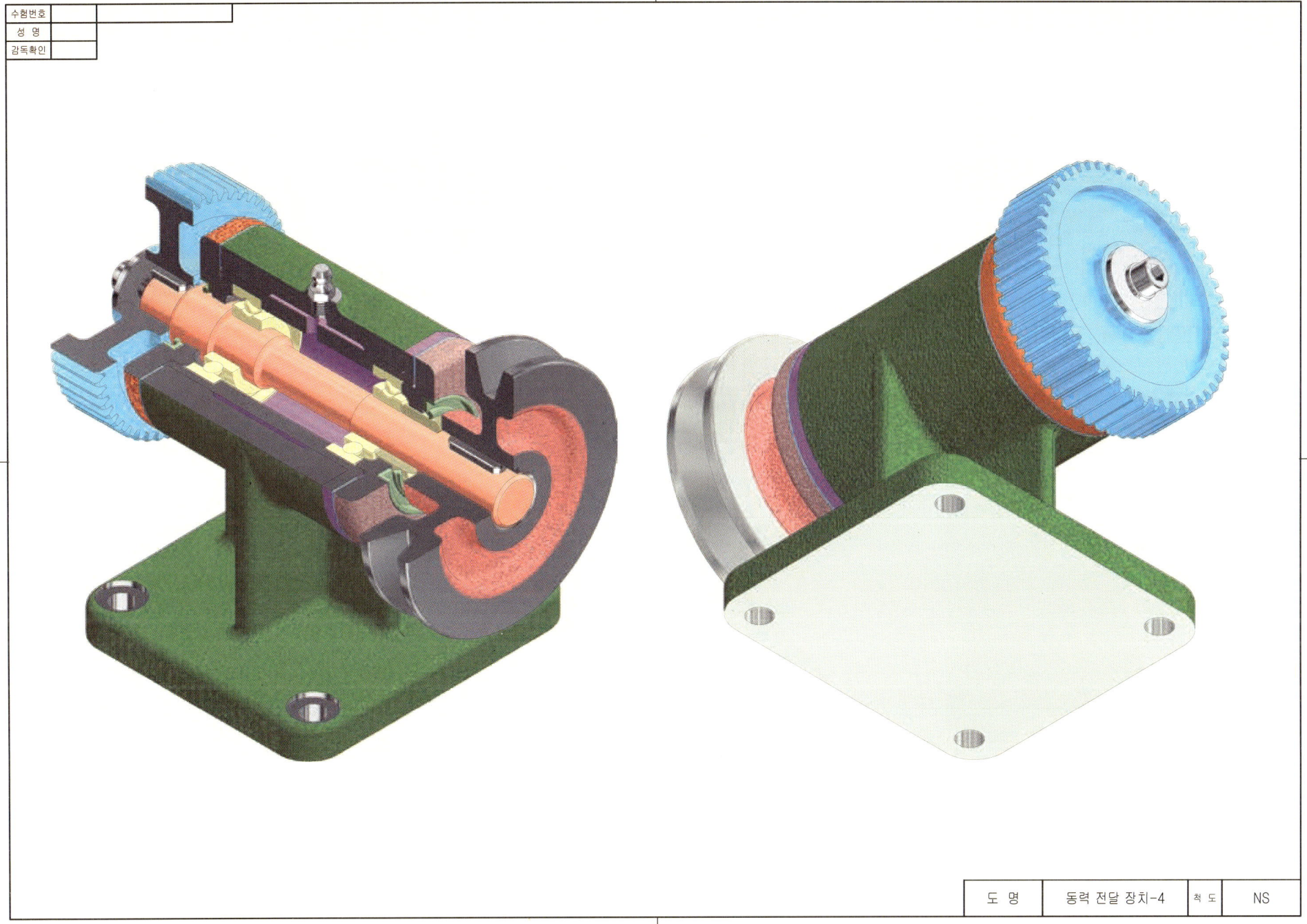

5. 동력전달장치-5 과제도면

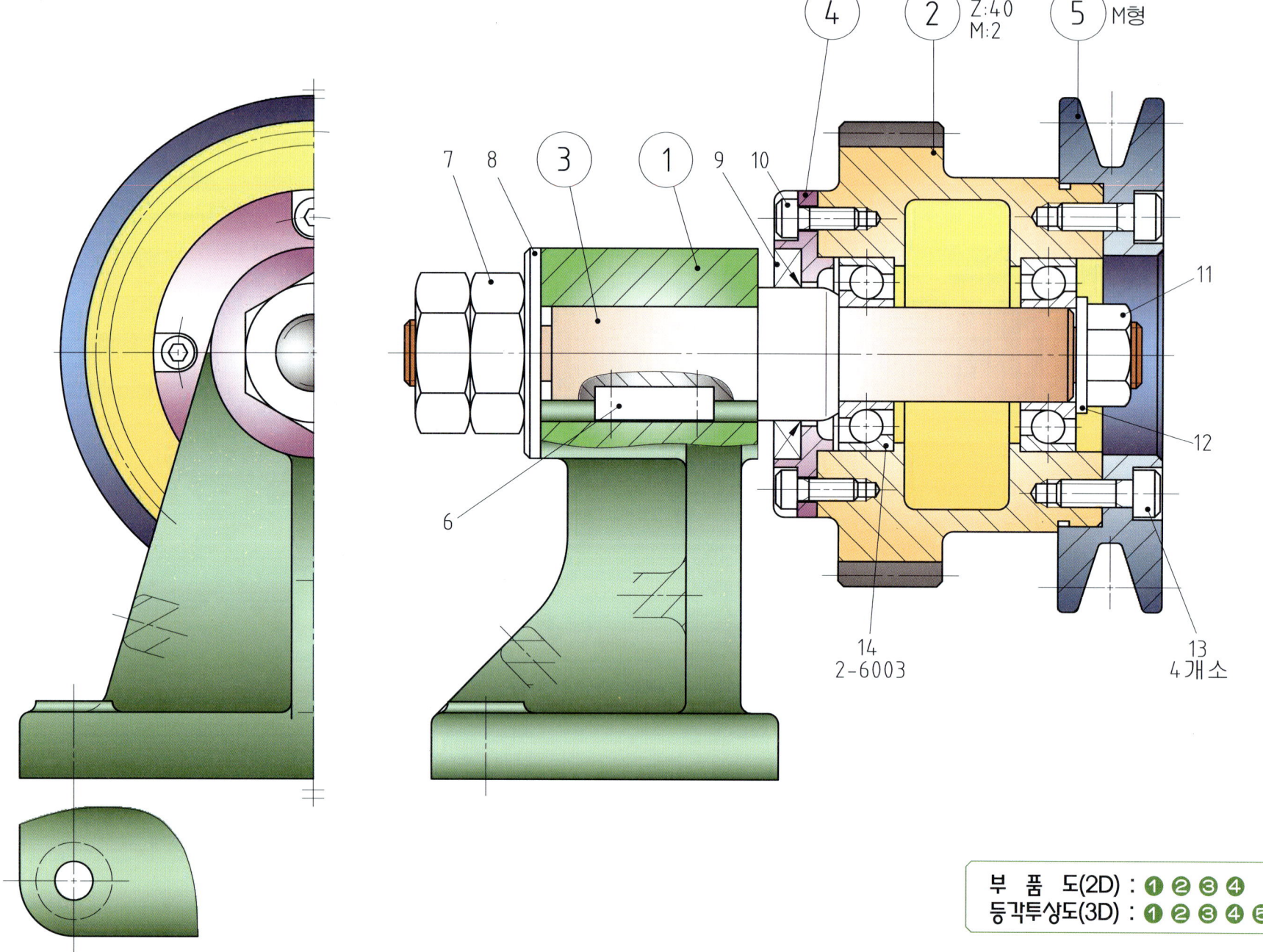

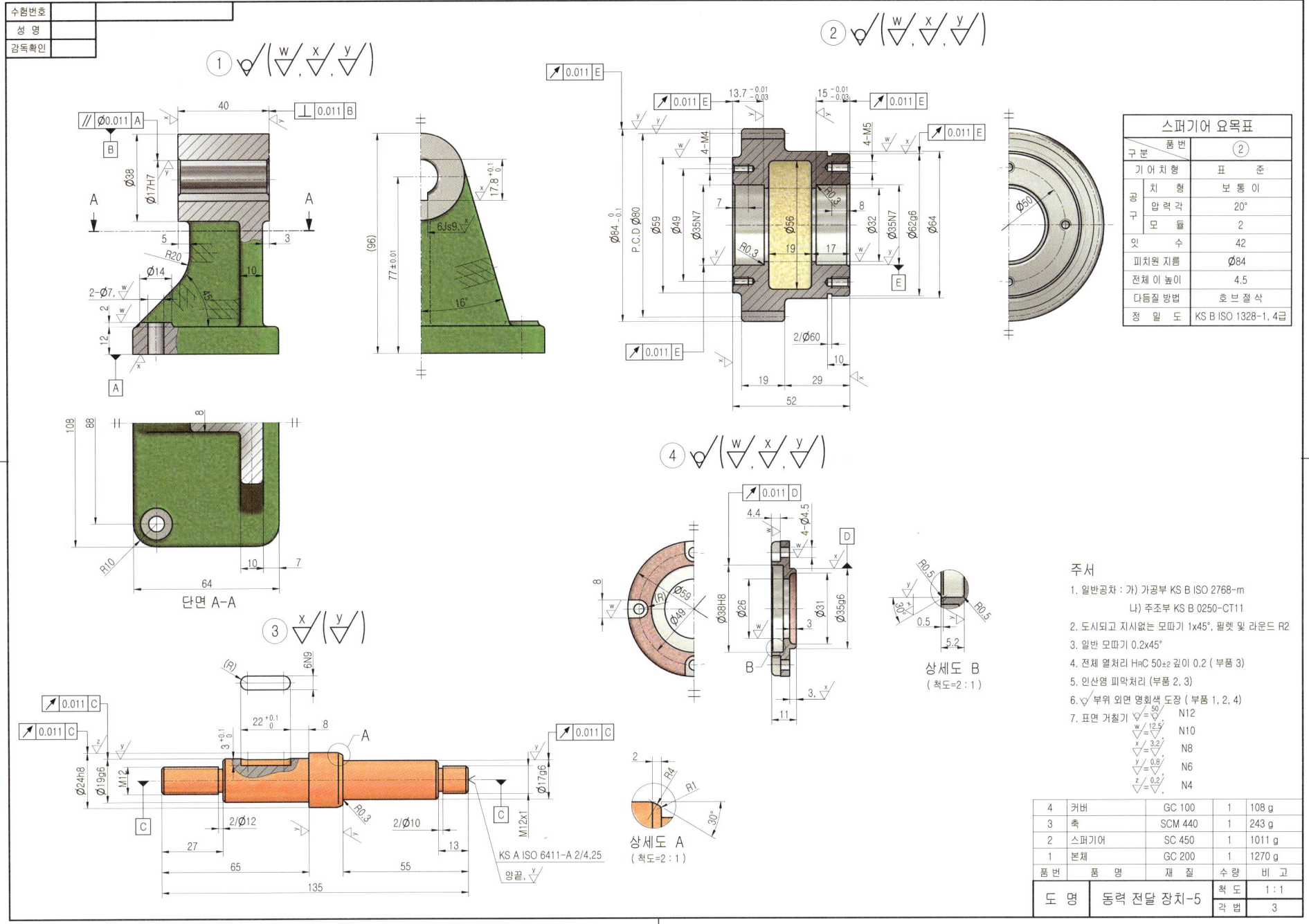

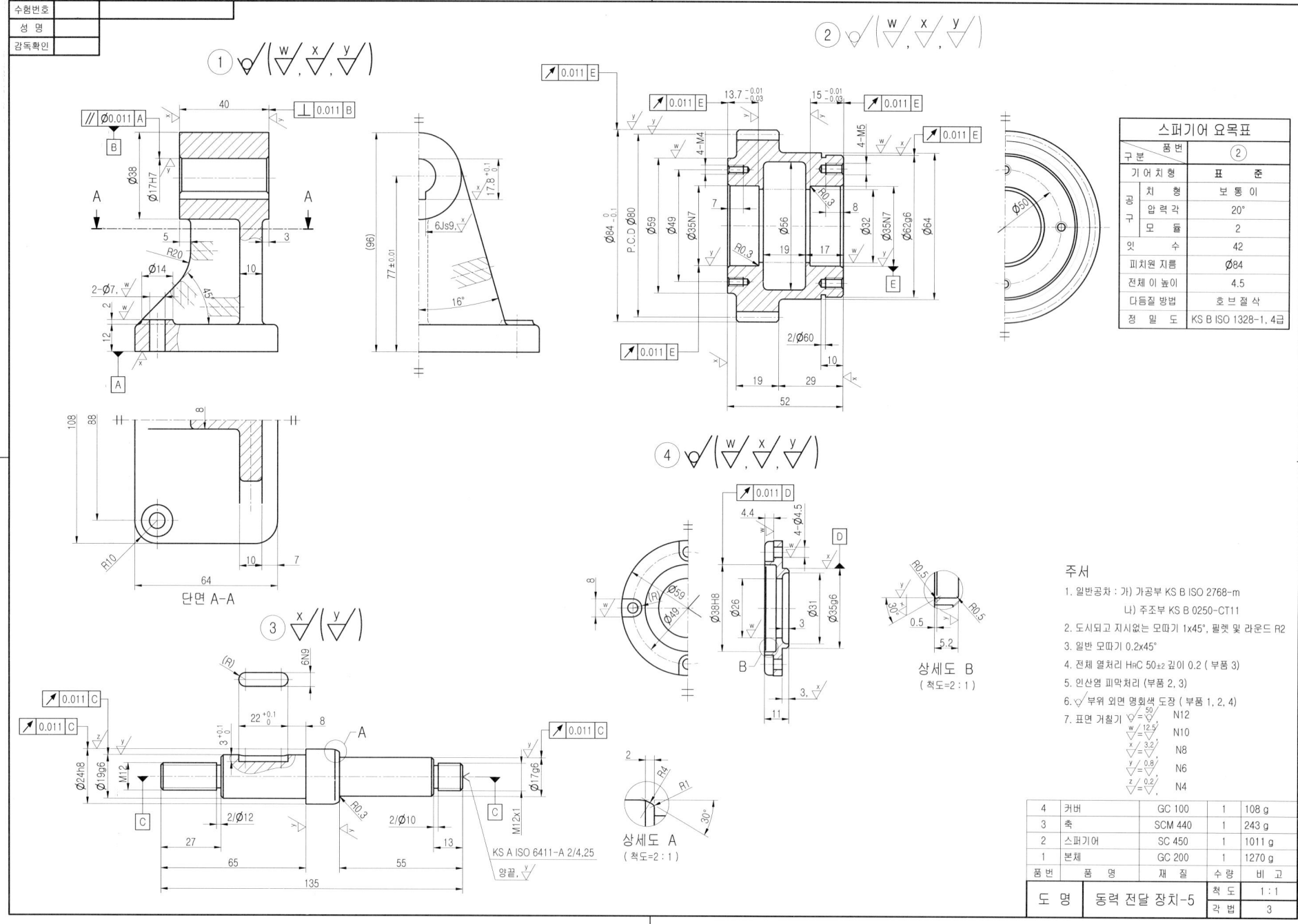

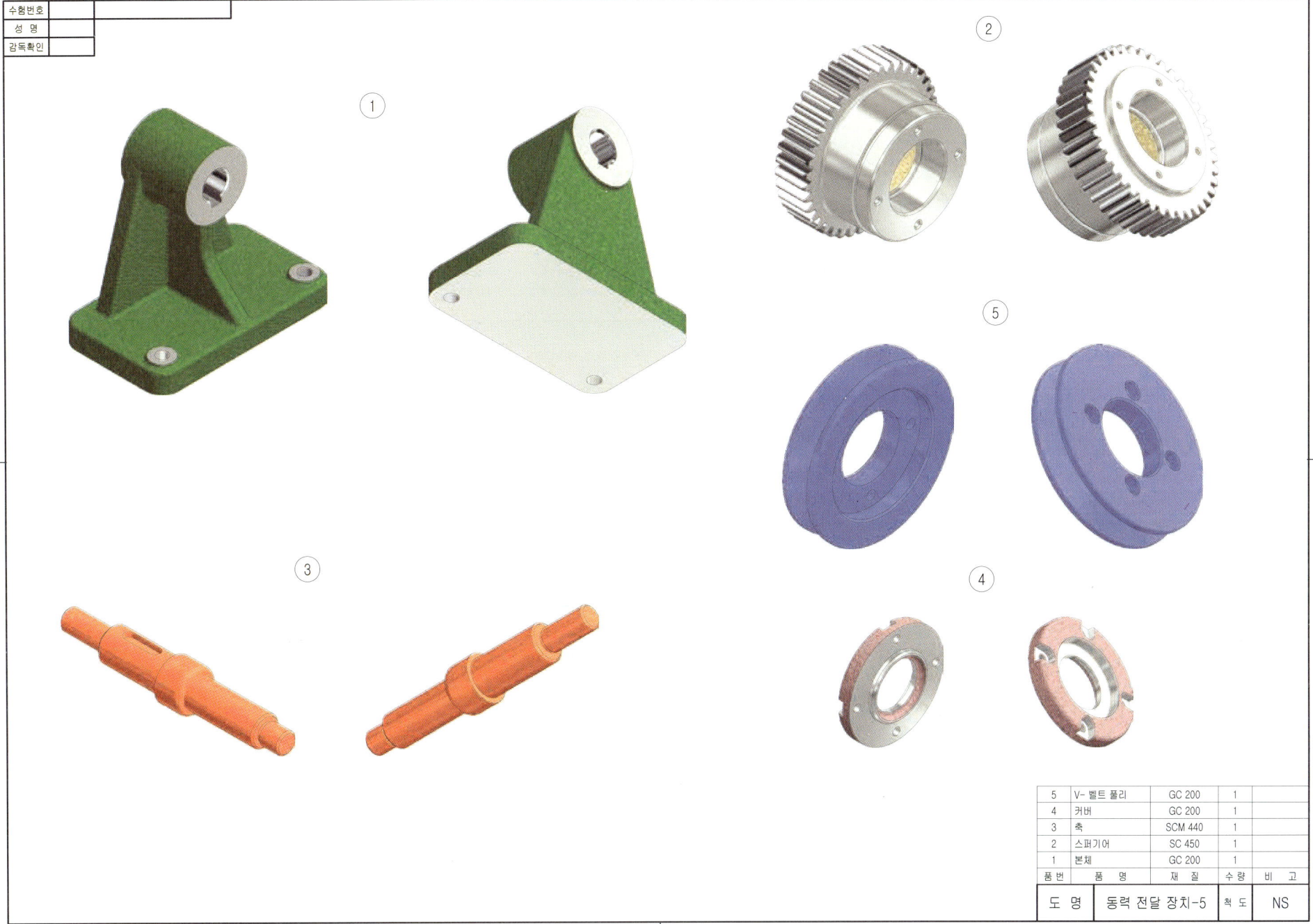

5. 동력전달장치-5 등각분해도

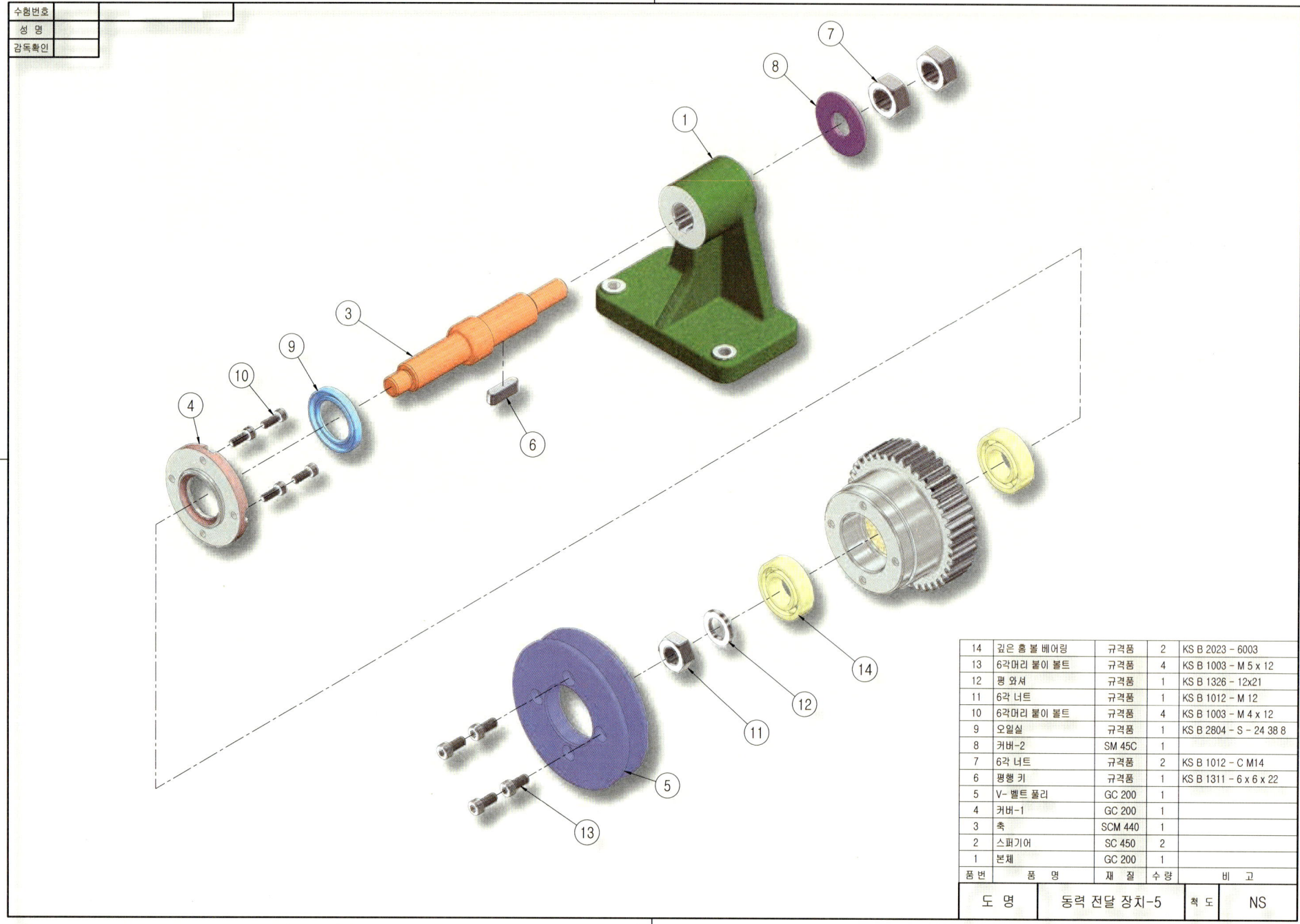

5. 동력전달장치-5 등각조립도

| 도 명 | 동력 전달 장치-5 | 척 도 | NS |

6. 동력전달장치-6 과제도면

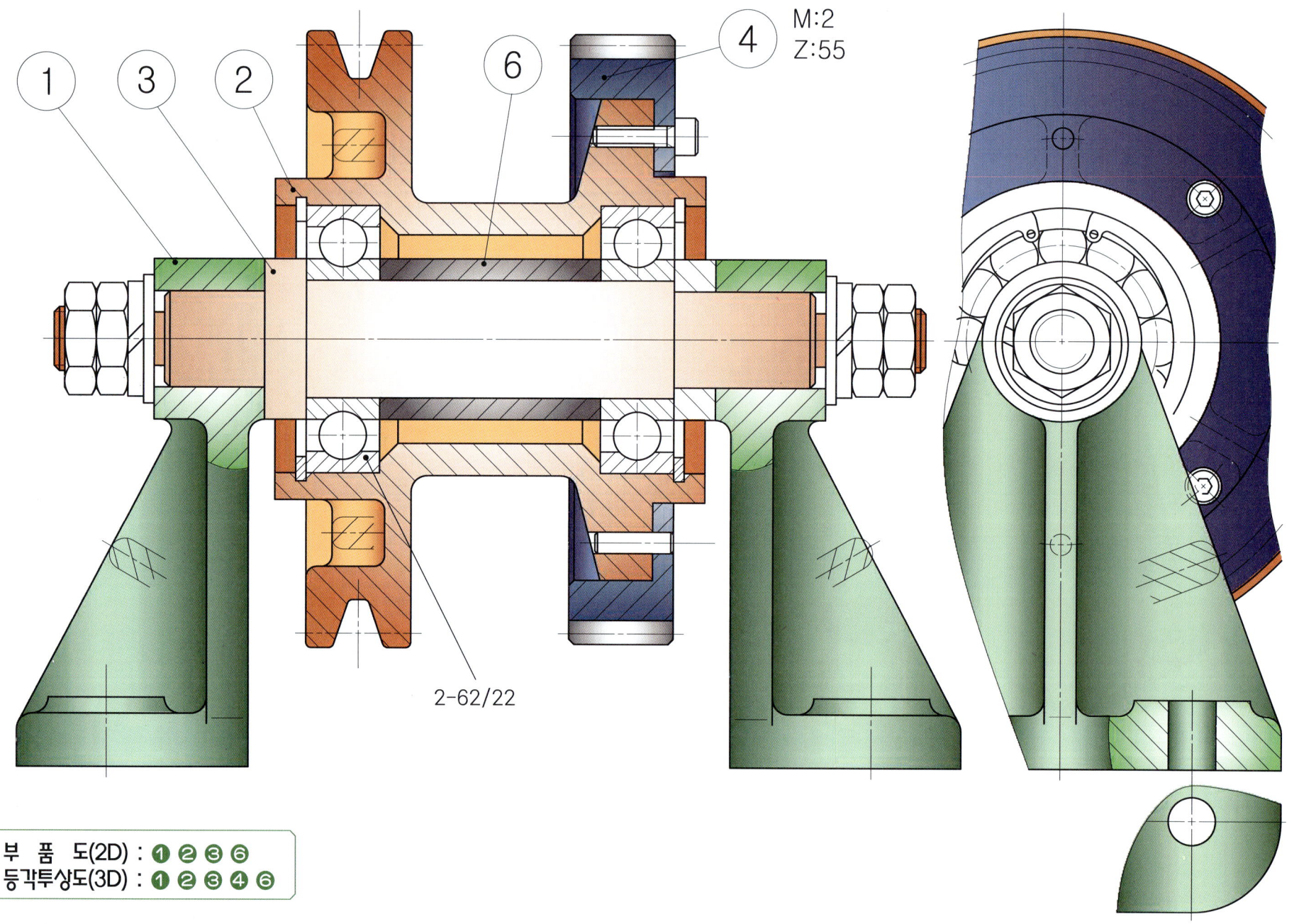

M:2
Z:55

2-⌀2/22

부 품 도(2D) : ❶ ❷ ❸ ❻
등각투상도(3D) : ❶ ❷ ❸ ❹ ❻

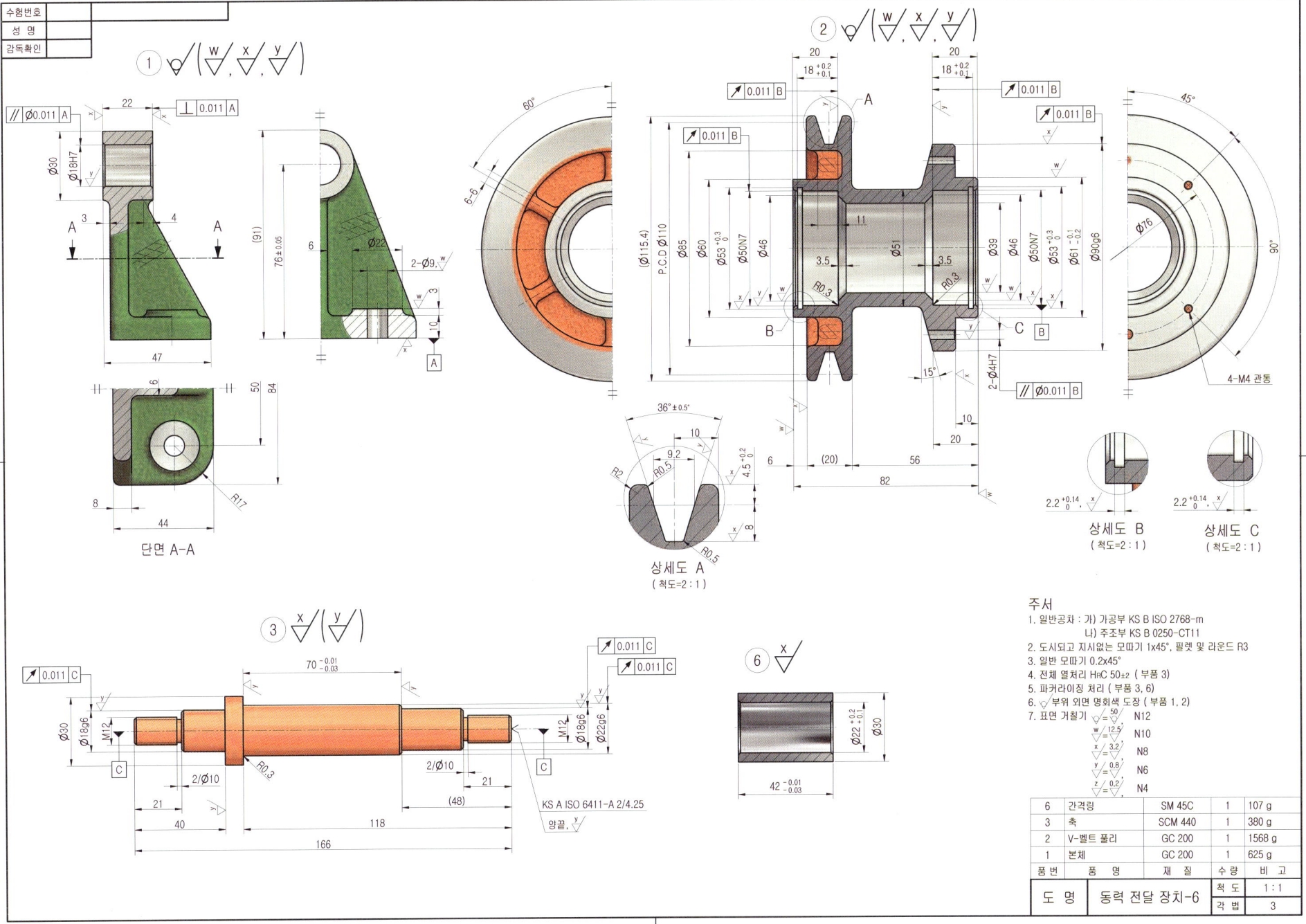

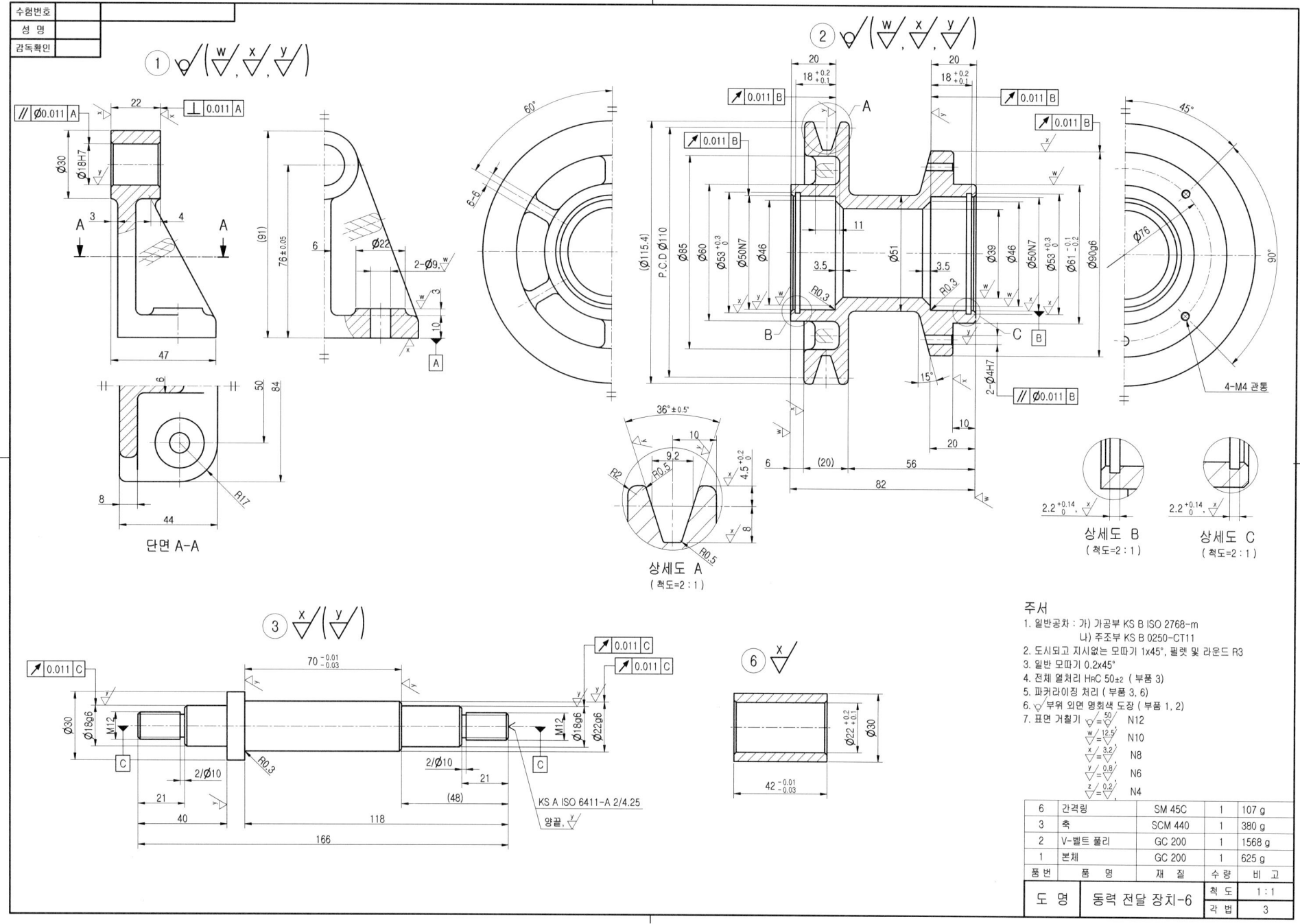

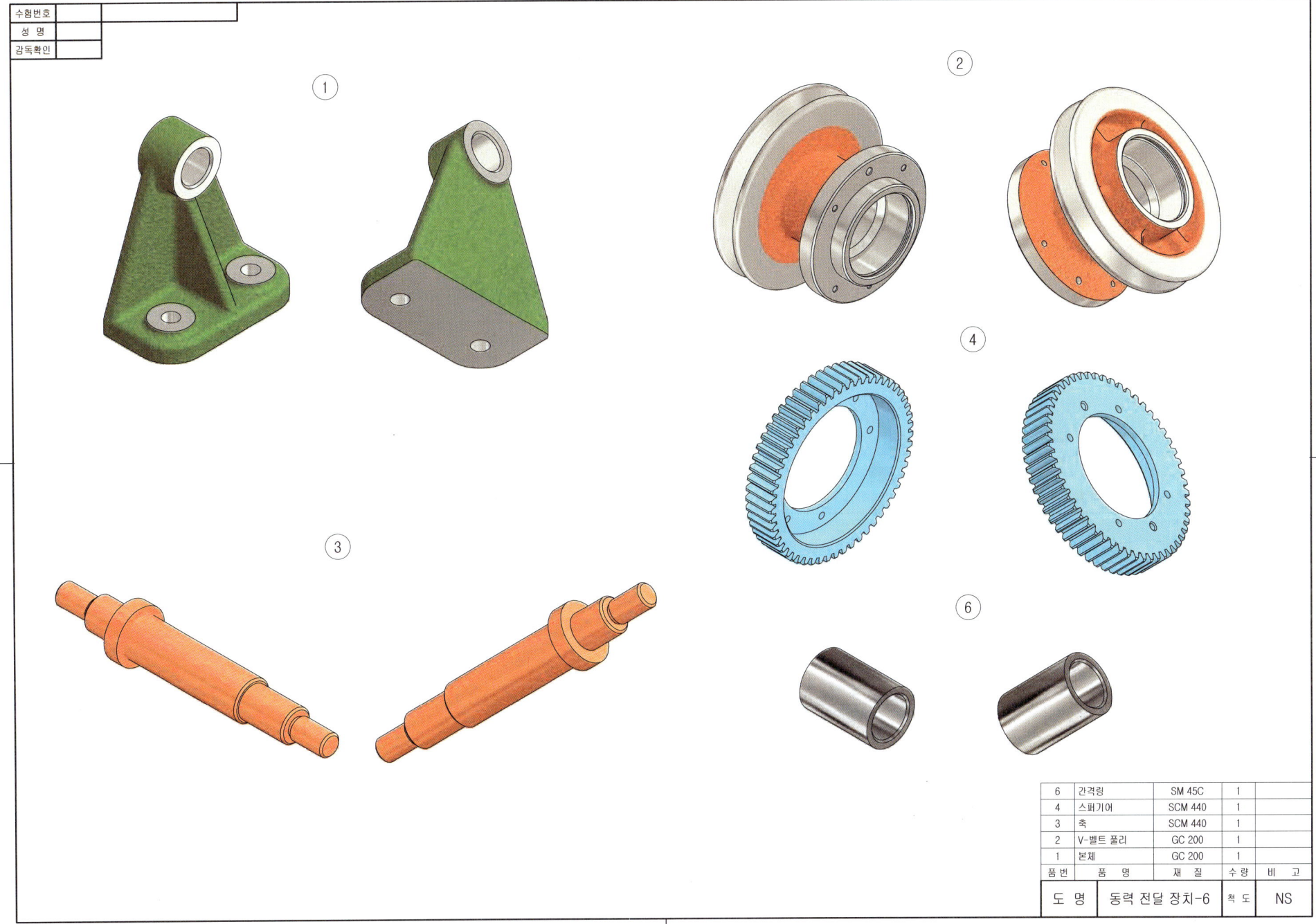

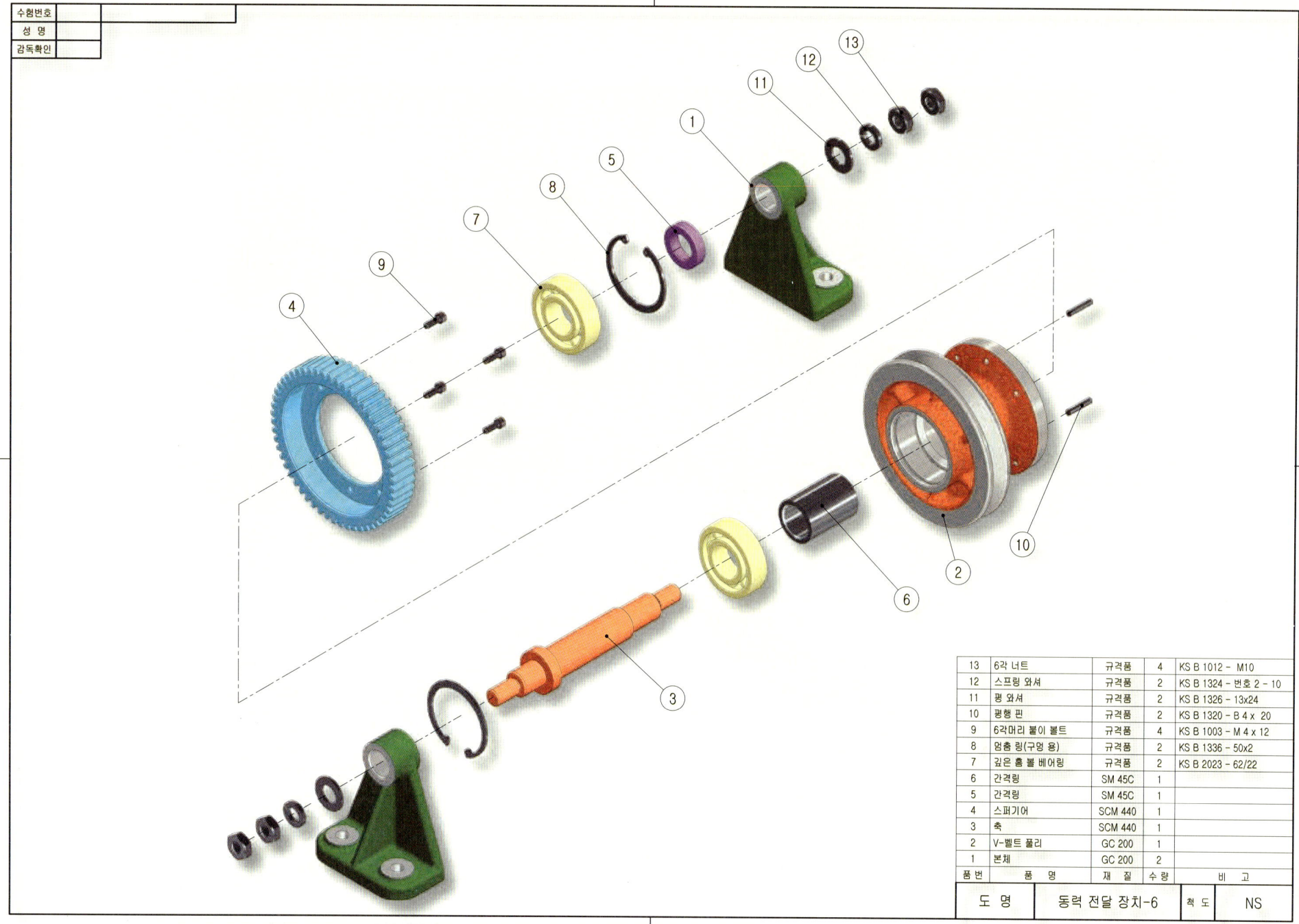

6. 동력전달장치-6 등각조립도

| 도 명 | 동력 전달 장치-6 | 척 도 | NS |

7. 동력전달장치-7 과제도면

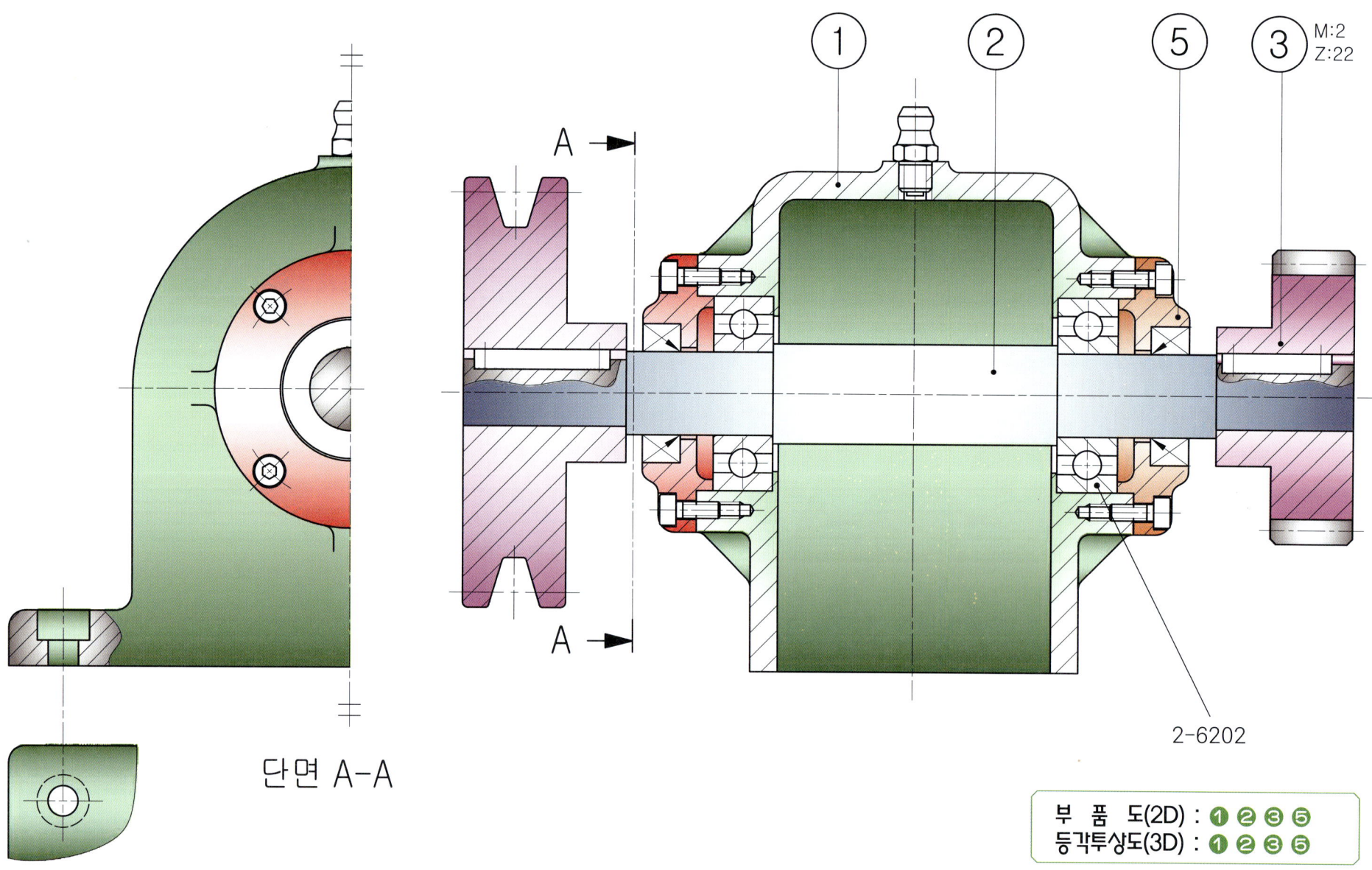

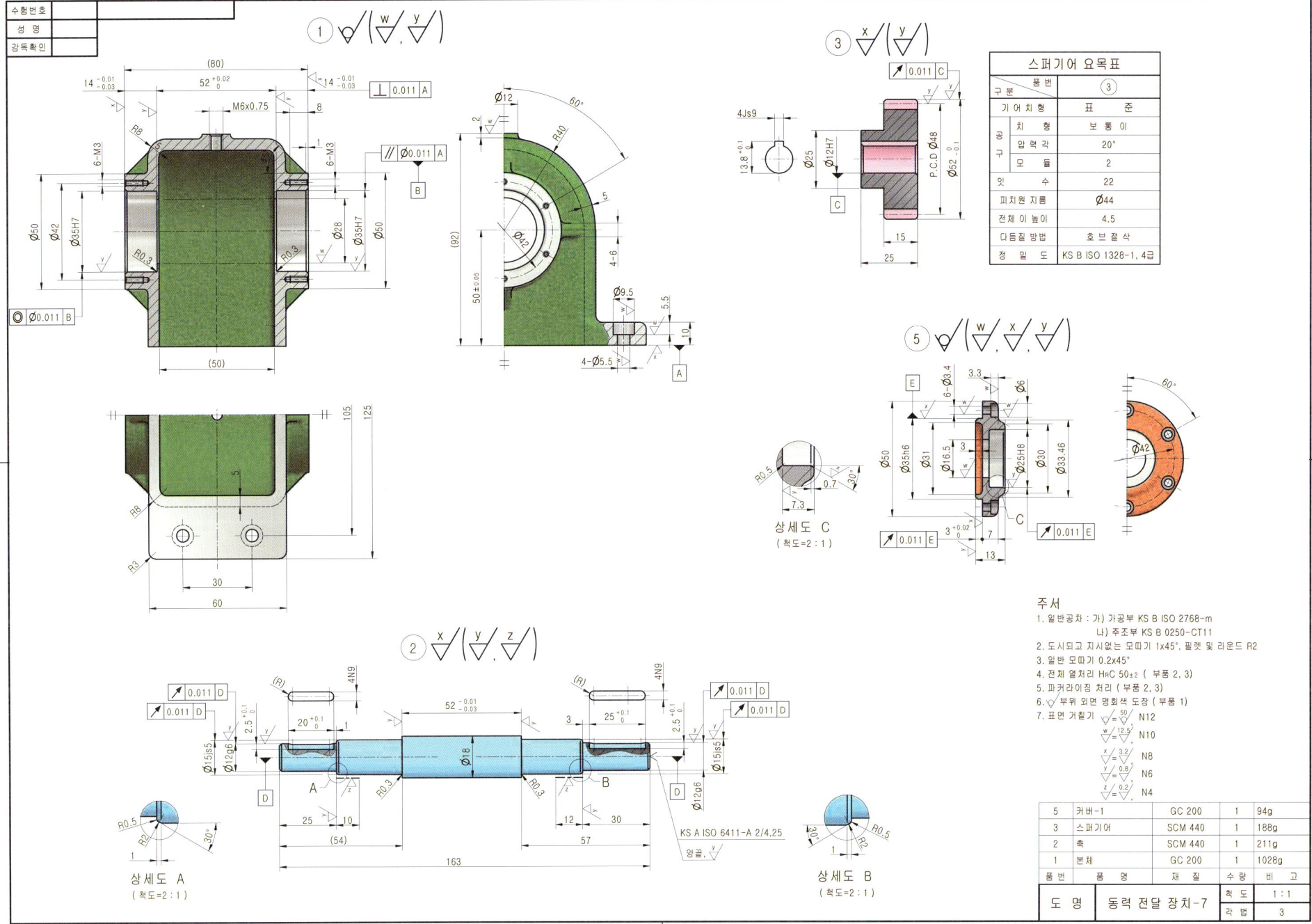

7. 동력전달장치-7 2D 부품도

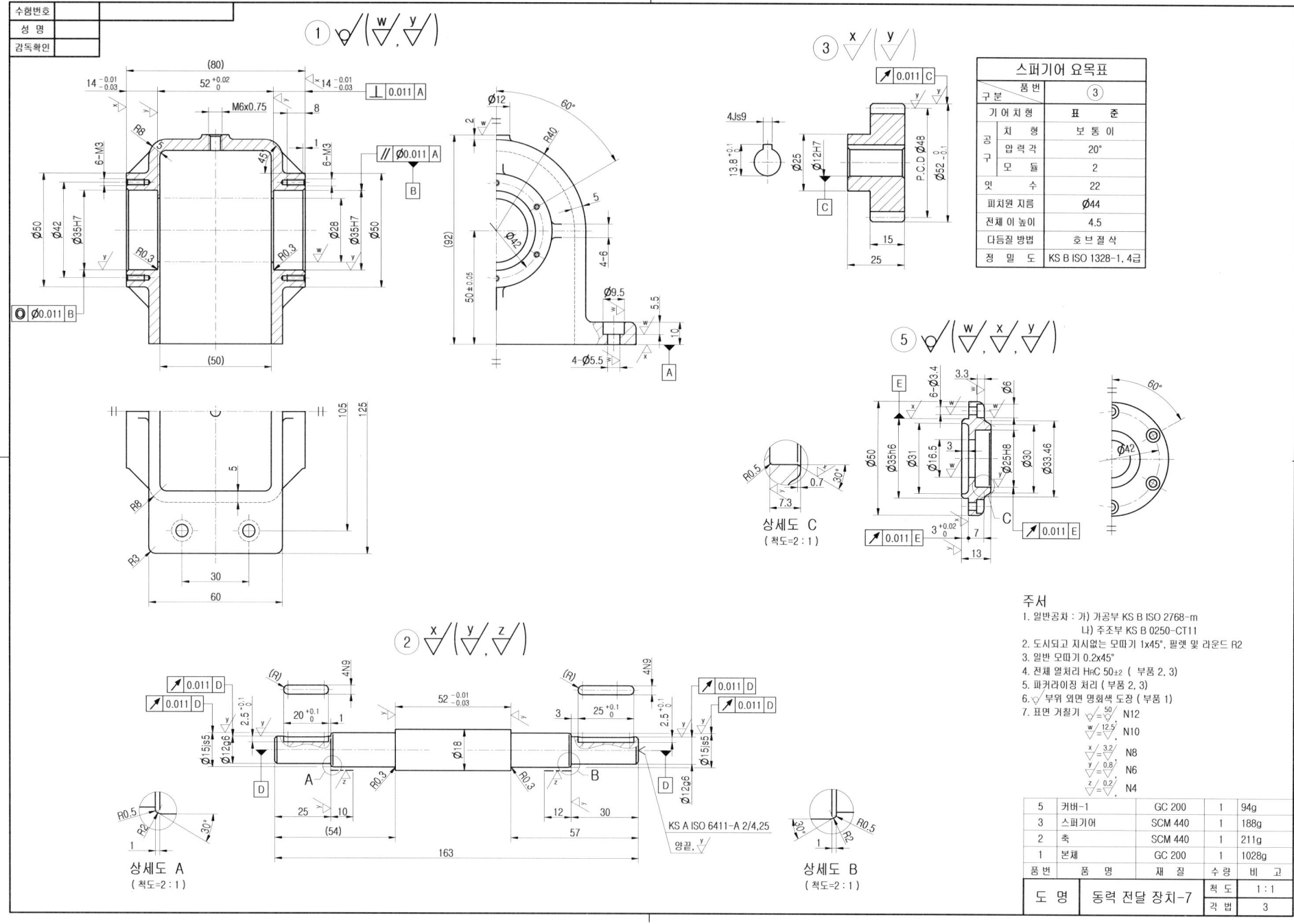

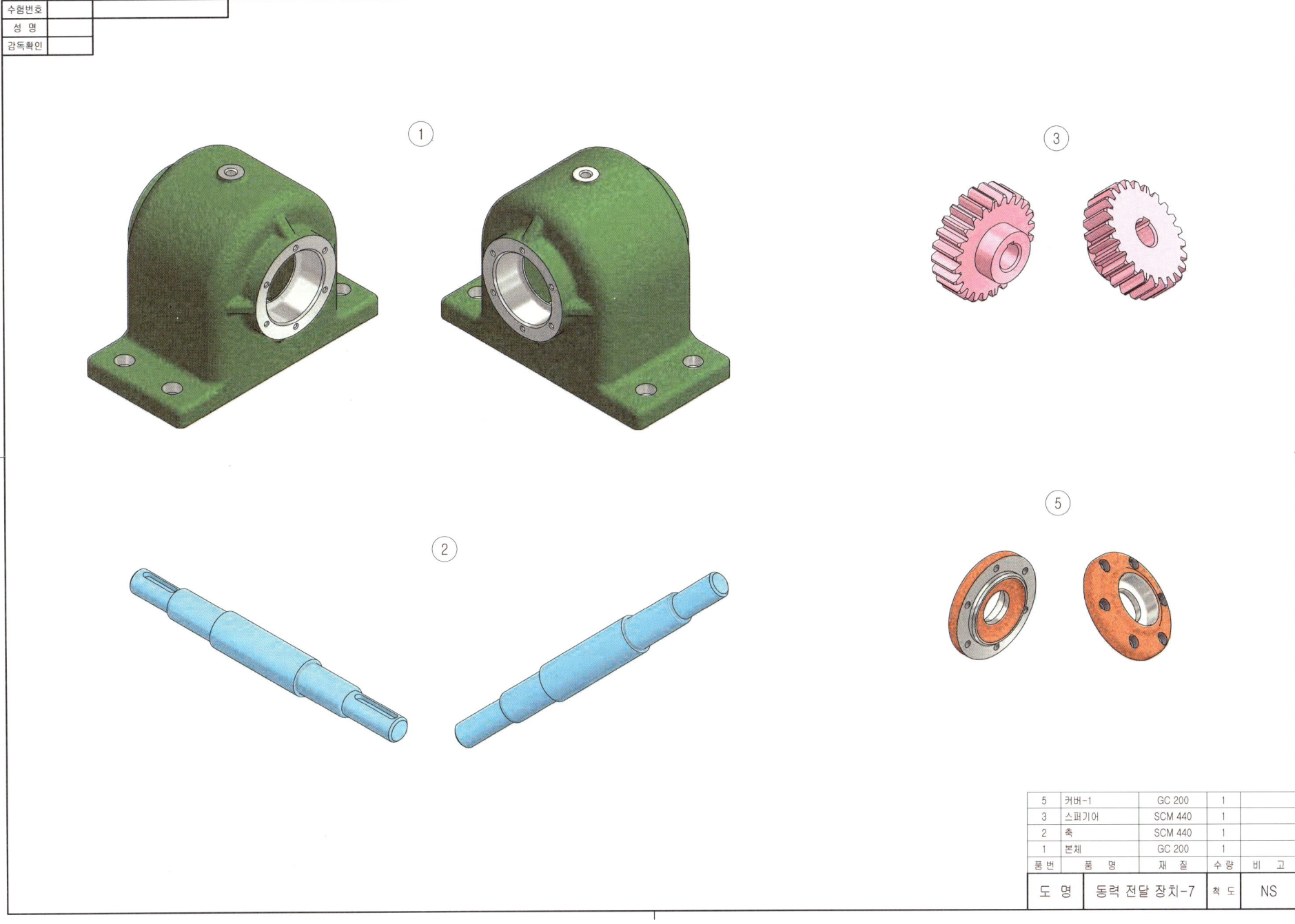

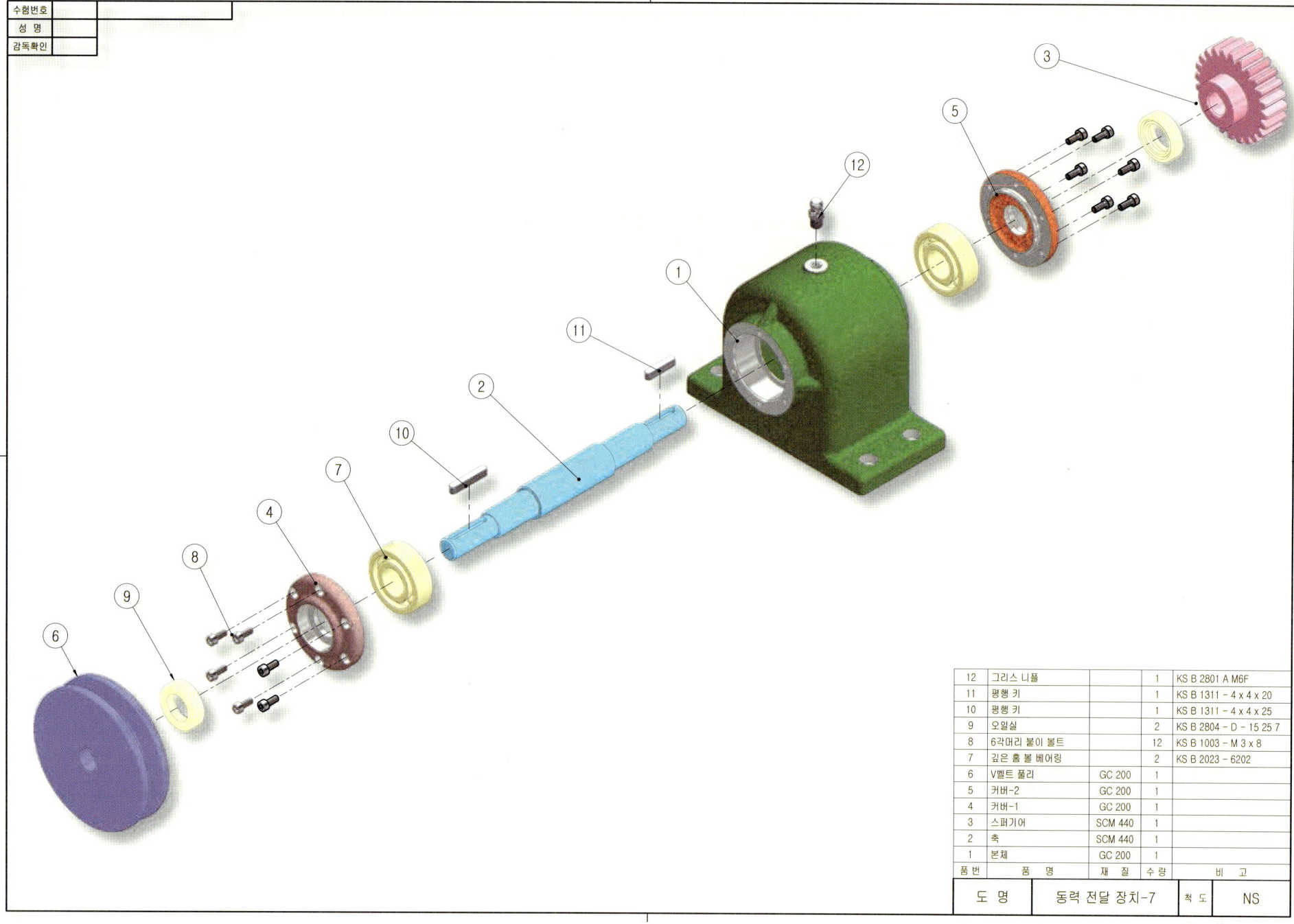

7. 동력전달장치-7 등각조립도

| 도 명 | 동력 전달 장치-7 | 척 도 | NS |

8. 동력전달장치-8 과제도면

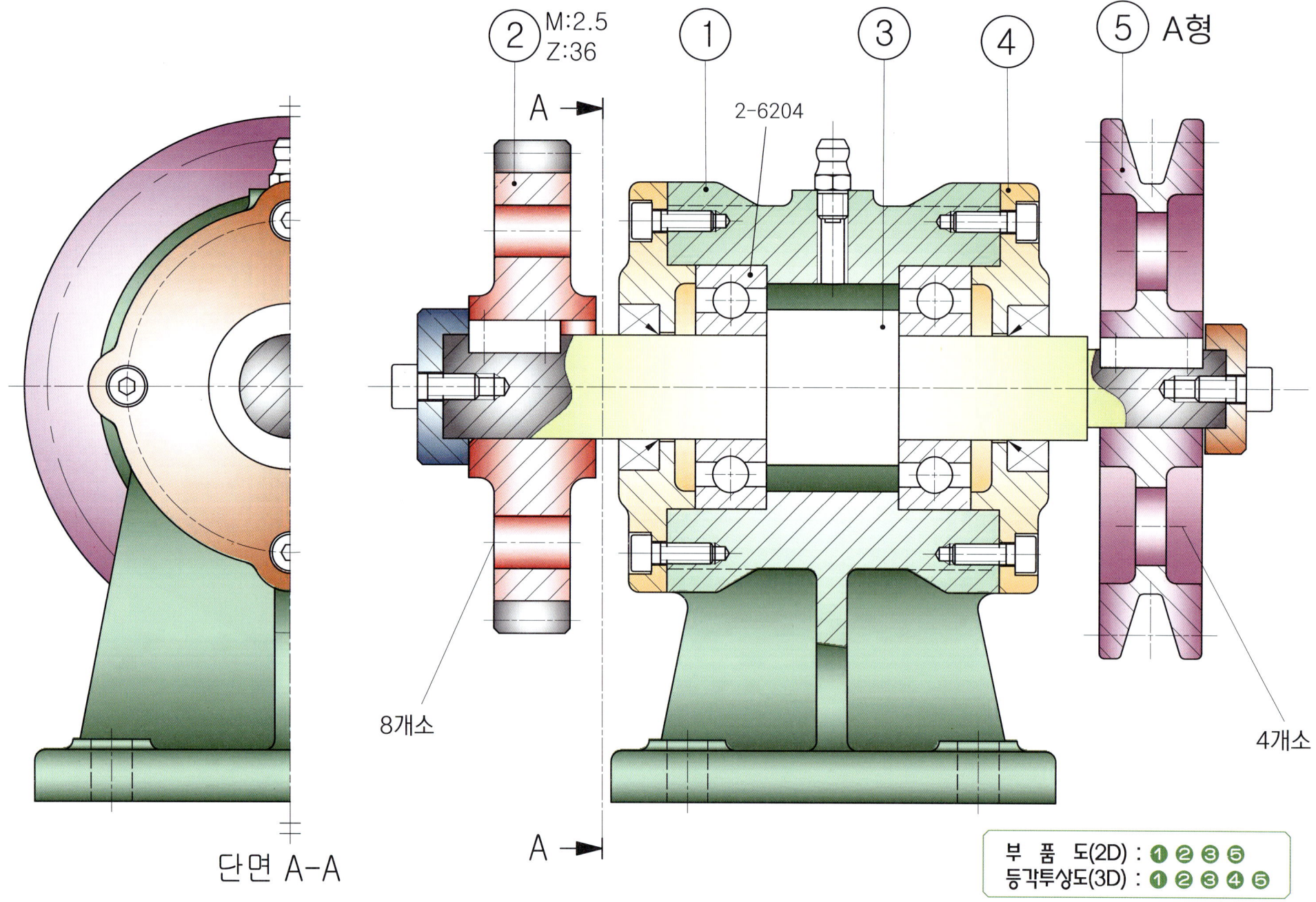

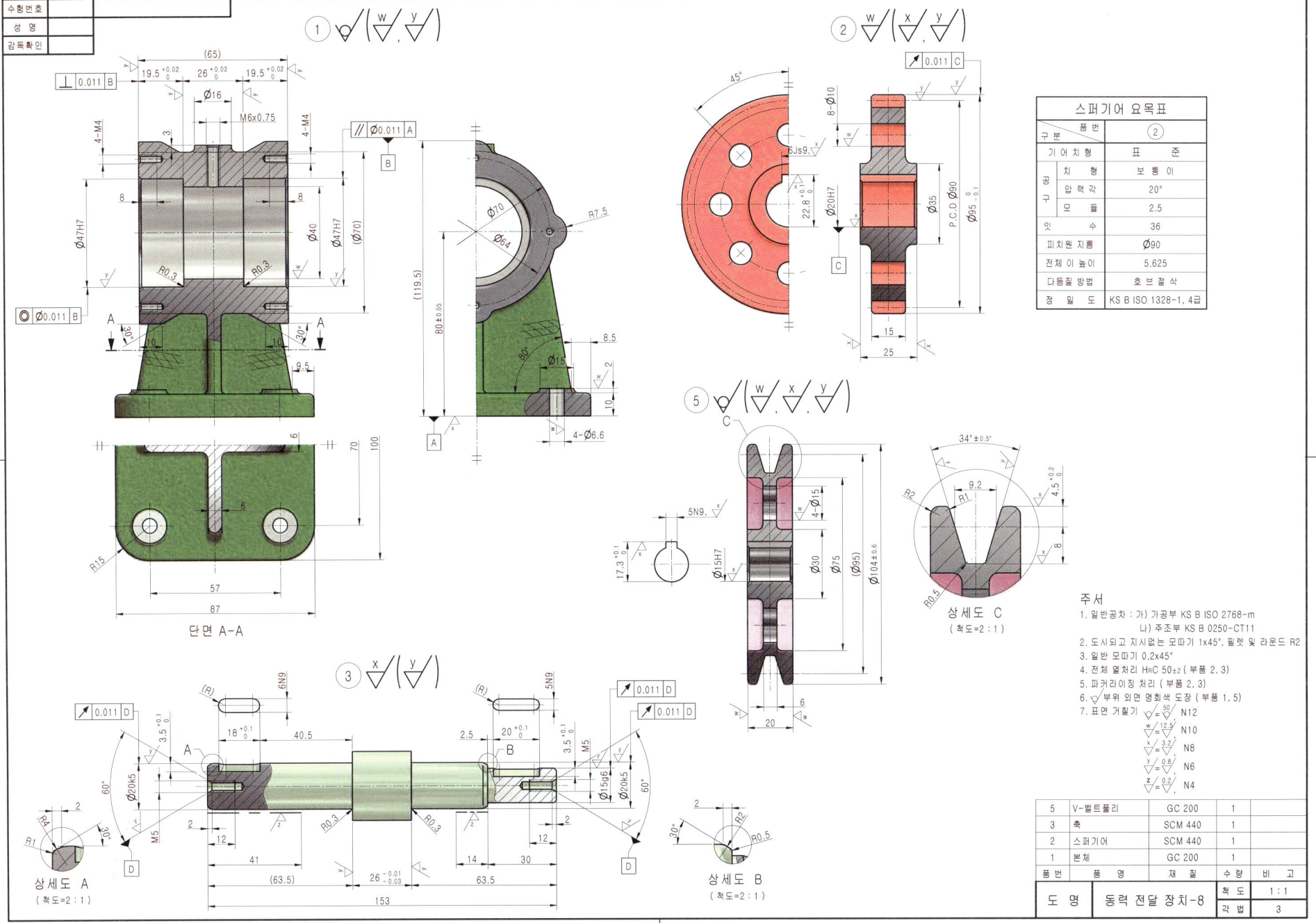

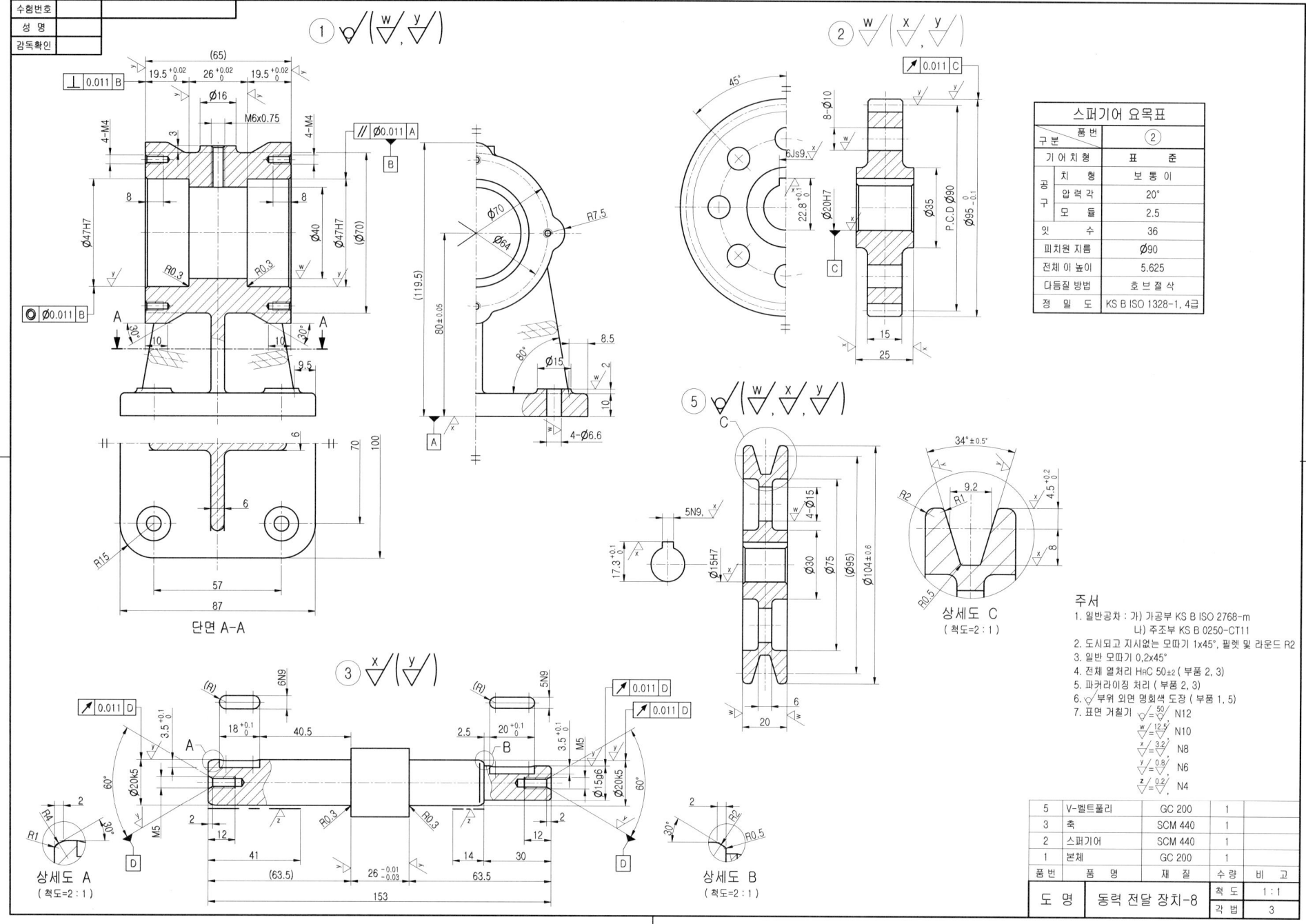

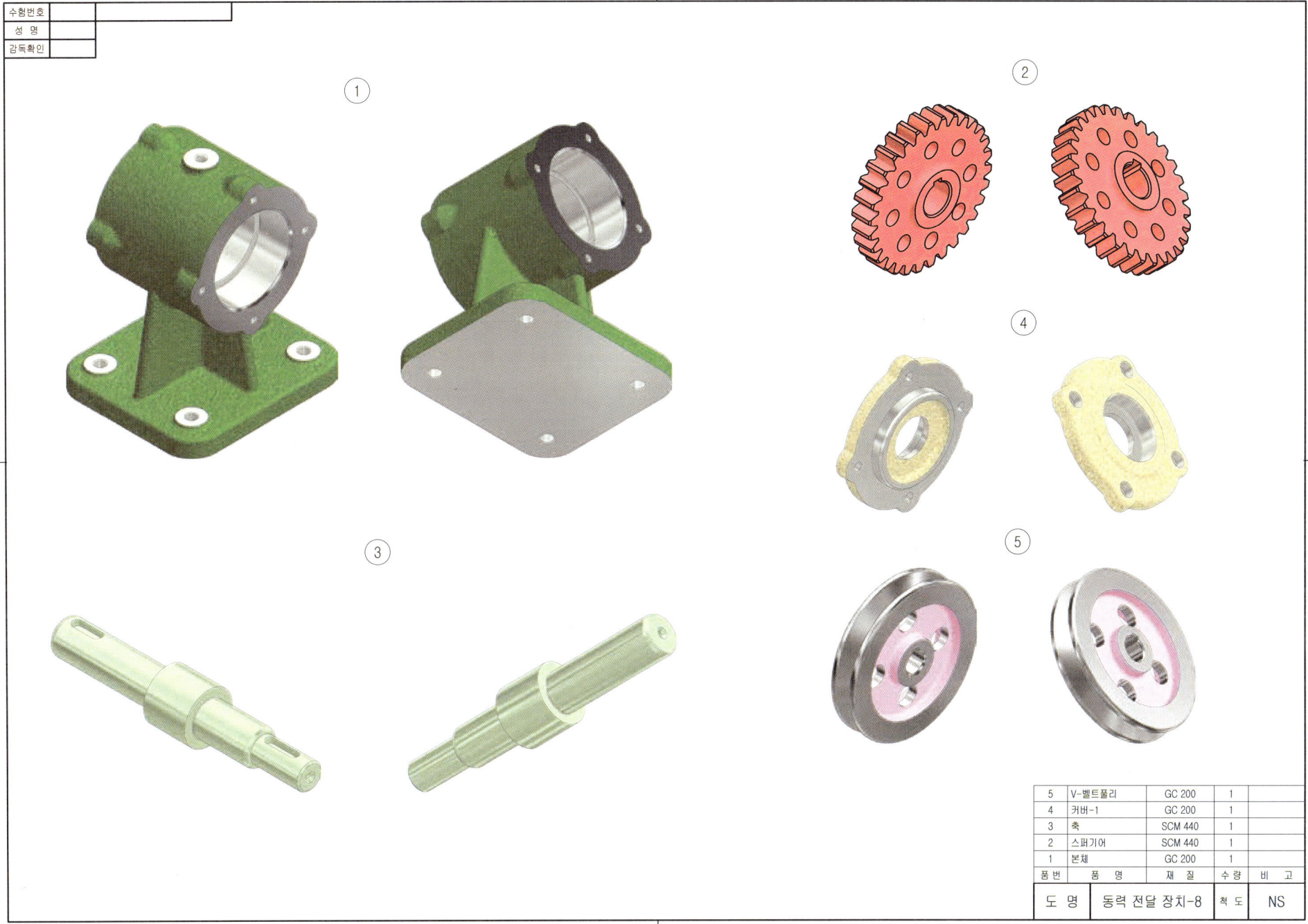

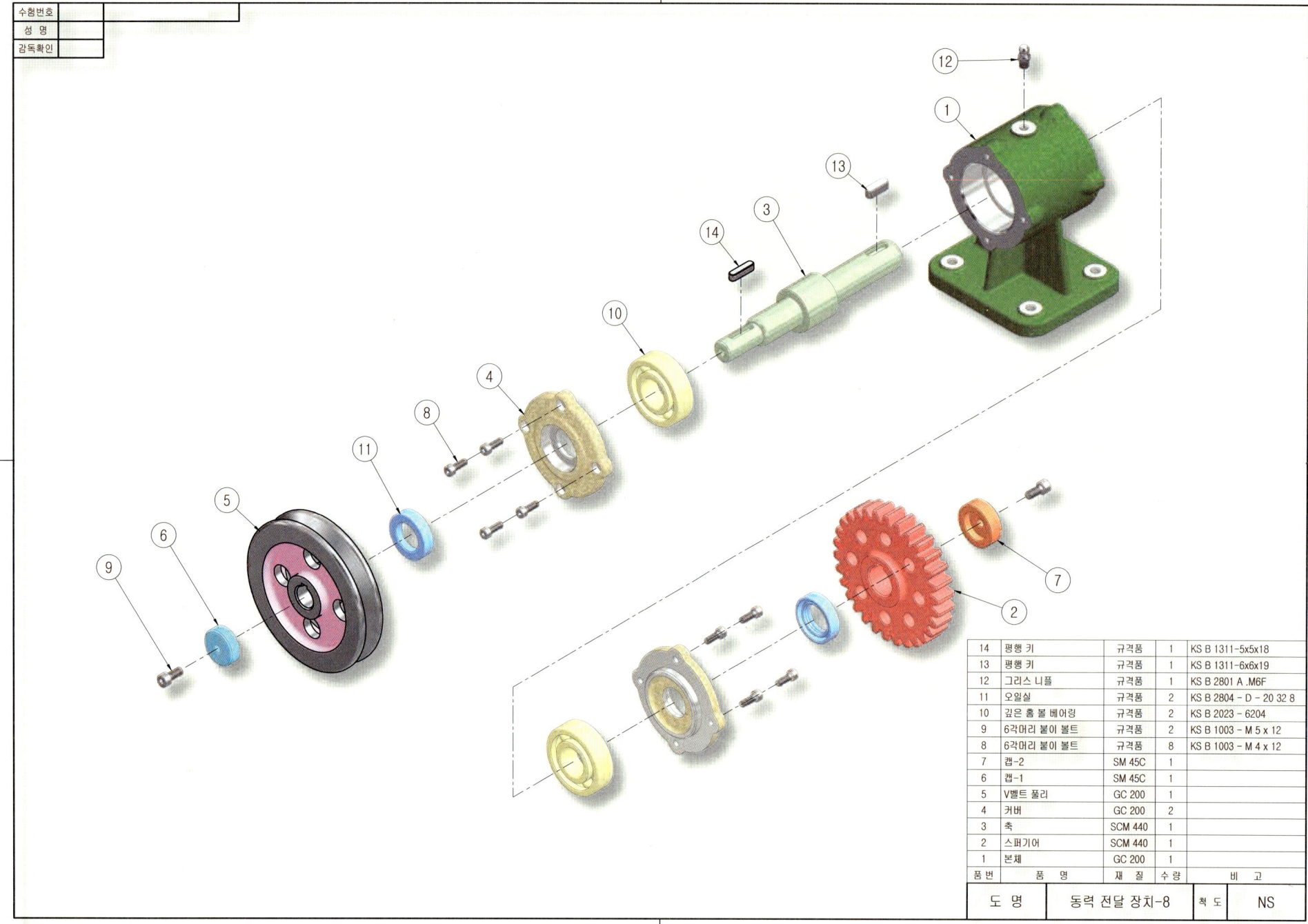

8. 동력전달장치-8 등각조립도

| 도 명 | 동력 전달 장치-8 | 척 도 | NS |

9. 동력전달장치-9 과제도면

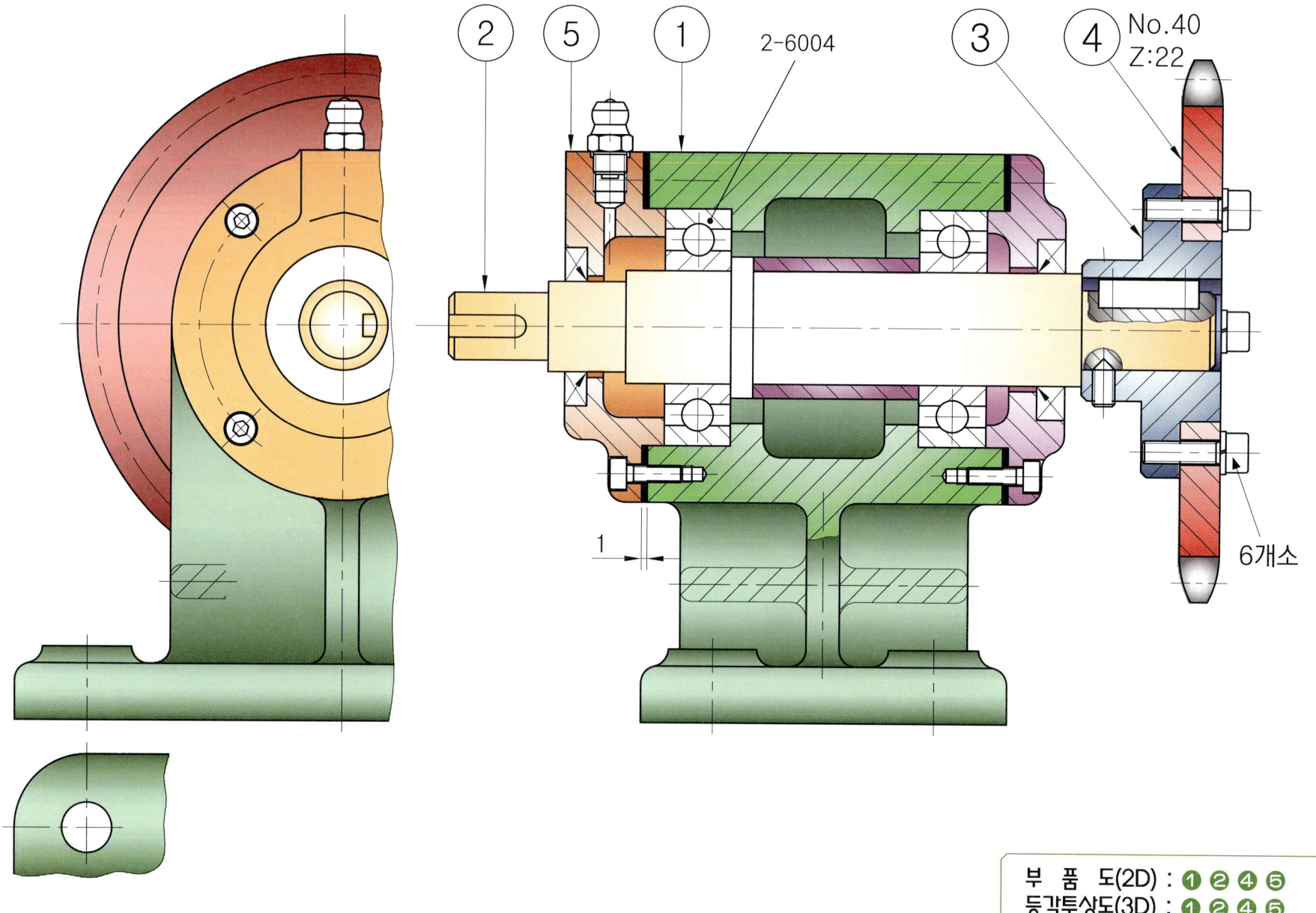

부 품 도(2D) : ① ② ④ ⑤
등각투상도(3D) : ① ② ④ ⑤

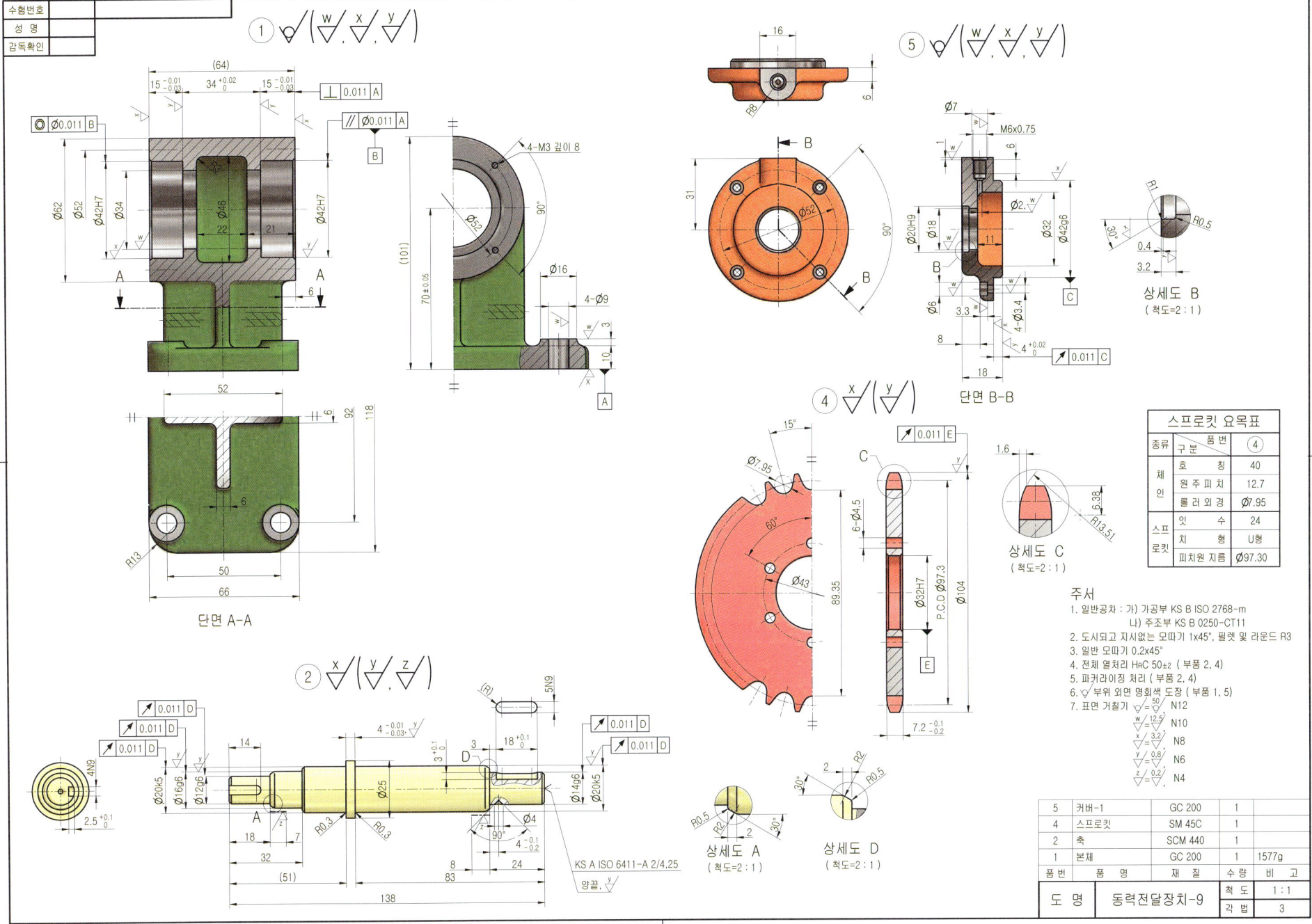

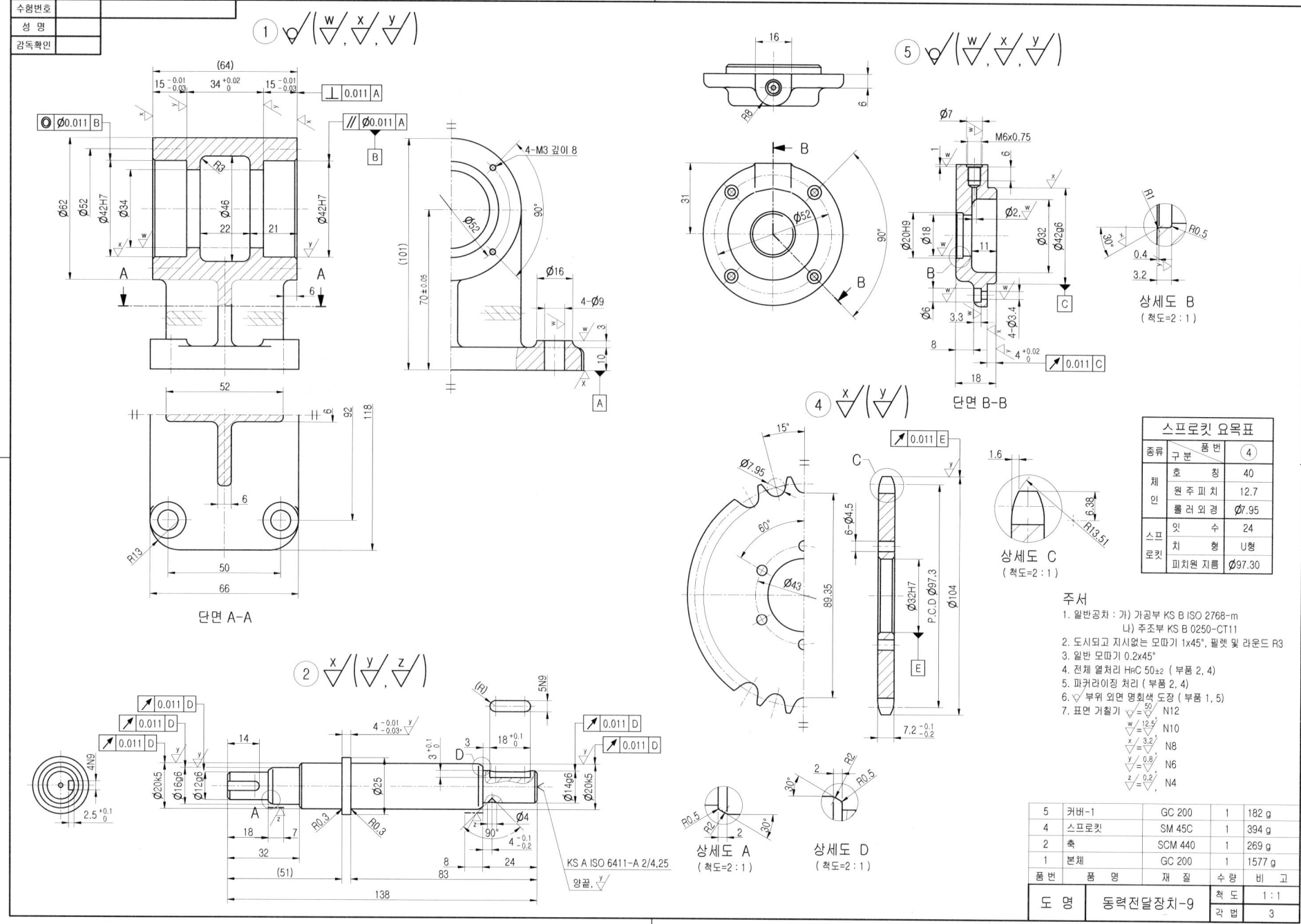

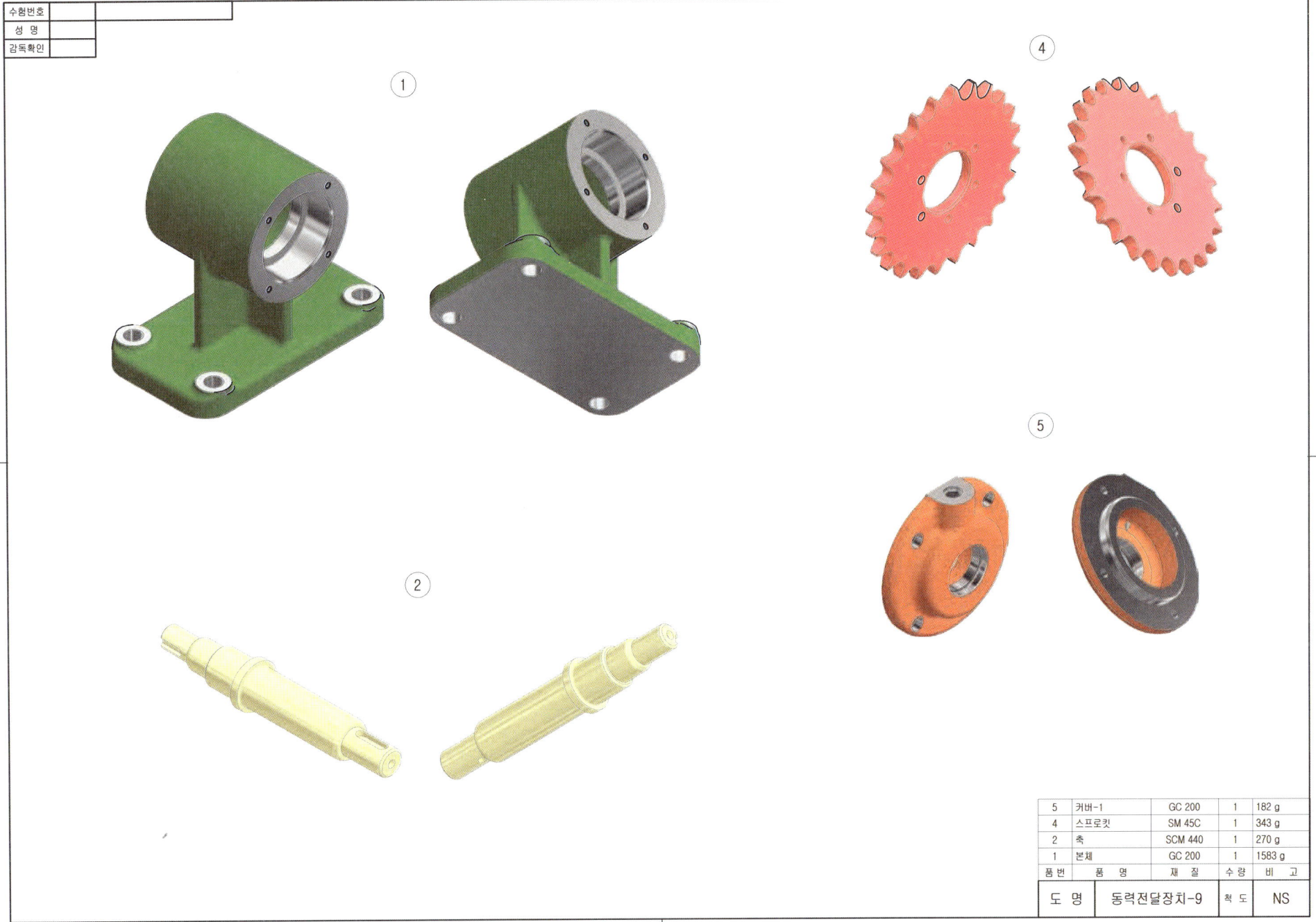

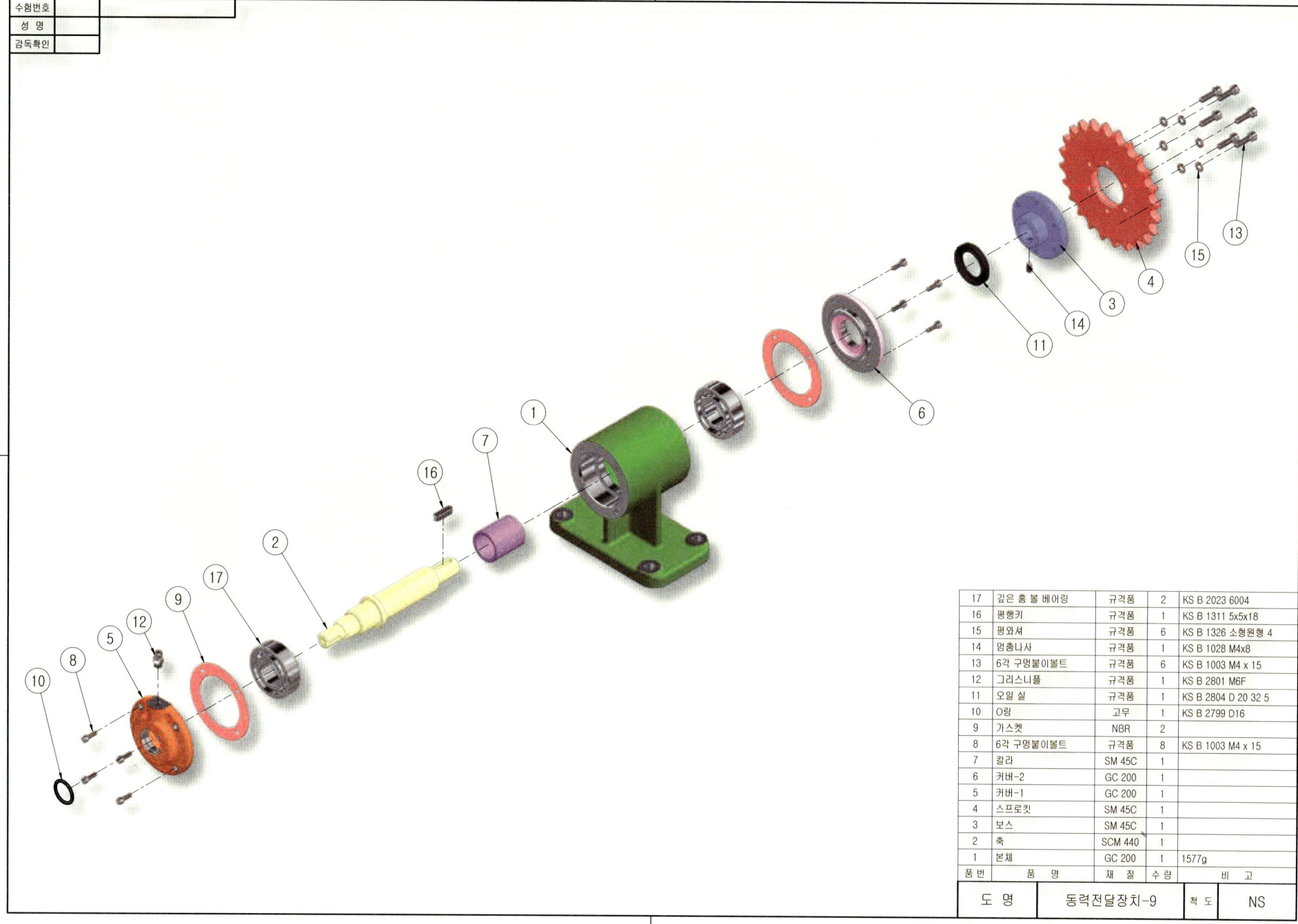

9. 동력전달장치-9 등각조립도

| 도 명 | 동력전달장치-9 | 척 도 | NS |

10. 드릴지그-1 과제도면

부 품 도(2D) : ❶ ❸ ❺ ❻
등각투상도(3D) : ❶ ❸ ❺ ❻

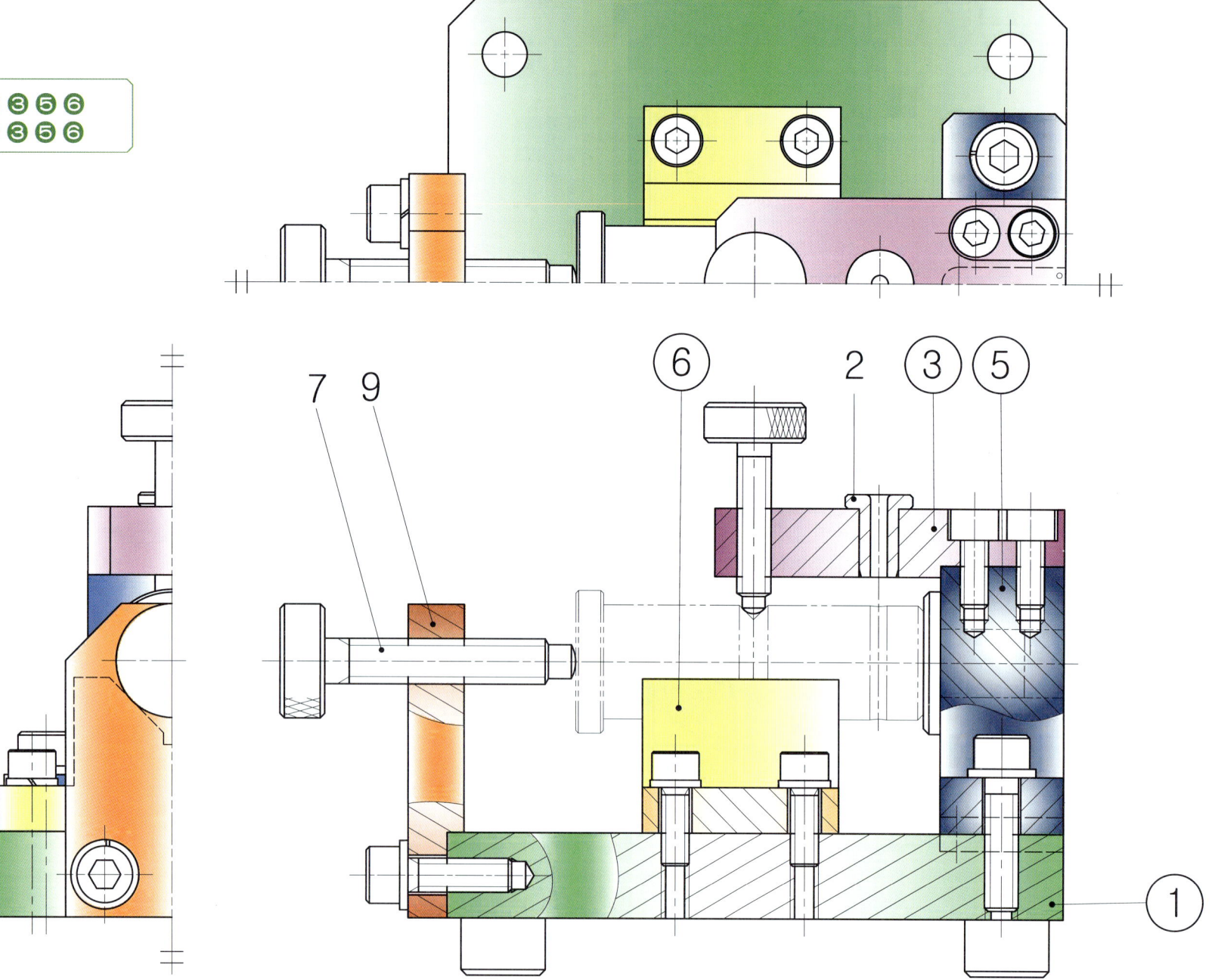

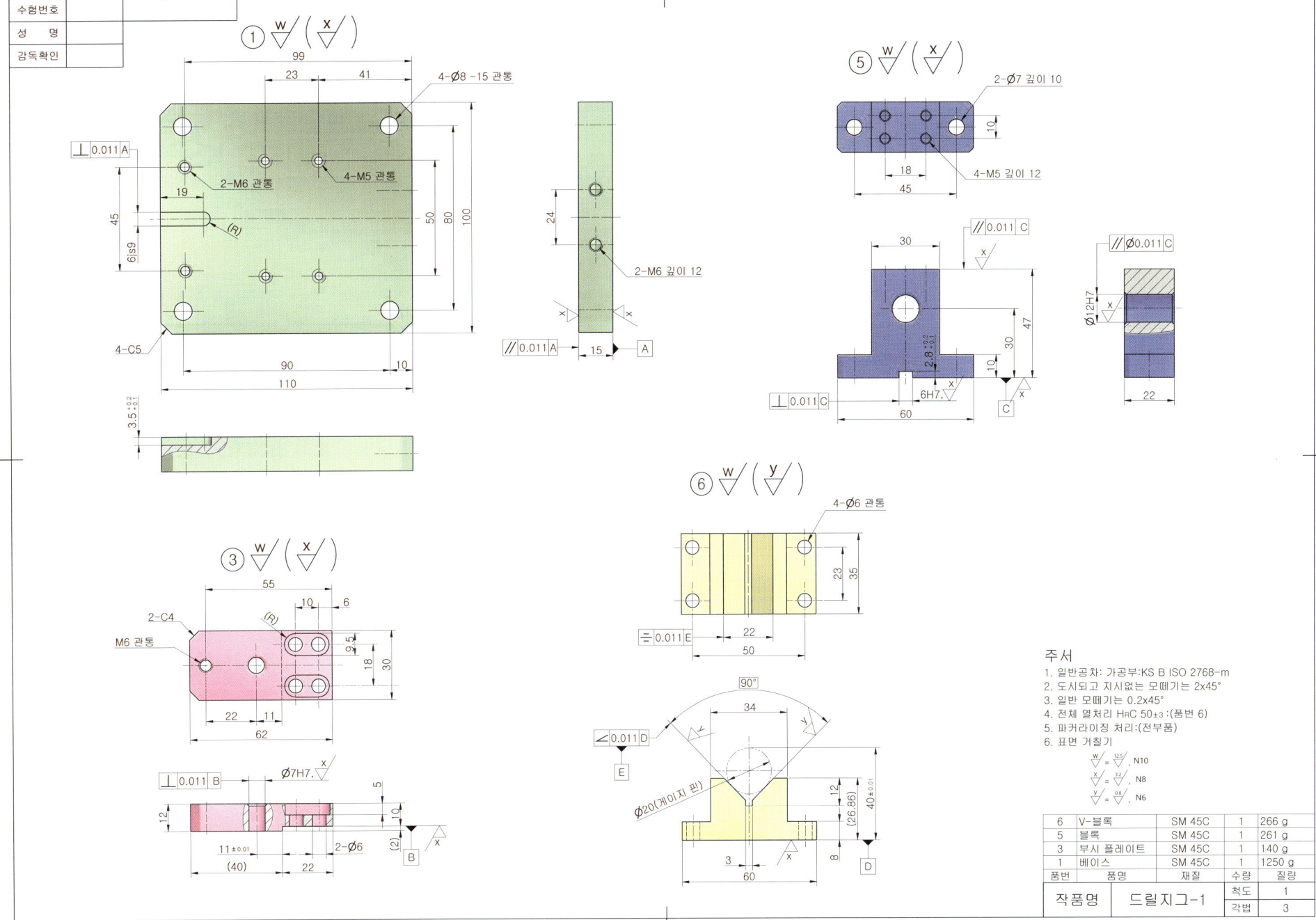

10. 드릴지그-1 2D 부품도

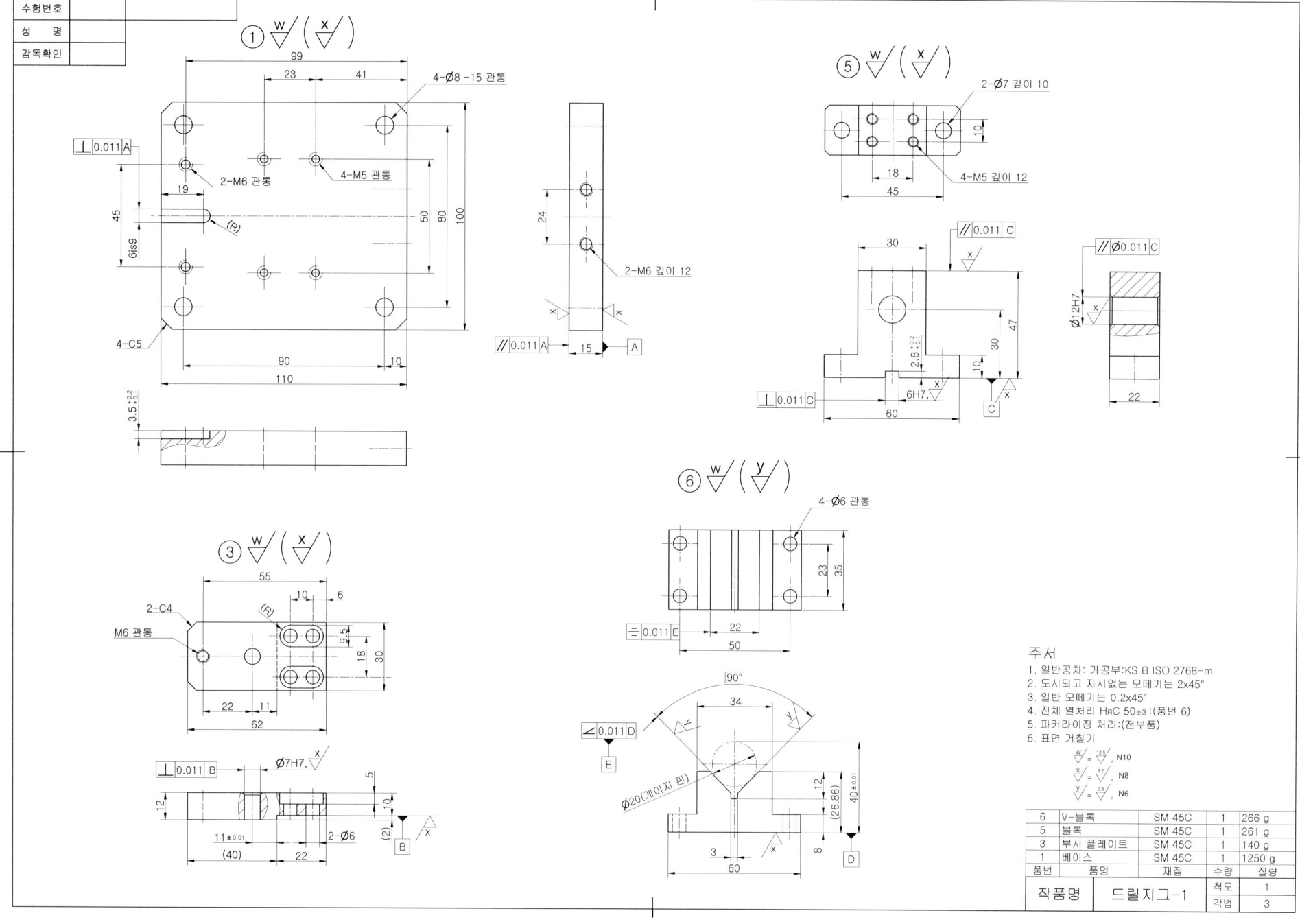

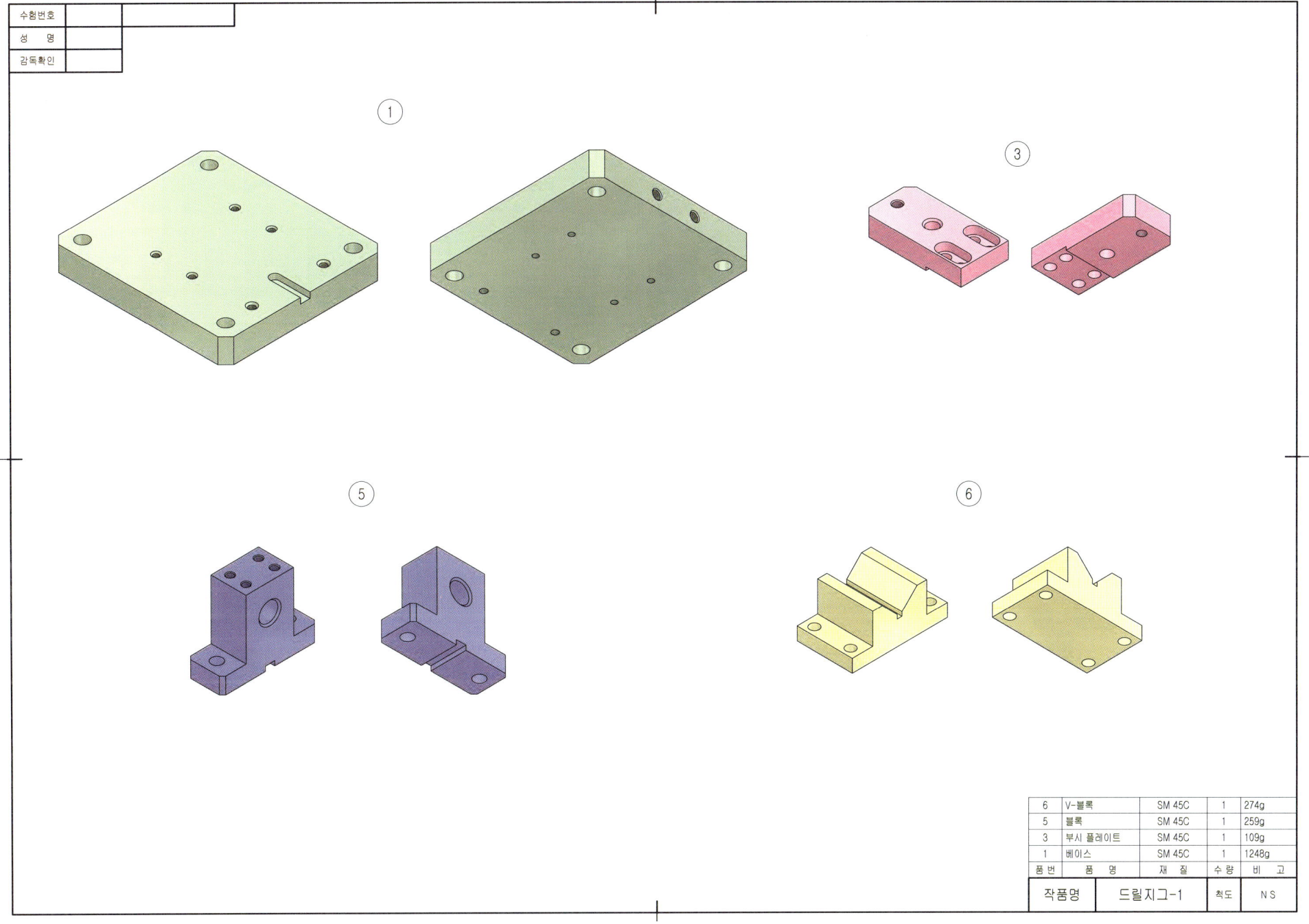

10. 드릴지그-1 등각분해도

17	스프링 와셔	규격품	4	KS B 1324 1호 6
16	육각 구멍붙이 볼트	규격품	2	KS B 1003 M6X18
15	육각 구멍붙이 볼트	규격품	2	KS B 1003 6x18
14	스프링와셔	규격품	4	KS B 1324 1호 5
13	육각 구멍붙이 볼트	규격품	4	KS B 1003 M5X15
12	평행 키 (한쪽 둥긂)	규격품	1	KS B 1311 6x6x15
11	지그 레그	SM45c	4	
10	클램프 볼트	SM 45C	1	
9	블록	SM 45C	1	141g
8	육각구멍붙이볼트	규격품	4	KS B 1003 M5X15
7	클램프 볼트	SM 45C	1	
6	V-블록	SM 45C	1	274g
5	블록	SM 45C	1	259g
4	스톱 패드	SM 45C	1	23g
3	부시 플레이트	SM 45C	1	109g
2	드릴 부시	SCM 440	1	7g
1	베이스	SM 45C	1	1248g
품번	품 명	재 질	수량	비 고

도 명	드릴 지그-1	척 도	NS

10. 드릴지그-1 등각조립도

| 도 명 | 드릴 지그-1 | 척 도 | NS |

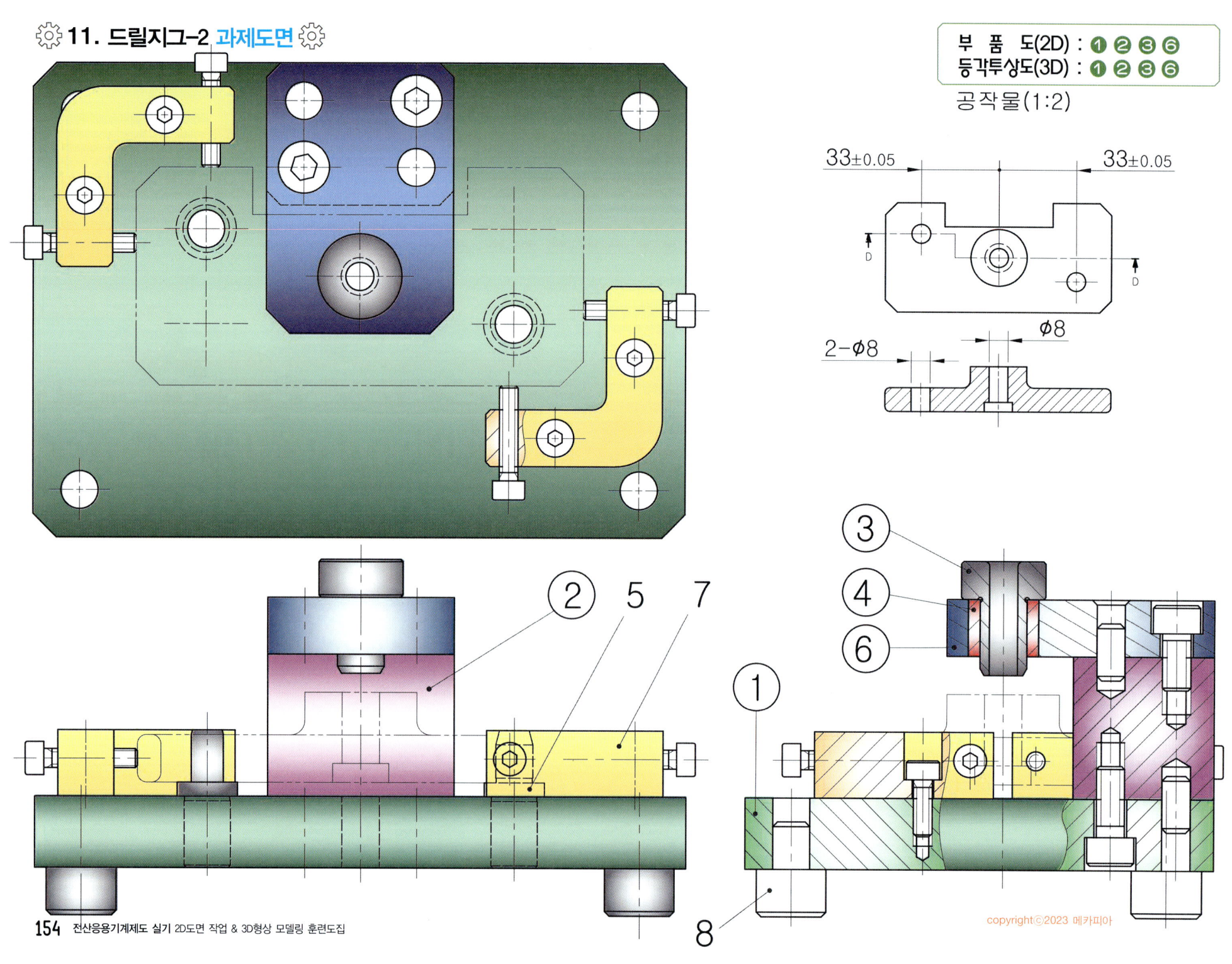

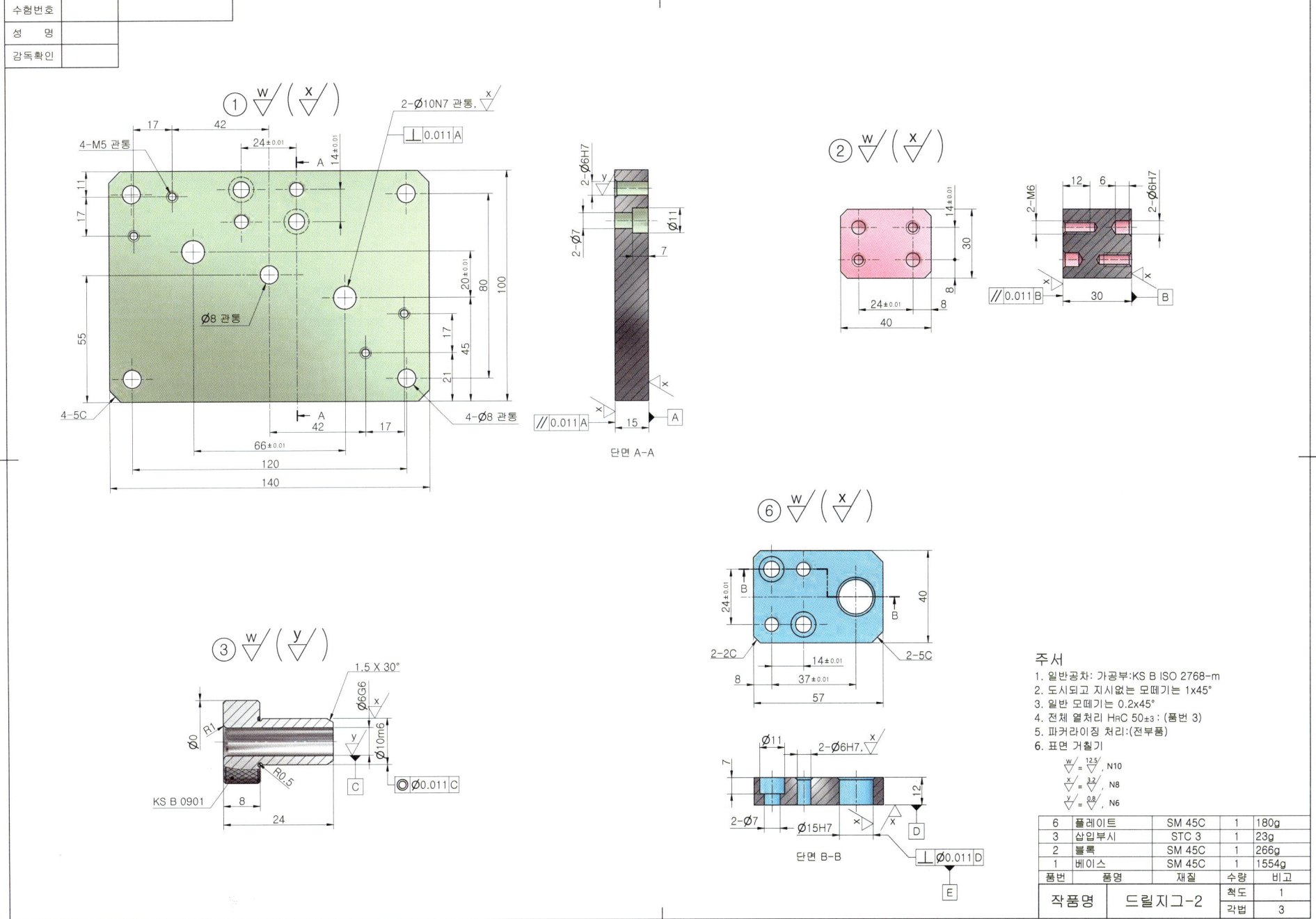

11. 드릴지그-2 2D 부품도

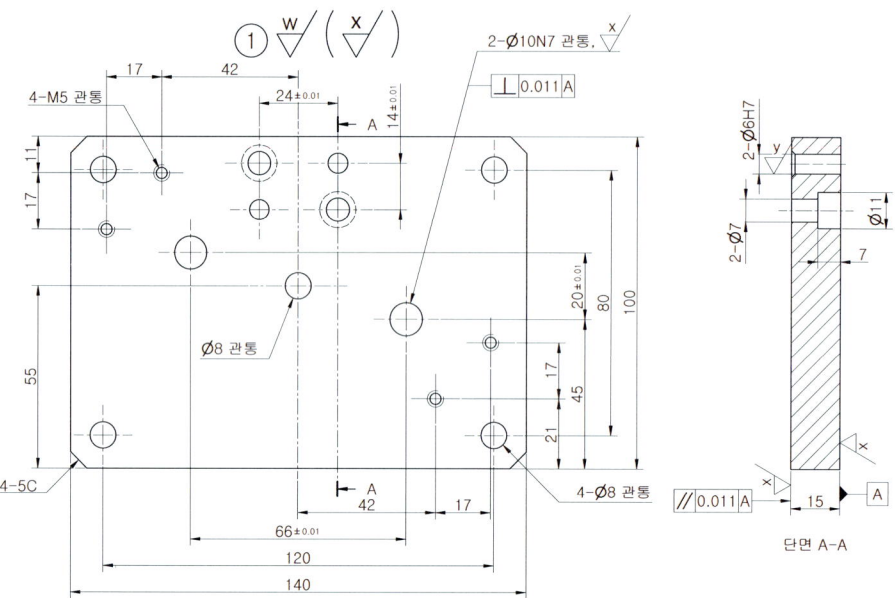
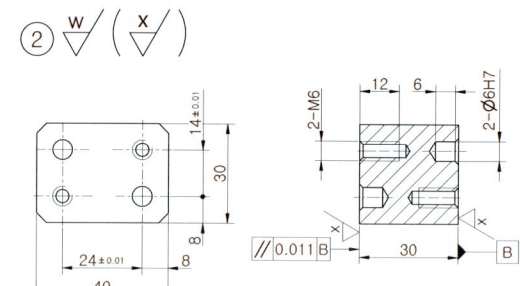
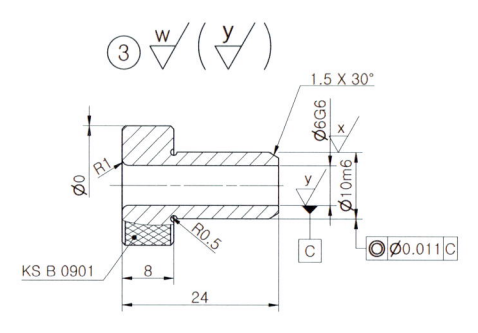
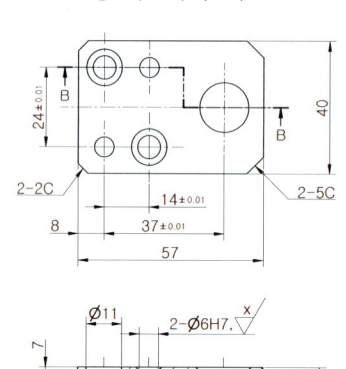
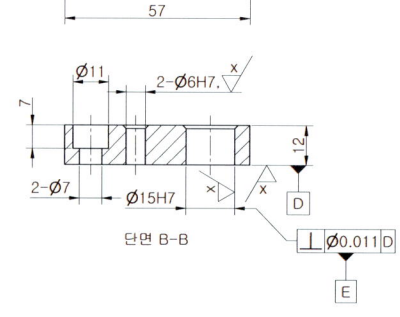

주서
1. 일반공차: 가공부:KS B ISO 2768-m
2. 도시되고 지시없는 모떼기는 1x45°
3. 일반 모떼기는 0.2x45°
4. 전체 열처리 HrC 50±3: (품번 3)
5. 파커라이징 처리:(전부품)
6. 표면 거칠기

품번	품명	재질	수량	비고
6	플레이트	SM 45C	1	180g
3	삽입부시	STC 3	1	23g
2	블록	SM 45C	1	266g
1	베이스	SM 45C	1	1554g

작품명	드릴지그-2	척도	1
		각법	3

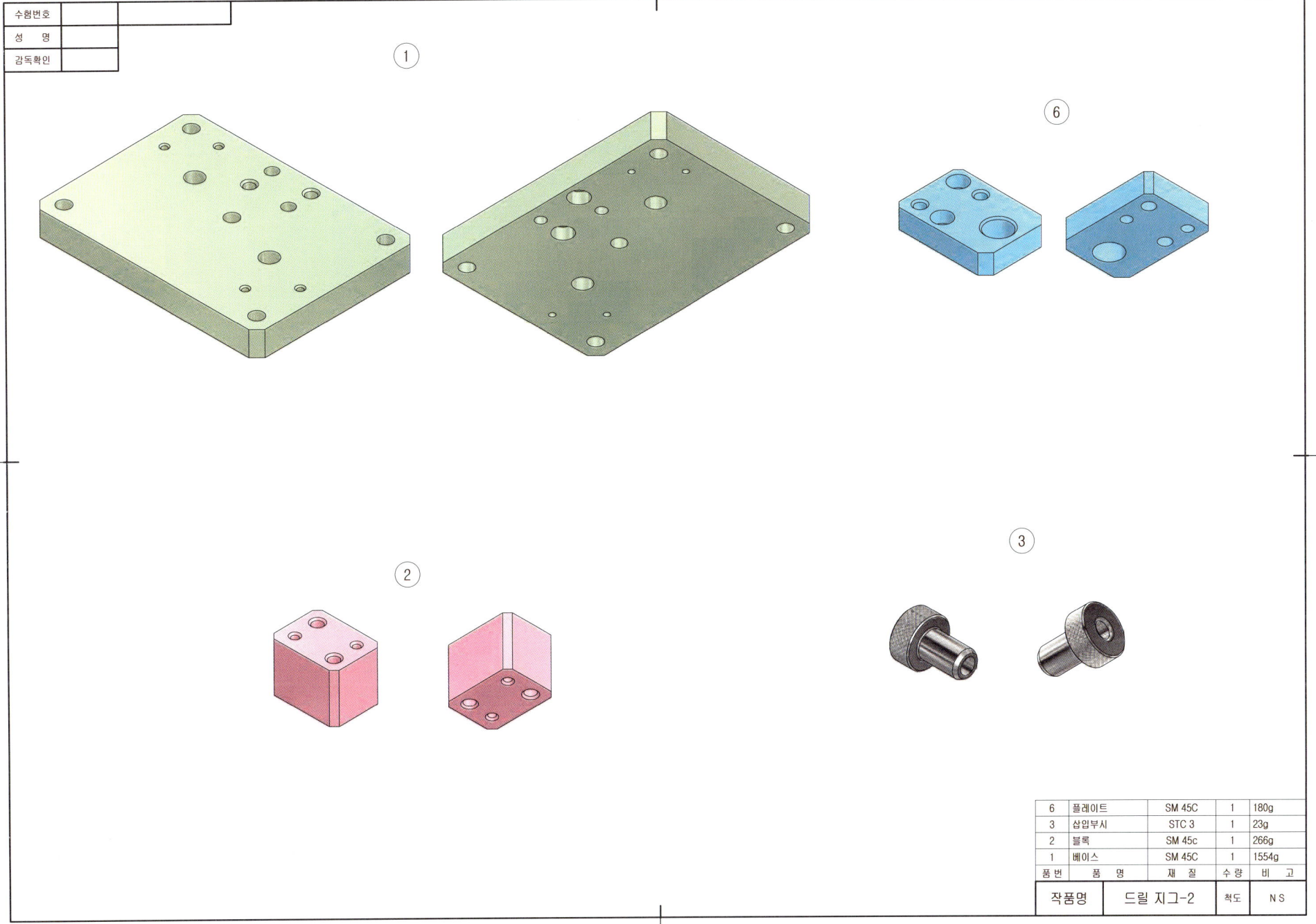

11. 드릴지그-2 등각분해도

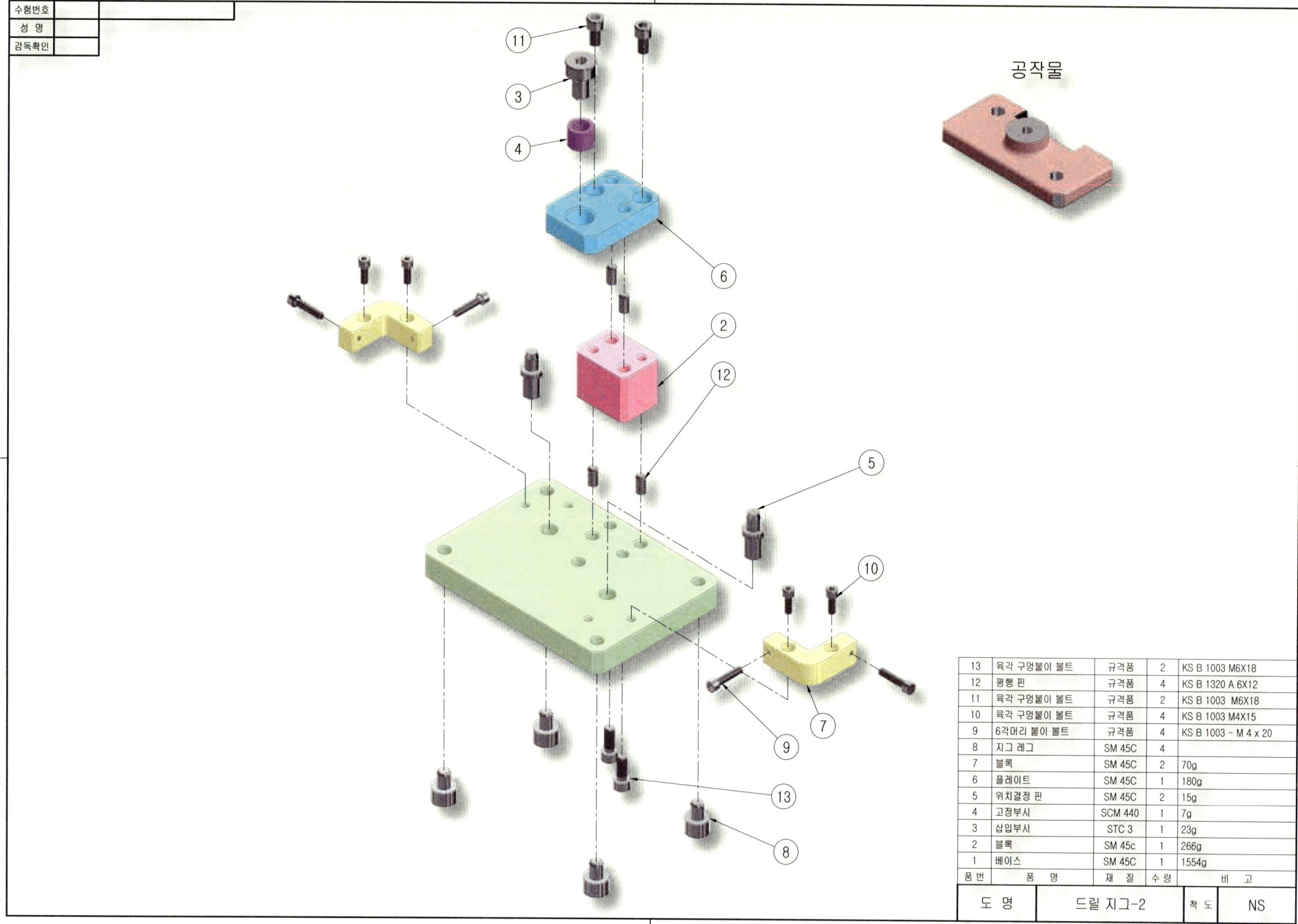

11. 드릴지그-2 등각조립도

| 도 명 | 드릴 지그-2 | 척 도 | NS |

12. 드릴지그-3 과제도면

부 품 도(2D) : ① ② ③ ④
등각투상도(3D) : ① ② ③ ④ ⑥

제품도 (1:2)

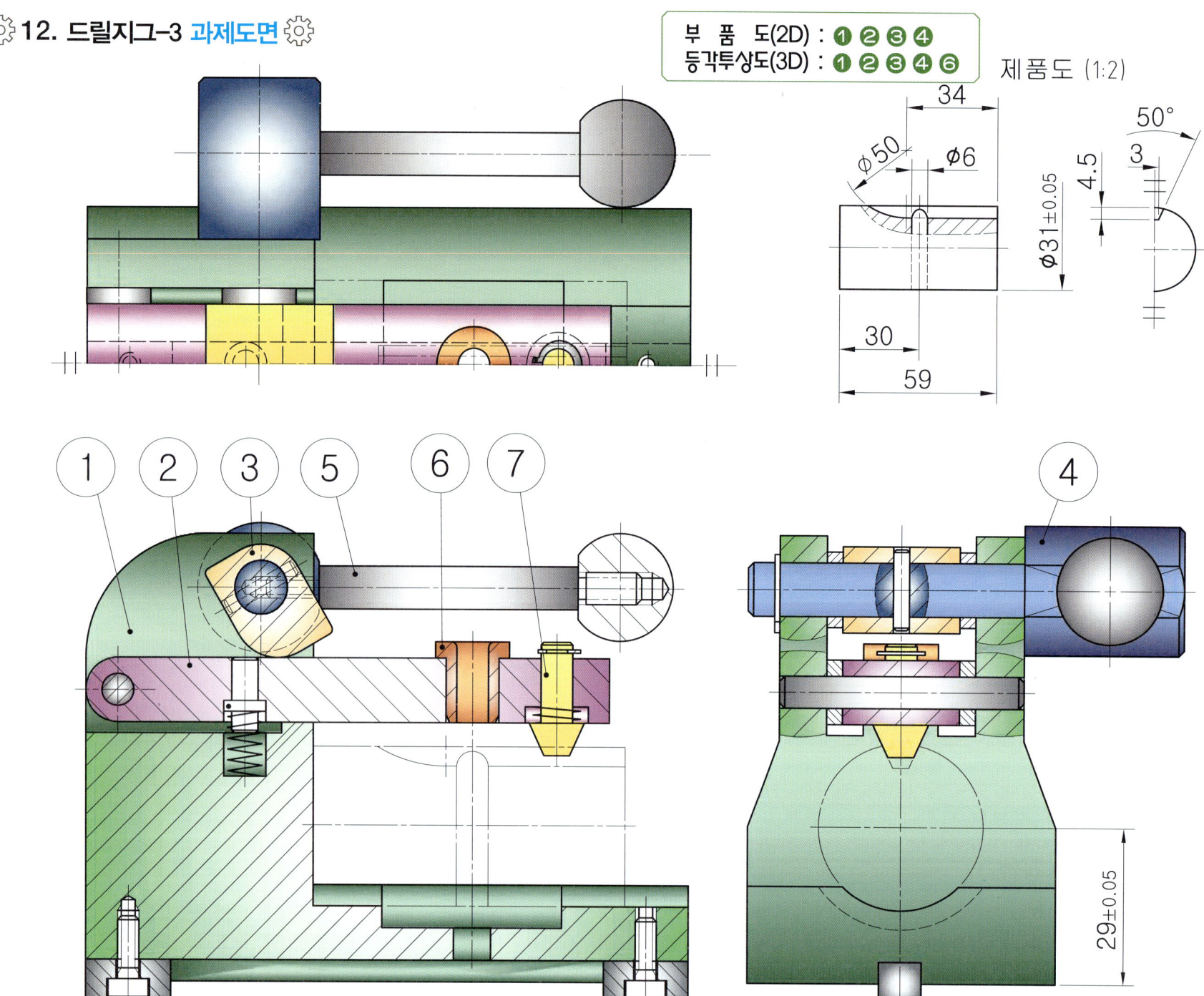

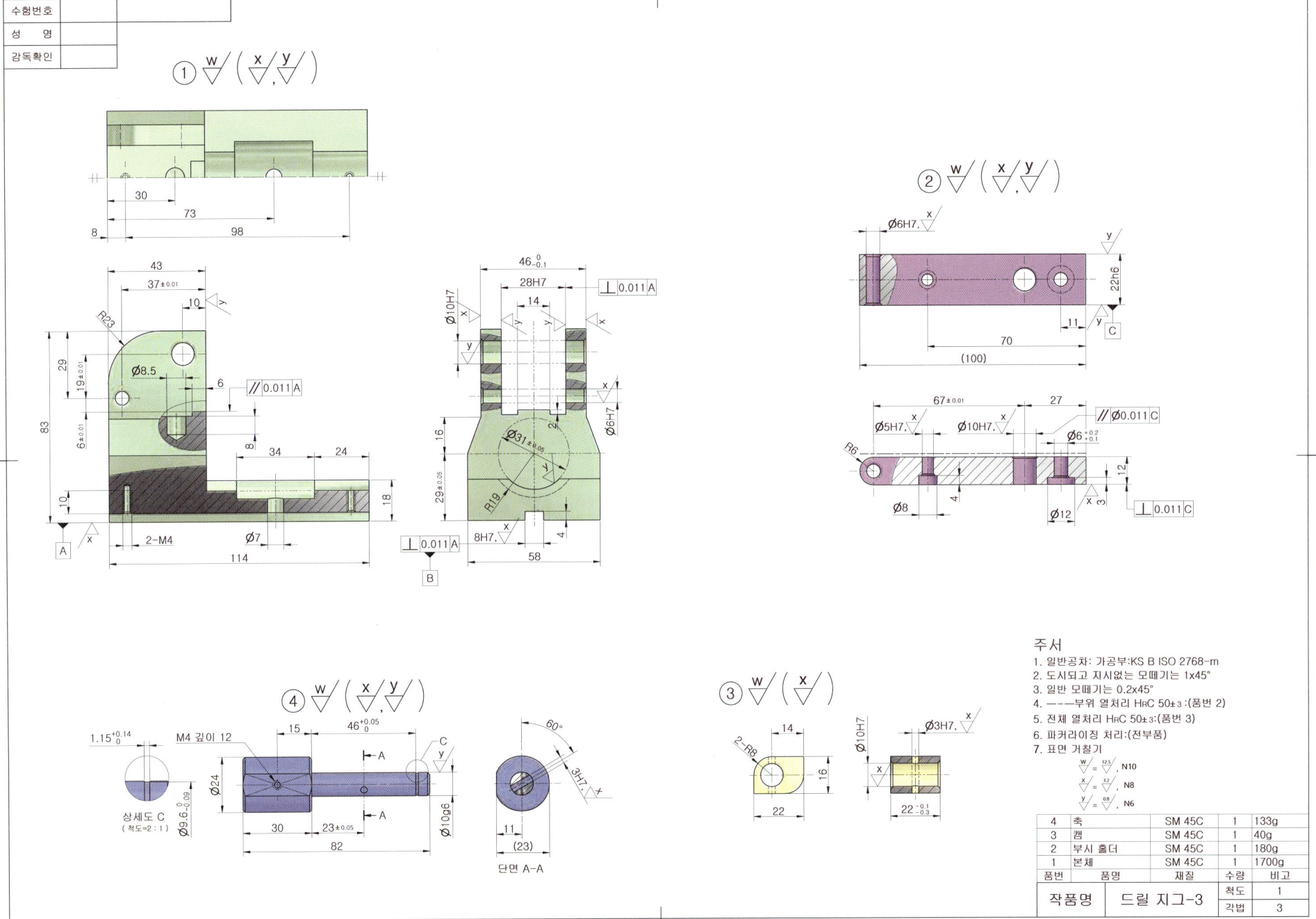

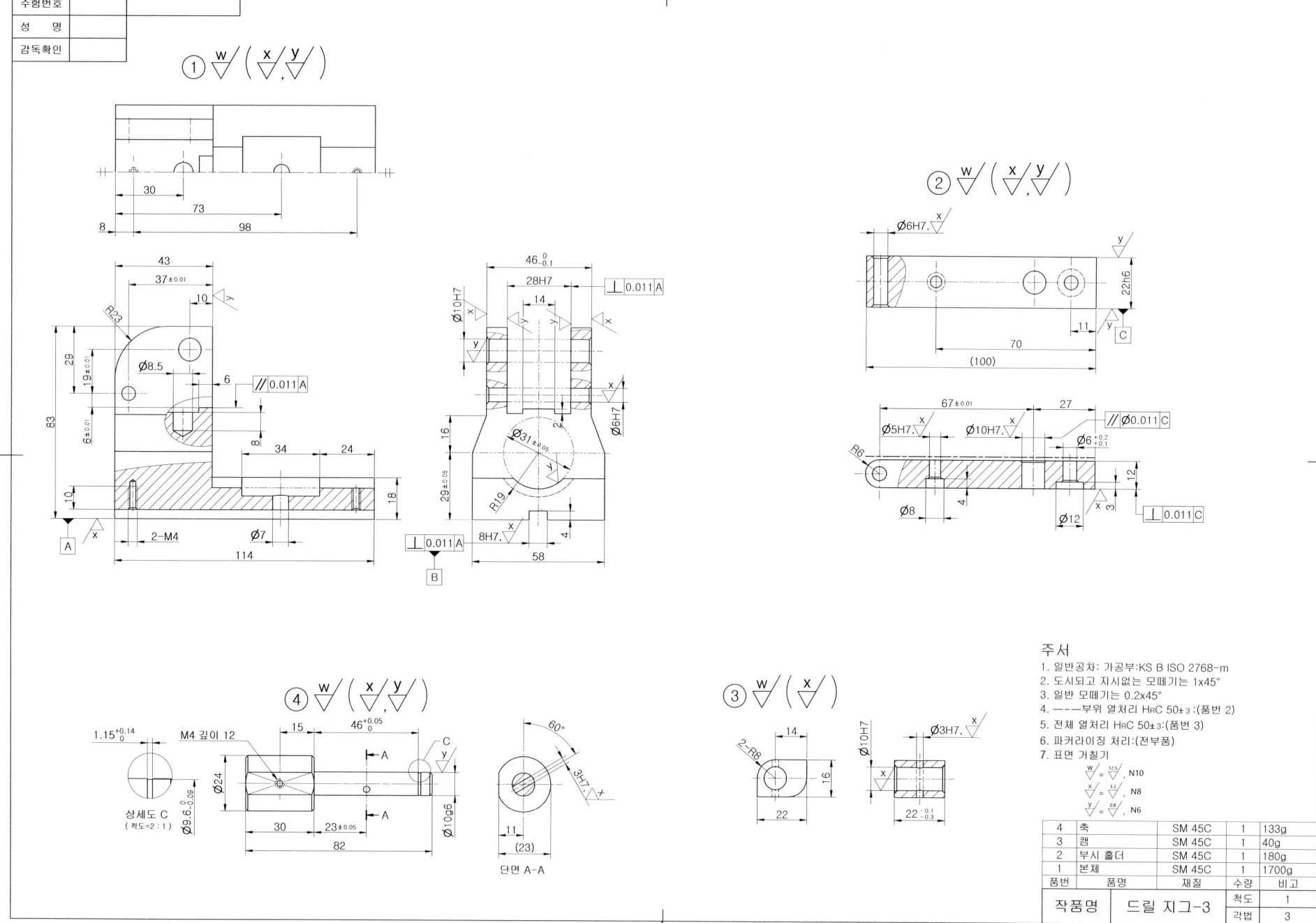

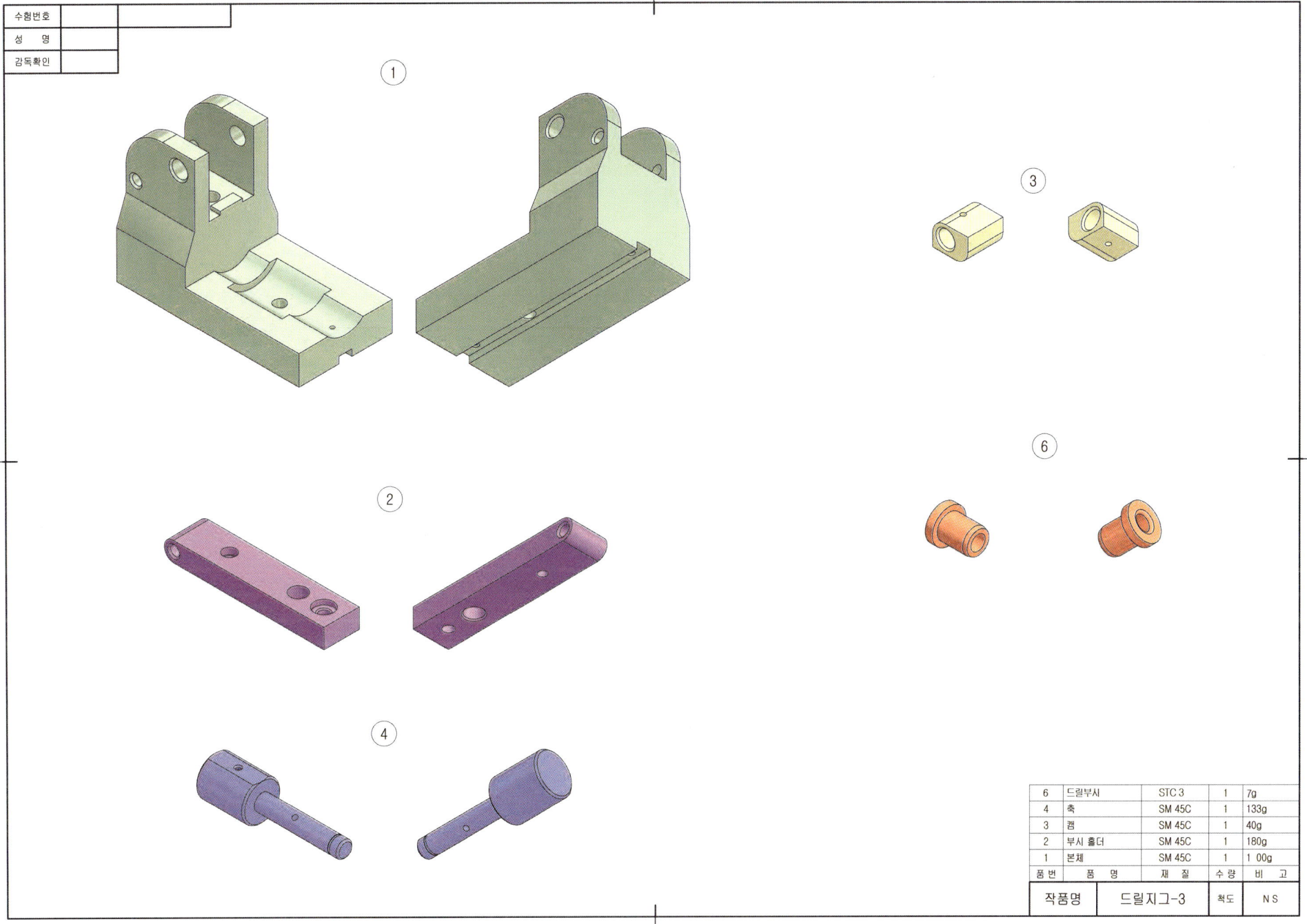

12. 드릴지그-3 등각분해도

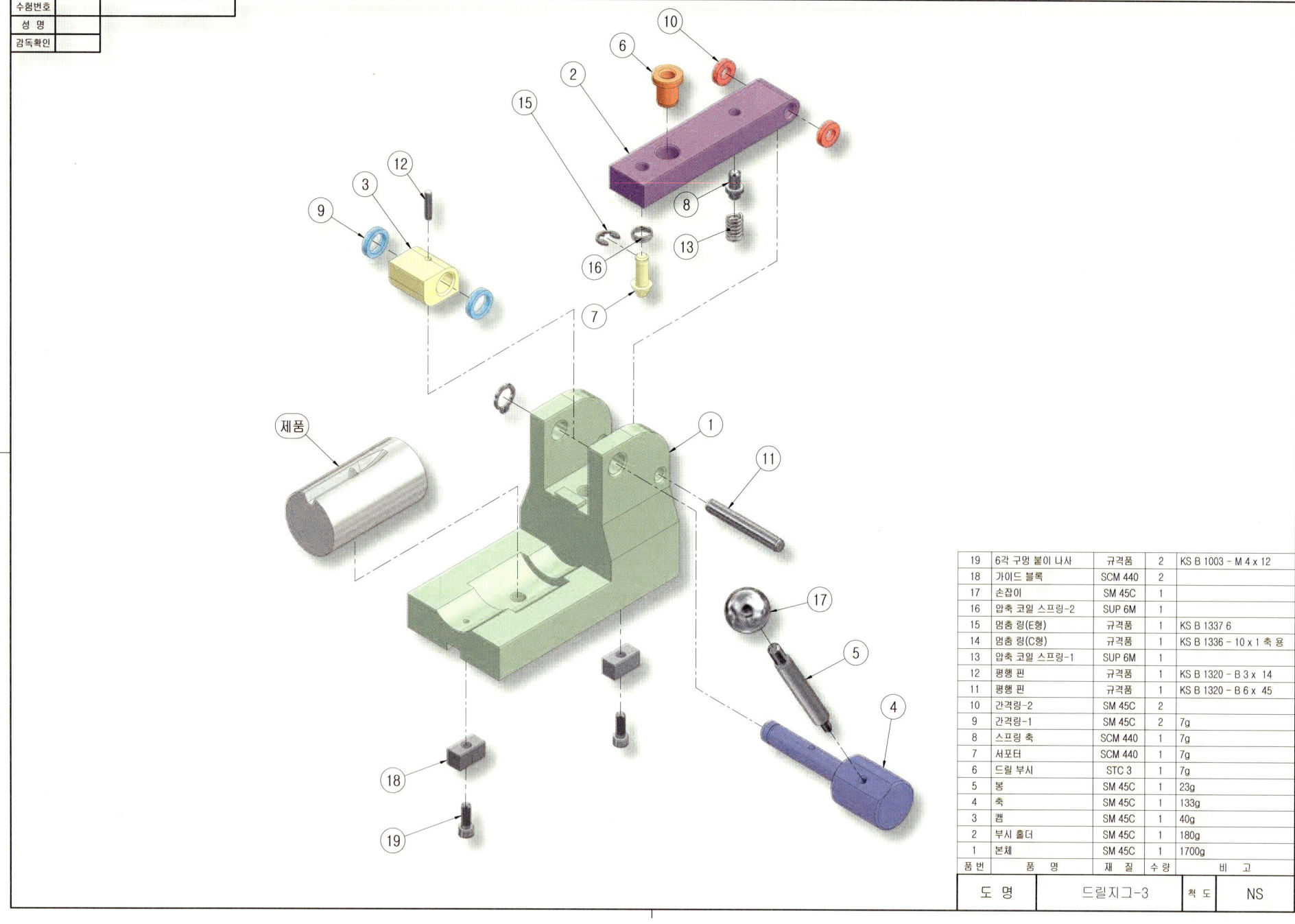

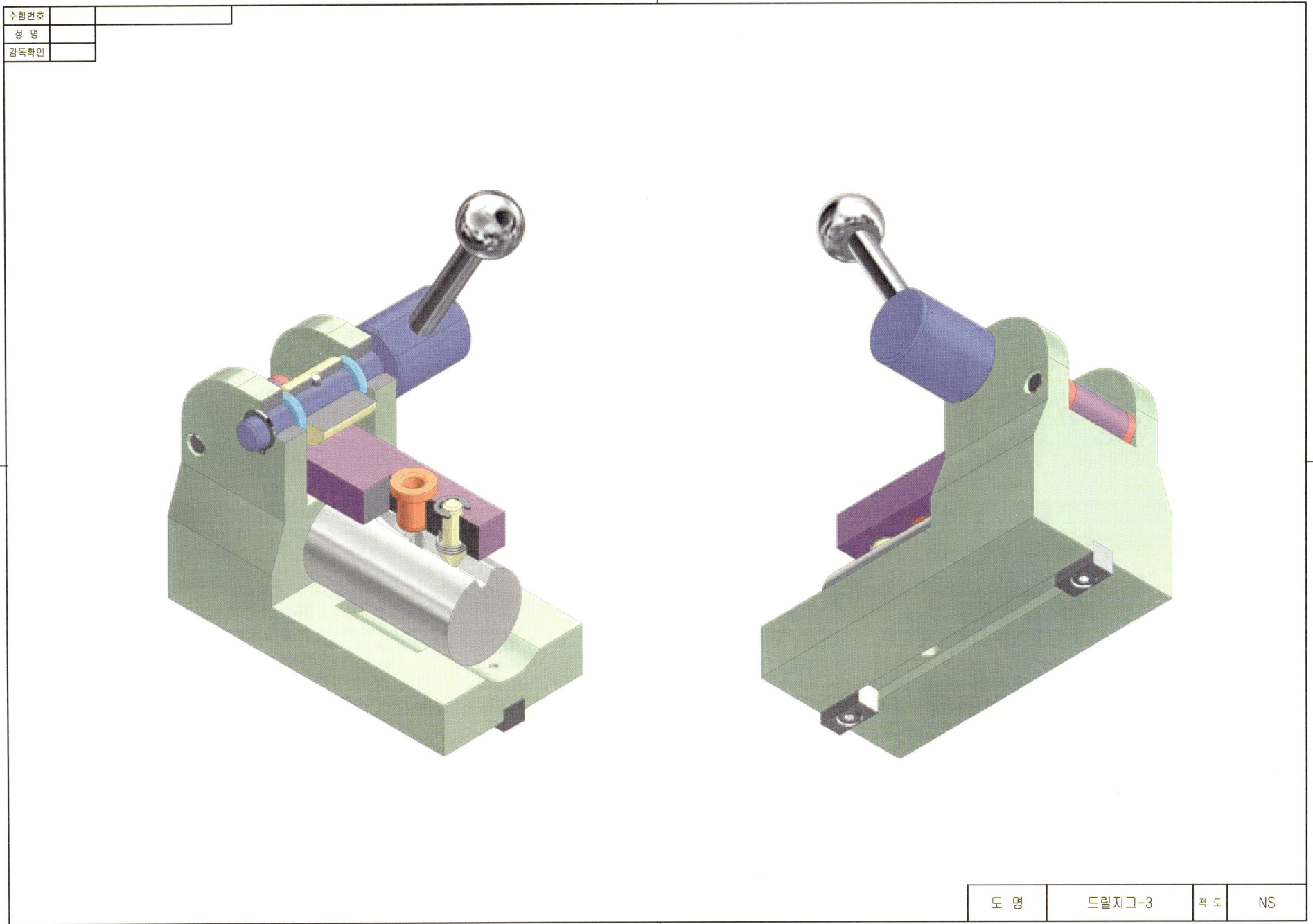

13. 드릴지그-4 과제도면

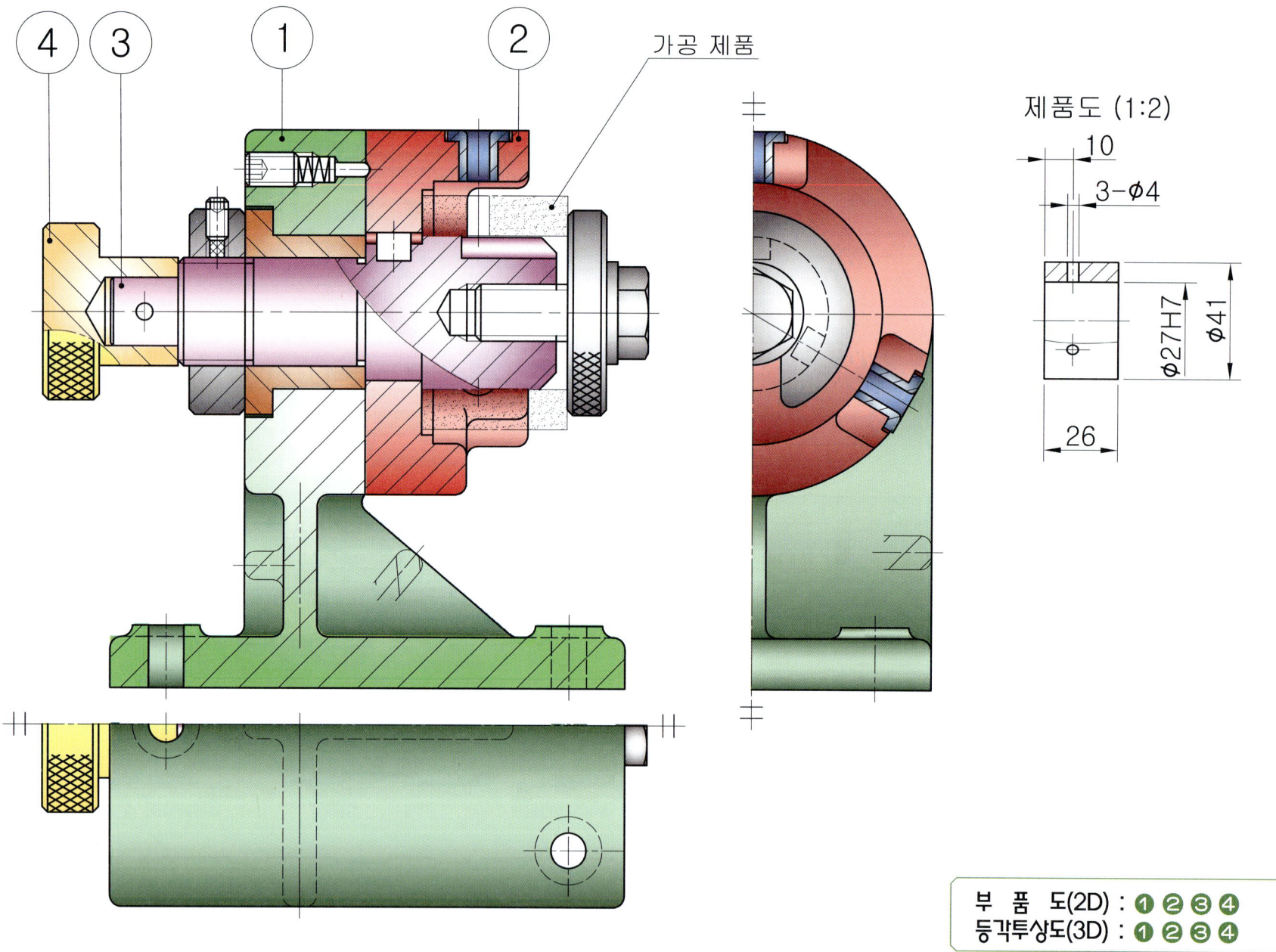

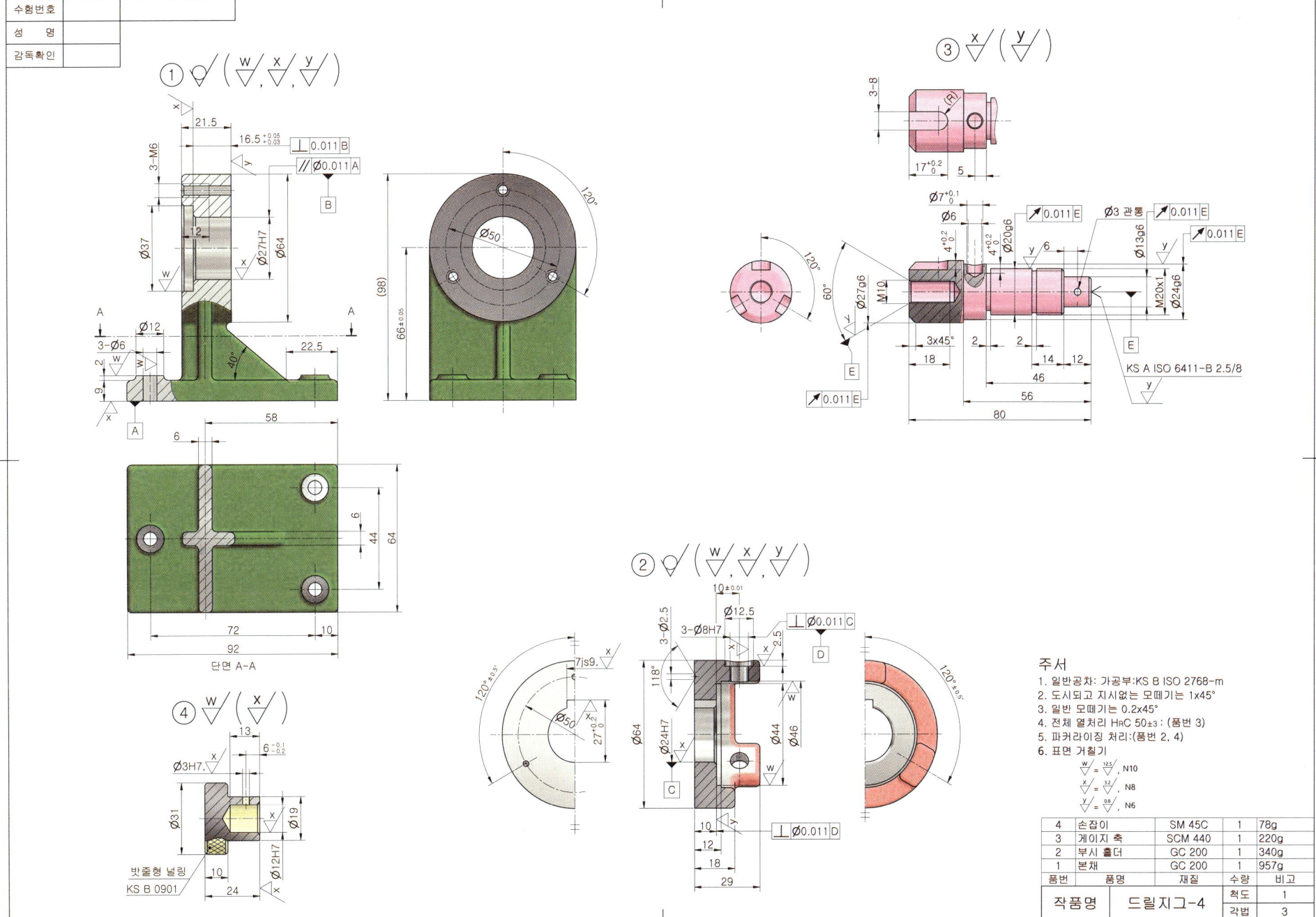

13. 드릴지그-4 2D 부품도

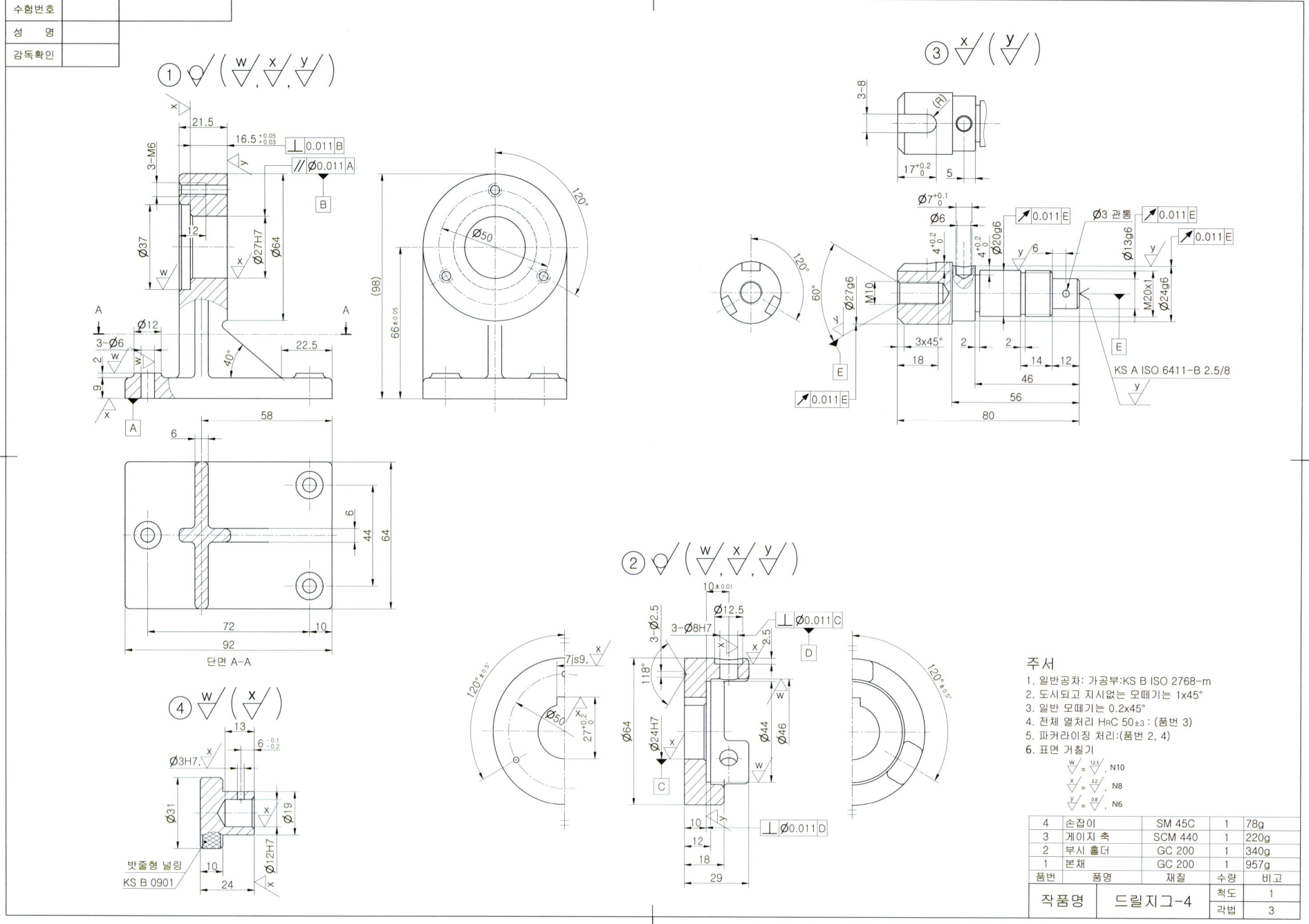

13. 드릴지그-4 3D 랜더링 등각투상도

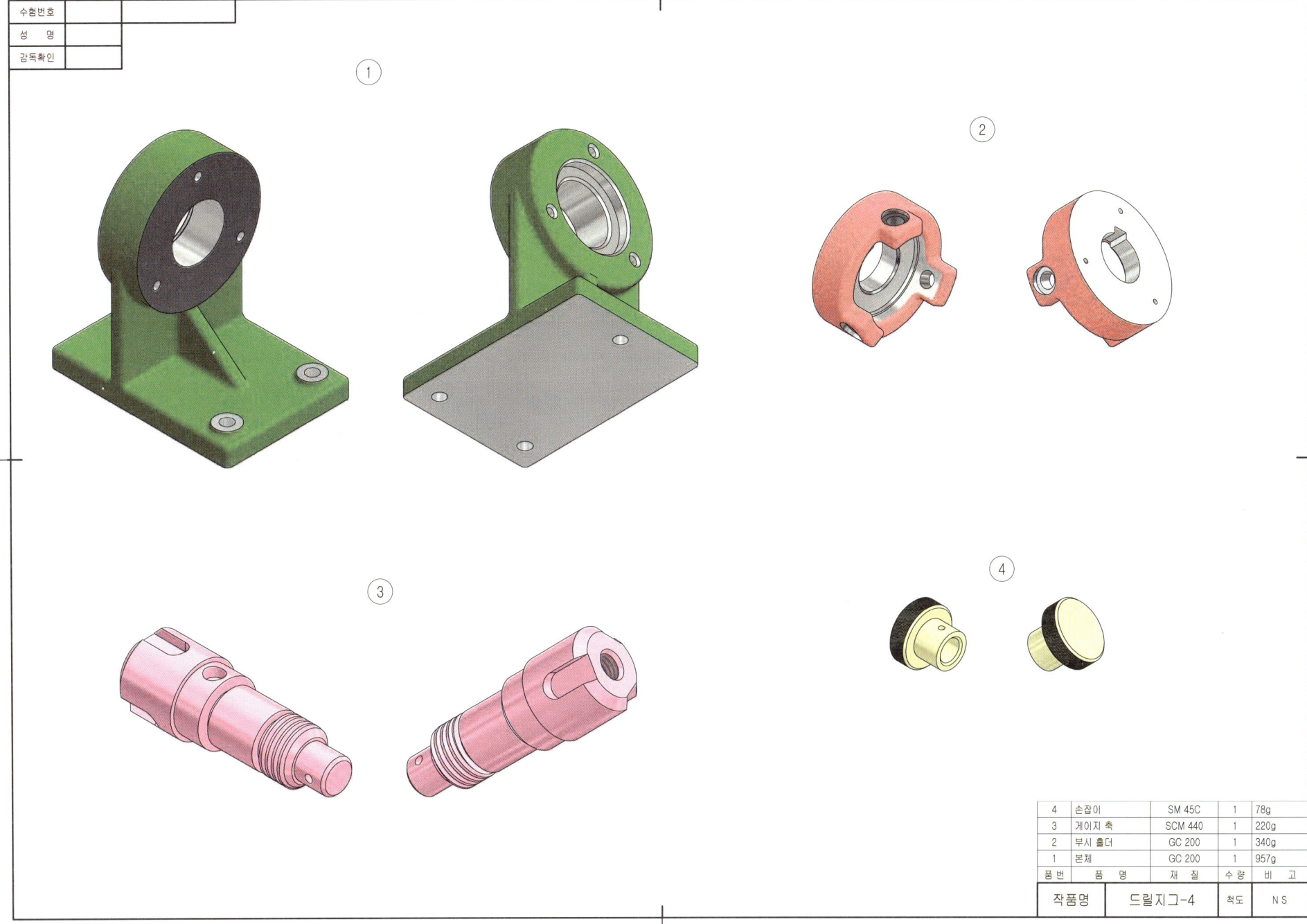

4	손잡이	SM 45C	1	78g
3	게이지 축	SCM 440	1	220g
2	부시 홀더	GC 200	1	340g
1	본체	GC 200	1	957g
품번	품 명	재 질	수량	비 고

작품명	드릴지그-4	척도	N S

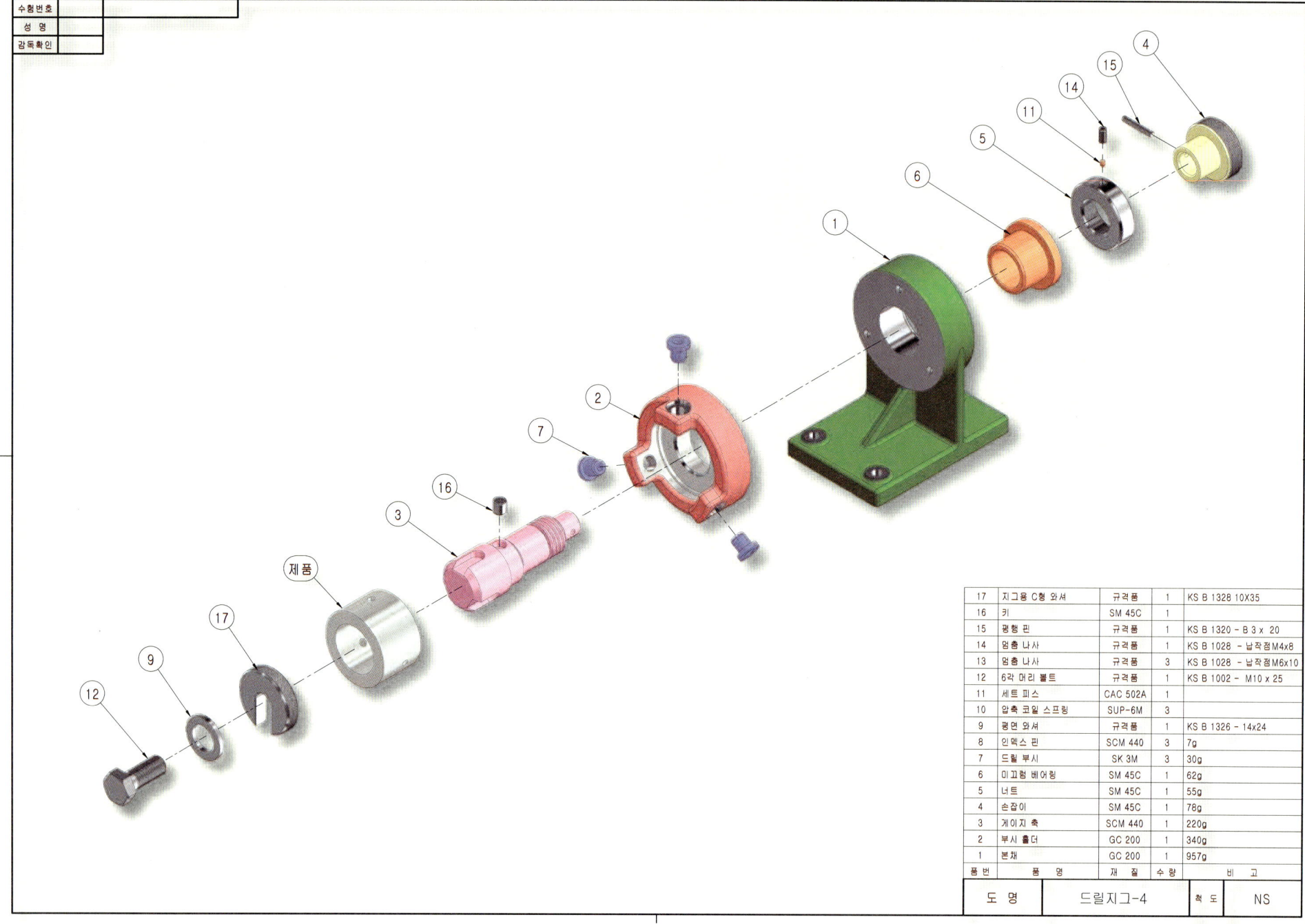

13. 드릴지그-4 등각조립도

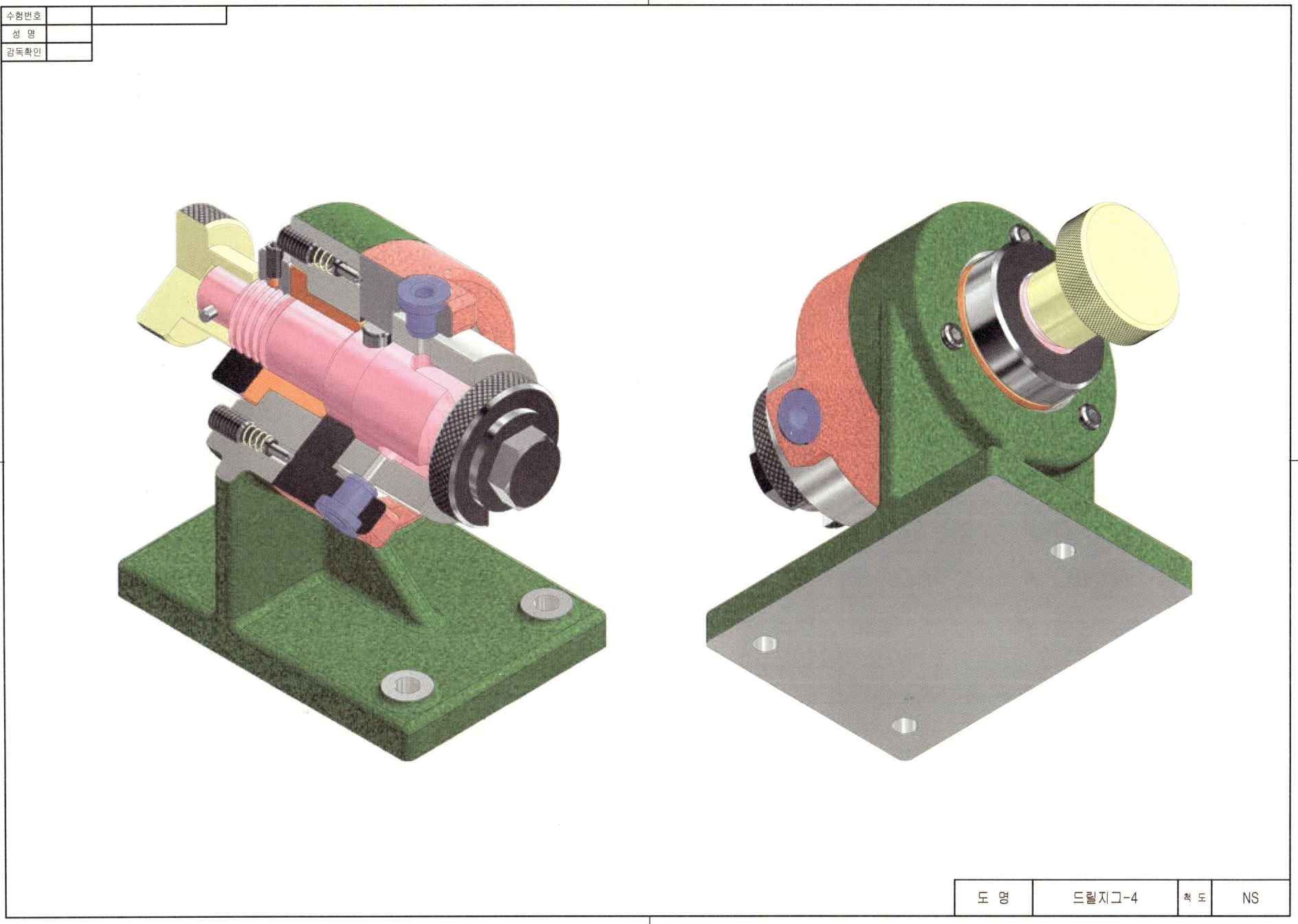

도 명: 드릴지그-4 척 도: NS

14. 드릴지그-5 과제도면

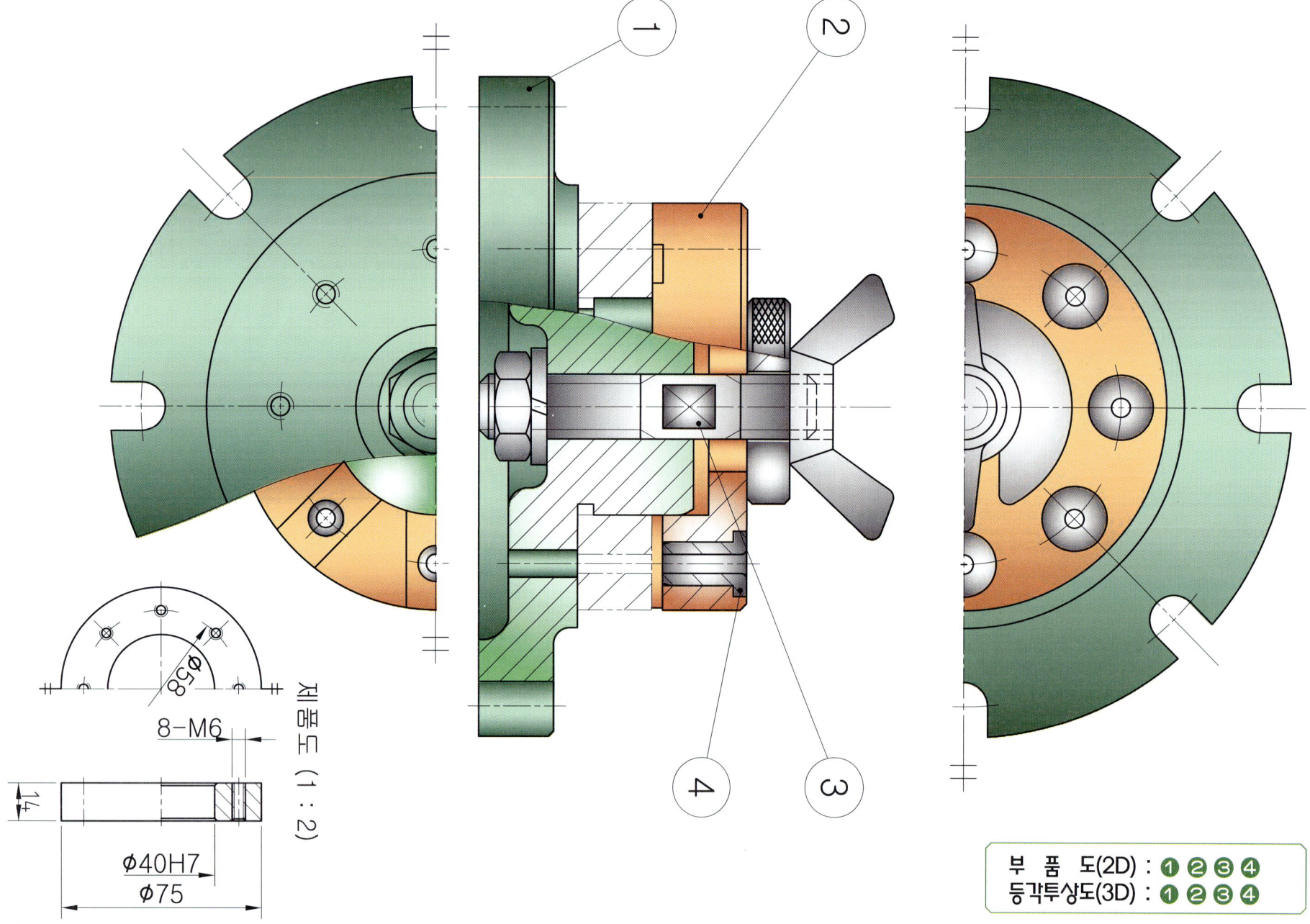

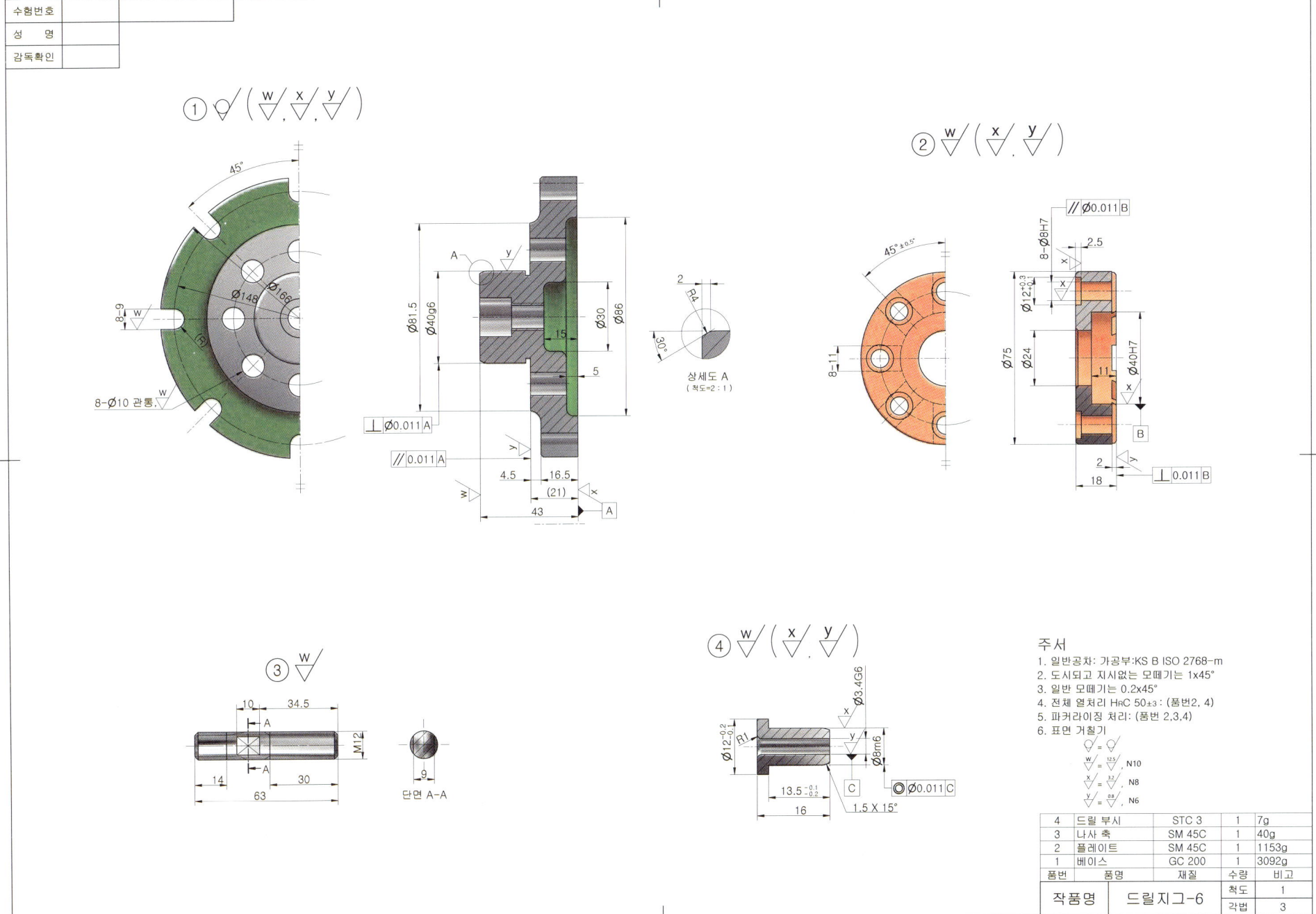

14. 드릴지그-5 2D 부품도

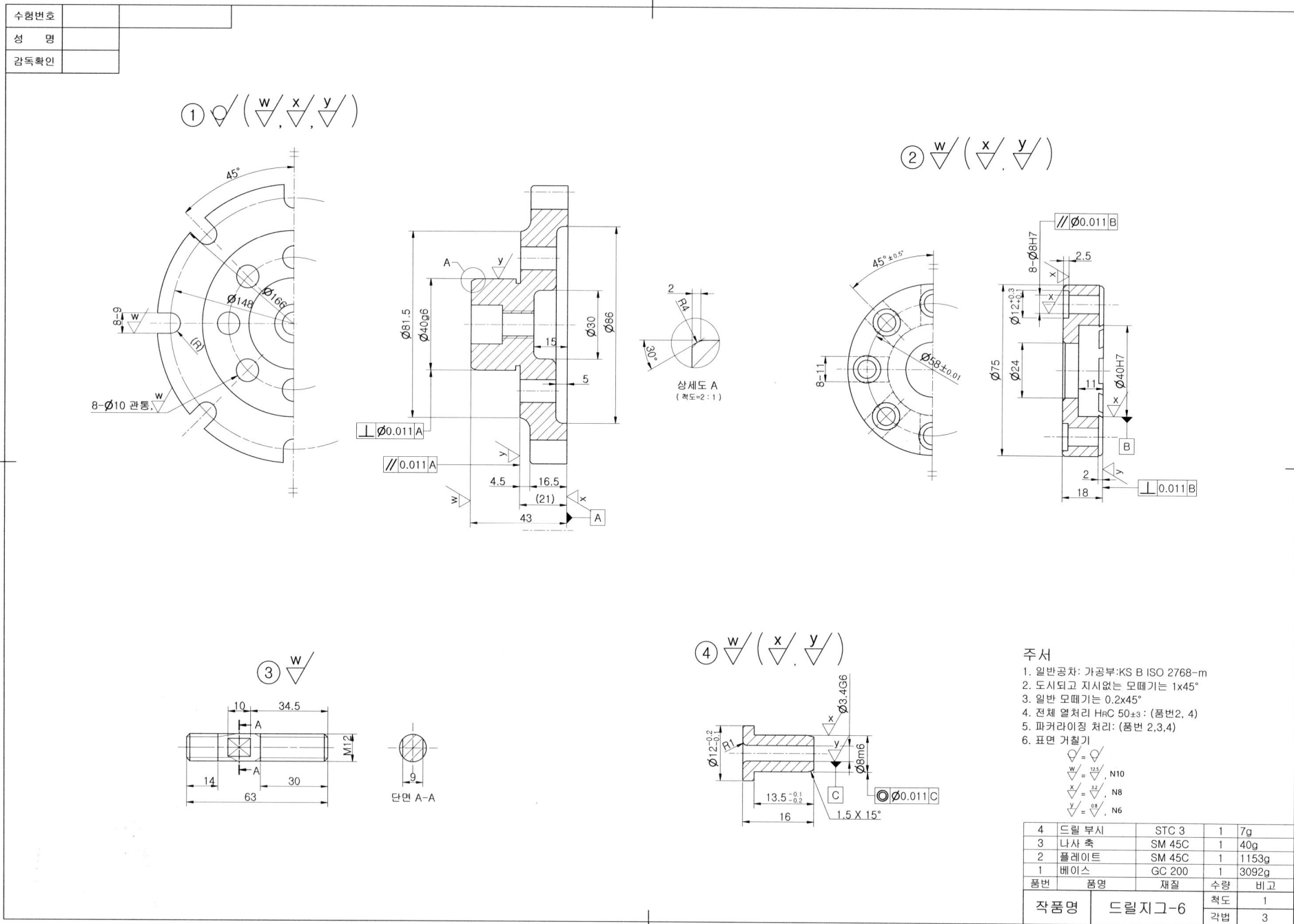

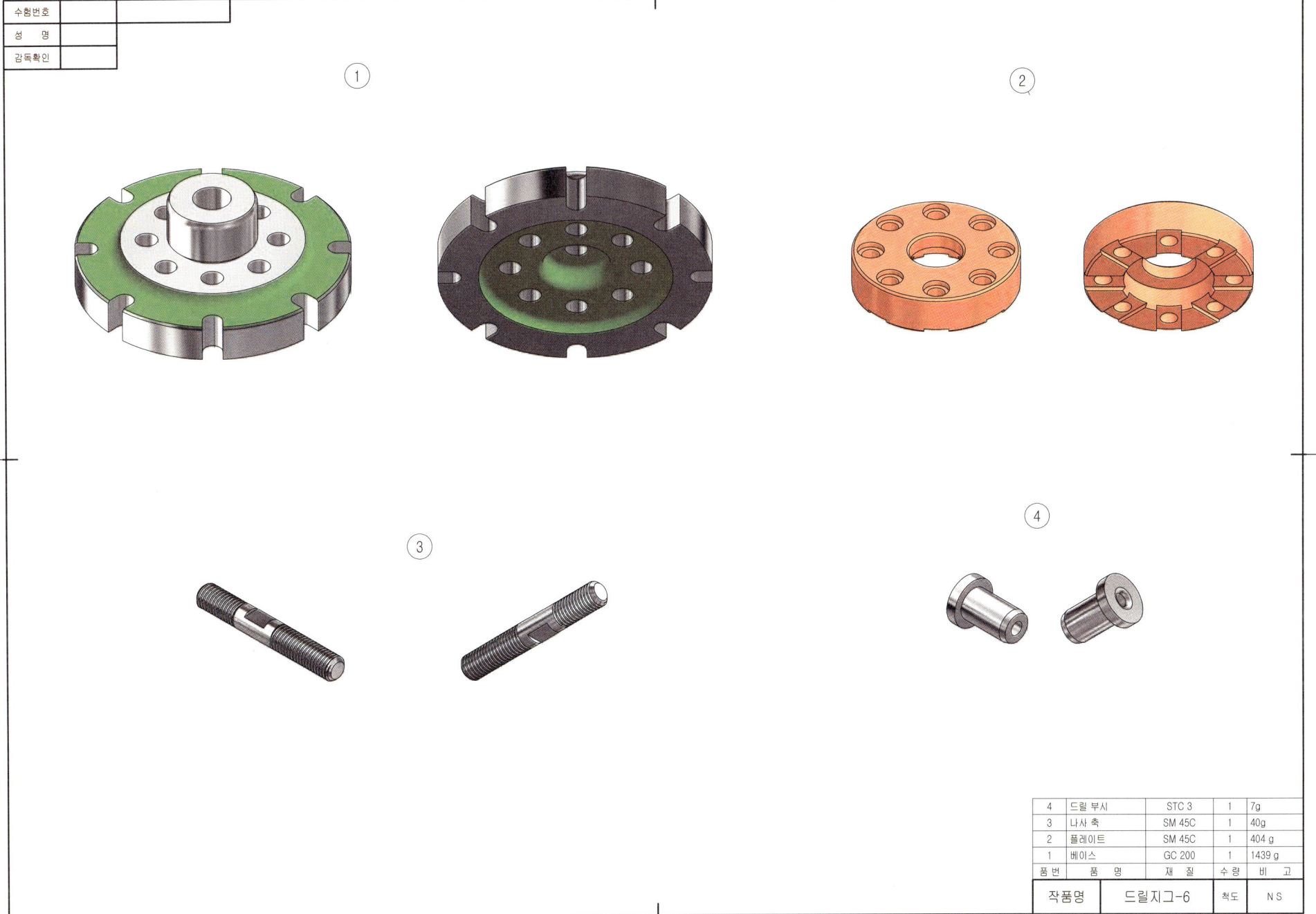

14. 드릴지그-5 등각분해도

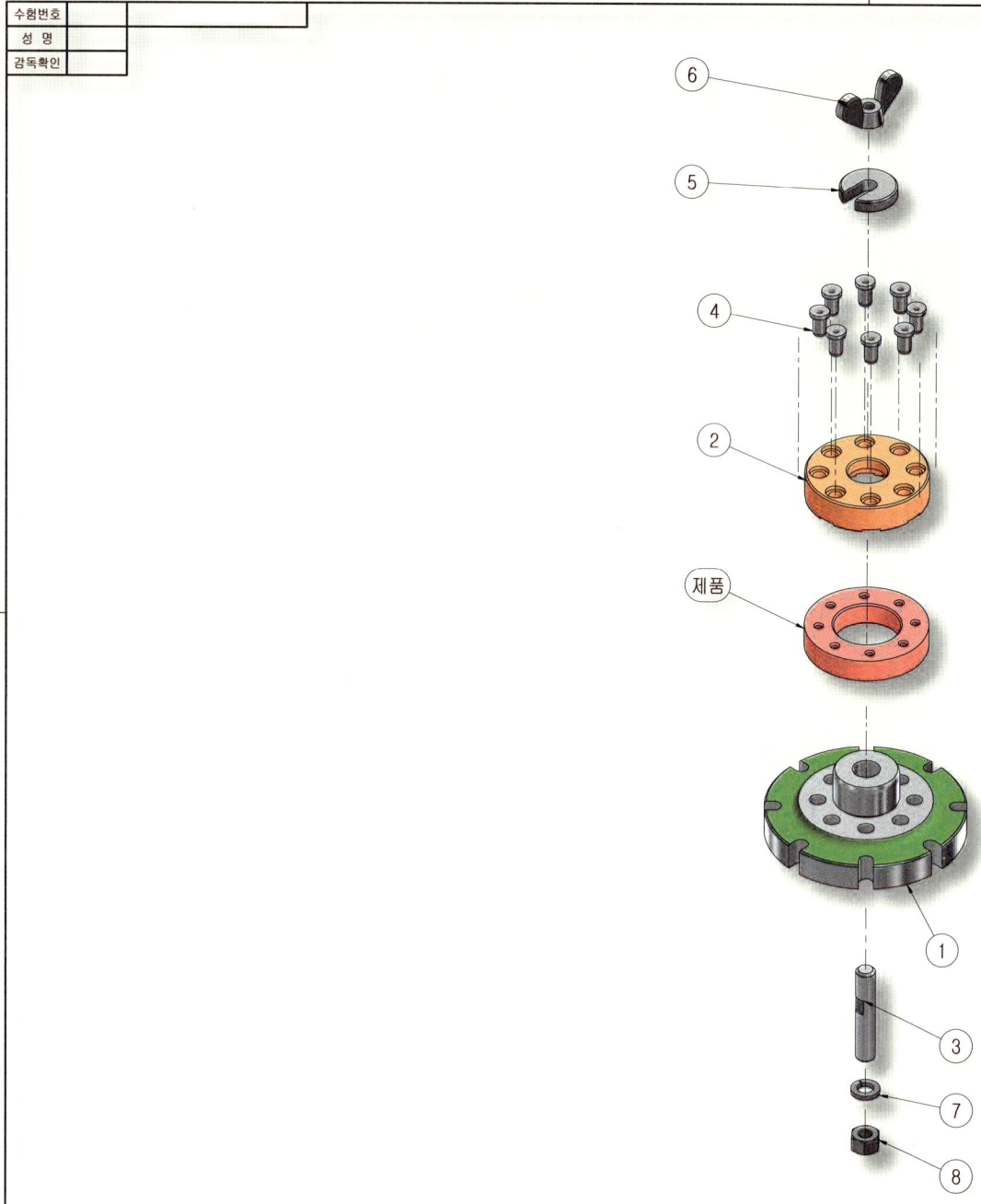

8	6각 너트	규격품	1	KS B 1012 – C M10
7	스프링 잠금 와셔	규격품	1	KS B 1324 – 번호 2 – 10
6	나비 너트	규격품	1	KS B 1014 – M 10
5	지그용 C형 와셔	SS 400	1	
4	드릴 부시	STC 3	8	7g
3	나사 축	SM 45C	1	40g
2	플레이트	SM 45C	1	1153g
1	베이스	GC 200	1	3092g
품번	품 명	재 질	수 량	비 고

도 명	드릴지그-6	척 도	NS

14. 드릴지그-5 등각조립도

도 명: 드릴지그-6 척 도: NS

15. 드릴지그-6 과제도면

부 품 도(2D) : ① ② ③ ④
등각투상도(3D) : ① ② ③ ④ ⑤ ⑦

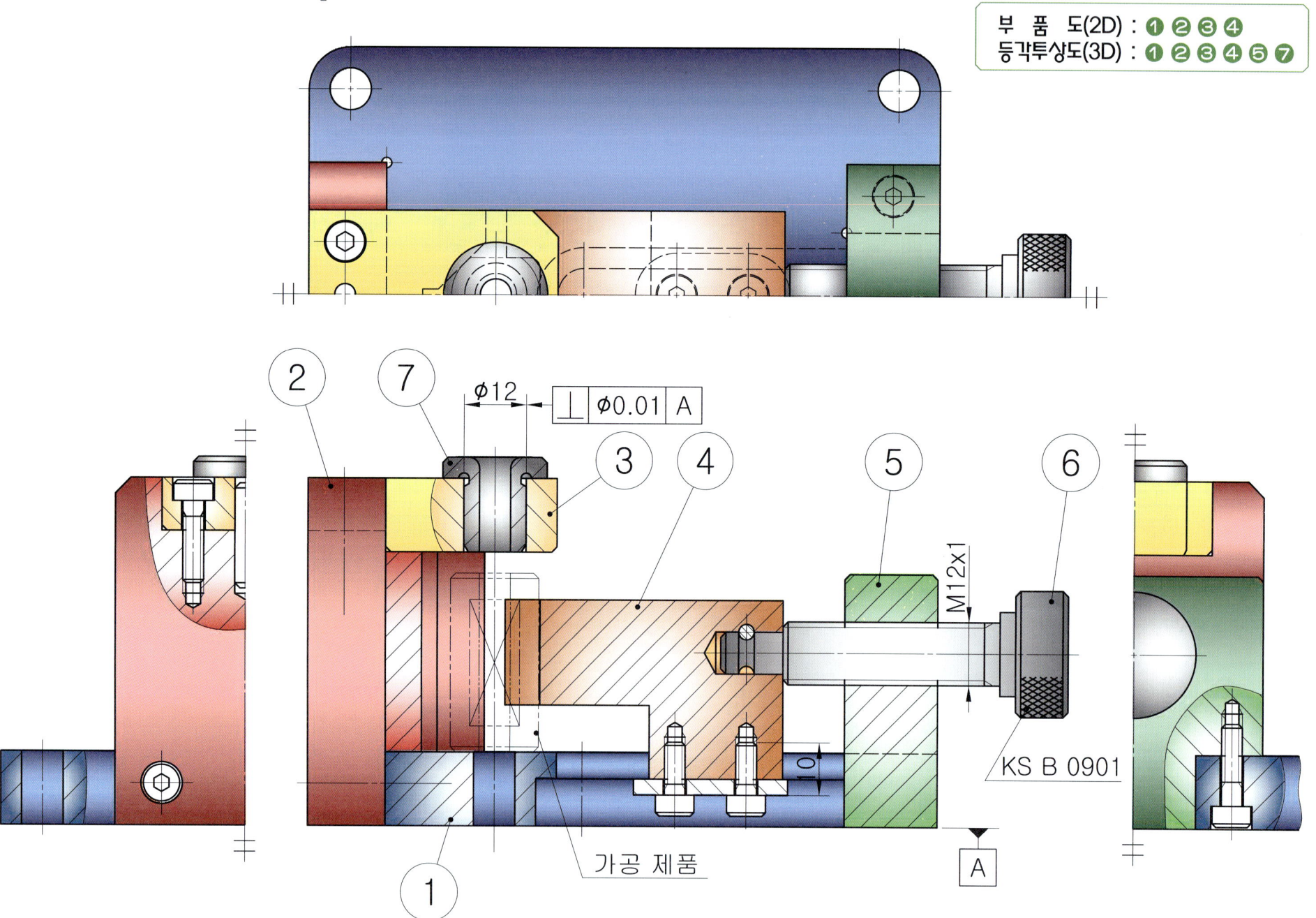

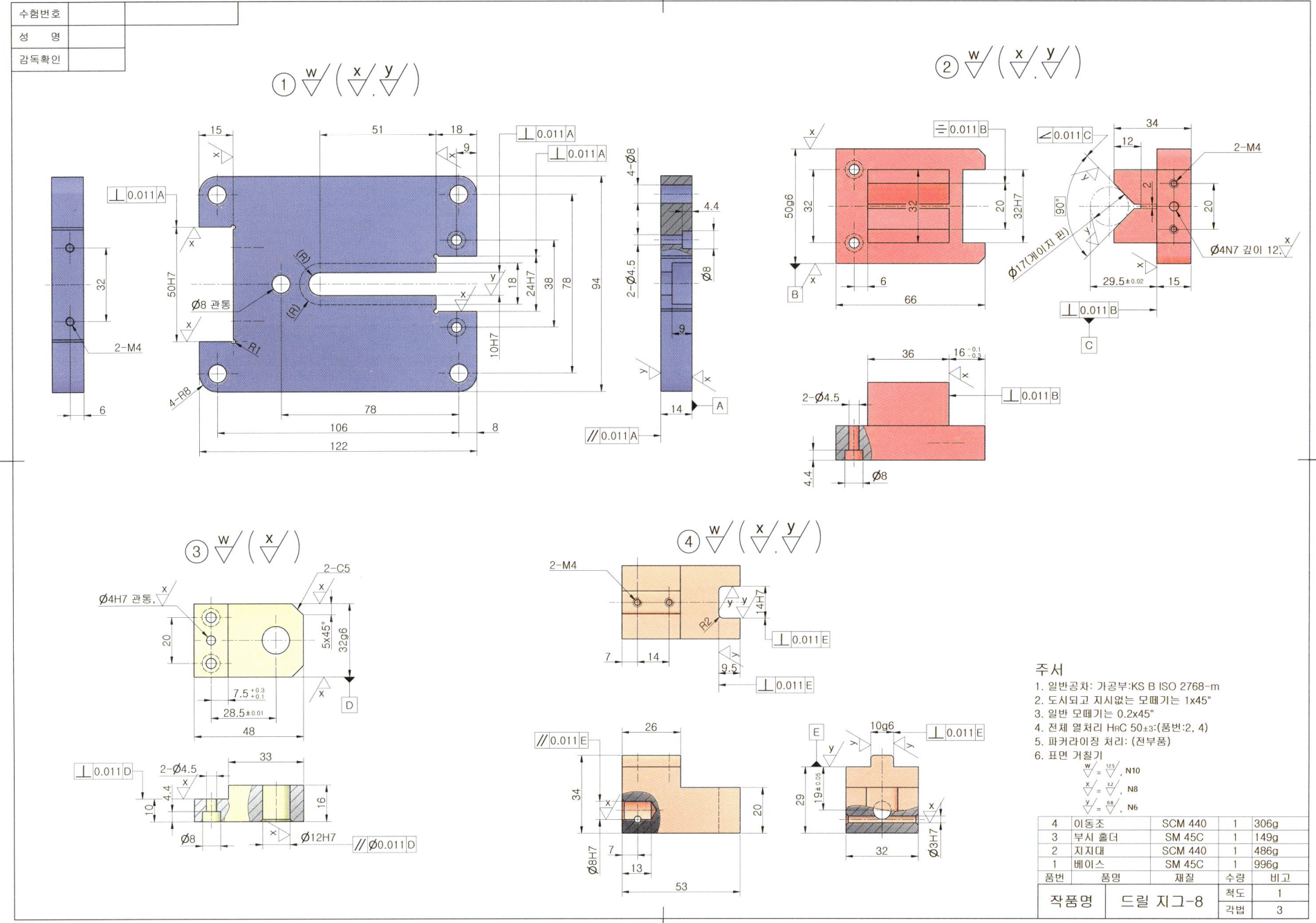

15. 드릴지그-6 2D 부품도

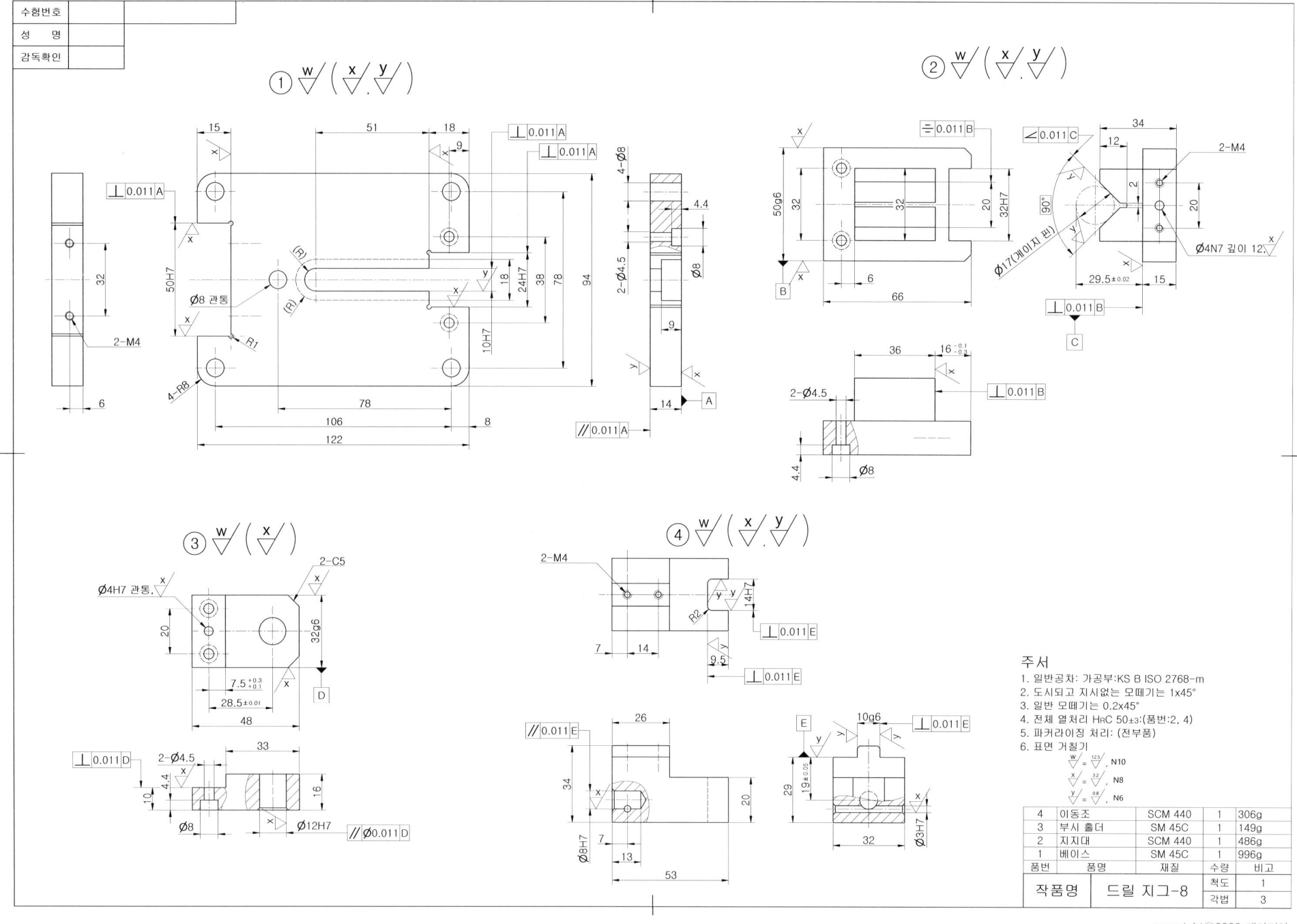

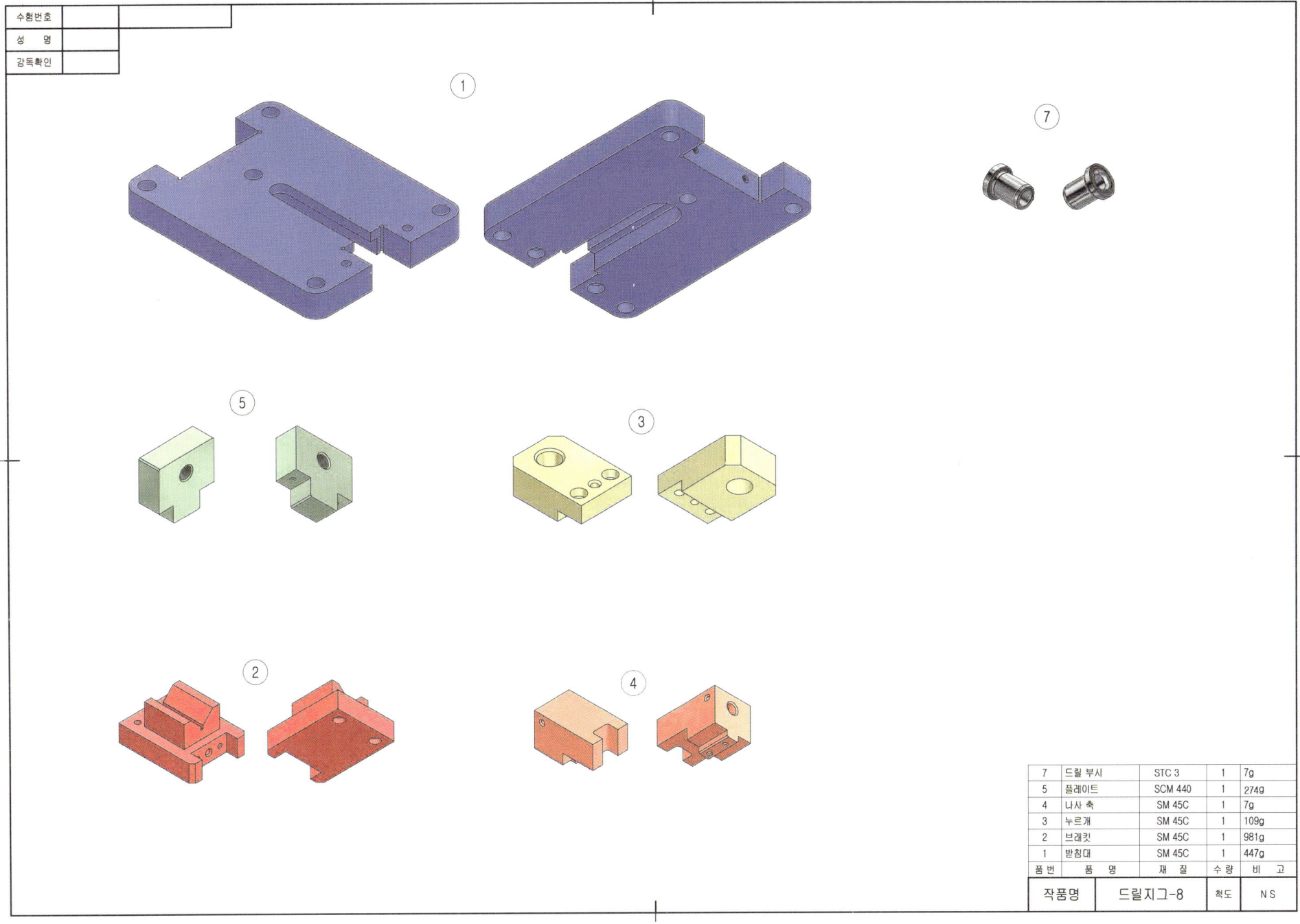

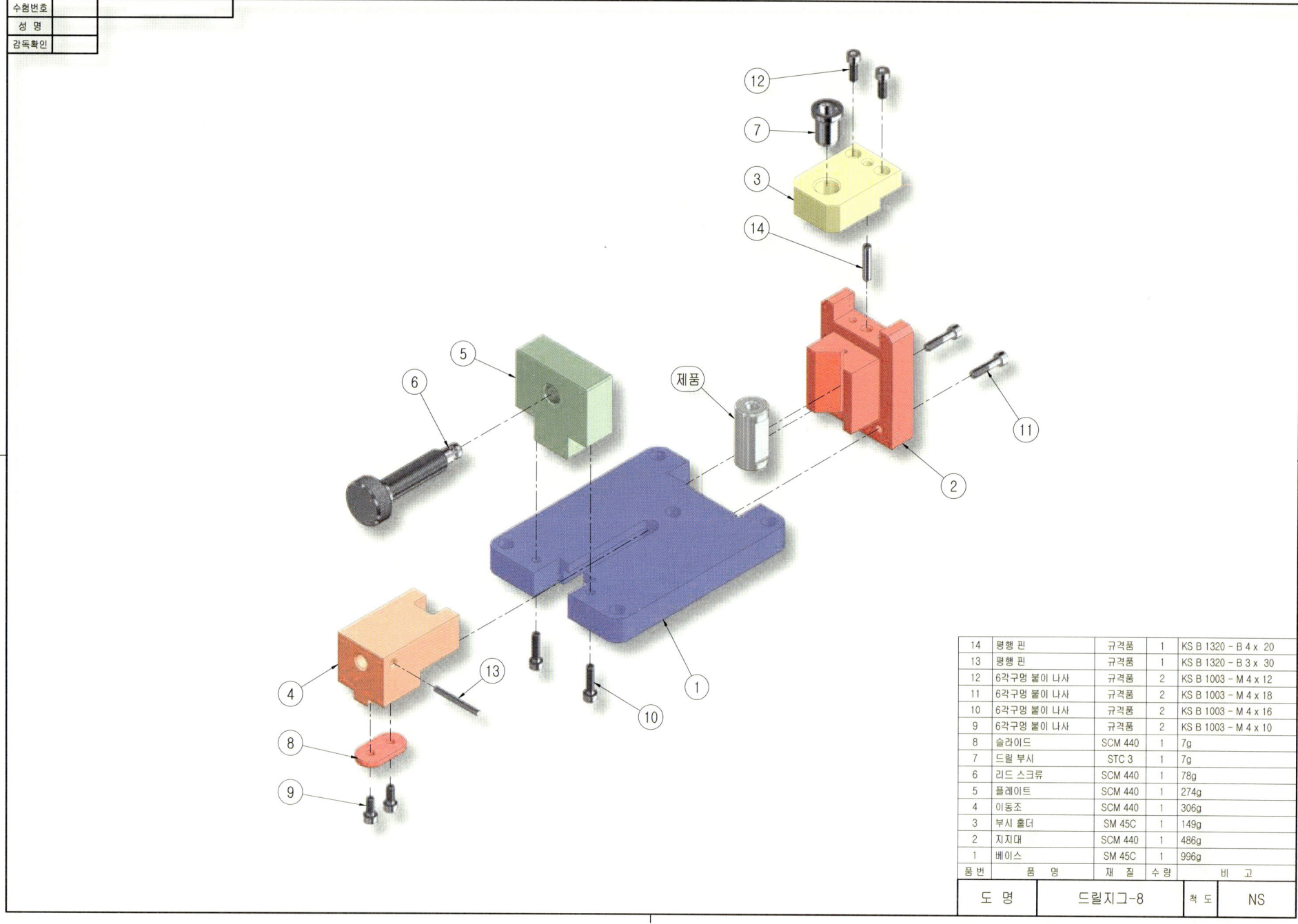

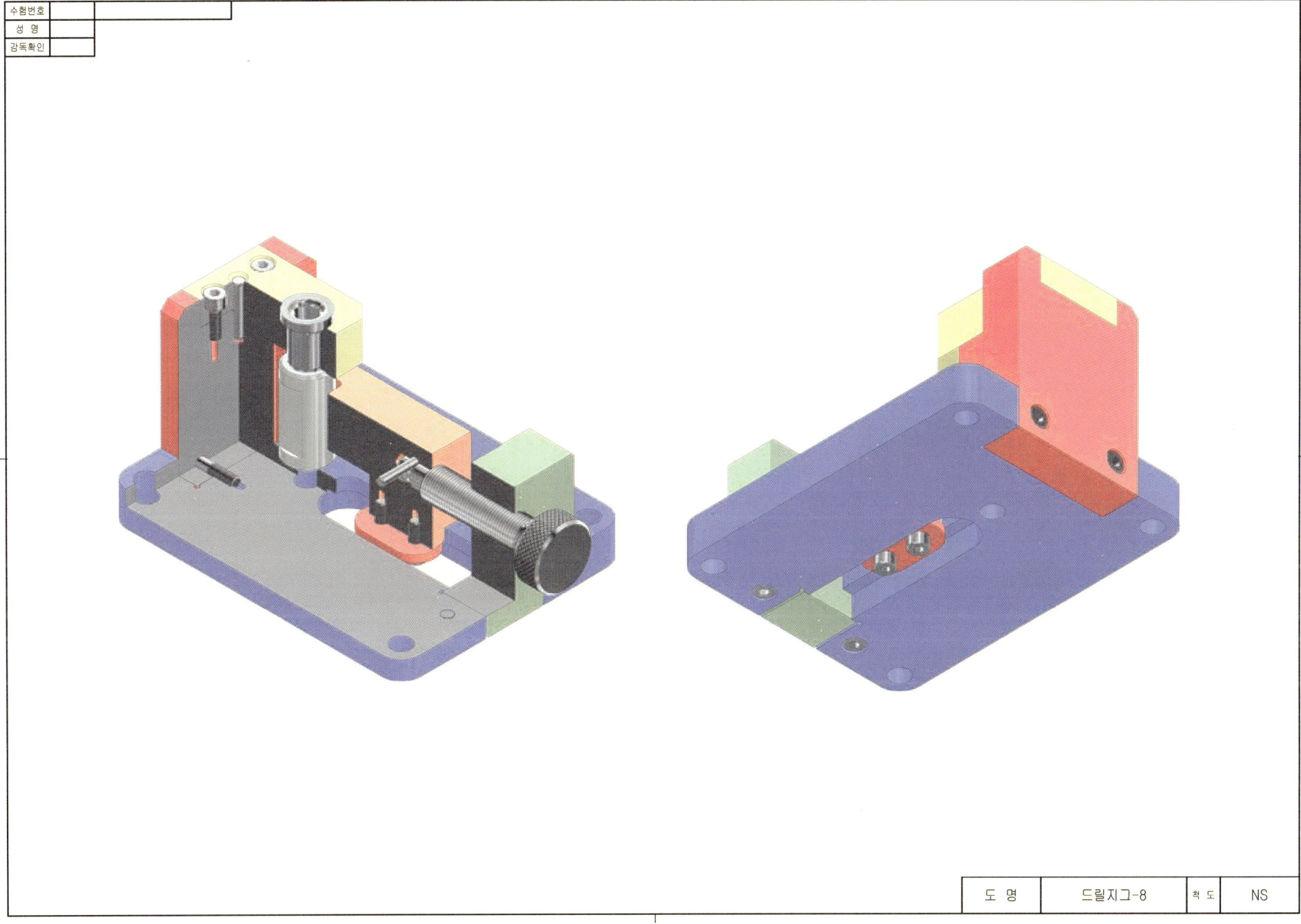

16. 드릴지그-7 과제도면

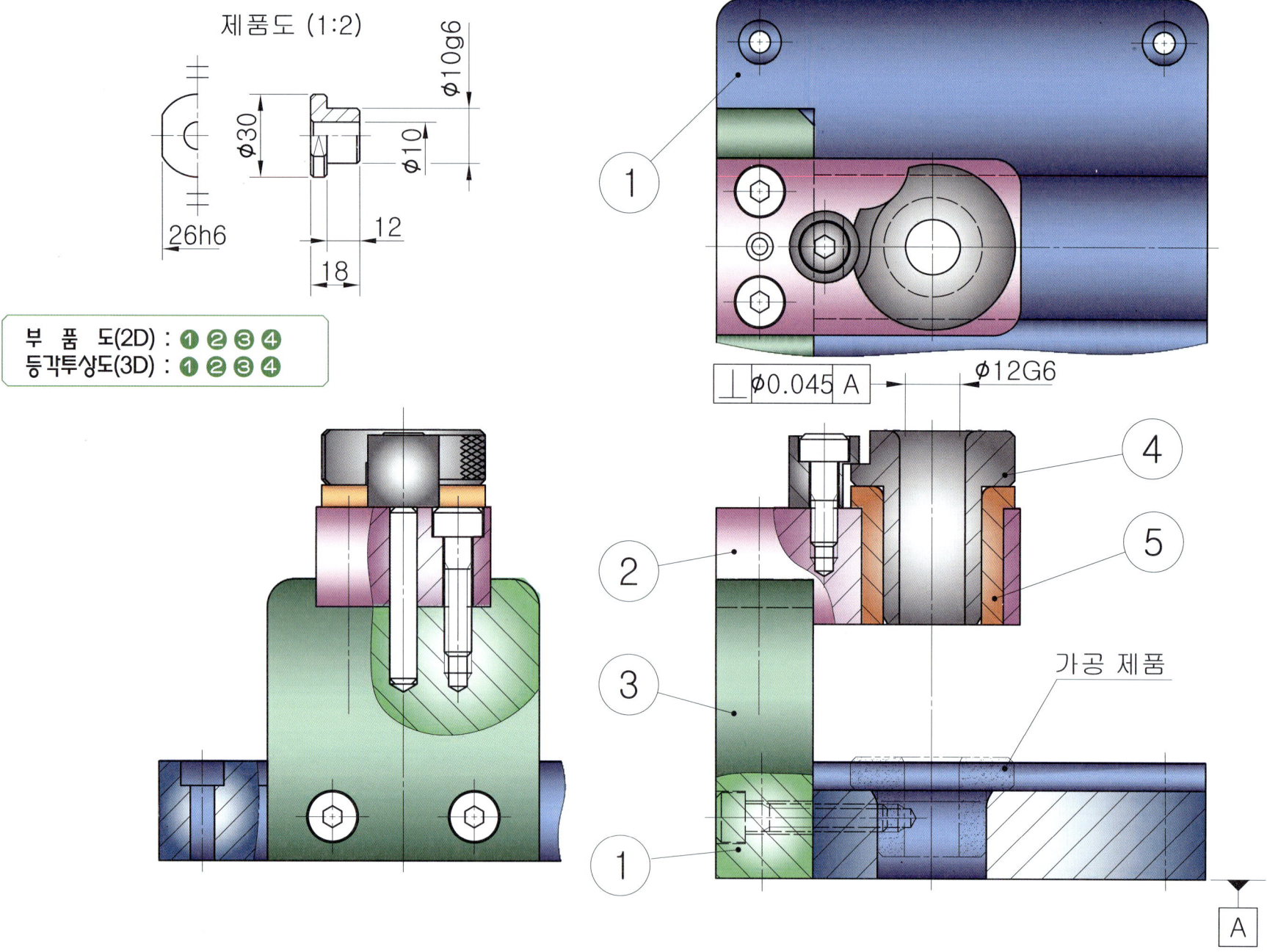

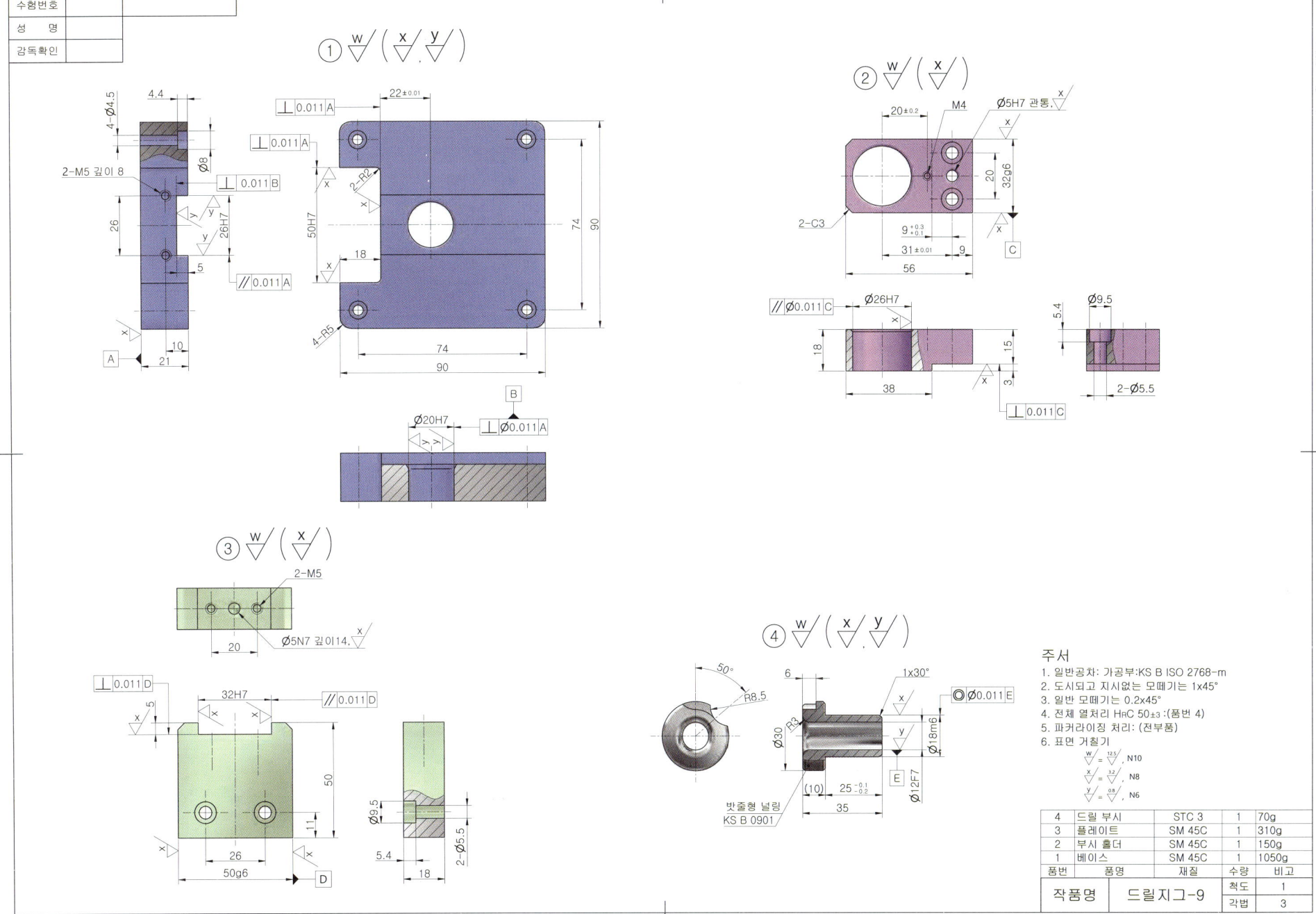

16. 드릴지그-7 2D 부품도

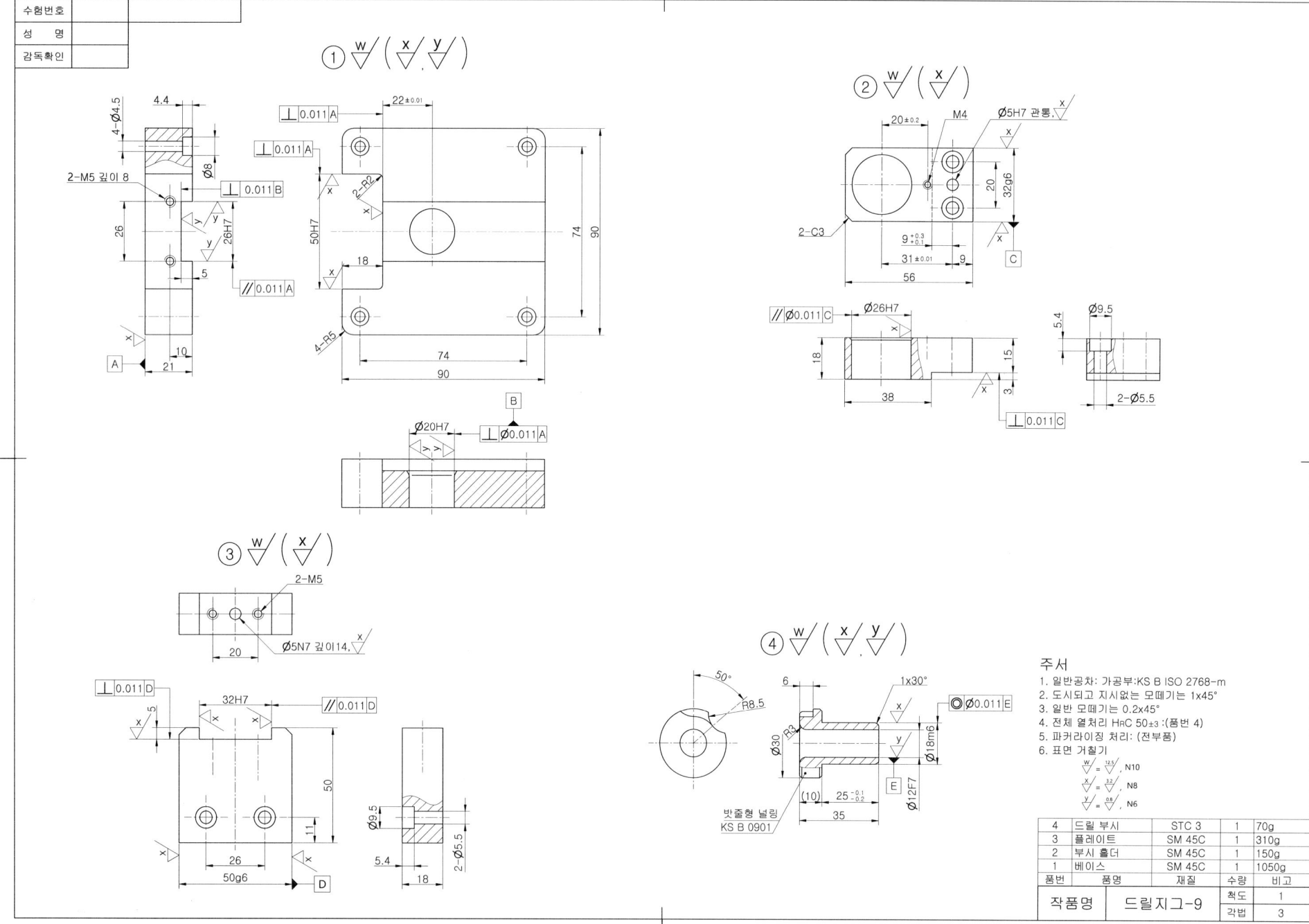

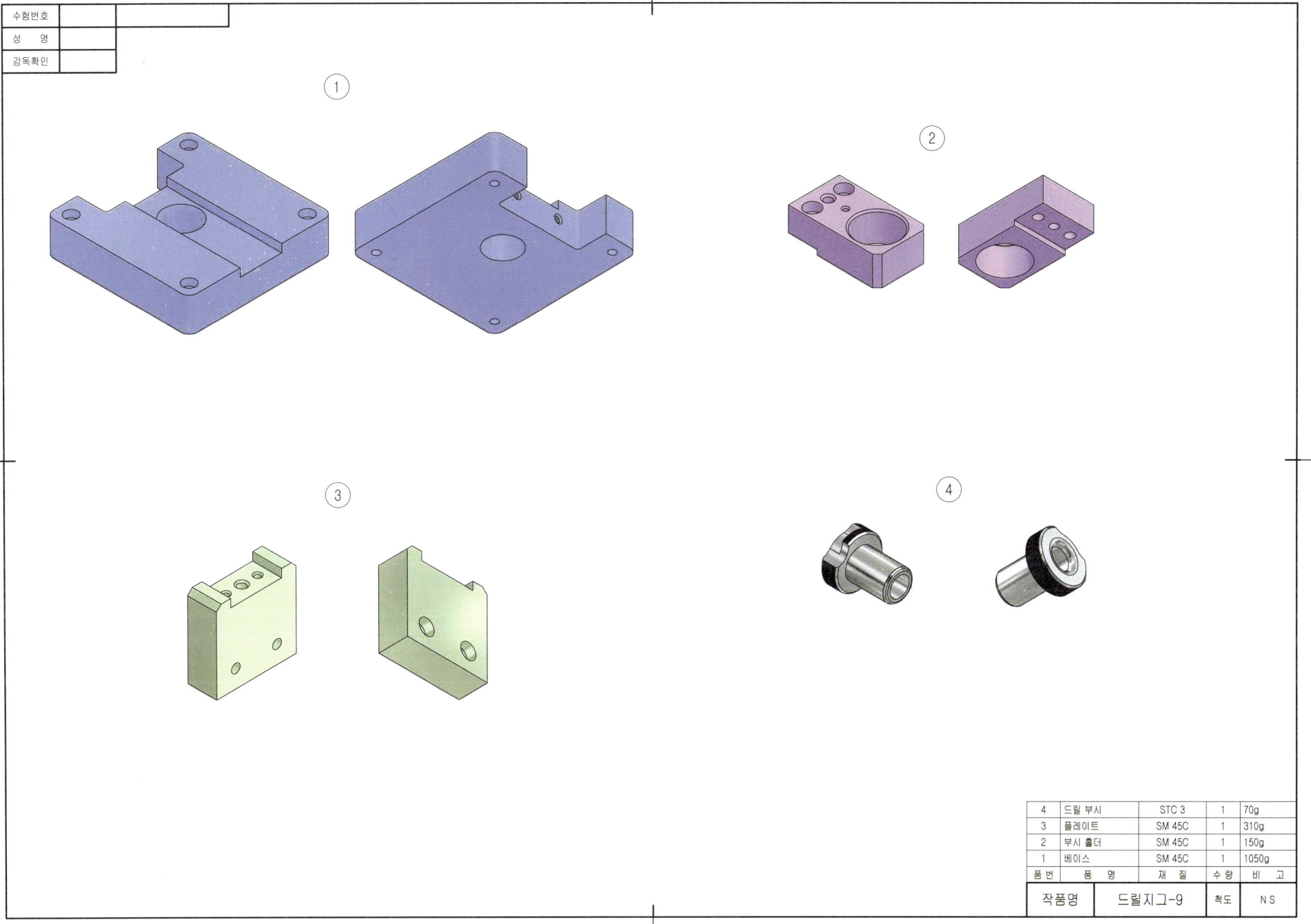

16. 드릴지그-7 등각분해도

10	평행 핀	규격품	1	KS B 1320 - B 5 x 32
9	6각 구멍 붙이 나사	규격품	2	KS B 1003 - M 5 x 25
8	6각 구멍 붙이 나사	규격품	2	KS B 1003 - M5x20
7	6각 구멍 붙이 나사	규격품	1	KS B 1003 - M 5 x 16
6	멈춤 쇠	SM 45C	1	7g
5	고정 라이너	SM 45C	1	60g
4	드릴 부시	STC 3	1	70g
3	플레이트	SM 45C	1	310g
2	부시 홀더	SM 45C	1	150g
1	베이스	SM 45C	1	1050g
품번	품 명	재 질	수량	비 고

도 명	드릴 지그-9	척 도	NS

16. 드릴지그-7 등각조립도

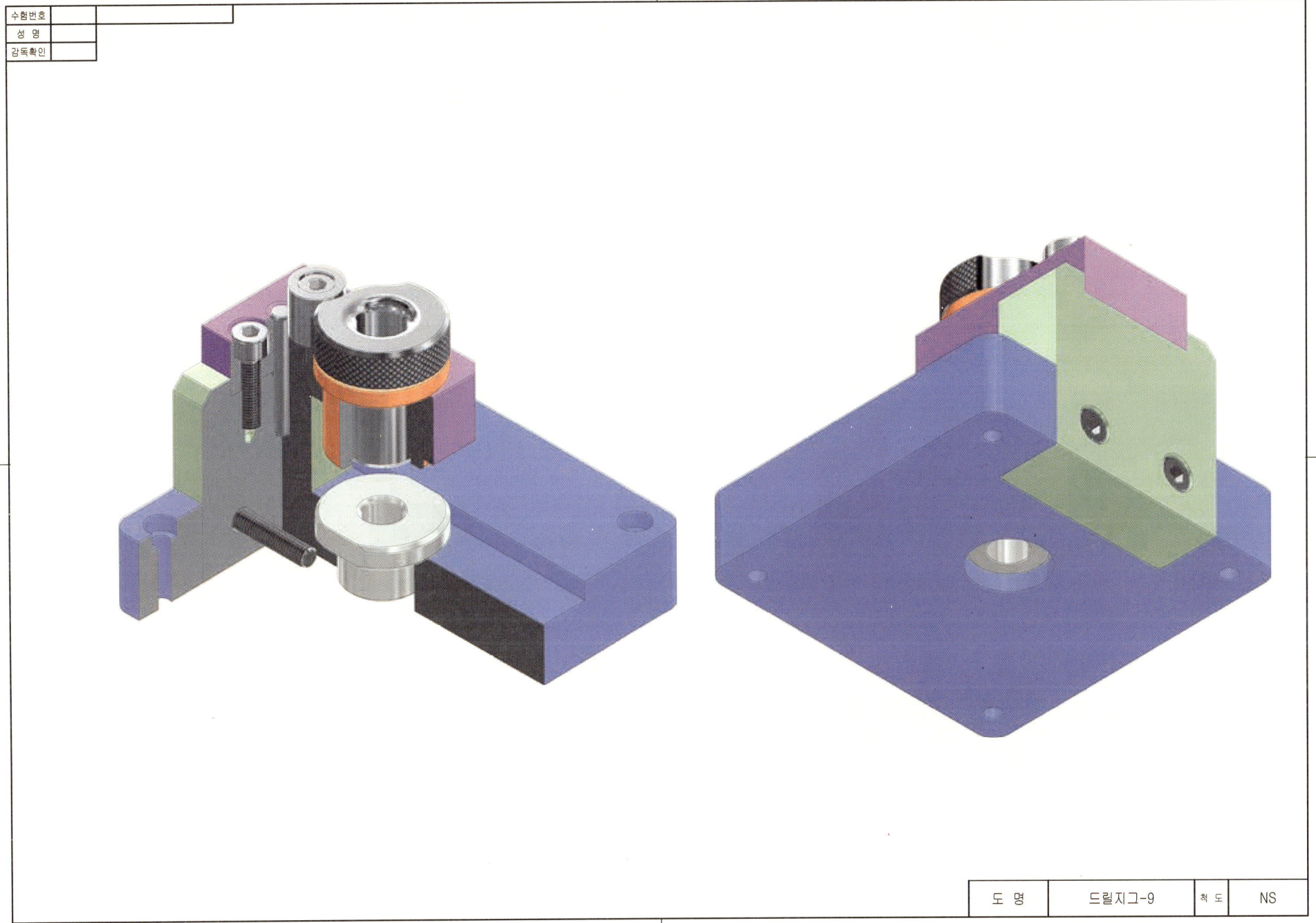

도 명: 드릴지그-9 척 도: NS

17. 리밍지그 과제도면

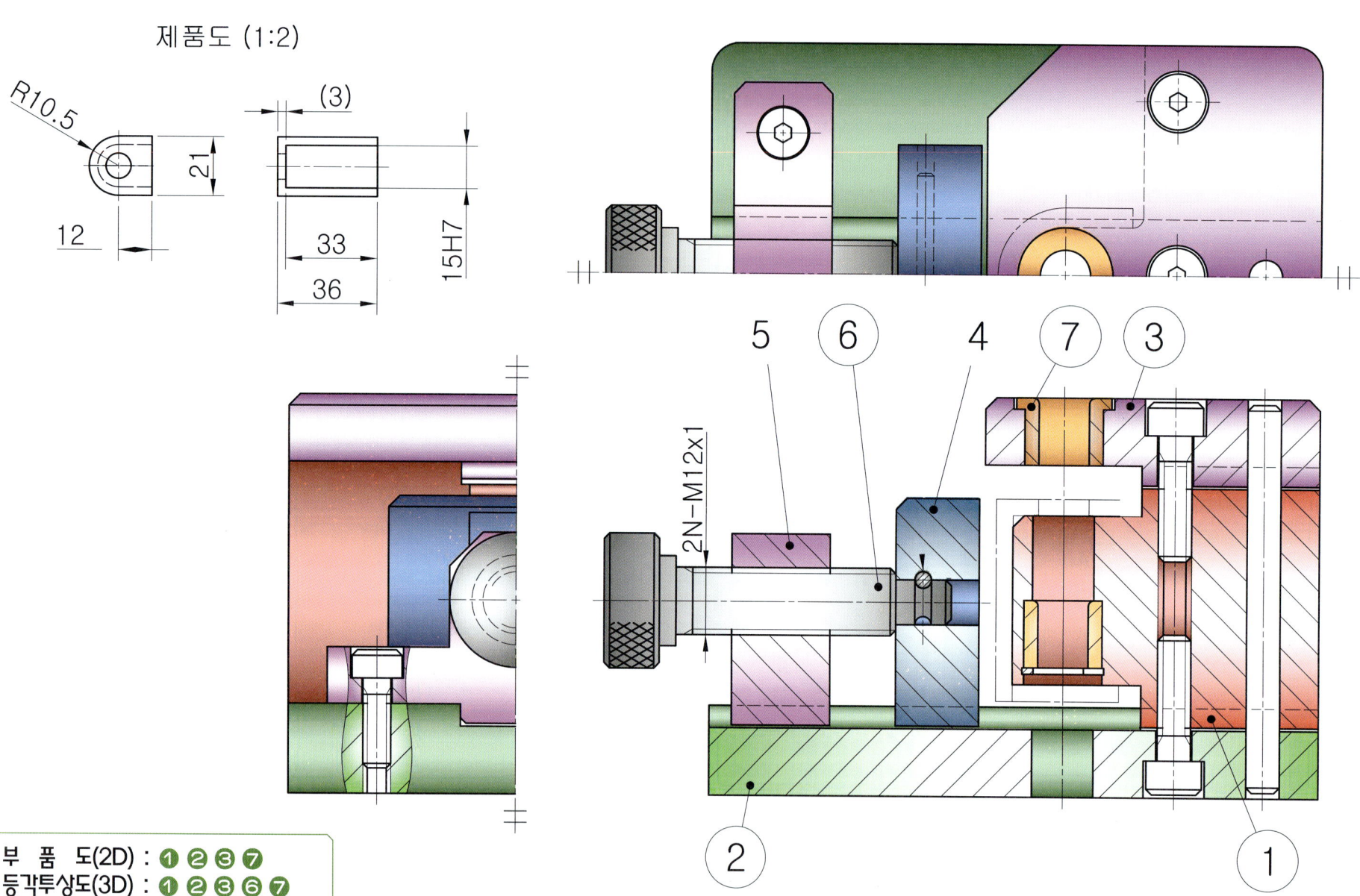

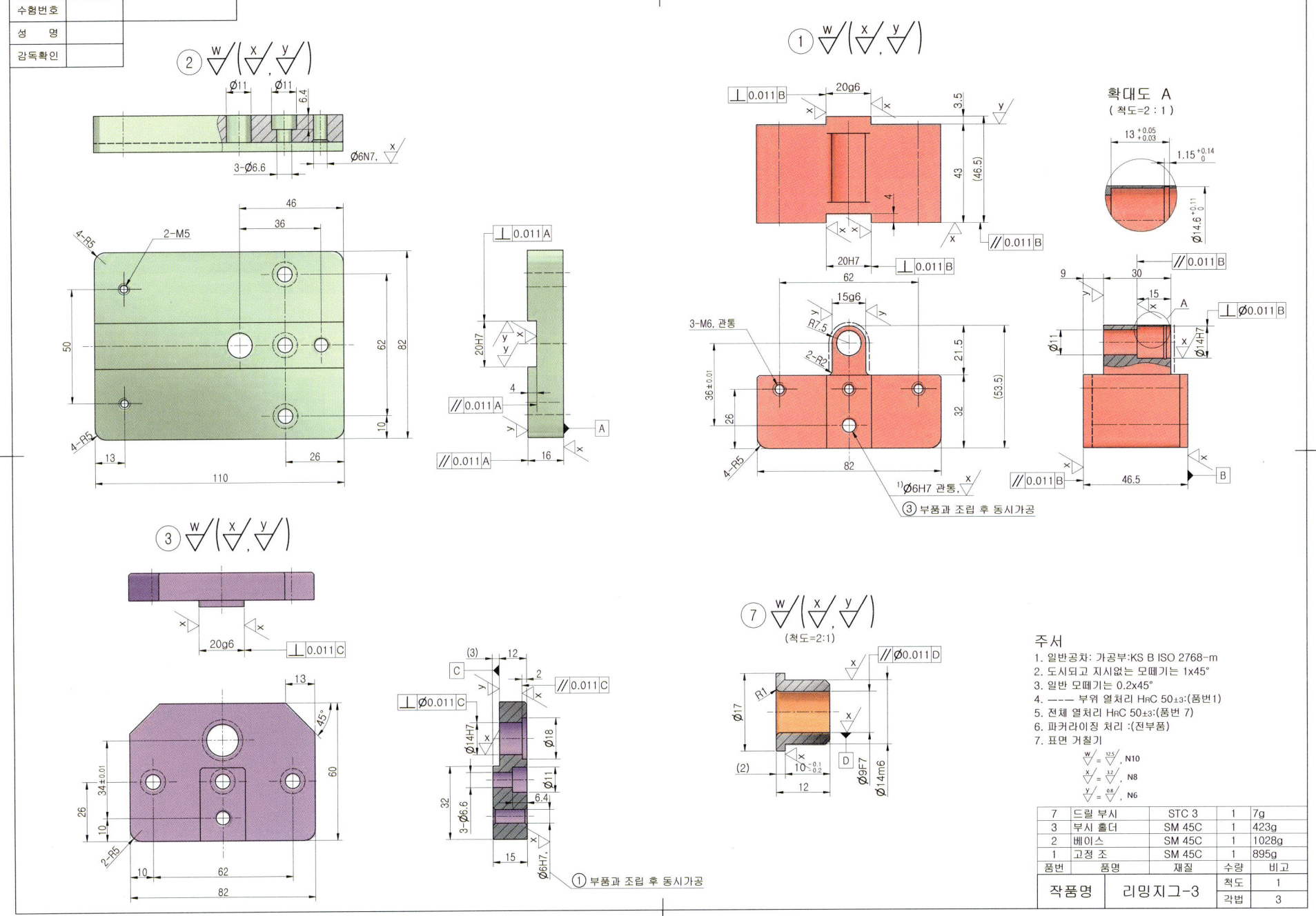

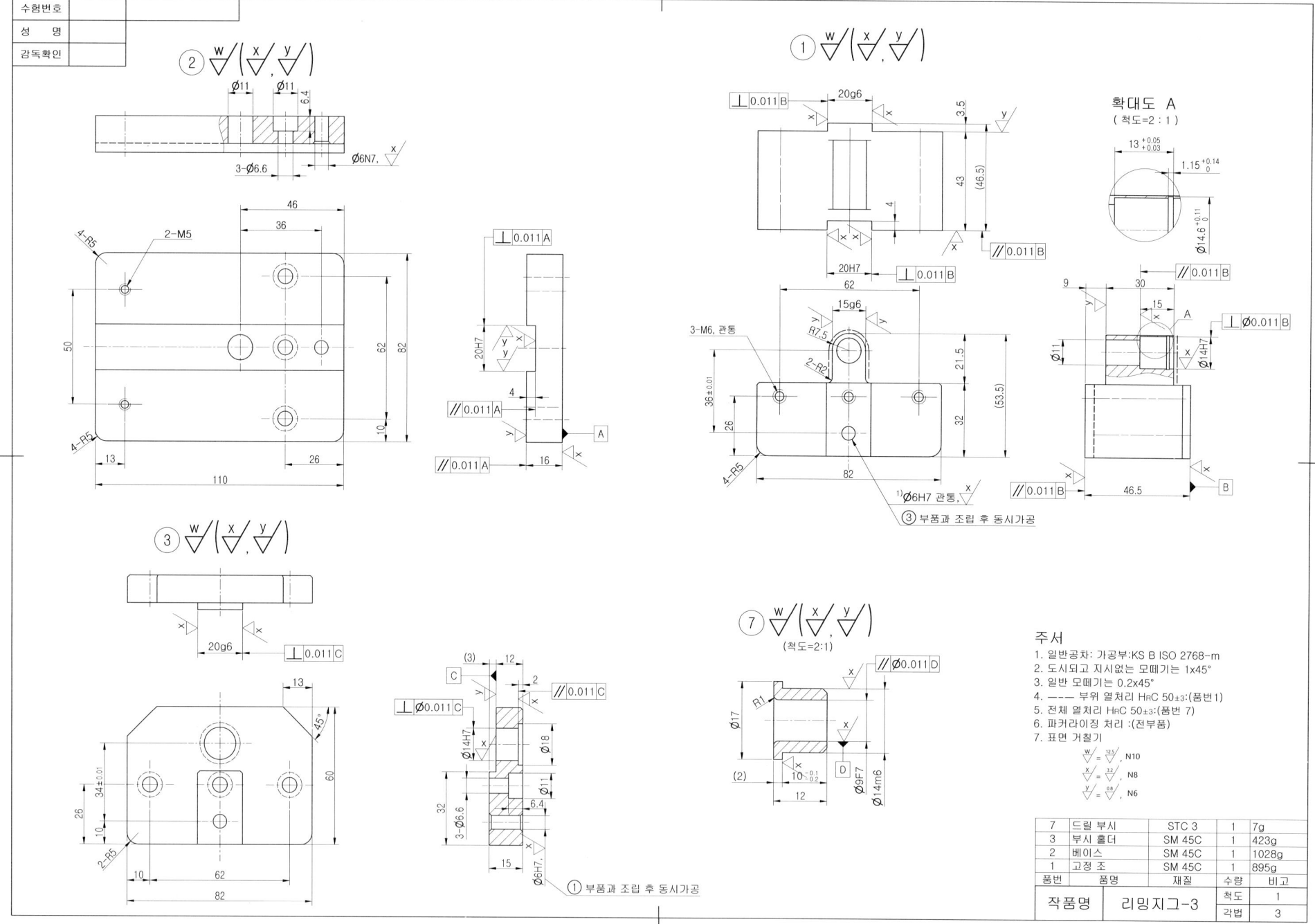

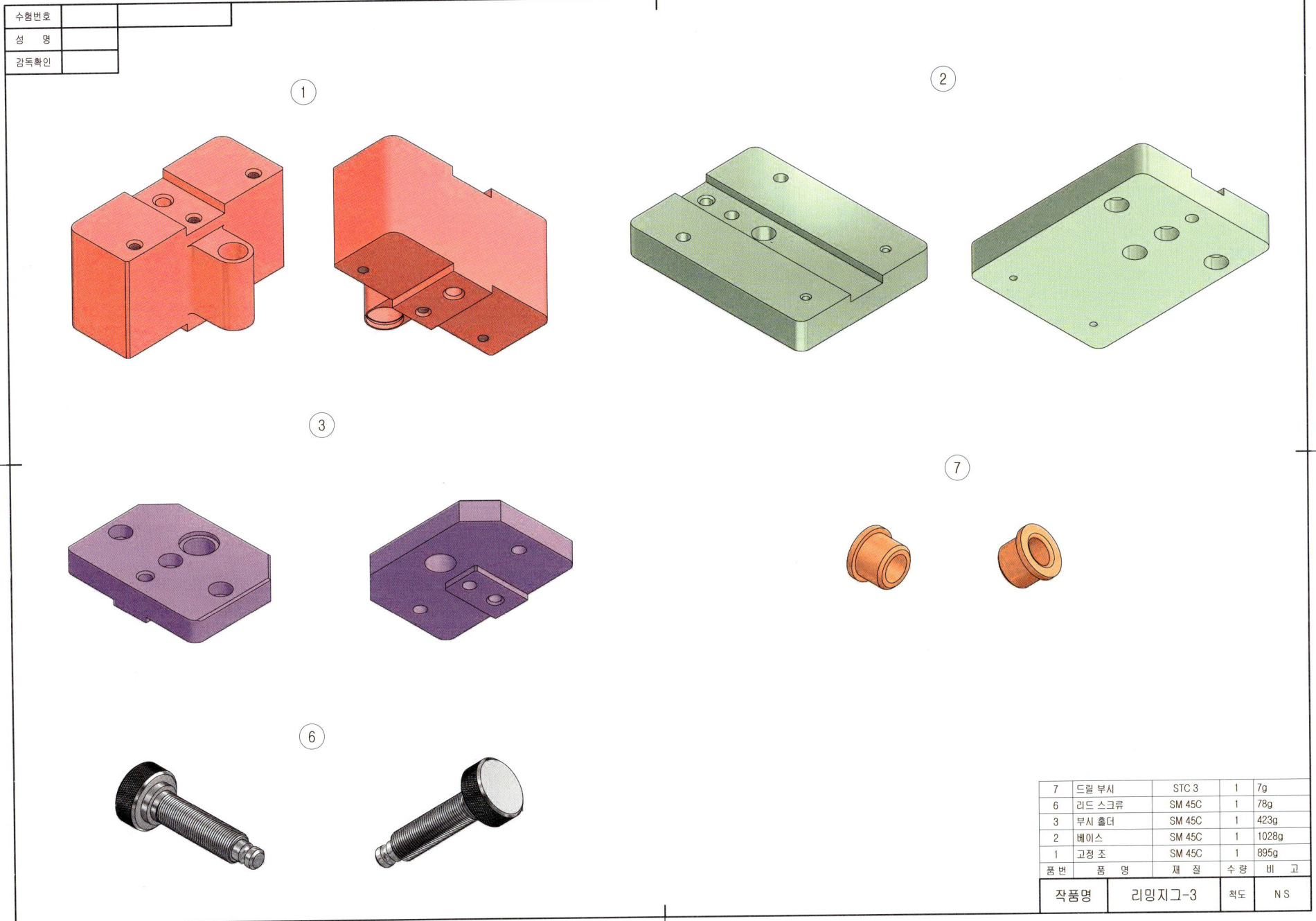

17. 리밍지그 등각분해도

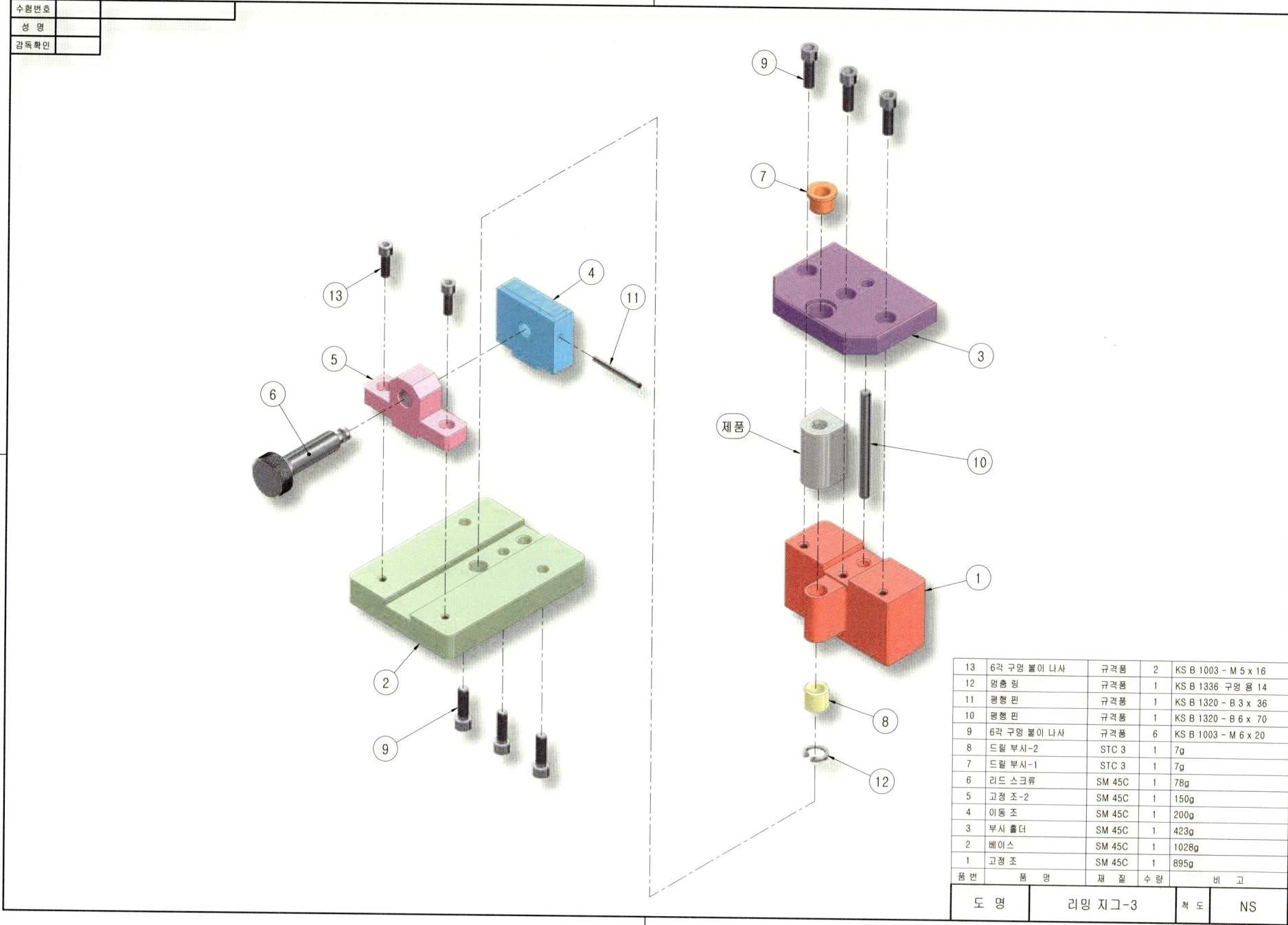

13	6각 구멍 붙이 나사	규격품	2	KS B 1003 - M 5 x 16
12	멈춤 링	규격품	1	KS B 1336 구멍 용 14
11	평행 핀	규격품	1	KS B 1320 - B 3 x 36
10	평행 핀	규격품	1	KS B 1320 - B 6 x 70
9	6각 구멍 붙이 나사	규격품	6	KS B 1003 - M 6 x 20
8	드릴 부시-2	STC 3	1	7g
7	드릴 부시-1	STC 3	1	7g
6	리드 스크류	SM 45C	1	78g
5	고정 조-2	SM 45C	1	150g
4	이동 조	SM 45C	1	200g
3	부시 홀더	SM 45C	1	423g
2	베이스	SM 45C	1	1028g
1	고정 조	SM 45C	1	895g
품번	품 명	재 질	수량	비 고

도 명	리밍 지그-3	척 도	NS

17. 리밍지그 등각조립도

도 명: 리밍 지그-3
척 도: NS

18. 바이스 클램프 과제도면

부 품 도(2D) : ① ② ③ ⑤
등각투상도(3D) : ① ② ③ ⑤

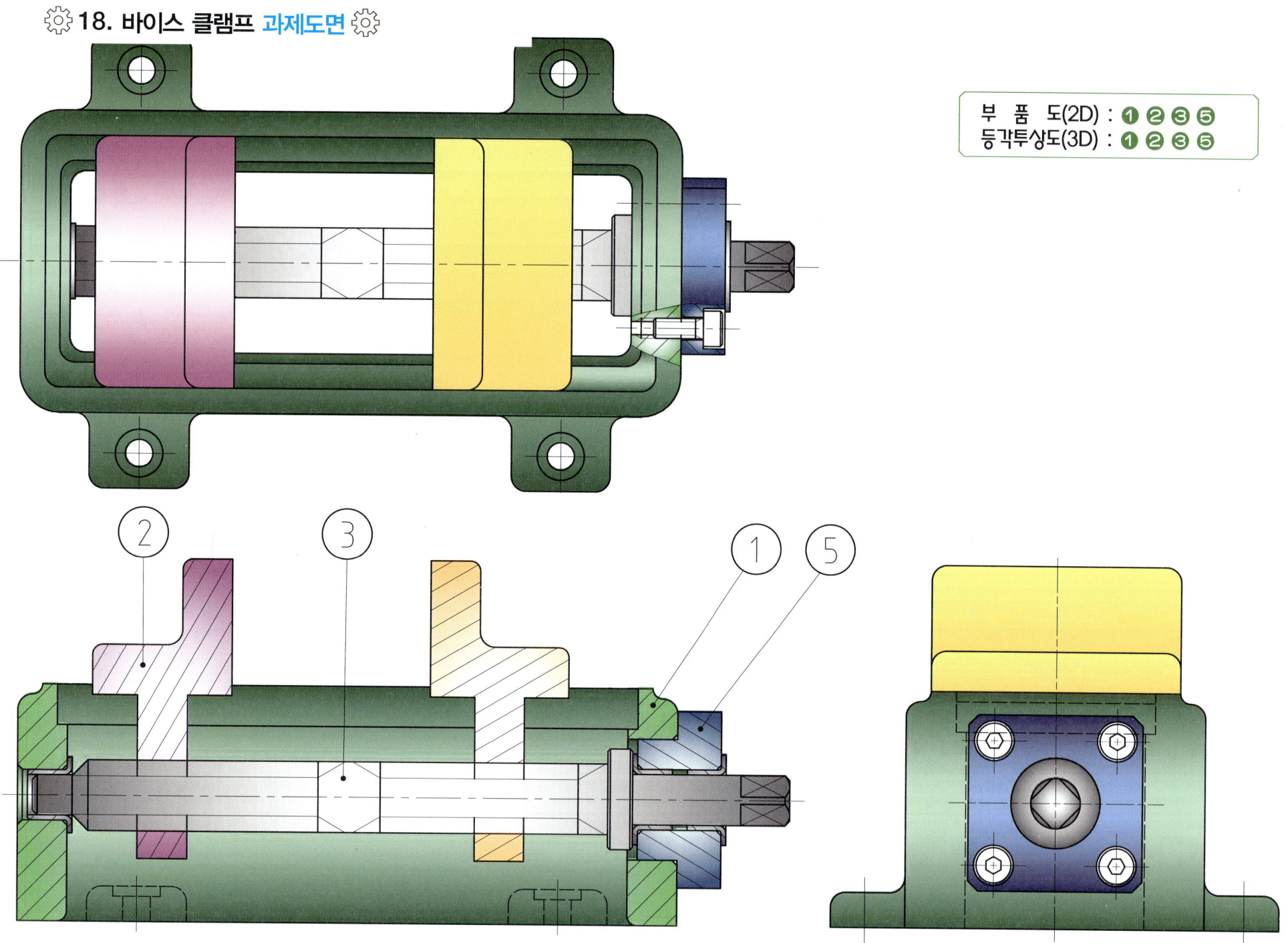

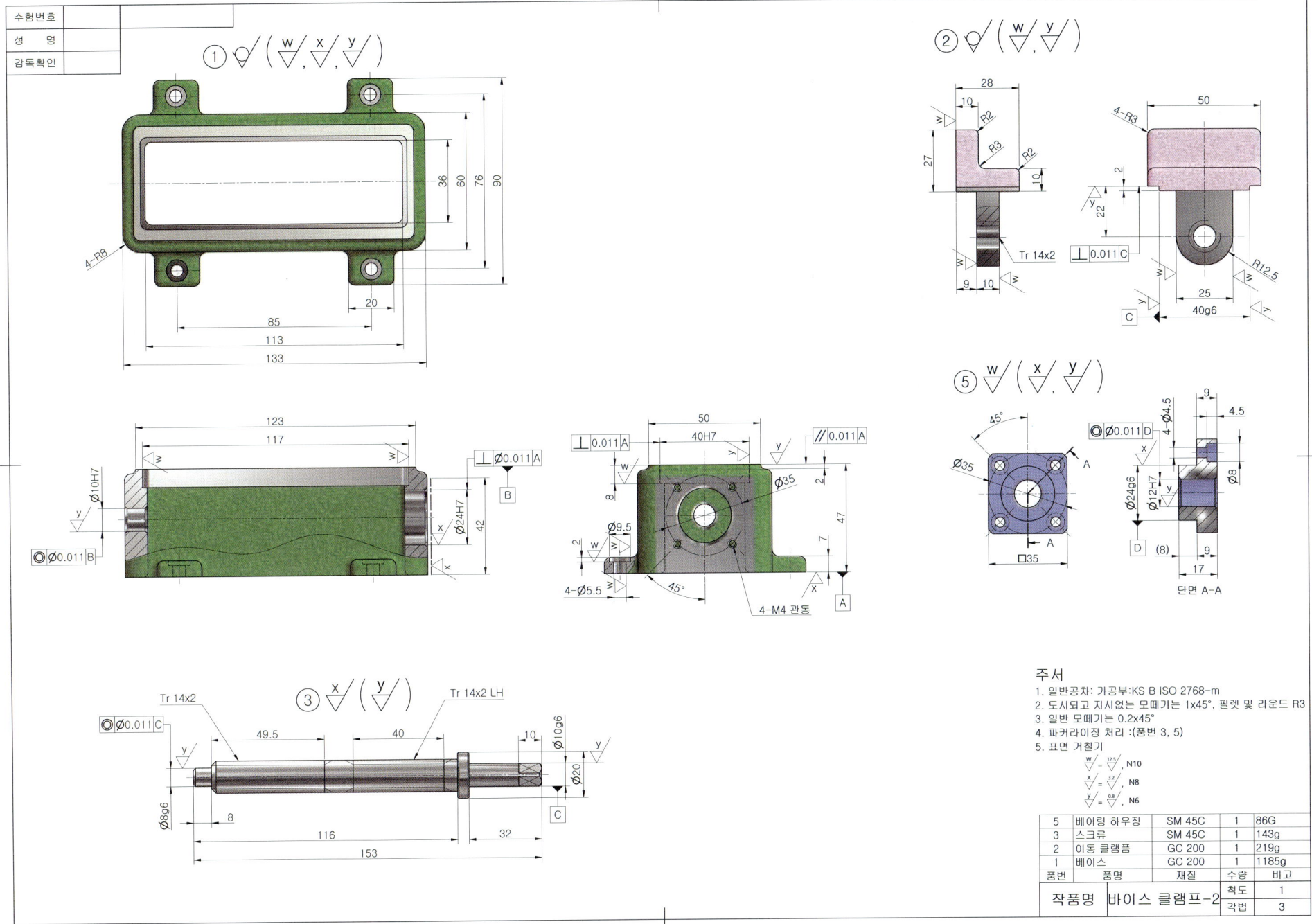

18. 바이스 클램프 2D 부품도

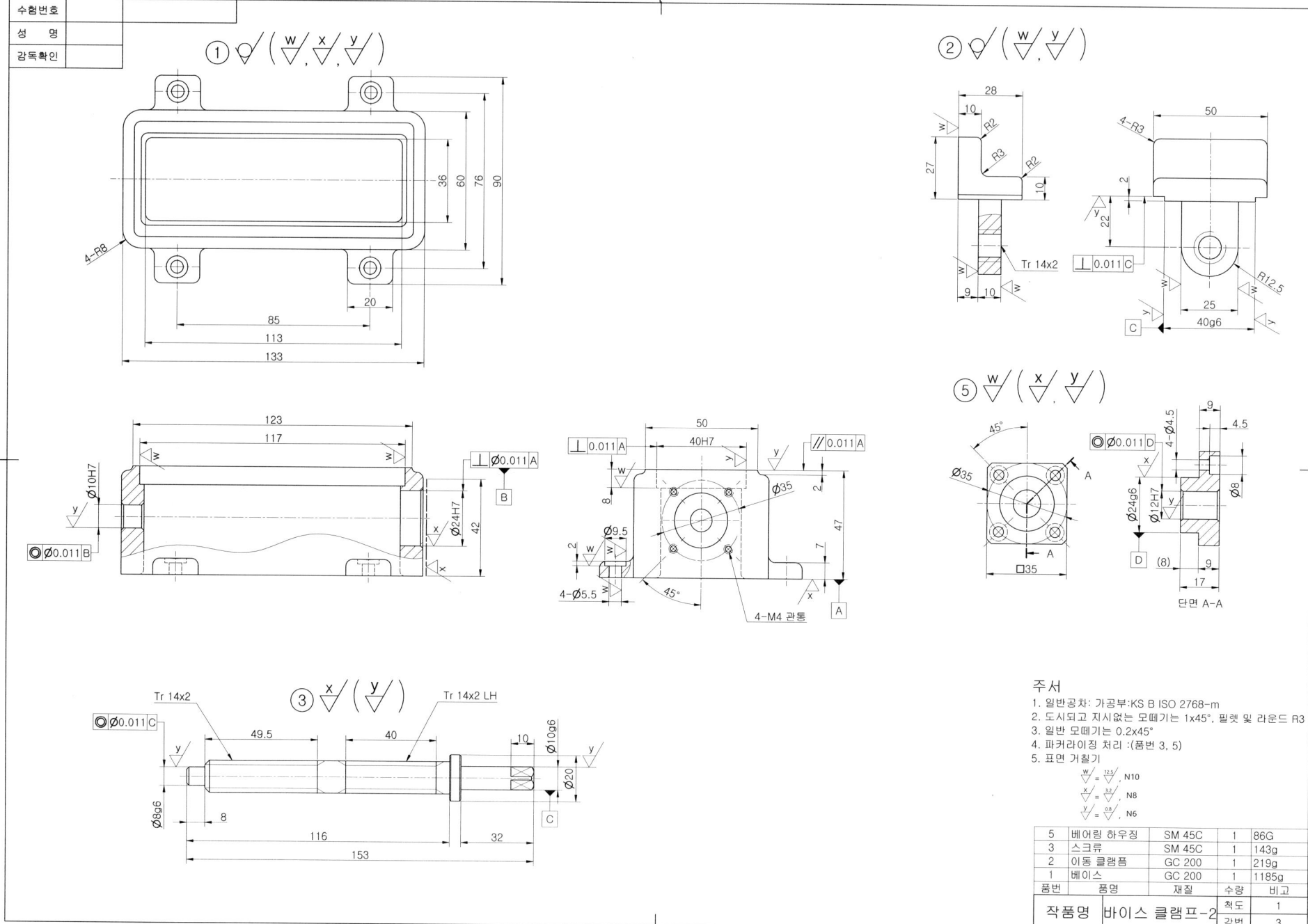

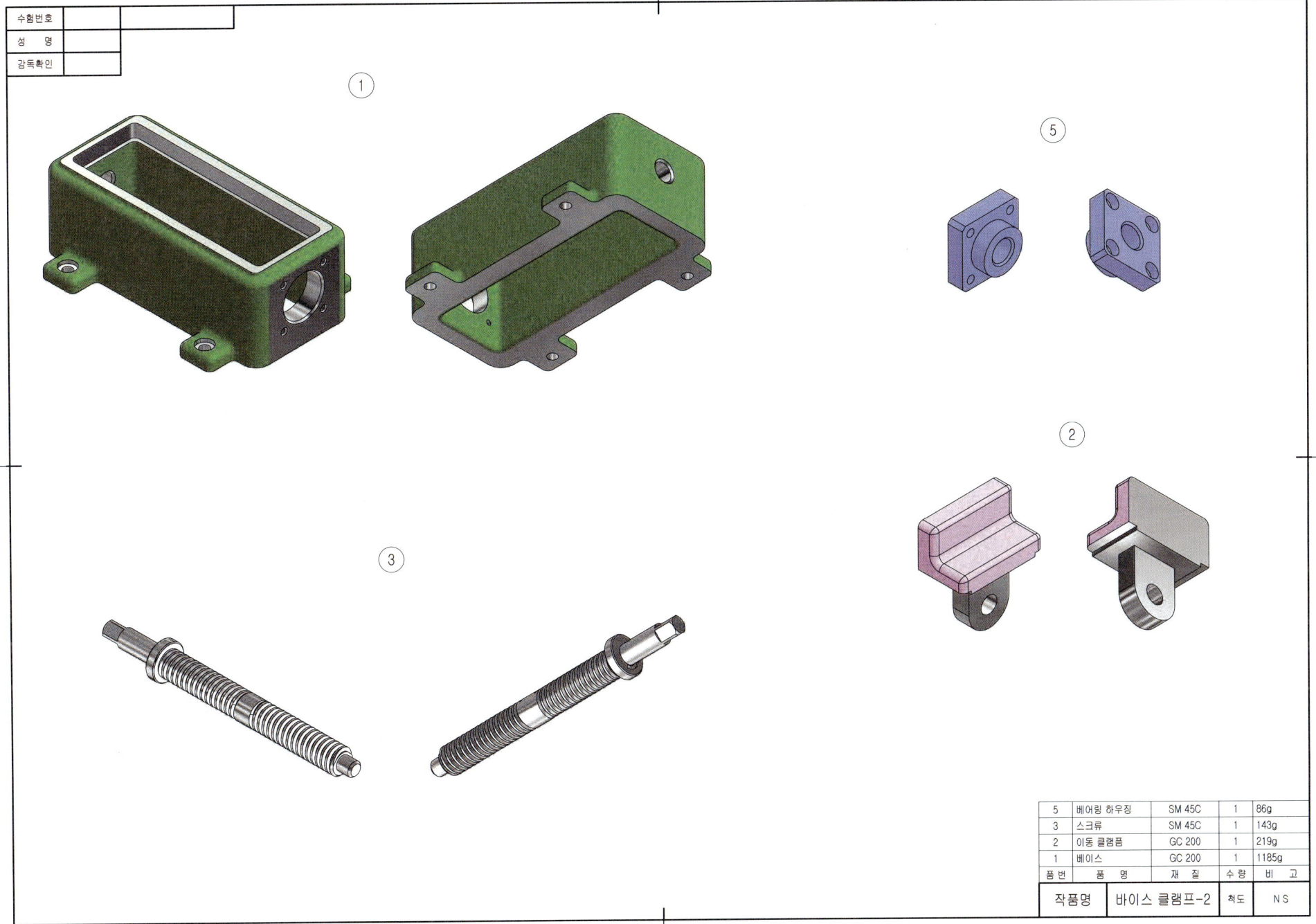

18. 바이스 클램프 등각분해도

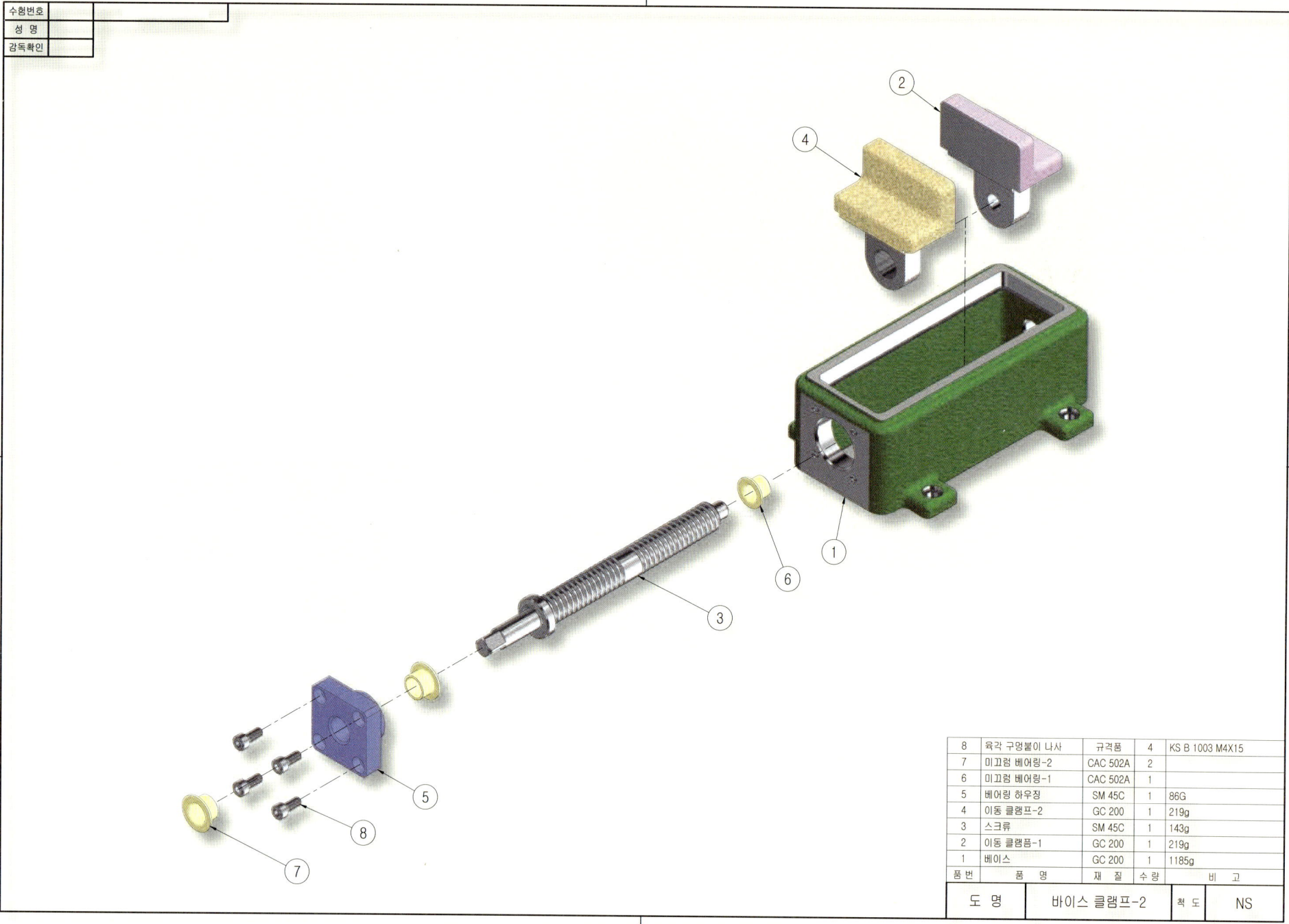

18. 바이스 클램프 등각조립도

도 명: 바이스 클램프-2
척 도: NS

19. 밀링지그 과제도면

부 품 도(2D) : ① ② ④ ⑤
등각투상도(3D) : ① ② ④ ⑤

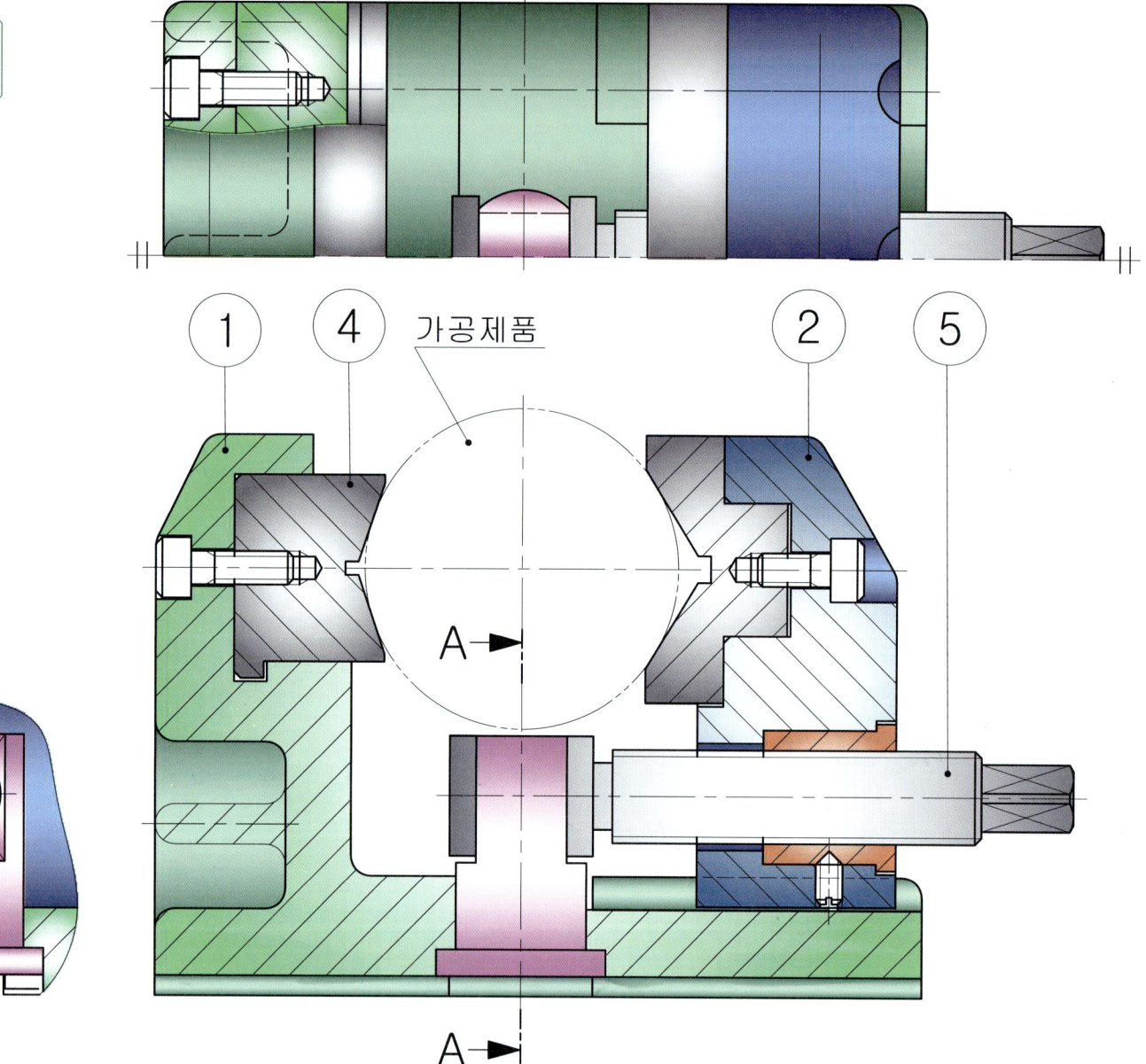

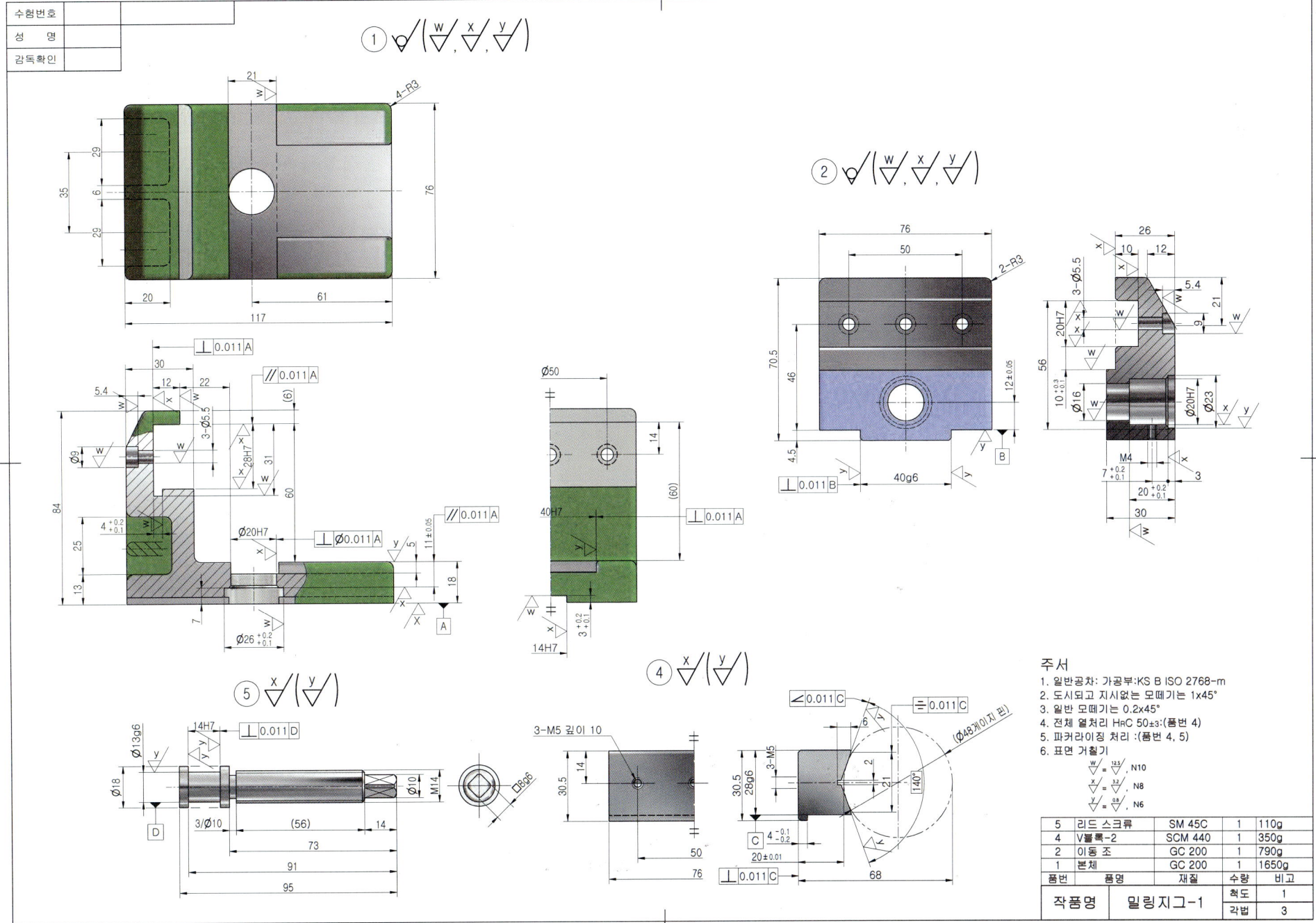

19. 밀링지그 2D 부품도

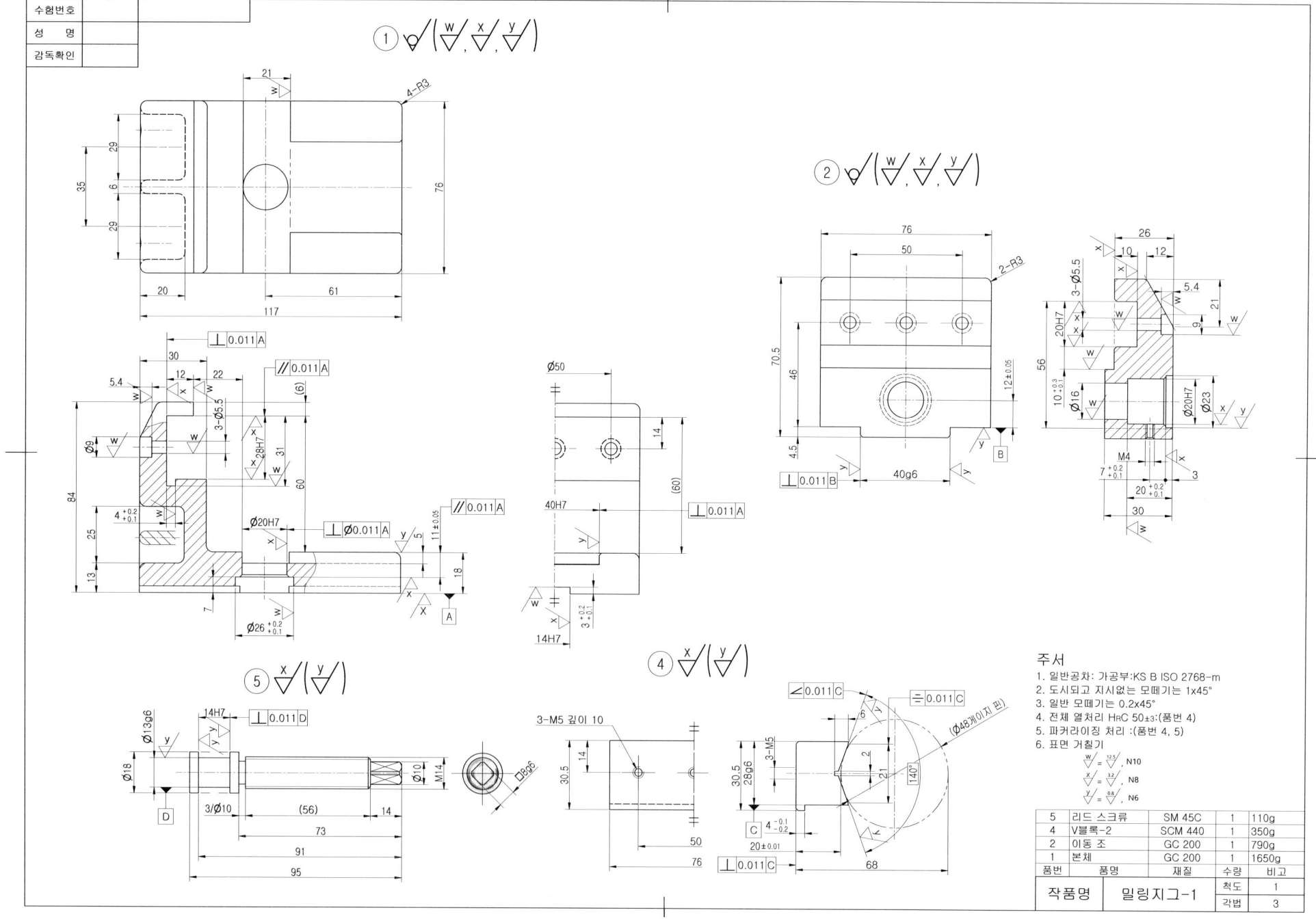

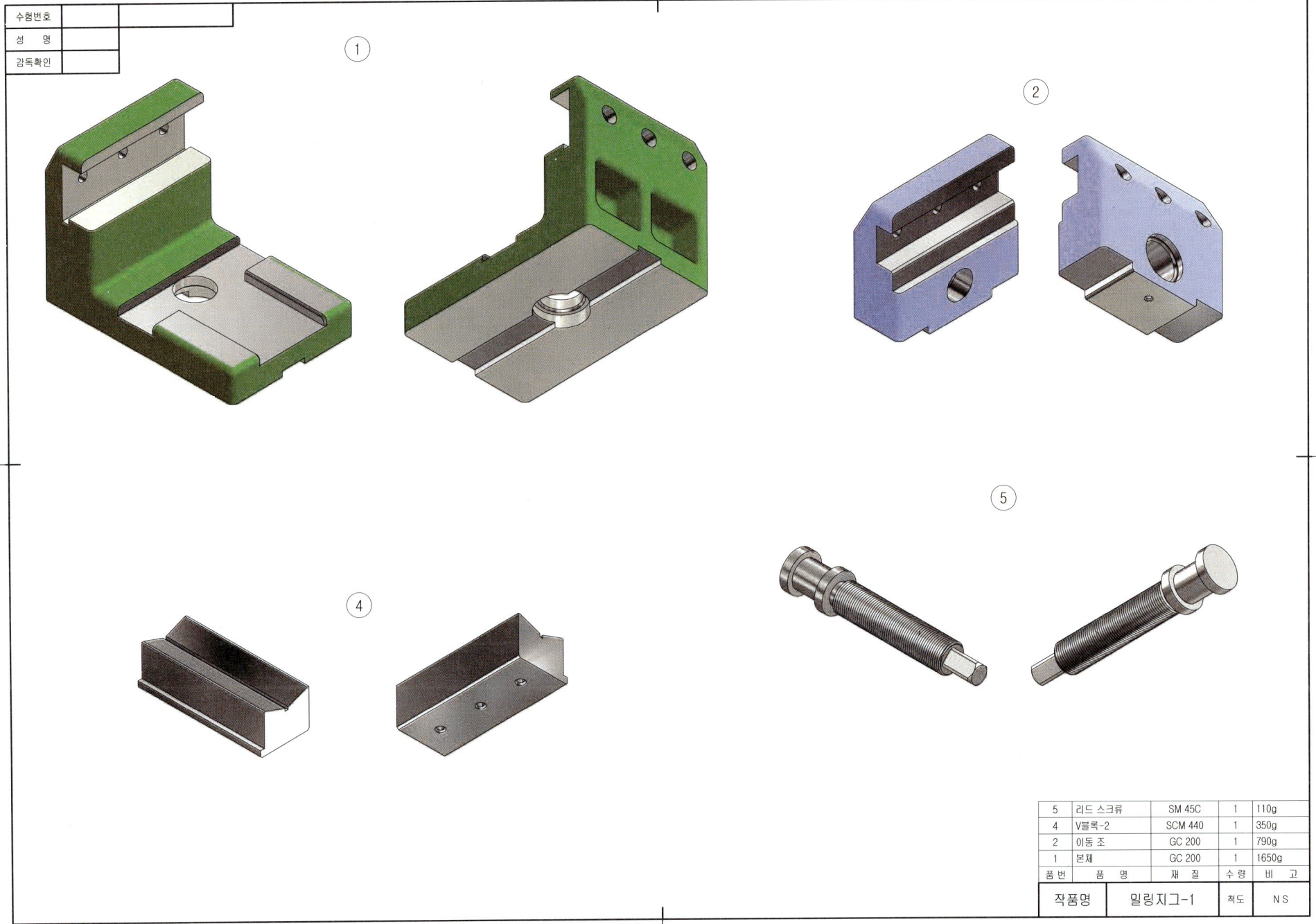

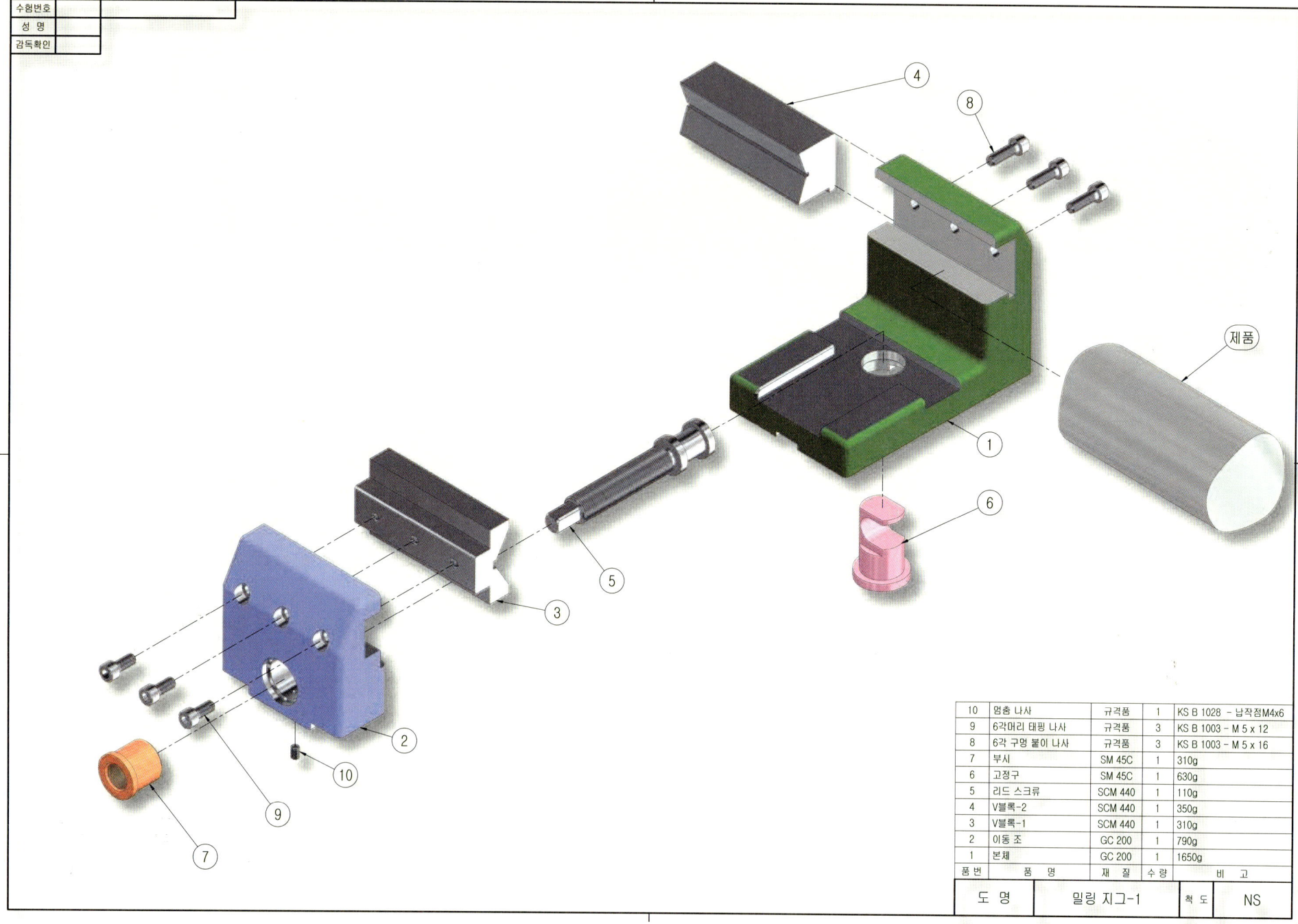

19. 밀링지그 등각조립도

수험번호	
성 명	
감독확인	

| 도 명 | 밀링 지그-1 | 척 도 | NS |

이 장에서는 현장실무에서 실제 사용하고 있는 입문 레벨 정도의 간단한 조립도들을 수록하여 학습자가 스스로 해독해보고 국가기술자격시험용 과제도면과 실무 조립도상에는 어떤 차이점이 있는지 파악해나가면서 도면에 대한 이해도를 높이고 나아가 실무 설계에 대한 사전 경험을 할 수 있도록 구성하였으며, 도면 작업은 오토캐드와 인벤터로, 렌더링 작업은 3ds Max로 작성하였다.

[필독 사항]
도면에 따른 부품도는 메카피아에서 작도한 것으로 조립도를 보고 작도하는 사람에 따라 도면 작성에 차이가 있을 수 있다.
- 기본적인 투상도는 제3각법을 준수하였으며 부품의 형상에 따라 다양한 단면도 도시기법을 적용하였다.
- 끼워맞춤 공차는 구멍이나 축의 일반적인 끼워맞춤에 사용하는 IT5~IT10급을 주로 적용 하였으며 베어링 끼워맞춤 공차는 KS B 2051에 의거하였다.
- 기하공차는 현장에서 일반적인 가공법에 따른 공차적용(정밀급 : 0.01~0.02, 보통급 : 0.02~0.05, 거친급 : 0.1~0.2)과 기하공차의 적용 기준(기능)길이 및 가공 공구의 이송거리'에 따라 IT5급~IT6급 정도의 범위 내에서 적절하게 규제하였다.

PART 04

기계설계 현장실무 2D도면 작업 및 3D형상 모델링 작업 실습

1 체인 장력조절장치 | **2** 기어회전 감지장치 | **3** 베어링 홀더 | **4** 공압 실린더 슬라이더 장치
5 공압 가이드 실린더 | **6** 기어 롤링 장치 | **7** 벨트 텐션 조절장치

1. 체인 장력조절장치 2D 조립도

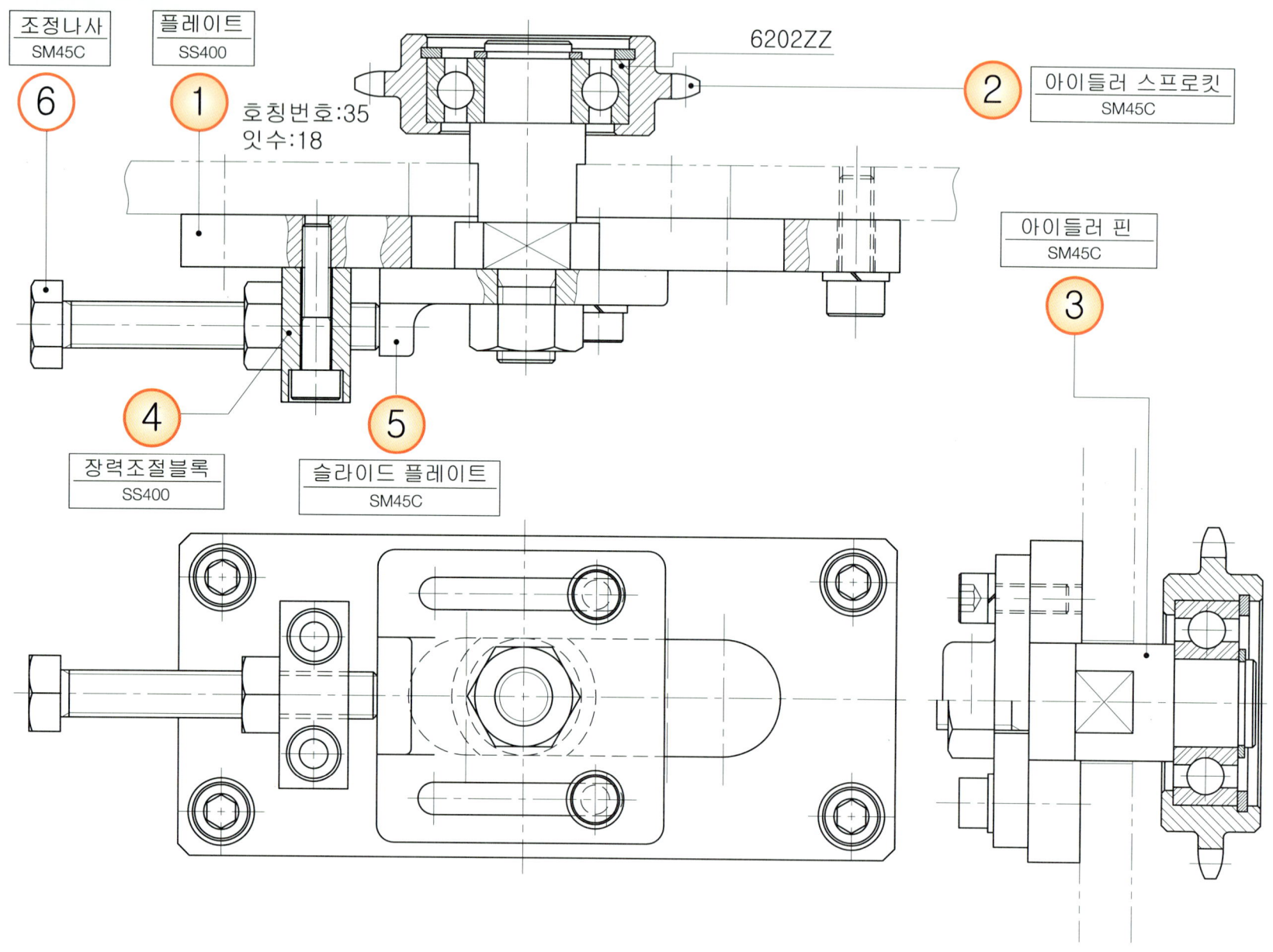

1. 체인 장력조절장치 2D 부품도

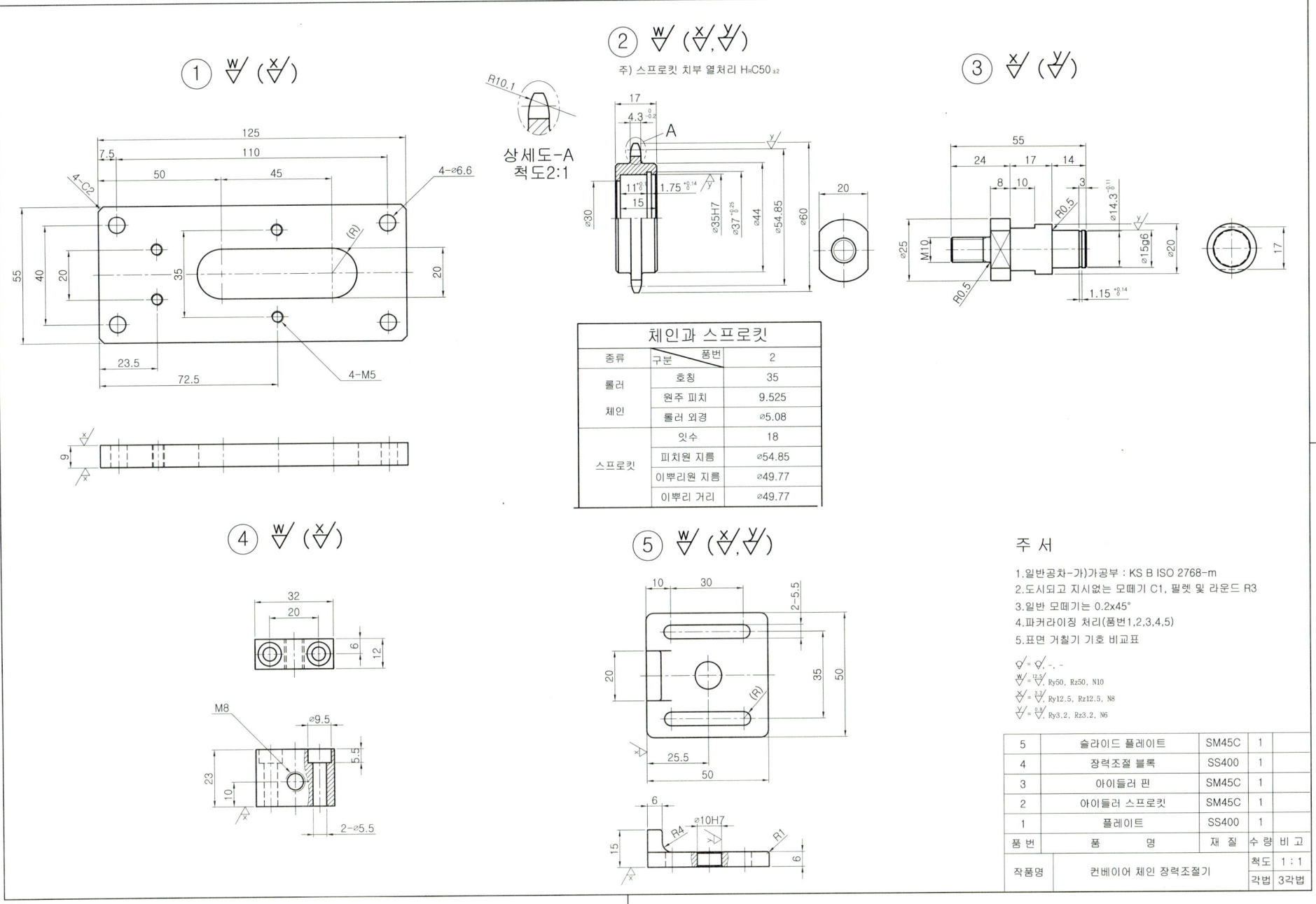

1. 체인 장력조절장치 3D 모델링 조립도

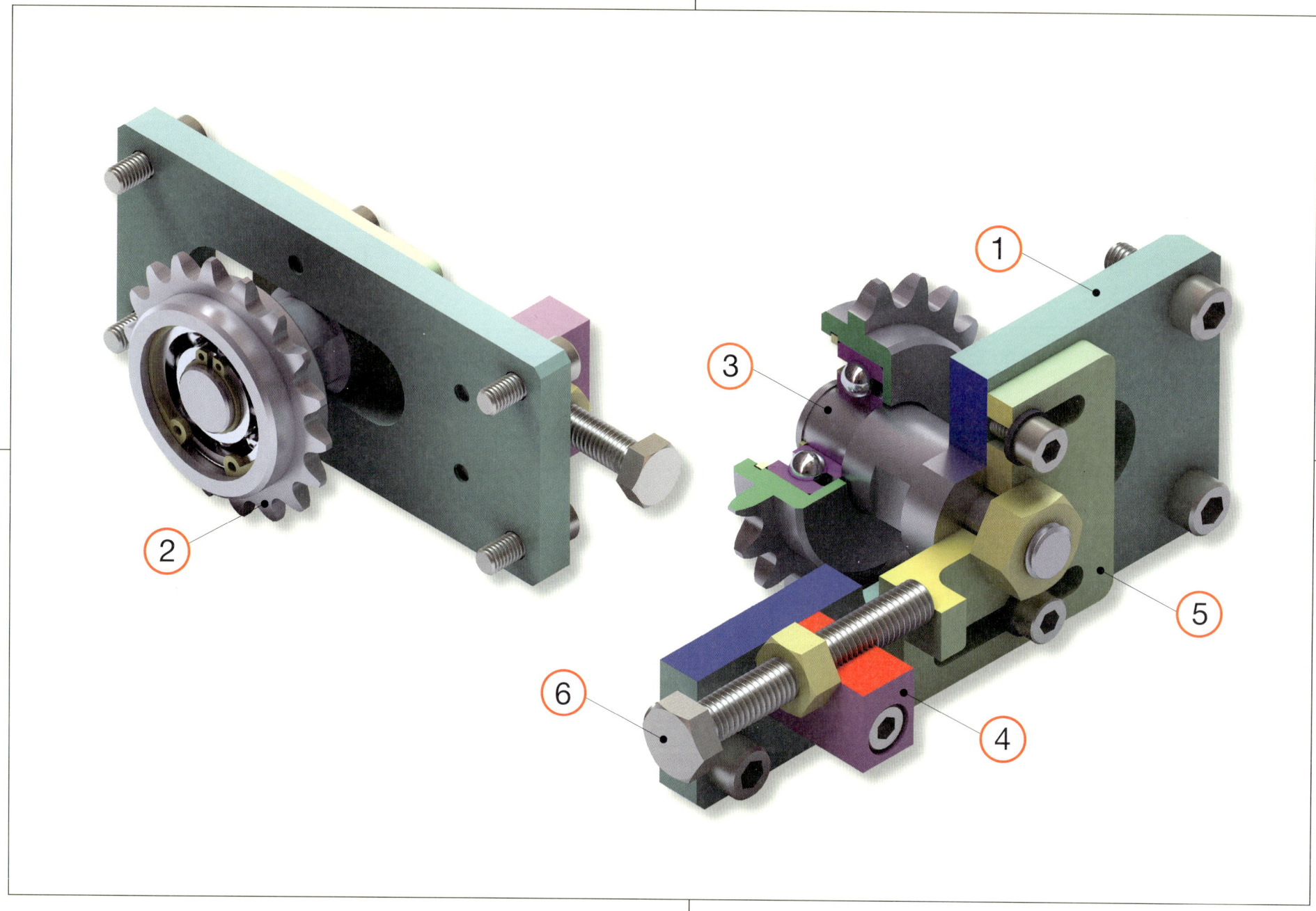

1. 체인 장력조절장치 3D 렌더링 분해 등각구조도

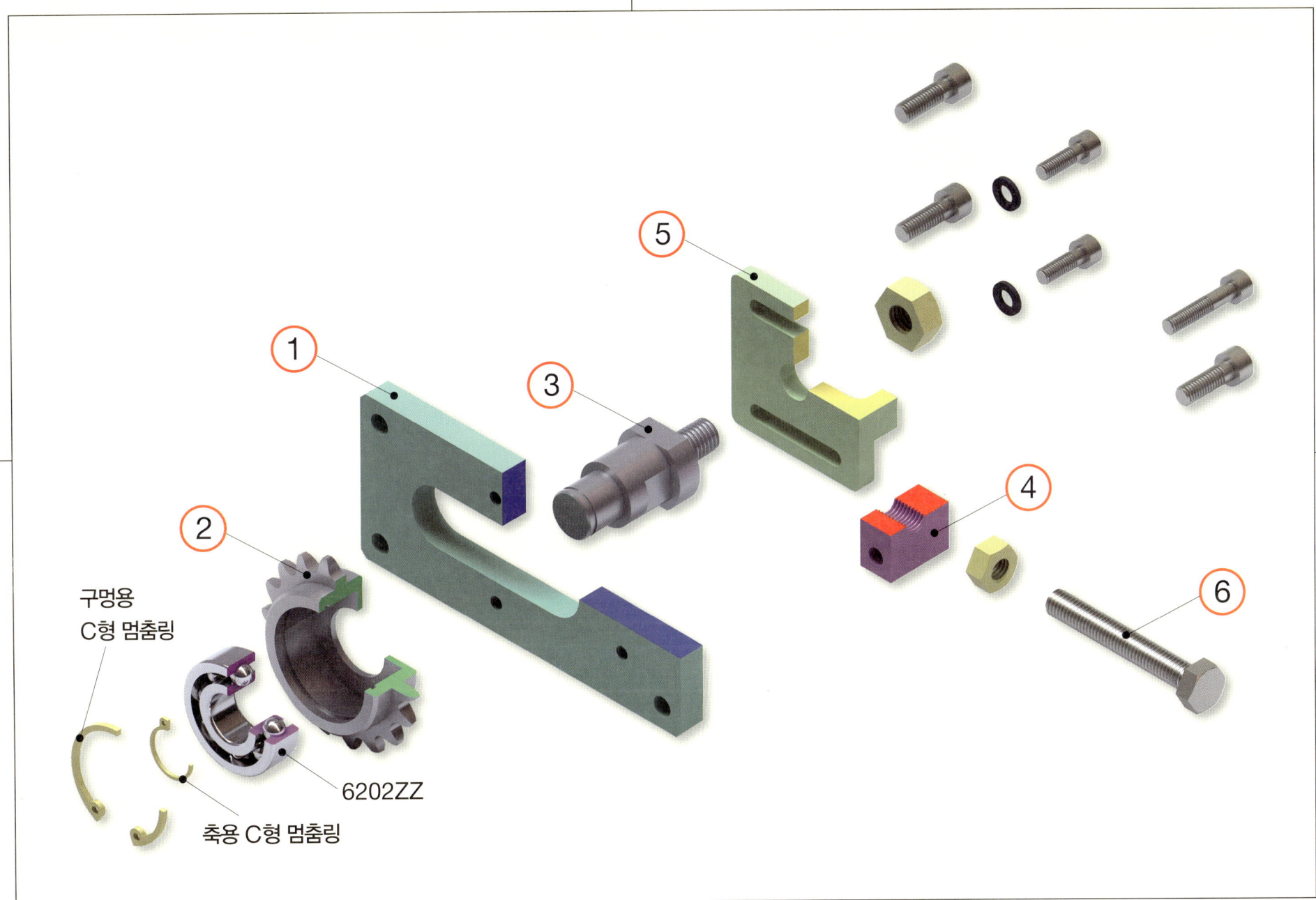

2. 기어회전 감지장치 2D 조립도

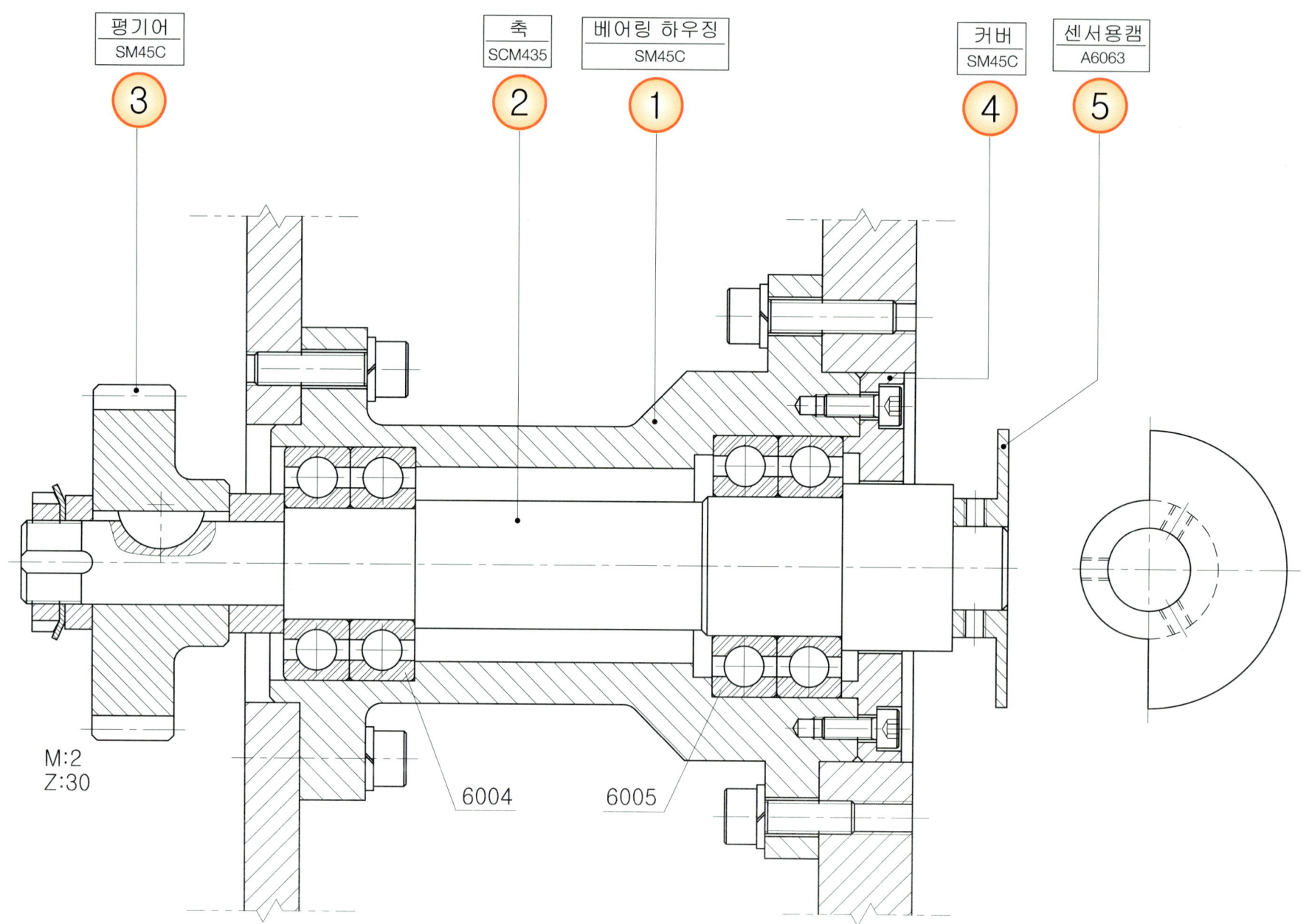

2. 기어회전 감지장치 2D 부품도

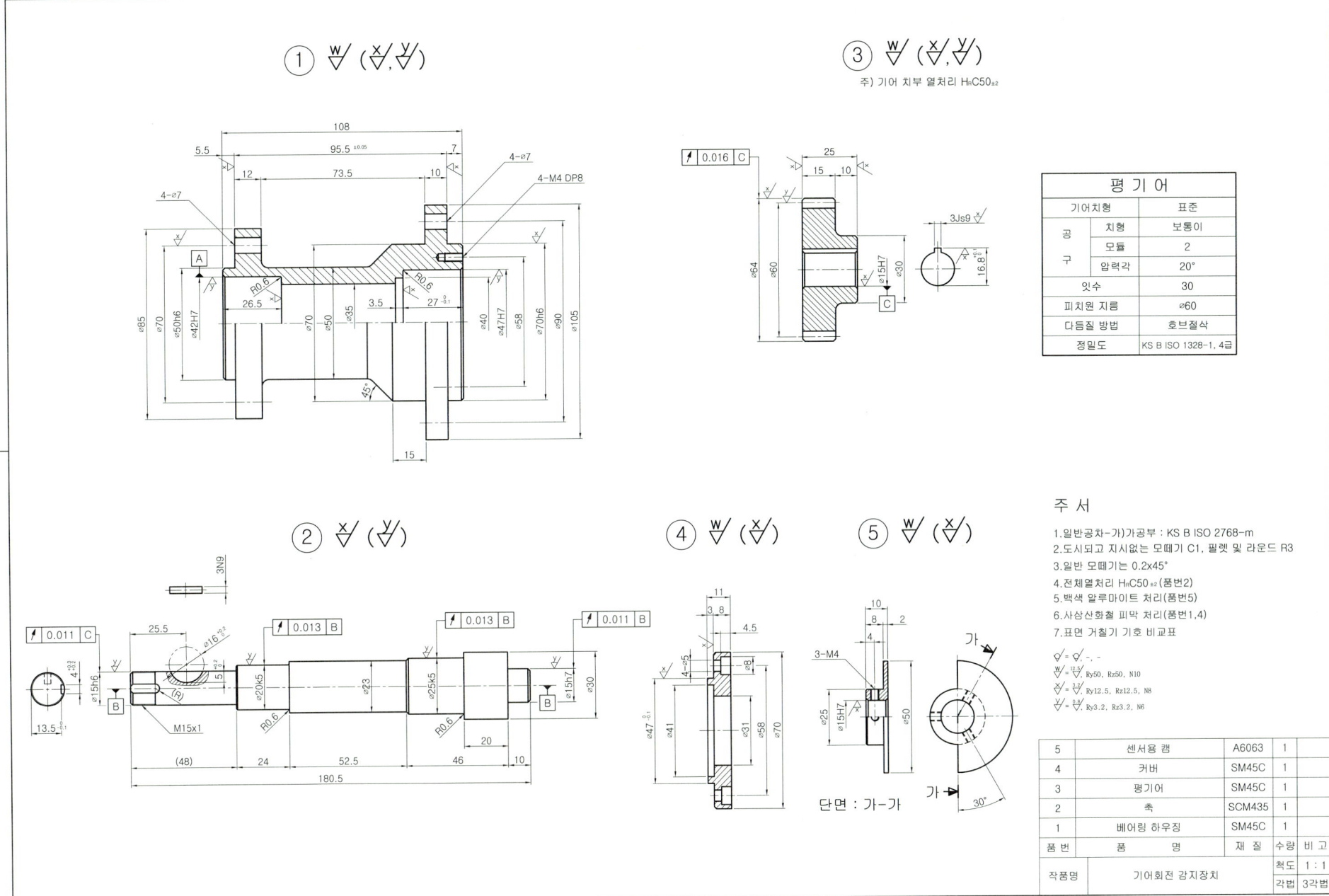

2. 기어회전 감지장치 3D 모델링 조립도

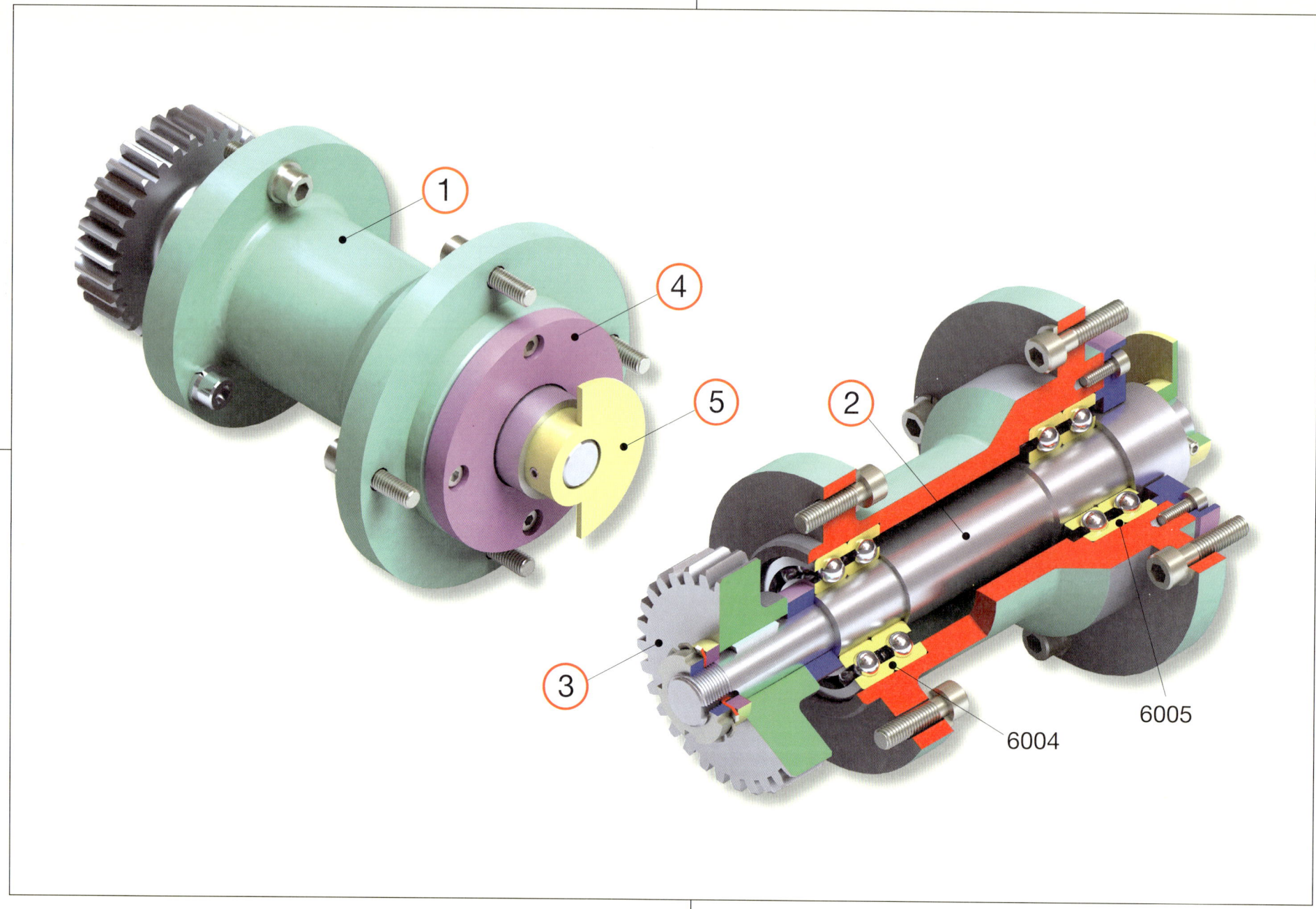

2. 기어회전 감지장치 3D 렌더링 분해 등각구조도

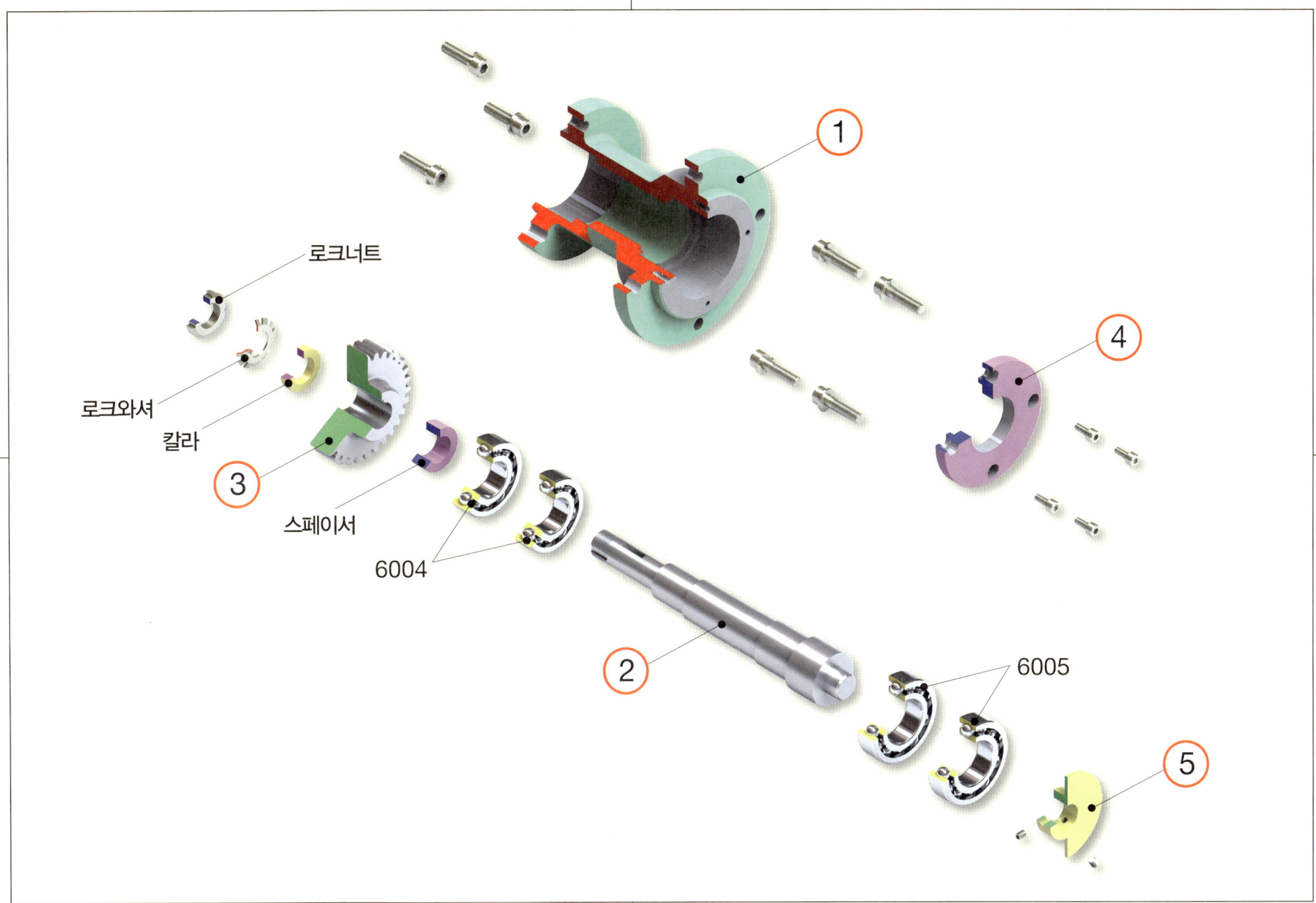

⚙ 3. 베어링 홀더 2D 조립도 ⚙

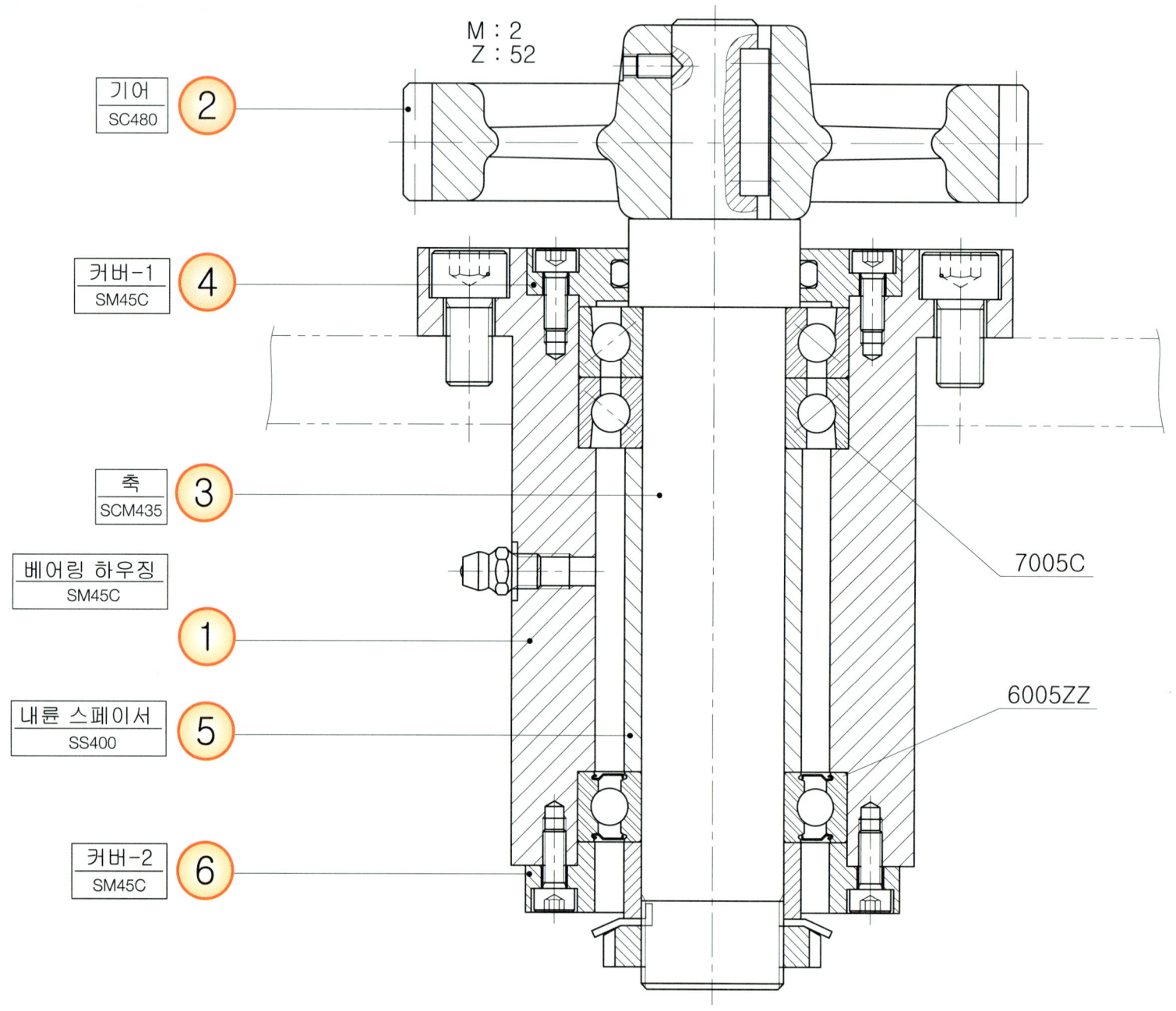

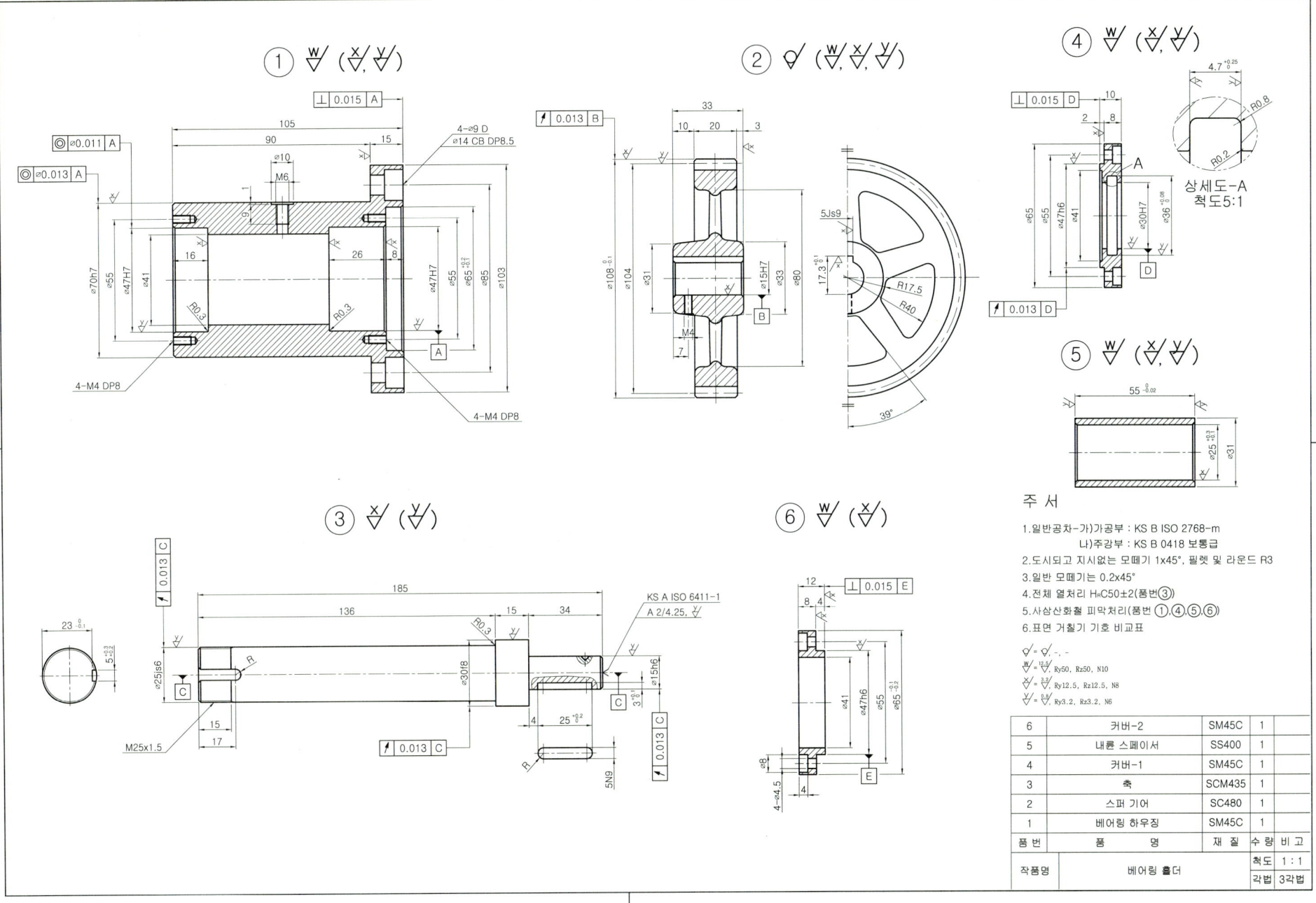

3. 베어링 홀더 3D 모델링 조립도

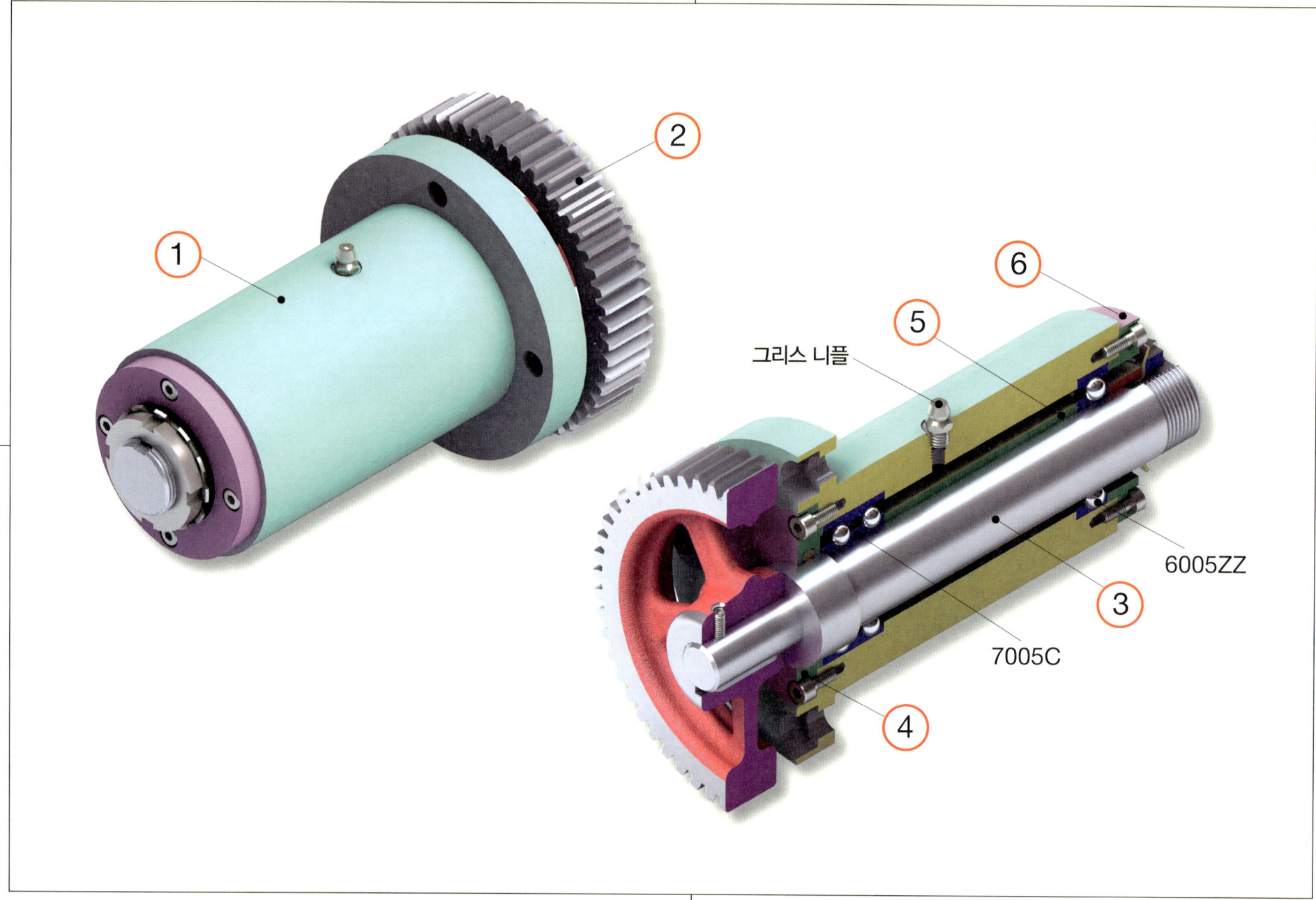

3. 베어링 홀더 3D 렌더링 분해 등각구조도

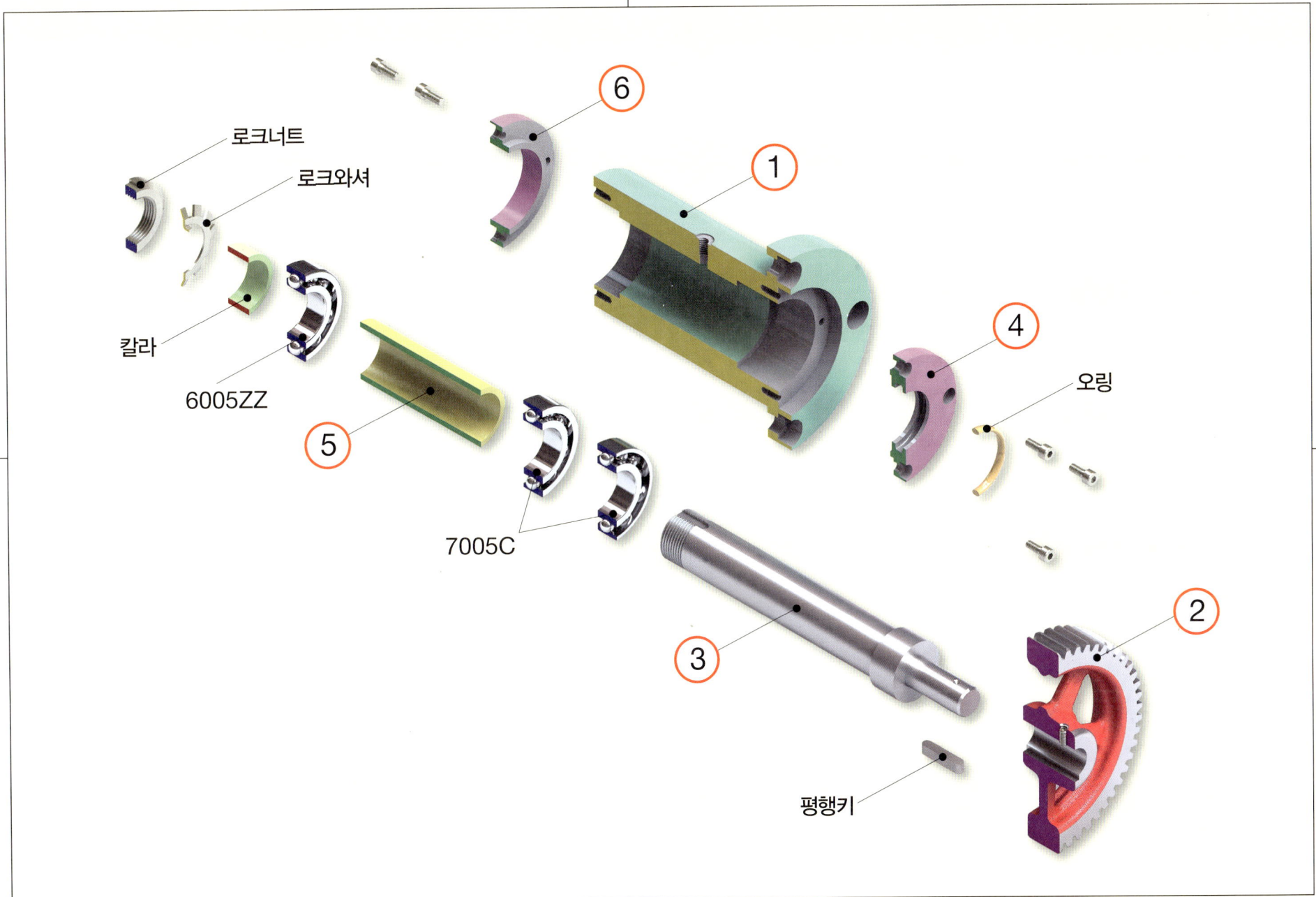

4. 공압 실린더 슬라이더 장치 2D 조립도

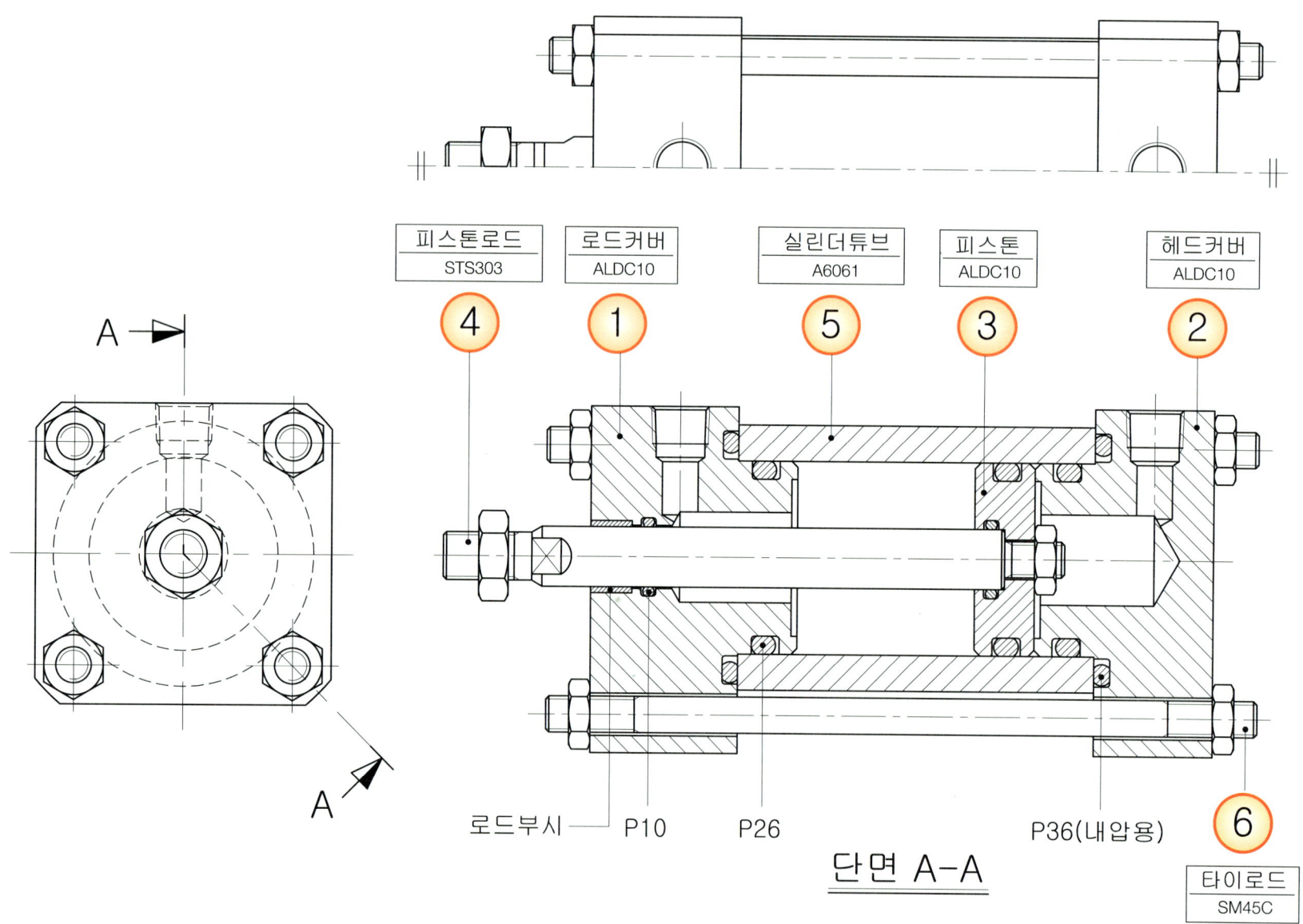

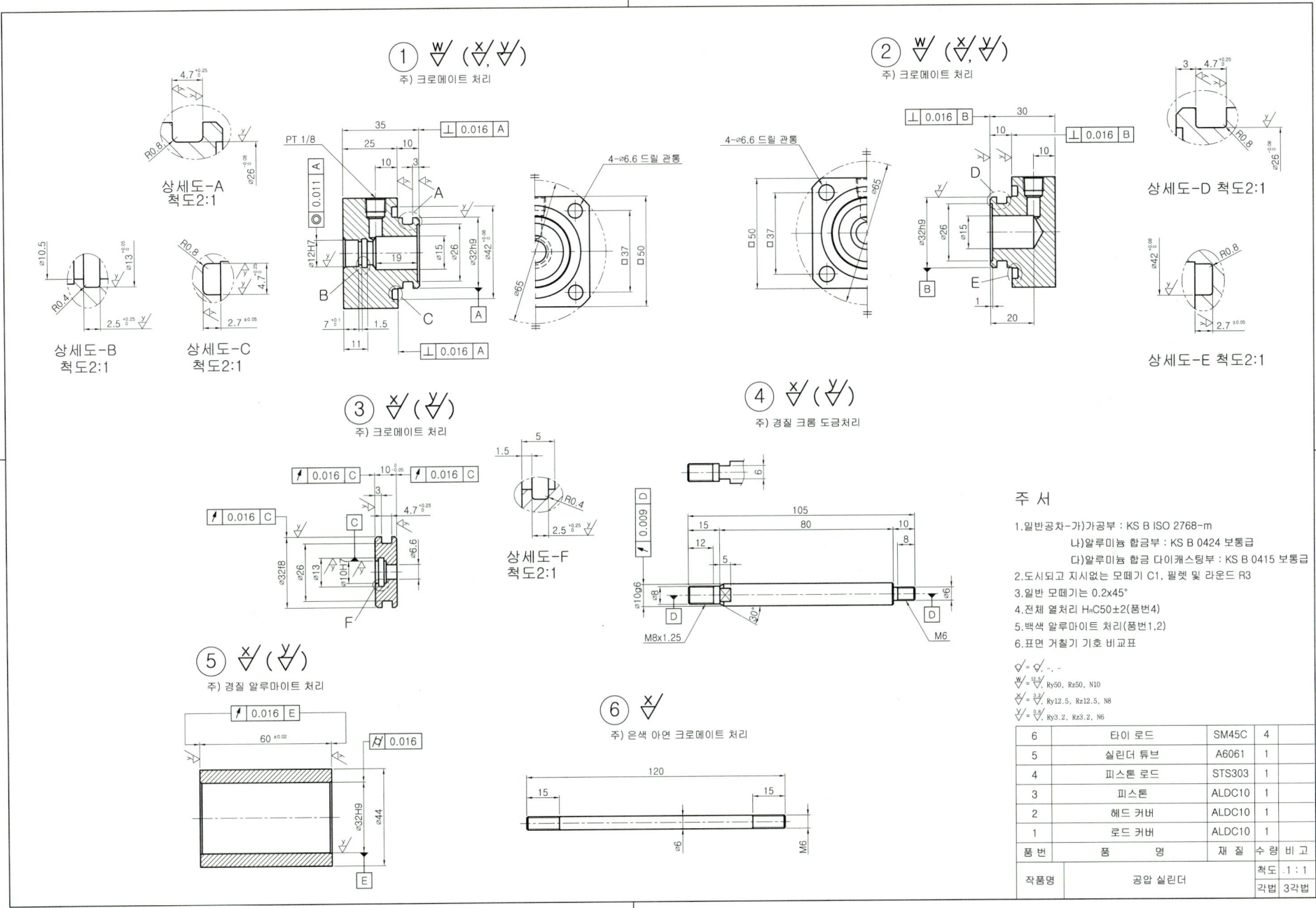

4. 공압 실린더 슬라이더 장치 3D 모델링 조립도

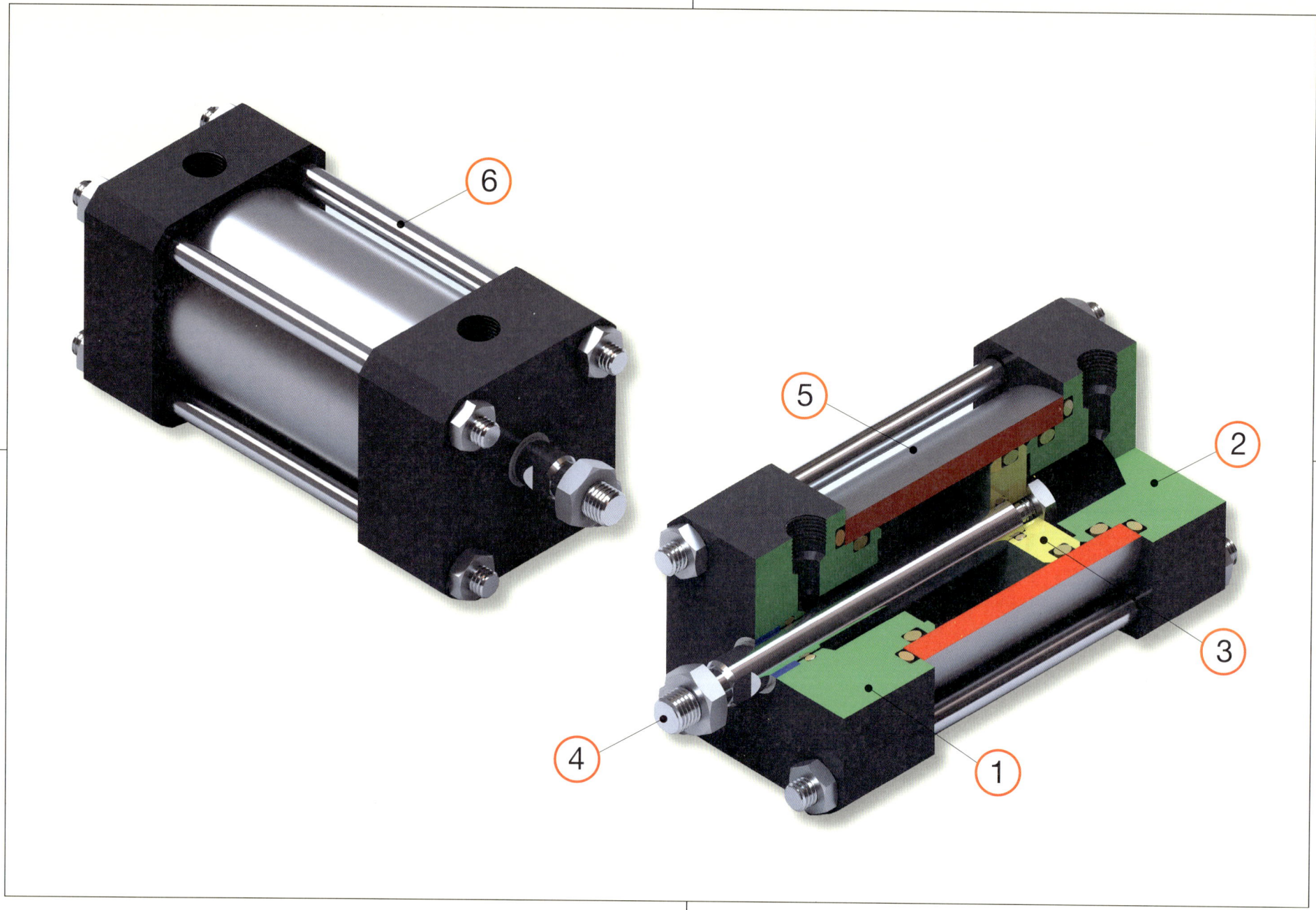

4. 공압 실린더 슬라이더 장치 3D 렌더링 분해 등각구조도

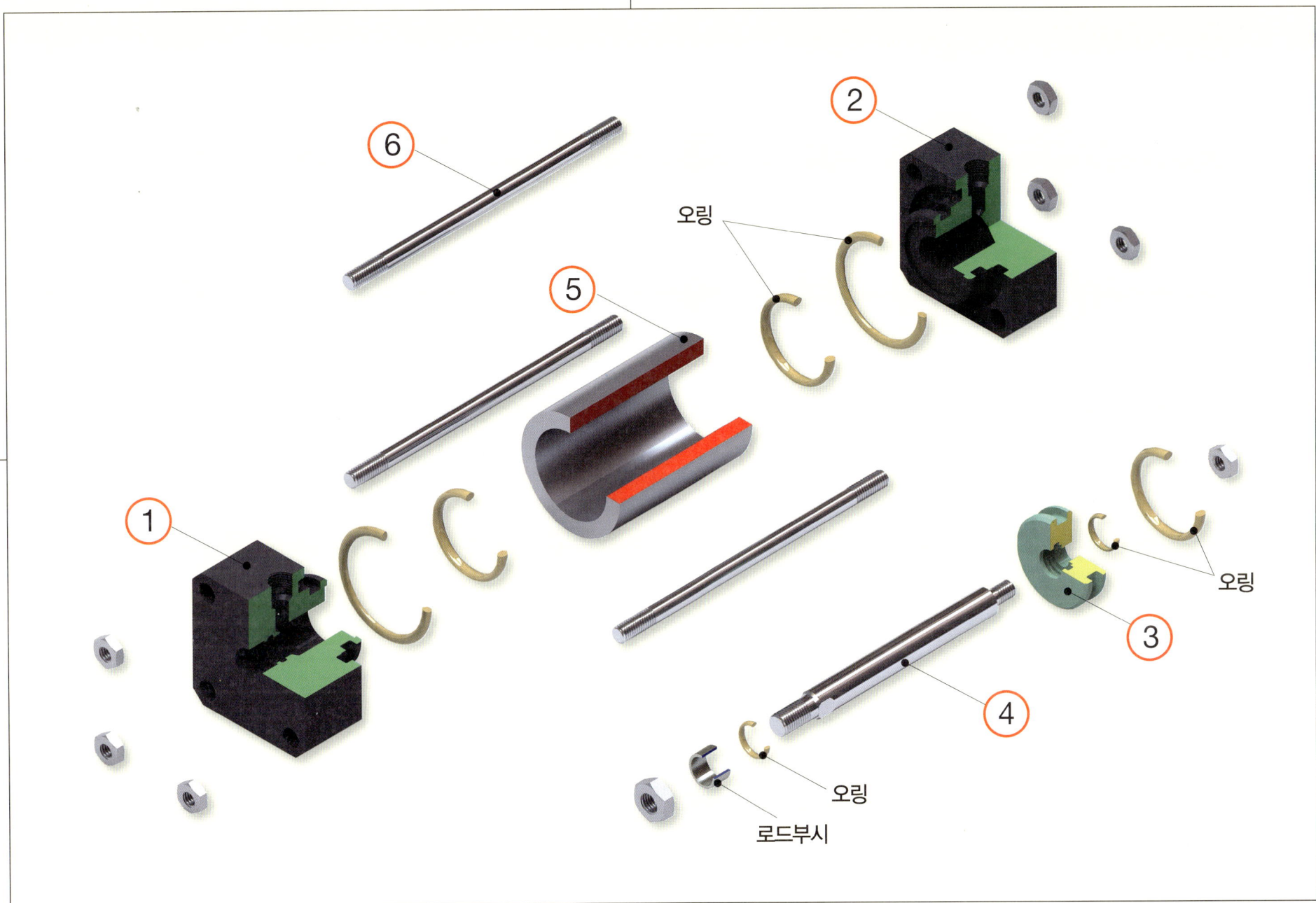

5. 공압 가이드 실린더 2D 조립도

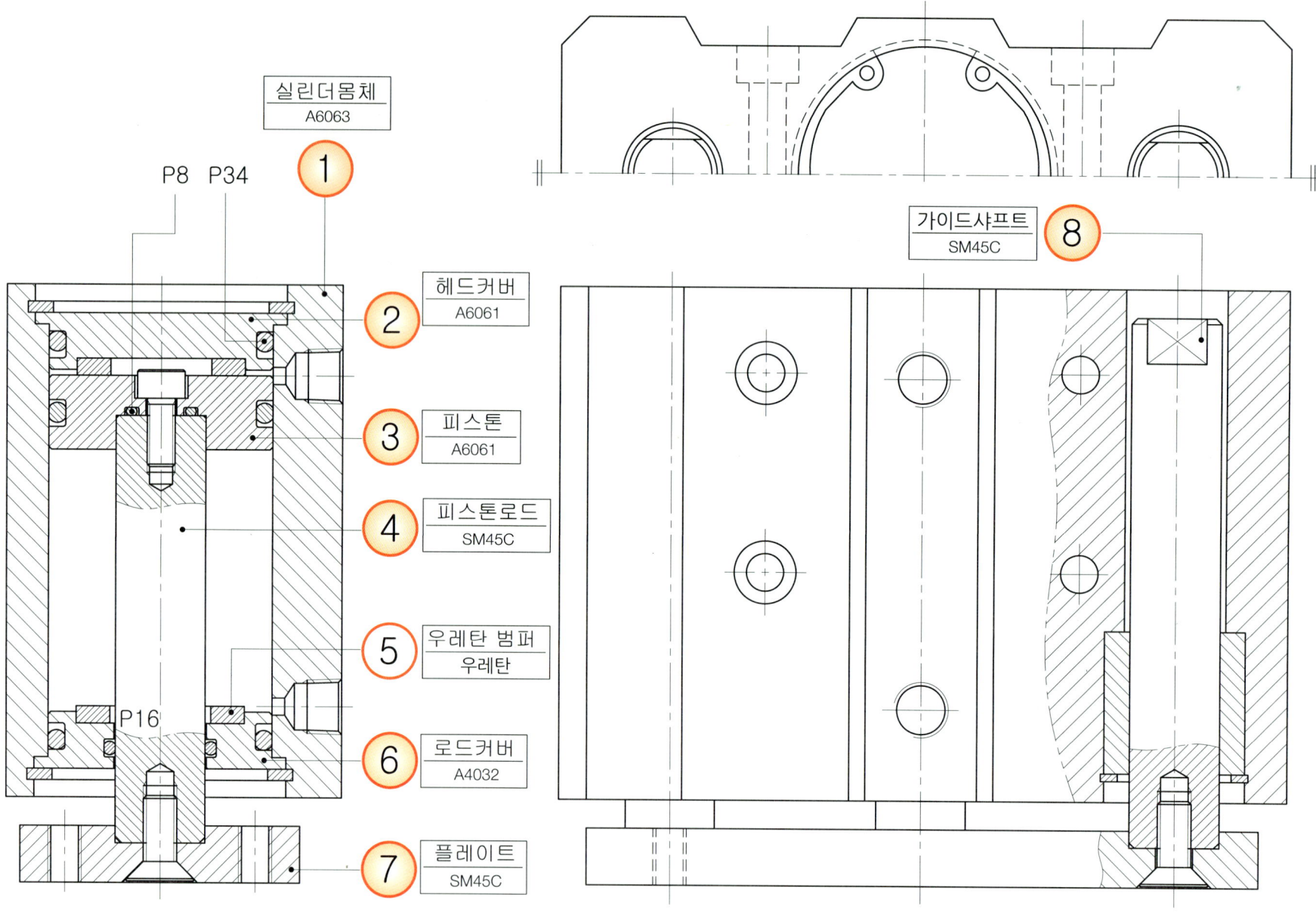

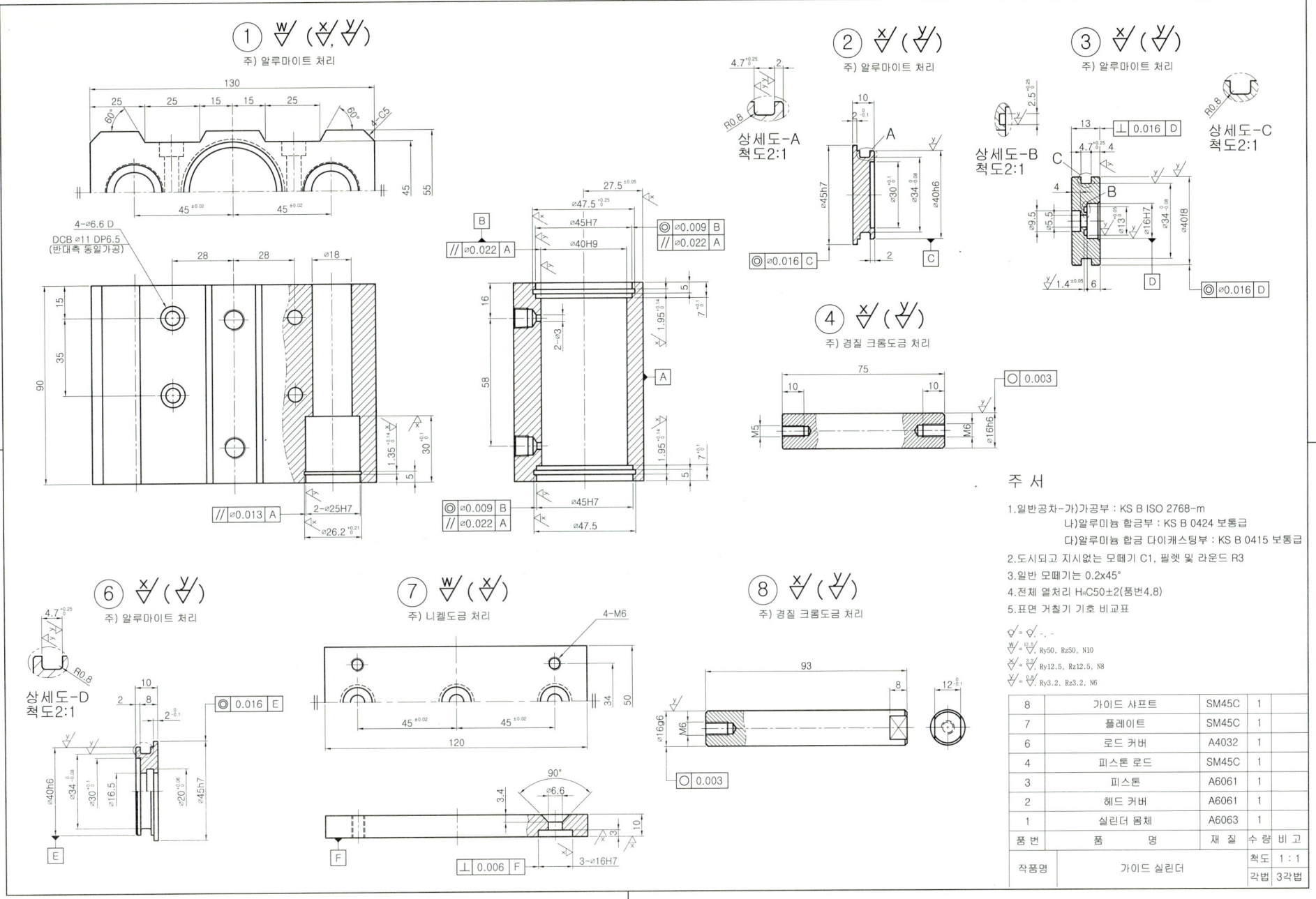

5. 공압 가이드 실린더 3D 모델링 조립도

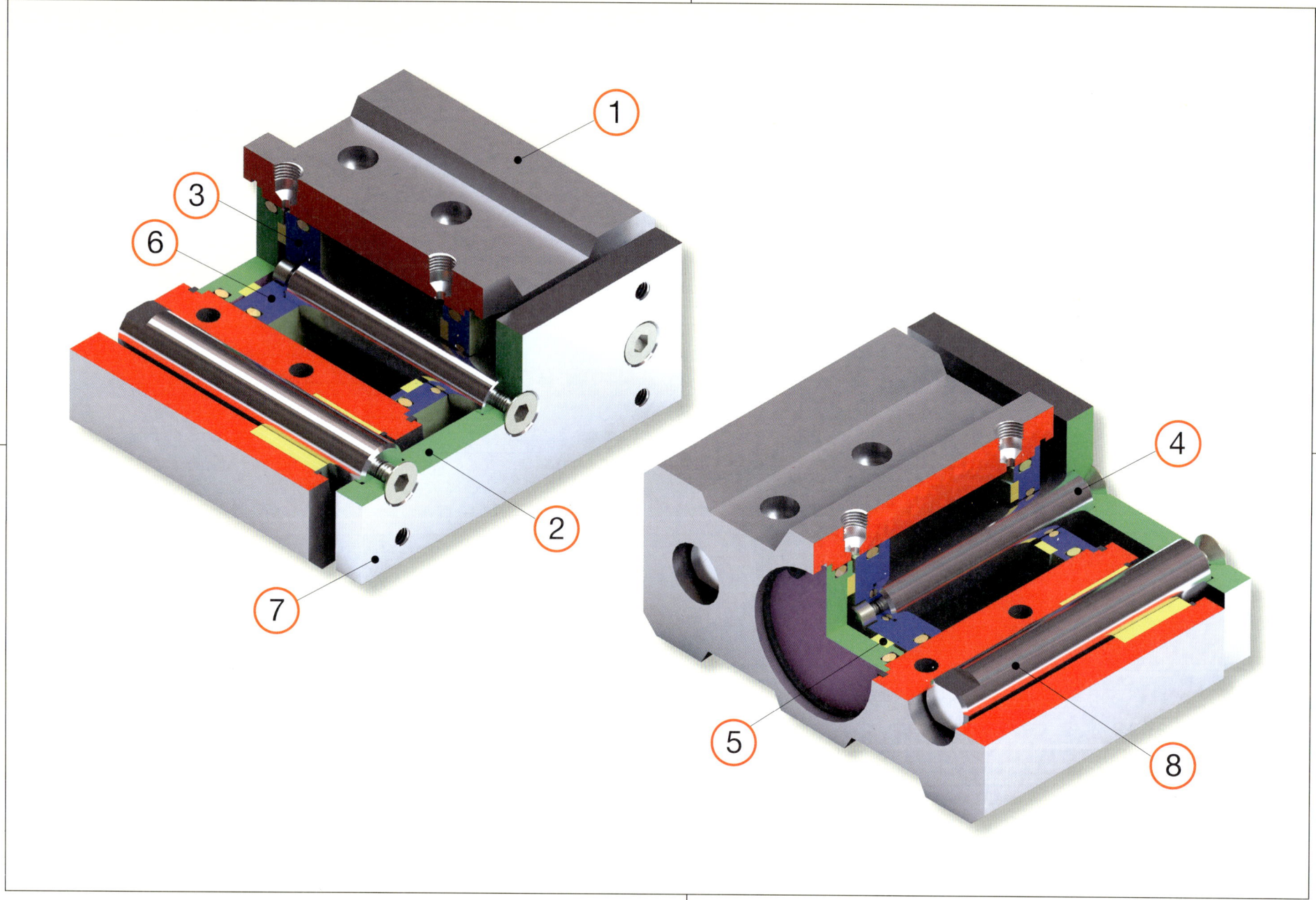

5. 공압 가이드 실린더 3D 렌더링 분해 등각구조도

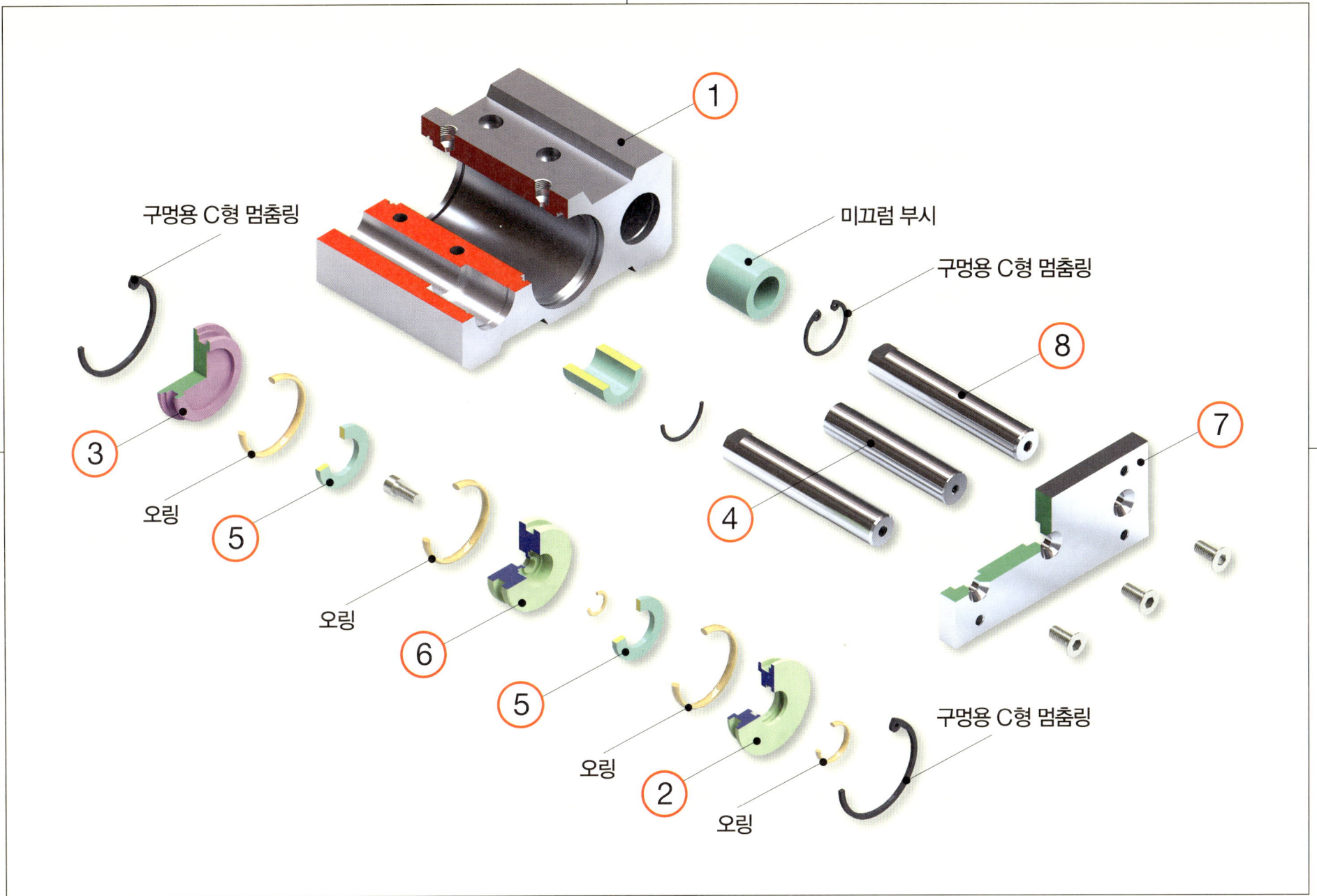

6. 기어 롤링 장치 2D 조립도

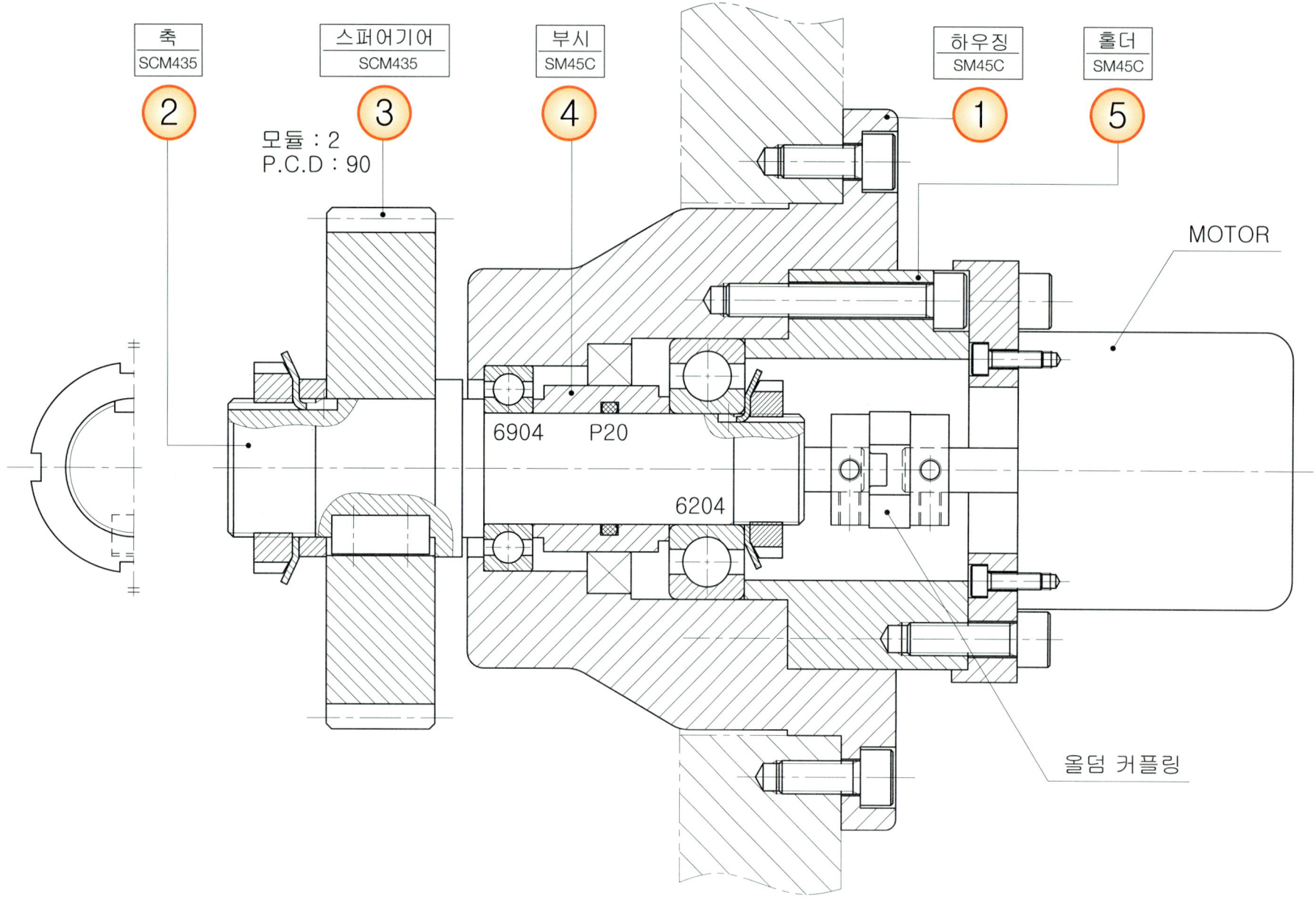

6. 기어 롤링 장치 2D 부품도

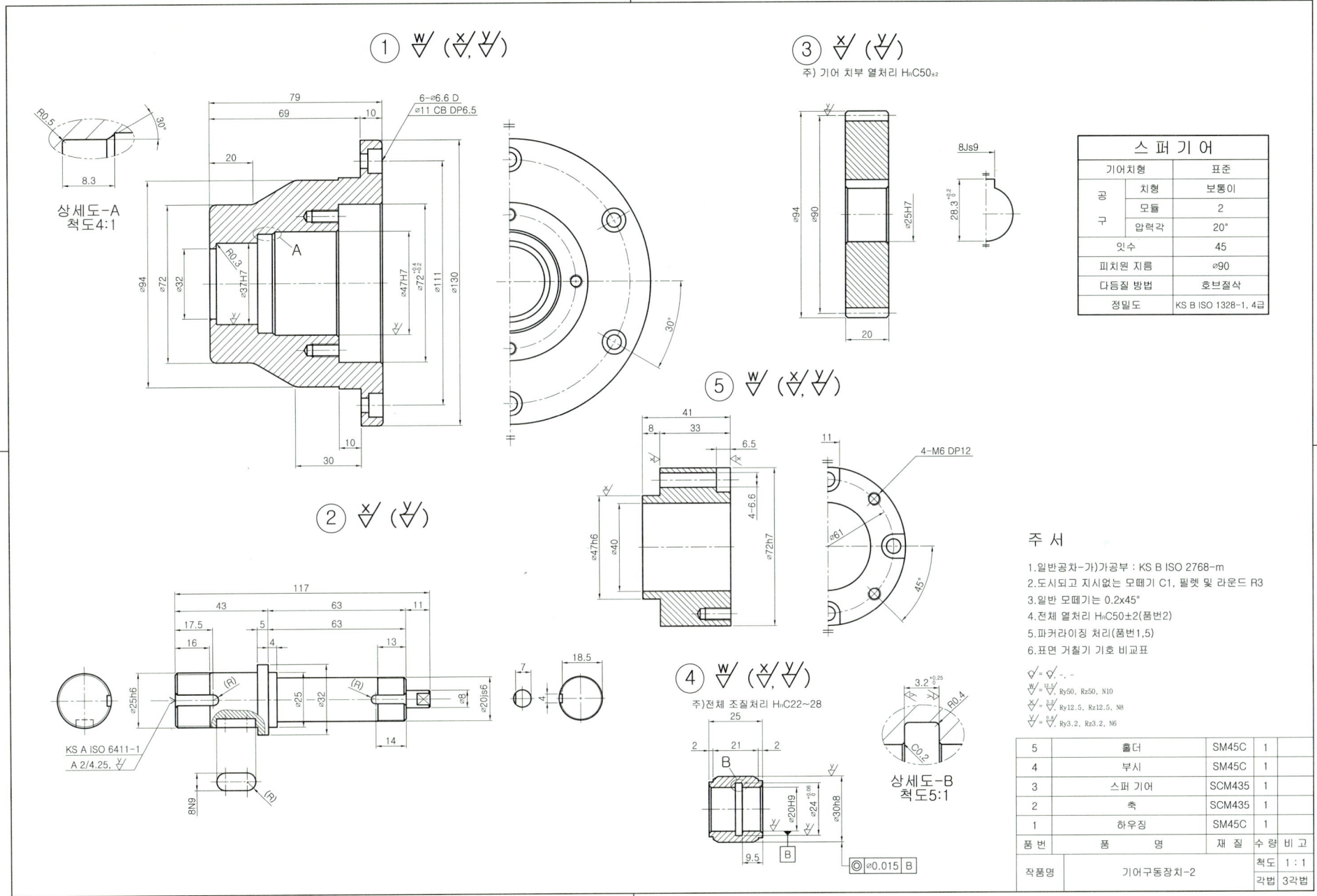

6. 기어 롤링 장치 3D 모델링 조립도

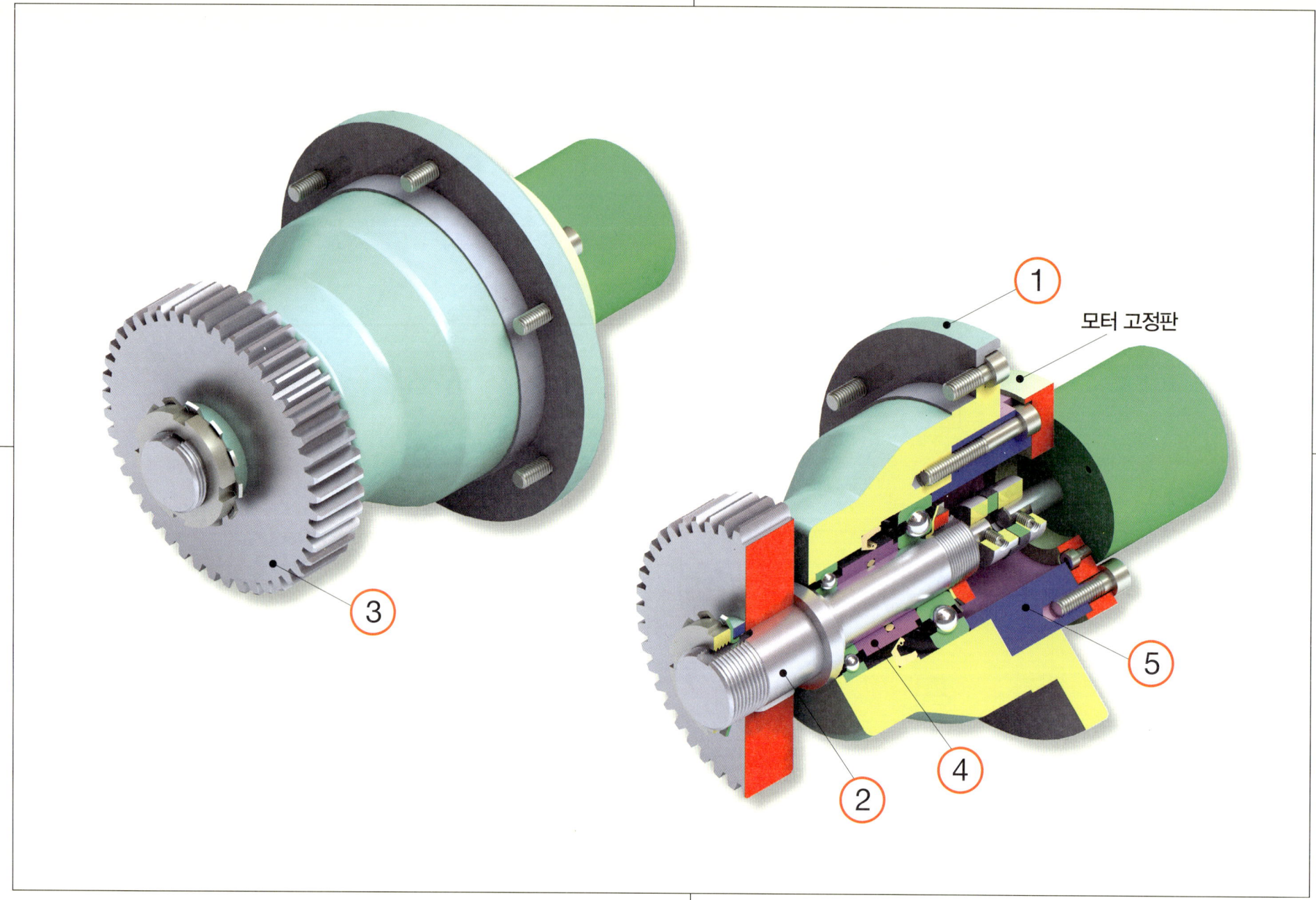

6. 기어 롤링 장치 3D 렌더링 분해 등각구조도

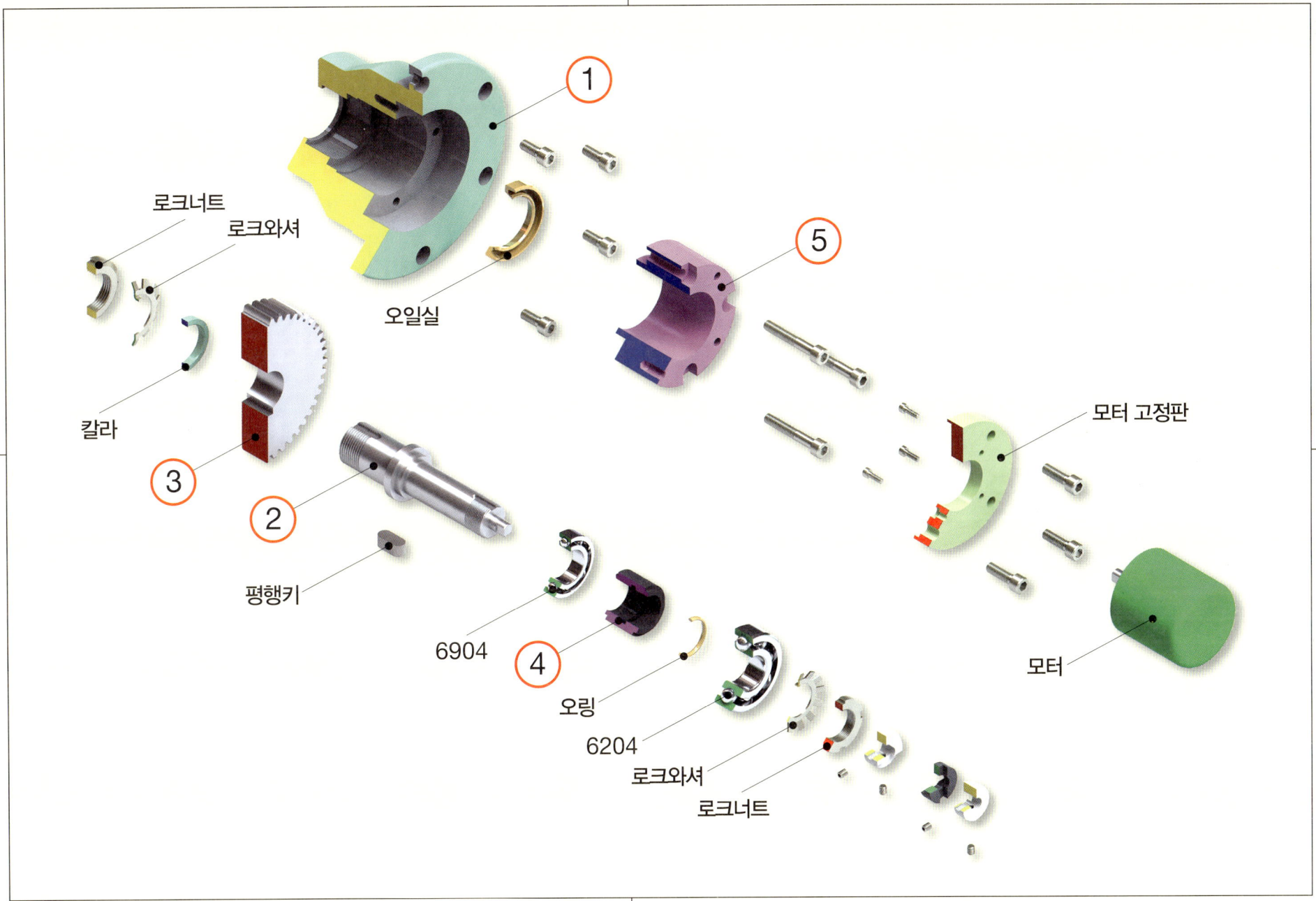

7. 벨트 텐션 조절장치 2D 조립도

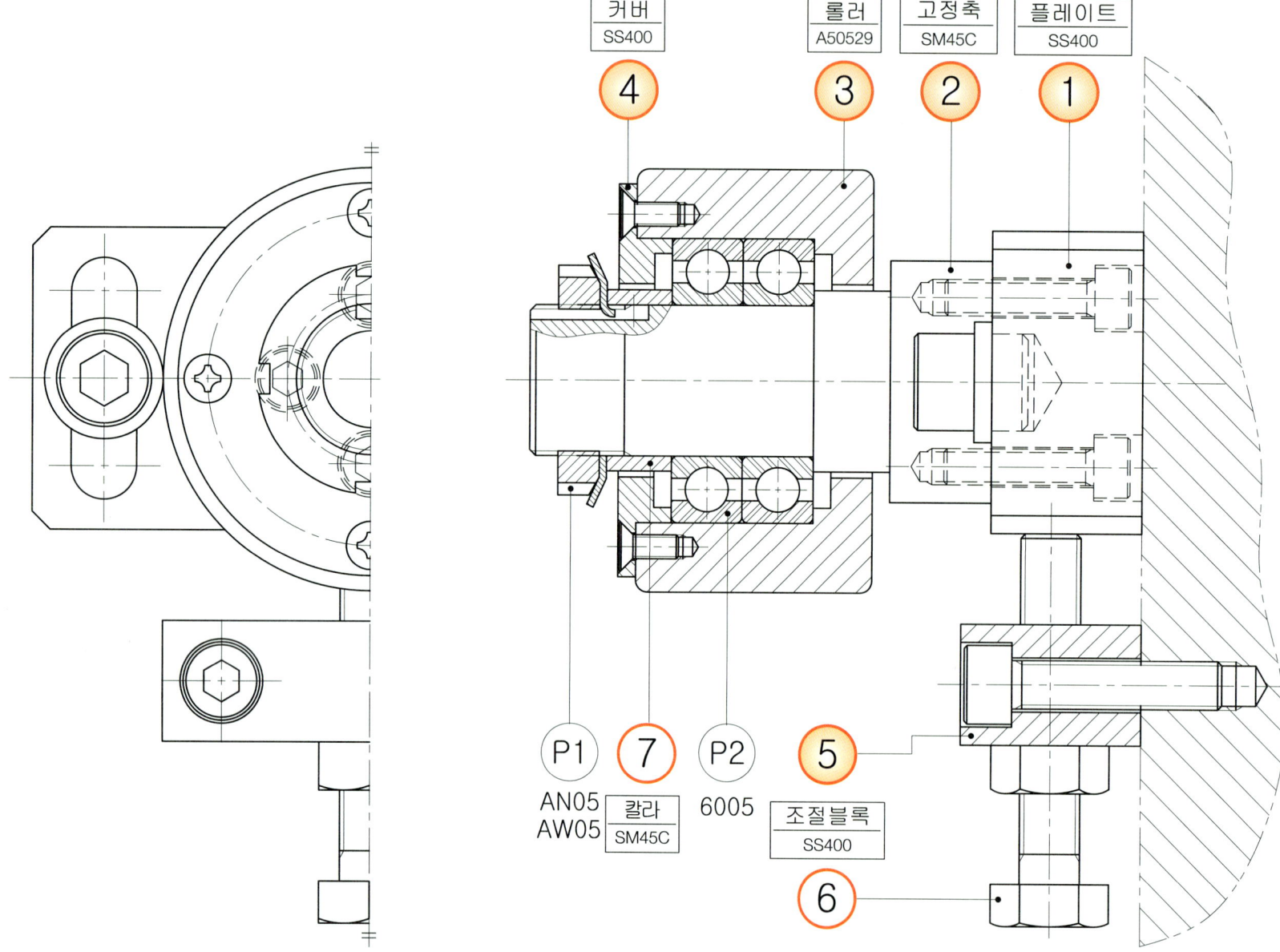

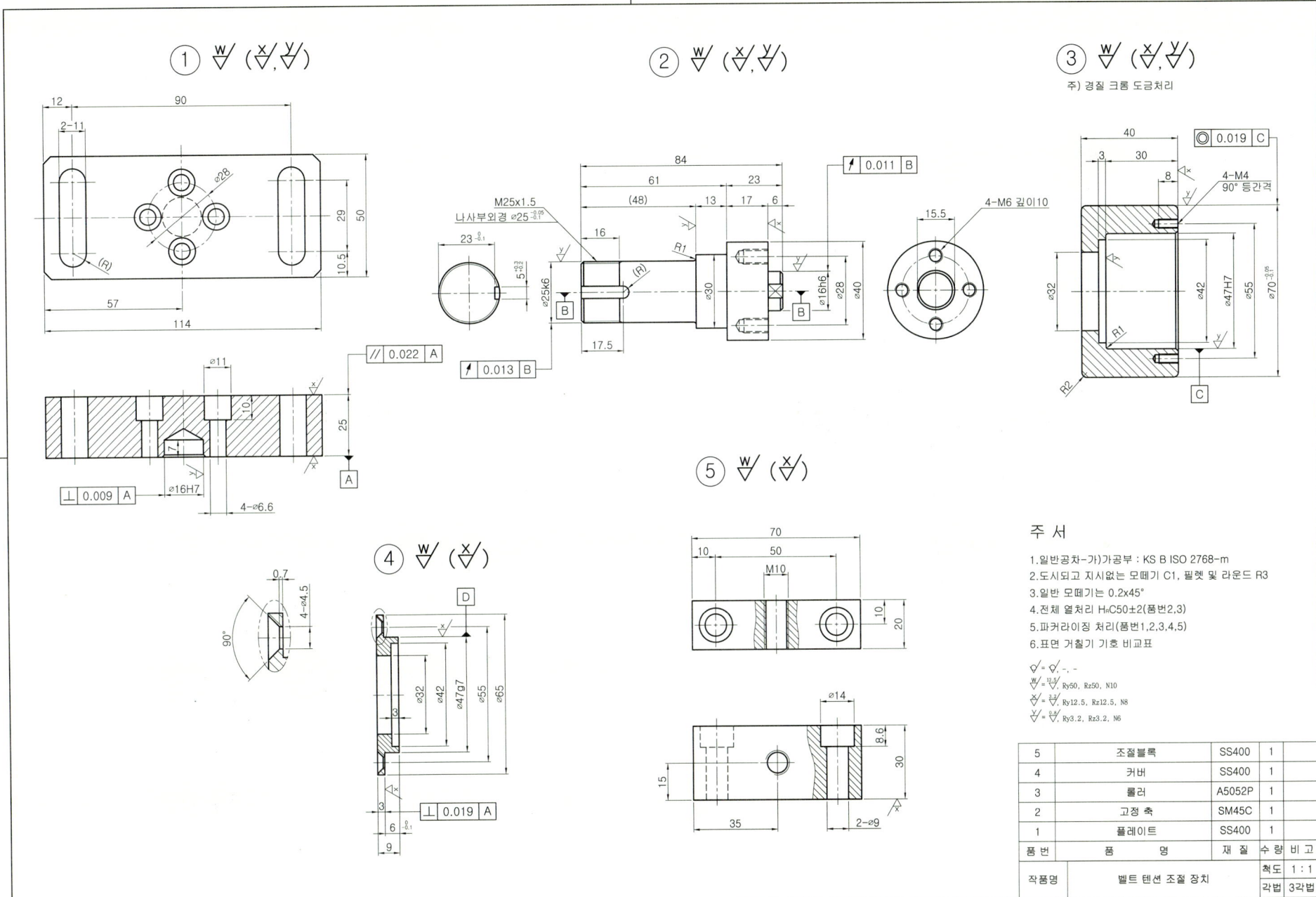

7. 벨트 텐션 조절장치 3D 모델링 조립도

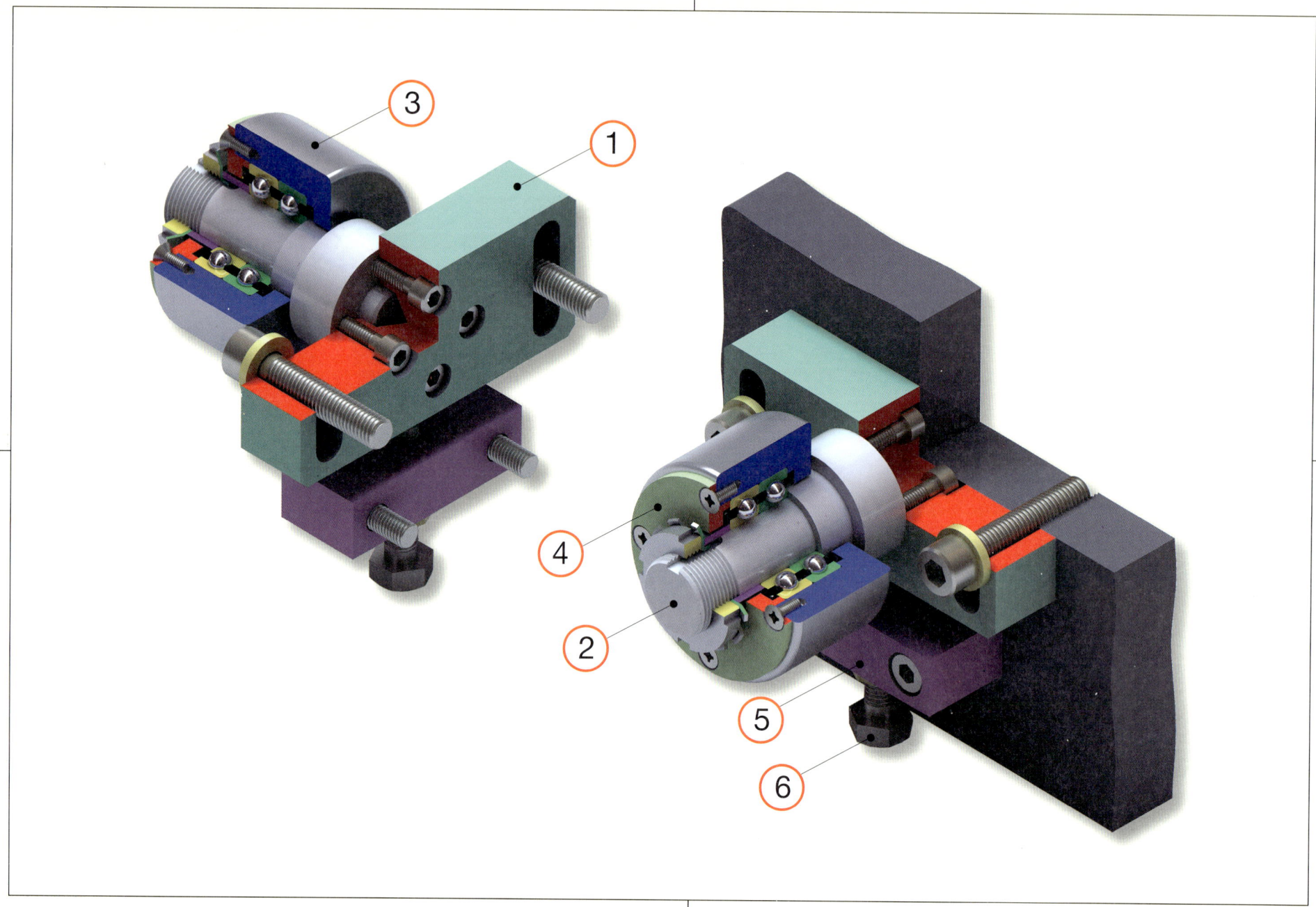

7. 벨트 텐션 조절장치 3D 렌더링 분해 등각구조도

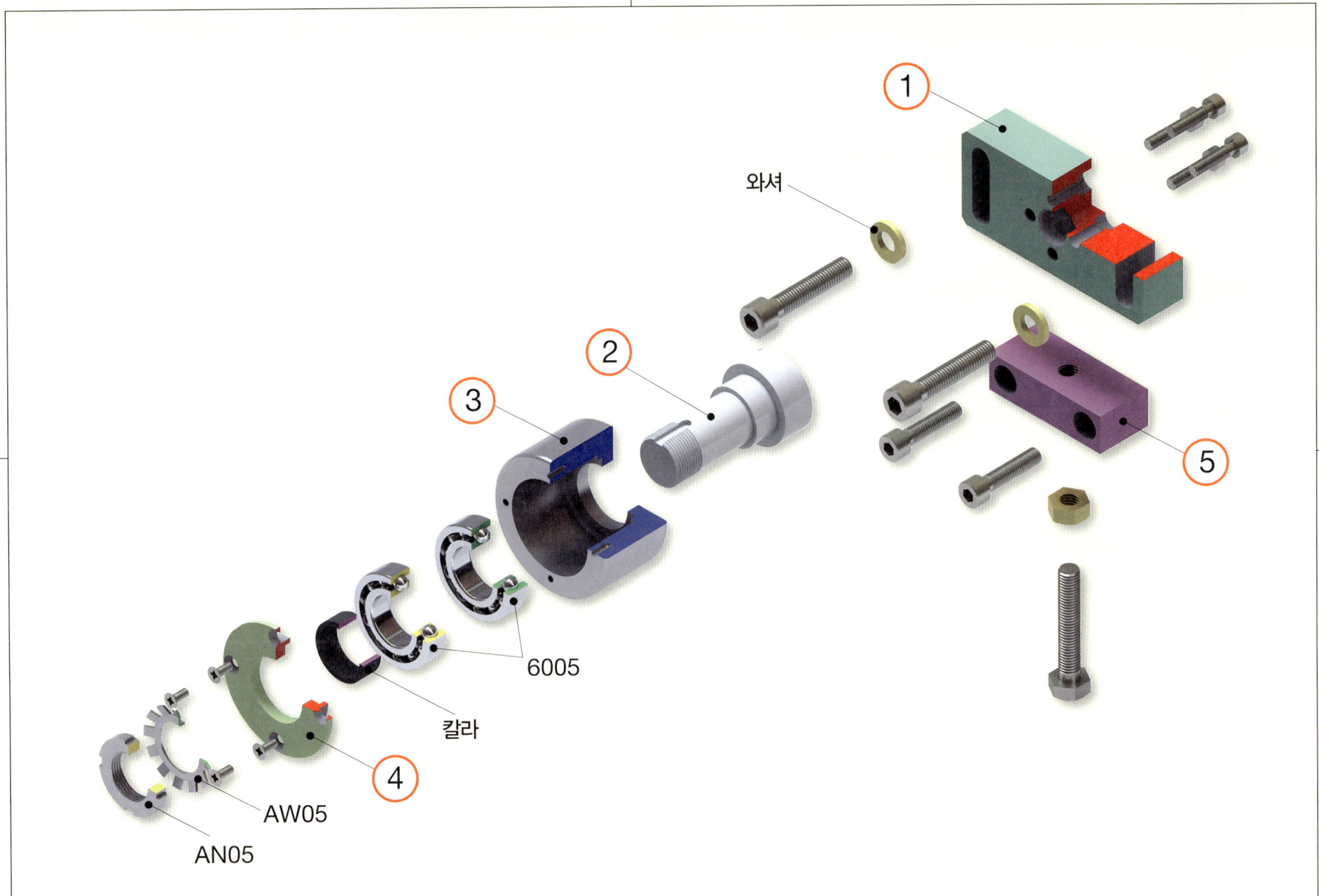

이 장에서는 전산응용기계제도기능사/기계설계산업기사/일반기계기사 등의 CAD 작업형 실기시험 과제중에서 출제빈도가 높고 반드시 이해하고 작도할 수 있어야 하는 필수 기계요소의 2D도면 작성법과 3D형상 모델링 작성법을 제시하고 있으며 또한, 각 자격의 작업형 실기시험에서 요구하는 모델링 및 랜더링 제출방법을 체계적으로 구성하였다.

[필독 사항]
과제 도면에 따른 부품도 답안 예시는 메카피아에서 작도한 참고 모범답안으로 조립도를 보고 작도하는 사람에 따라 도면 작성에 차이가 있을 수 있다.

- 기본적인 투상도는 제3각법을 준수하였으며 부품의 형상에 따라 다양한 단면도 도시기법을 적용하고, 각 과제의 부품을 순서대로 분해하고 부품 리스트를 작성하여 이해도를 높였다.
- 끼워맞춤 공차는 구멍이나 축의 일반적인 끼워맞춤에 사용하는 IT5~IT10급을 주로 적용 하였으며 베어링 끼워맞춤 공차는 KS B 2051에 의거하였다.
- 기하공차는 '기하공차의 적용 기준(기능)길이, 및 가공 공구의 이송거리'에 따라 IT5급~IT6급 정도의 범위 내에서 적절하게 규제하거나 현장에서 일반적인 가공법에 따른 공차적용(정밀급 : 0.01~0.02, 보통급 : 0.02~0.05, 거친급 : 0.1~0.2)을 할 수 있다.
- 기하공차값은 계산에 의하거나 별도의 공차값 적용 기준이 현행 시험에 규정되어 있는 사항이 아니므로 수험자가 적절한 공차값을 적용하면 되며 본 서에서는 편의상 일괄적인 공차값을 적용하였음을 안내한다.
- 렌더링 등각투상도(3D)는 각 시험별로 요구하는 사항을 준수해야 하며 현재 요구하는 수준의 음영과 렌더링 처리나 형상 단면 표시를 예로 들었다.
- 질량 해석 추가 요구가 있는 시험의 경우 3D모델링도의 부품란 비고에 주어진 밀도 조건에 따른 질량을 산출하여 기입한다.
(질량은 렌더링 등각 투상도(3D) 부품란의 비고에 기입하며, 반드시 재질과 상관없이 비중을 7.85로 하여 계산한다.)

PART 05

출제빈도가 높은 기사/산업기사/기능사 전산응용기계제도(CAD) 실기 출제 도면

1-3 동력전달장치-1, 2, 3 | **4-7** 기어박스-1, 2, 3, 4 | **8** V-벨트 전동장치 | **9** 축 받침 장치 | **10** 평 벨트 전동장치 | **11** 피벗 베어링 하우징
12 편심왕복장치 | **13** 래크와 피니언 구동장치 | **14** 아이들러 | **15** 스퍼기어 감속기 | **16** 증 감속장치 | **17-19** 기어펌프-1, 2, 3 | **20** 오일기어펌프
21~22 바이스-1, 2 | **23~32** 드릴지그-1, 2 ,3, 4, 5, 6, 7, 8, 9, 10 | **33~35** 리밍지그-1, 2, 3 | **36~37** 클램프-1, 2 | **38~40** 에어척-1, 2, 3

1. 동력전달장치-1 2D 과제 도면

부품도(2D) : 1, 2, 4, 5
등각 투상도(3D) : 1, 2, 3, 4, 5

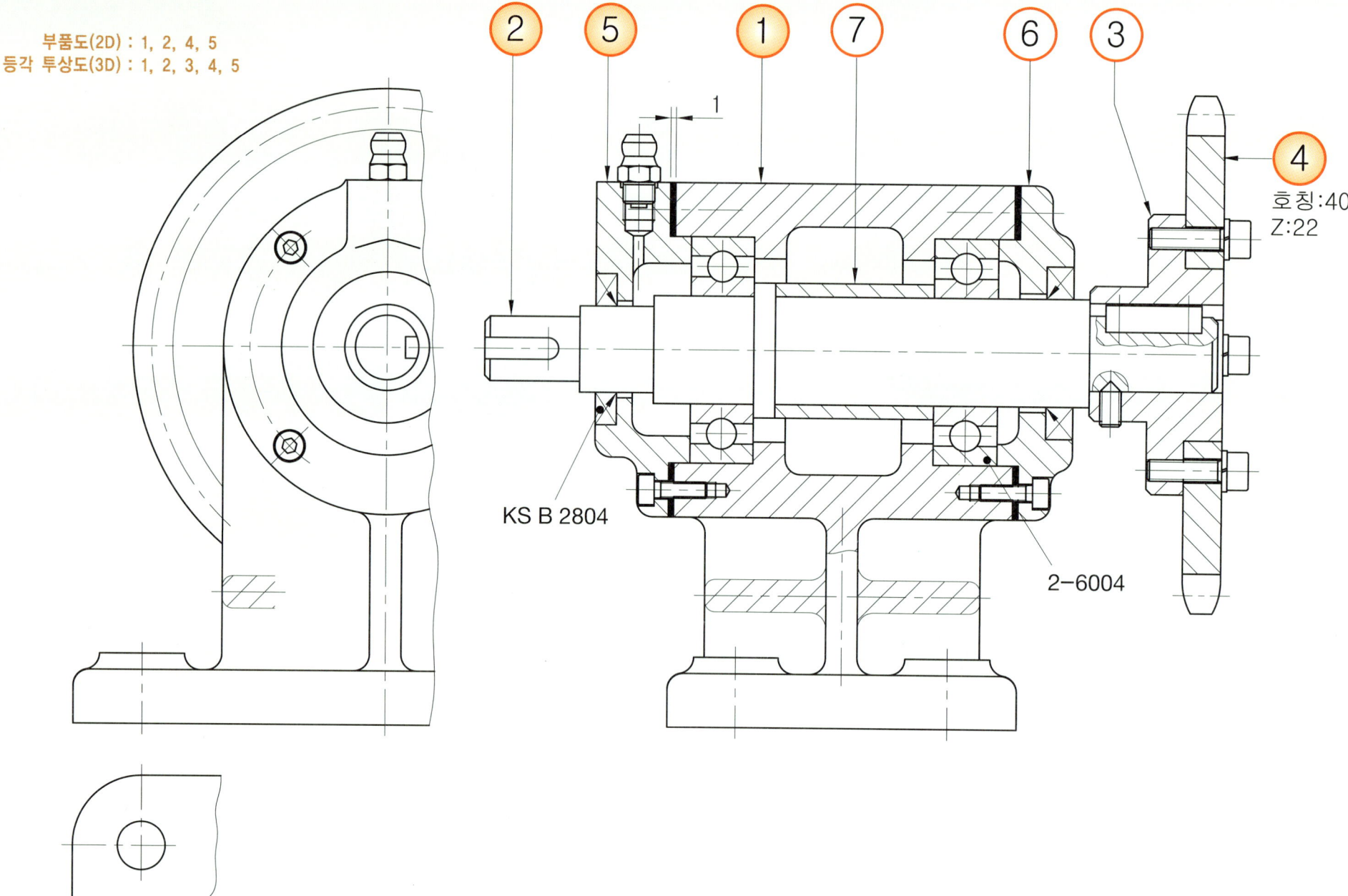

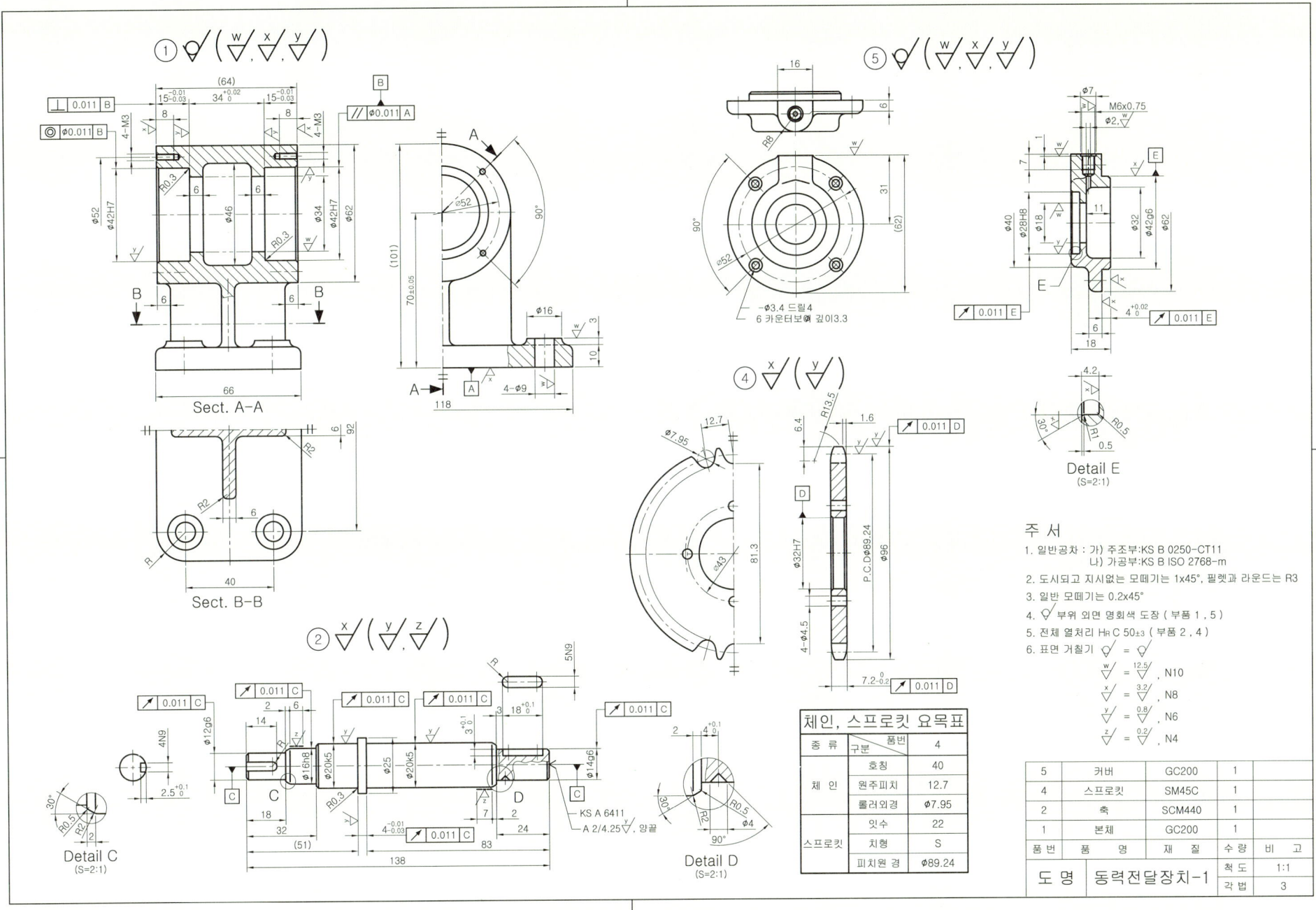

1. 동력전달장치-1 3D 렌더링 등각 투상도 예제 도면(전산응용기계제도기능사)

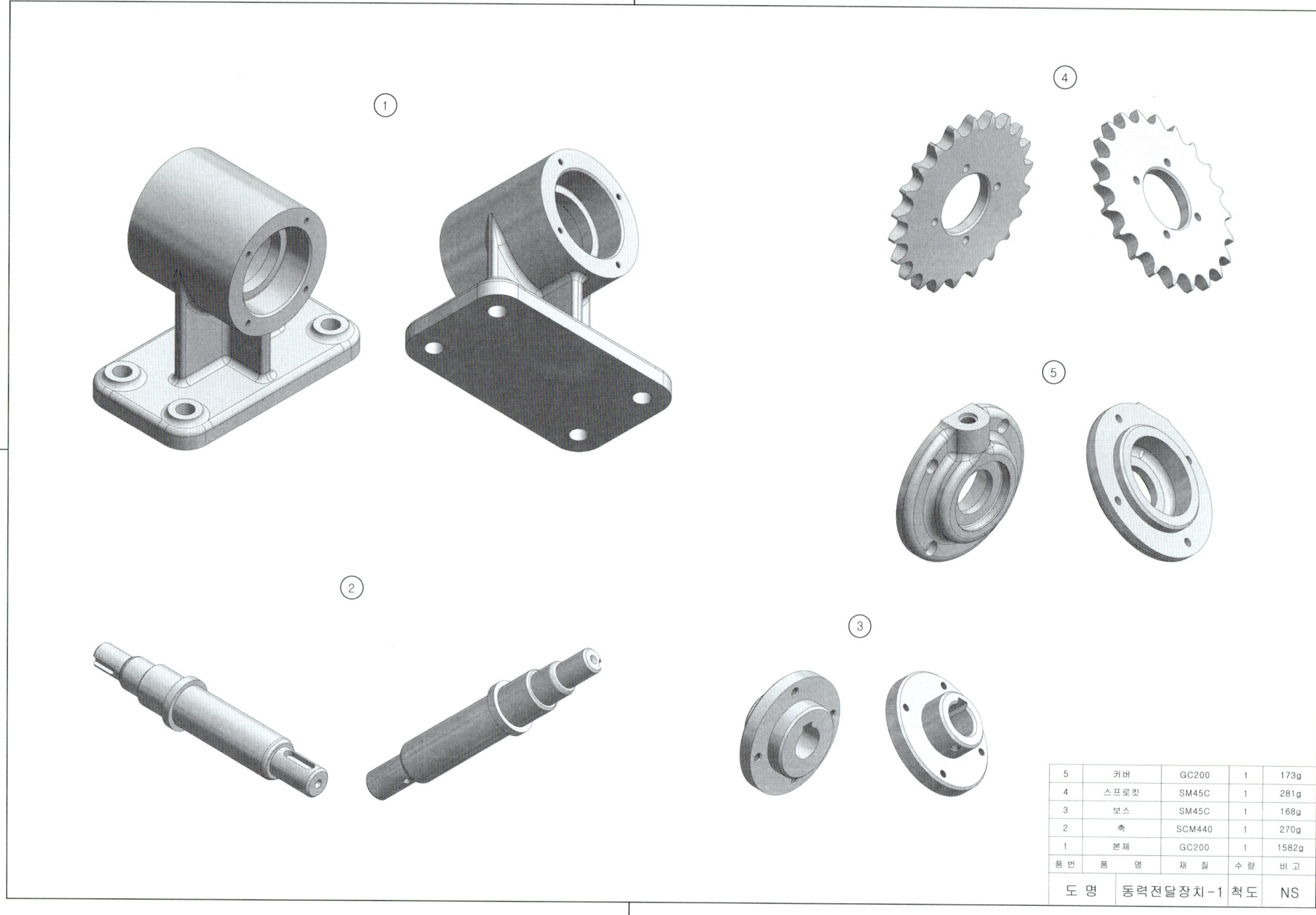

5	커버	GC200	1	173g
4	스프로킷	SM45C	1	281g
3	보스	SM45C	1	168g
2	축	SCM440	1	270g
1	본체	GC200	1	1582g
품번	품명	재질	수량	비고

도 명	동력전달장치-1	척 도	NS

1. 동력전달장치-1 3D 모델링도 예제 도면(기계설계산업기사)

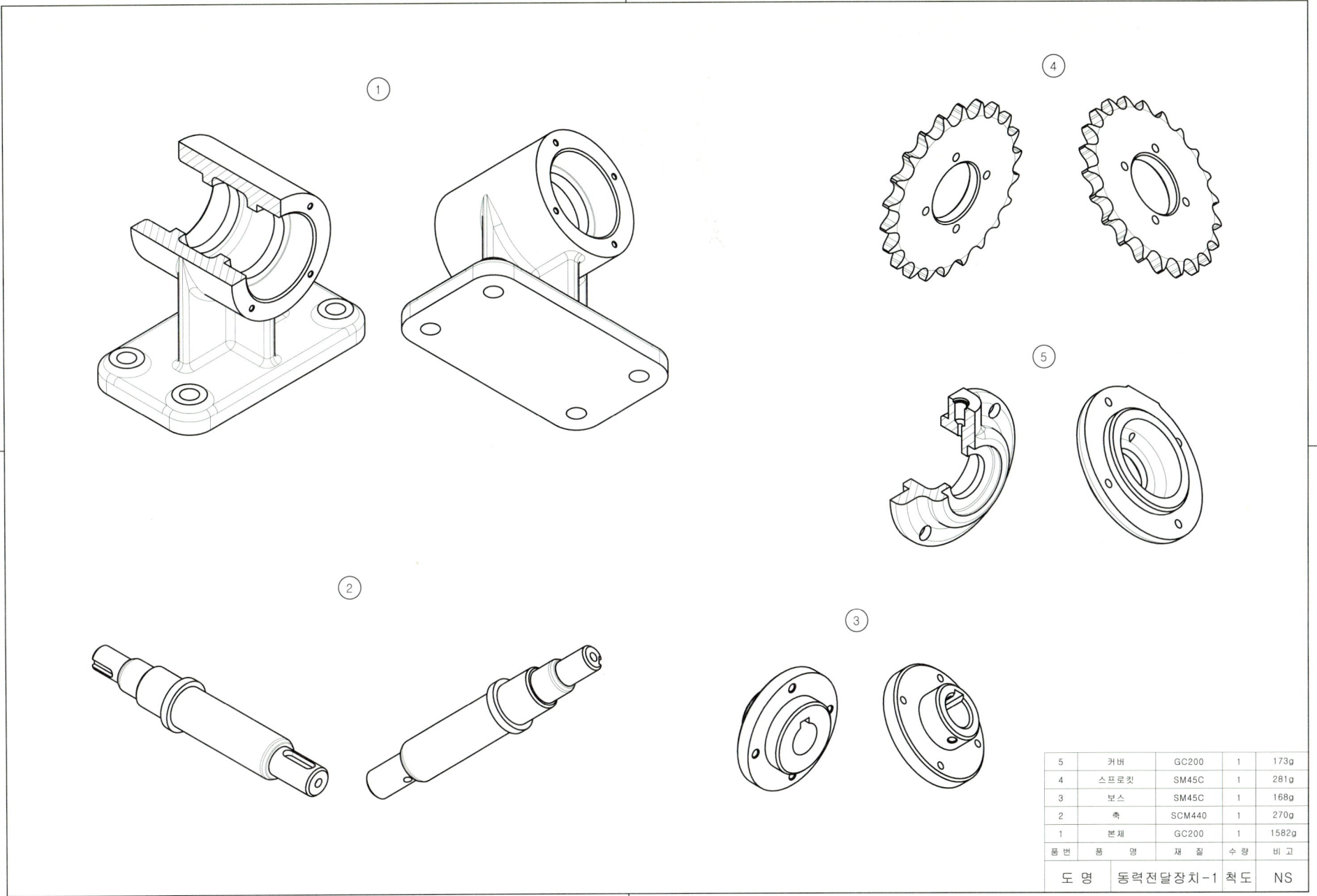

1. 동력전달장치-1 등각 분해도 예제 도면

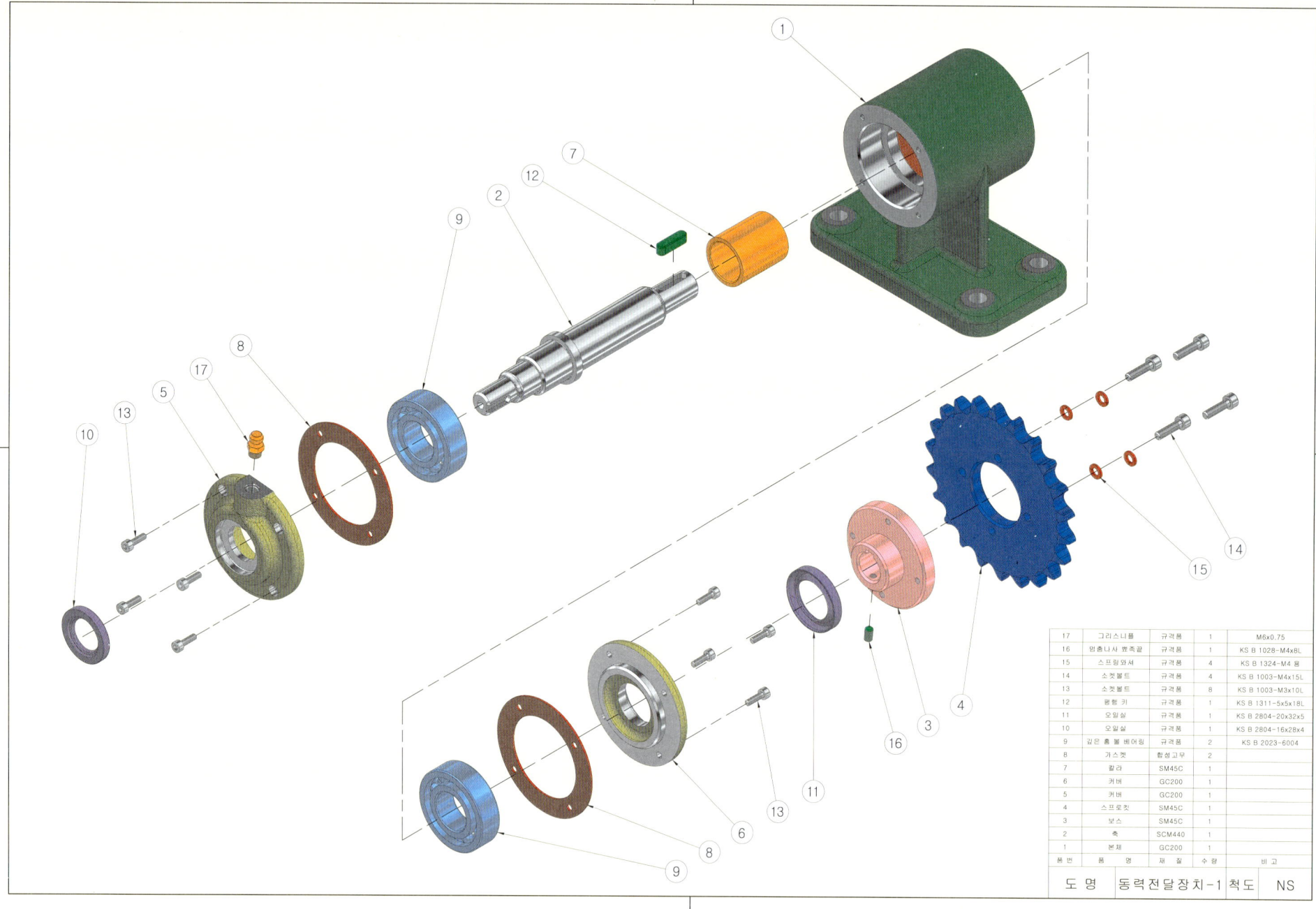

17	그리스니플	규격품	1	M6x0.75
16	멈춤나사 봉촉끝	규격품	1	KS B 1028-M4x8L
15	스프링와셔	규격품	4	KS B 1324-M4 용
14	소켓볼트	규격품	4	KS B 1003-M4x15L
13	소켓볼트	규격품	8	KS B 1003-M3x10L
12	평행키	규격품	1	KS B 1311-5x5x18L
11	오일실	규격품	1	KS B 2804-20x32x5
10	오일실	규격품	1	KS B 2804-16x28x4
9	깊은 홈 볼 베어링	규격품	2	KS B 2023-6004
8	가스켓	합성고무	2	
7	칼라	SM45C	1	
6	커버	GC200	1	
5	커버	GC200	1	
4	스프로킷	SM45C	1	
3	보스	SM45C	1	
2	축	SCM440	1	
1	본체	GC200	1	
품번	품 명	재 질	수량	비 고

도 명	동력전달장치-1	척도	NS

1. 동력전달장치-1 등각 조립도 예제 도면

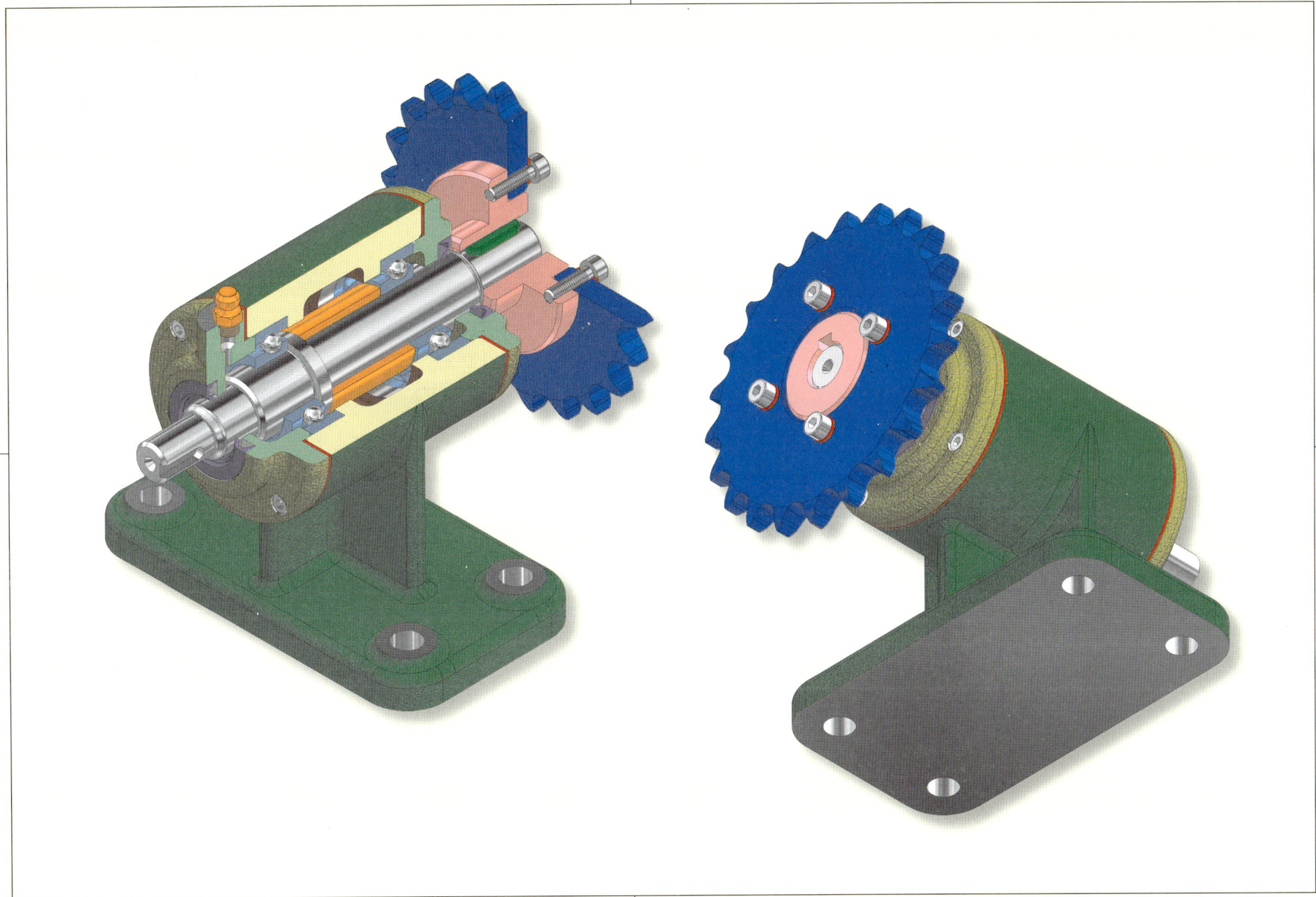

2. 동력전달장치-2 2D 과제 도면

인벤터 실기 무료 동영상 강의 제공 과제

부품도(2D) : 1, 2, 3, 4
등각 투상도(3D) : 1, 2, 3, 4, 5

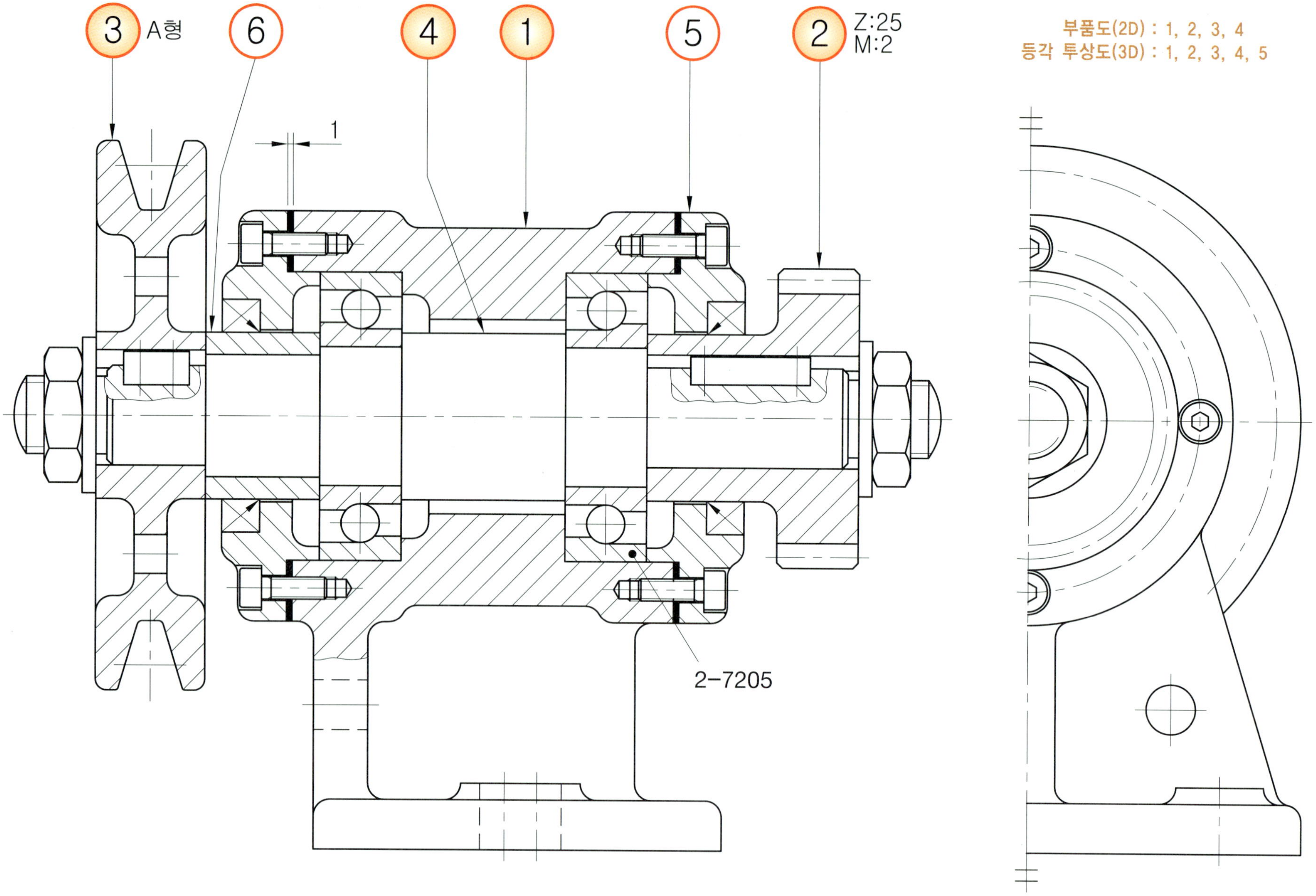

3
A형
6
4
1
5
2
Z:25
M:2
1
2-7205

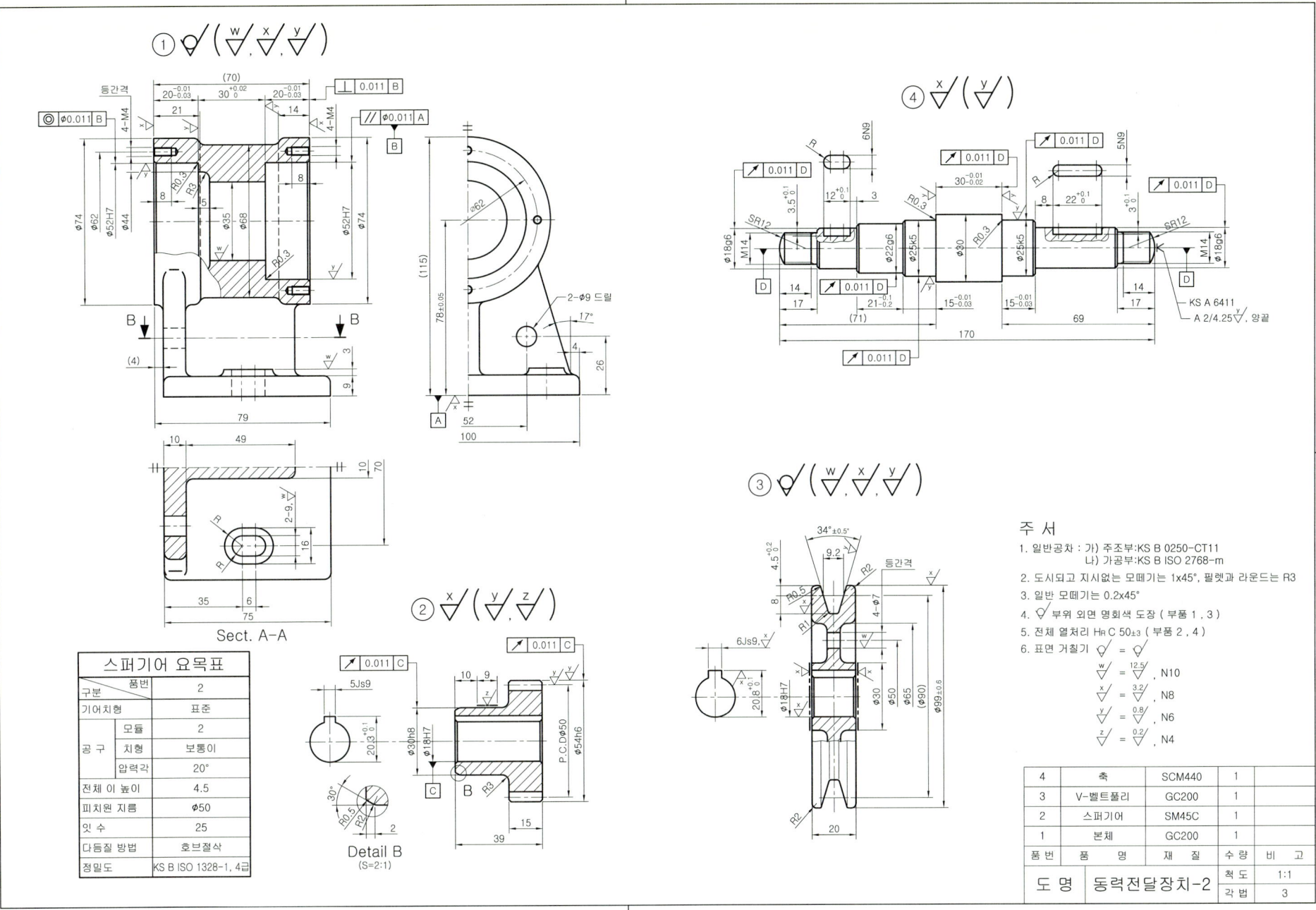

2. 동력전달장치-2 3D 렌더링 등각 투상도 예제 도면(전산응용기계제도기능사)

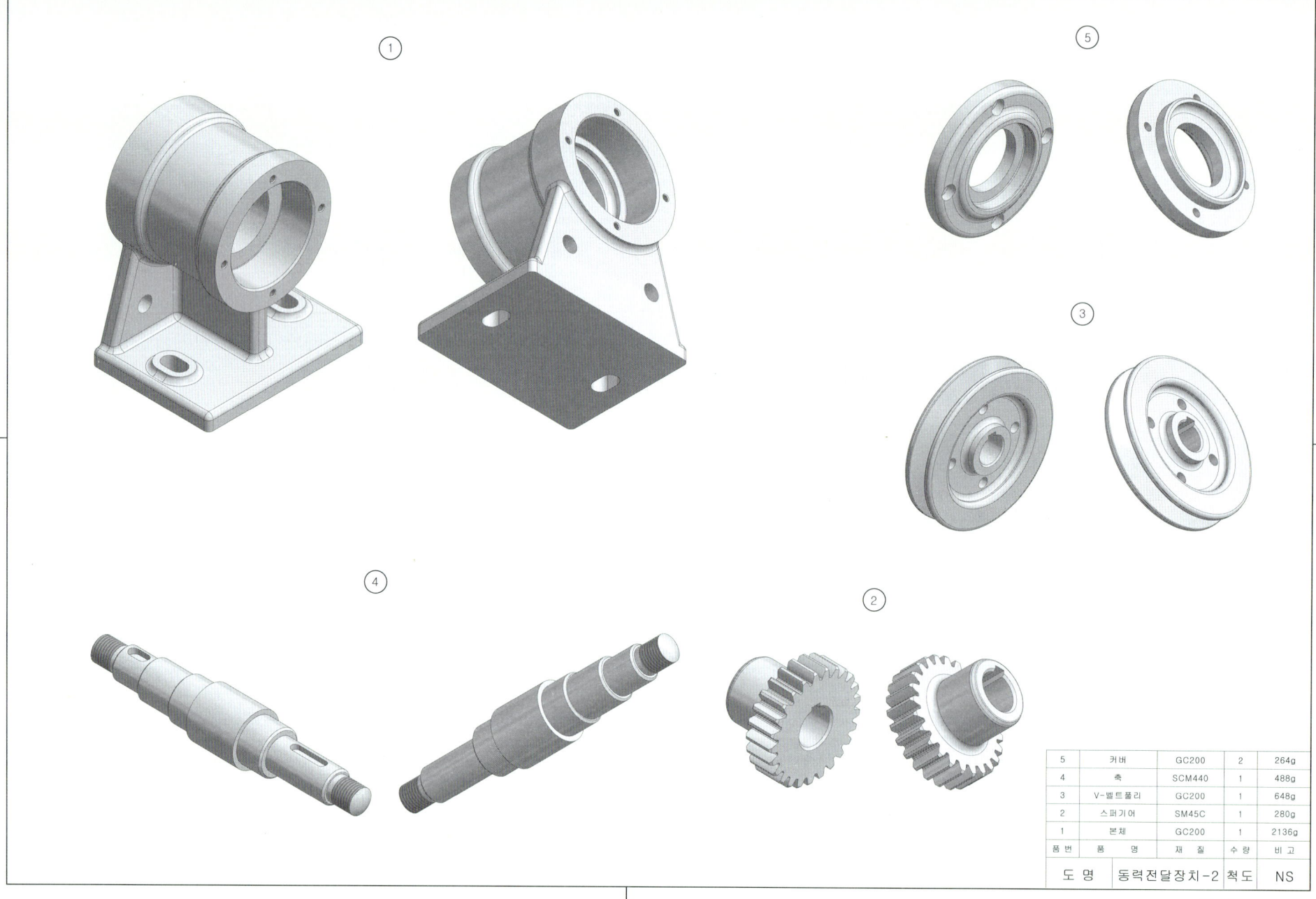

5	커버	GC200	2	264g
4	축	SCM440	1	488g
3	V-벨트풀리	GC200	1	648g
2	스퍼기어	SM45C	1	280g
1	본체	GC200	1	2136g
품 번	품 명	재 질	수 량	비 고

도 명	동력전달장치-2	척 도	NS

2. 동력전달장치-2 3D 모델링도 예제 도면(기계설계산업기사)

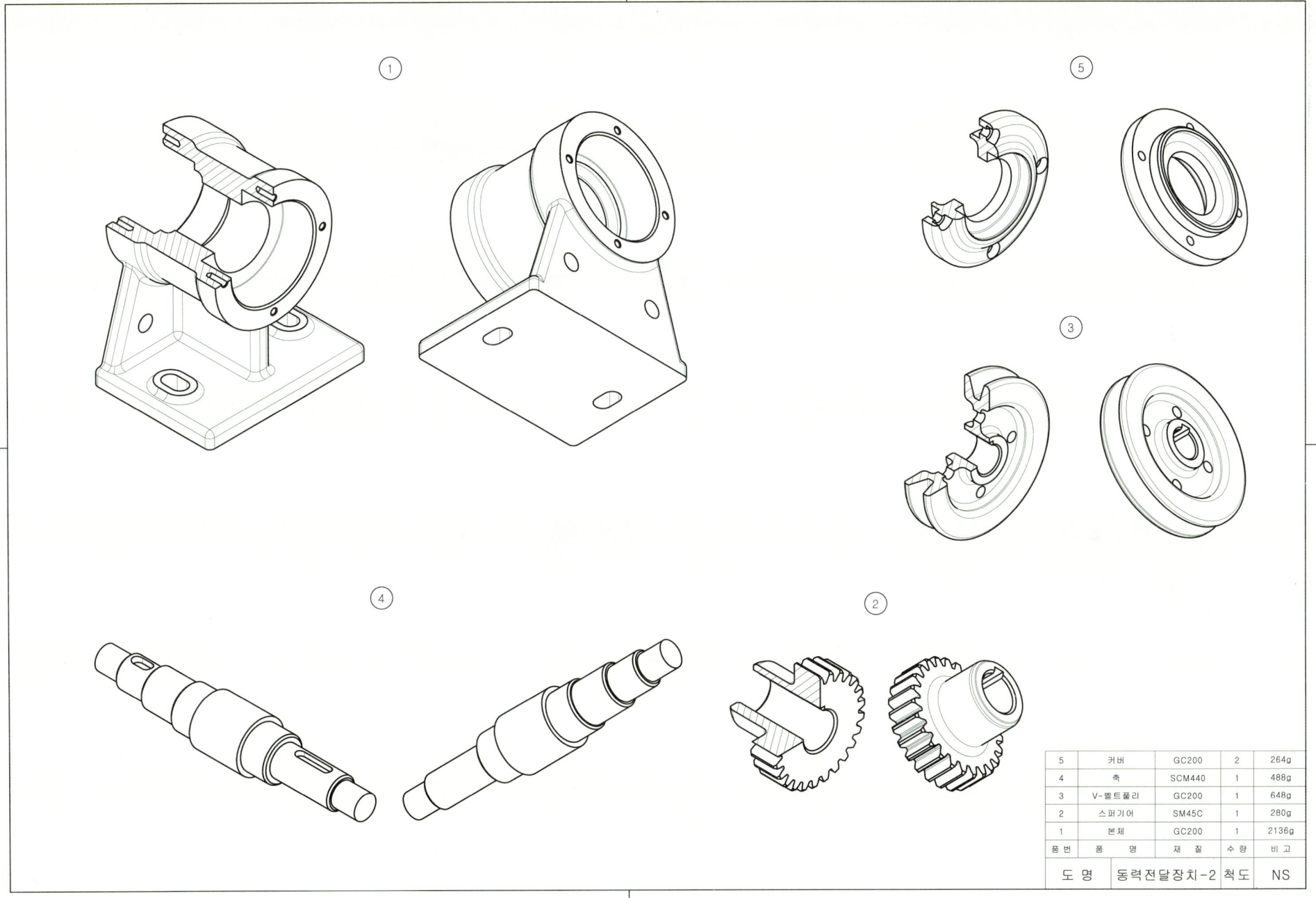

5	커버	GC200	2	264g
4	축	SCM440	1	488g
3	V-벨트풀리	GC200	1	648g
2	스퍼기어	SM45C	1	280g
1	본체	GC200	1	2136g
품번	품 명	재 질	수량	비 고

도 명	동력전달장치-2	척도	NS

2. 동력전달장치-2 등각 분해도 예제 도면

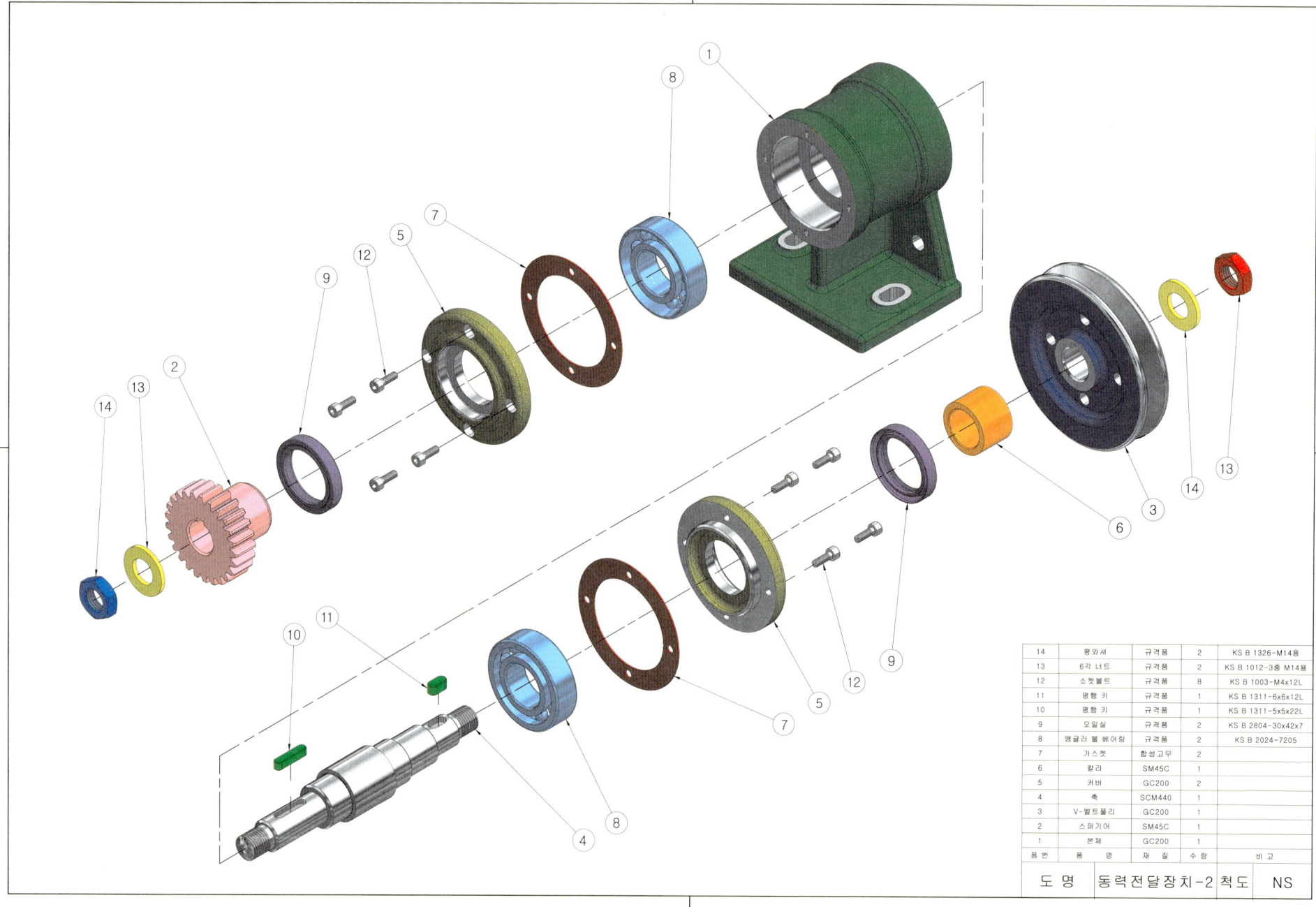

2. 동력전달장치-2 등각 조립도 예제 도면

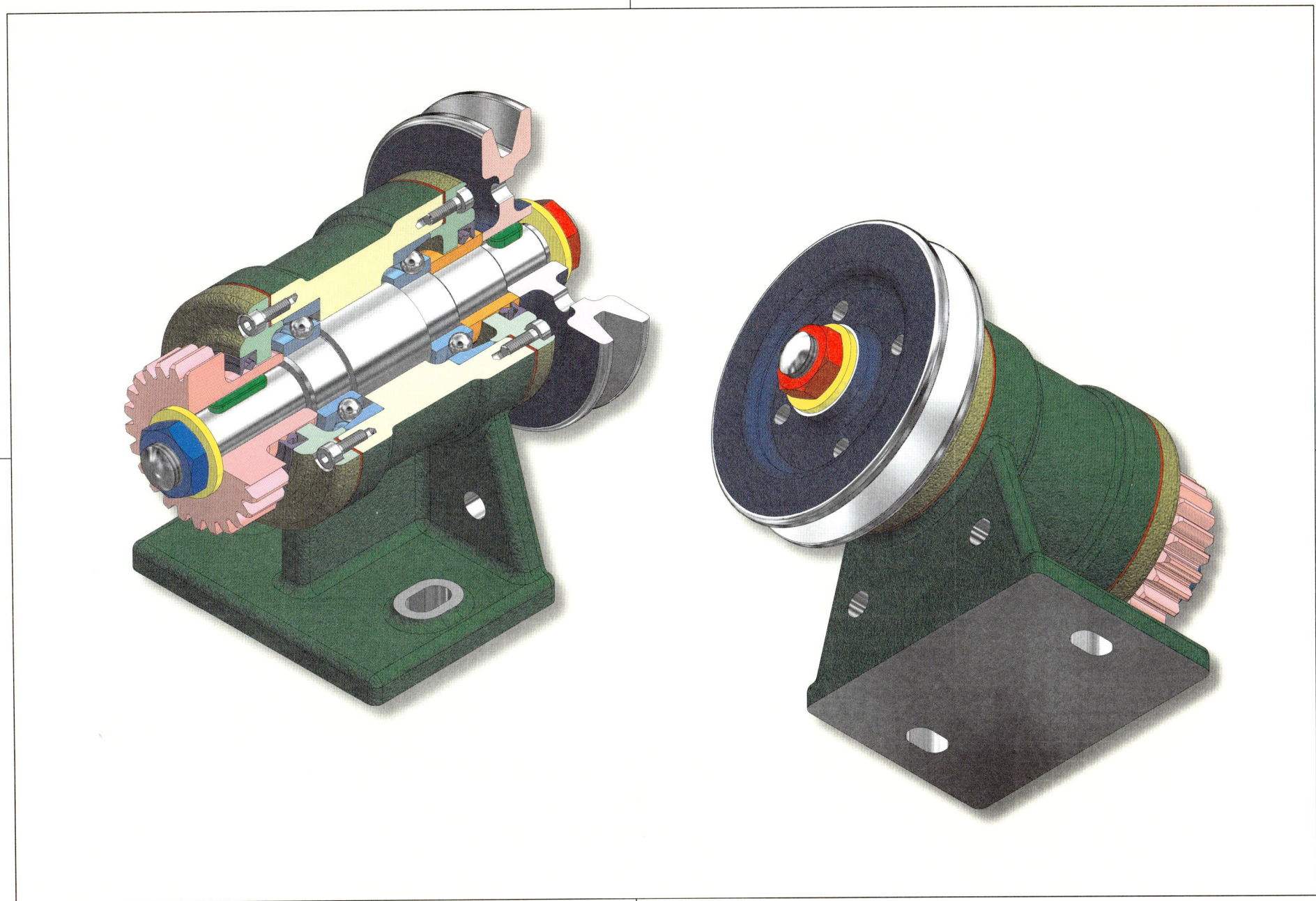

3. 동력전달장치-3 2D 과제 도면

부품도(2D) : 1, 2, 3, 6
등각 투상도(3D) : 1, 2, 3, 4, 5

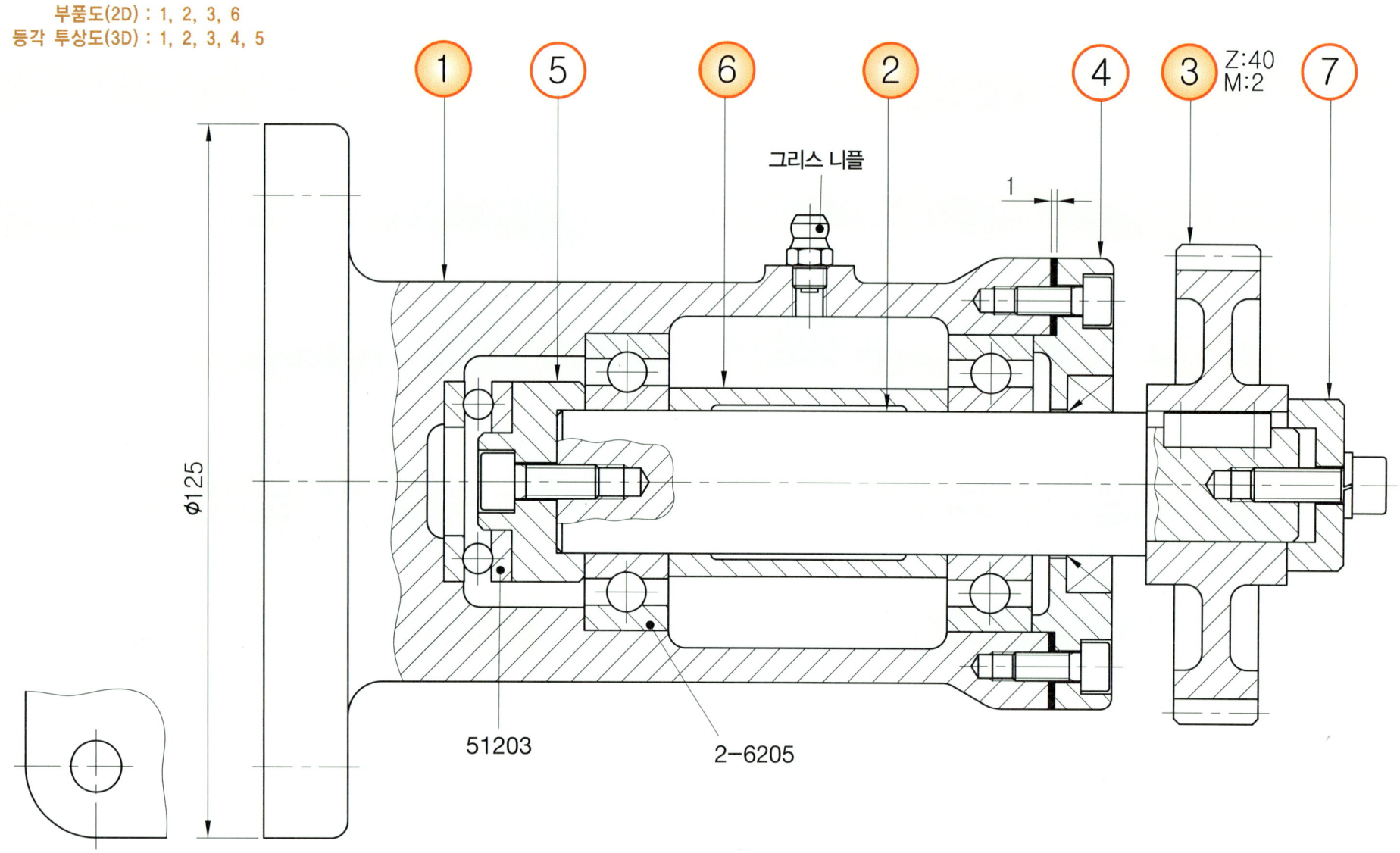

3. 동력전달장치-3 2D 부품도 풀이 도면

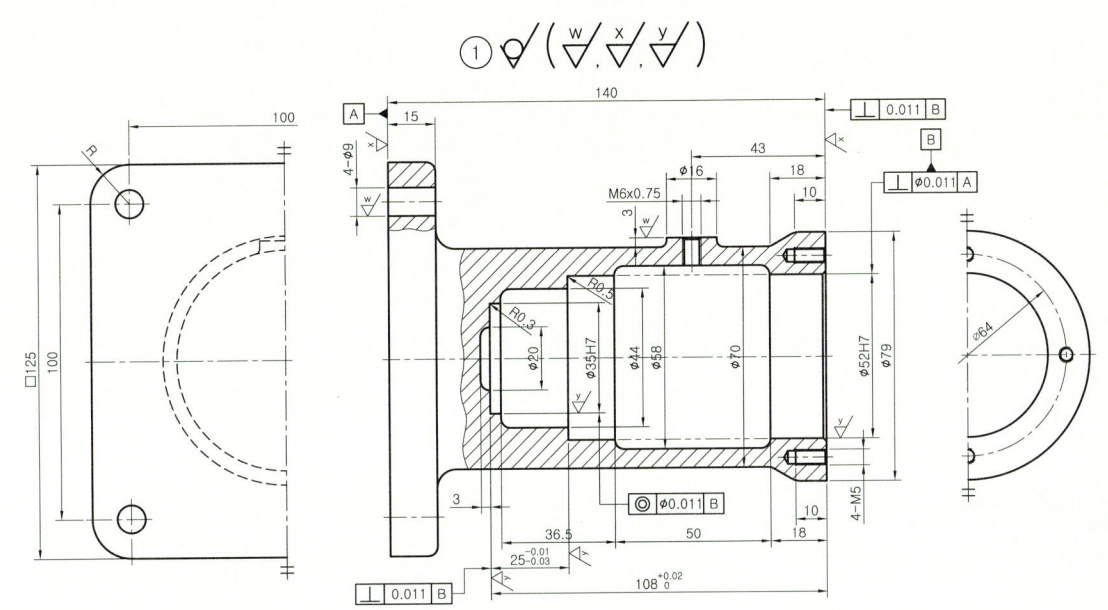
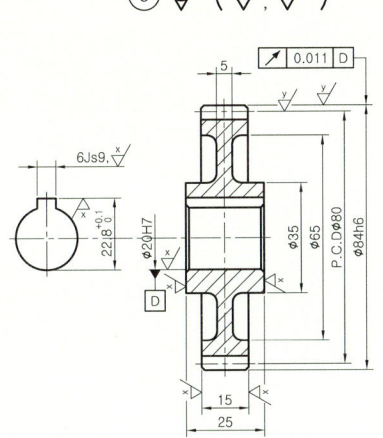
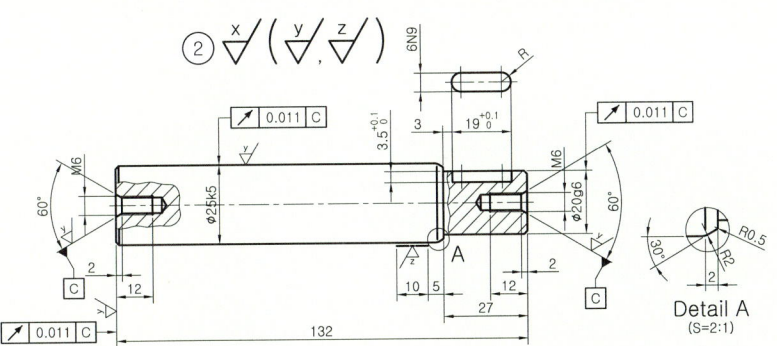
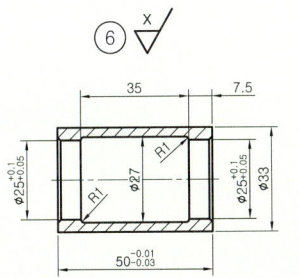

스퍼기어 요목표		
구분	품번	3
기어치형		표준
공구	모듈	2
	치형	보통이
	압력각	20°
전체 이 높이		4.5
피치원 지름		ø80
잇 수		40
다듬질 방법		호브절삭
정밀도		KS B ISO 1328-1, 4급

주 서

1. 일반공차 : 가) 주조부:KS B 0250-CT11
   나) 가공부:KS B ISO 2768-m
2. 도시되고 지시없는 모떼기는 1x45°, 필렛과 라운드는 R3
3. 일반 모떼기는 0.2x45°
4. ▽ 부위 외면 명회색 도장 (부품 1)
5. 전체 열처리 H$_R$C 50±3 (부품 2 , 3)
6. 표면 거칠기

품번	품 명	재 질	수량	비 고
6	간격링	SM45C	1	
3	스퍼기어	SC480	1	
2	축	SCM440	1	
1	본체	GC200	1	

도 명	동력전달장치-3	척 도	1:1
		각 법	3

3. 동력전달장치-3 3D 렌더링 등각 투상도 예제 도면(전산응용기계제도기능사)

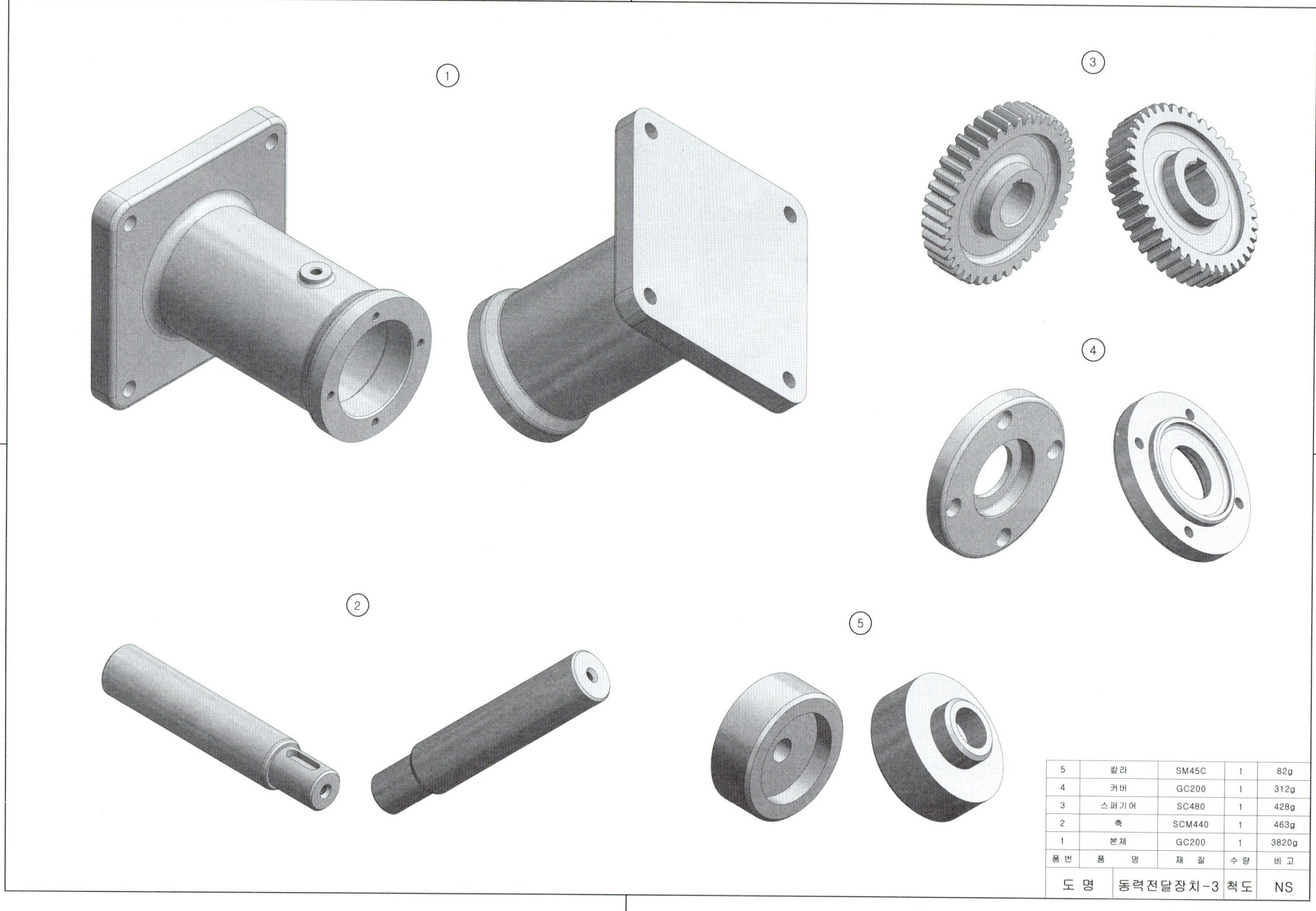

5	칼라	SM45C	1	82g
4	커버	GC200	1	312g
3	스퍼기어	SC480	1	428g
2	축	SCM440	1	463g
1	본체	GC200	1	3820g
품번	품 명	재 질	수량	비고

도 명	동력전달장치-3	척도	NS

3. 동력전달장치-3 3D 모델링도 예제 도면(기계설계산업기사)

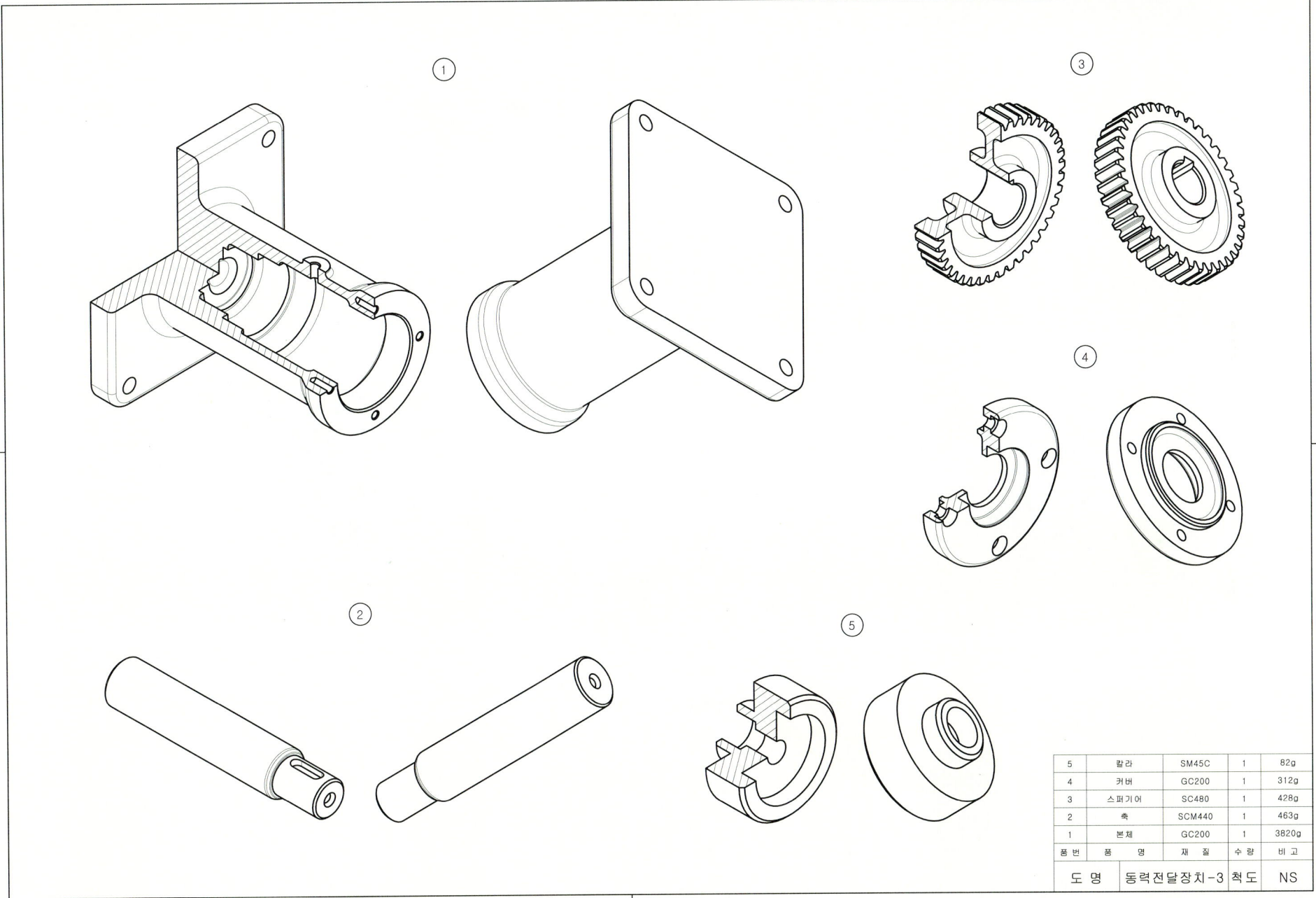

3. 동력전달장치-3 등각 분해도 예제 도면

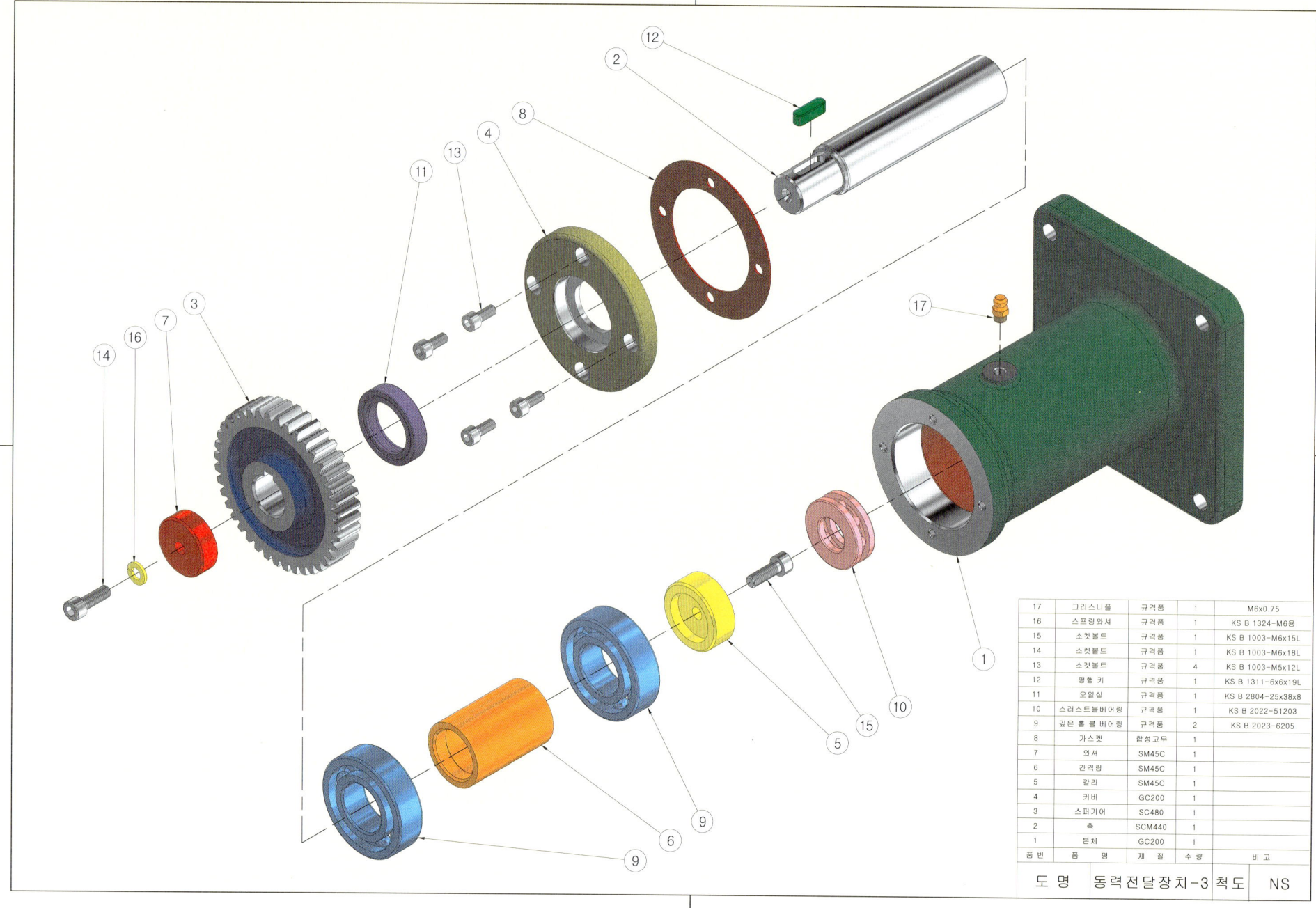

17	그리스니플	규격품	1	M6x0.75
16	스프링와셔	규격품	1	KS B 1324-M6용
15	소켓볼트	규격품	1	KS B 1003-M6x15L
14	소켓볼트	규격품	1	KS B 1003-M6x18L
13	소켓볼트	규격품	4	KS B 1003-M5x12L
12	평행 키	규격품	1	KS B 1311-6x6x19L
11	오일실	규격품	1	KS B 2804-25x38x8
10	스러스트볼베어링	규격품	1	KS B 2022-51203
9	깊은 홈 볼 베어링	규격품	2	KS B 2023-6205
8	가스켓	합성고무	1	
7	와셔	SM45C	1	
6	간격링	SM45C	1	
5	칼라	SM45C	1	
4	커버	GC200	1	
3	스퍼기어	SC480	1	
2	축	SCM440	1	
1	본체	GC200	1	
품번	품 명	재 질	수량	비 고

도 명	동력전달장치-3	척도	NS

3. 동력전달장치-3 등각 조립도 예제 도면

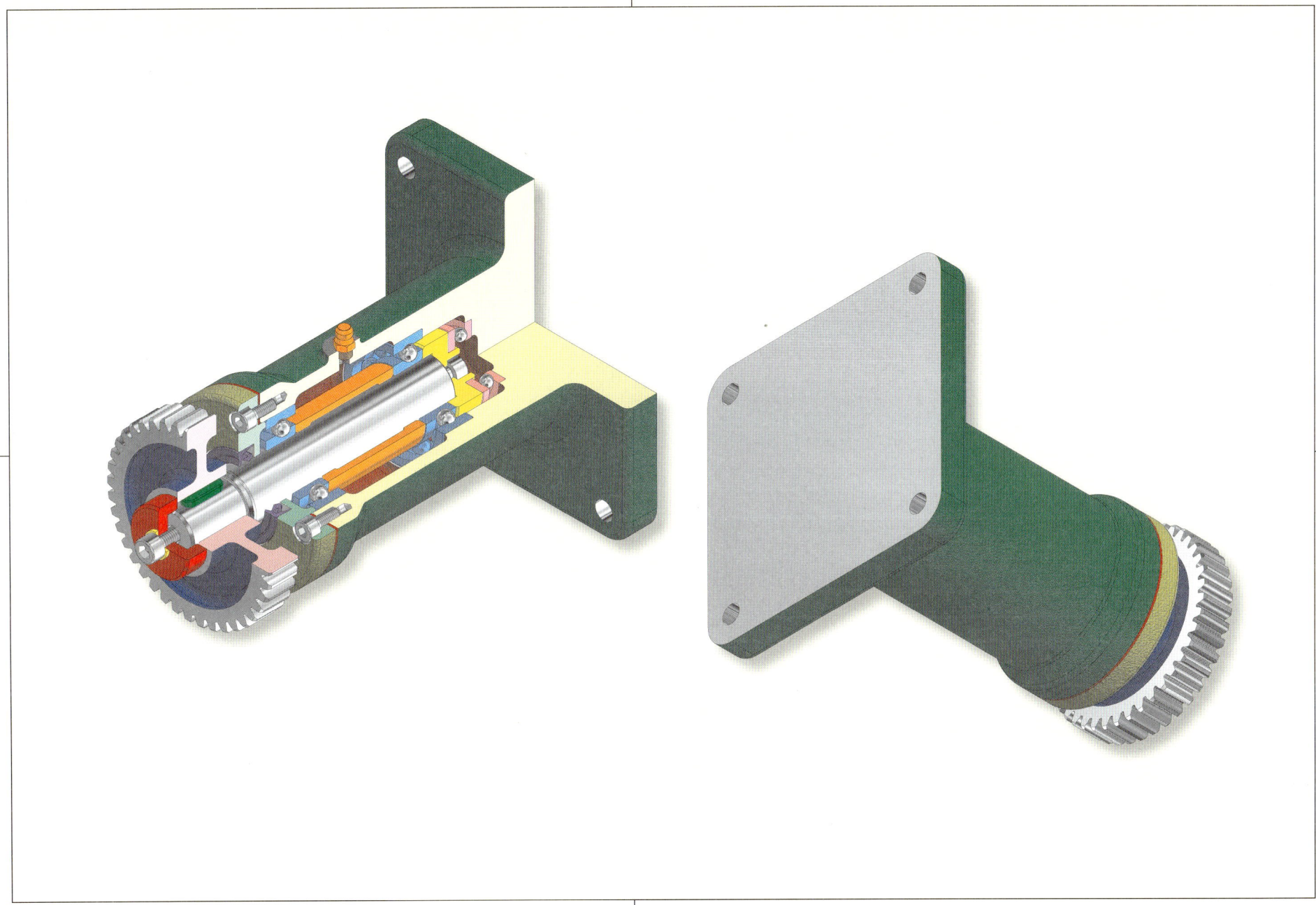

4. 기어박스-1 2D 과제 도면

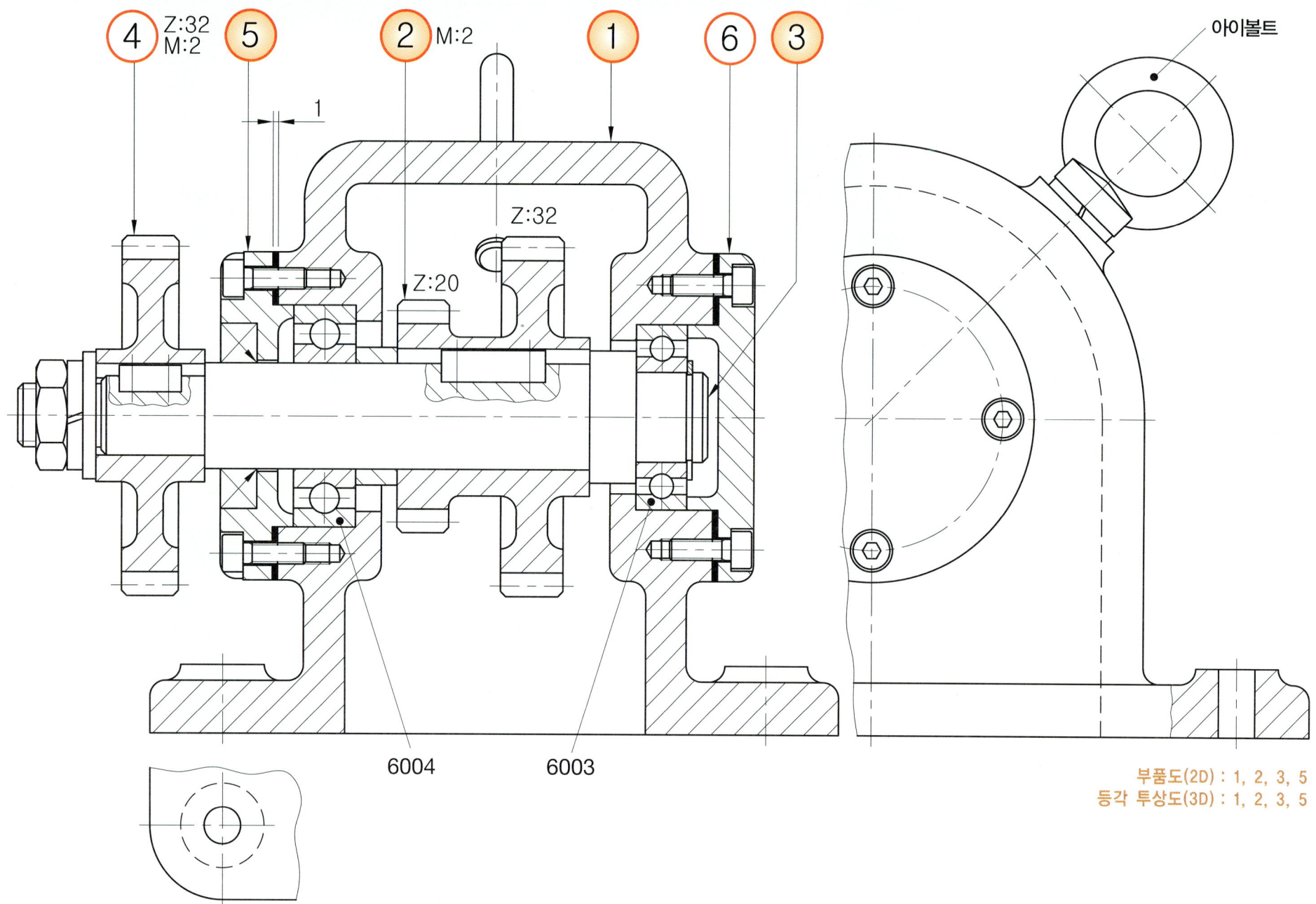

부품도(2D) : 1, 2, 3, 5
등각 투상도(3D) : 1, 2, 3, 5

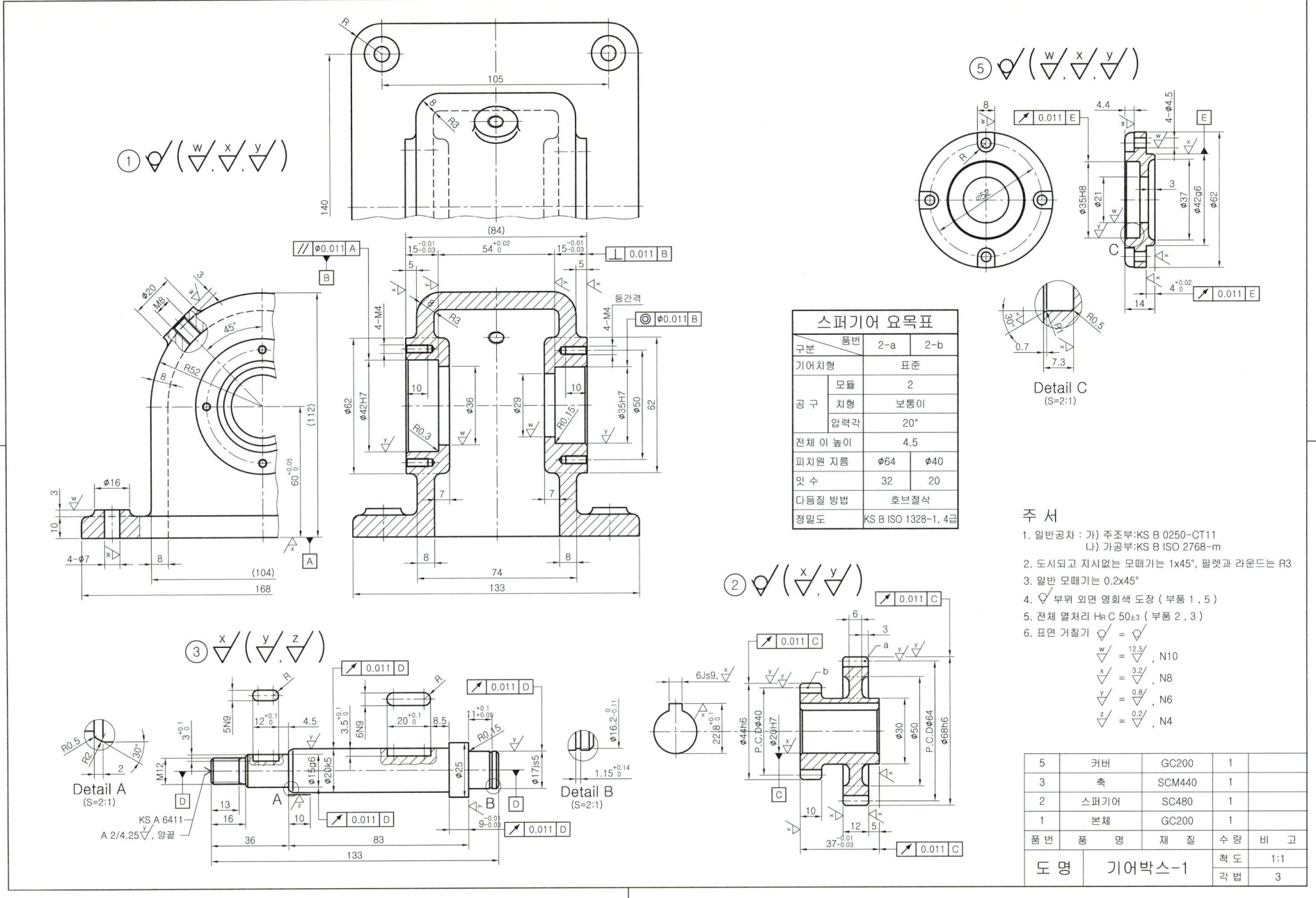

4. 기어박스-1 3D 렌더링 등각 투상도 예제 도면(전산응용기계제도기능사)

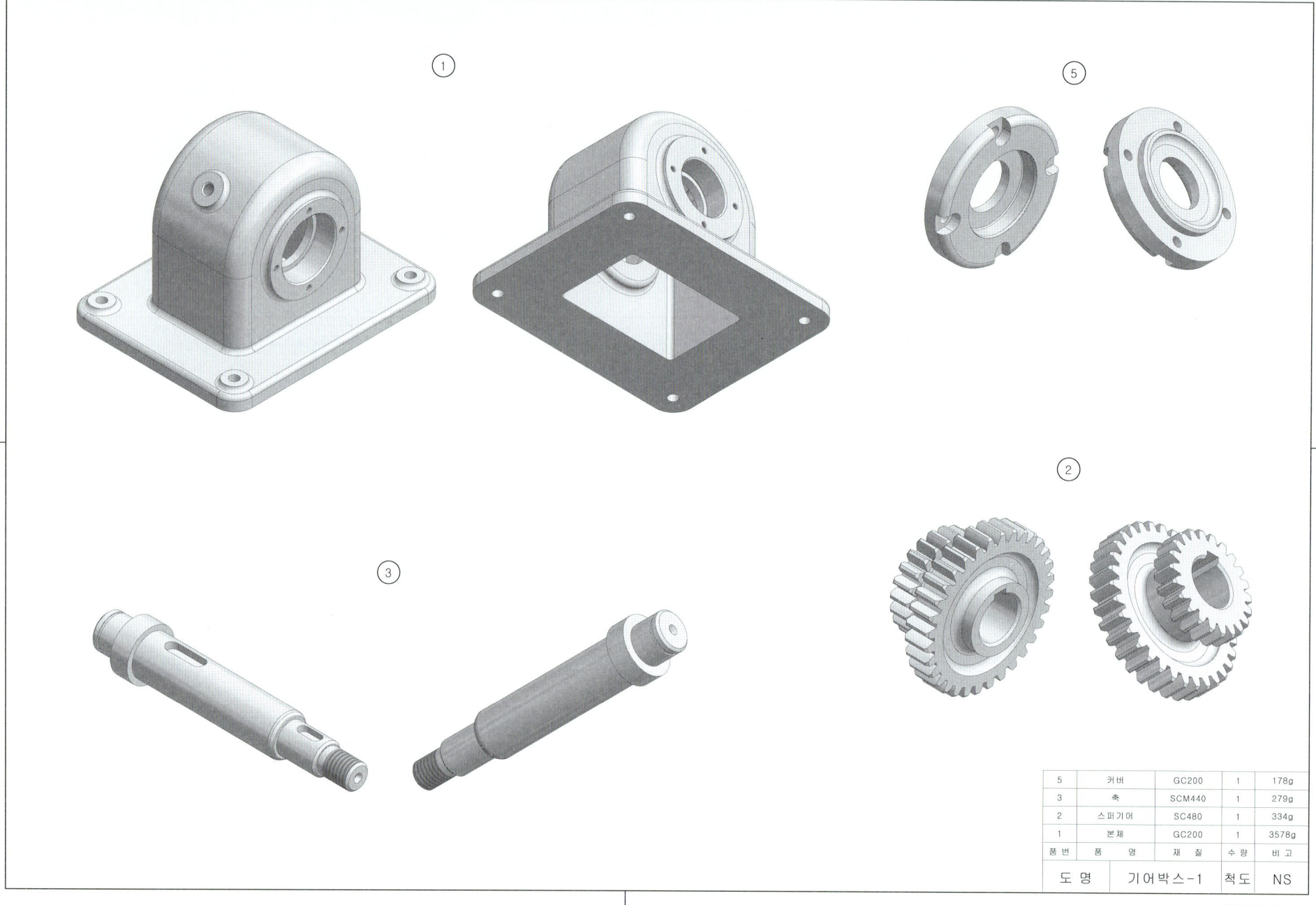

4. 기어박스-1 3D 모델링도 예제 도면(기계설계산업기사)

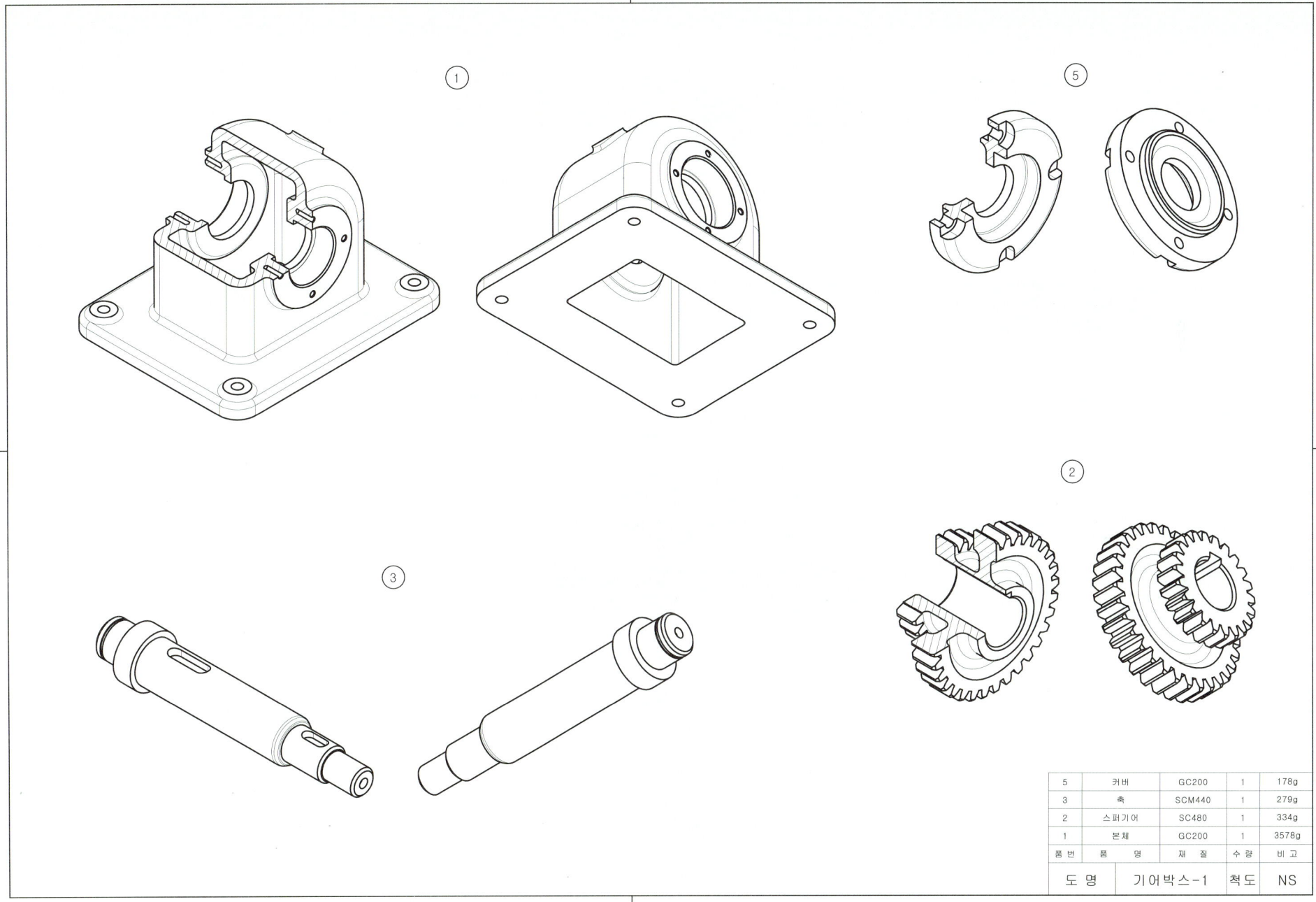

4. 기어박스-1 등각 분해도 예제 도면

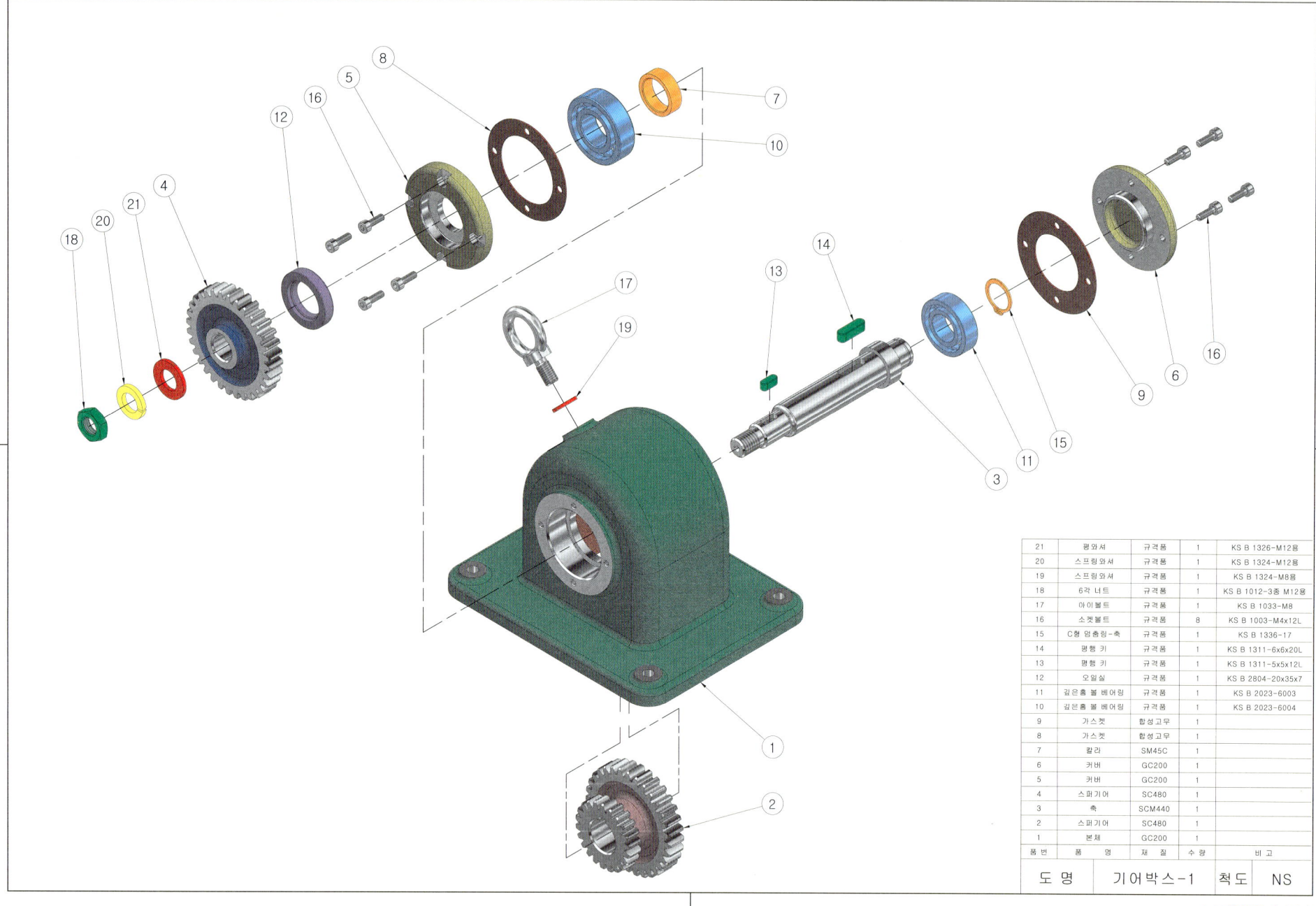

21	평와셔	규격품	1	KS B 1326-M12용
20	스프링와셔	규격품	1	KS B 1324-M12용
19	스프링와셔	규격품	1	KS B 1324-M8용
18	6각 너트	규격품	1	KS B 1012-3종 M12용
17	아이볼트	규격품	1	KS B 1033-M8
16	소켓볼트	규격품	8	KS B 1003-M4x12L
15	C형 멈춤링-축	규격품	1	KS B 1336-17
14	평행 키	규격품	1	KS B 1311-6x6x20L
13	평행 키	규격품	1	KS B 1311-5x5x12L
12	오일실	규격품	1	KS B 2804-20x35x7
11	깊은홈 볼 베어링	규격품	1	KS B 2023-6003
10	깊은홈 볼 베어링	규격품	1	KS B 2023-6004
9	가스켓	합성고무	1	
8	가스켓	합성고무	1	
7	칼라	SM45C	1	
6	커버	GC200	1	
5	커버	GC200	1	
4	스퍼기어	SC480	1	
3	축	SCM440	1	
2	스퍼기어	SC480	1	
1	본체	GC200	1	
품번	품 명	재 질	수량	비 고

| 도 명 | 기어박스-1 | 척도 | NS |

4. 기어박스-1 등각 조립도 예제 도면

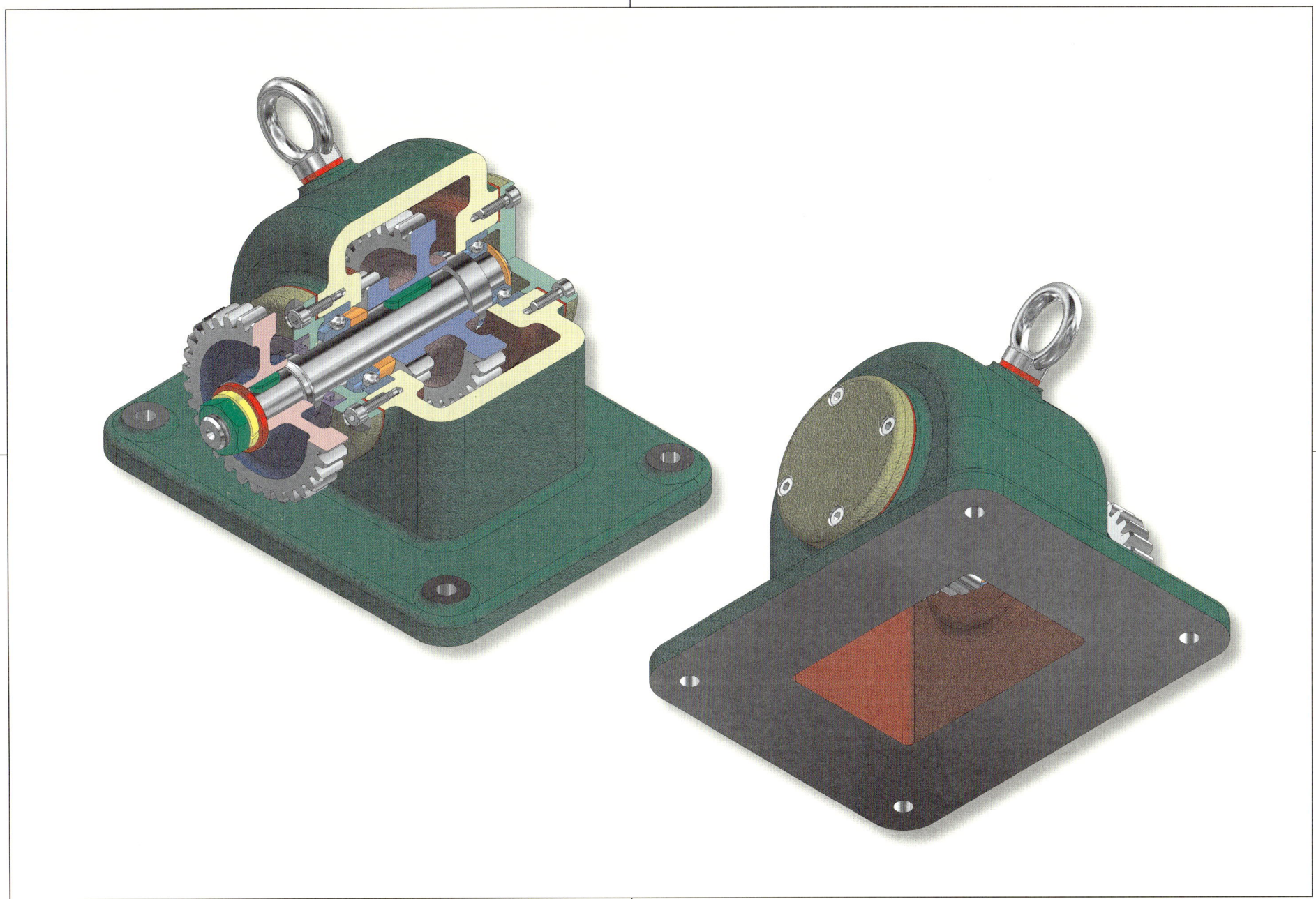

5. 기어박스-2 2D 과제 도면

인벤터 실기 무료 동영상 강의 제공 과제

부품도(2D) : 1, 3, 4, 5
등각 투상도(3D) : 1, 2, 3, 4, 5

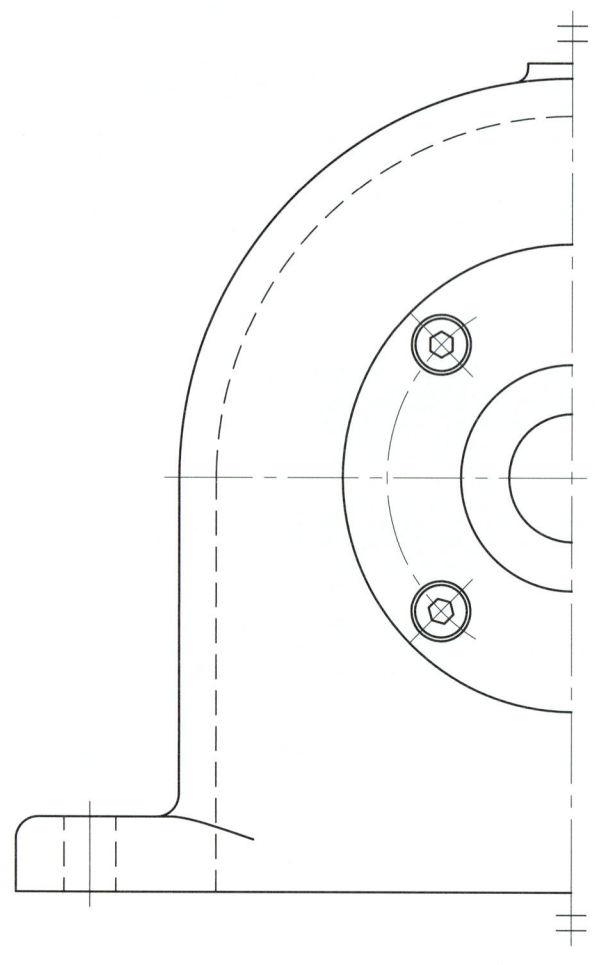

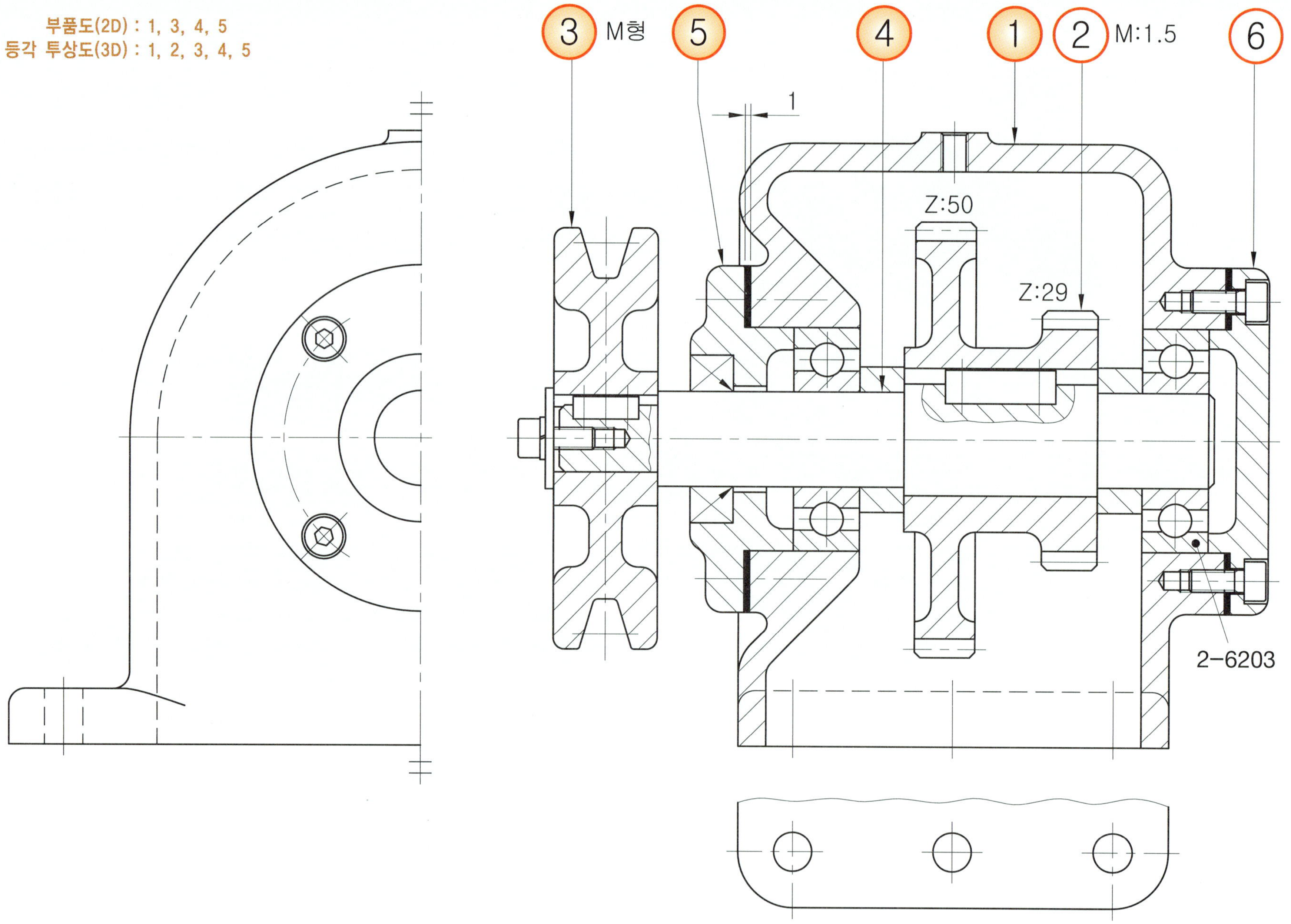

5. 기어박스-2 2D 부품도 풀이 도면

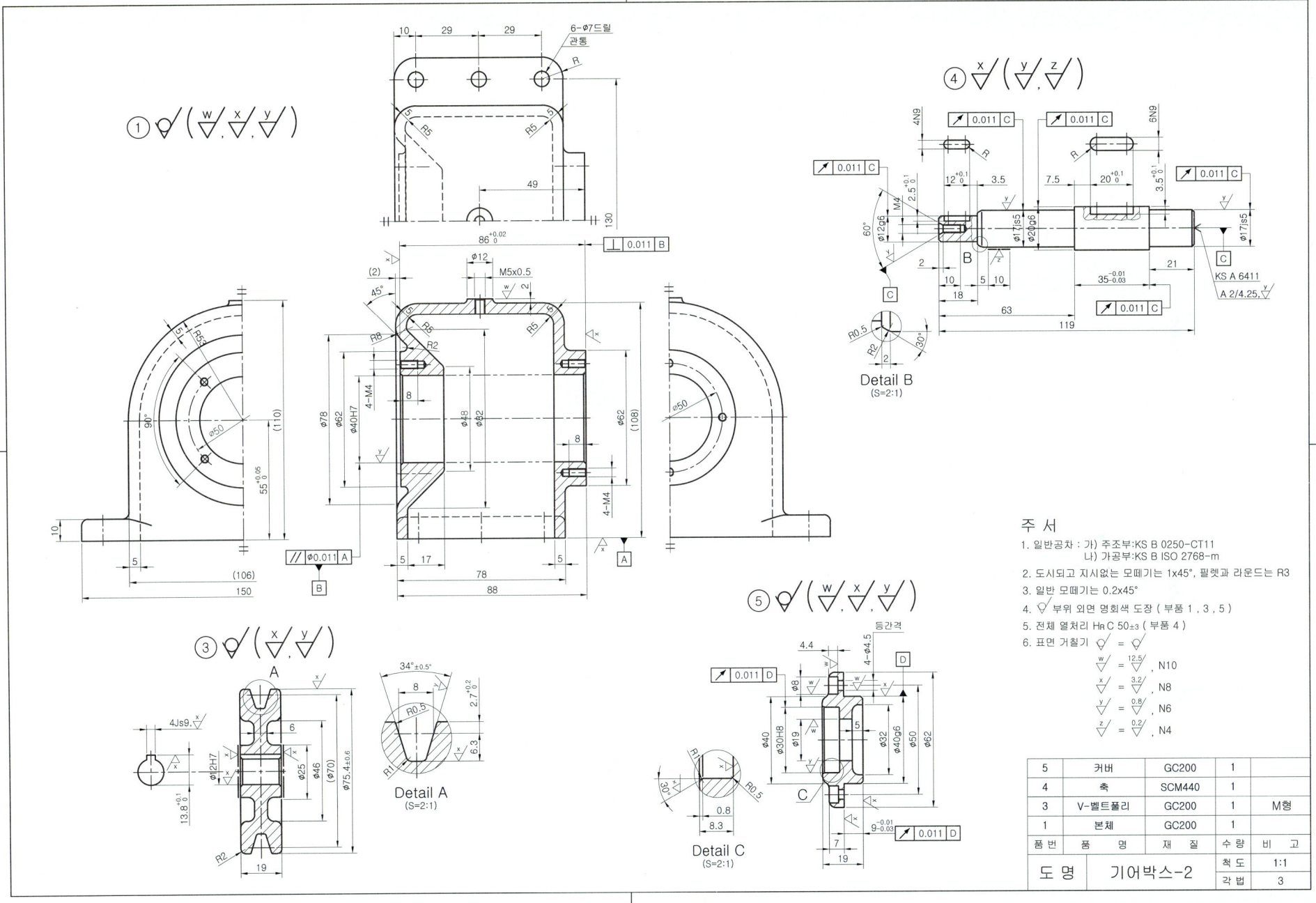

5. 기어박스-2 3D 렌더링 등각 투상도 예제 도면(전산응용기계제도기능사)

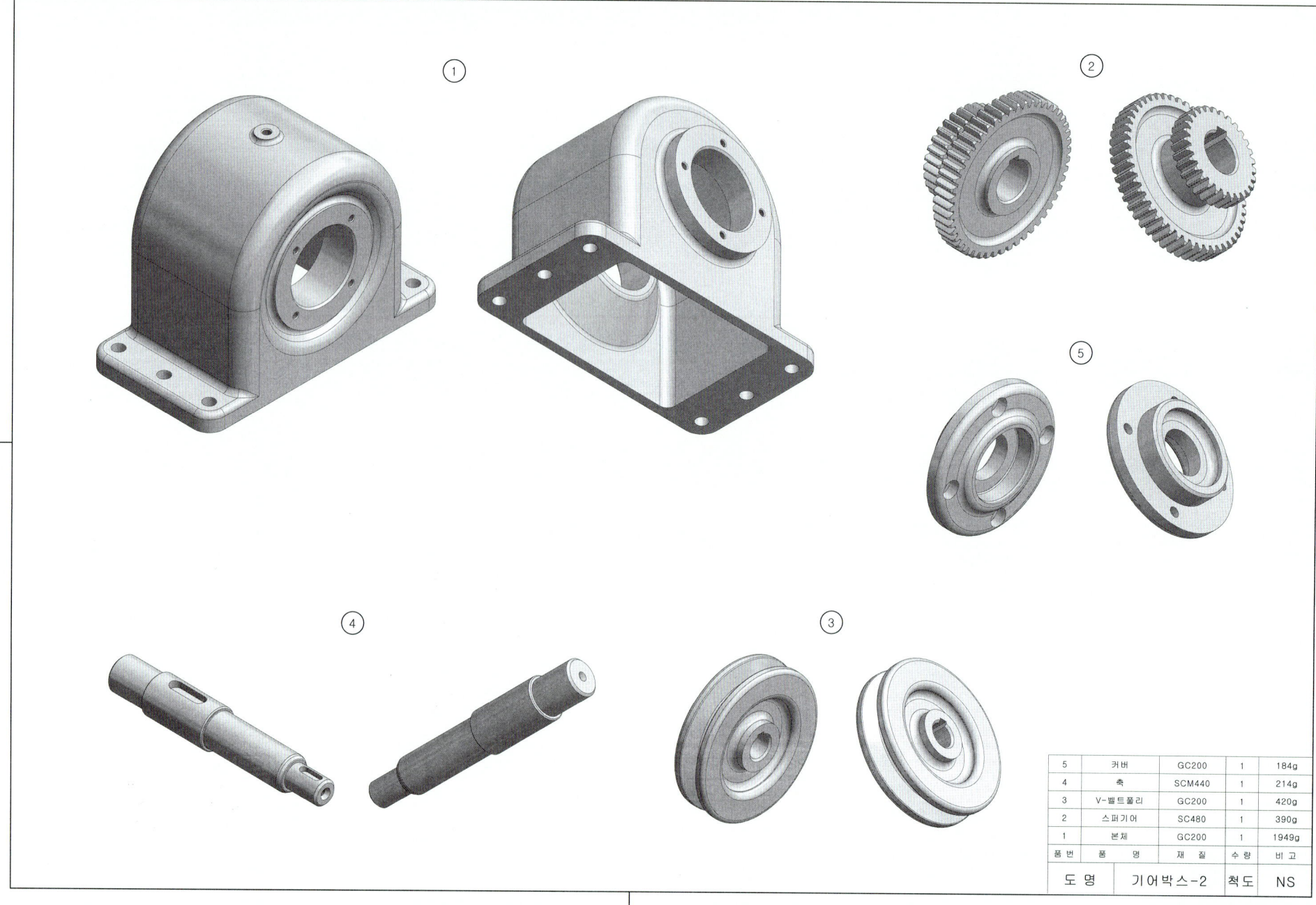

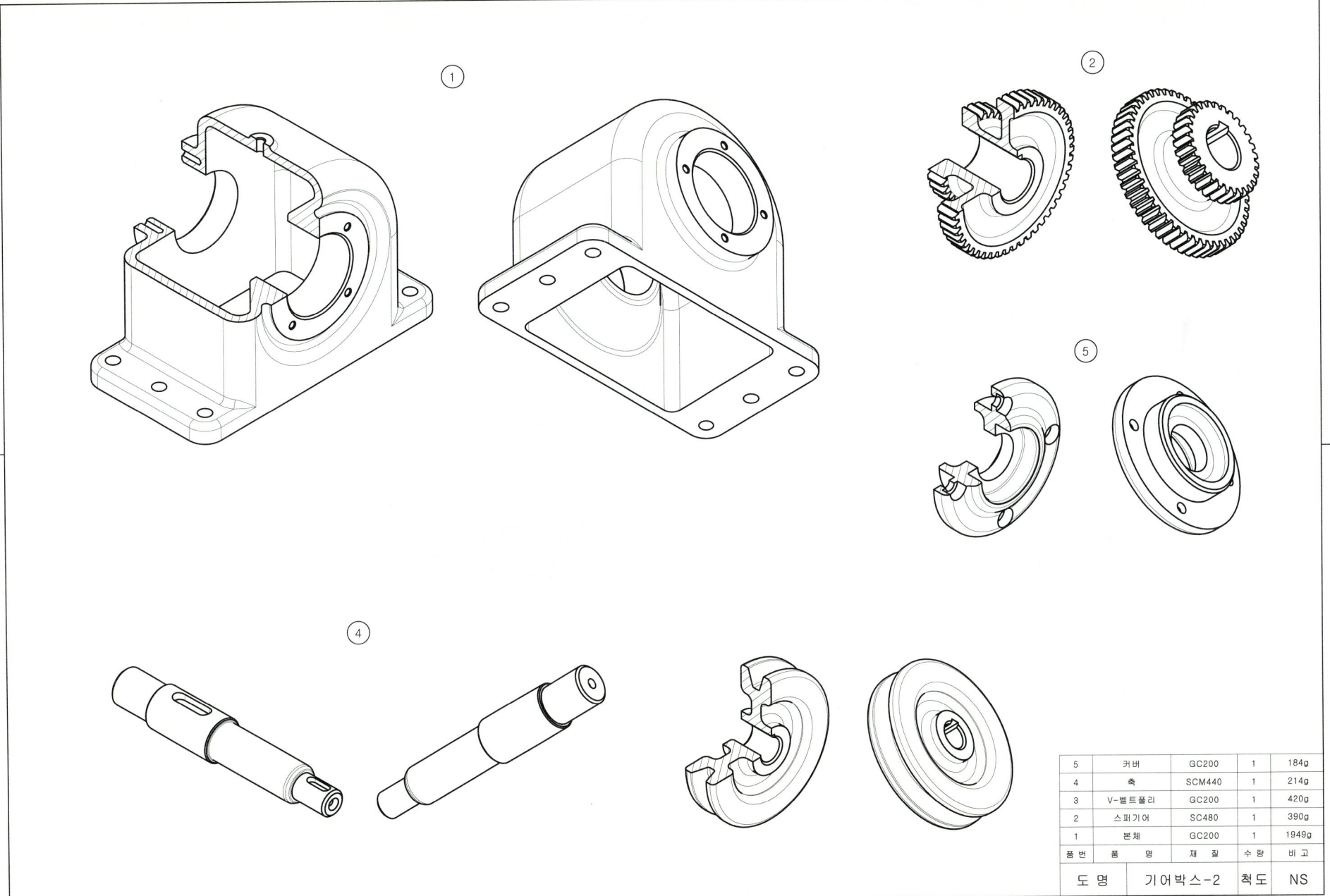

5. 기어박스-2 등각 분해도 예제 도면

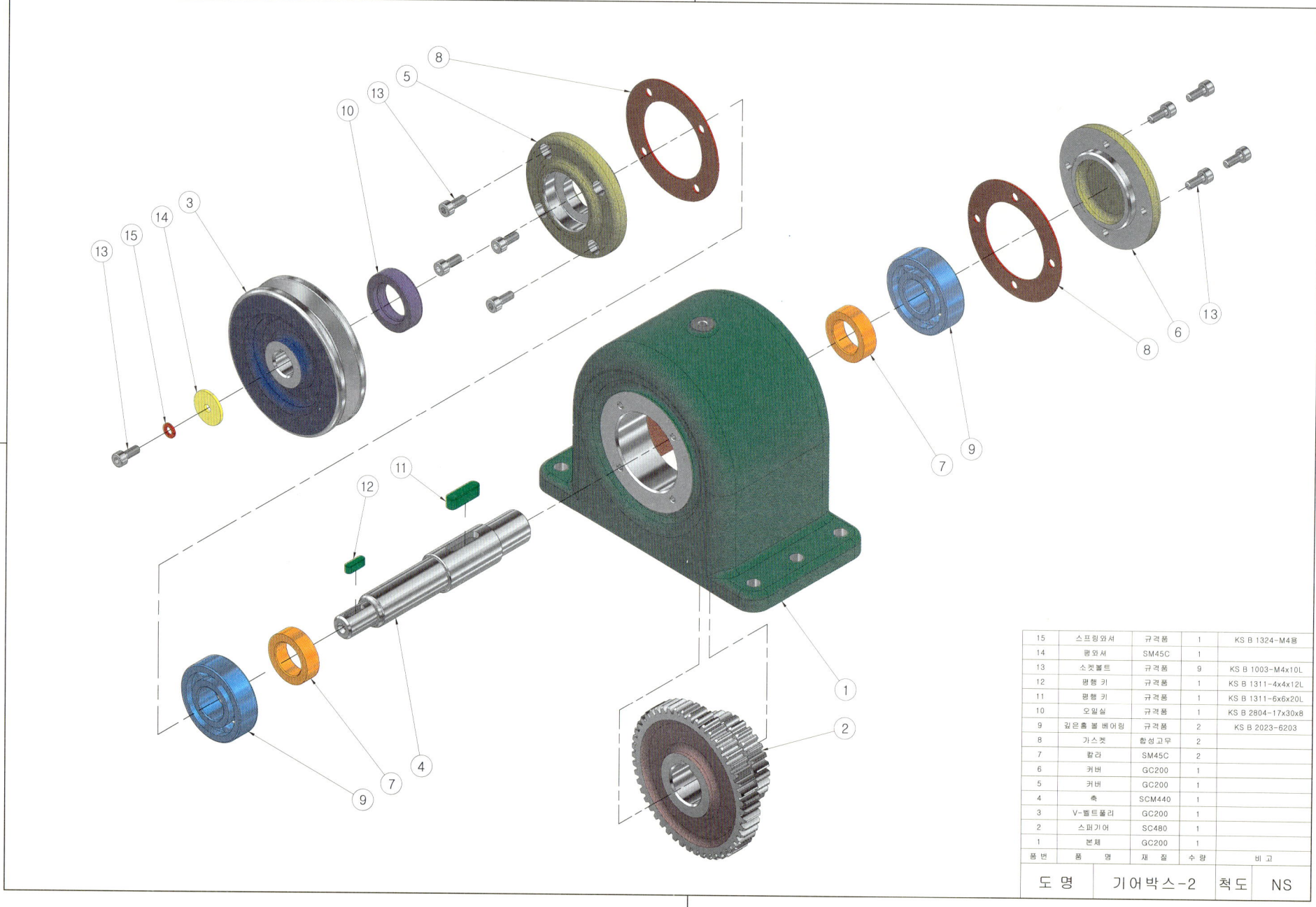

15	스프링와셔	규격품	1	KS B 1324-M4용
14	평와셔	SM45C	1	
13	소켓볼트	규격품	9	KS B 1003-M4x10L
12	평행 키	규격품	1	KS B 1311-4x4x12L
11	평행 키	규격품	1	KS B 1311-6x6x20L
10	오일실	규격품	1	KS B 2804-17x30x8
9	깊은홈 볼 베어링	규격품	2	KS B 2023-6203
8	가스켓	합성고무	2	
7	칼라	SM45C	2	
6	커버	GC200	1	
5	커버	GC200	1	
4	축	SCM440	1	
3	V-벨트풀리	GC200	1	
2	스퍼기어	SC480	1	
1	본체	GC200	1	
품 번	품 명	재 질	수 량	비 고

도 명	기어박스-2	척도	NS

5. 기어박스-2 등각 조립도 예제 도면

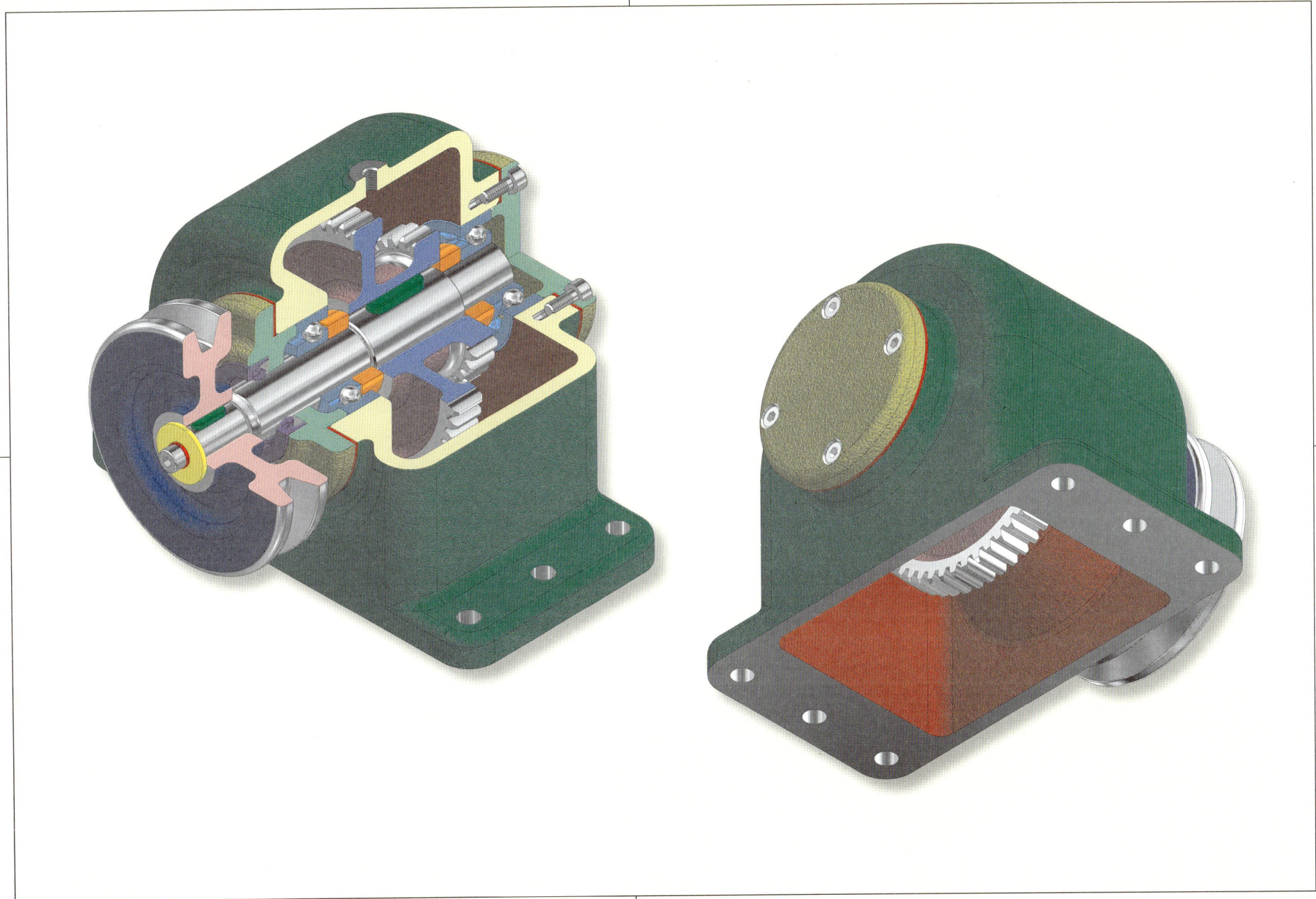

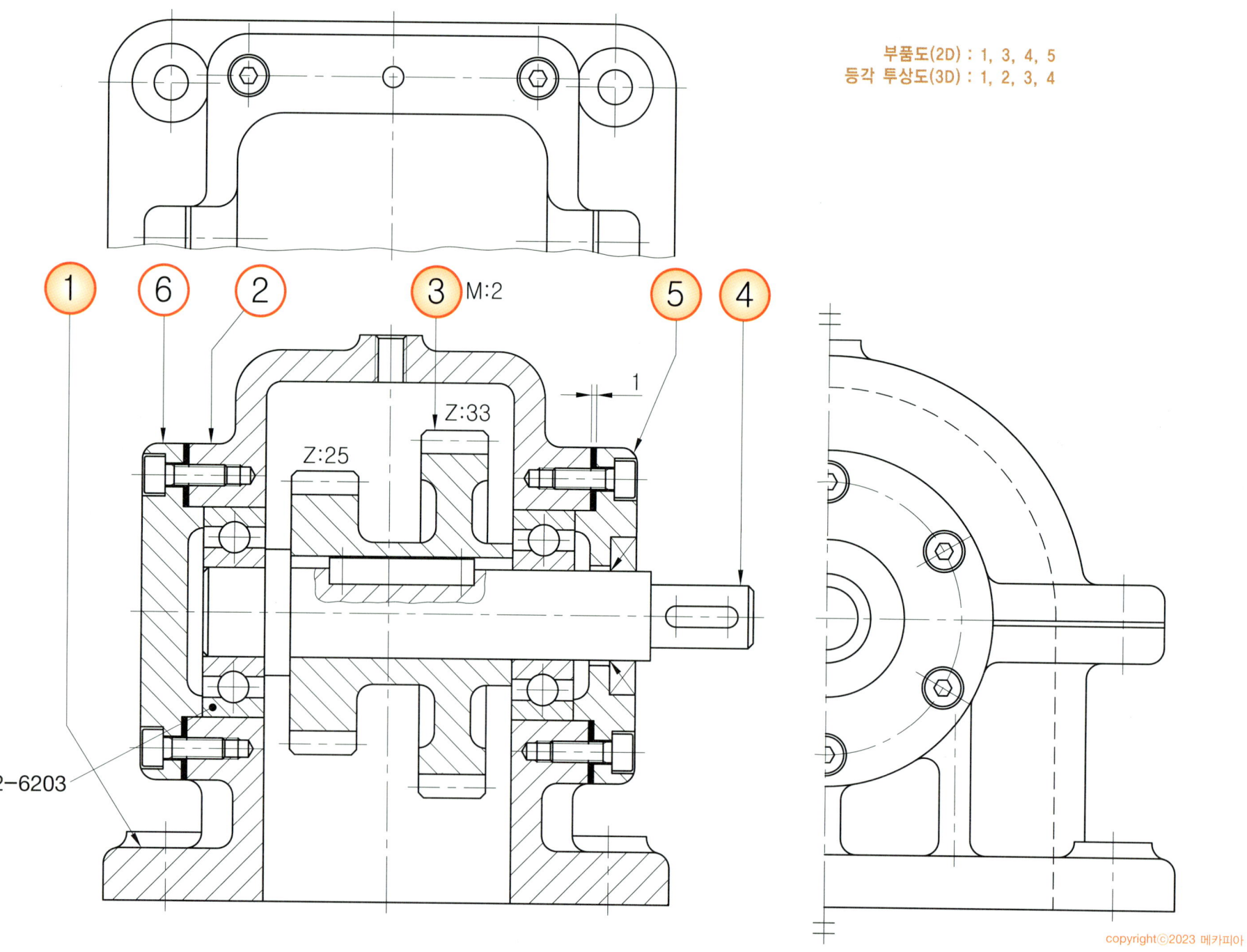

6. 기어박스-3 2D 부품도 풀이 도면

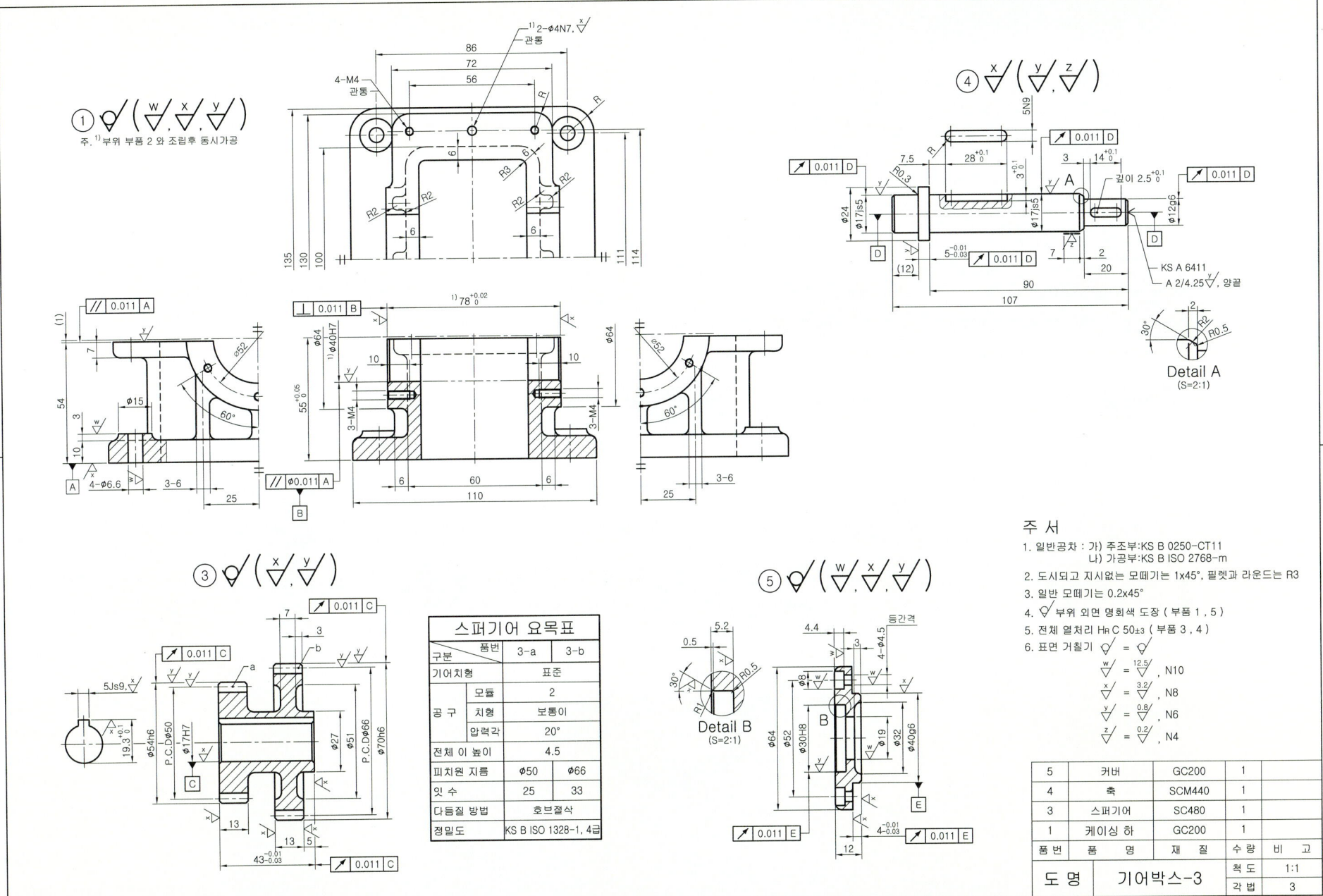

6. 기어박스-3 3D 렌더링 등각 투상도 예제 도면(전산응용기계제도기능사)

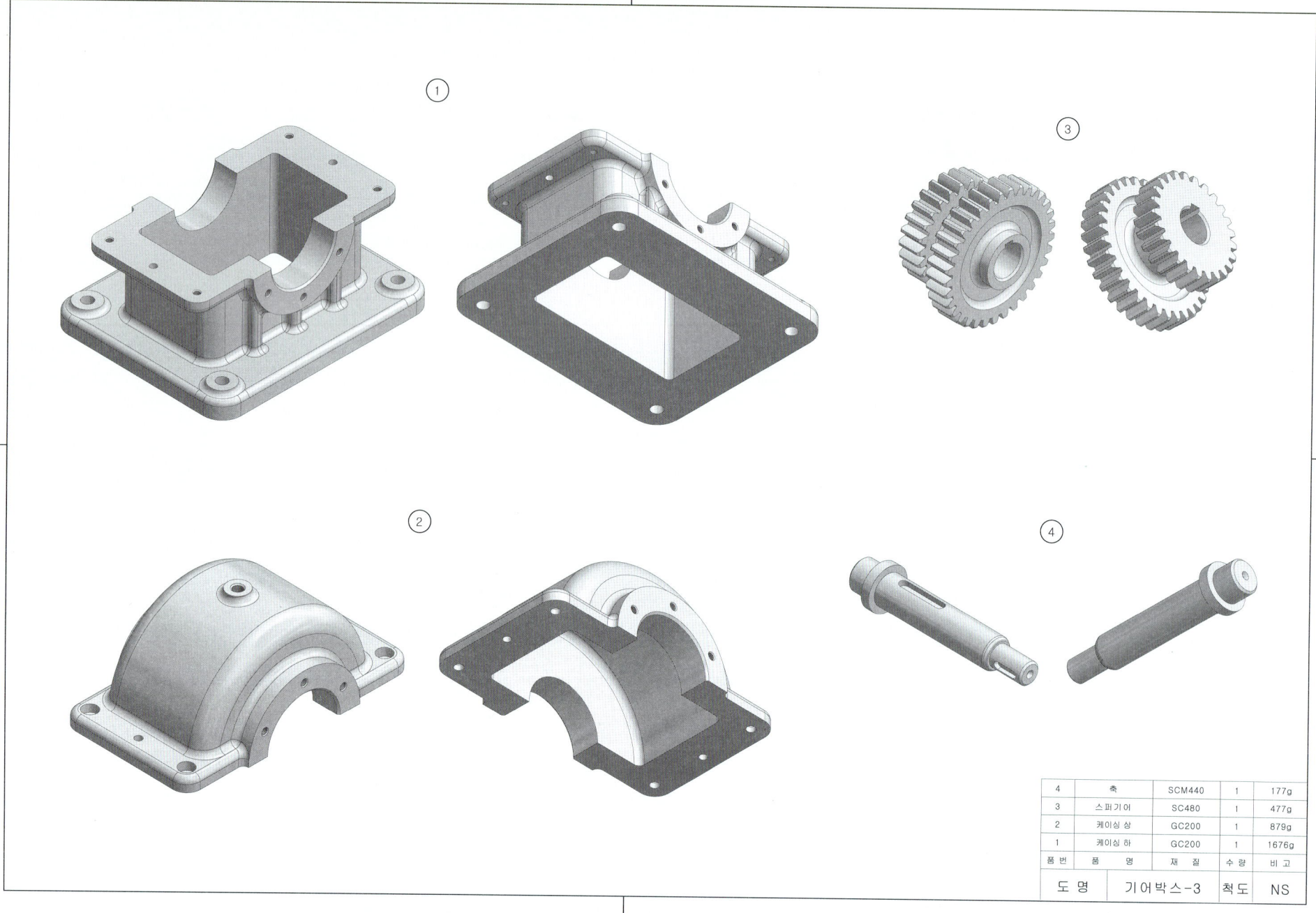

6. 기어박스-3 3D 모델링도 예제 도면 (기계설계산업기사)

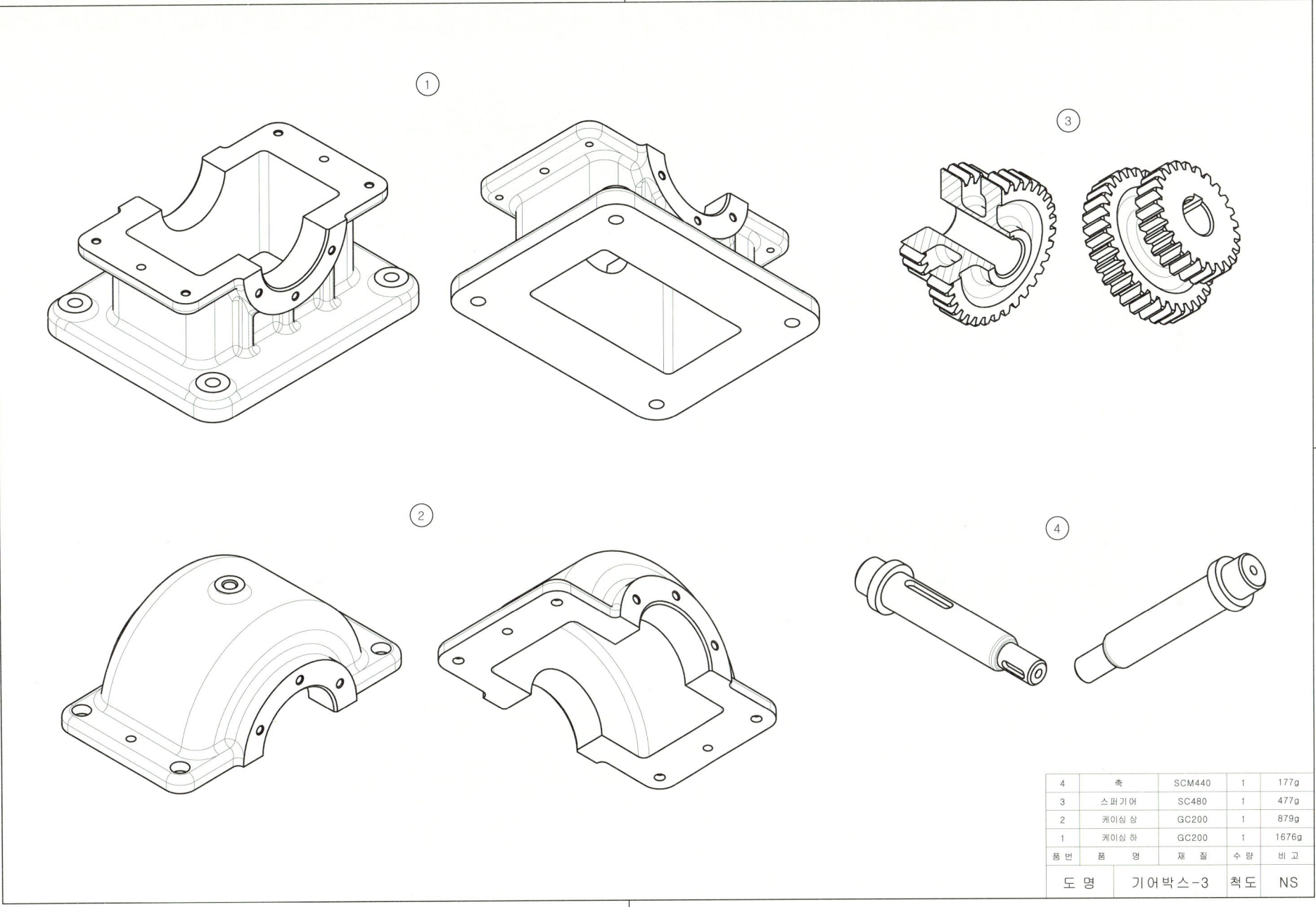

6. 기어박스-3 등각 분해도 예제 도면

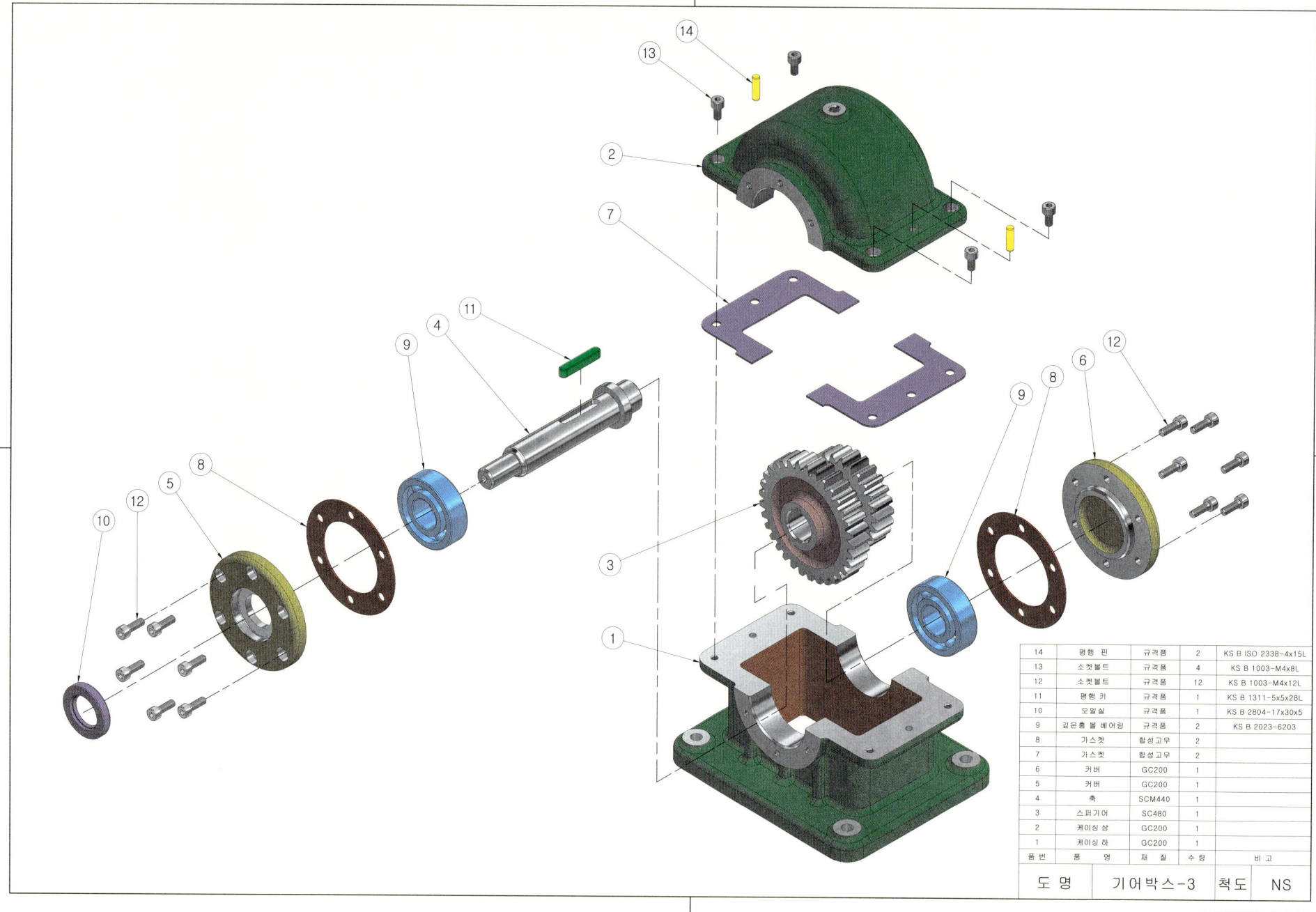

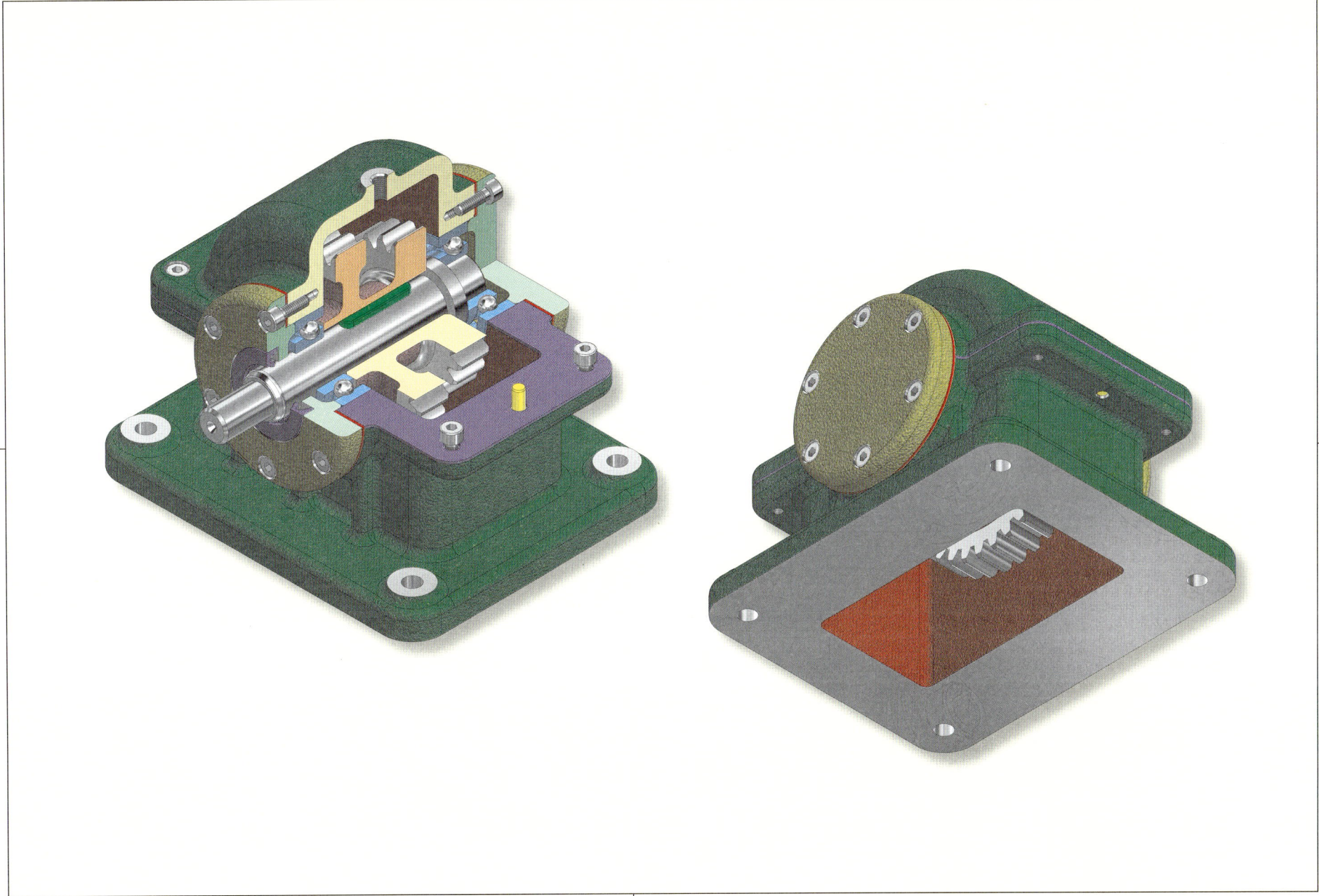

7. 기어박스-4 2D 과제 도면

부품도(2D) : 1, 2, 5, 8
등각 투상도(3D) : 1, 4, 5, 7, 8

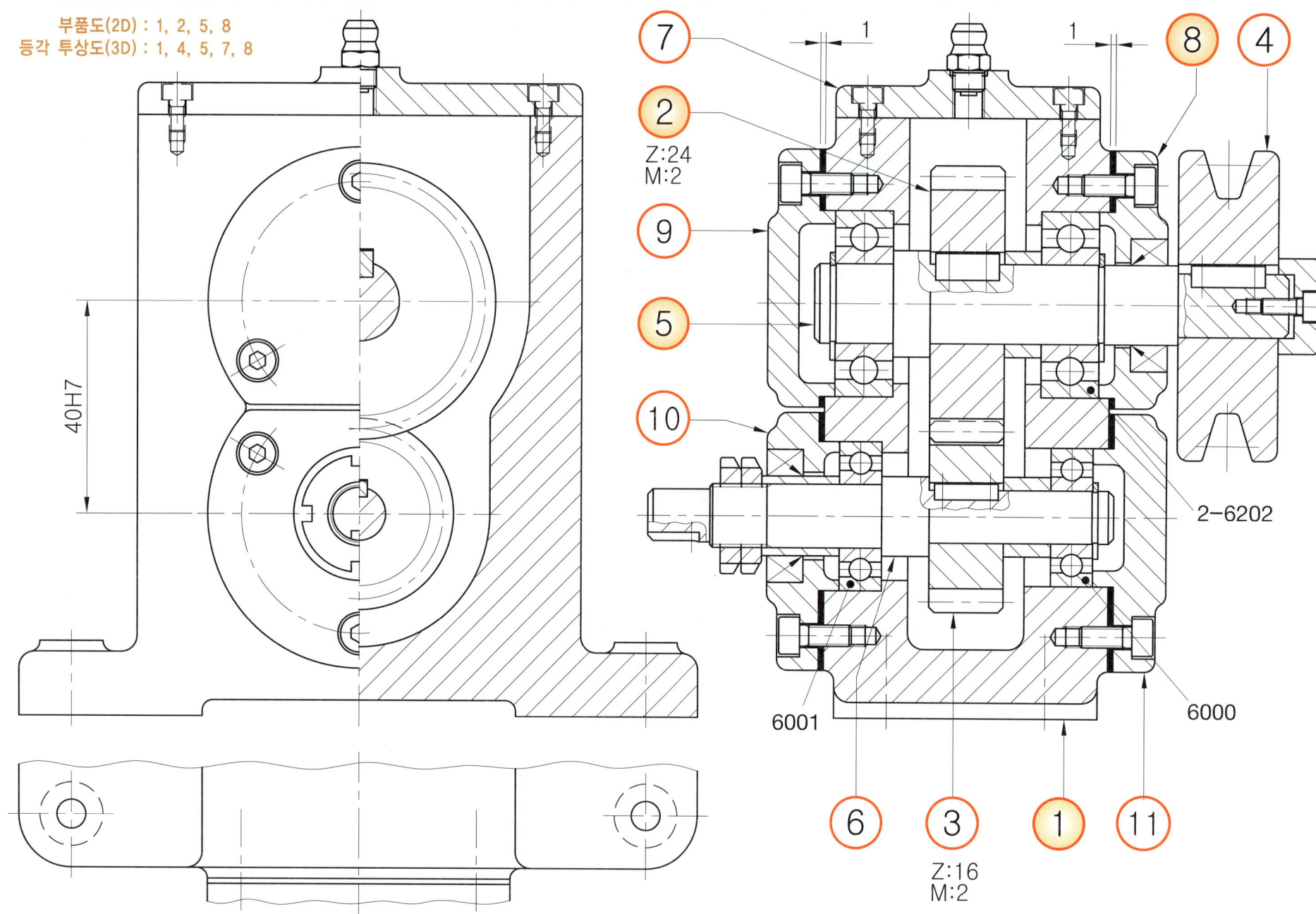

7. 기어박스-4 2D 부품도 풀이 도면

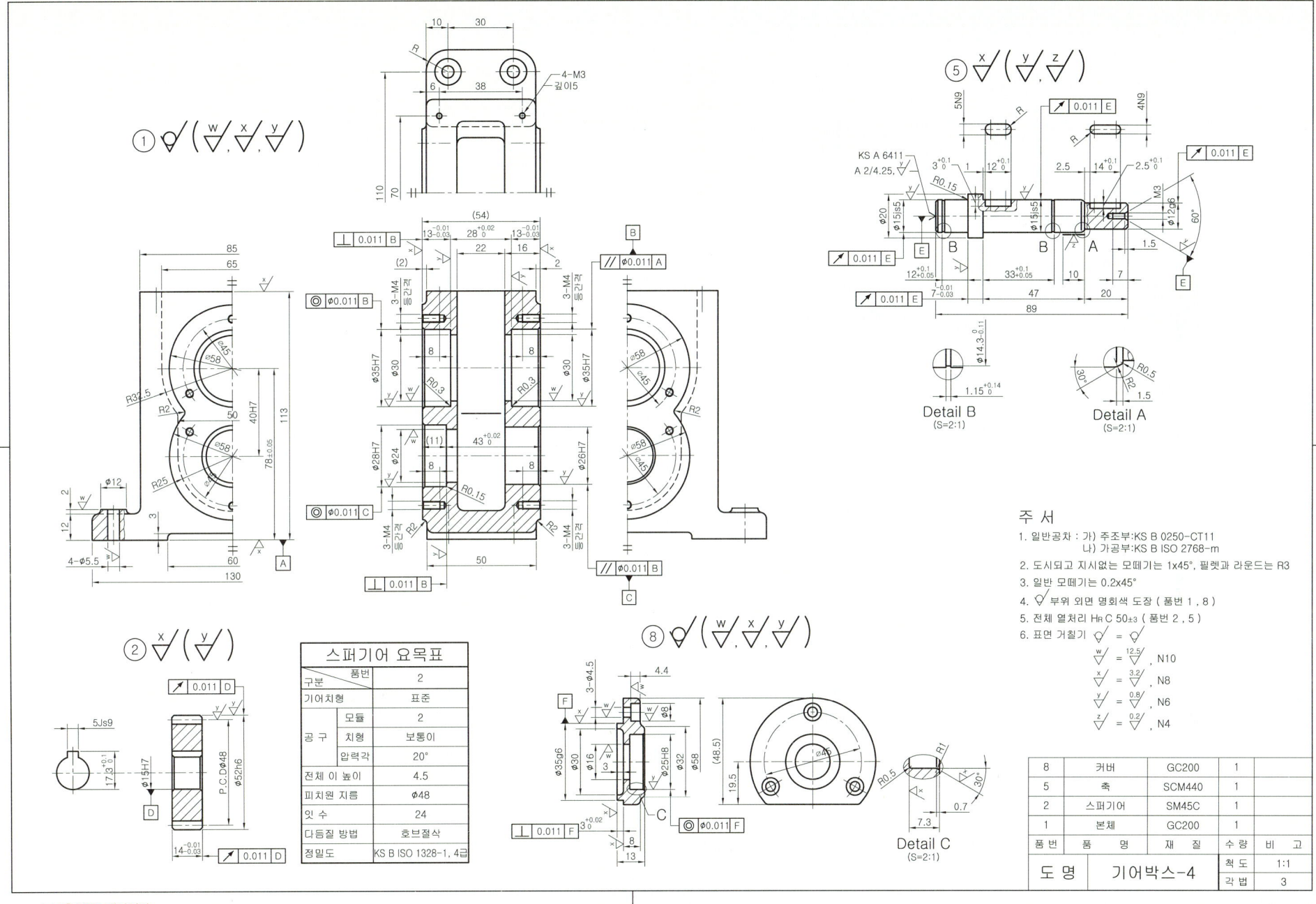

7. 기어박스-4 3D 렌더링 등각 투상도 예제 도면(전산응용기계제도기능사)

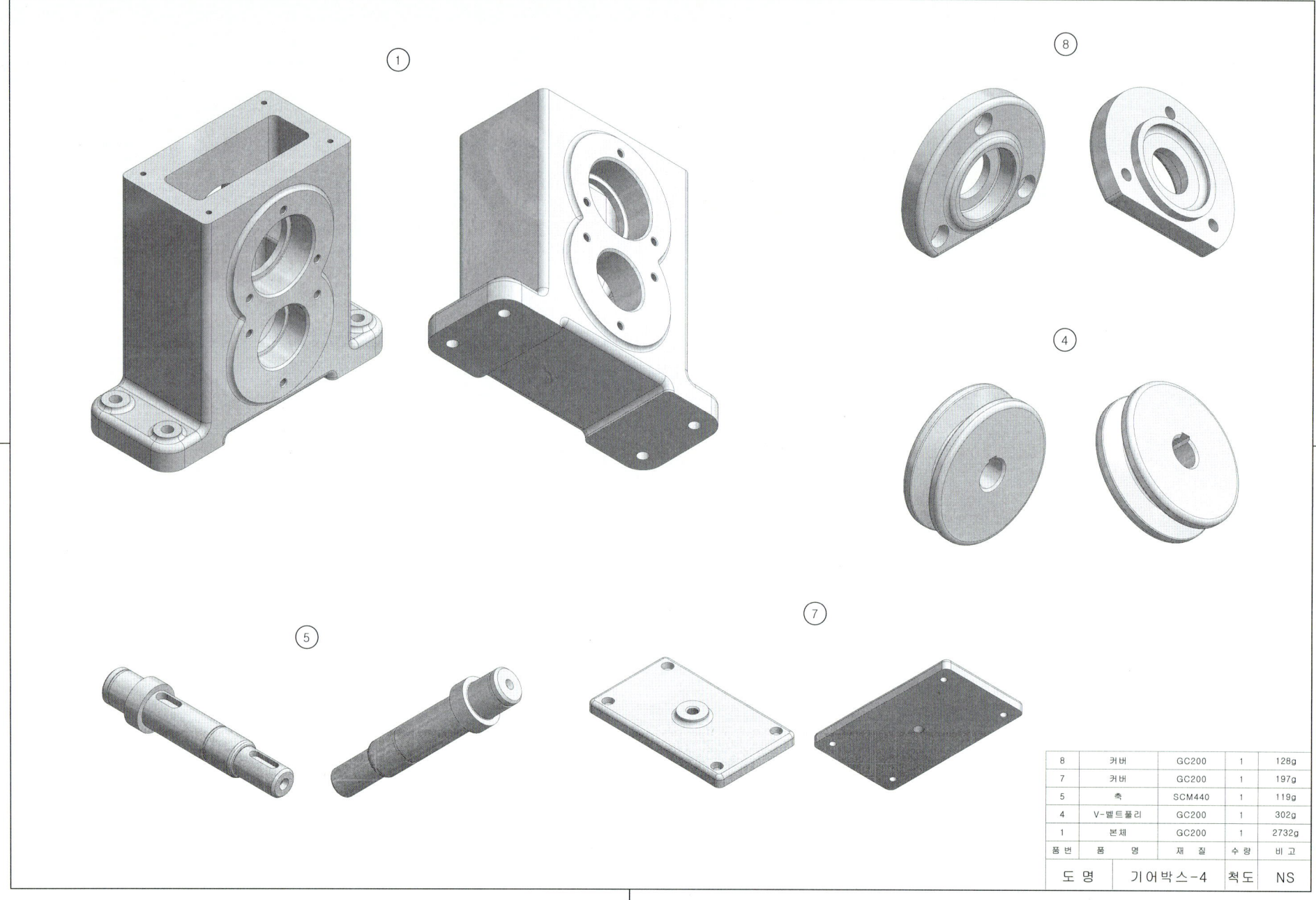

7. 기어박스-4 3D 모델링도 예제 도면(기계설계산업기사)

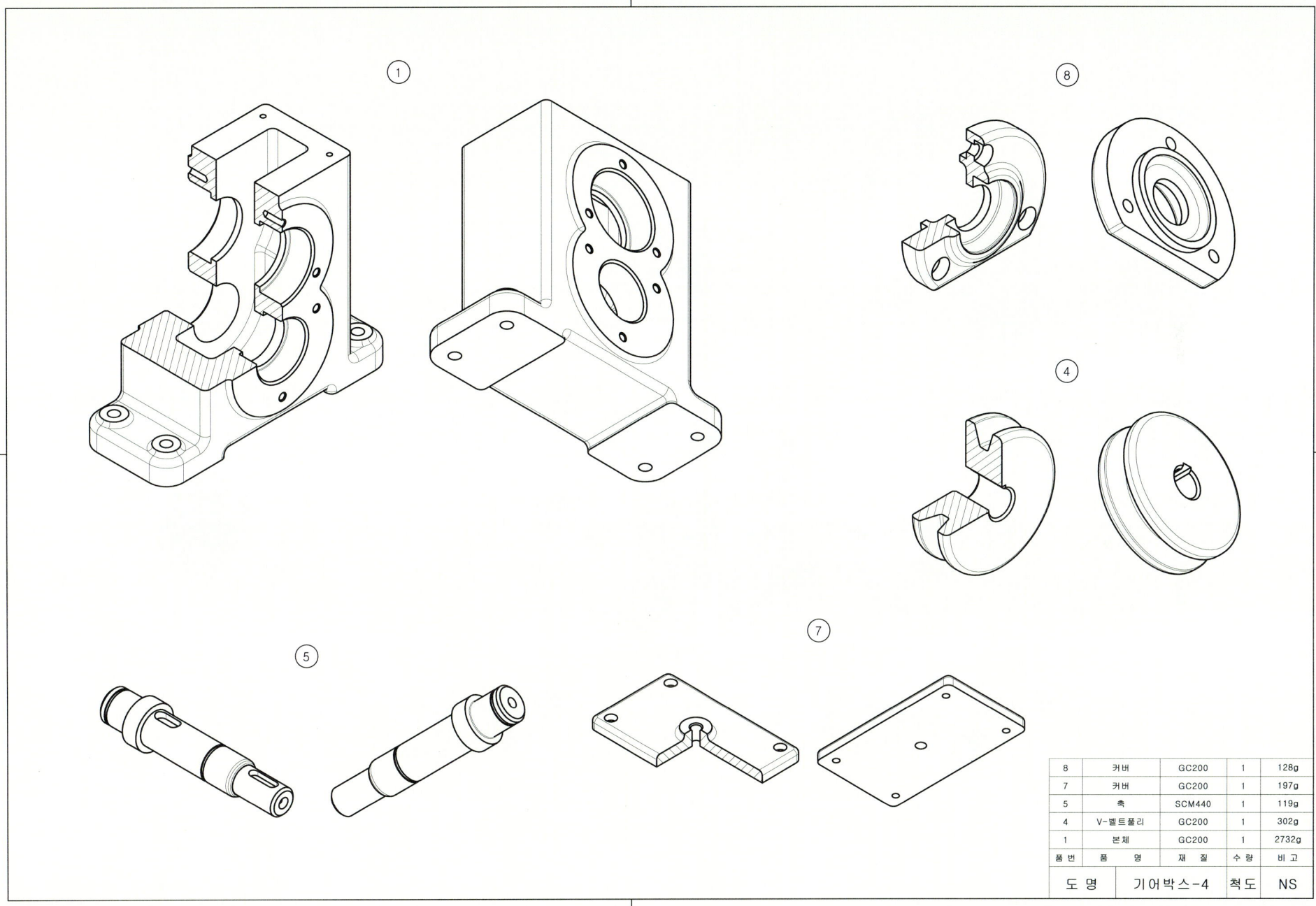

8	커버	GC200	1	128g
7	커버	GC200	1	197g
5	축	SCM440	1	119g
4	V-벨트풀리	GC200	1	302g
1	본체	GC200	1	2732g
품번	품 명	재 질	수량	비 고

도 명	기어박스-4	척도	NS

7. 기어박스-4 등각 분해도 예제 도면

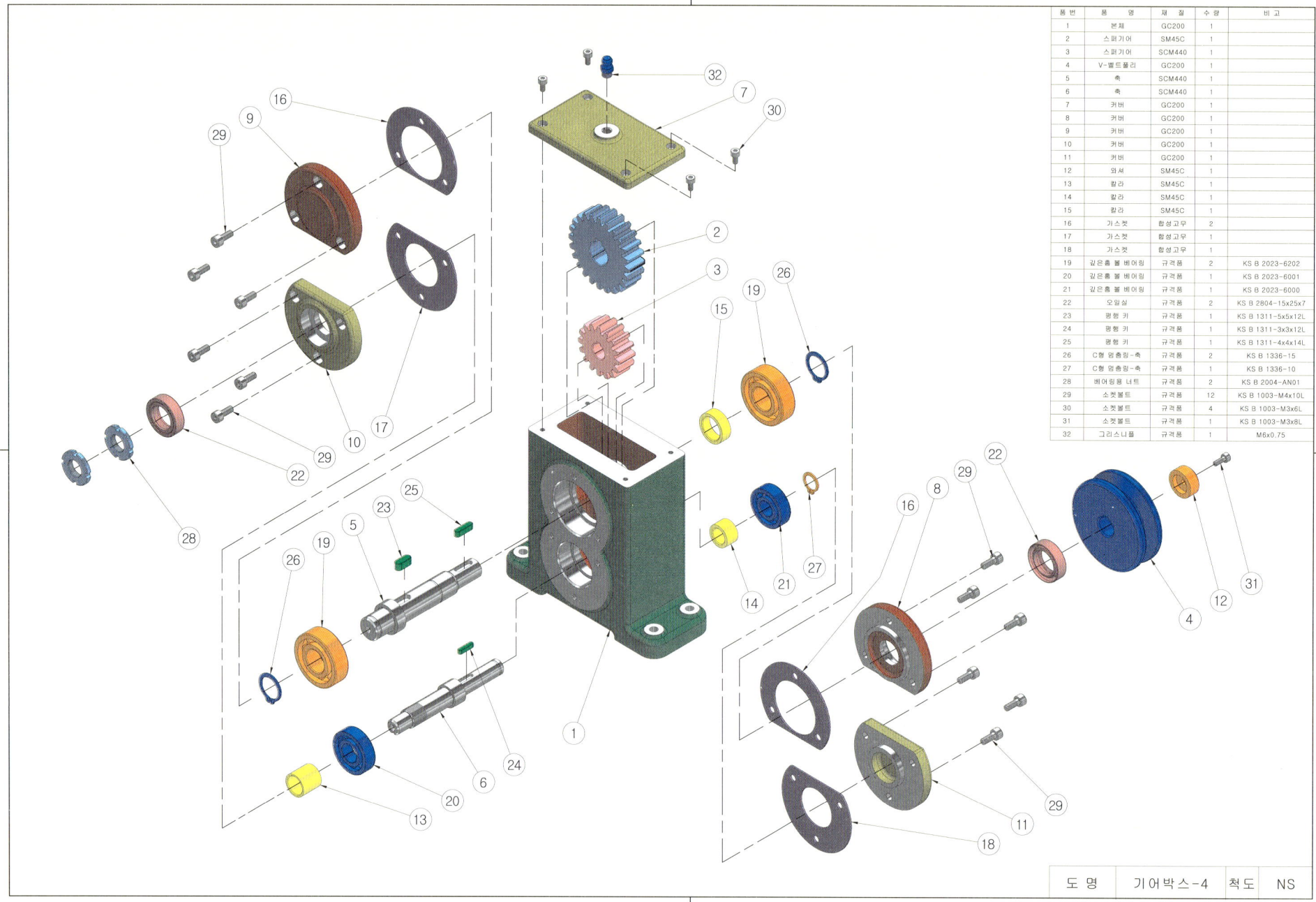

7. 기어박스-4 등각 조립도 예제 도면

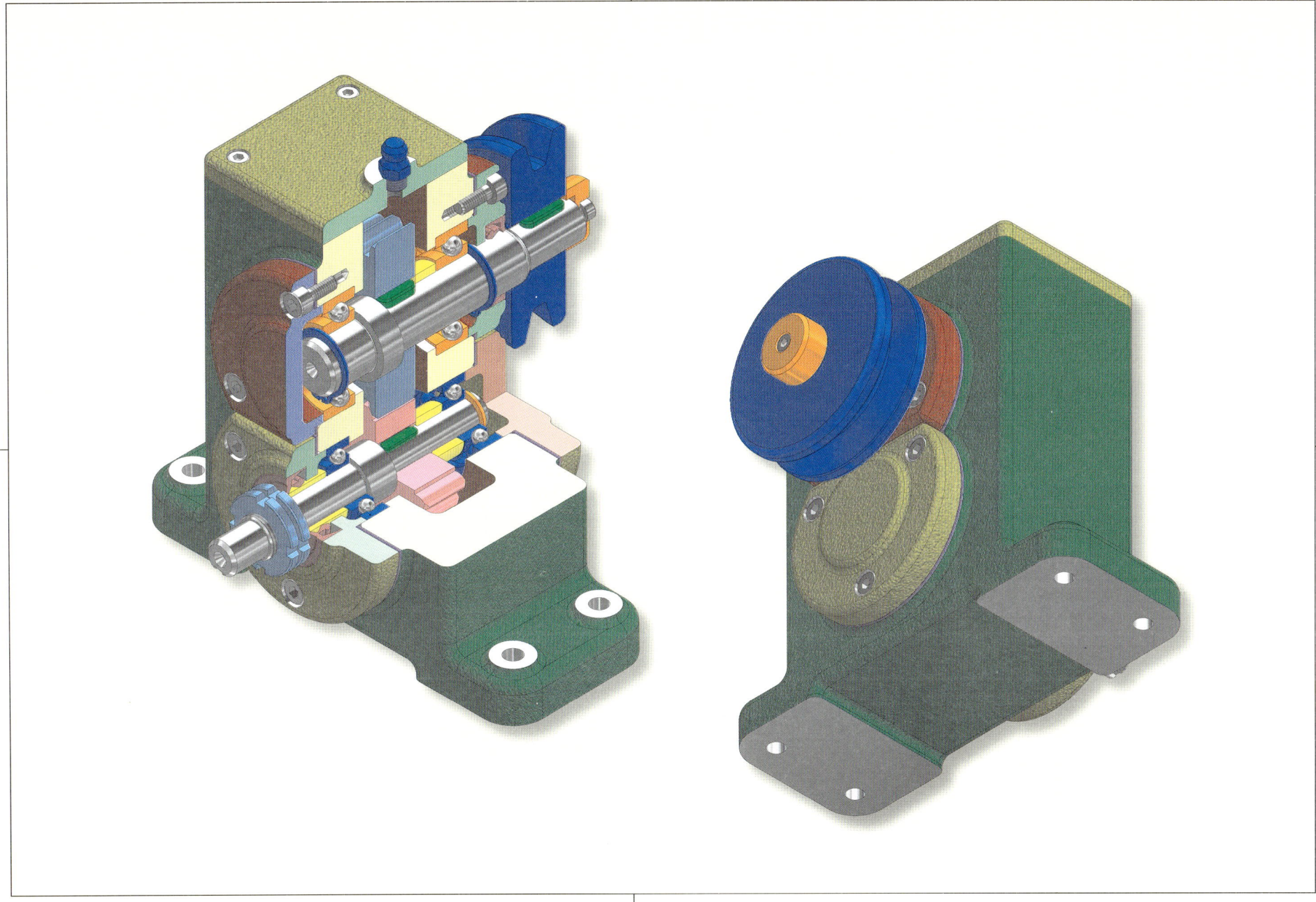

8. V-벨트 전동장치 2D 과제 도면

부품도(2D) : 1, 2, 3
등각 투상도(3D) : 1, 2, 3

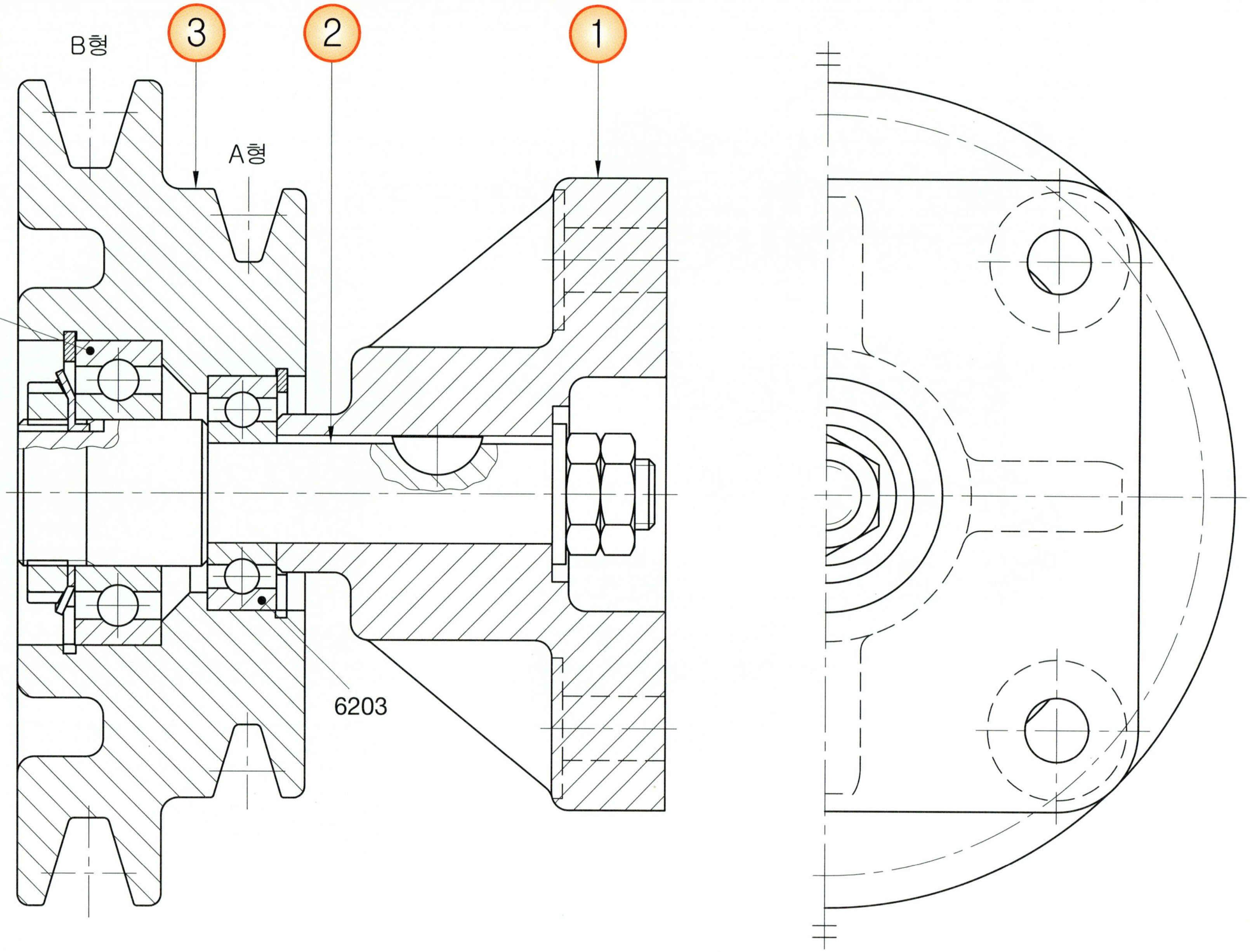

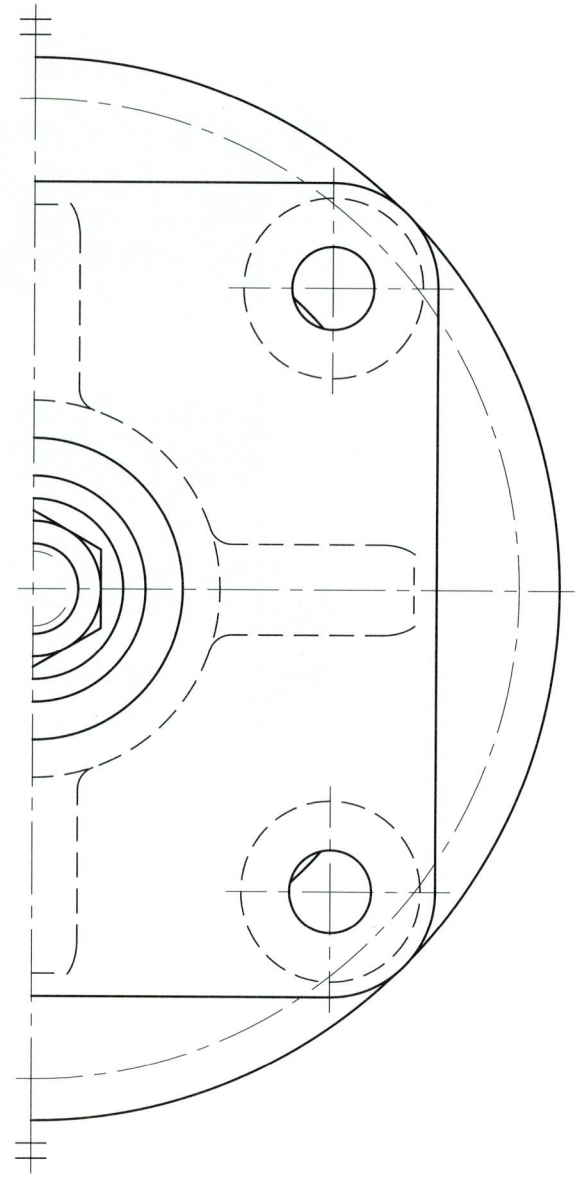

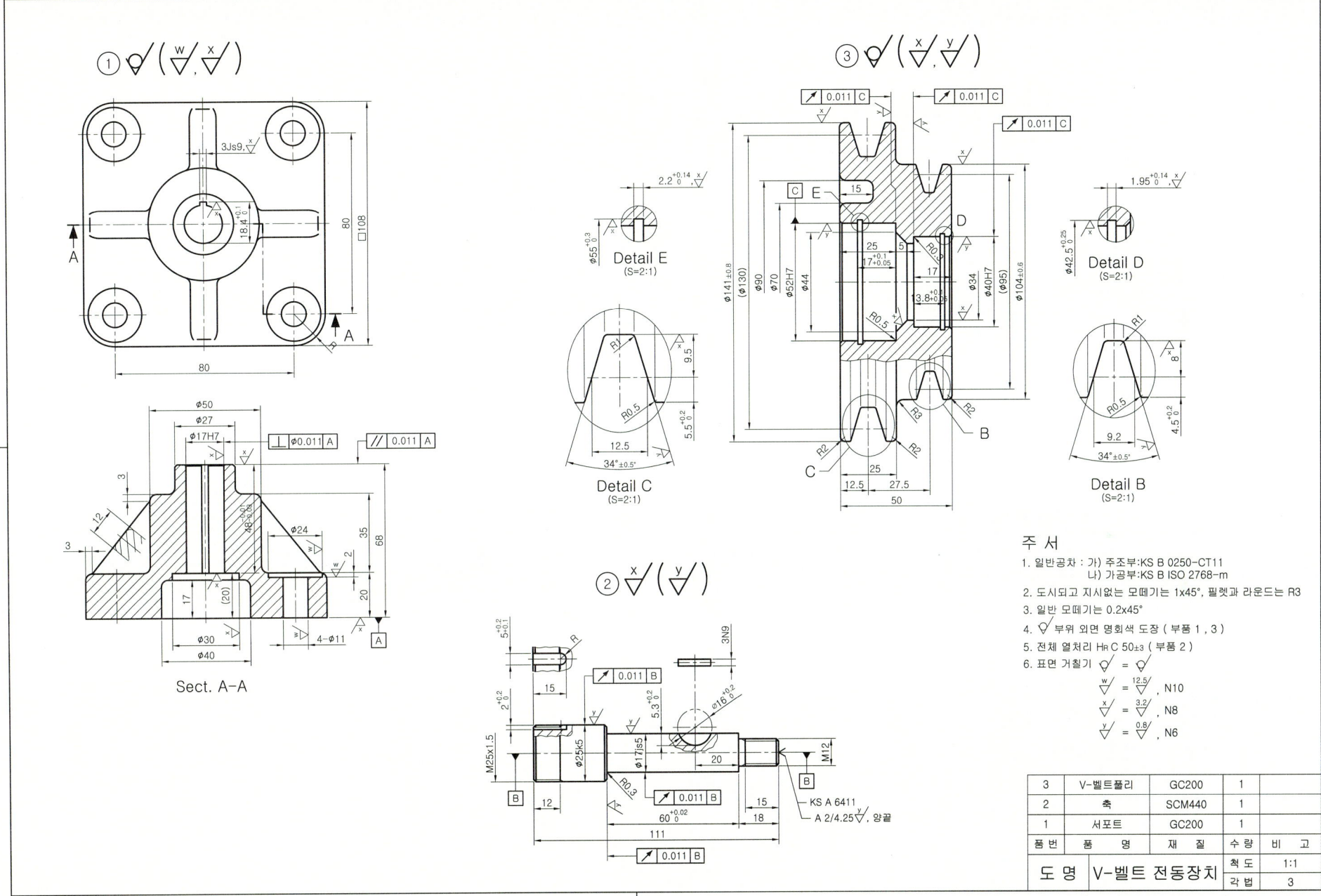

8. V-벨트 전동장치 3D 렌더링 등각 투상도 예제 도면(전산응용기계제도기능사)

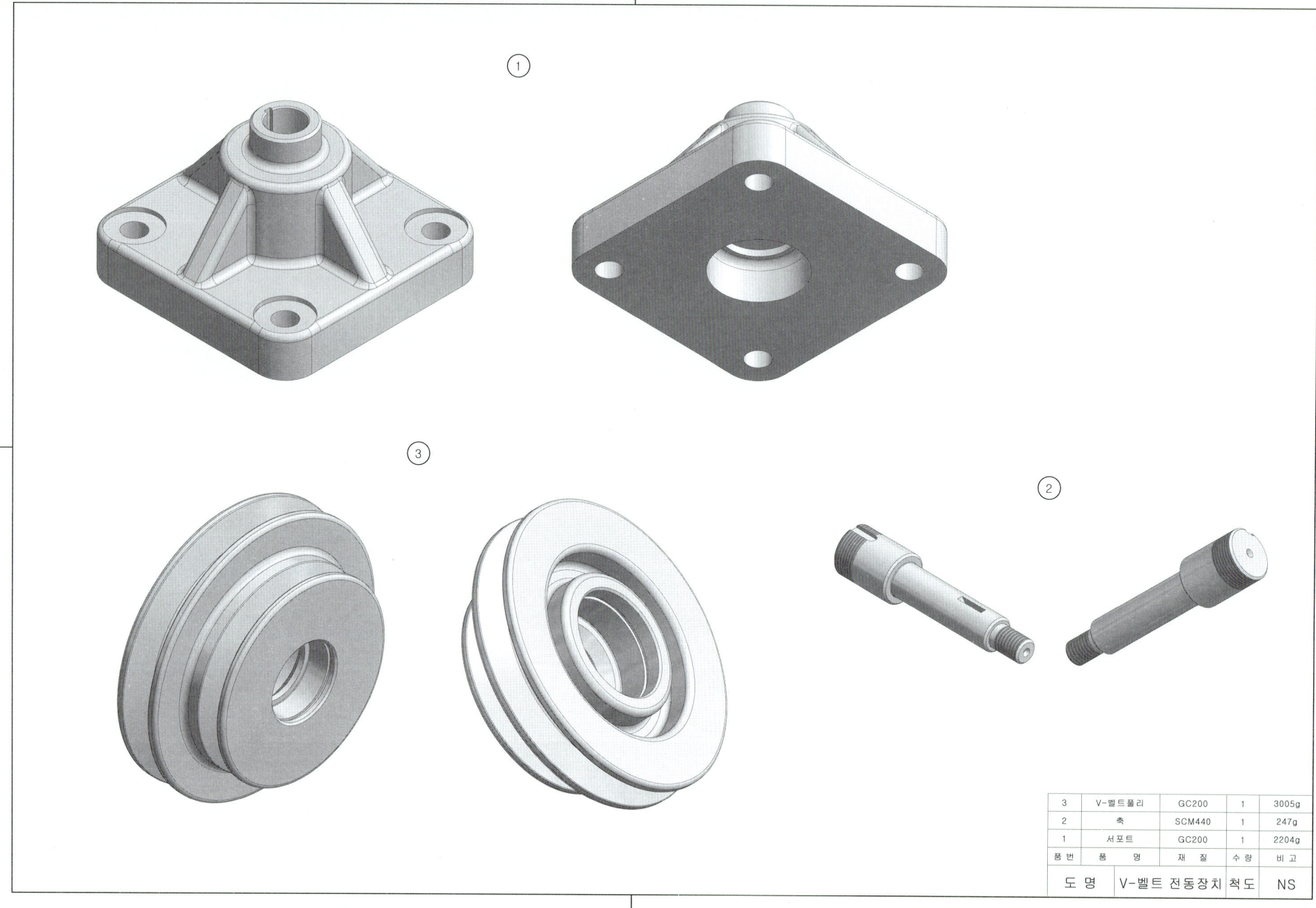

8. V-벨트 전동장치 3D 모델링도 예제 도면(기계설계산업기사)

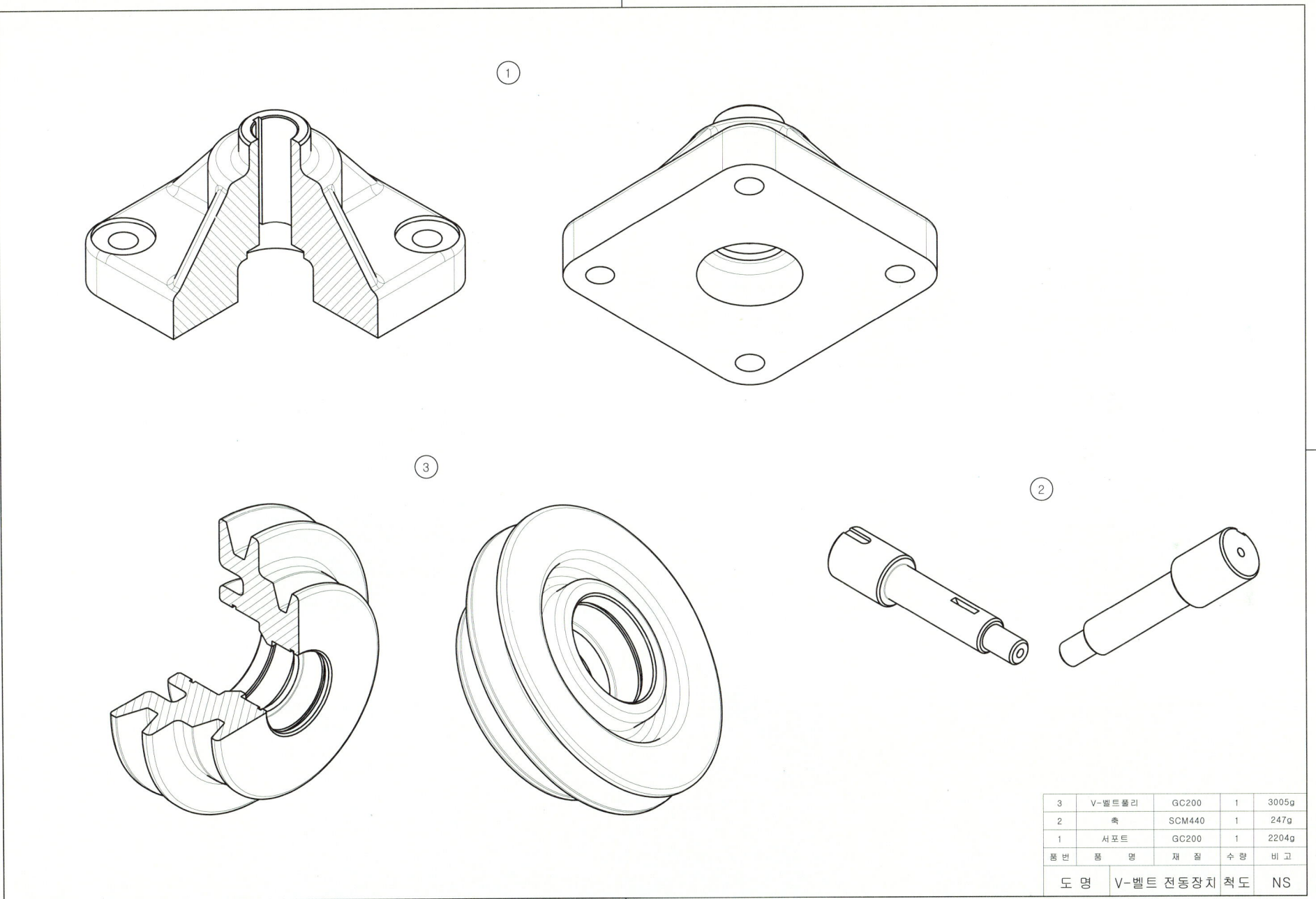

8. V-벨트 전동장치 등각 분해도 예제 도면

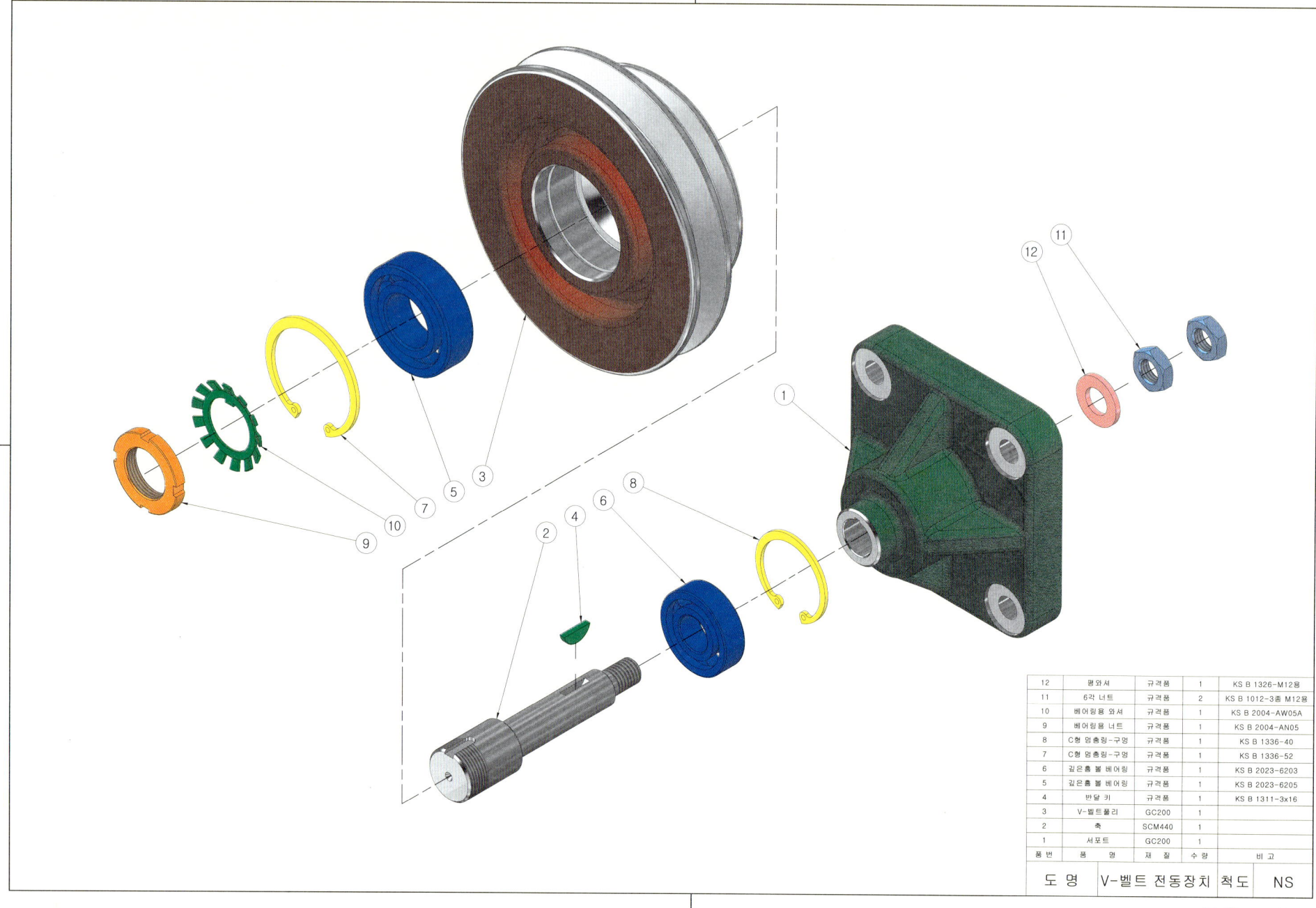

8. V-벨트 전동장치 등각 조립도 예제 도면

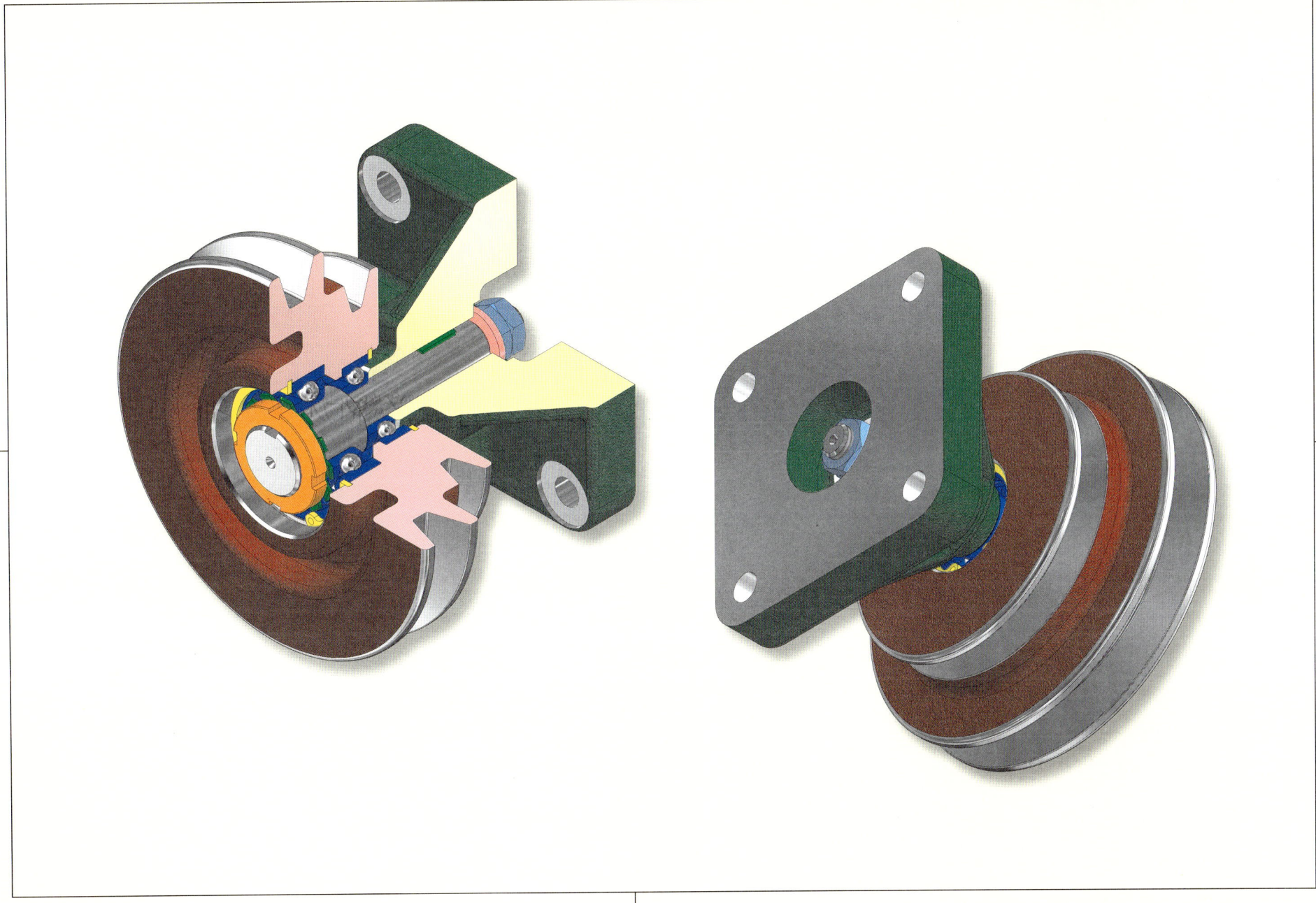

9. 축 받침 장치 2D 과제 도면

부품도(2D) : 1, 2, 3, 4
등각 투상도(3D) : 1, 2, 3, 4

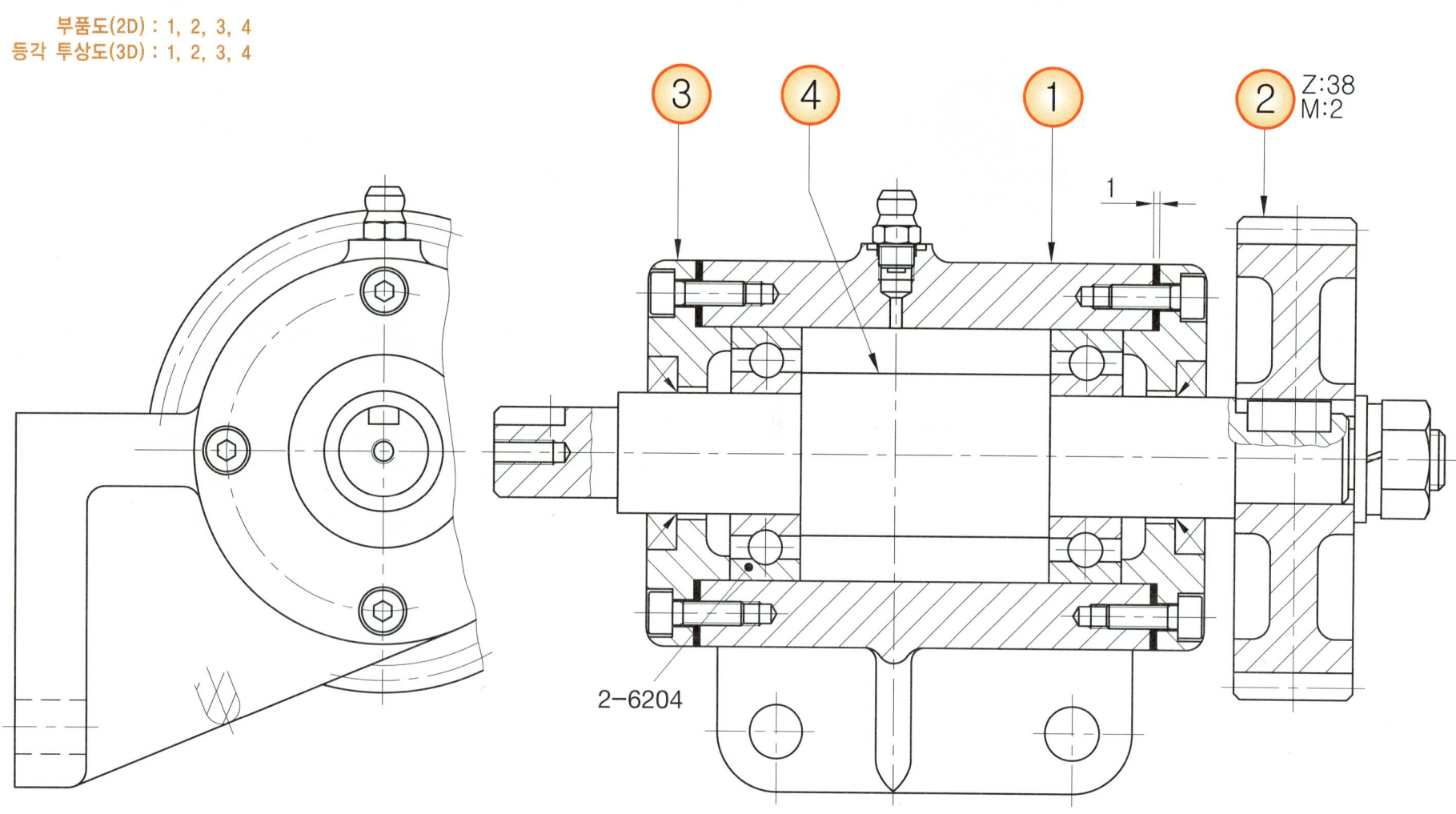

9. 축 받침 장치 2D 부품도 풀이 도면

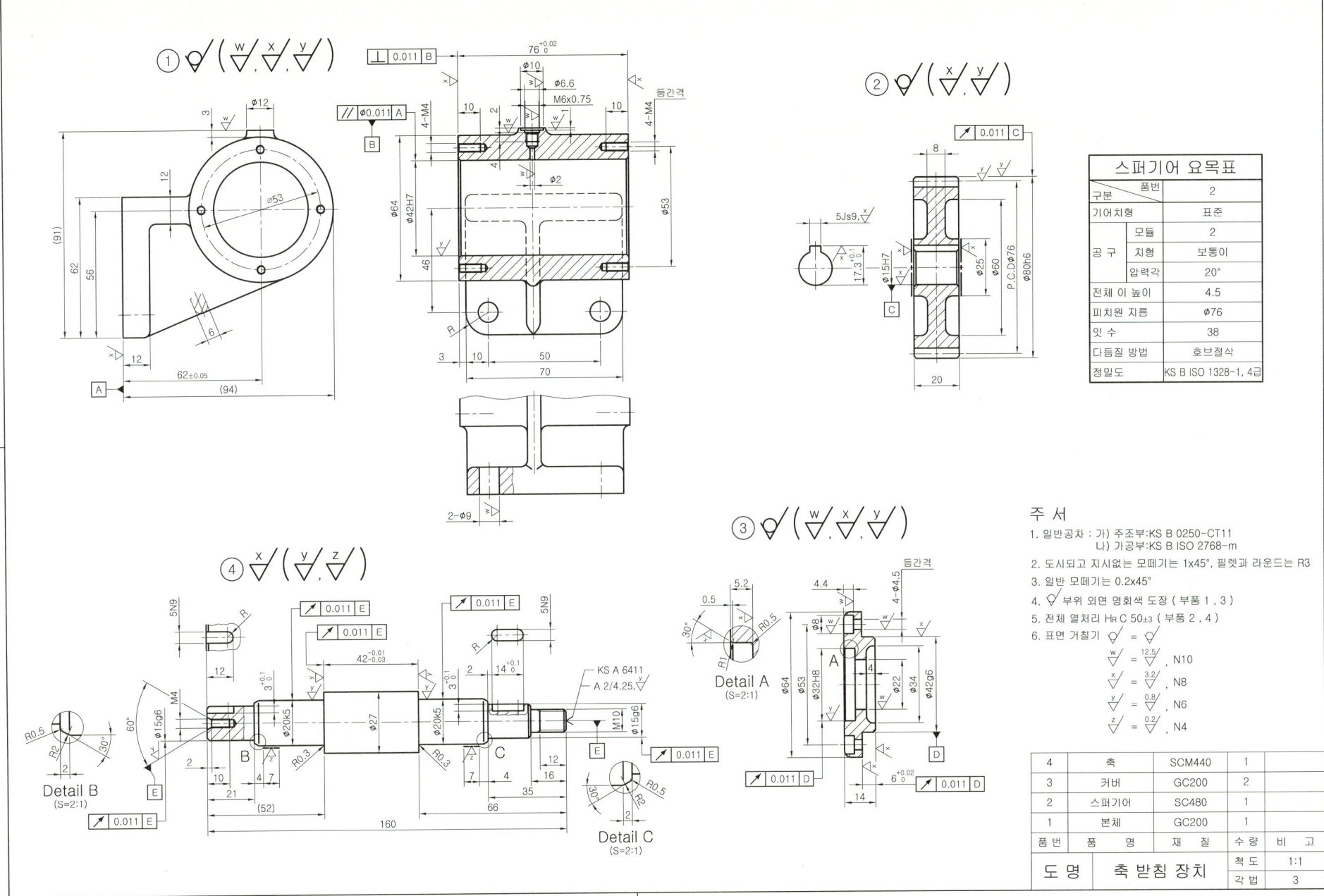

9. 축 받침 장치 3D 렌더링 등각 투상도 예제 도면(전산응용기계제도기능사)

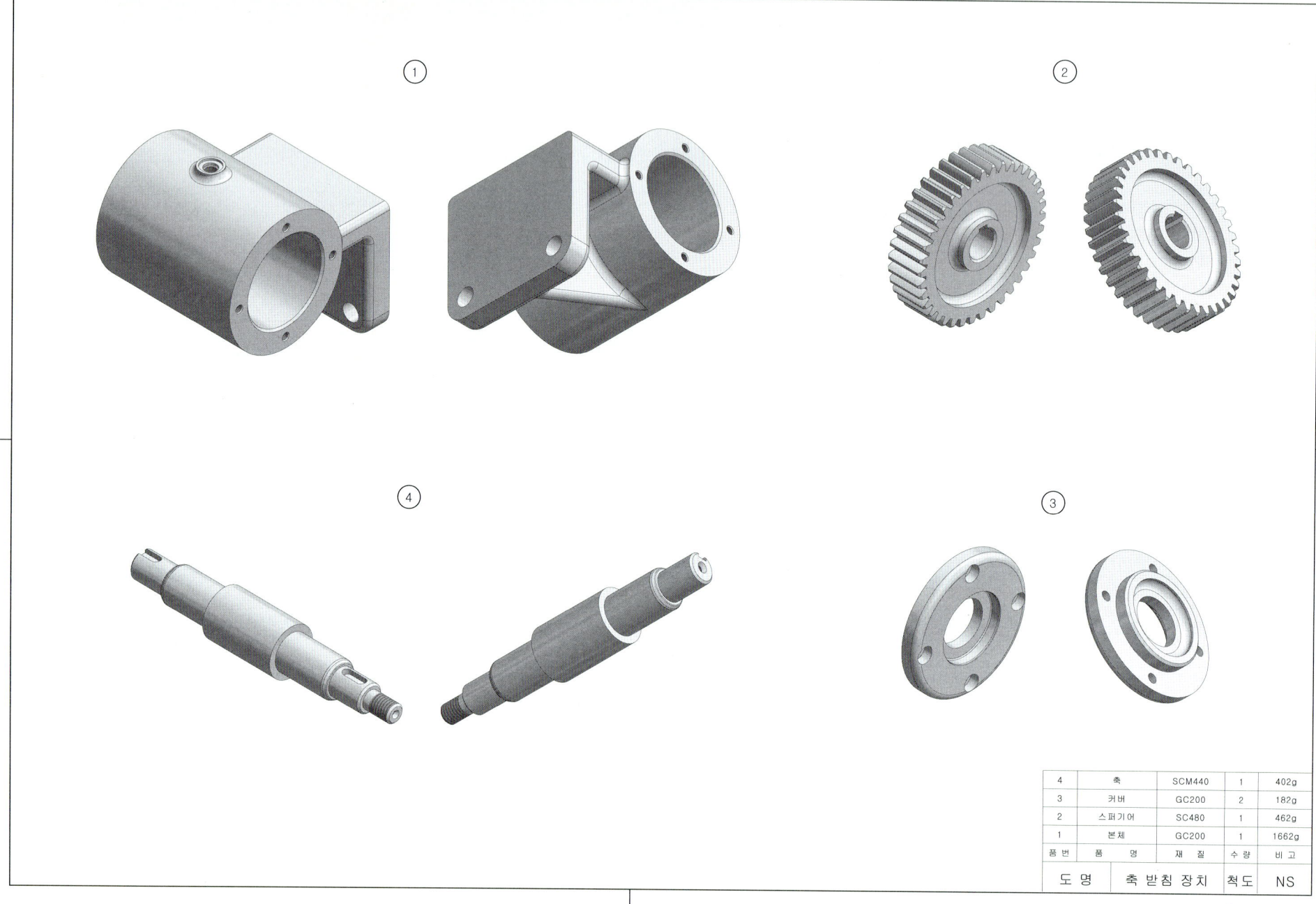

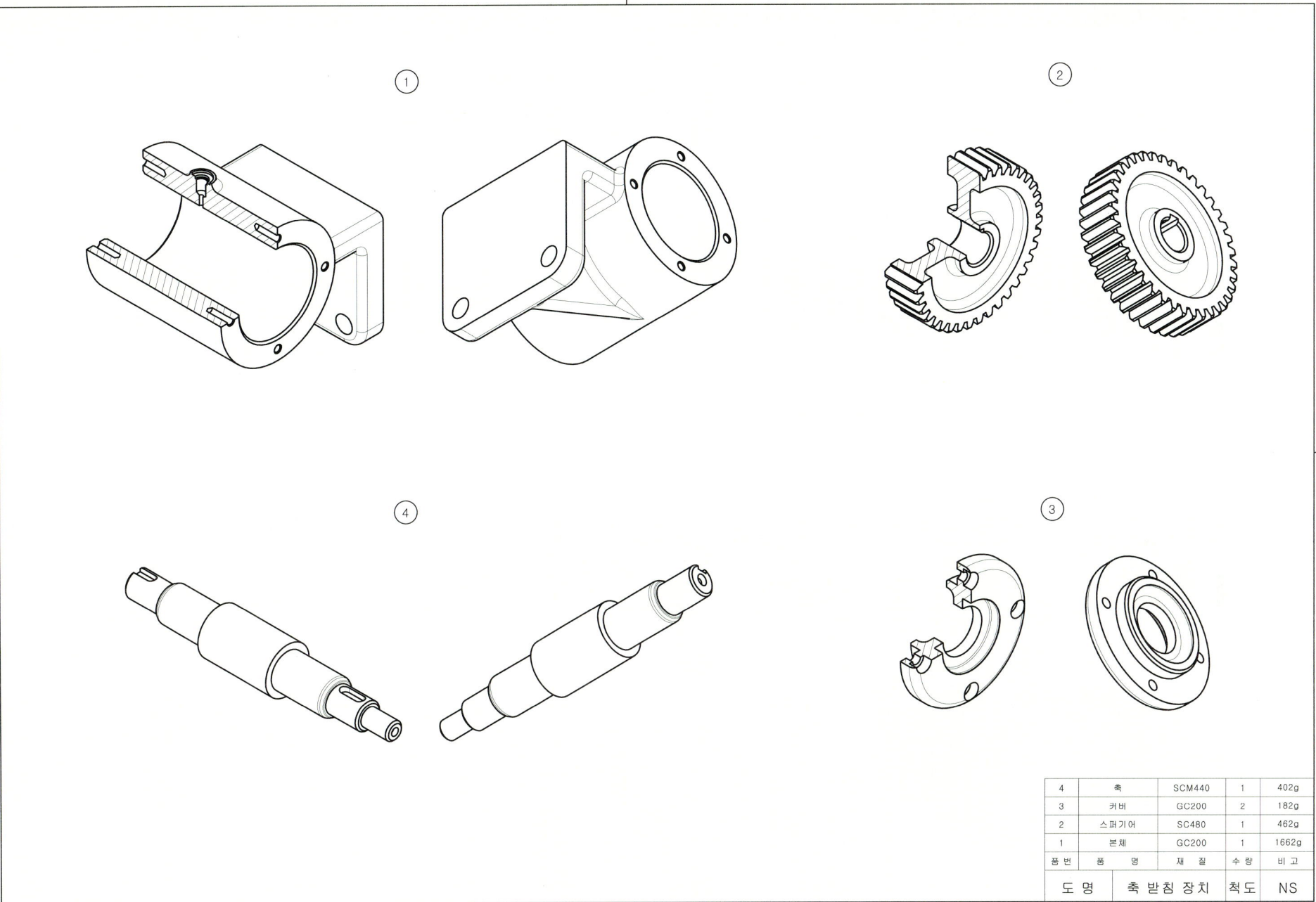

9. 축 받침 장치 등각 분해도 예제 도면

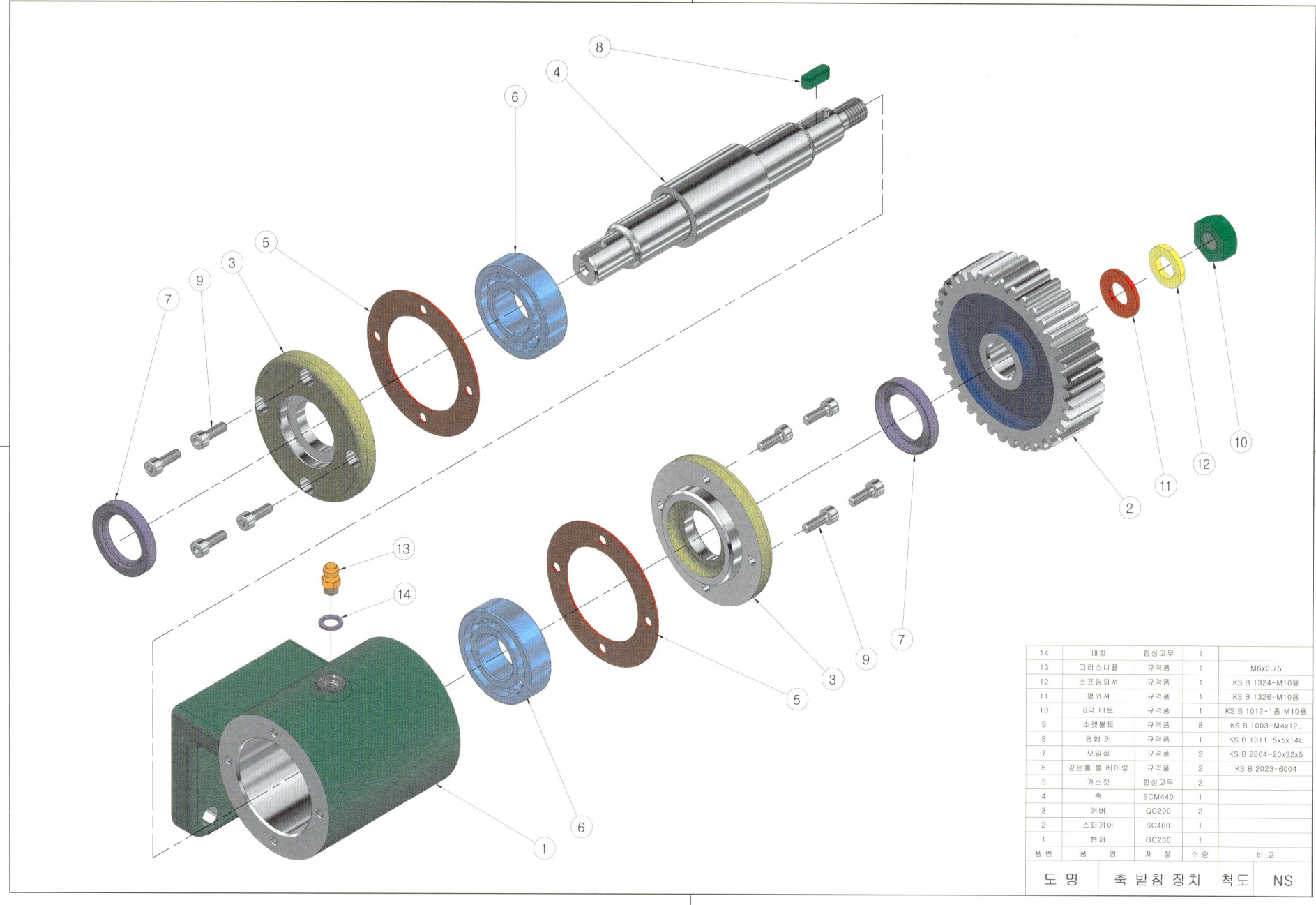

9. 축 받침 장치 등각 조립도 예제 도면

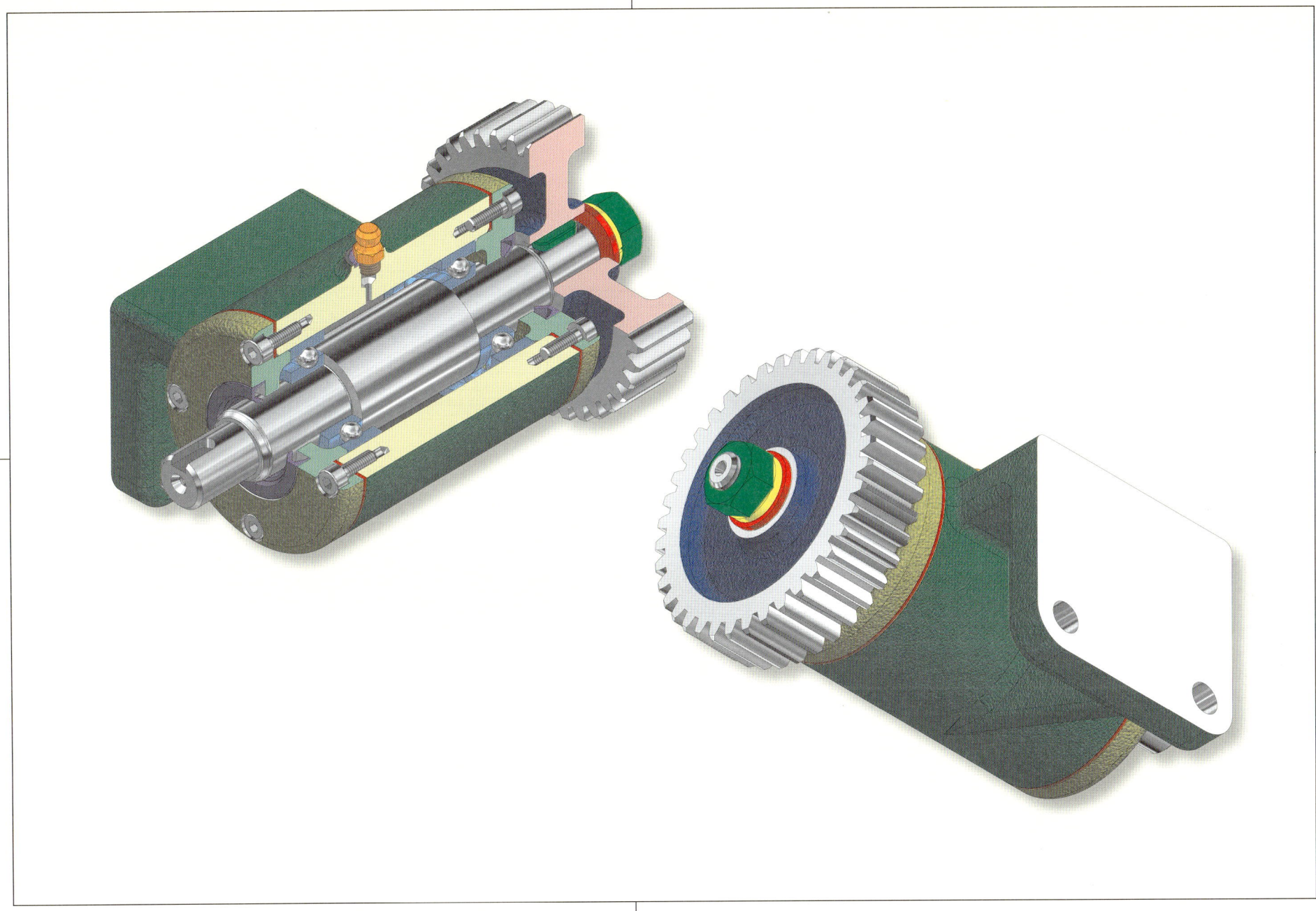

10. 평 벨트 전동장치 2D 과제 도면

부품도(2D) : 1, 2, 3, 4
등각 투상도(3D) : 1, 2, 3, 4, 5

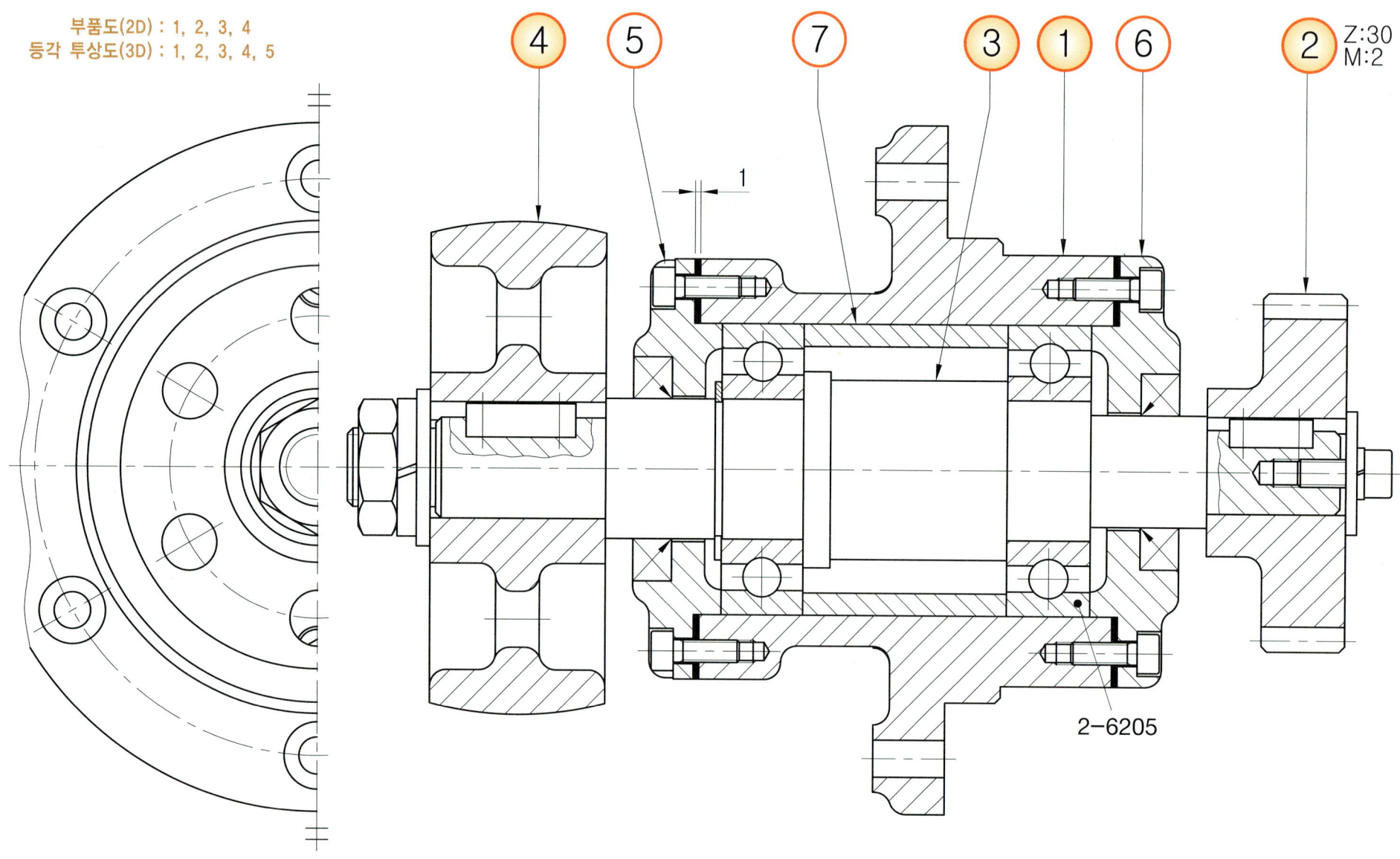

10. 평 벨트 전동장치 2D 부품도 풀이 도면

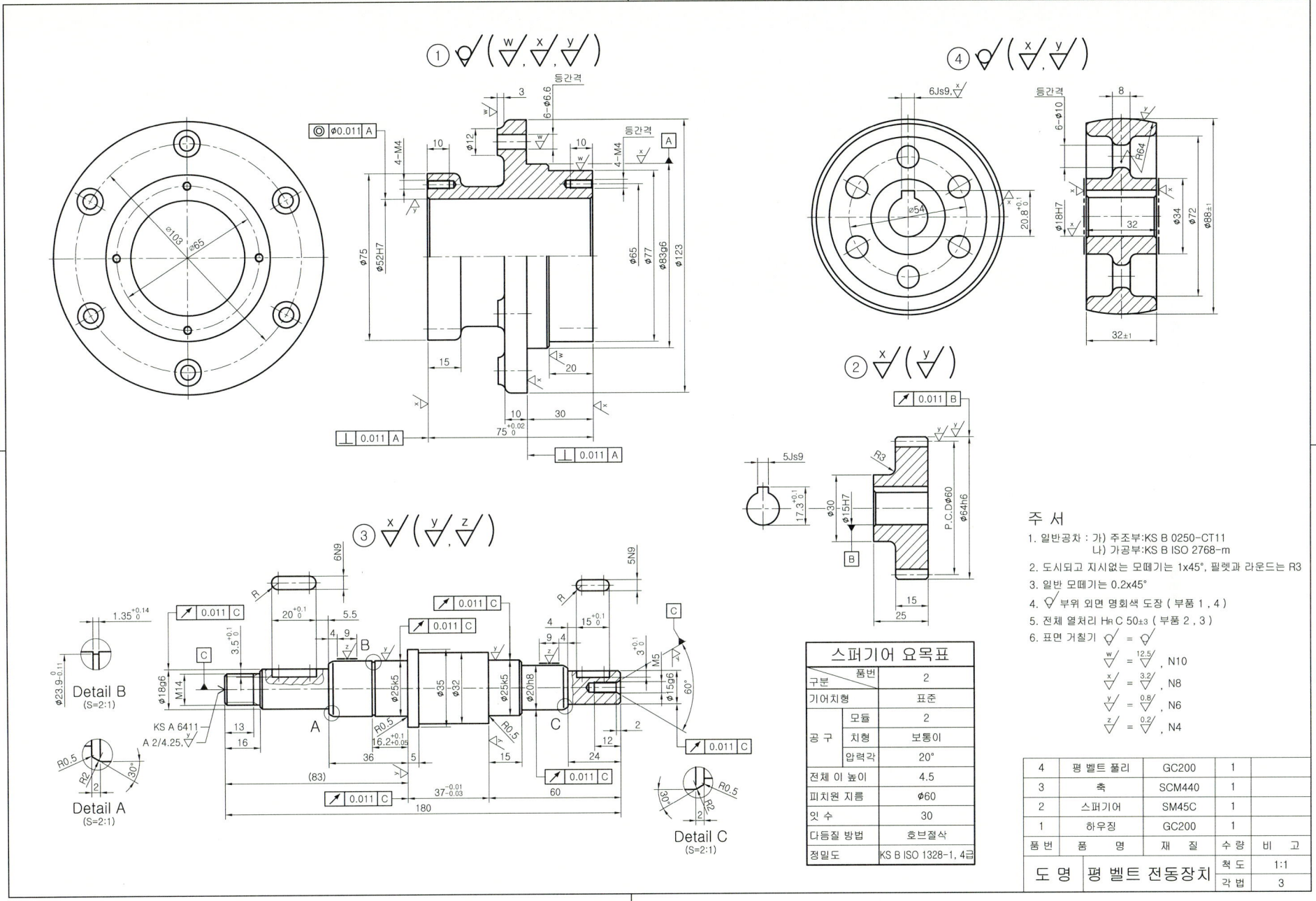

10. 평 벨트 전동장치 3D 렌더링 등각 투상도 예제 도면(전산응용기계제도기능사)

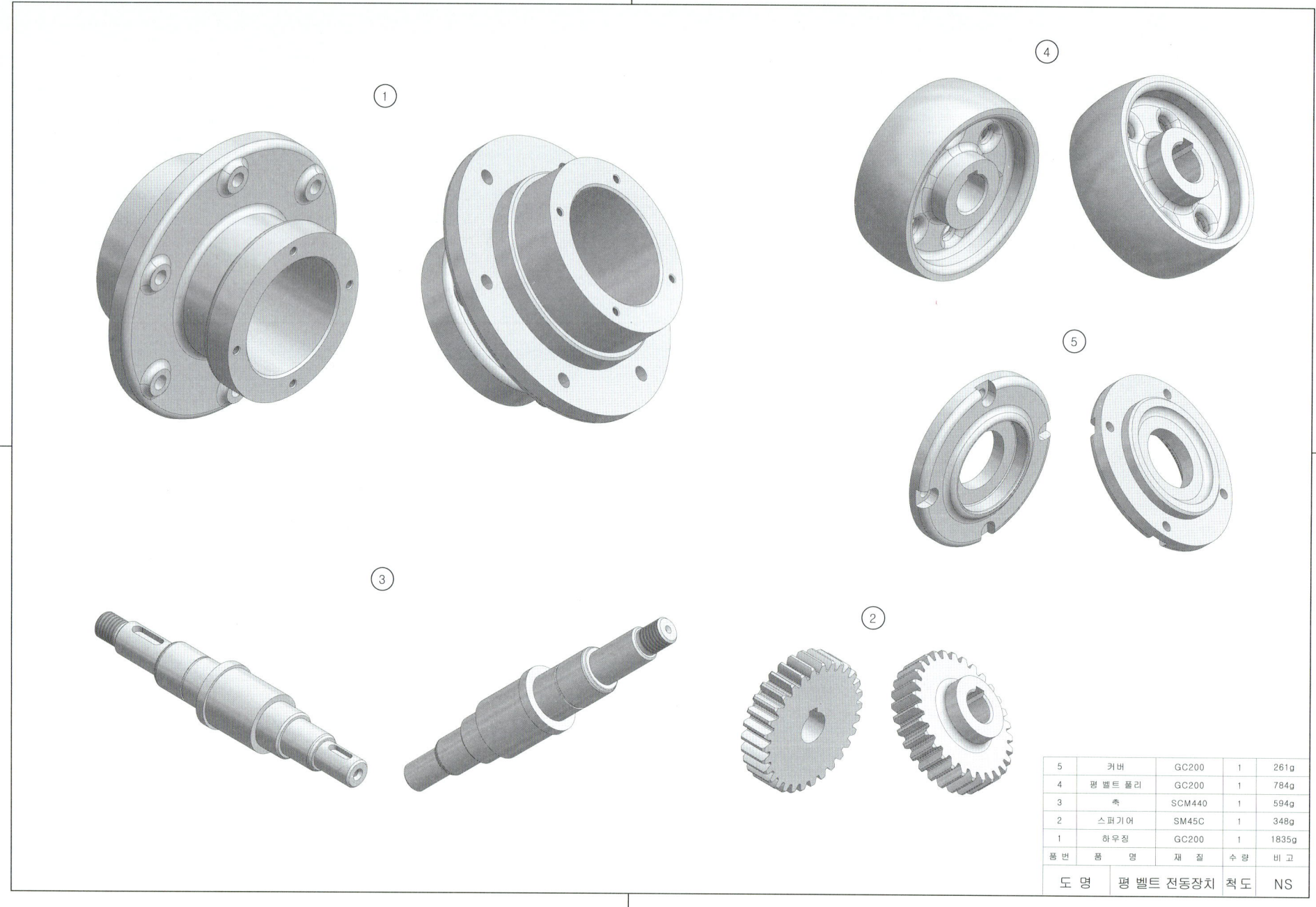

10. 평 벨트 전동장치 3D 모델링도 예제 도면(기계설계산업기사)

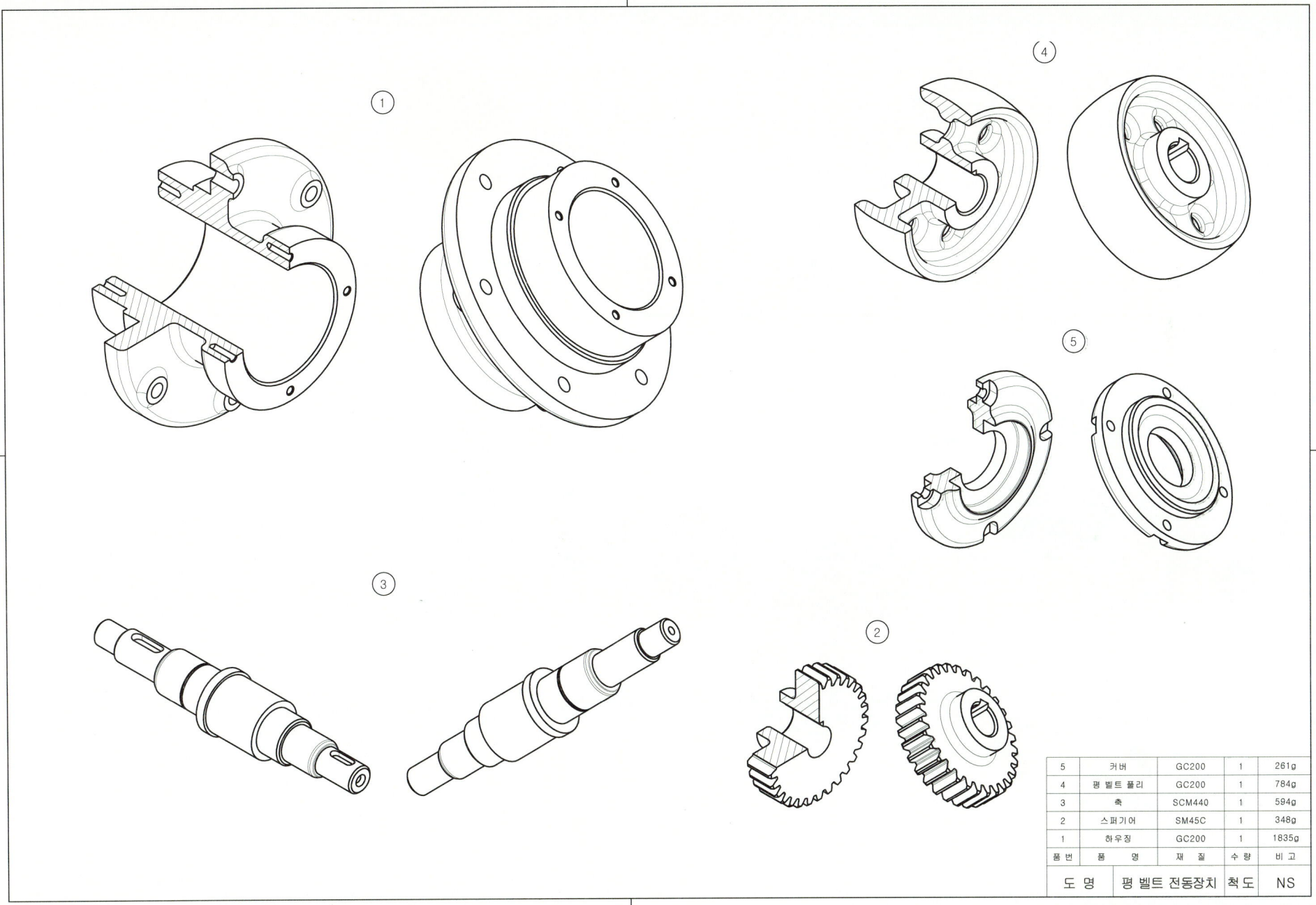

10. 평 벨트 전동장치 등각 분해도 예제 도면

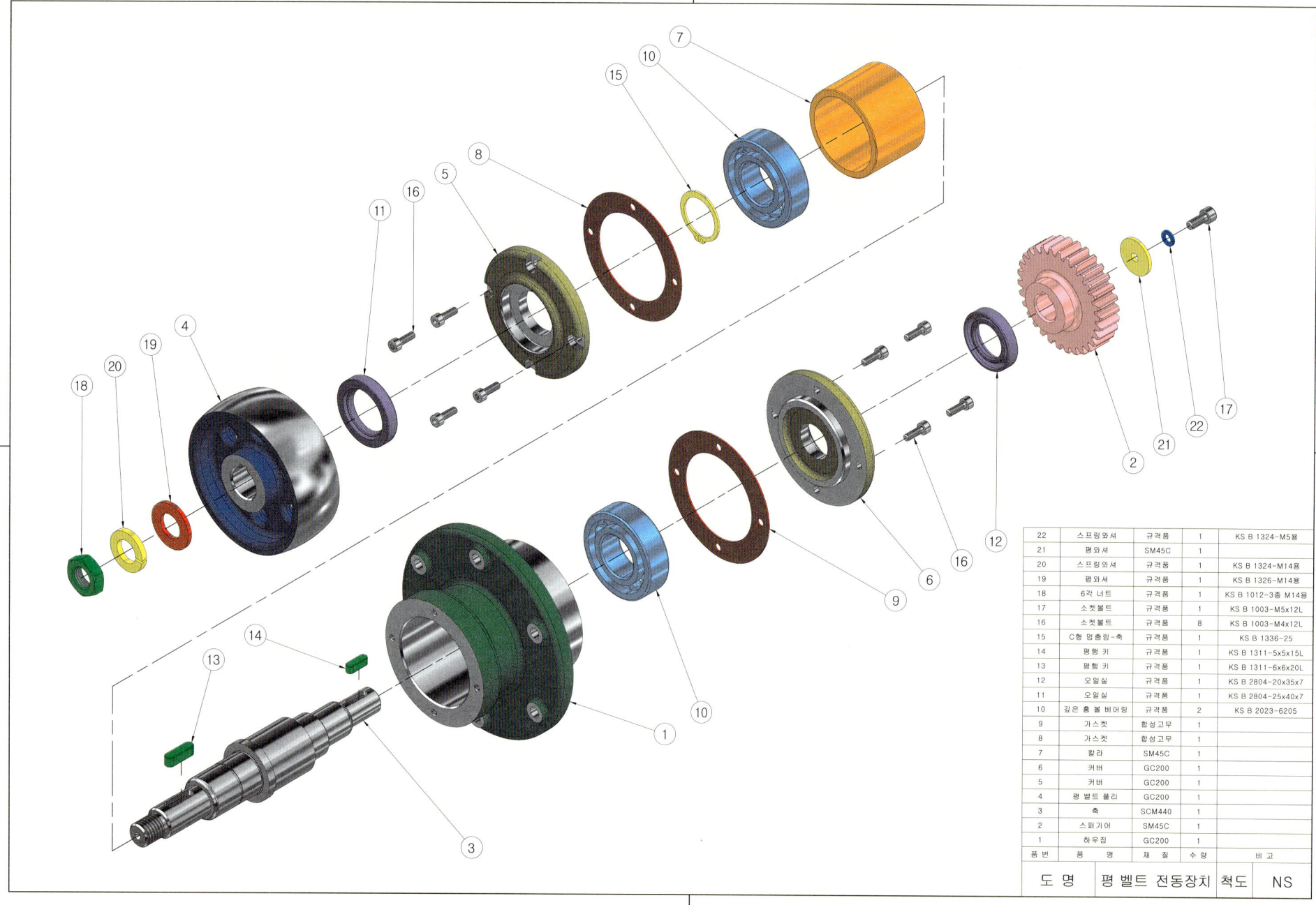

10. 평 벨트 전동장치 등각 조립도 예제 도면

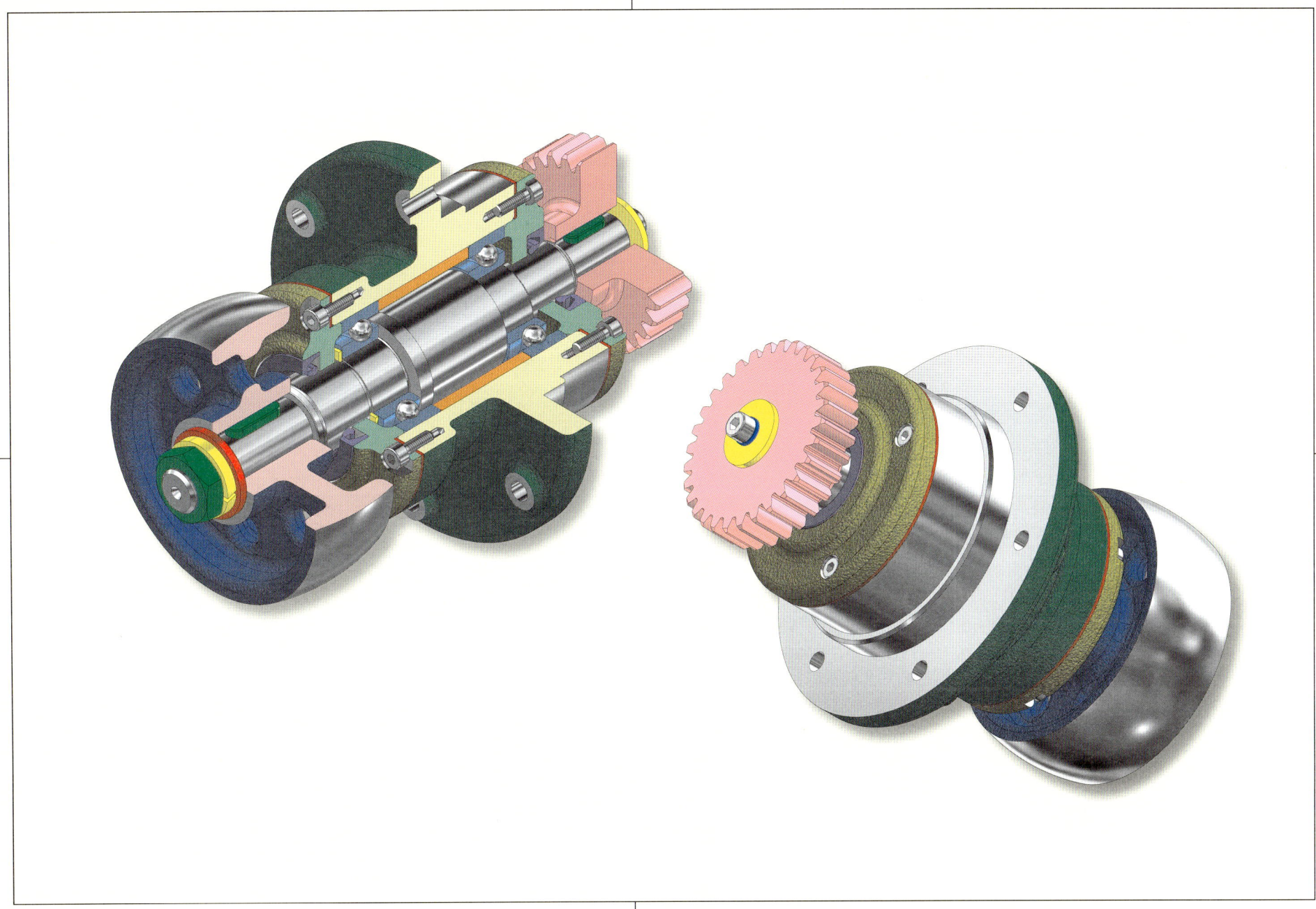

11. 피벗 베어링 2D 과제 도면

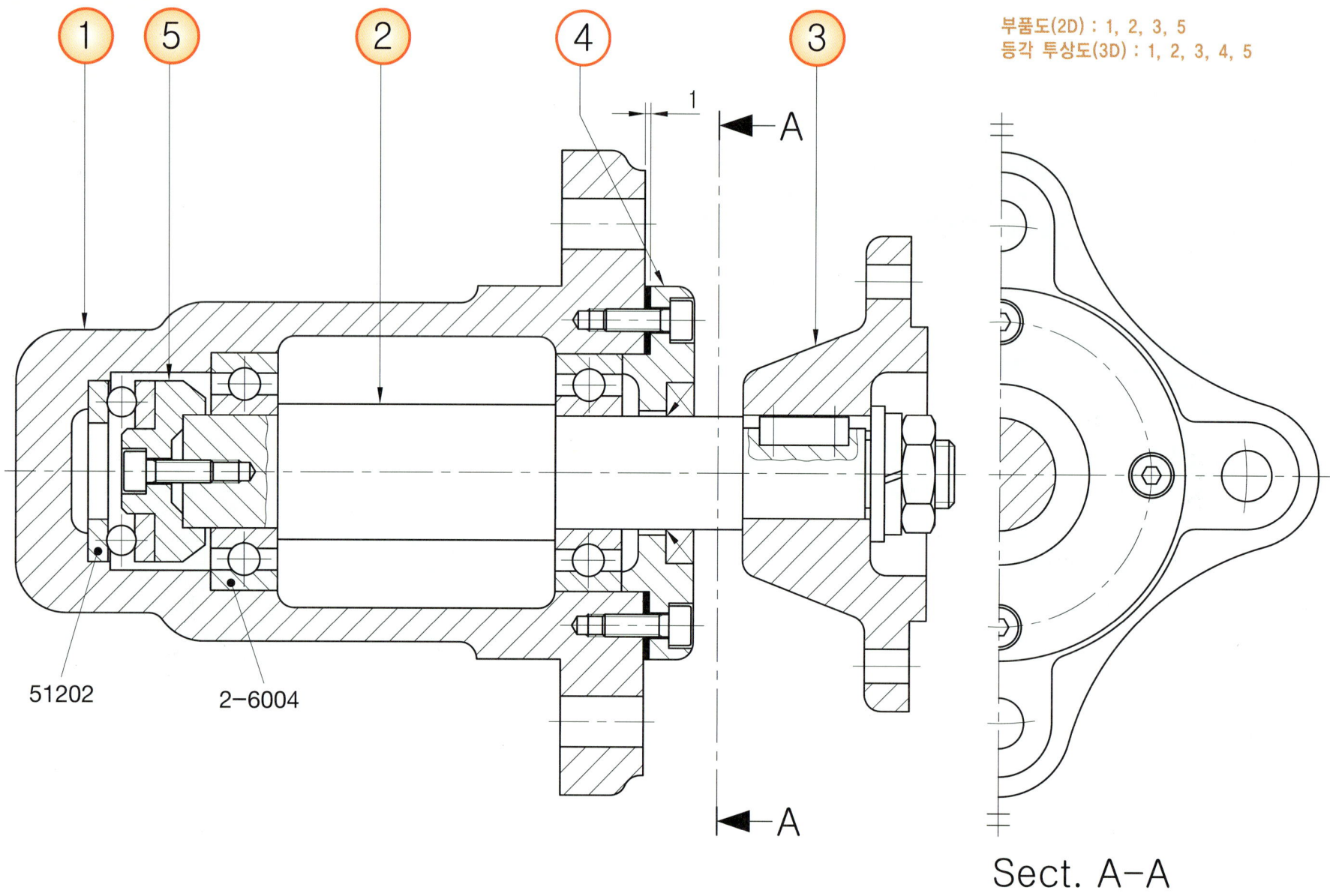

부품도(2D) : 1, 2, 3, 5
등각 투상도(3D) : 1, 2, 3, 4, 5

Sect. A-A

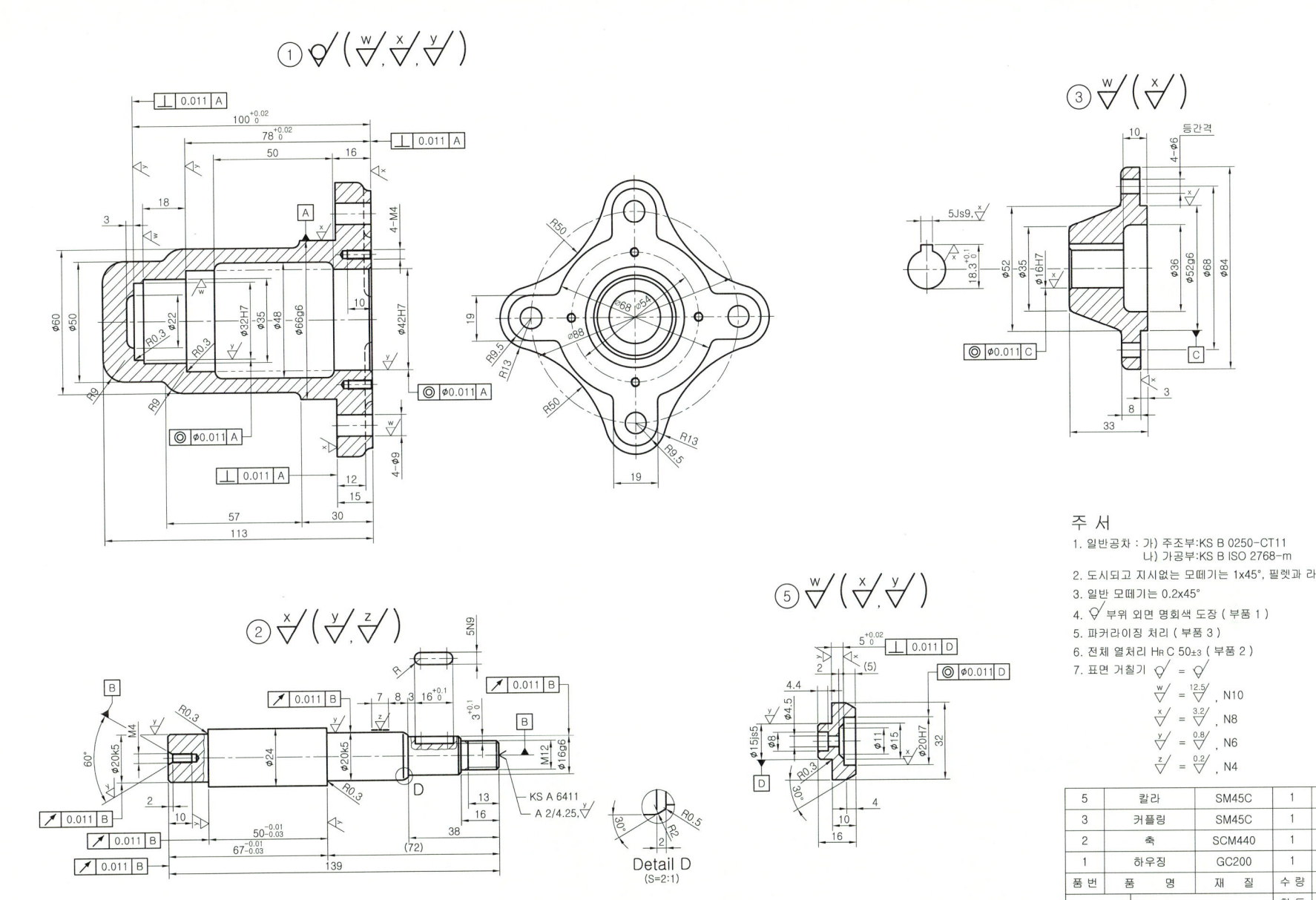

11. 피벗 베어링 3D 렌더링 등각 투상도 예제 도면(전산응용기계제도기능사)

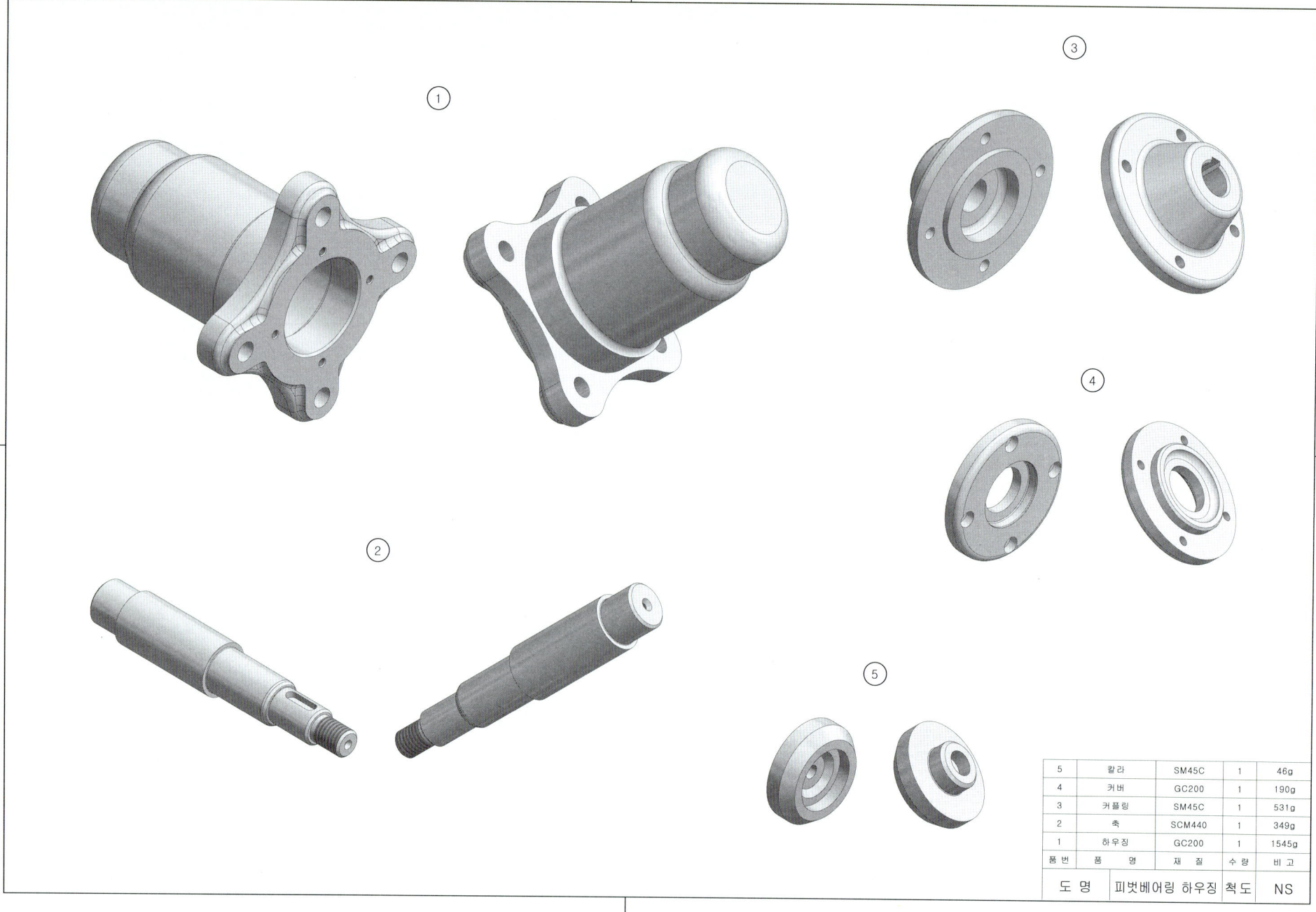

5	칼라	SM45C	1	46g
4	커버	GC200	1	190g
3	커플링	SM45C	1	531g
2	축	SCM440	1	349g
1	하우징	GC200	1	1545g
품번	품 명	재 질	수 량	비 고

도 명	피벗베어링 하우징	척 도	NS

11. 피벗 베어링 3D 모델링도 예제 도면(기계설계산업기사)

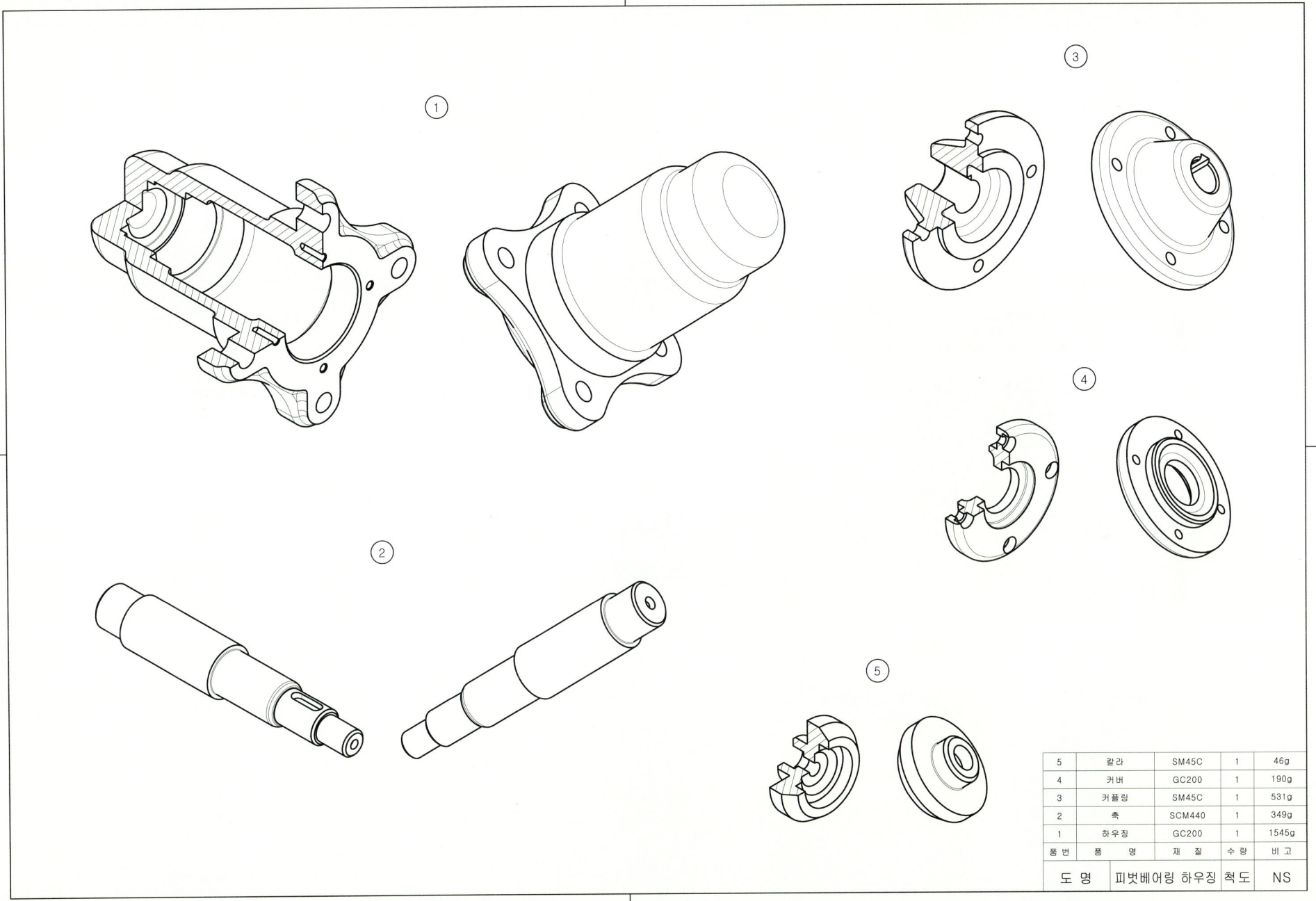

5	칼라	SM45C	1	46g
4	커버	GC200	1	190g
3	커플링	SM45C	1	531g
2	축	SCM440	1	349g
1	하우징	GC200	1	1545g
품번	품 명	재 질	수량	비 고
도 명	피벗베어링 하우징		척도	NS

11. 피벗 베어링 등각 분해도 예제 도면

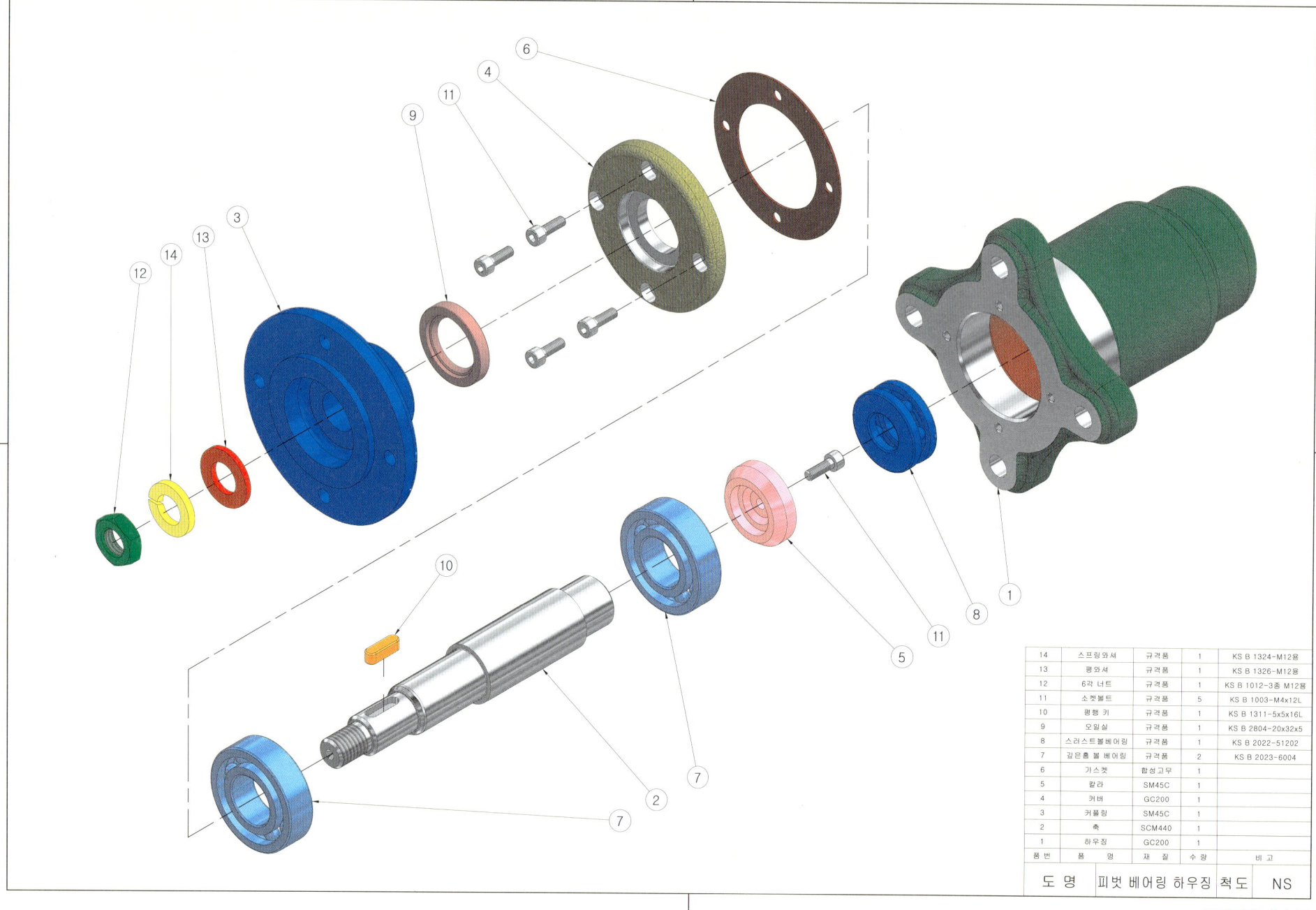

11. 피벗 베어링 등각 조립도 예제 도면

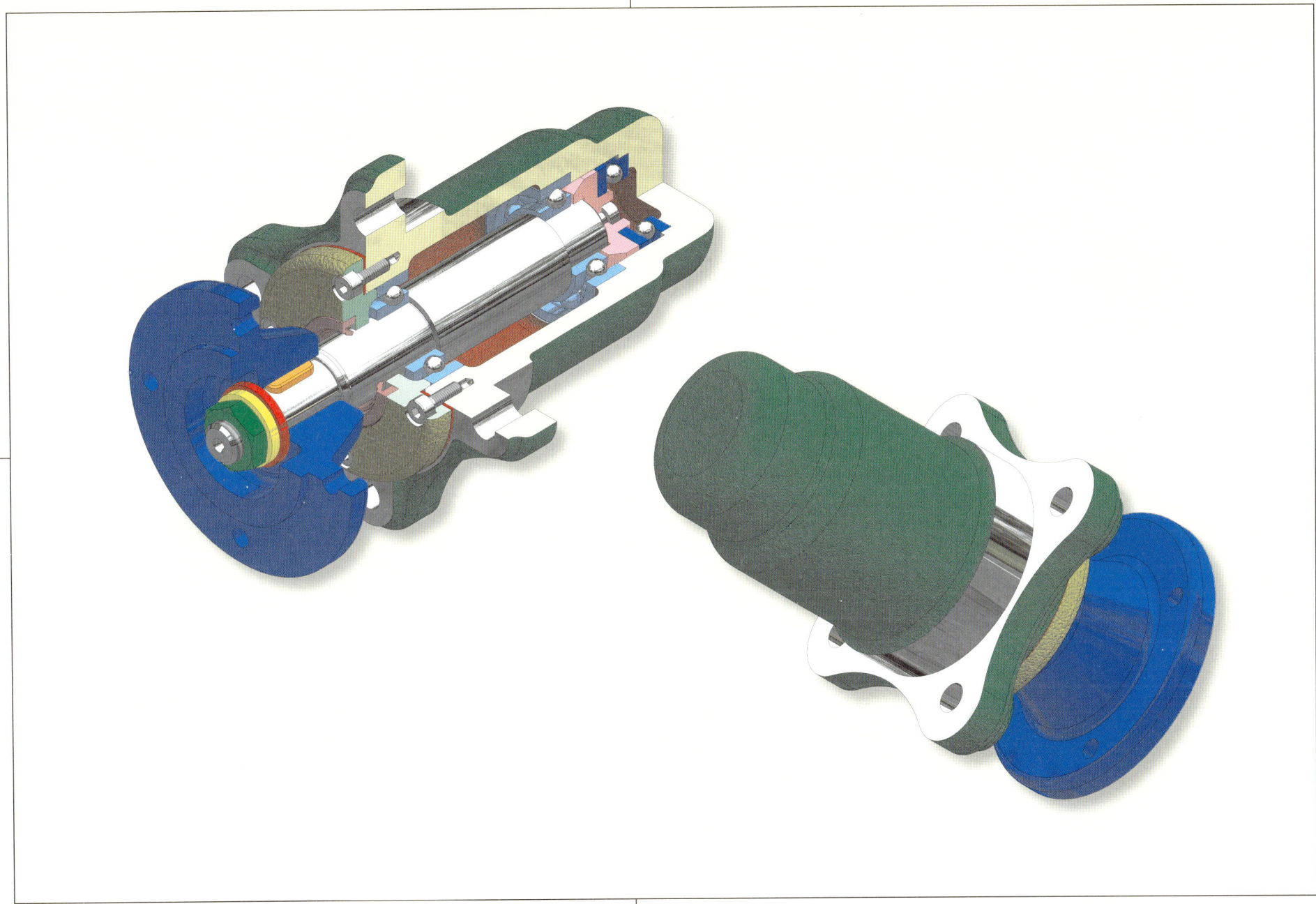

12. 편심왕복장치 2D 과제 도면

부품도(2D) : 1, 2, 4, 5, 7
등각 투상도(3D) : 1, 3, 4, 5, 7

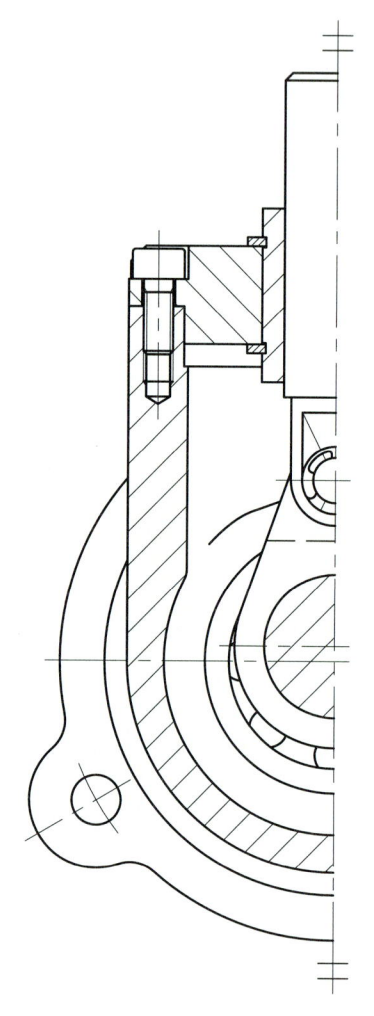

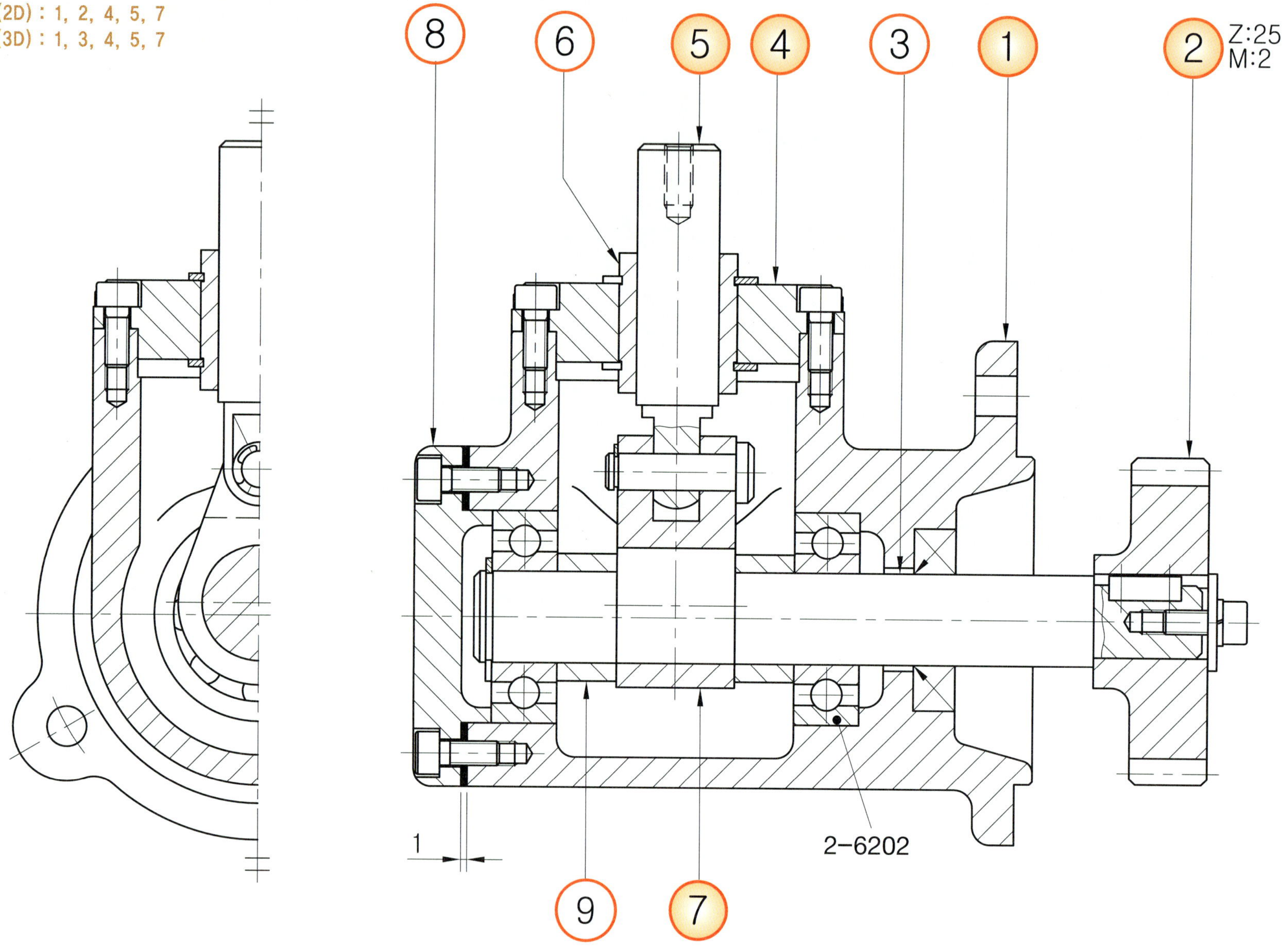

Z:25
M:2

2-6202

12. 편심왕복장치 2D 부품도 풀이 도면

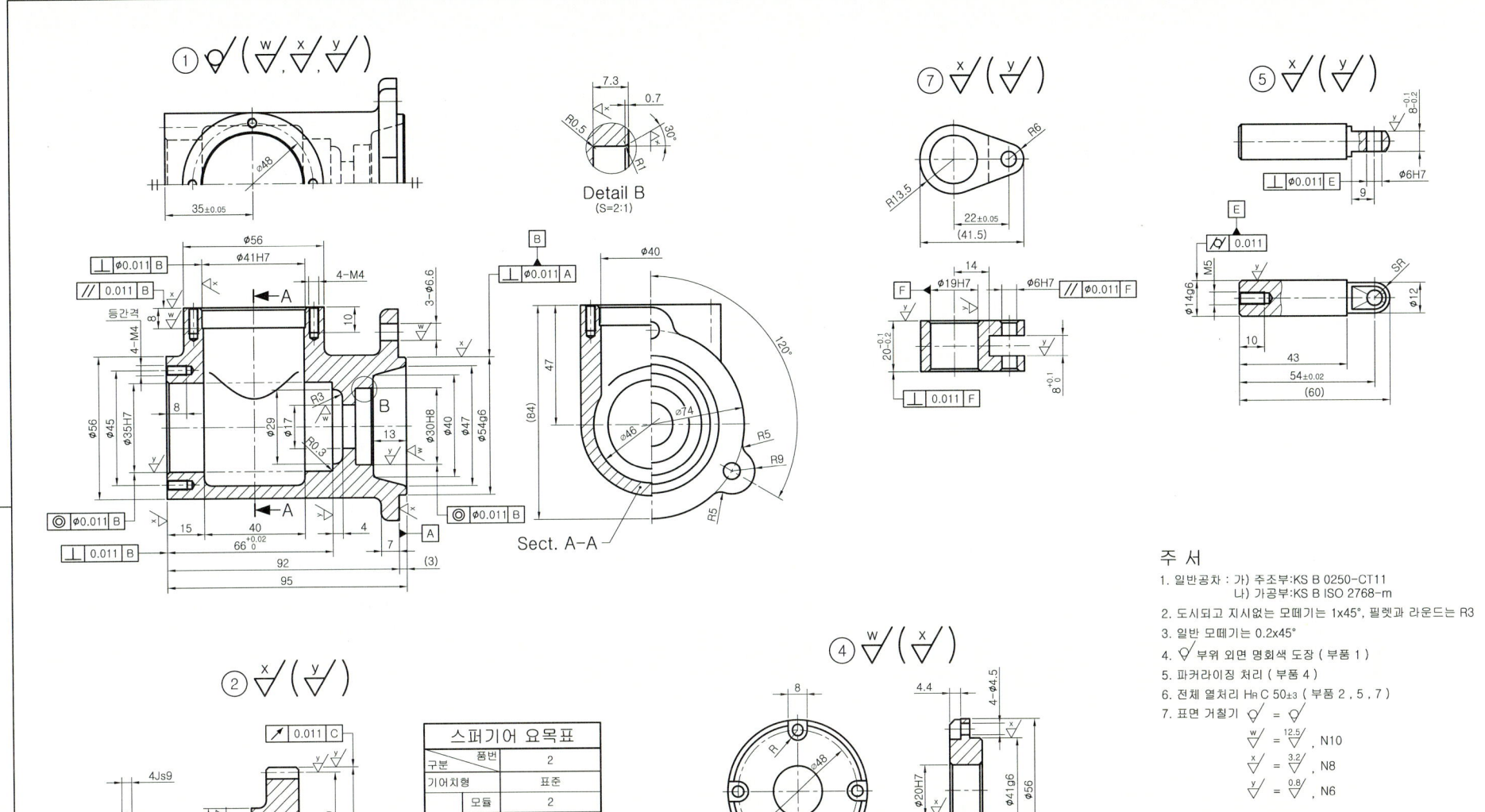

12. 편심왕복장치 3D 렌더링 등각 투상도 예제 도면(전산응용기계제도기능사)

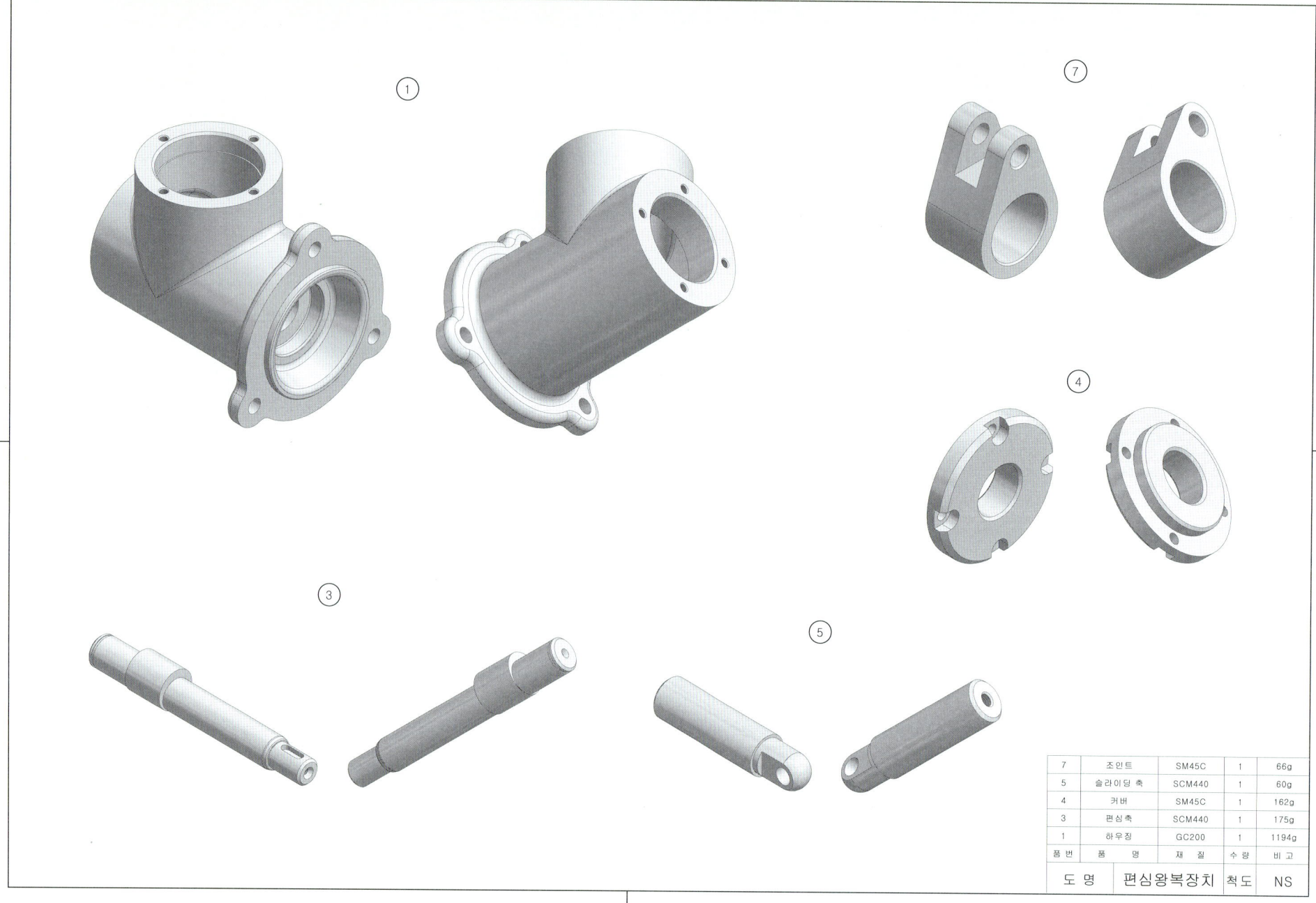

7	조인트	SM45C	1	66g
5	슬라이딩 축	SCM440	1	60g
4	커버	SM45C	1	162g
3	편심축	SCM440	1	175g
1	하우징	GC200	1	1194g
품번	품 명	재 질	수량	비 고

도 명	편심왕복장치	척도	NS

12. 편심왕복장치 3D 모델링도 예제 도면(기계설계산업기사)

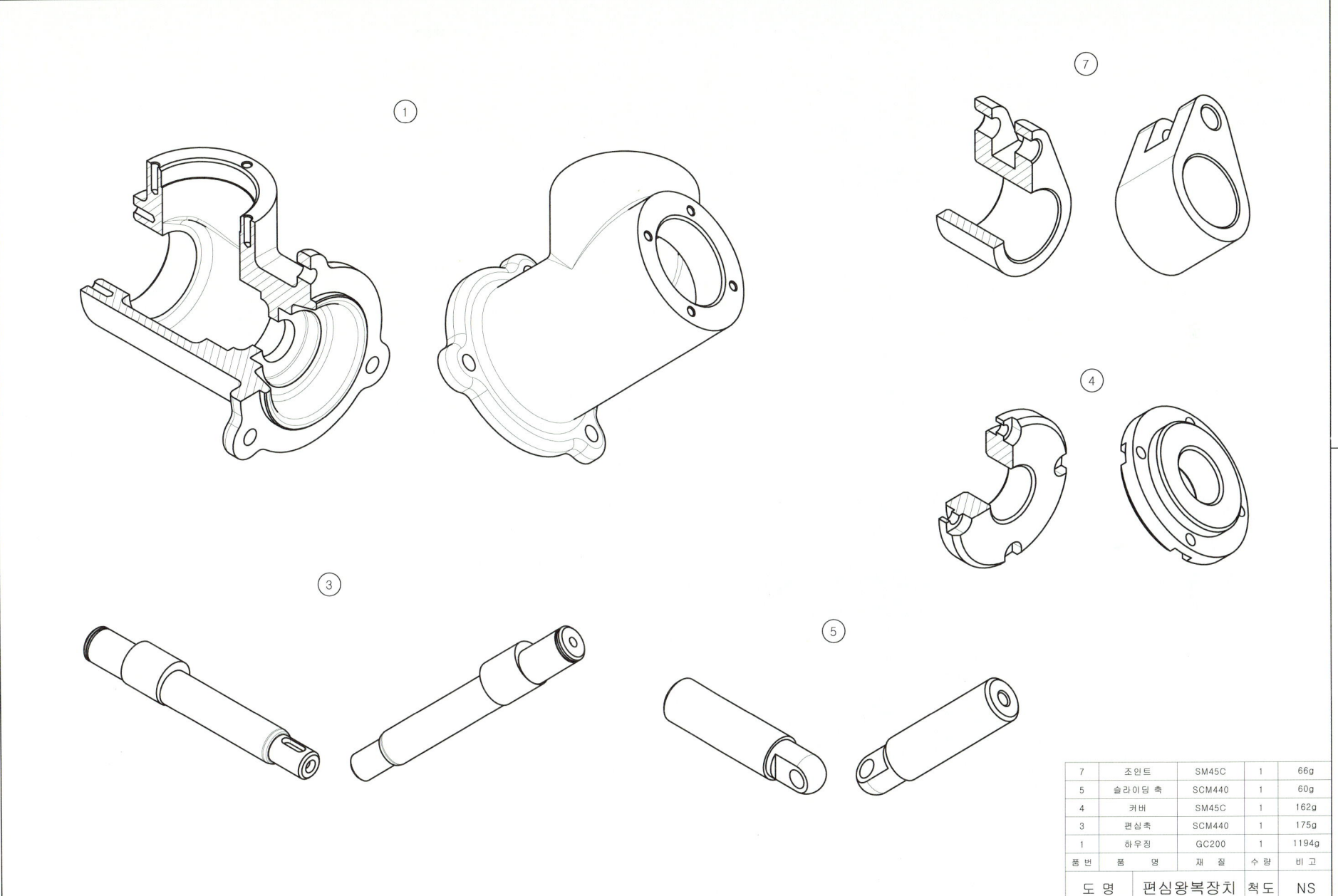

7	조인트	SM45C	1	66g
5	슬라이딩 축	SCM440	1	60g
4	커버	SM45C	1	162g
3	편심축	SCM440	1	175g
1	하우징	GC200	1	1194g
품번	품 명	재 질	수량	비 고

도 명	편심왕복장치	척 도	NS

12. 편심왕복장치 등각 분해도 예제 도면

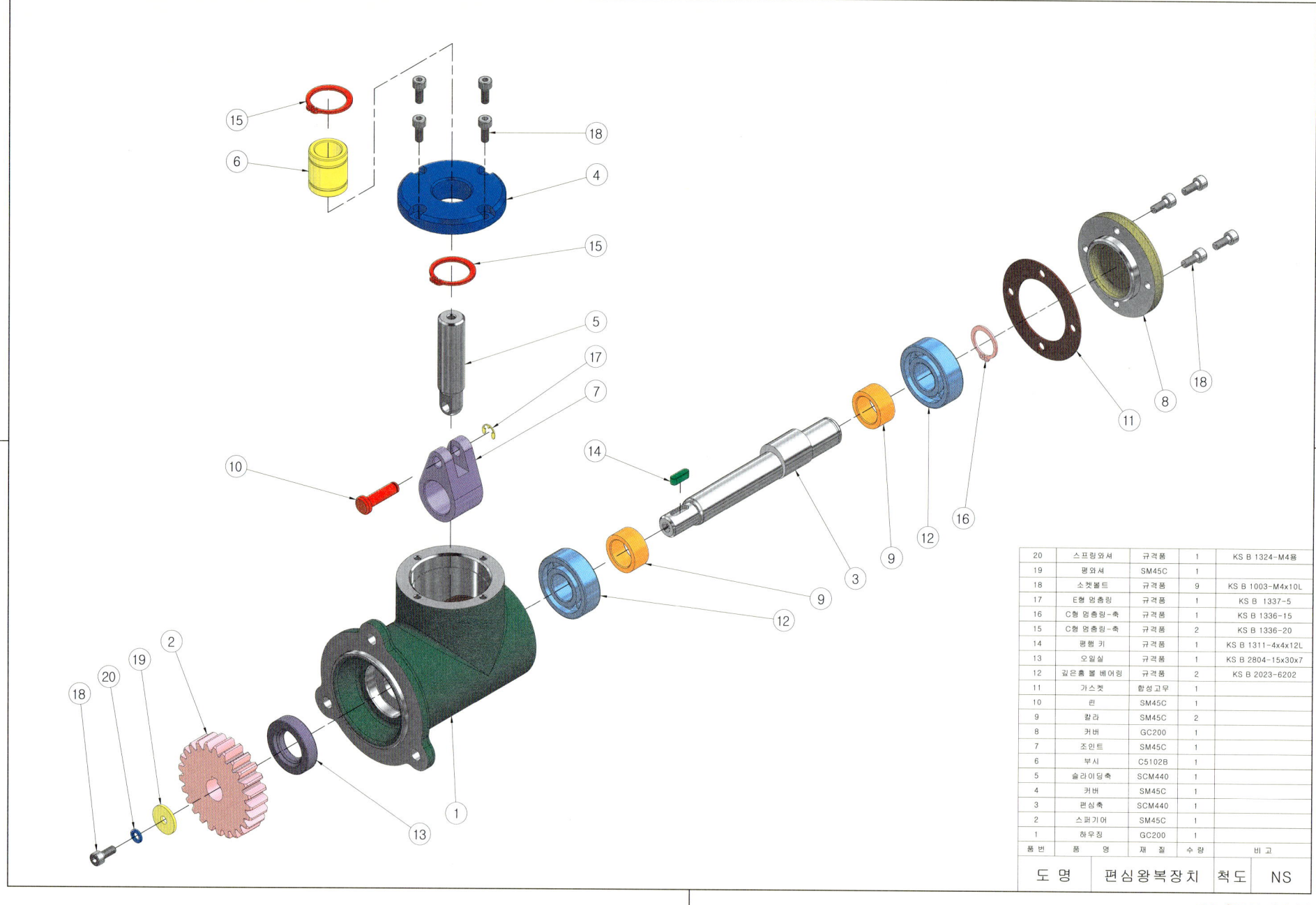

12. 편심왕복장치 등각 조립도 예제 도면

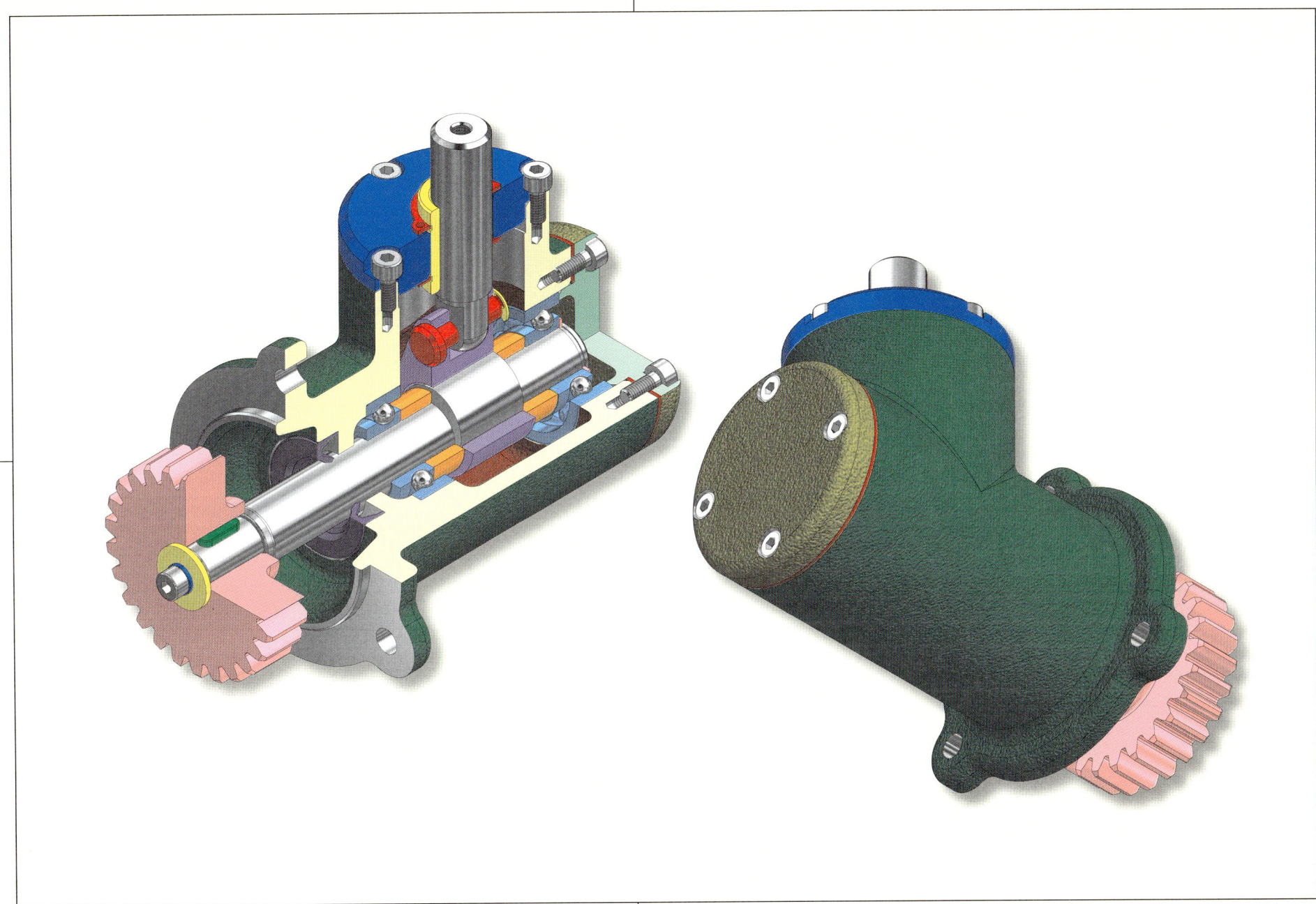

13. 래크와 피니언 구동장치 2D 과제 도면

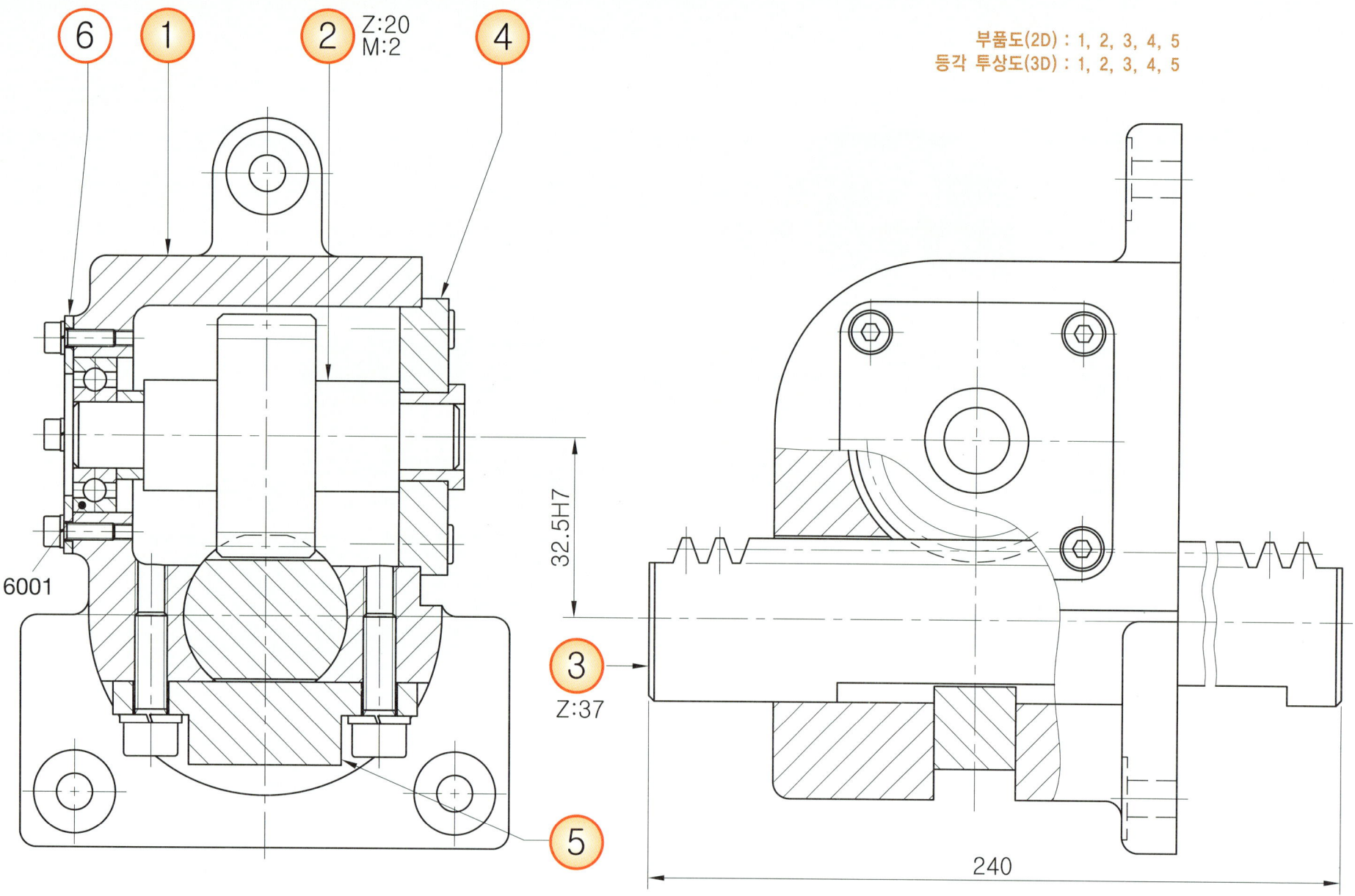

부품도(2D) : 1, 2, 3, 4, 5
등각 투상도(3D) : 1, 2, 3, 4, 5

13. 래크와 피니언 구동장치 2D 부품도 풀이 도면

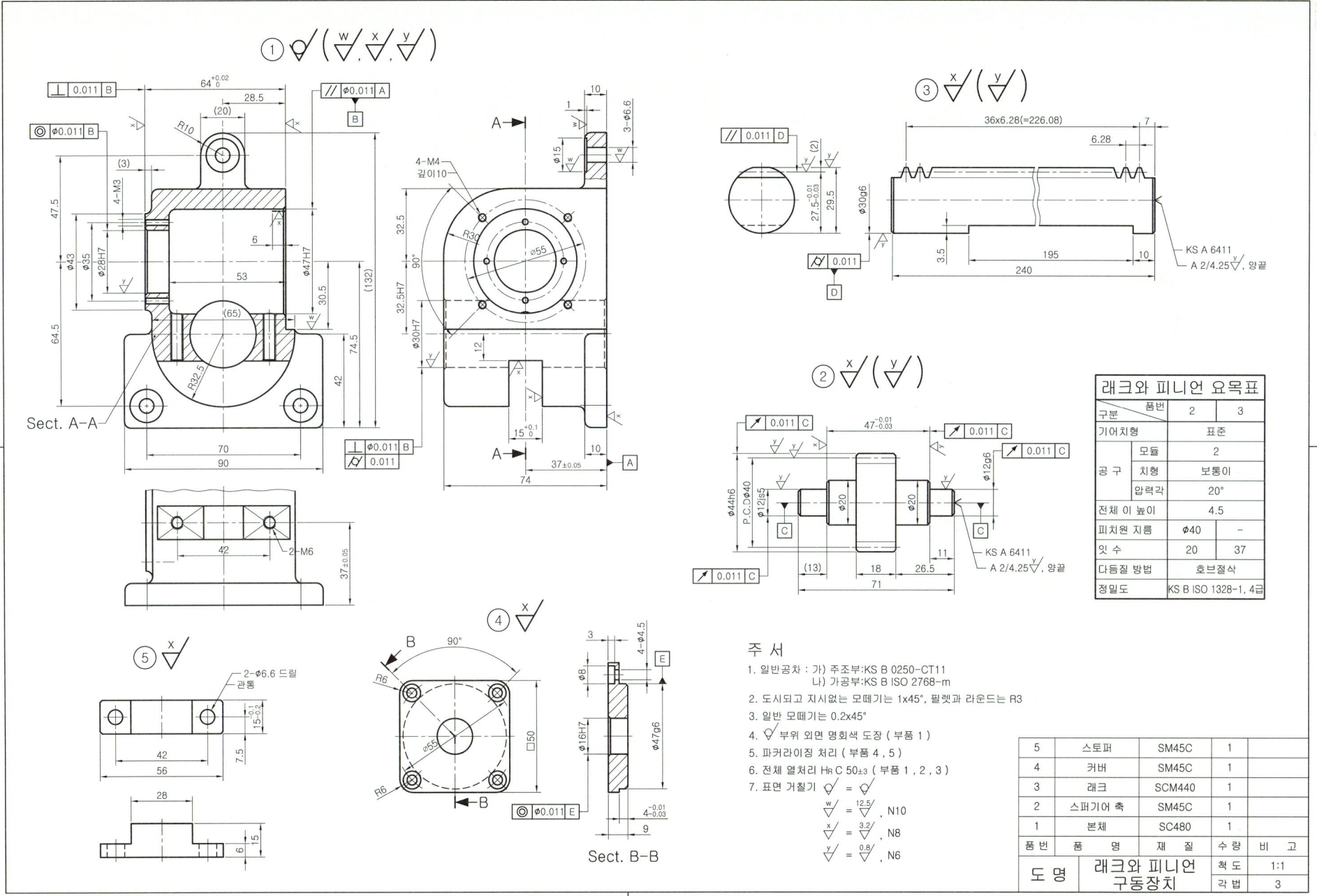

13. 래크와 피니언 구동장치 3D 렌더링 등각 투상도 예제 도면(전산응용기계제도기능사)

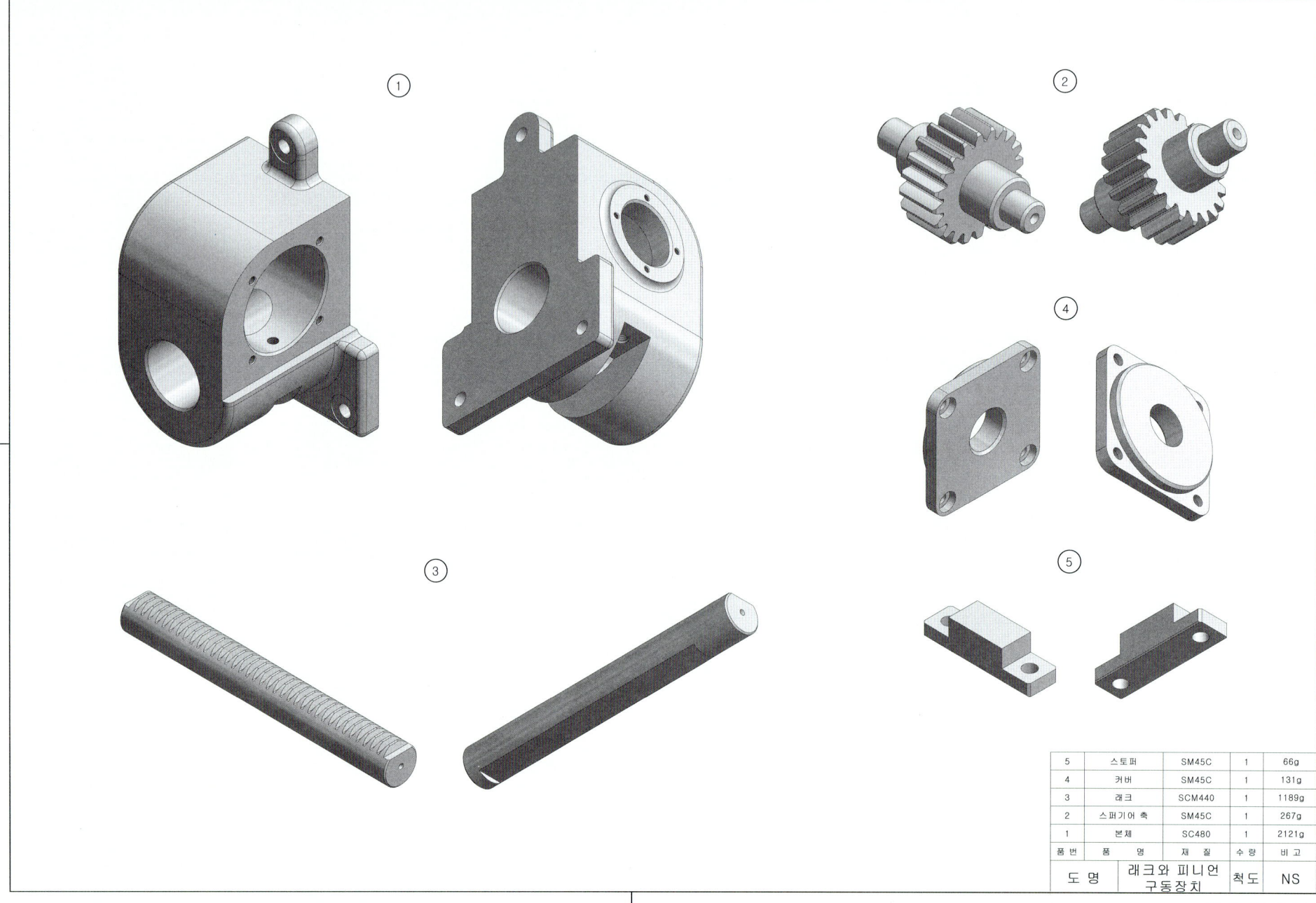

13. 래크와 피니언 구동장치 3D 모델링도 예제 도면(기계설계산업기사)

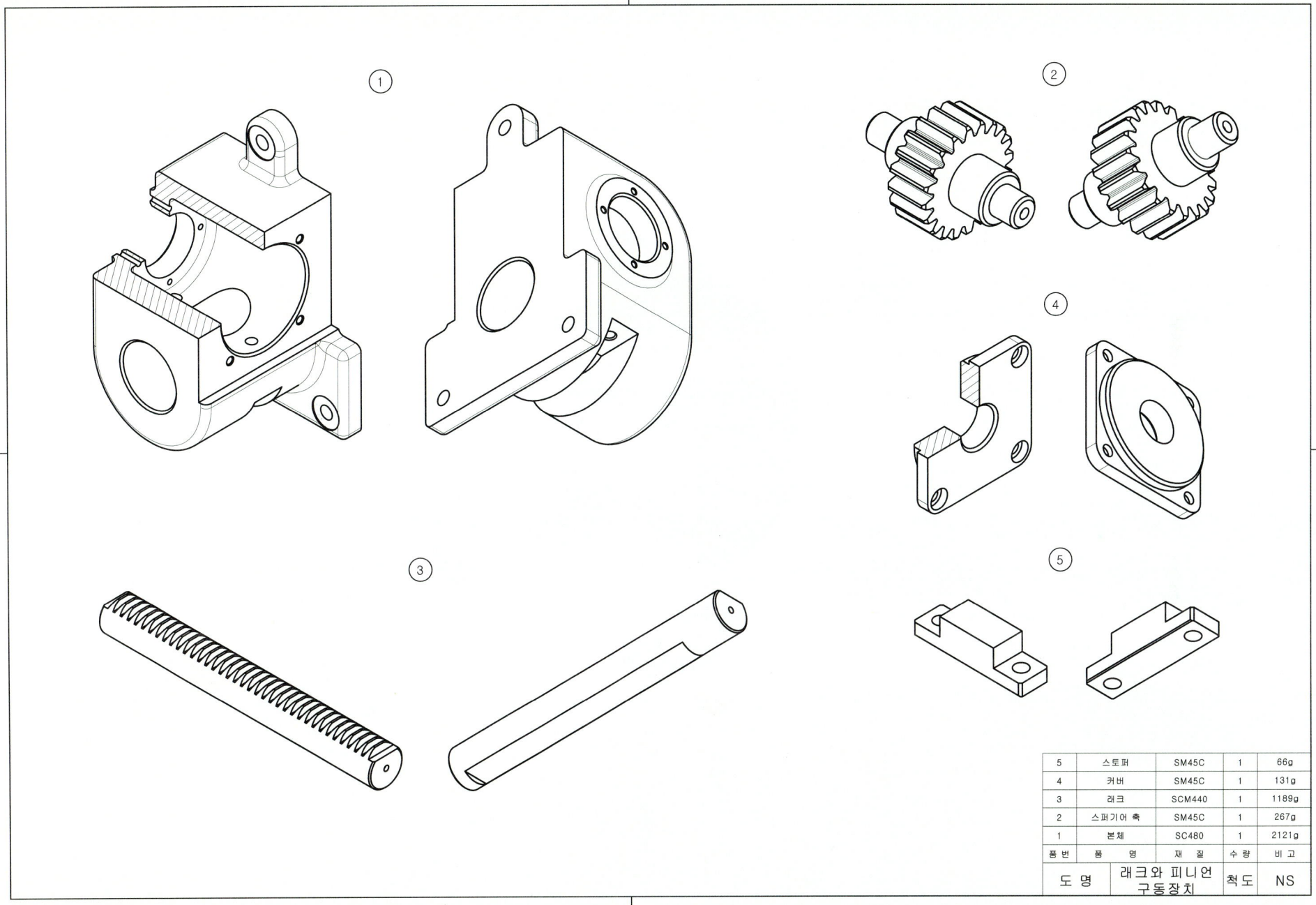

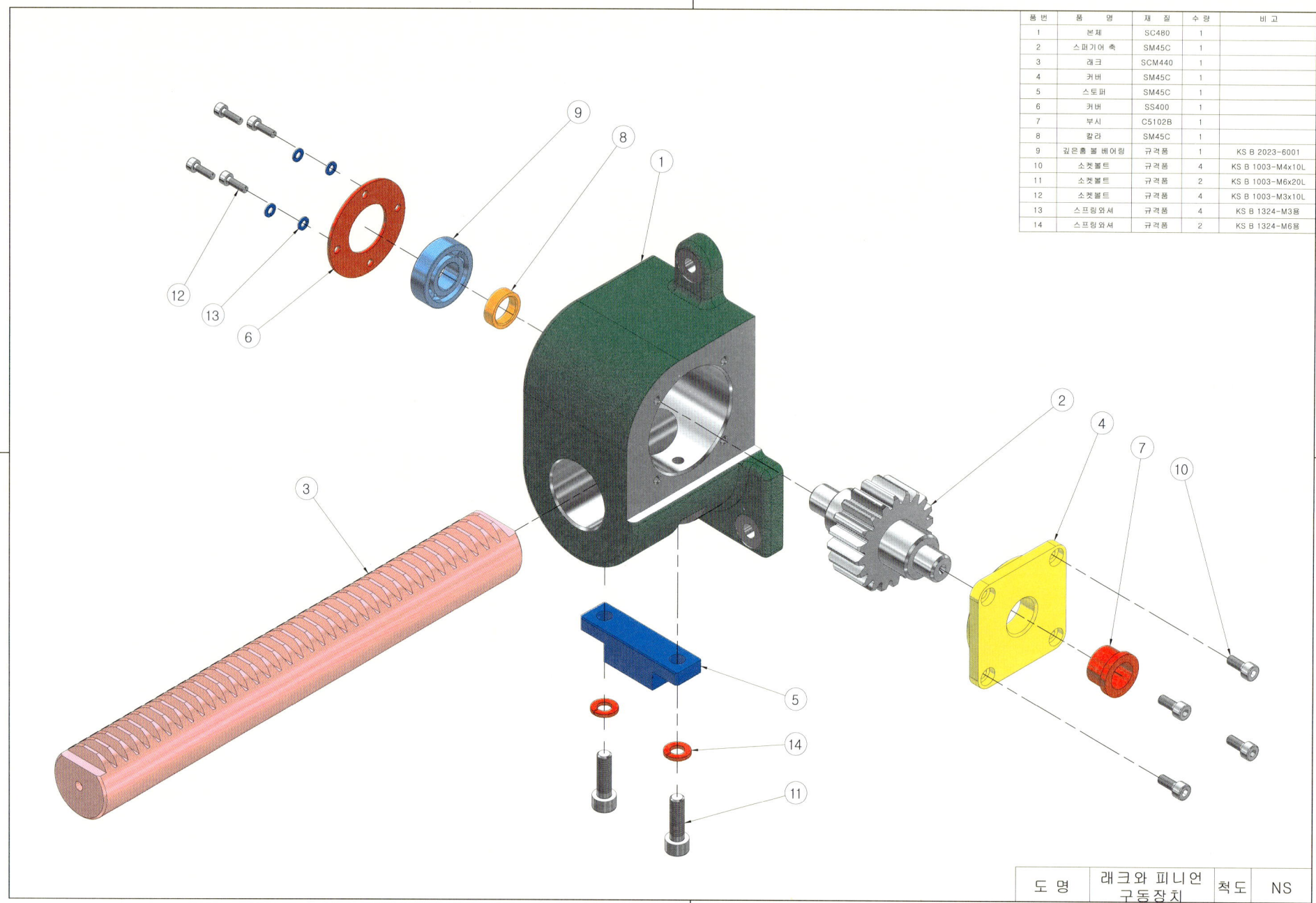

13. 래크와 피니언 구동장치 등각 조립도 예제 도면

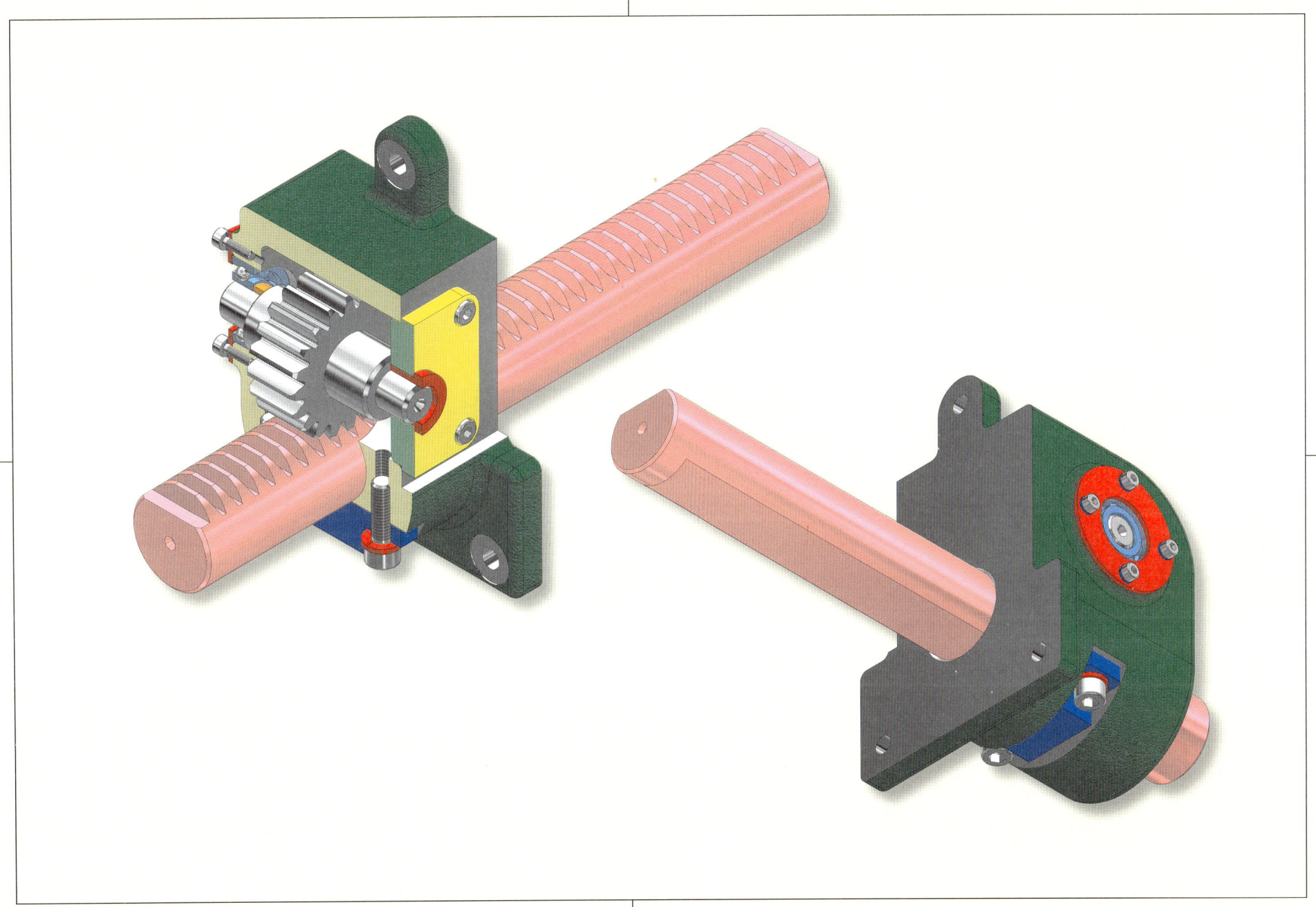

14. 아이들러 2D 과제 도면

부품도(2D) : 1, 2, 3, 4
등각 투상도(3D) : 1, 2, 3, 4

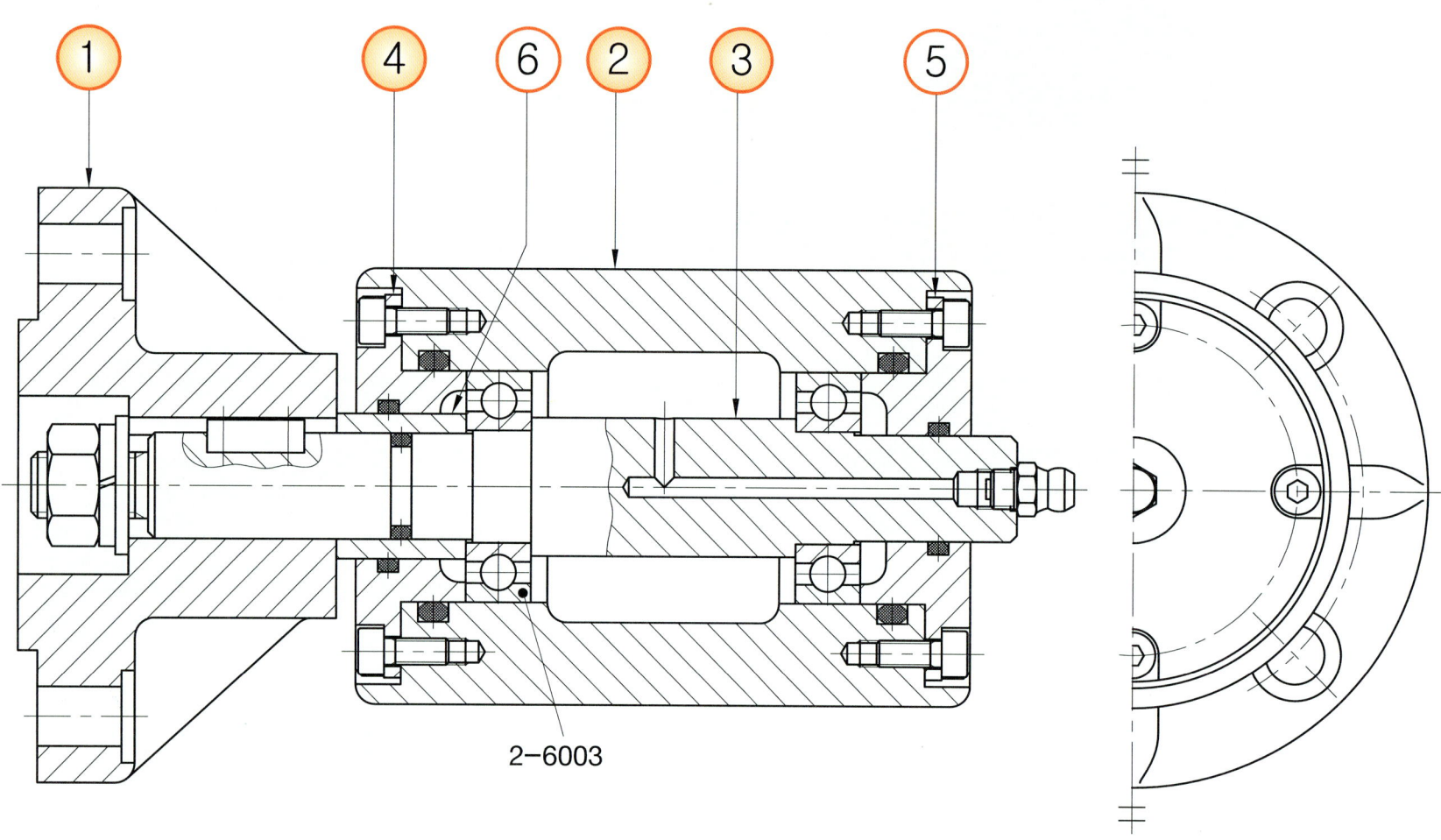

2-6003

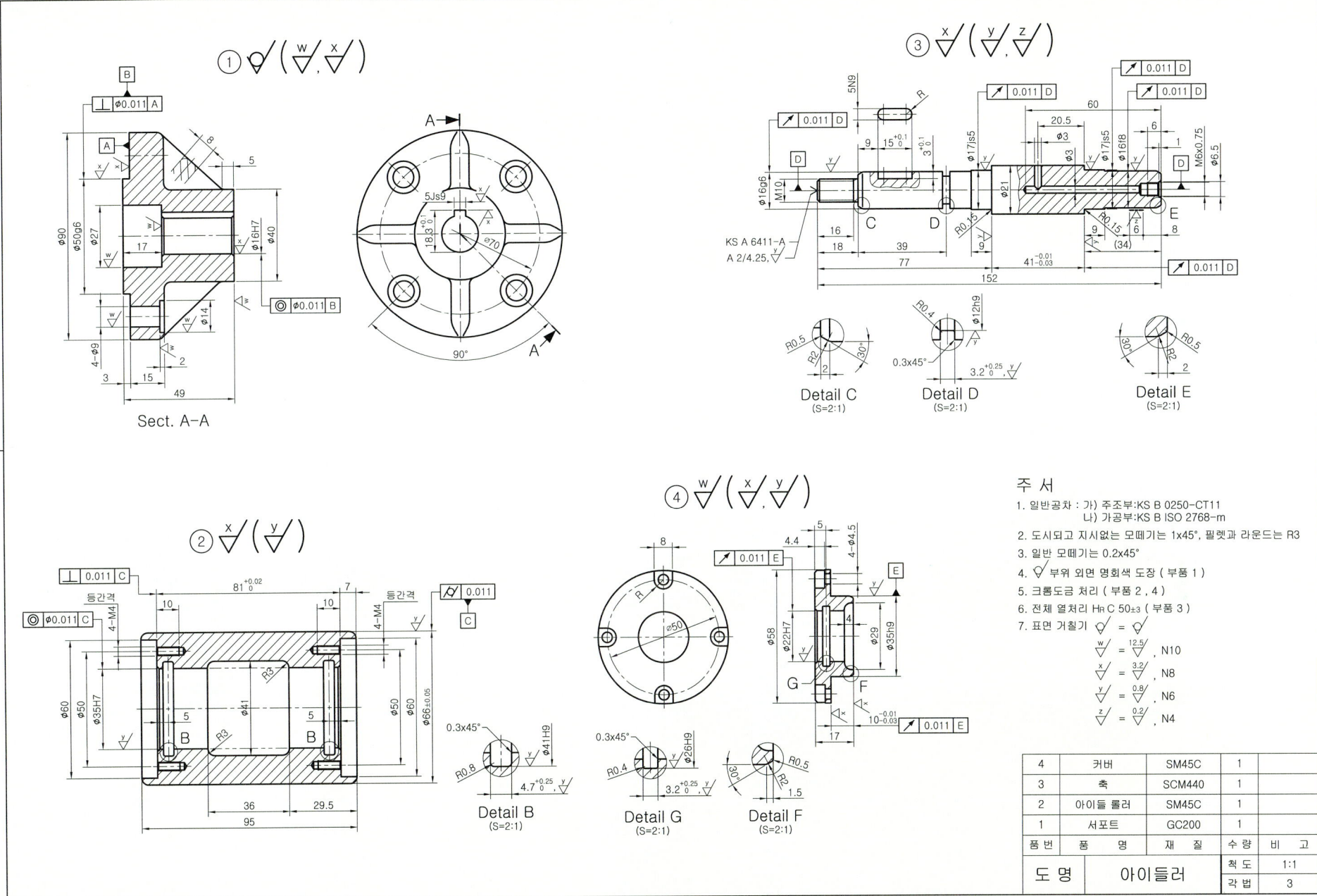

14. 아이들러 3D 렌더링 등각 투상도 예제 도면(전산응용기계제도기능사)

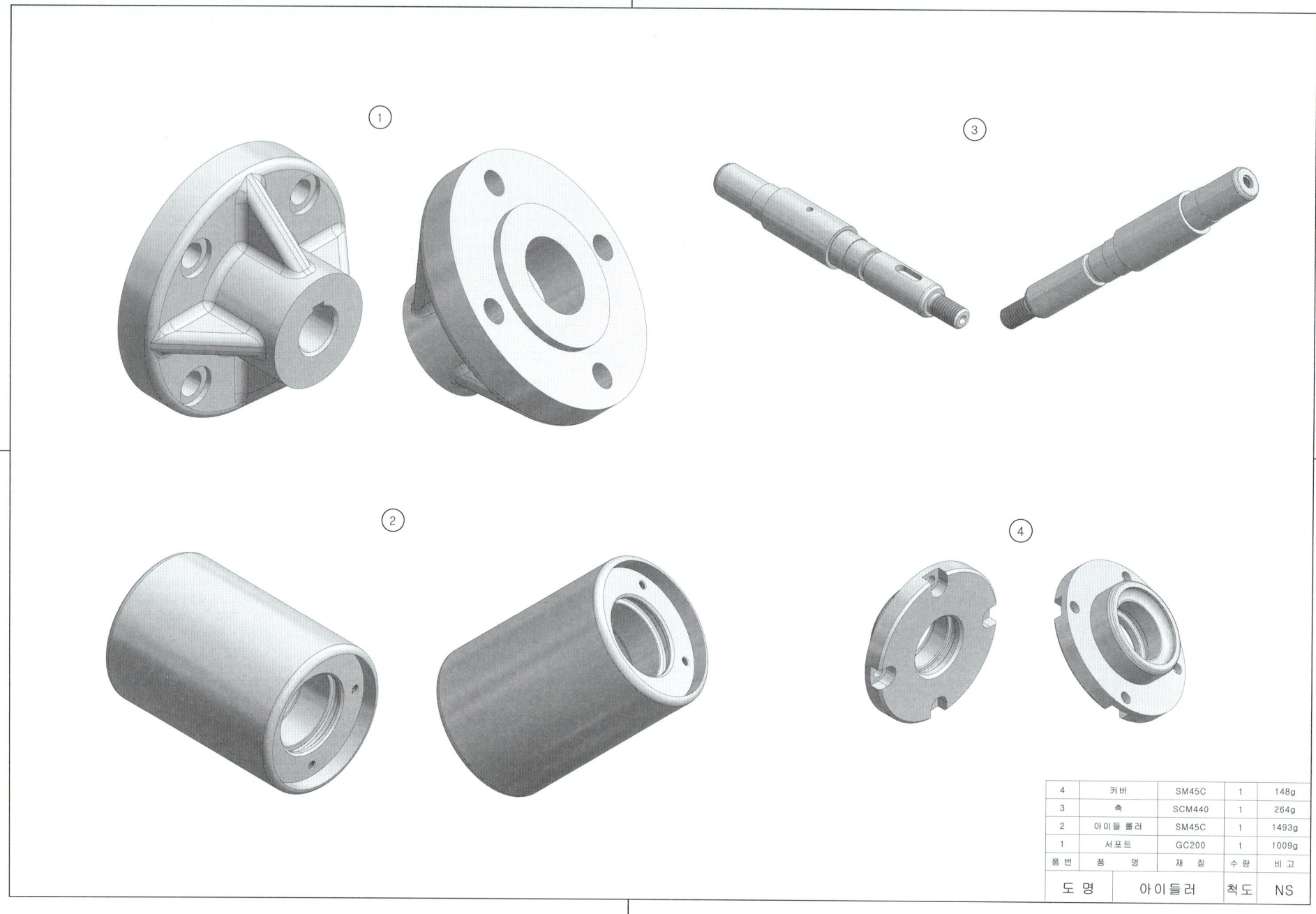

14. 아이들러 3D 모델링도 예제 도면(기계설계산업기사)

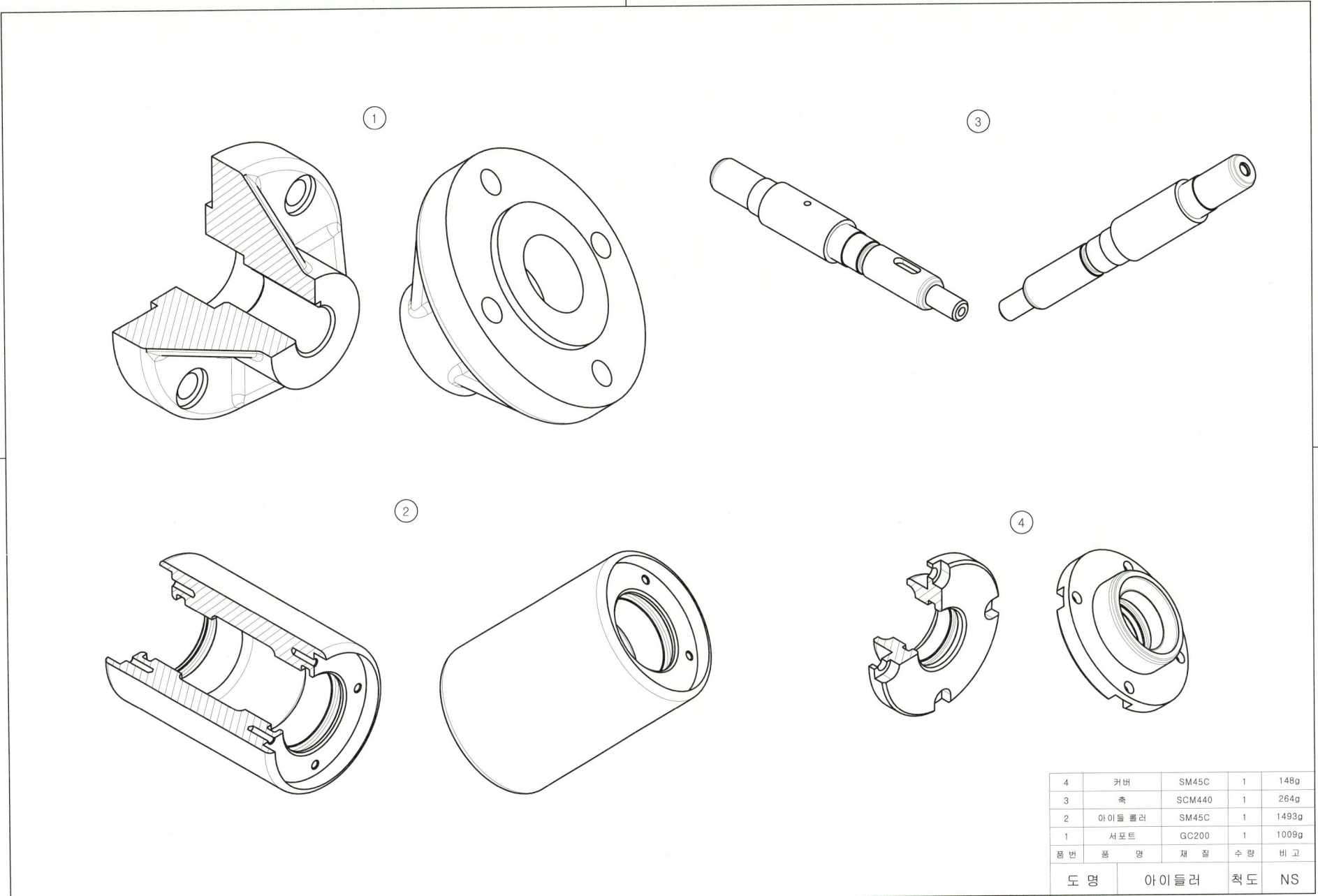

14. 아이들러 등각 분해도 예제 도면

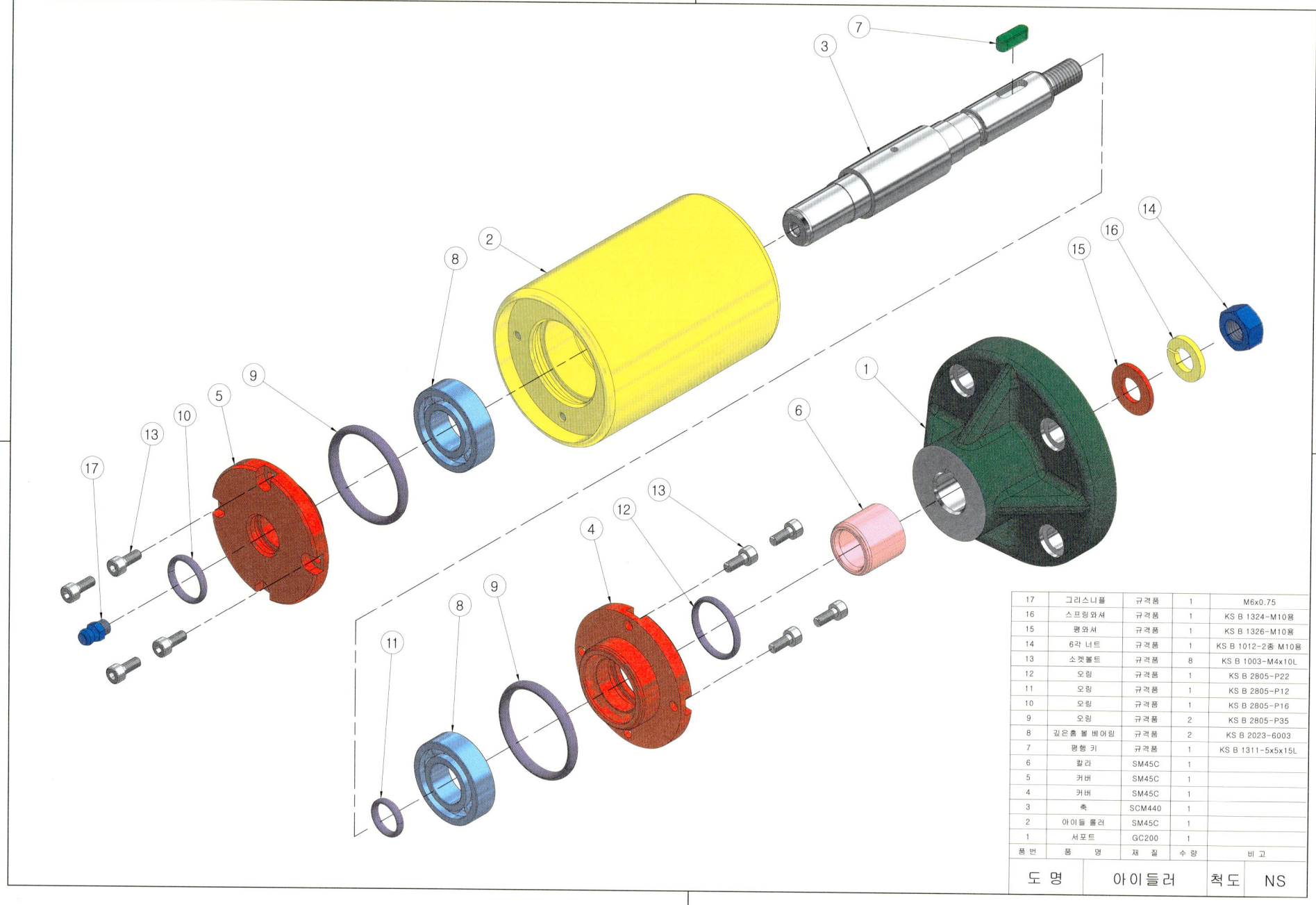

14. 아이들러 등각 조립도 예제 도면

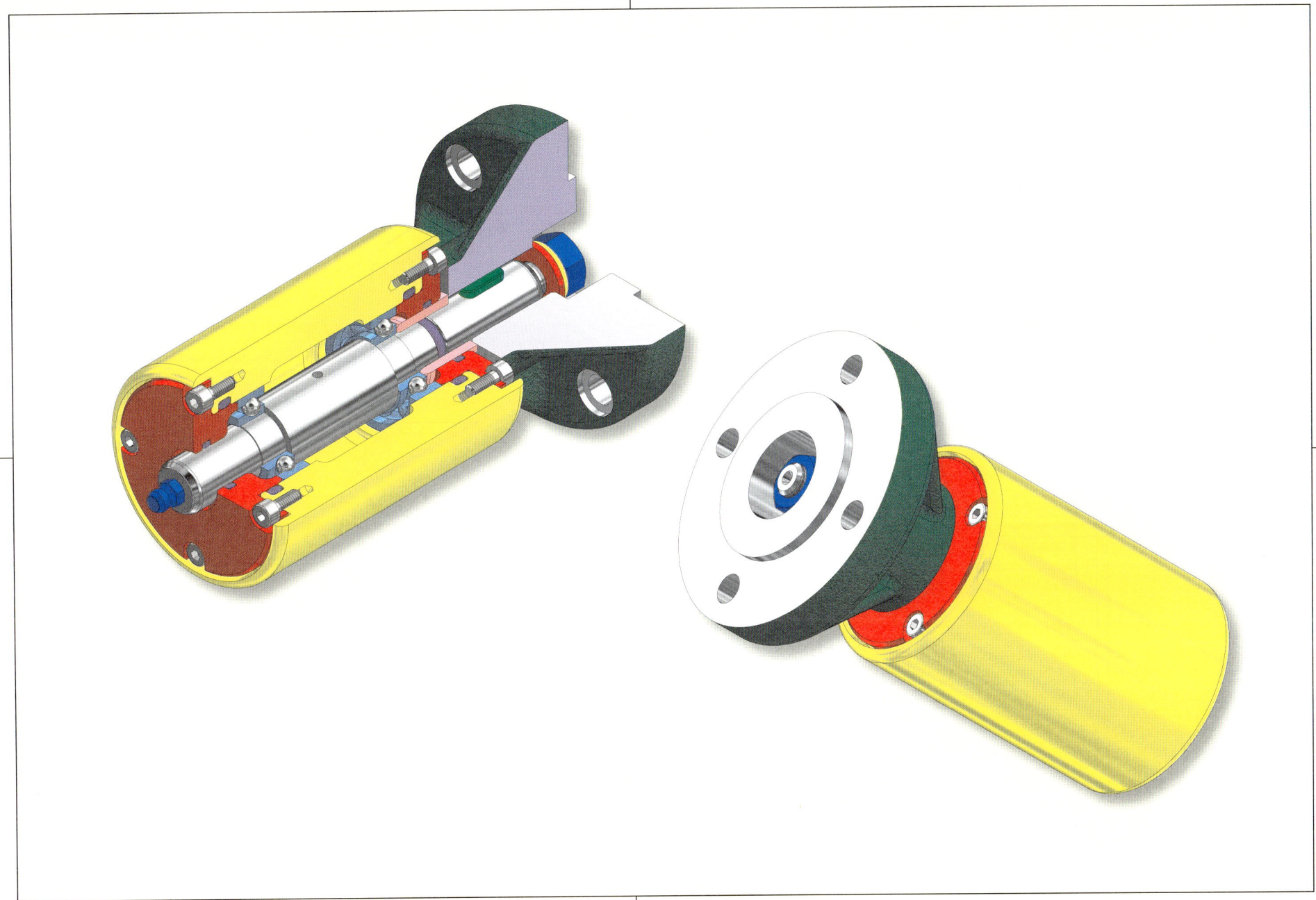

15. 스퍼기어 감속기 2D 과제 도면

부품도(2D) : 1, 3, 4, 5
등각 투상도(3D) : 1, 2, 3, 4, 5

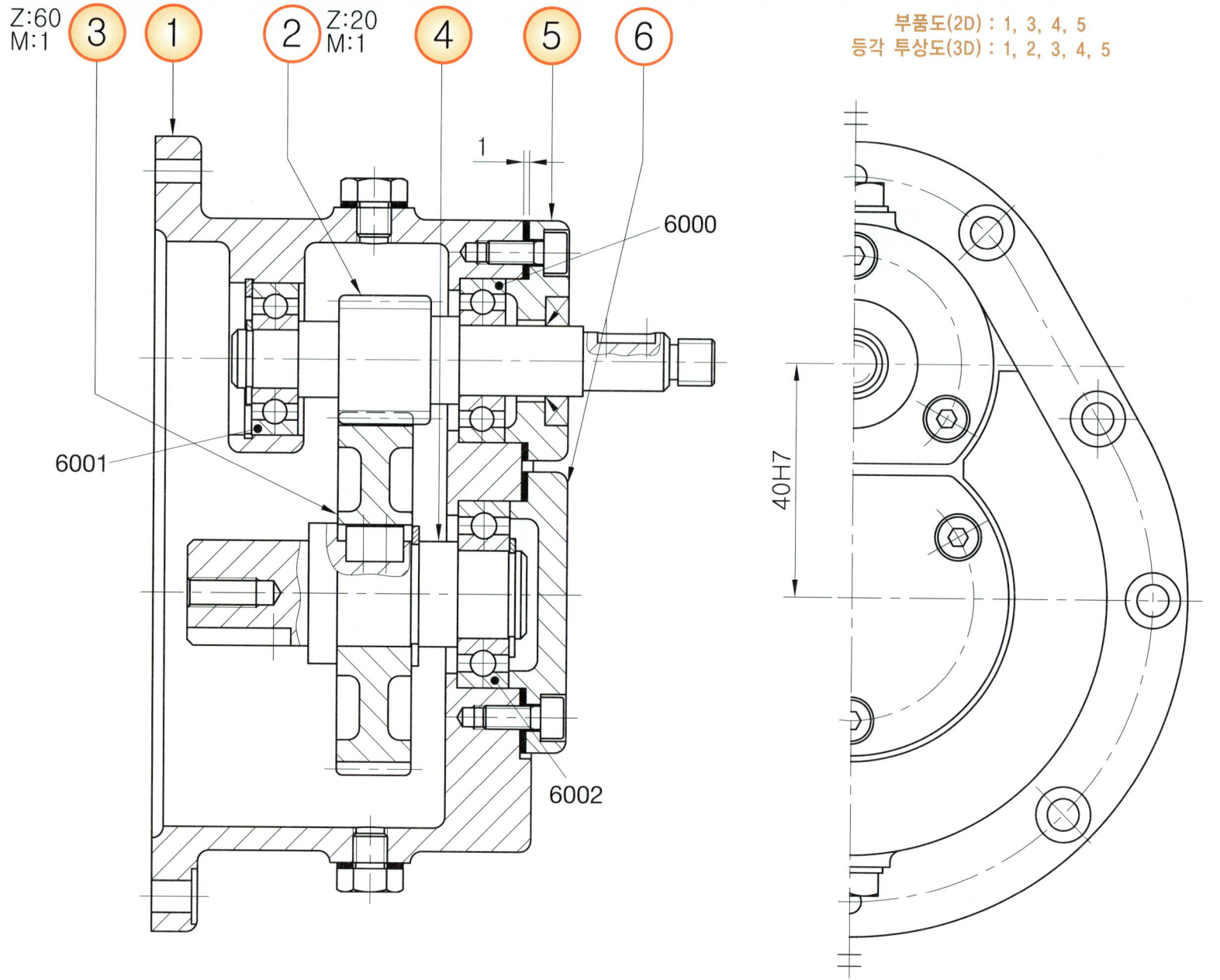

15. 스퍼기어 감속기 2D 부품도 풀이 도면도

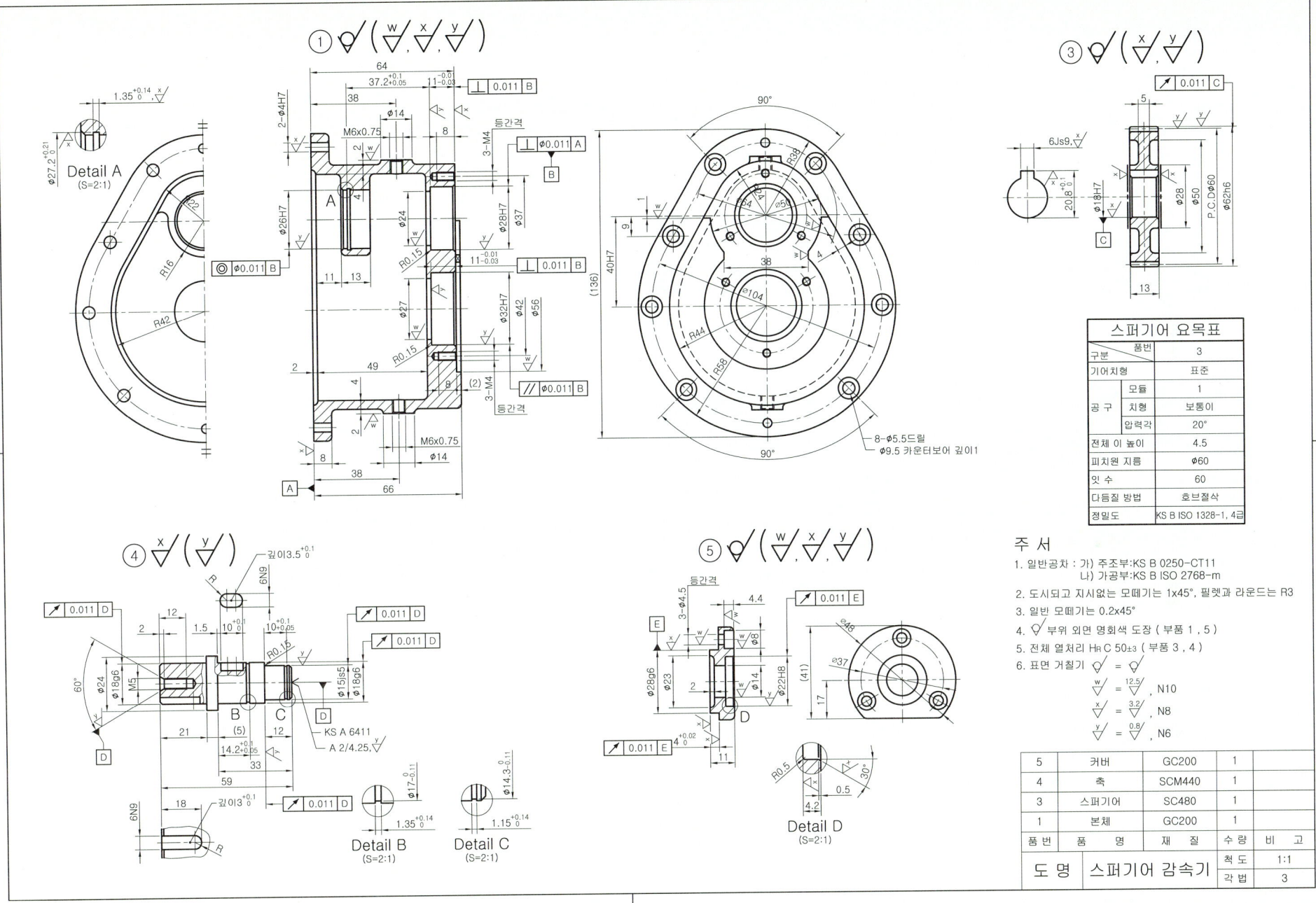

15. 스퍼기어 감속기 3D 렌더링 등각 투상도 예제 도면(전산응용기계제도기능사)

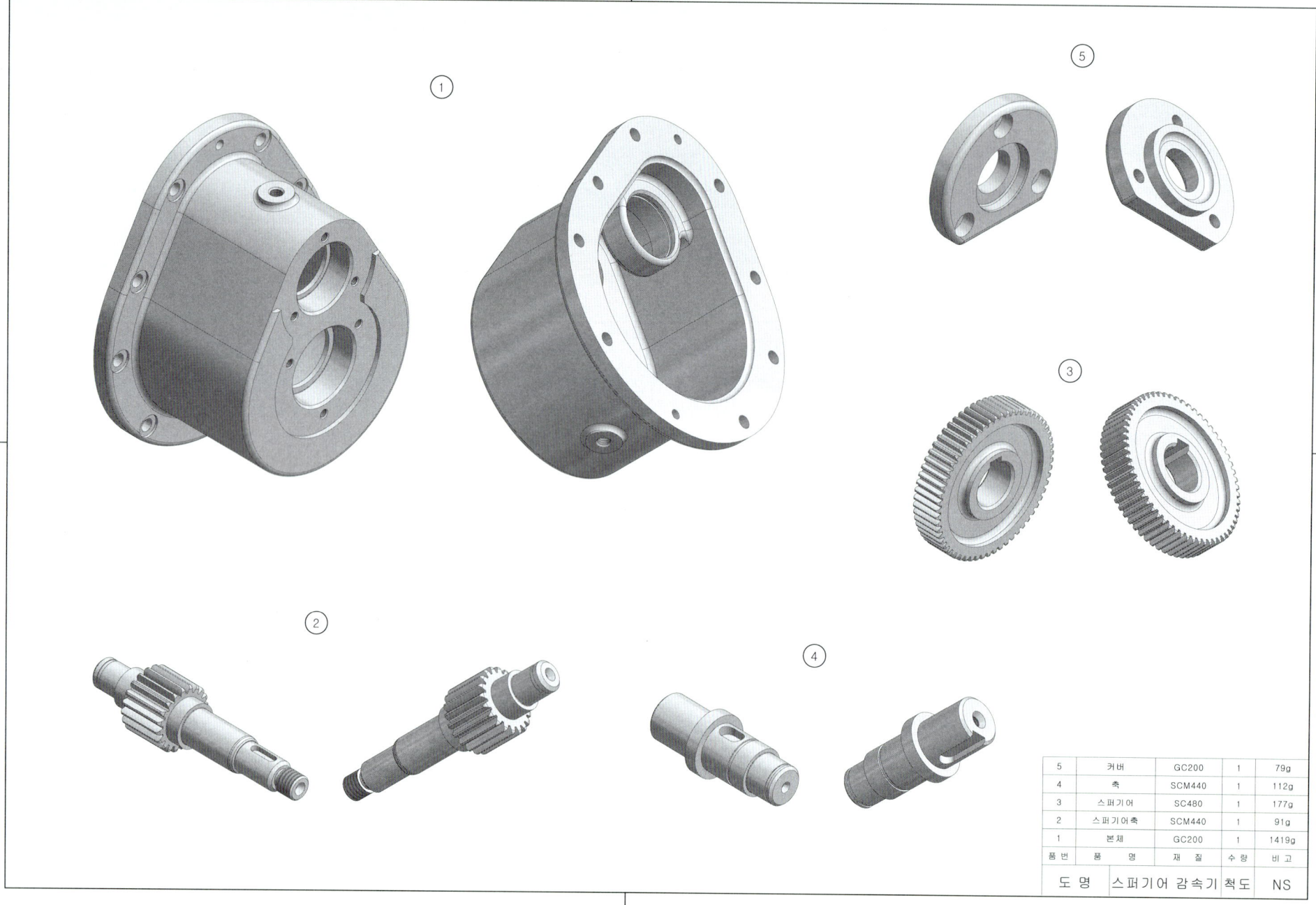

15. 스퍼기어 감속기 3D 모델링도 예제 도면(기계설계산업기사)

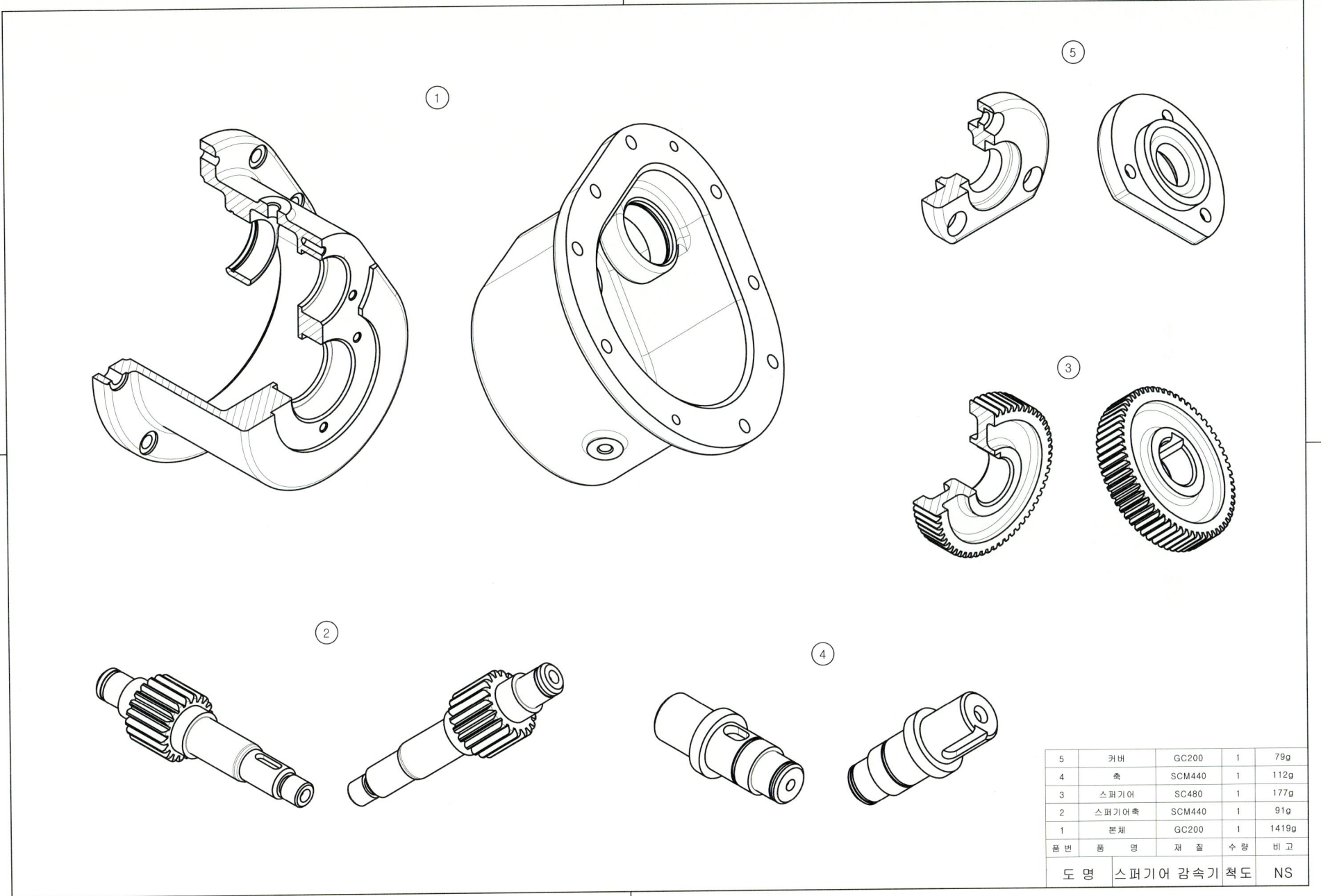

15. 스퍼기어 감속기 등각 분해도 예제 도면

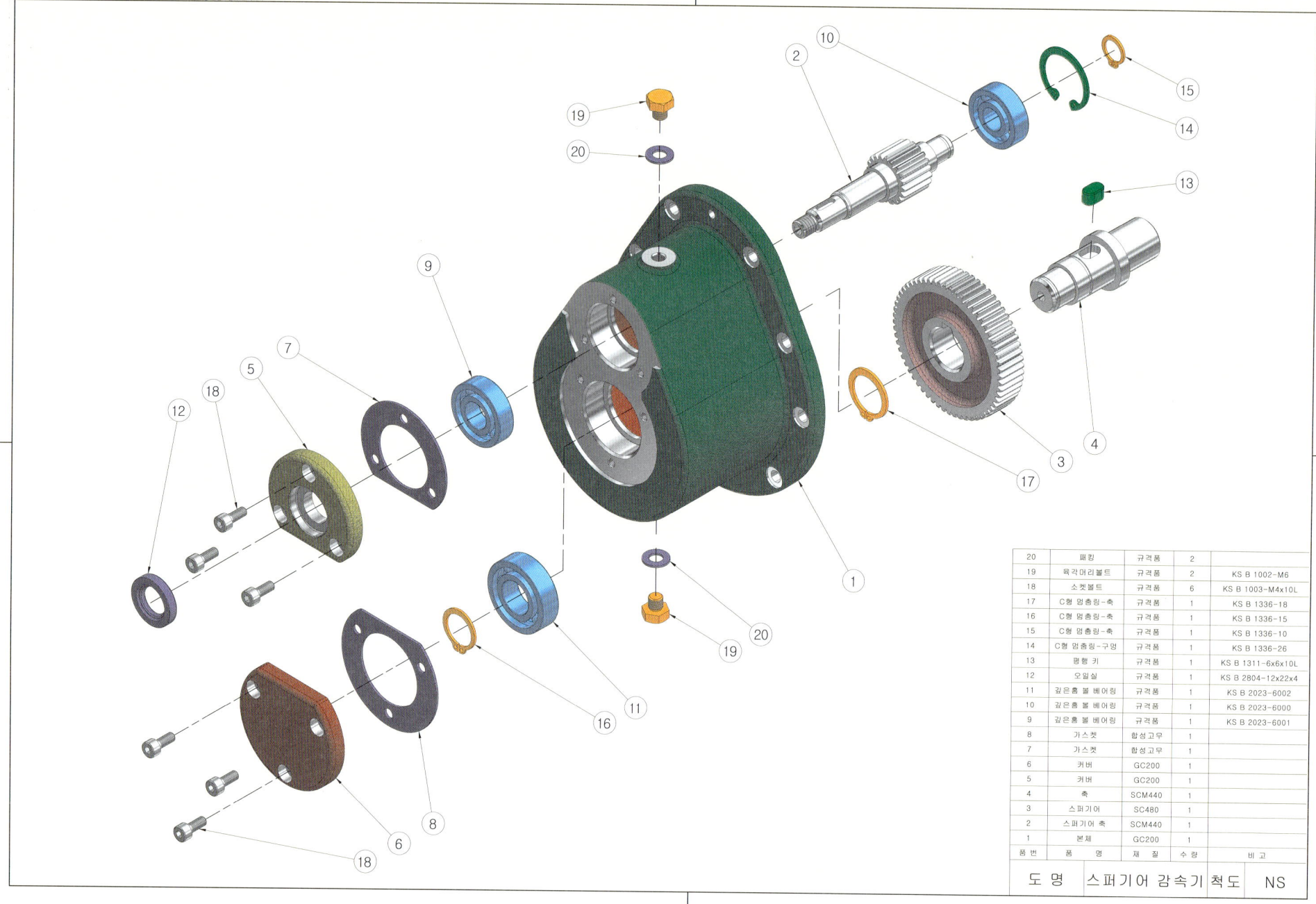

15. 스퍼기어 감속기 등각 조립도 예제 도면

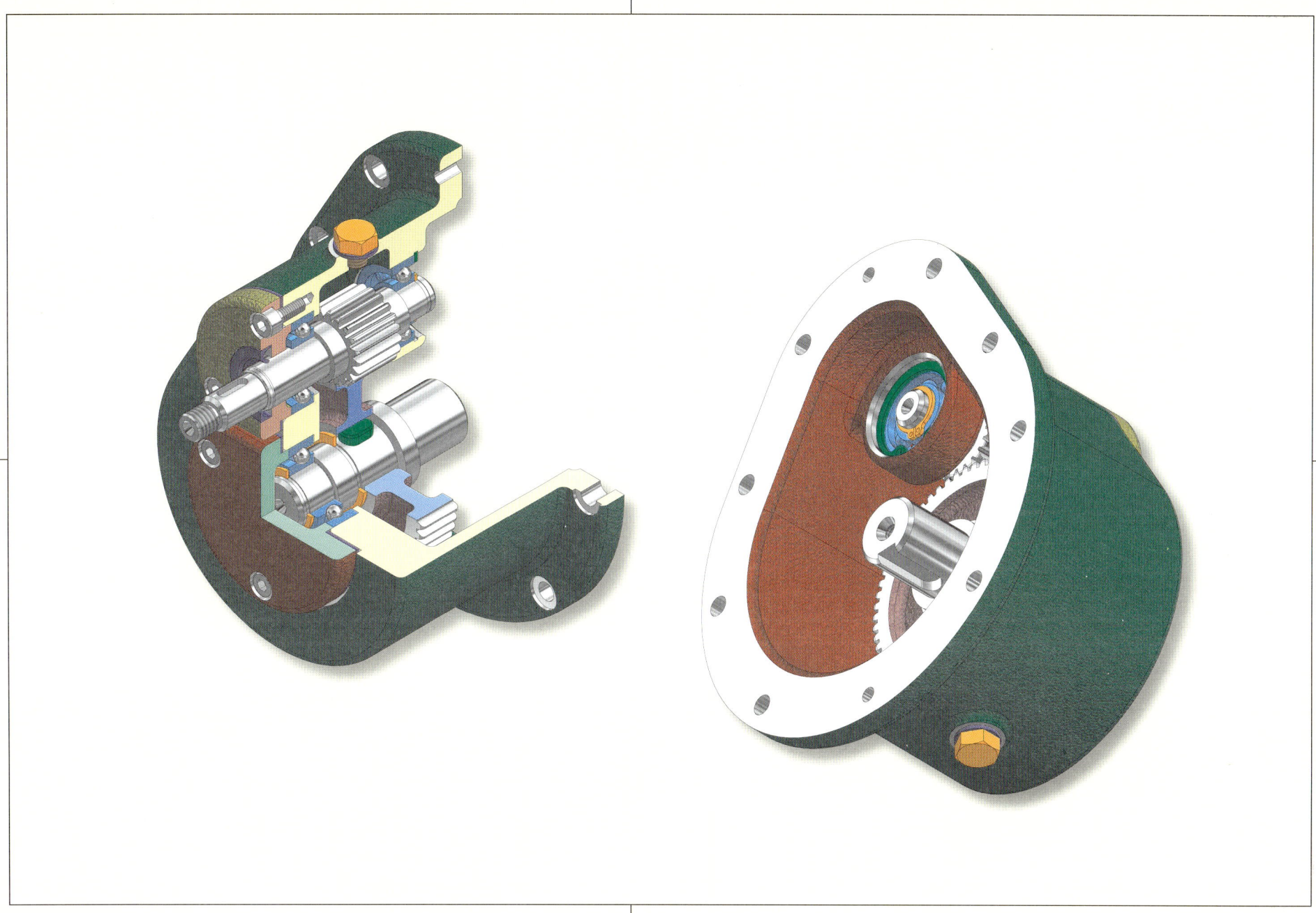

16. 증 감속장치 2D 과제 도면

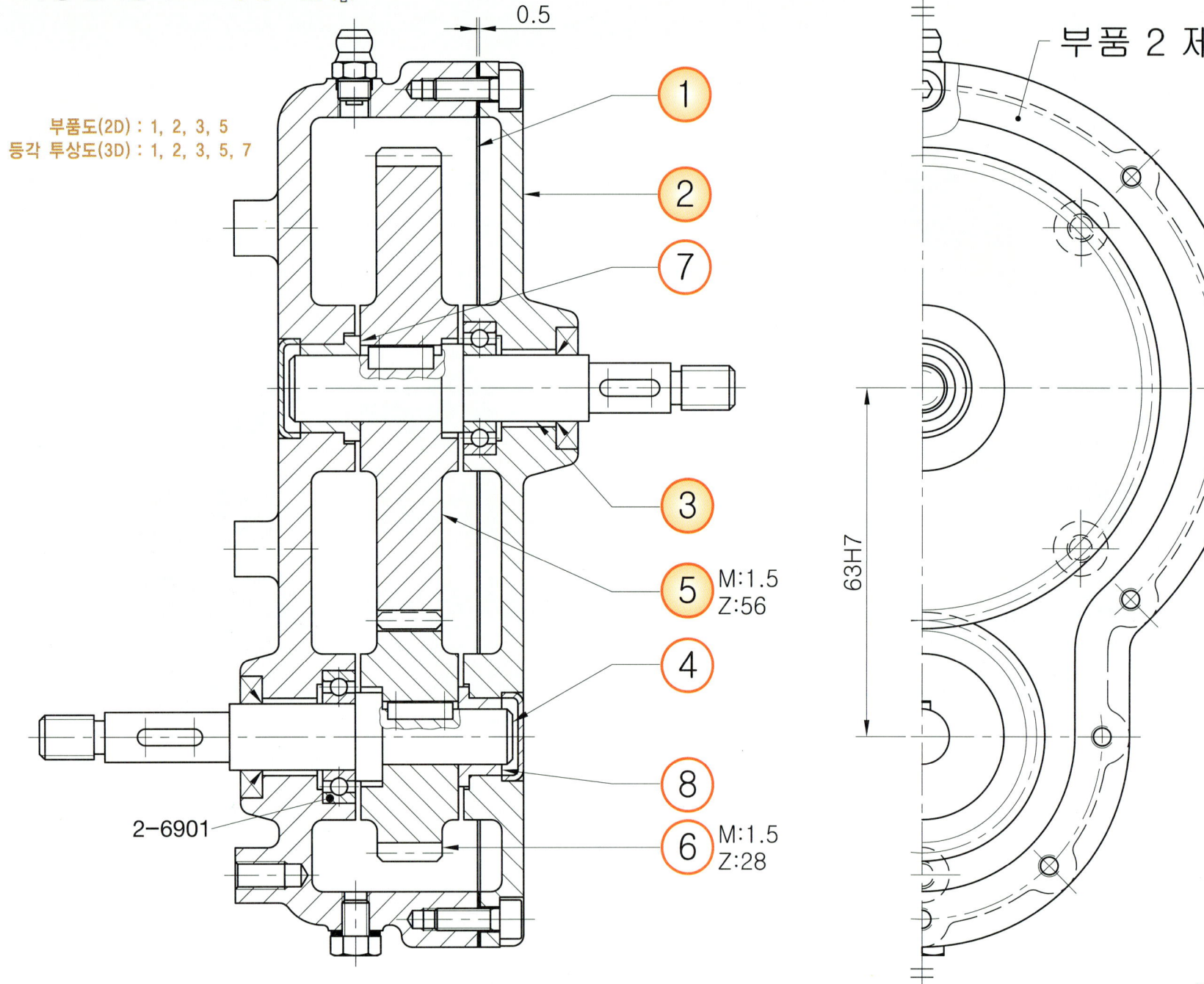

16. 증 감속장치 2D 부품도 풀이 도면

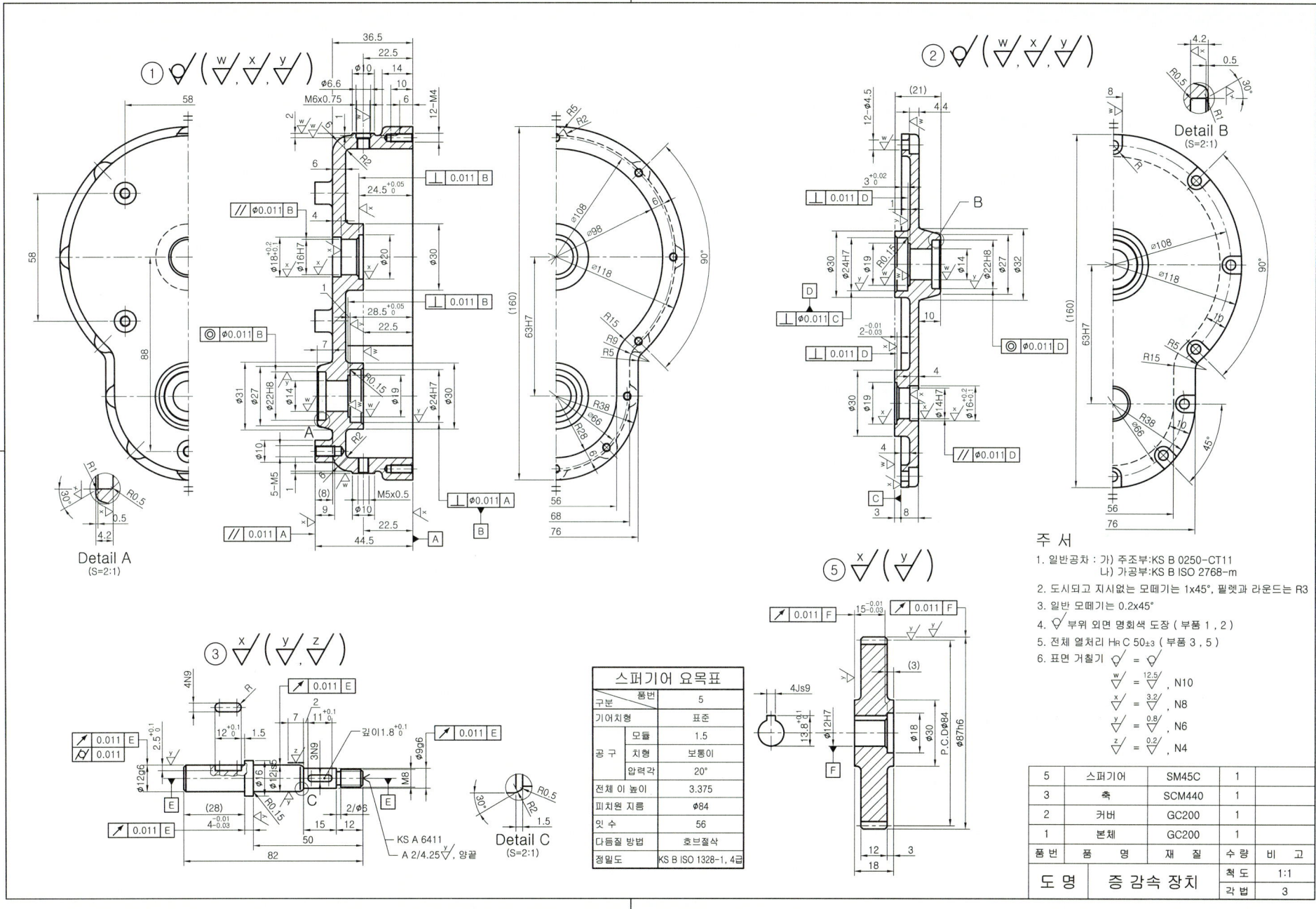

16. 증 감속장치 3D 렌더링 등각 투상도 예제 도면(전산응용기계제도기능사)

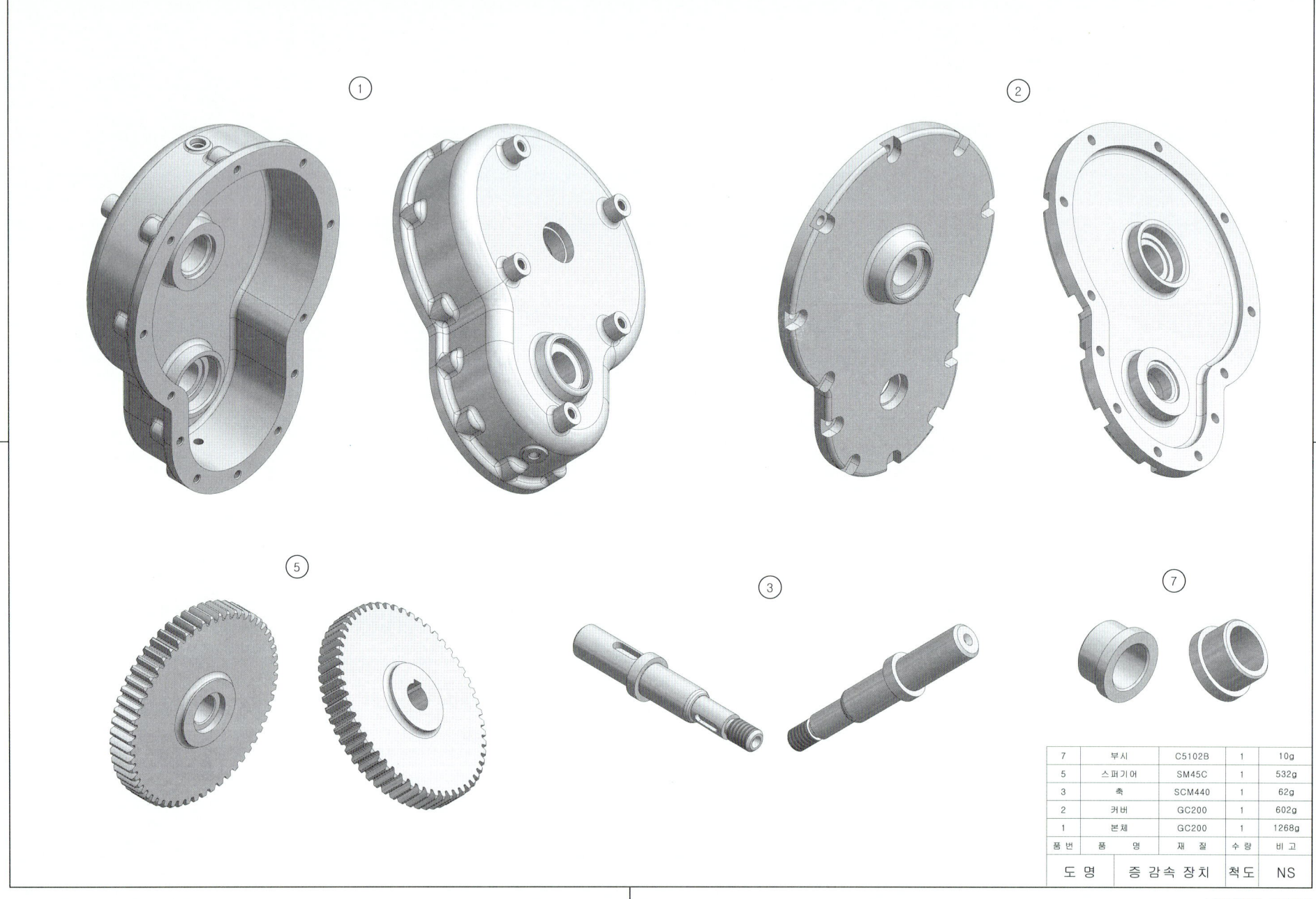

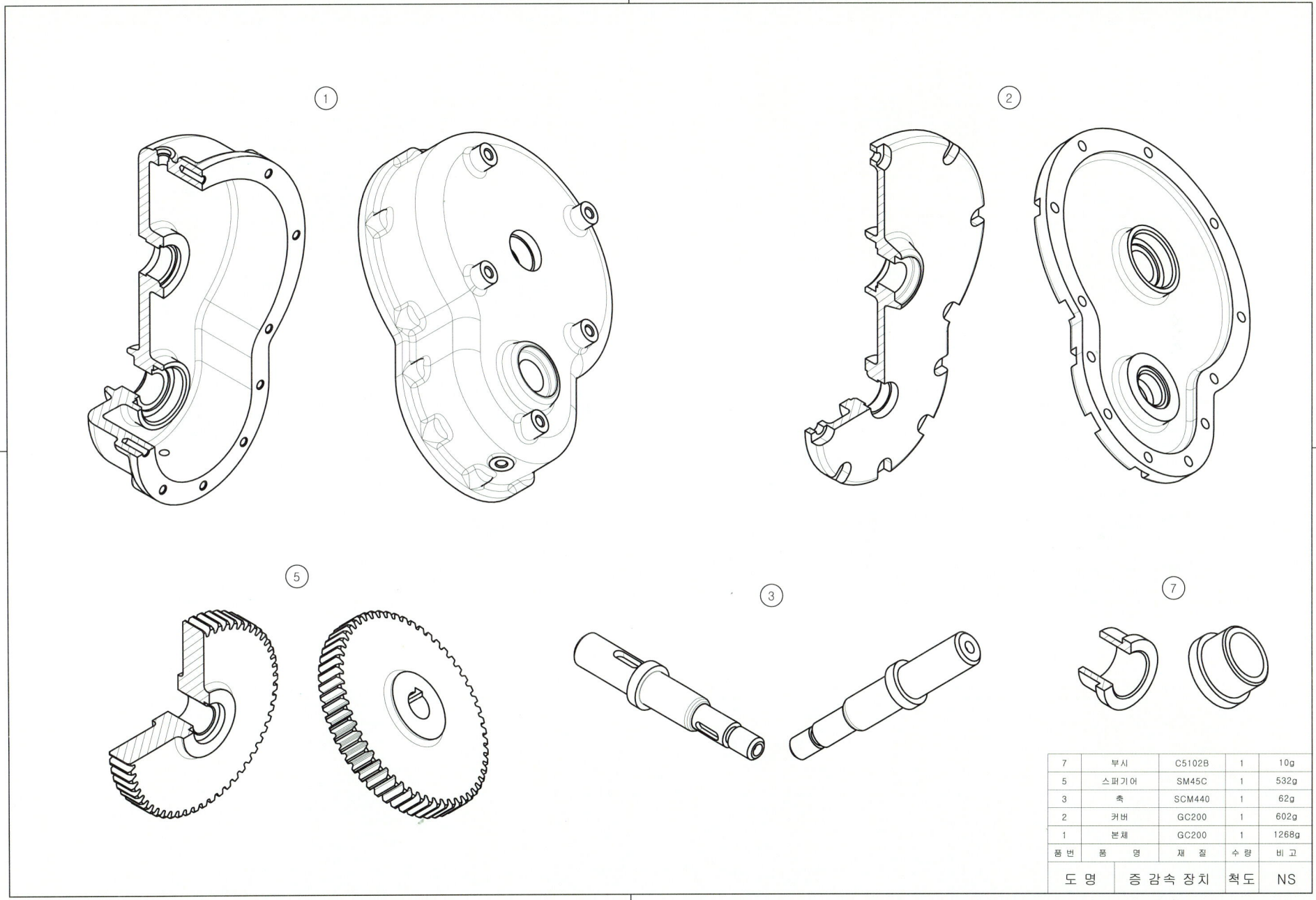

16. 증 감속장치 등각 분해도 예제 도면

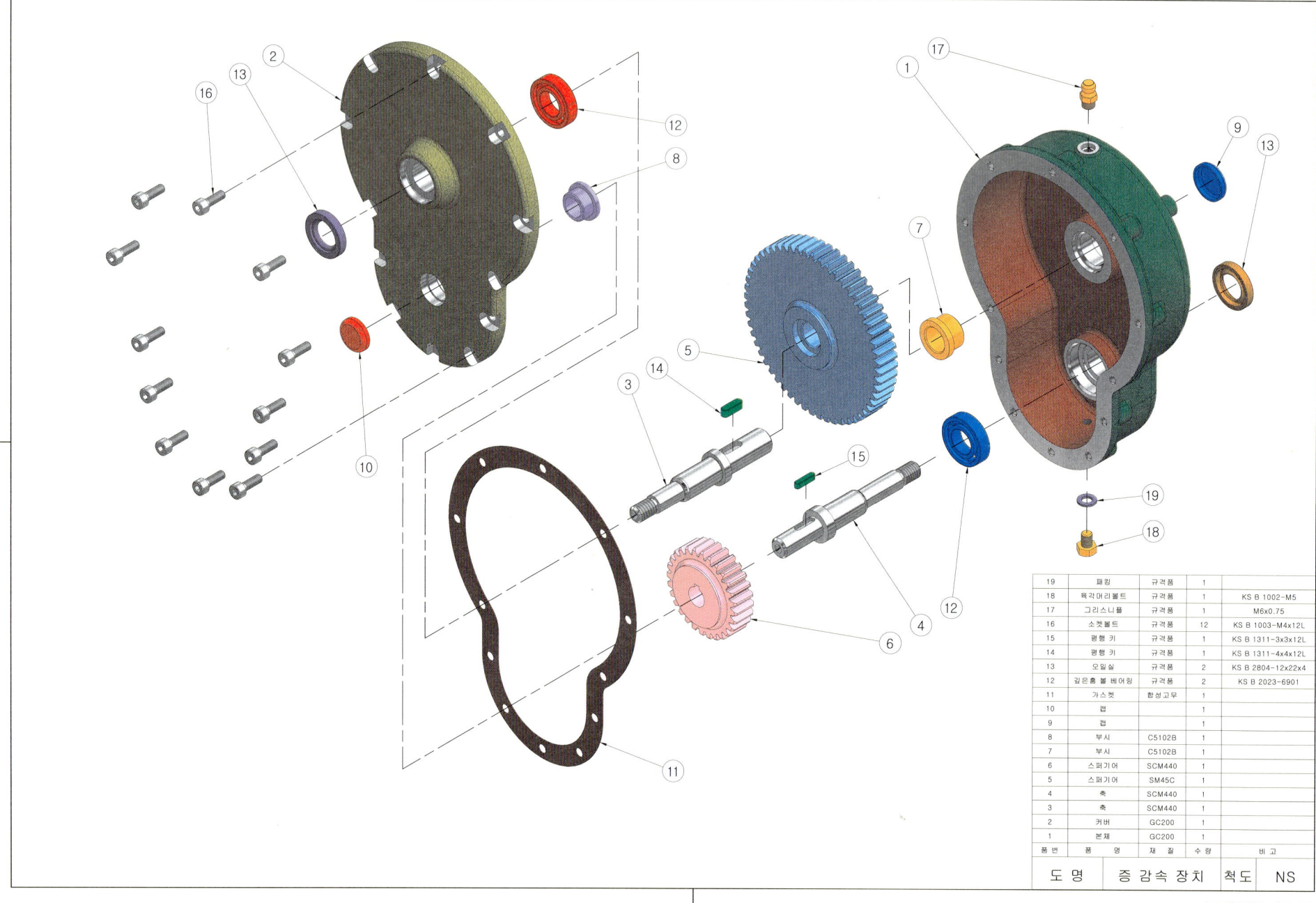

19	패킹	규격품	1	
18	육각머리볼트	규격품	1	KS B 1002-M5
17	그리스니플	규격품	1	M6x0.75
16	소켓볼트	규격품	12	KS B 1003-M4x12L
15	평행 키	규격품	1	KS B 1311-3x3x12L
14	평행 키	규격품	1	KS B 1311-4x4x12L
13	오일실	규격품	2	KS B 2804-12x22x4
12	깊은홈 볼 베어링	규격품	2	KS B 2023-6901
11	가스켓	합성고무	1	
10	캡		1	
9	캡		1	
8	부시	C5102B	1	
7	부시	C5102B	1	
6	스퍼기어	SCM440	1	
5	스퍼기어	SM45C	1	
4	축	SCM440	1	
3	축	SCM440	1	
2	커버	GC200	1	
1	본체	GC200	1	
품번	품 명	재 질	수량	비 고

| 도 명 | 증 감속 장치 | 척 도 | NS |

16. 증 감속장치 등각 조립도 예제 도면

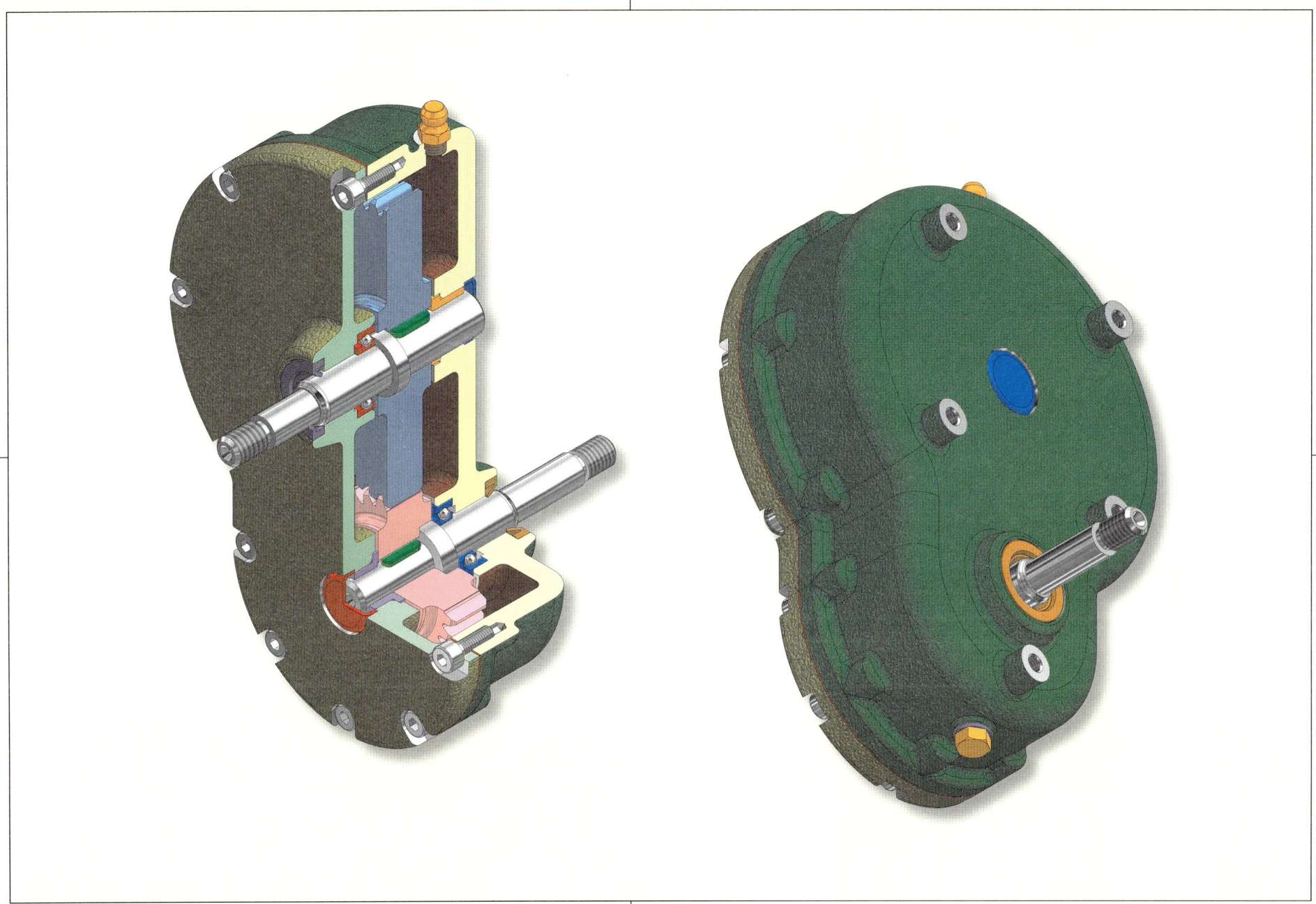

17. 기어펌프-1 2D 과제 도면

부품도(2D) : 1, 2, 3, 5
등각 투상도(3D) : 1, 2, 3, 4

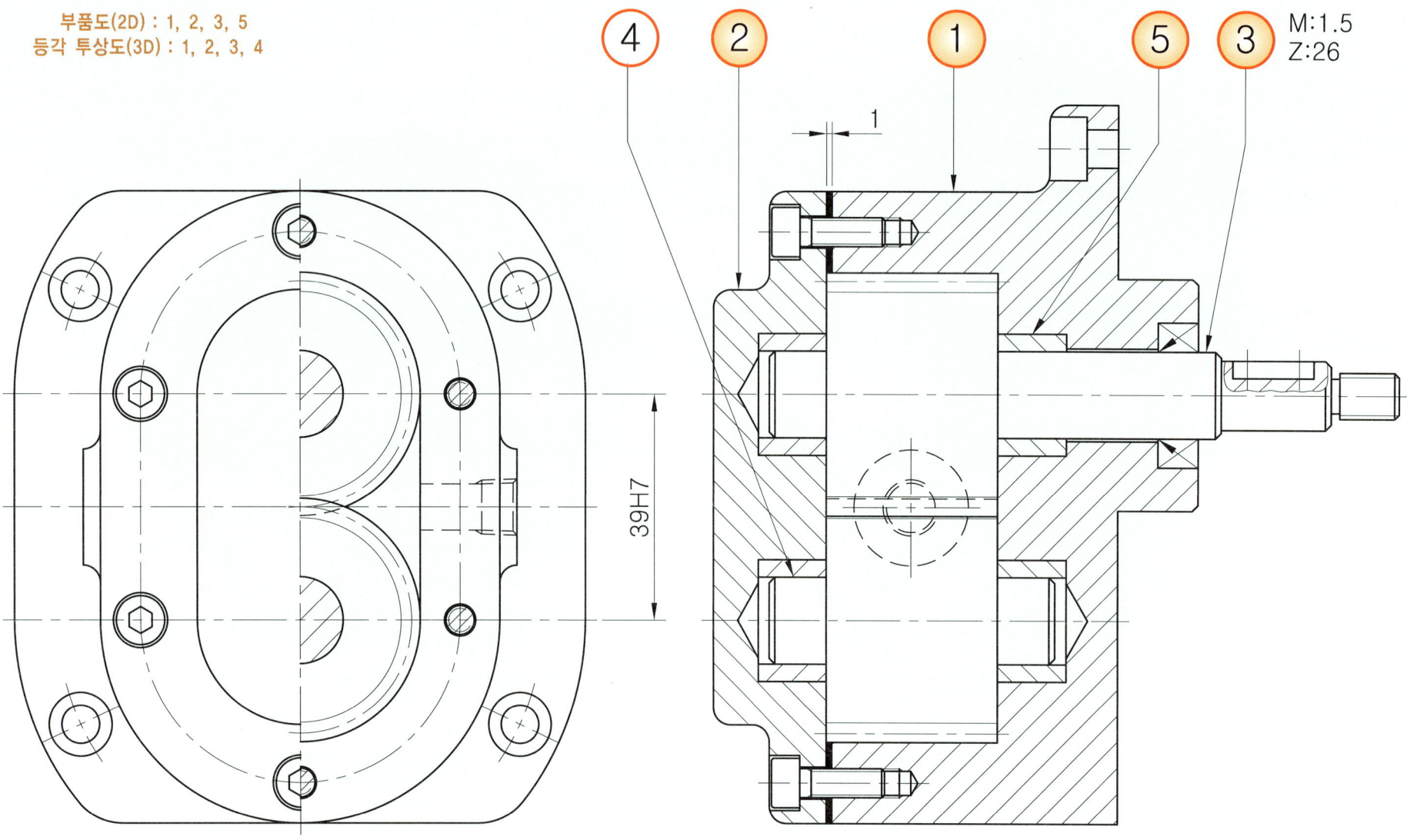

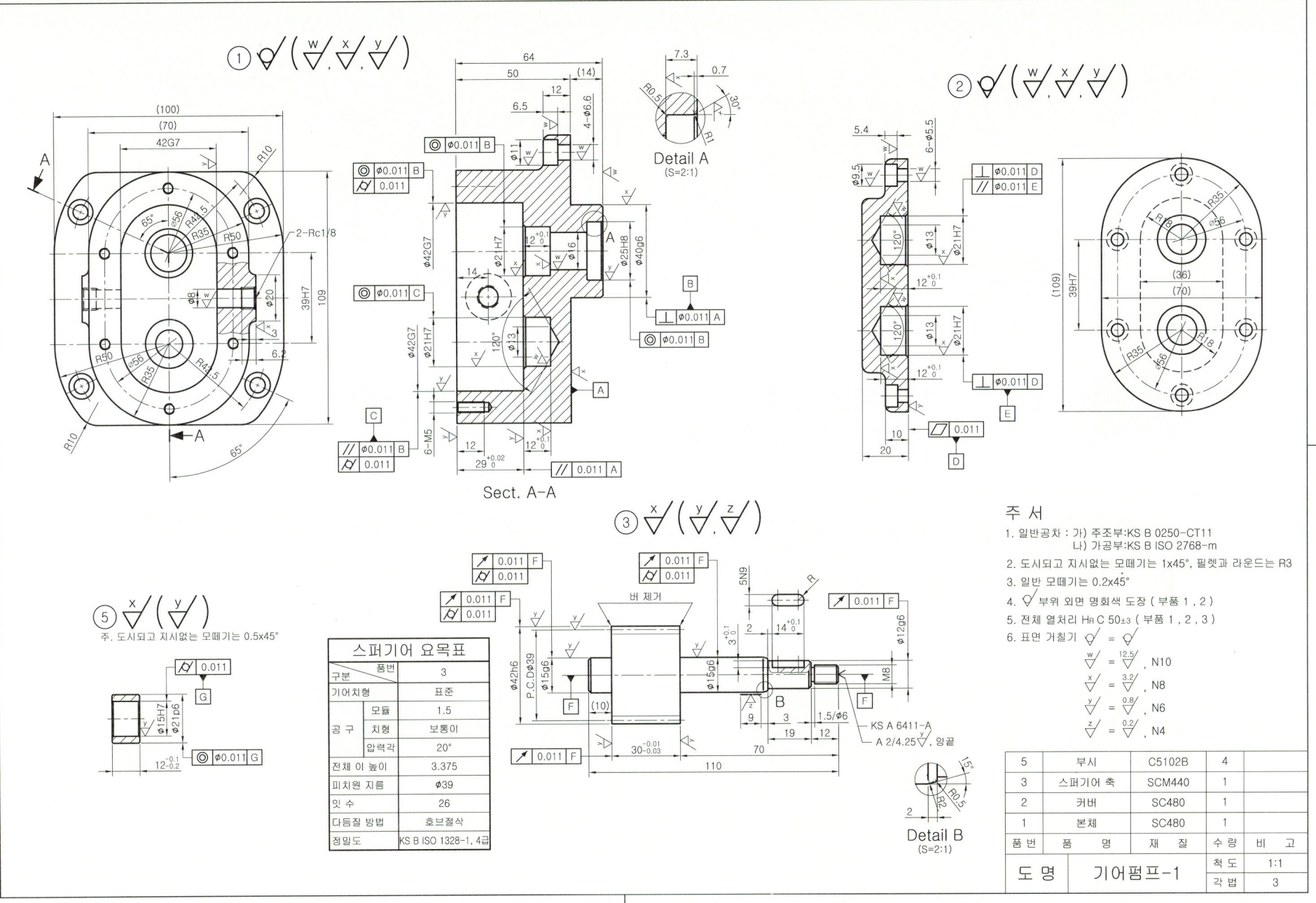

17. 기어펌프-1 3D 렌더링 등각 투상도 예제 도면(전산응용기계제도기능사)

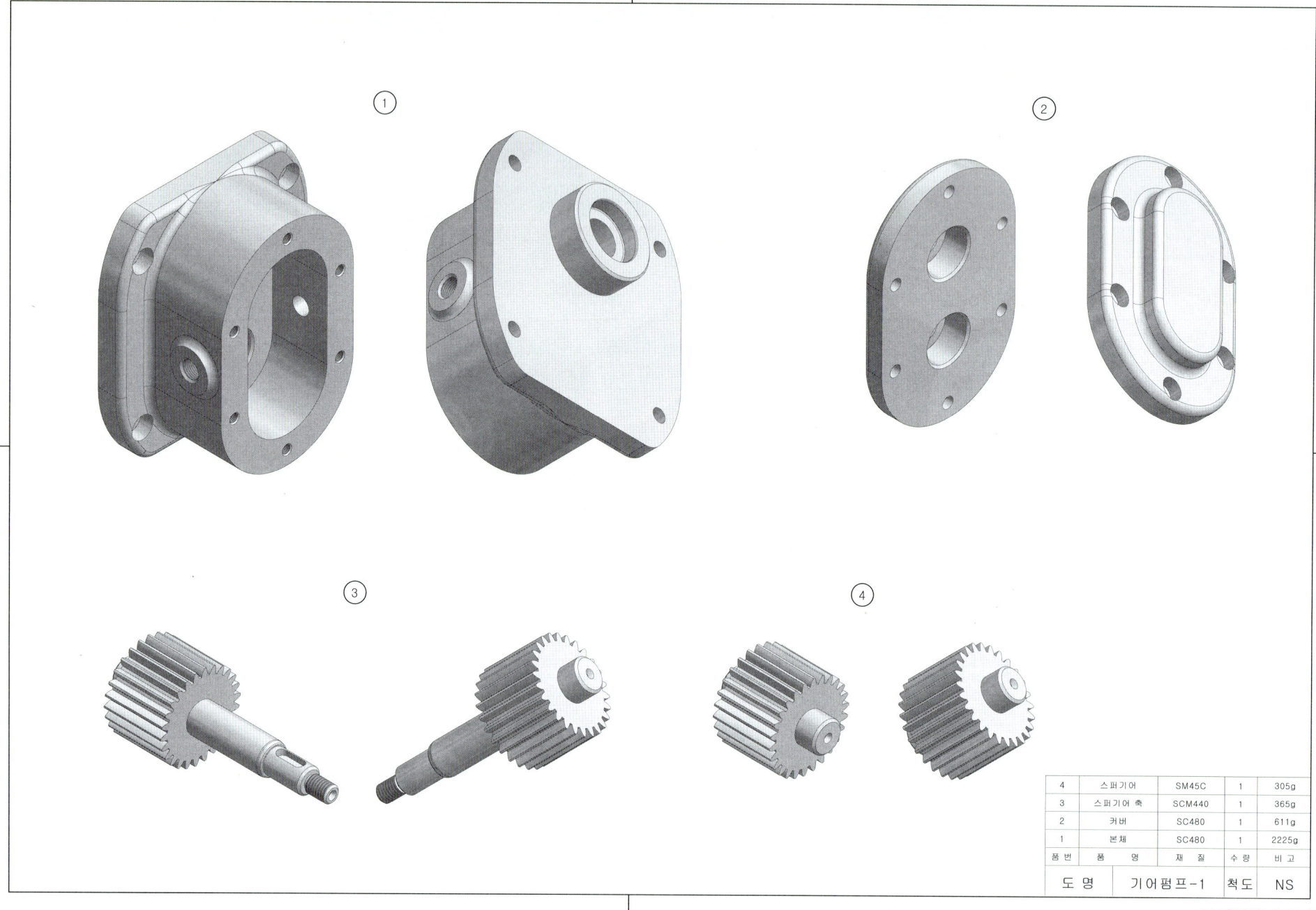

4	스퍼기어	SM45C	1	305g
3	스퍼기어 축	SCM440	1	365g
2	커버	SC480	1	611g
1	본체	SC480	1	2225g
품번	품명	재질	수량	비고

도 명	기어펌프-1	척도	NS

17. 기어펌프-1 3D 모델링도 예제 도면(기계설계산업기사)

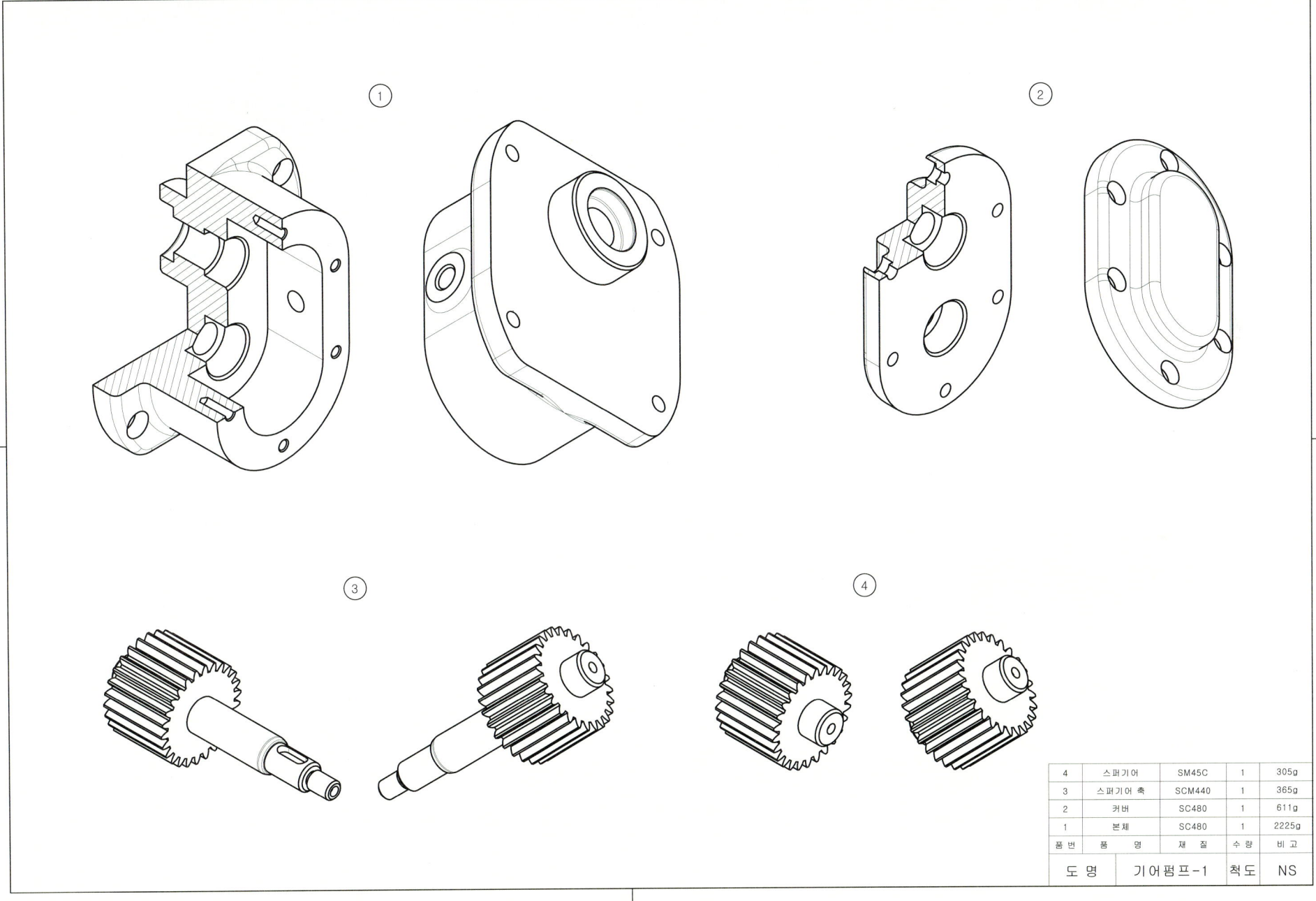

4	스퍼기어	SM45C	1	305g
3	스퍼기어 축	SCM440	1	365g
2	커버	SC480	1	611g
1	본체	SC480	1	2225g
품번	품 명	재 질	수량	비고

도 명	기어펌프-1	척 도	NS

17. 기어펌프-1 등각 분해도 예제 도면

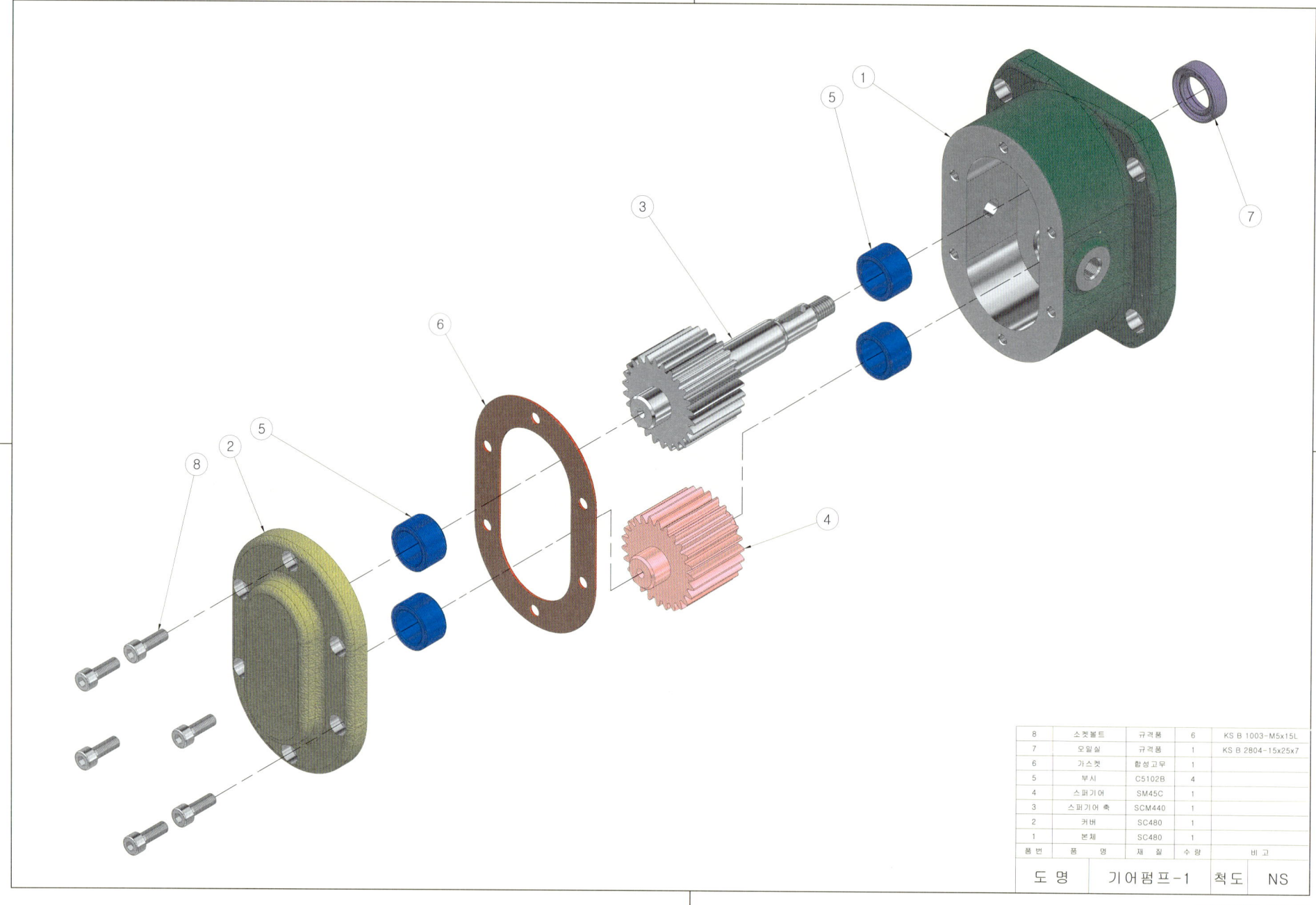

17. 기어펌프-1 등각 조립도 예제 도면

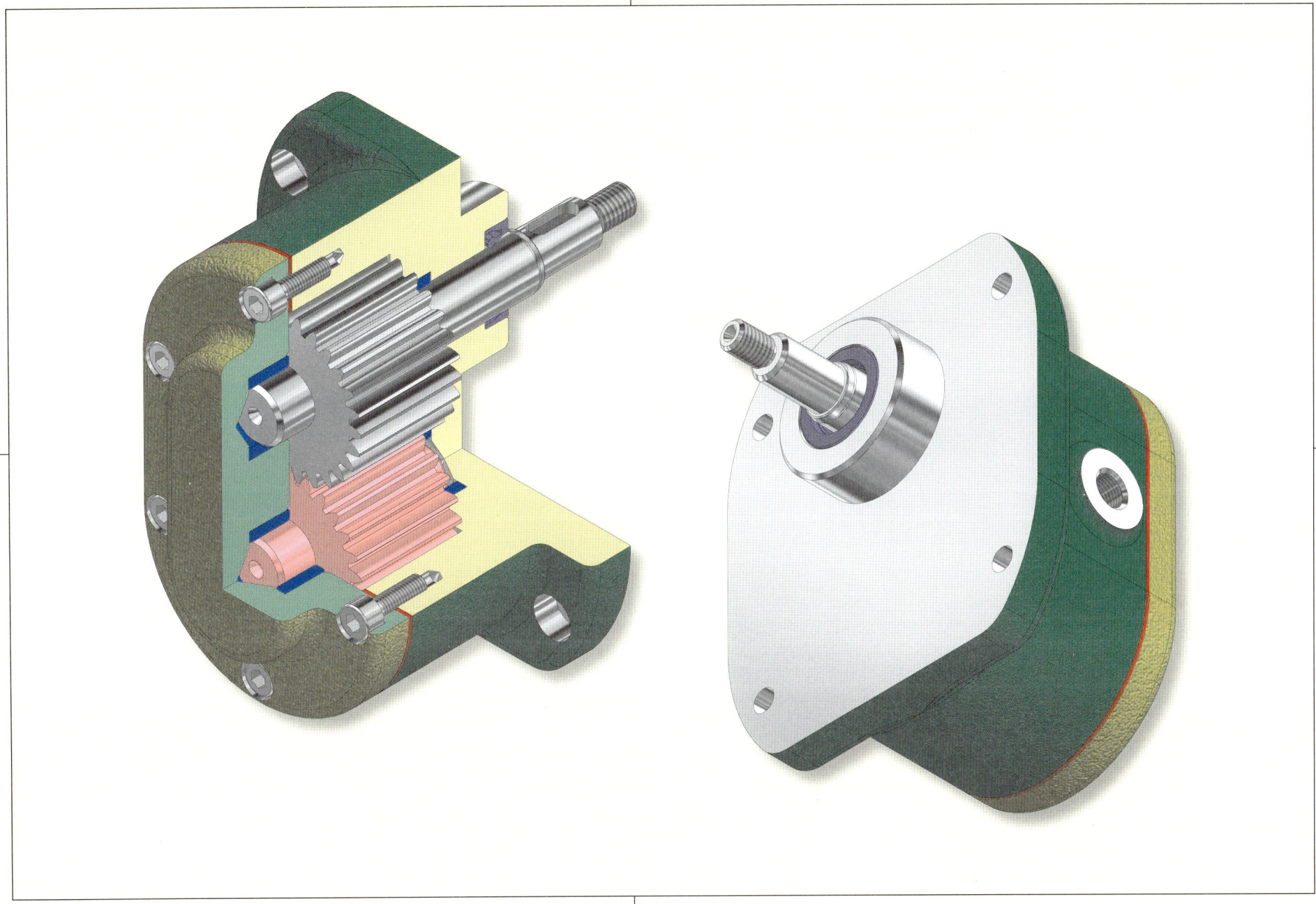

18. 기어펌프-2 2D 과제 도면

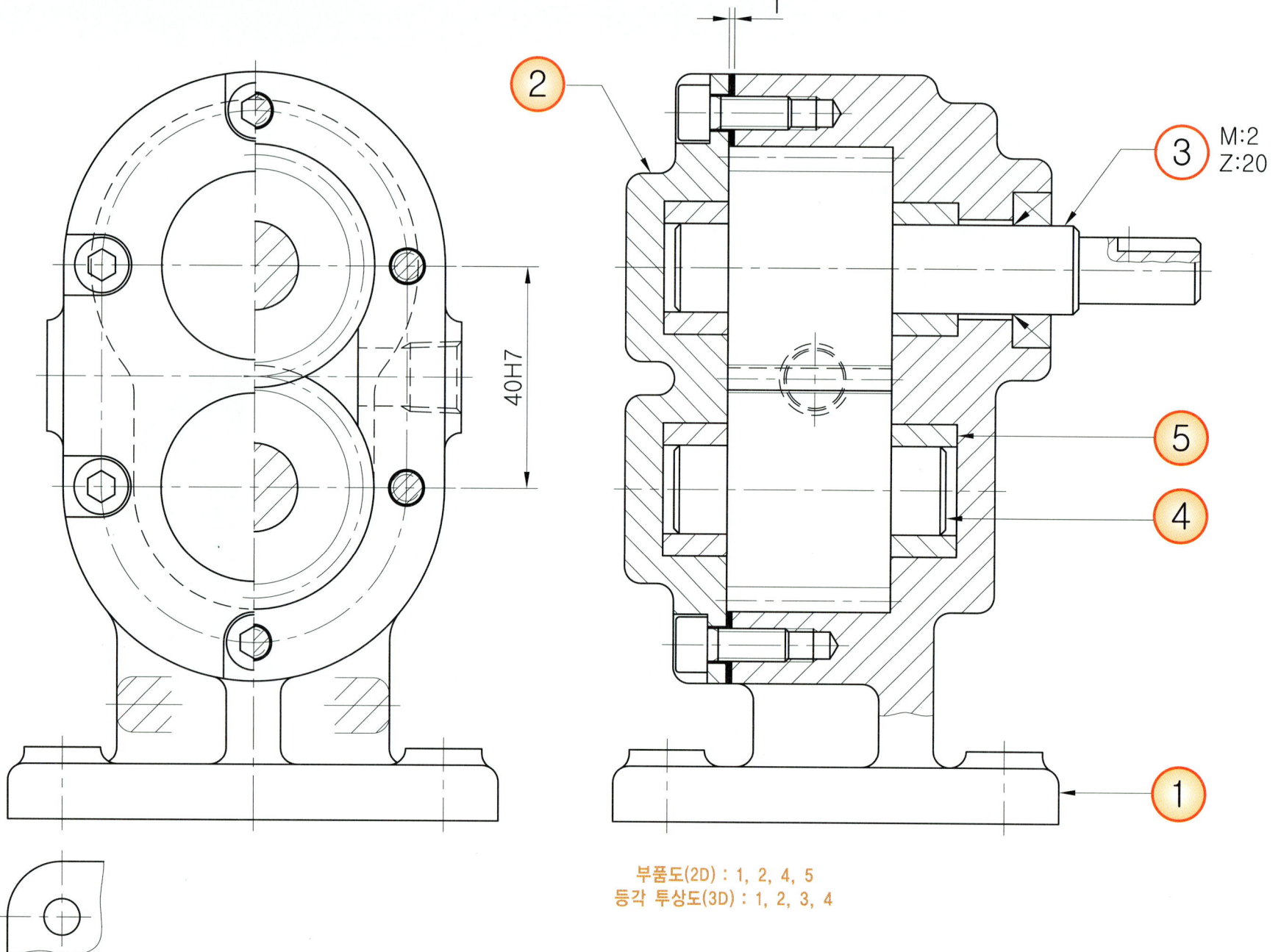

부품도(2D) : 1, 2, 4, 5
등각 투상도(3D) : 1, 2, 3, 4

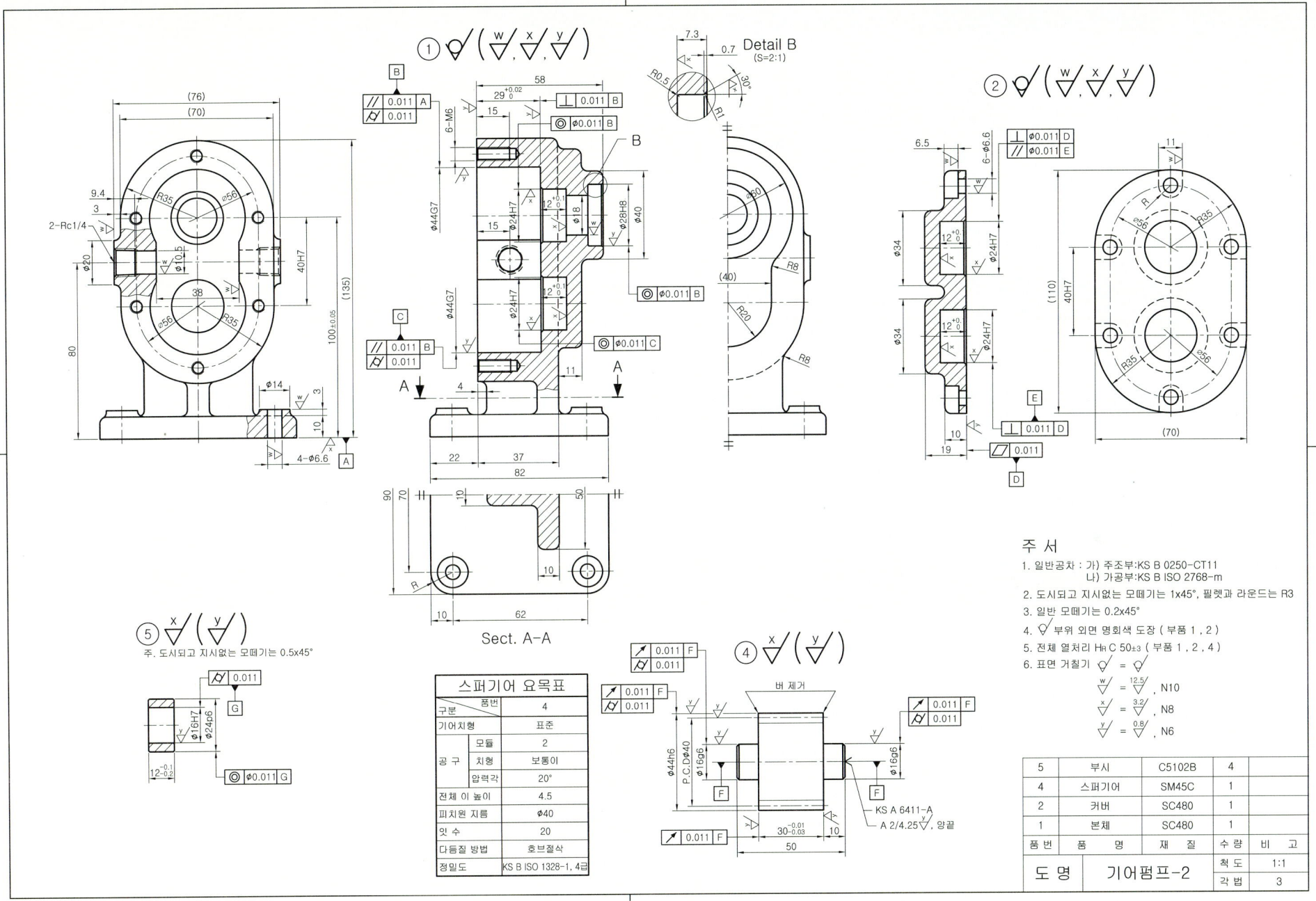

18. 기어펌프-2 3D 렌더링 등각 투상도 예제 도면(전산응용기계제도기능사)

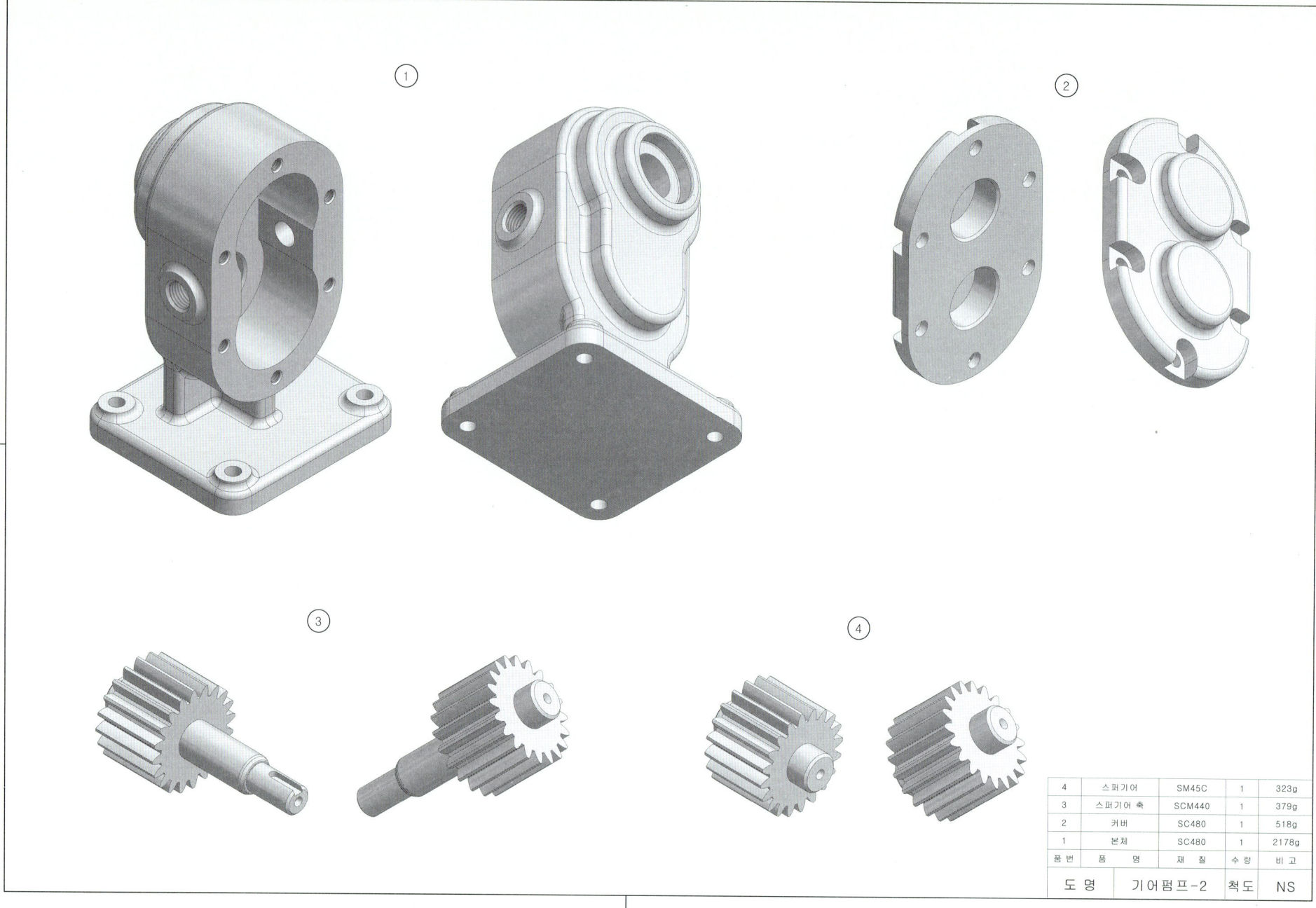

18. 기어펌프-2 3D 모델링도 예제 도면(기계설계산업기사)

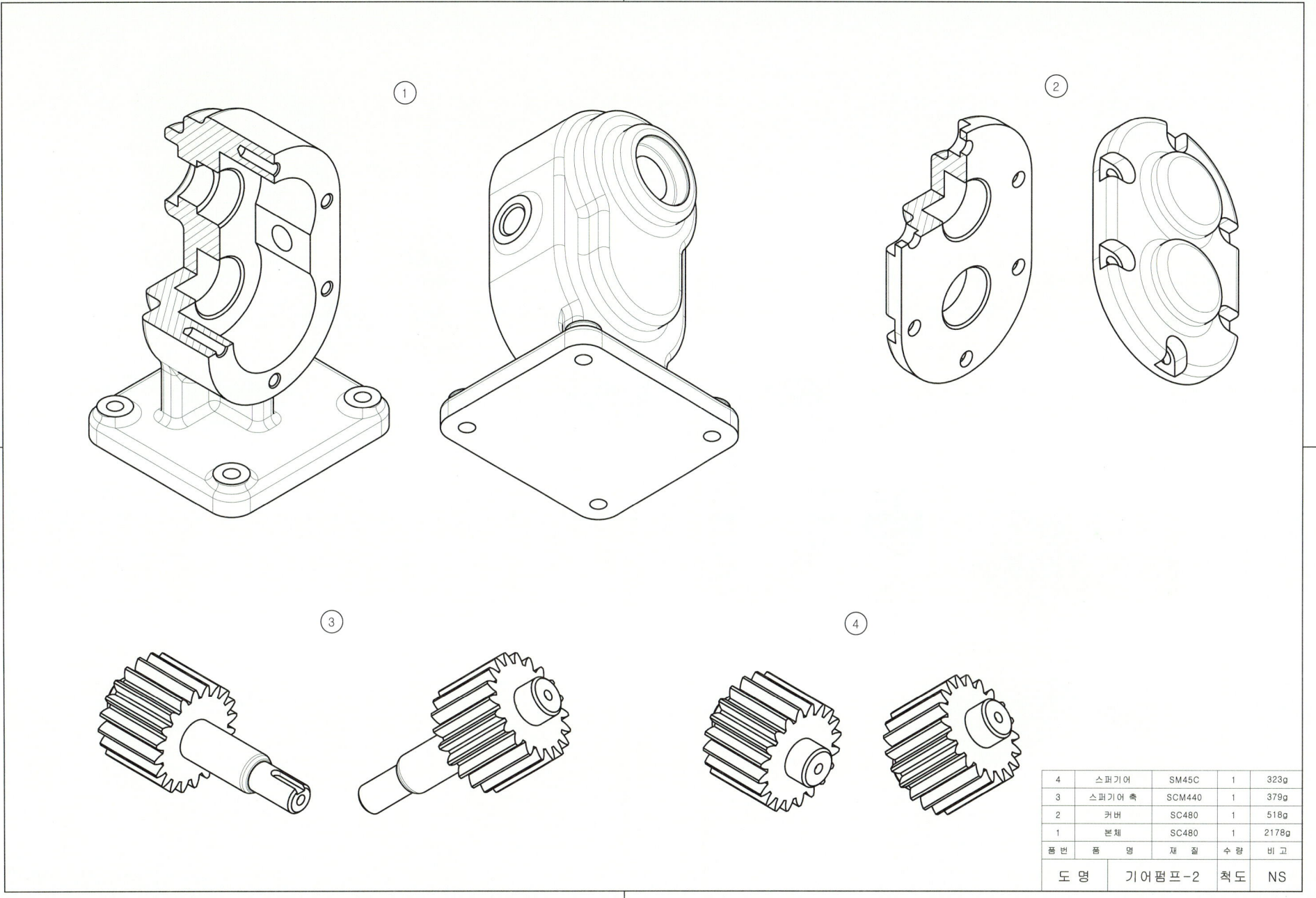

4	스퍼기어	SM45C	1	323g
3	스퍼기어 축	SCM440	1	379g
2	커버	SC480	1	518g
1	본체	SC480	1	2178g
품번	품 명	재 질	수량	비 고
도 명	기어펌프-2		척도	NS

18. 기어펌프-2 등각 분해도 예제 도면

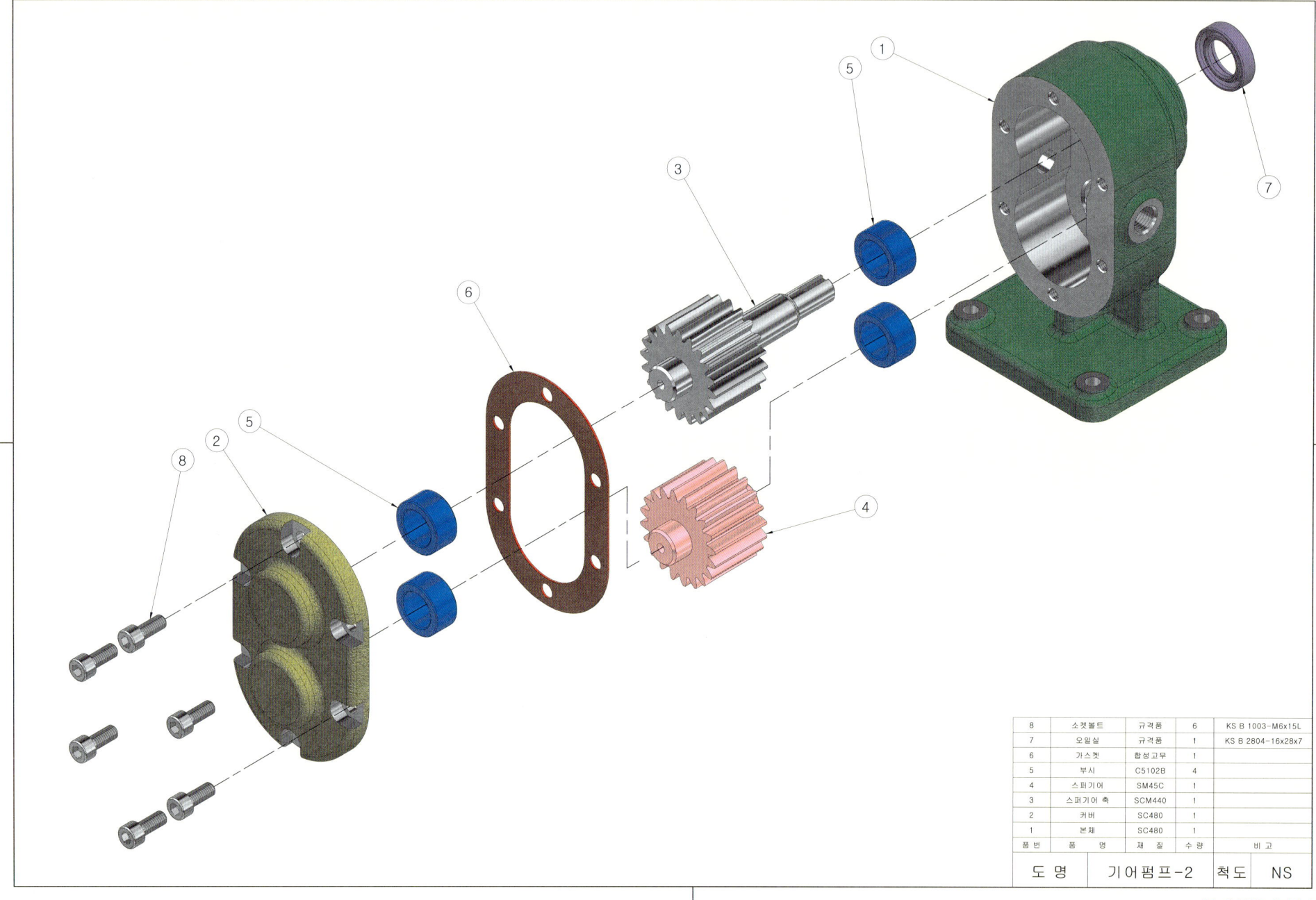

8	소켓볼트	규격품	6	KS B 1003-M6x15L
7	오일실	규격품	1	KS B 2804-16x28x7
6	가스켓	합성고무	1	
5	부시	C5102B	4	
4	스퍼기어	SM45C	1	
3	스퍼기어 축	SCM440	1	
2	커버	SC480	1	
1	본체	SC480	1	
품번	품 명	재 질	수량	비 고
도 명	기어펌프-2		척도	NS

18. 기어펌프-2 등각 조립도 예제 도면

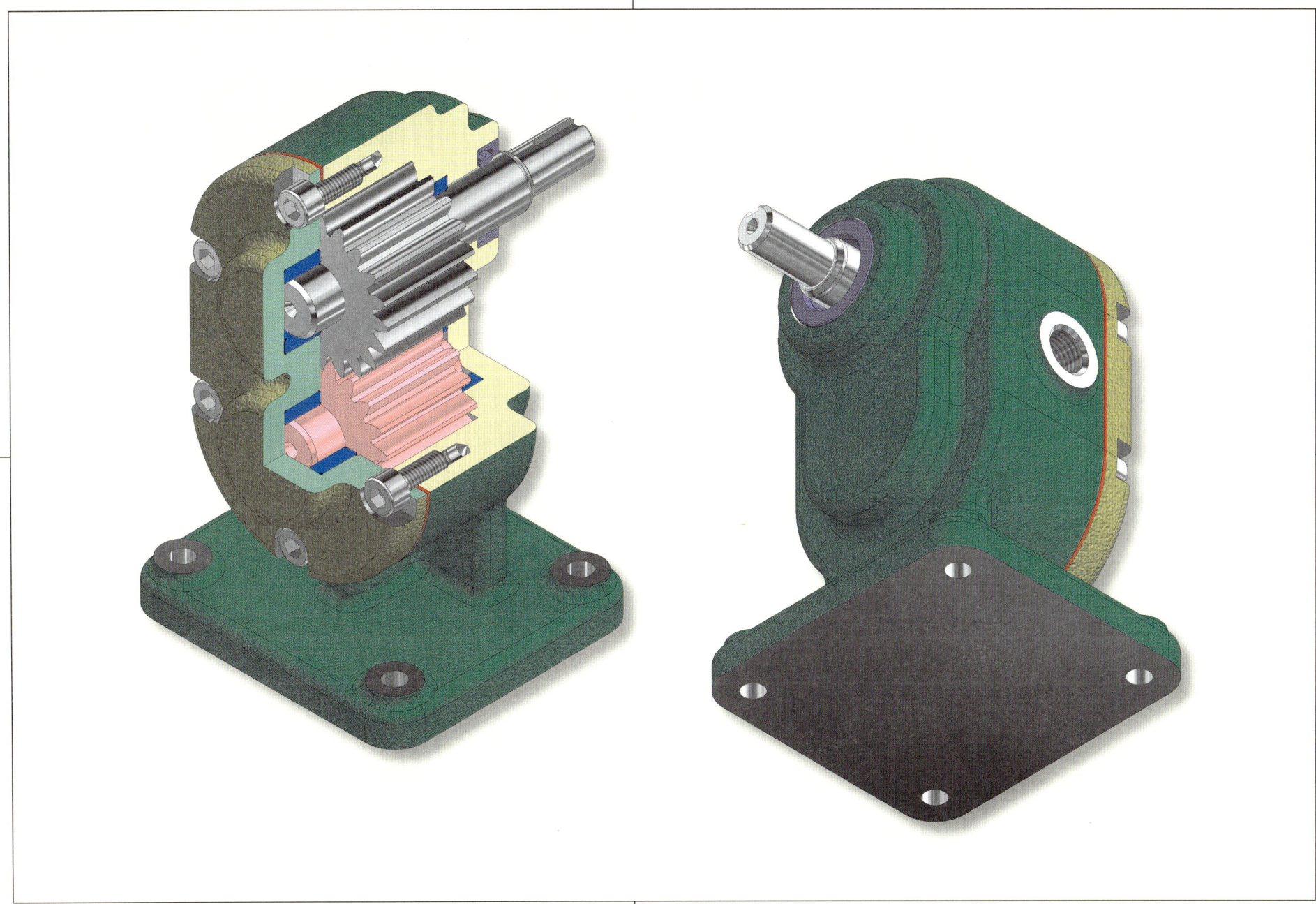

19. 기어펌프-3 2D 과제 도면

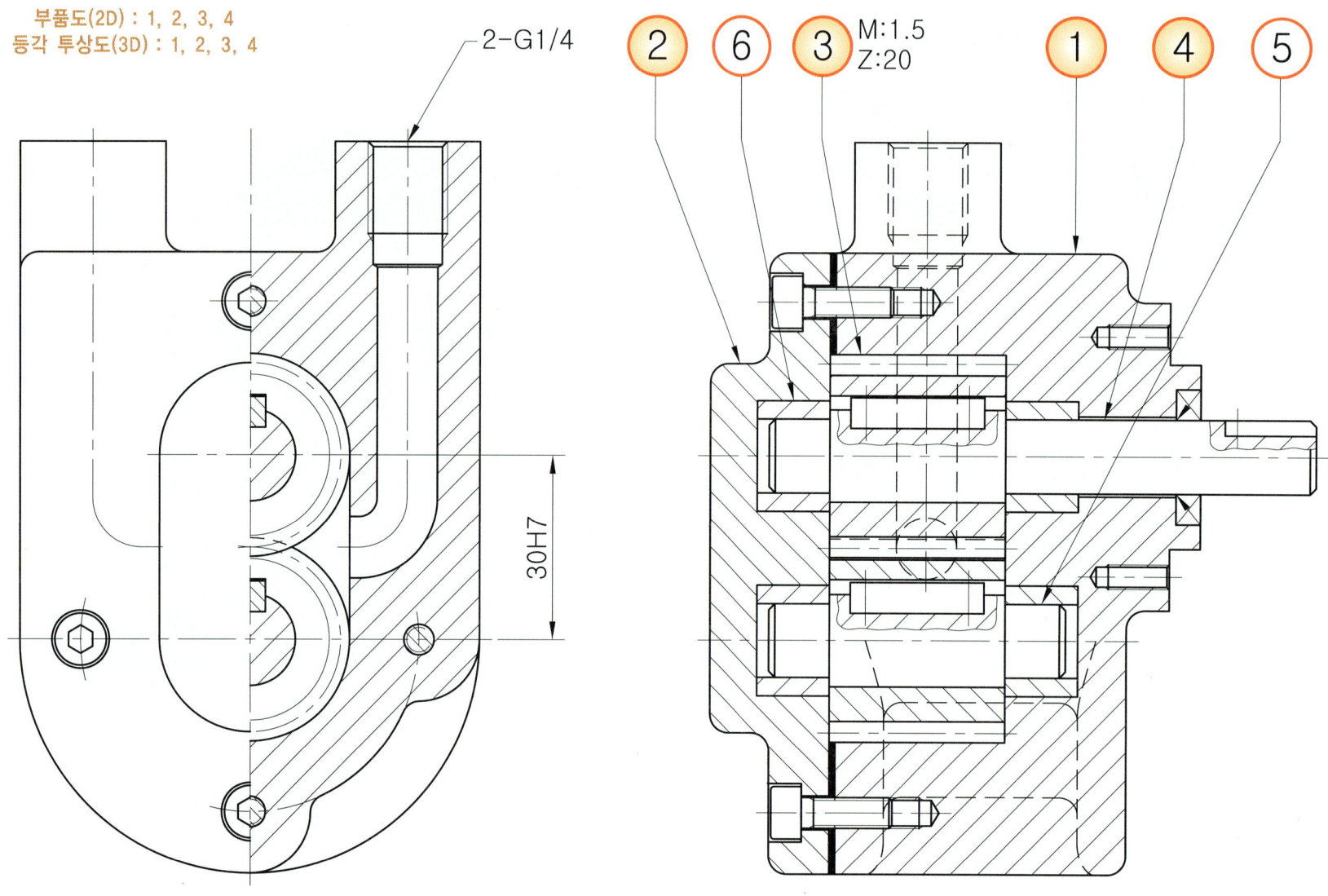

19. 기어펌프-3 2D 부품도 풀이 도면

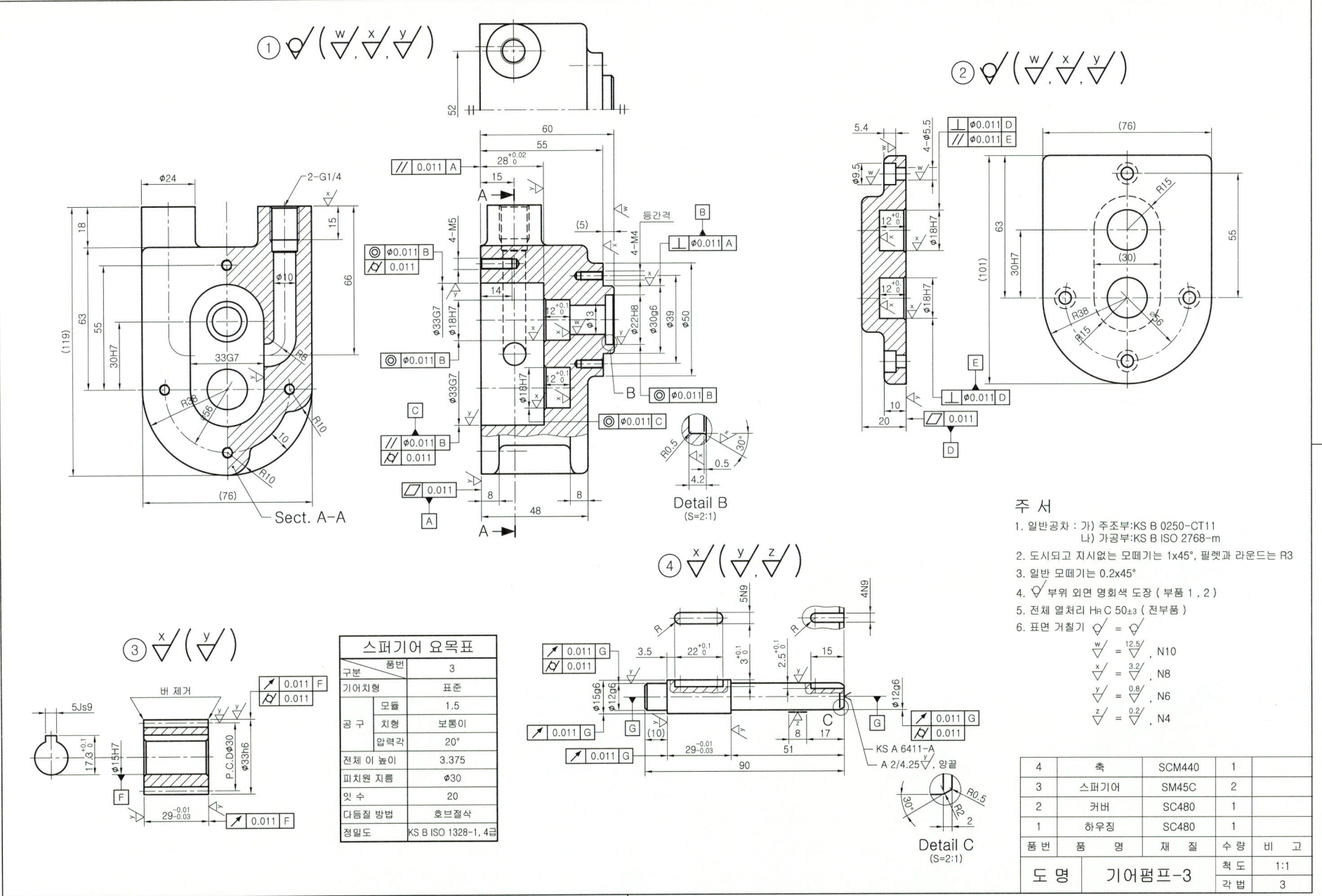

19. 기어펌프-3 3D 렌더링 등각 투상도 예제 도면(전산응용기계제도기능사)

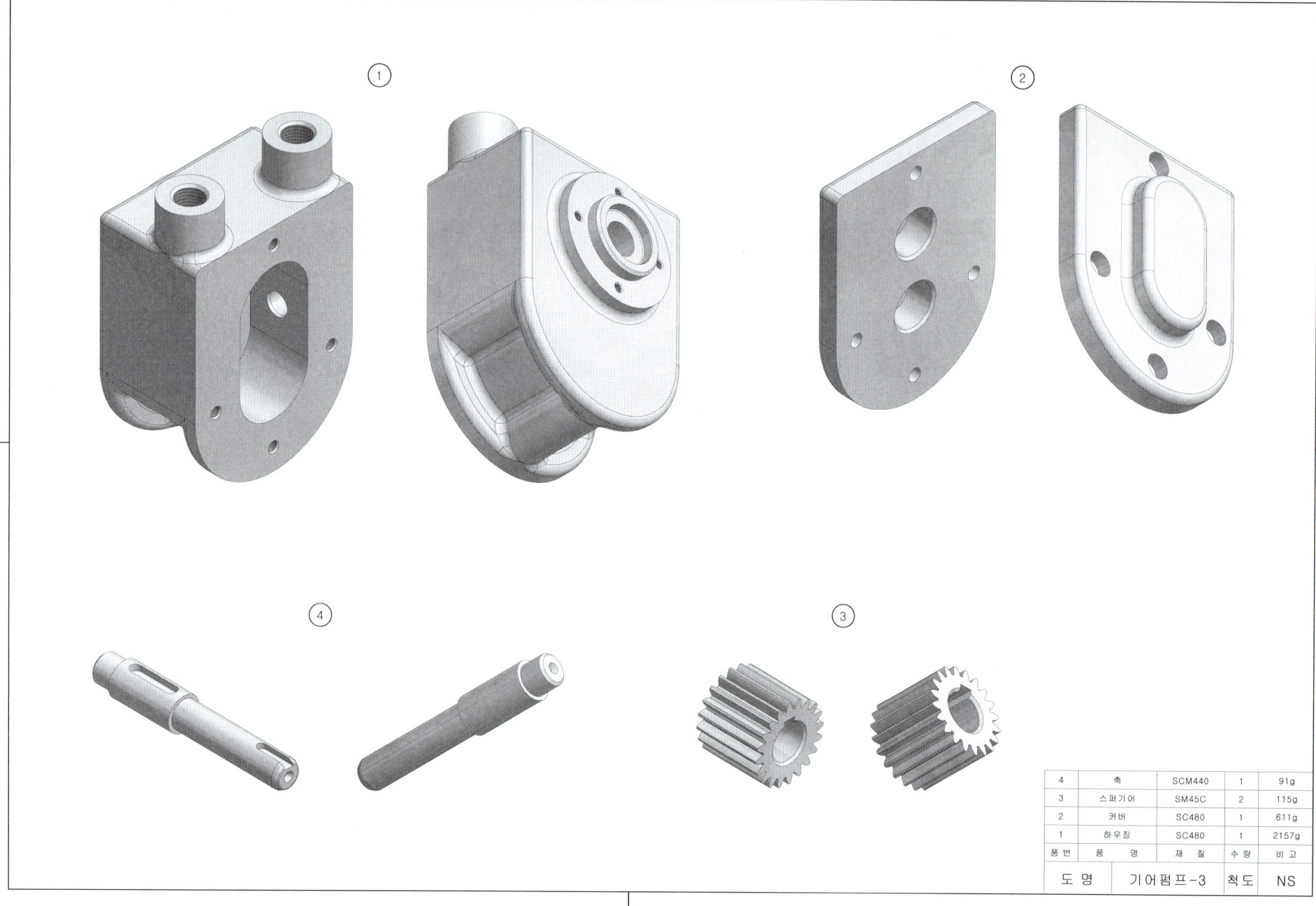

19. 기어펌프-3 3D 모델링도 예제 도면(기계설계산업기사)

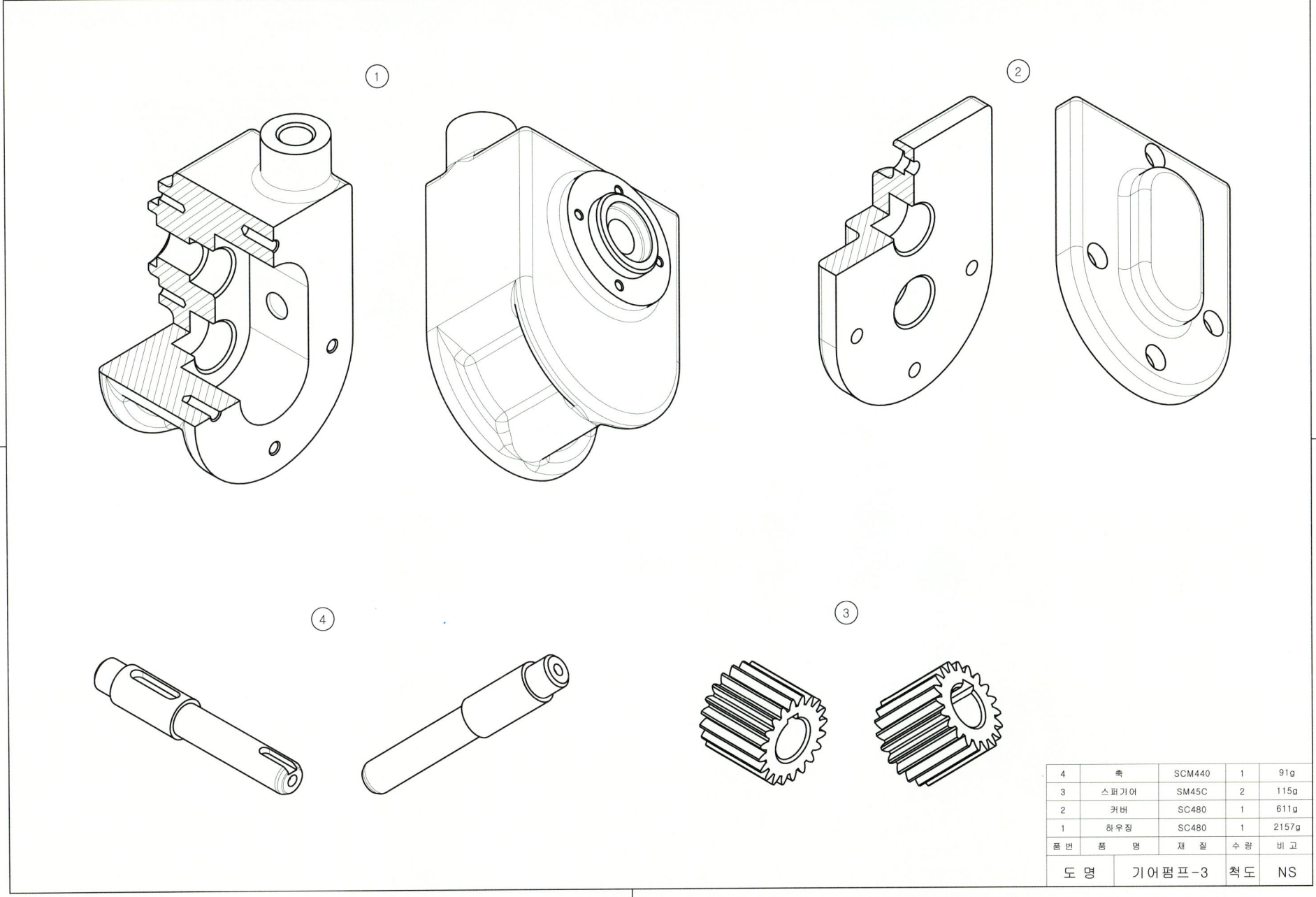

4	축	SCM440	1	91g
3	스퍼기어	SM45C	2	115g
2	커버	SC480	1	611g
1	하우징	SC480	1	2157g
품번	품 명	재 질	수량	비고
도 명	기어펌프-3		척도	NS

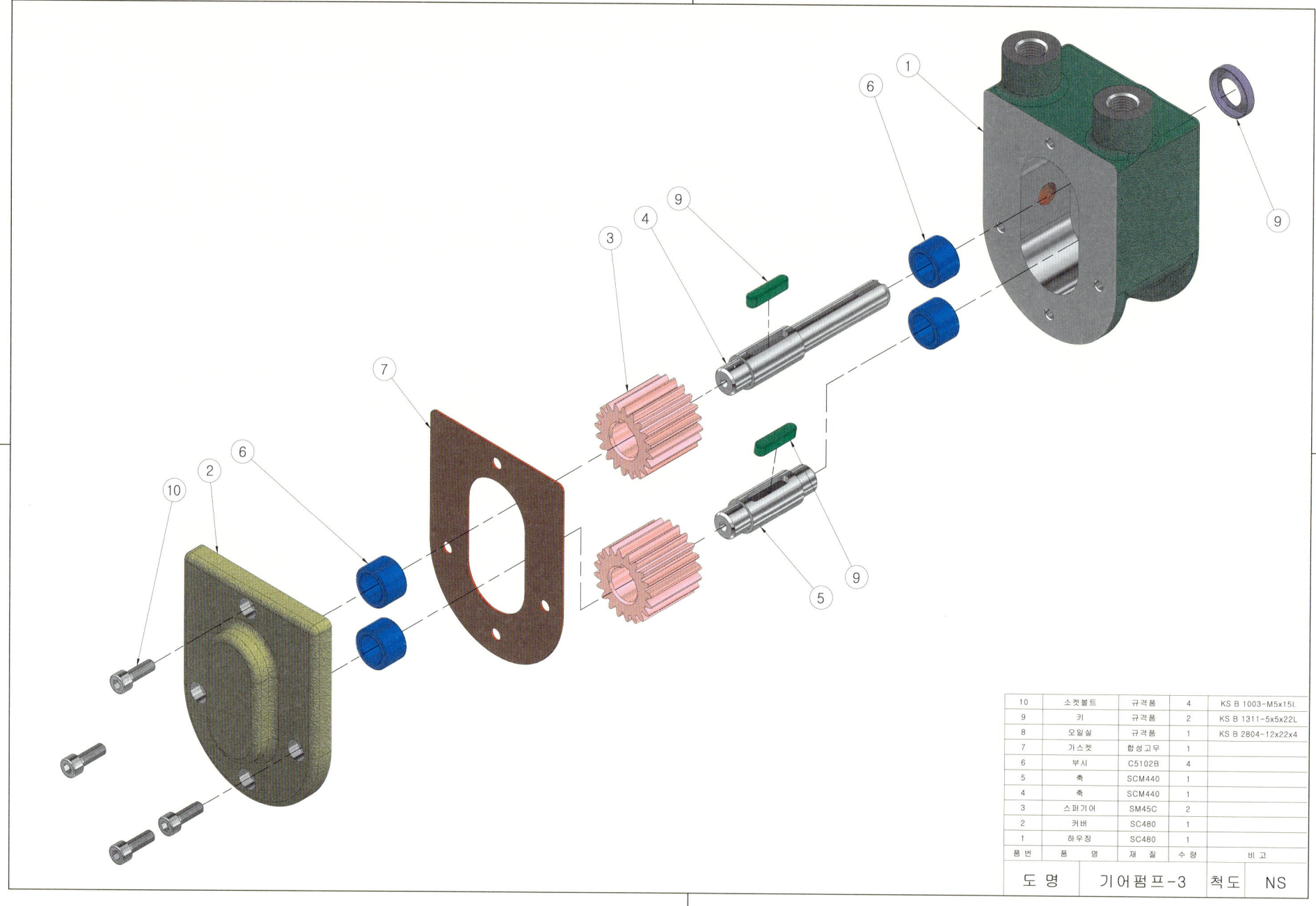

19. 기어펌프-3 등각 조립도 예제 도면

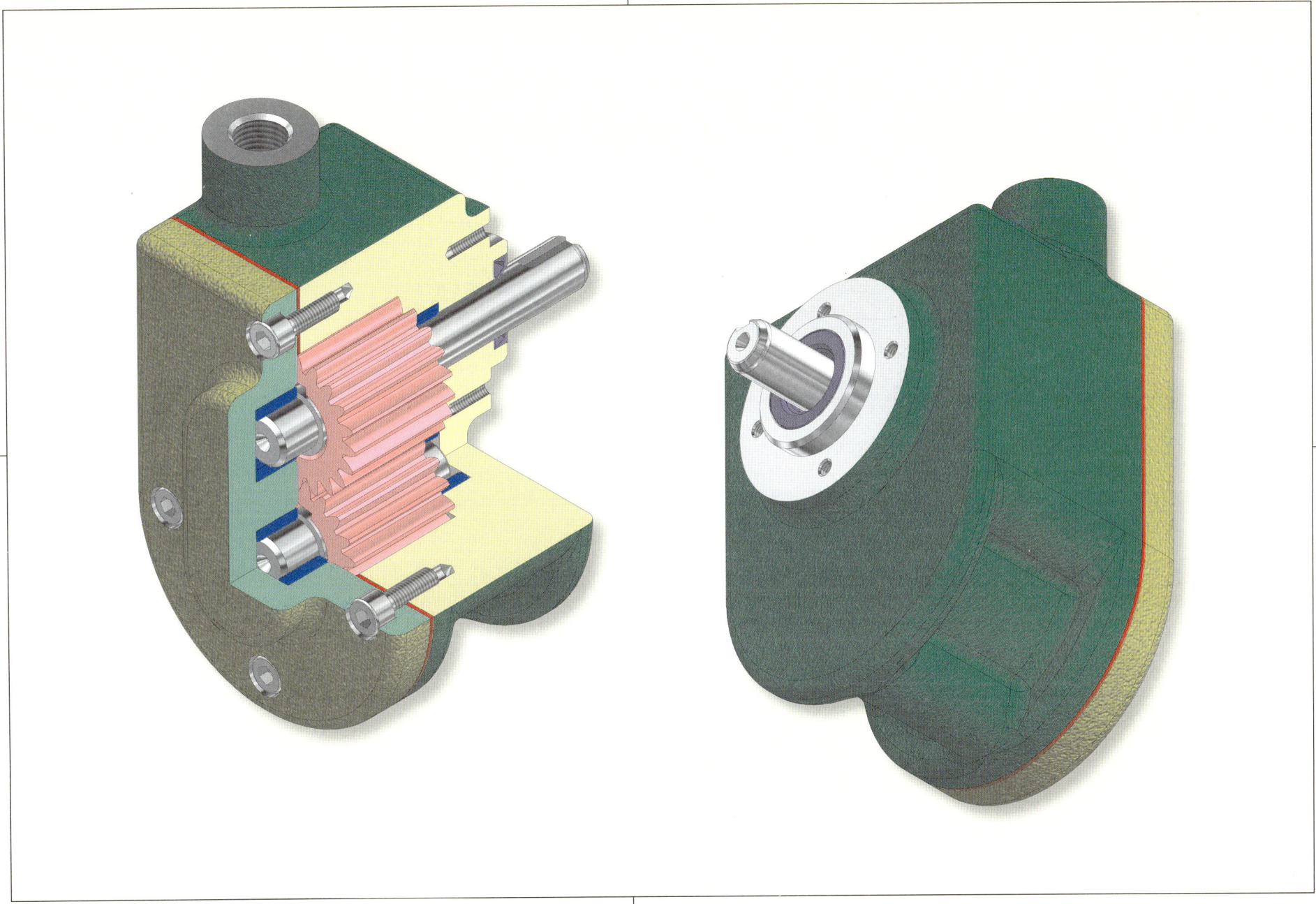

20. 오일기어펌프 2D 과제 도면

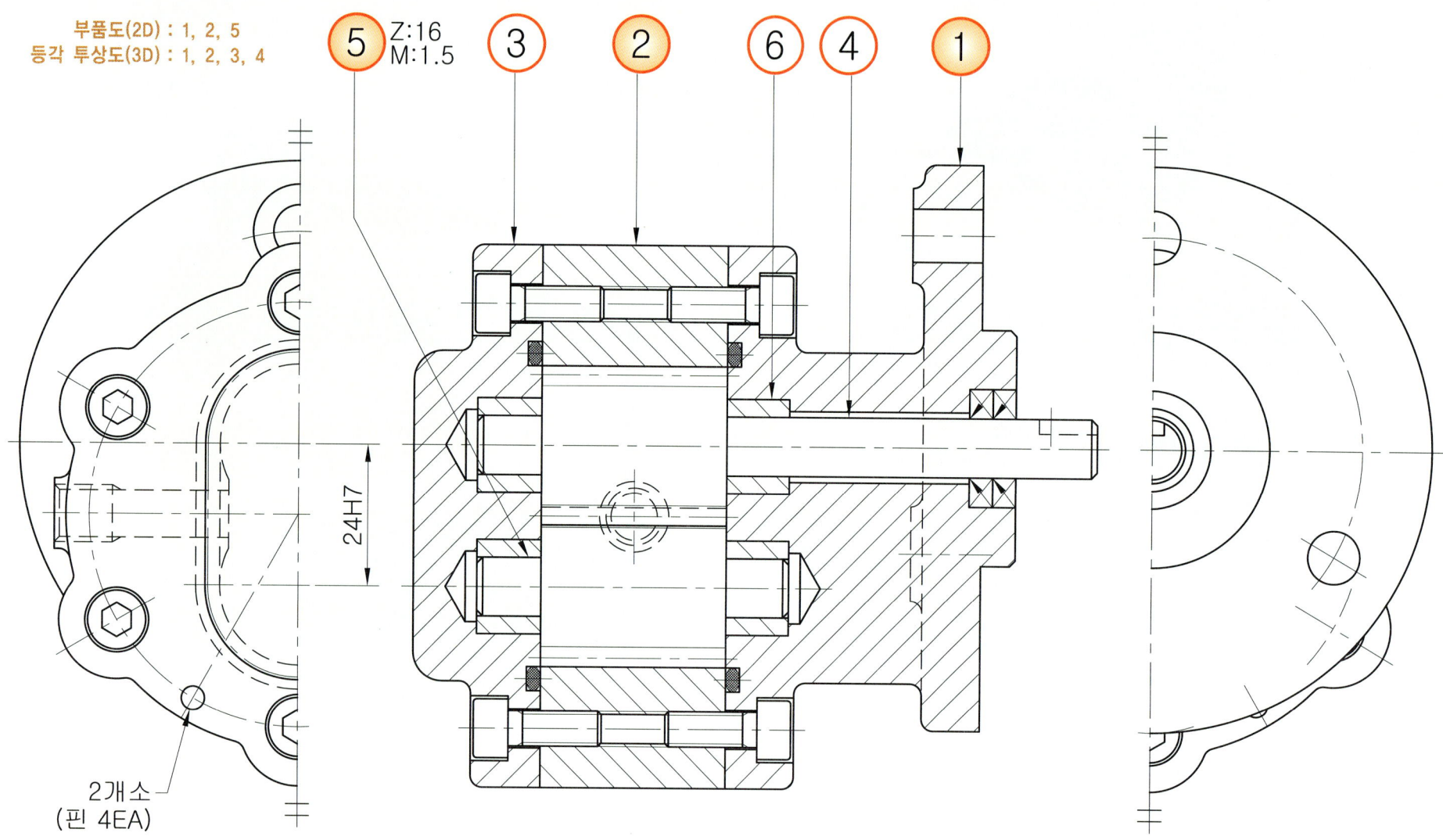

20. 오일기어펌프 2D 부품도 풀이 도면

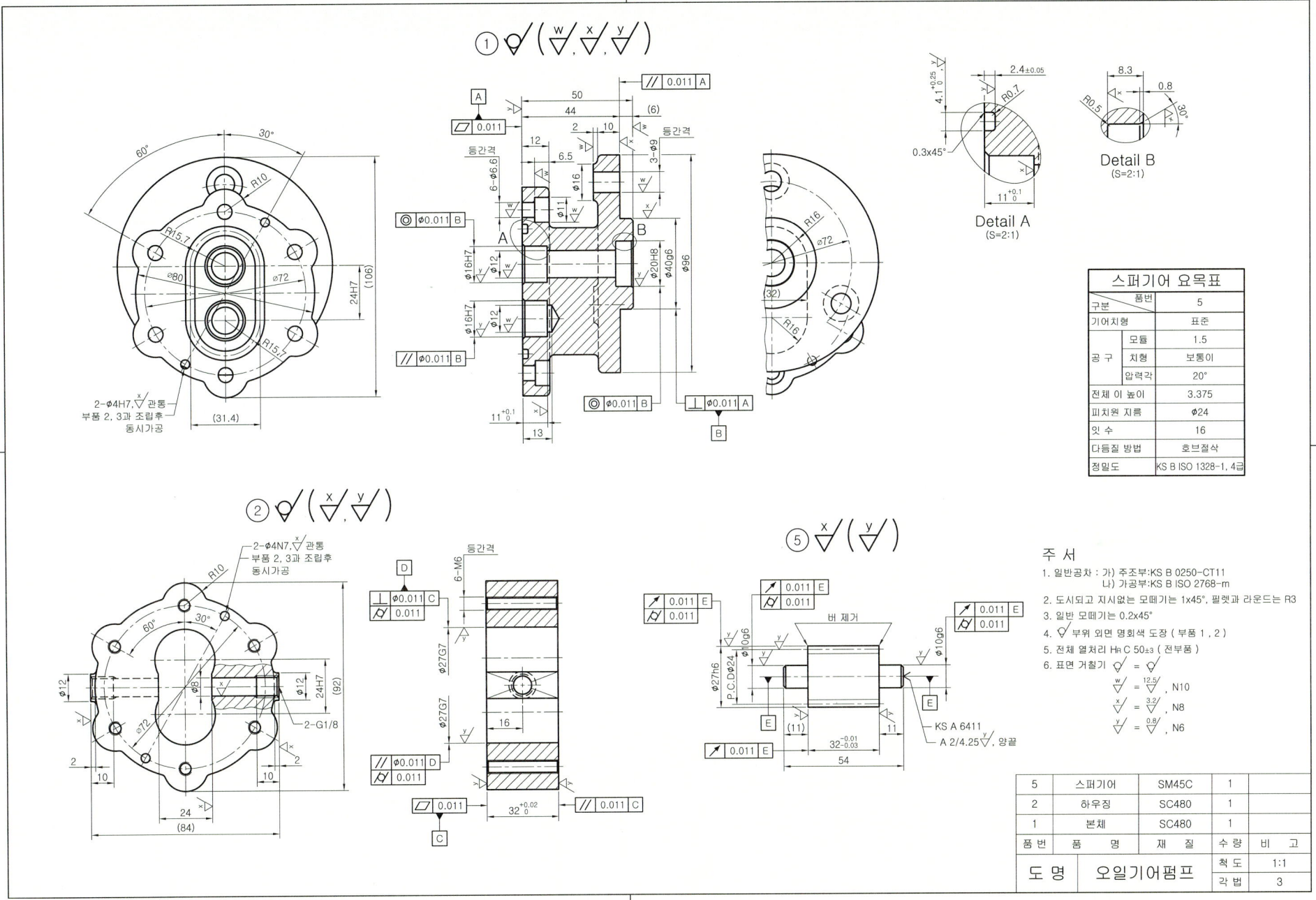

20. 오일기어펌프 3D 렌더링 등각 투상도 예제 도면(전산응용기계제도기능사)

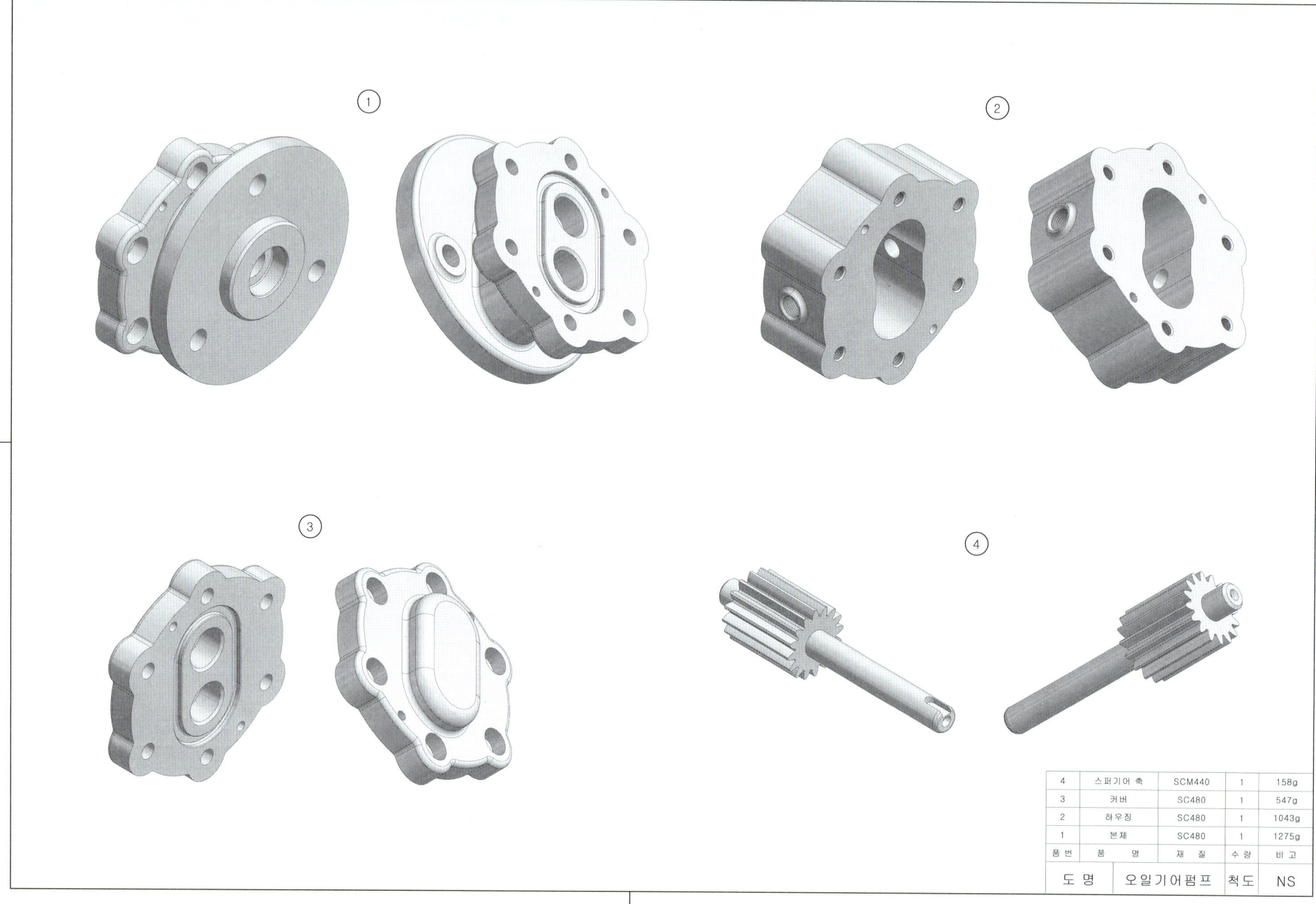

4	스퍼기어 축	SCM440	1	158g
3	커버	SC480	1	547g
2	하우징	SC480	1	1043g
1	본체	SC480	1	1275g
품번	품 명	재 질	수량	비 고

도 명	오일기어펌프	척도	NS

20. 오일기어펌프 3D 모델링도 예제 도면(기계설계산업기사)

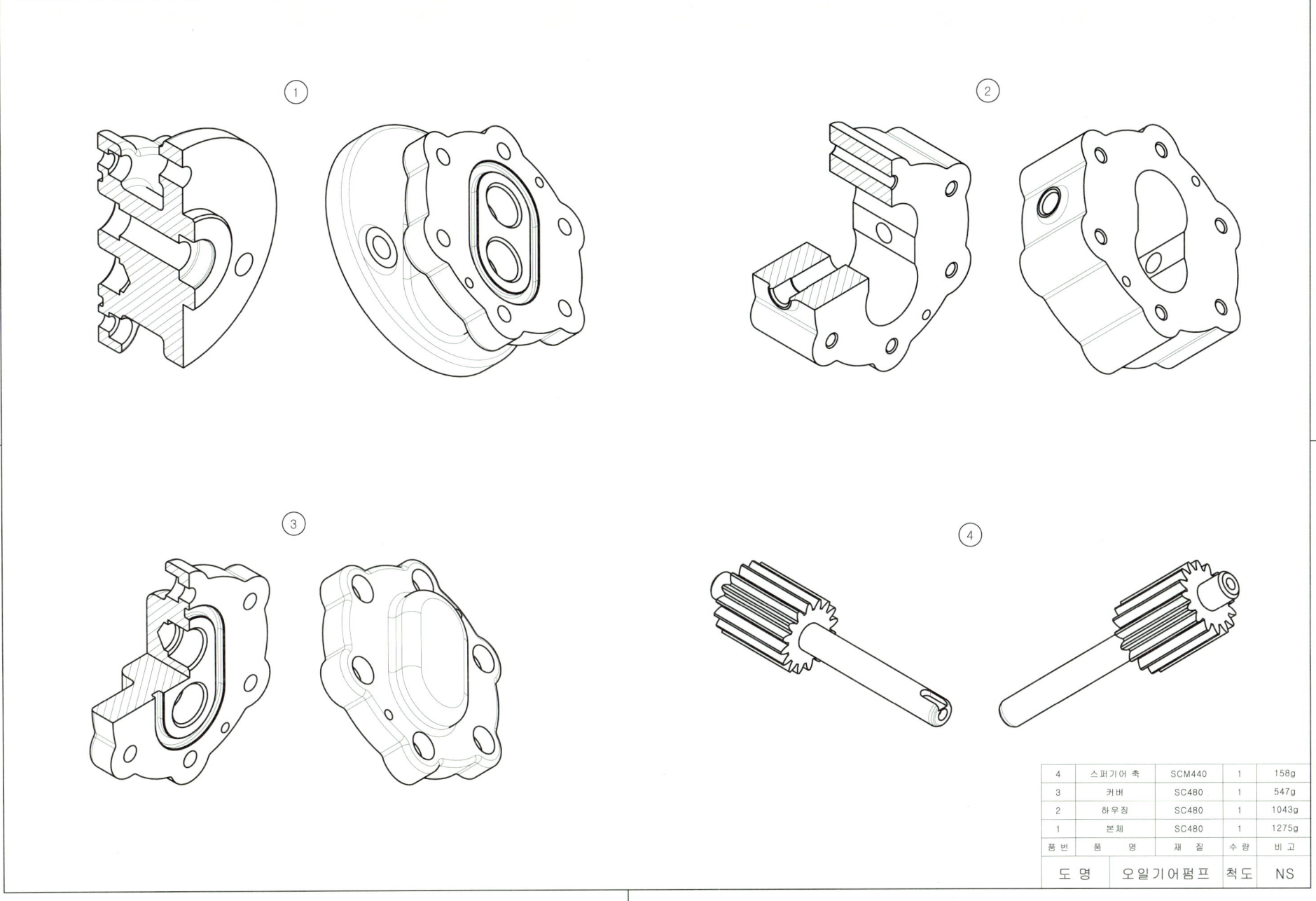

20. 오일기어펌프 등각 분해도 예제 도면

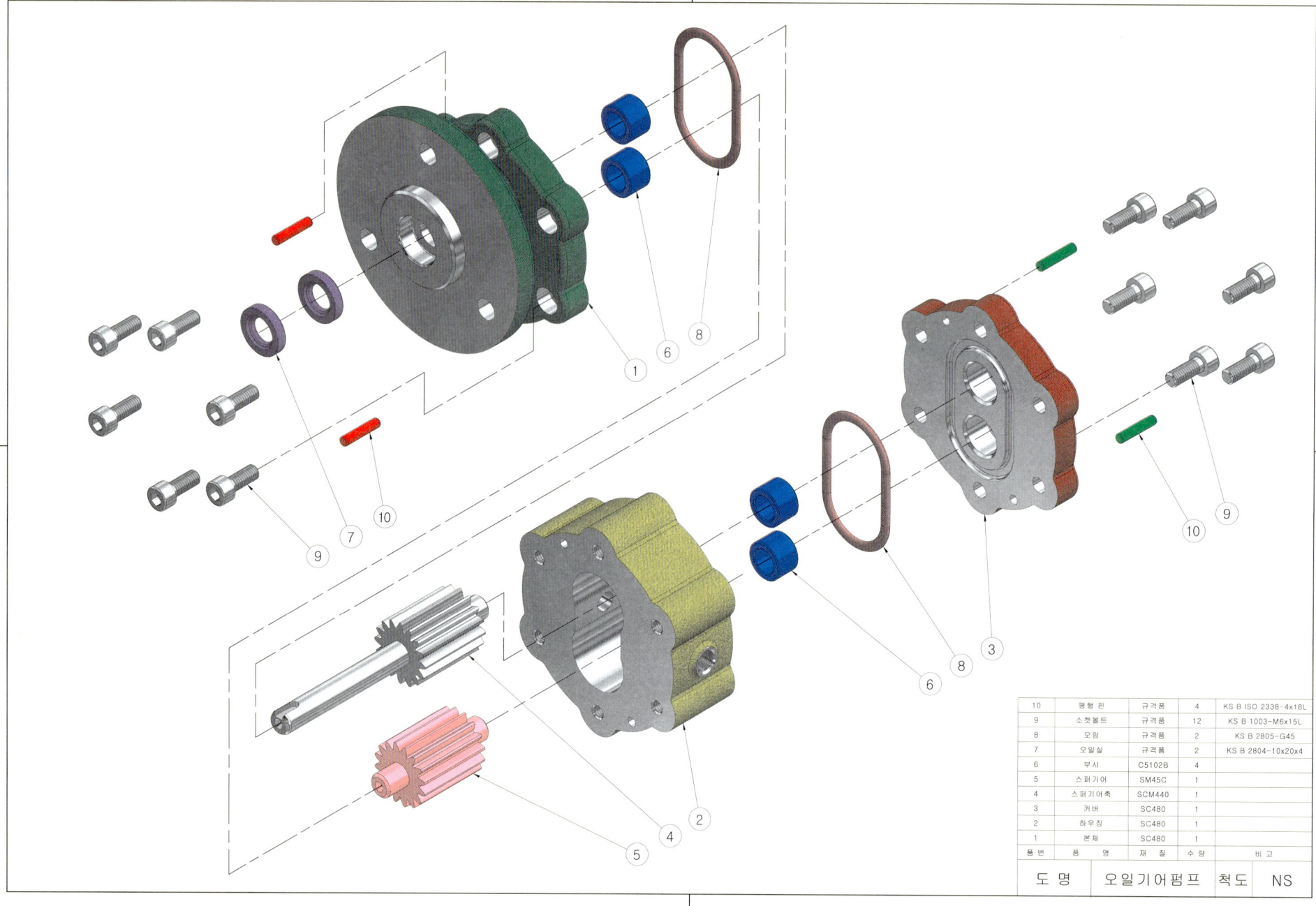

20. 오일기어펌프 등각 조립도 예제 도면

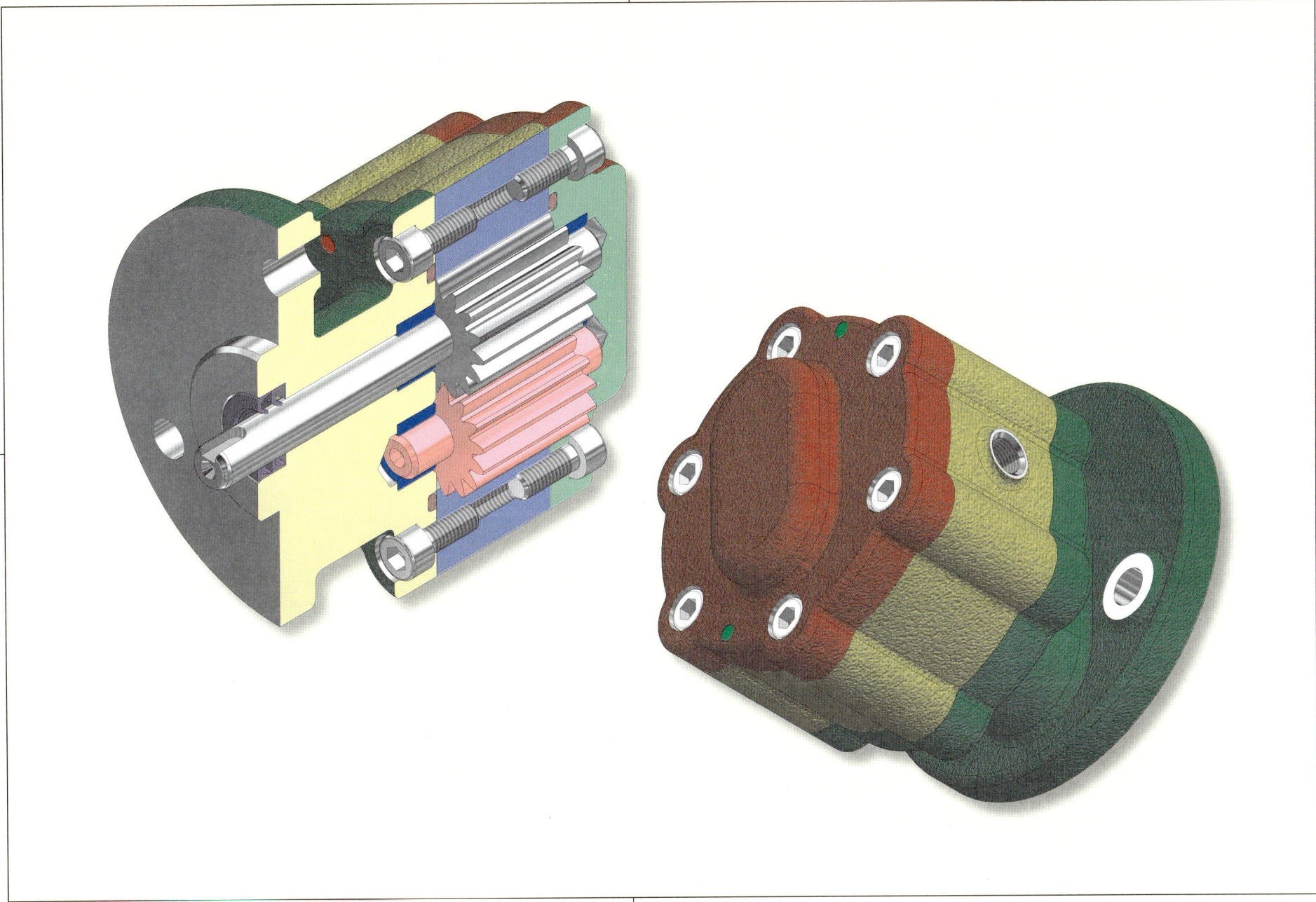

21. 바이스-1 2D 과제 도면

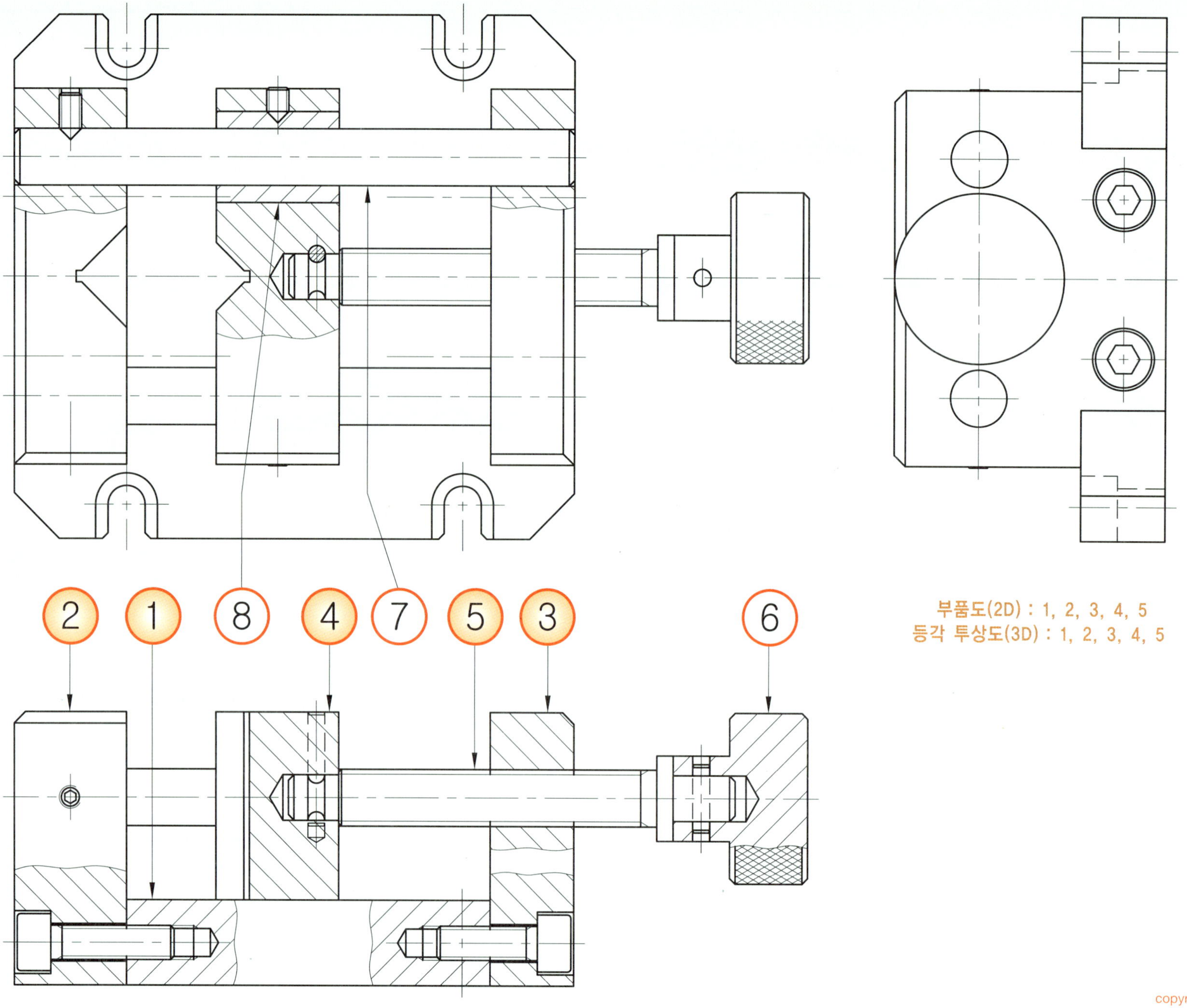

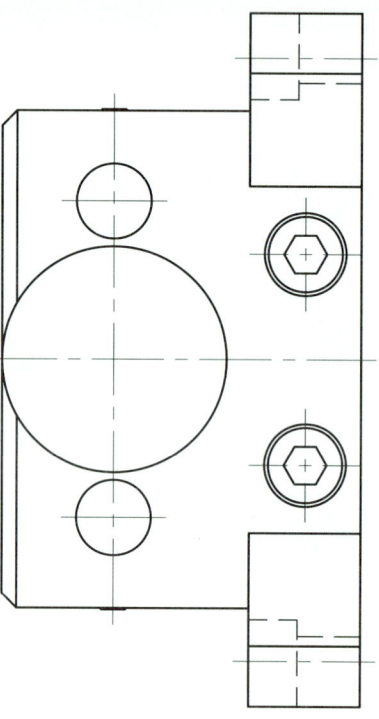

부품도(2D) : 1, 2, 3, 4, 5
등각 투상도(3D) : 1, 2, 3, 4, 5

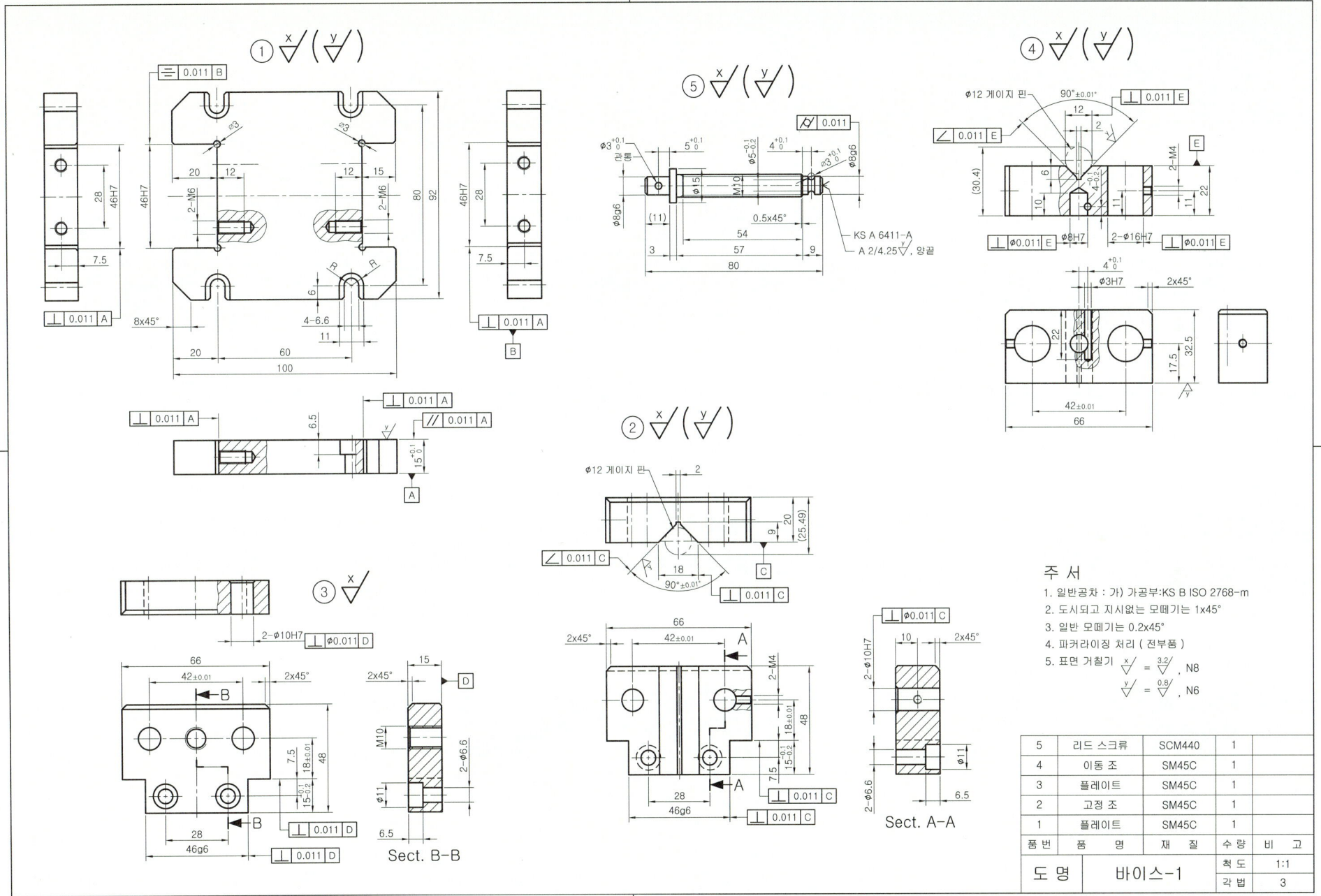

21. 바이스-1 3D 렌더링 등각 투상도 예제 도면(전산응용기계제도기능사)

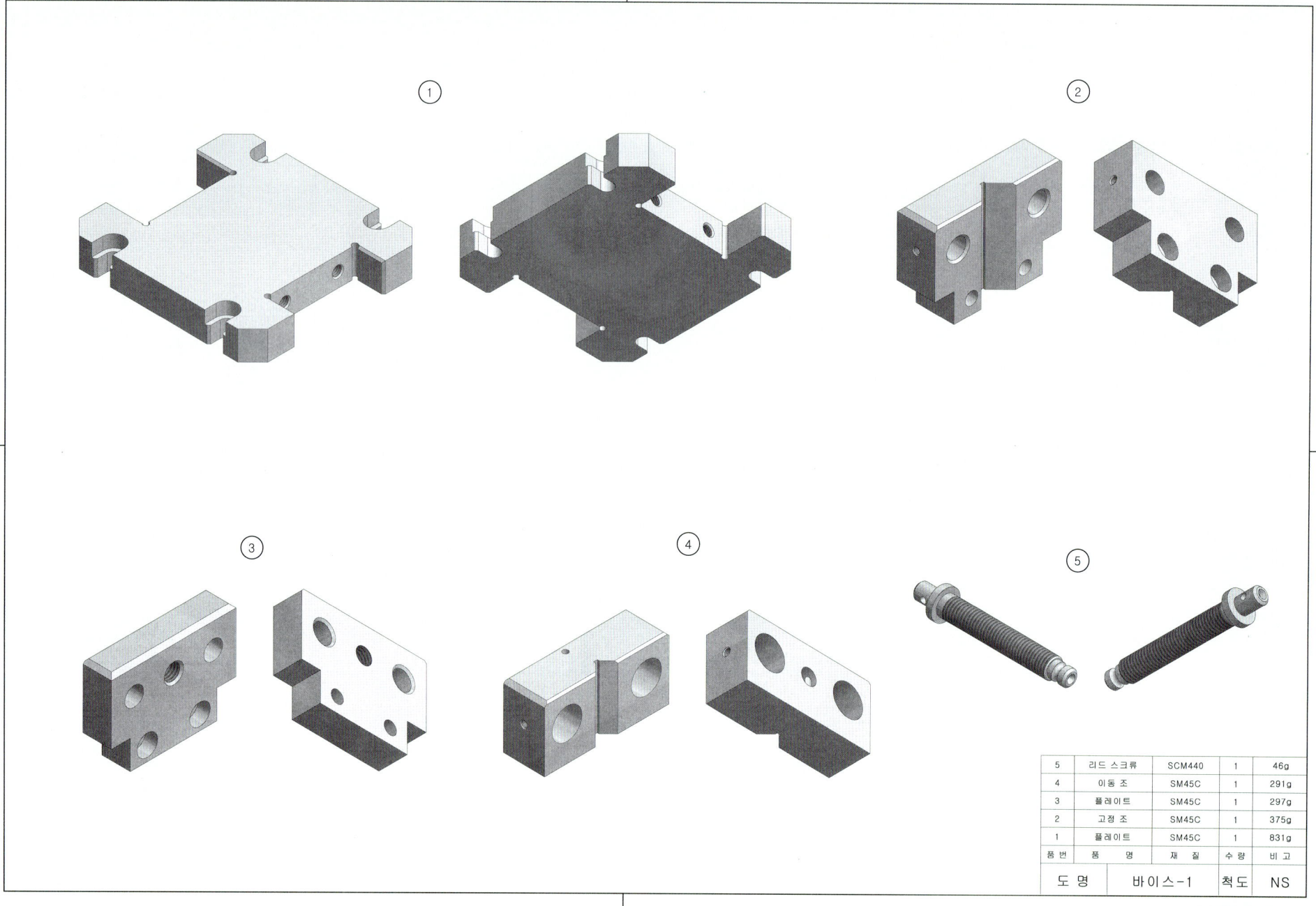

21. 바이스-1 3D 모델링도 예제 도면(기계설계산업기사)

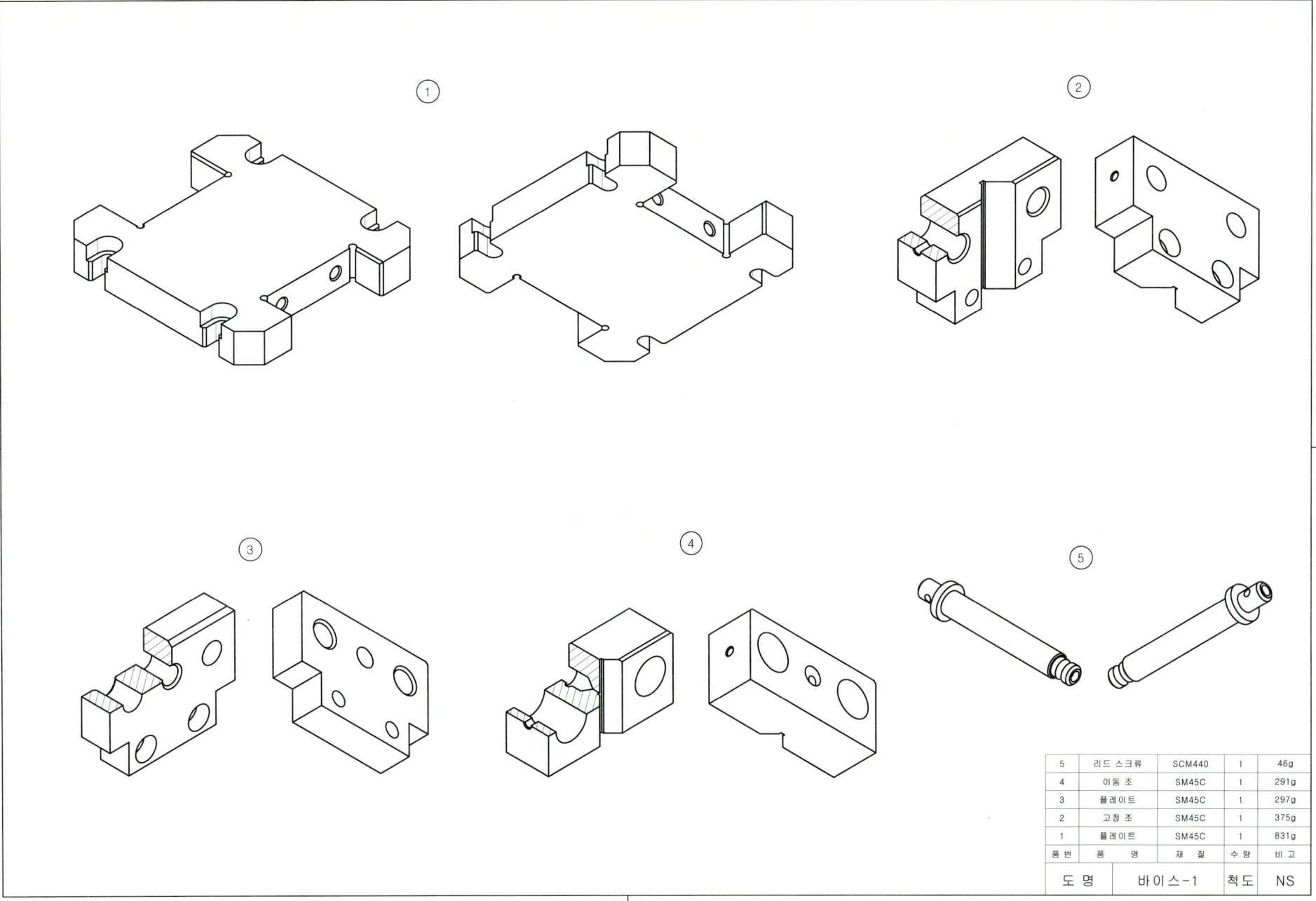

5	리드 스크류	SCM440	1	46g
4	이동 조	SM45C	1	291g
3	플레이트	SM45C	1	297g
2	고정 조	SM45C	1	375g
1	플레이트	SM45C	1	831g
품번	품 명	재 질	수량	비 고

도 명	바이스-1	척도	NS

21. 바이스-1 등각 분해도 예제 도면

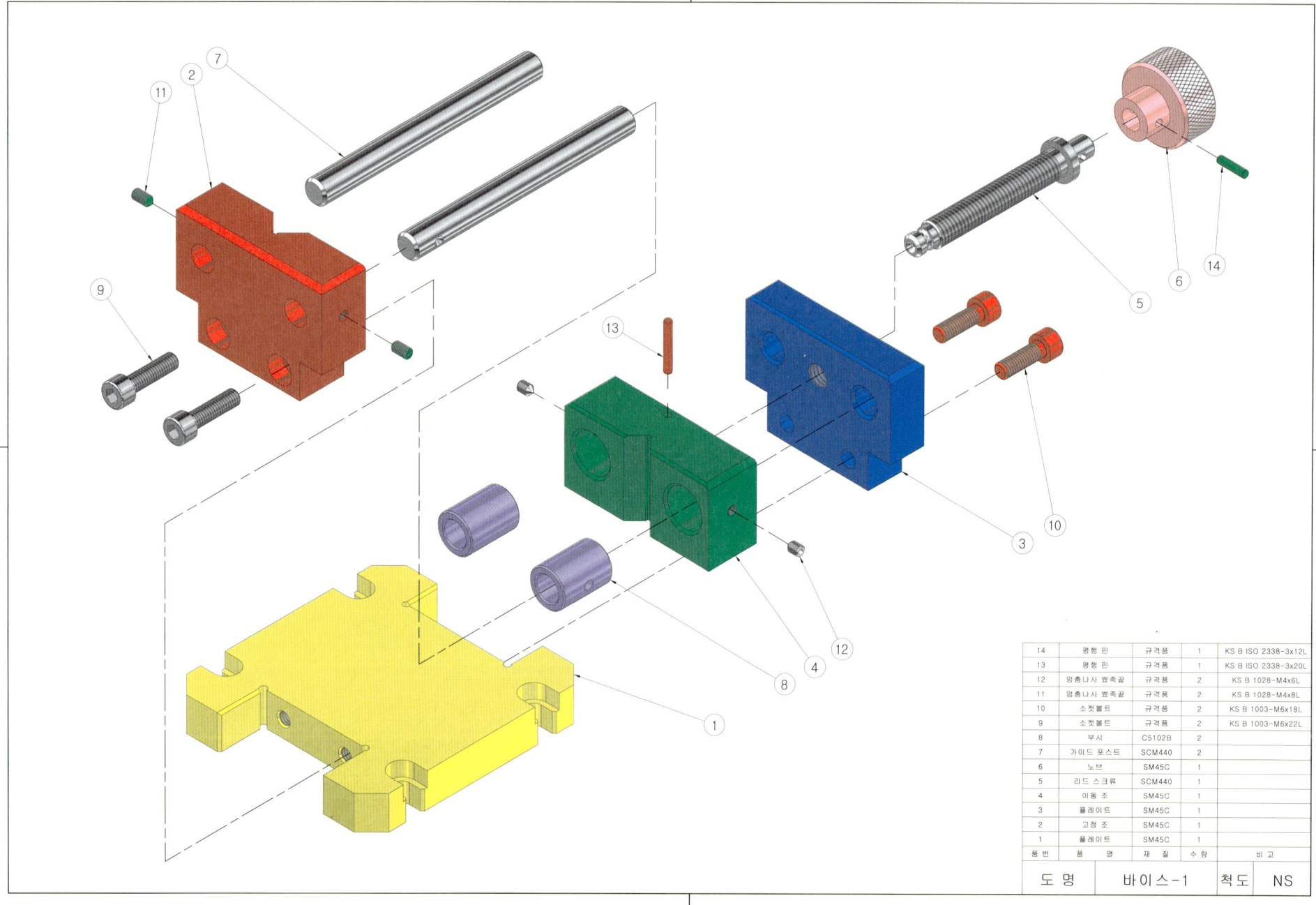

21. 바이스-1 등각 조립도 예제 도면

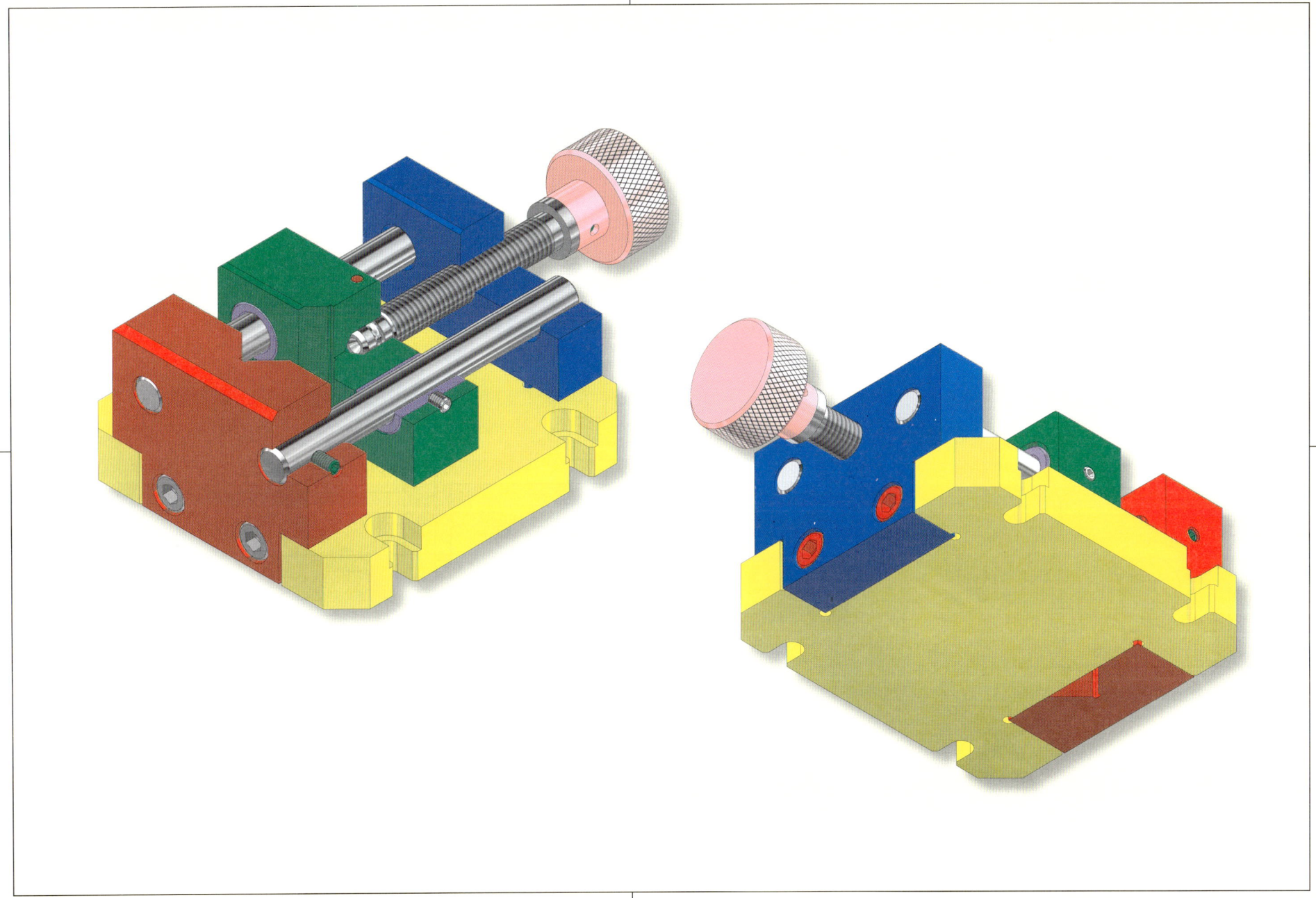

22. 바이스-2 2D 과제 도면

부품도(2D) : 1, 2, 3, 5
등각 투상도(3D) : 1, 2, 3, 4, 5

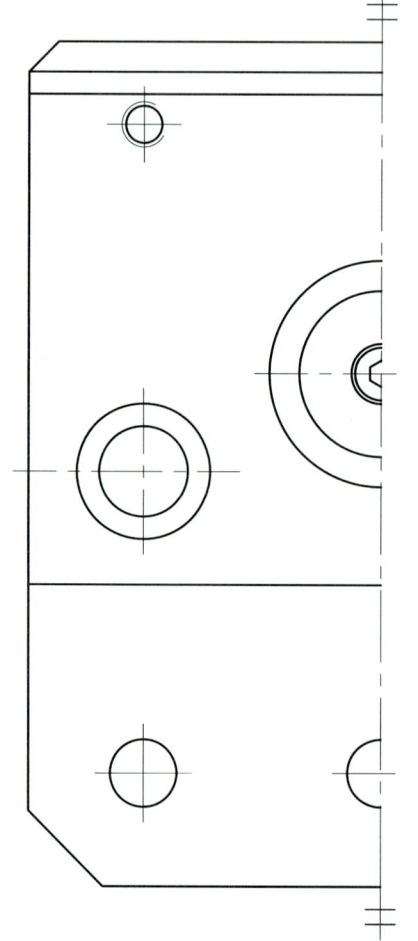

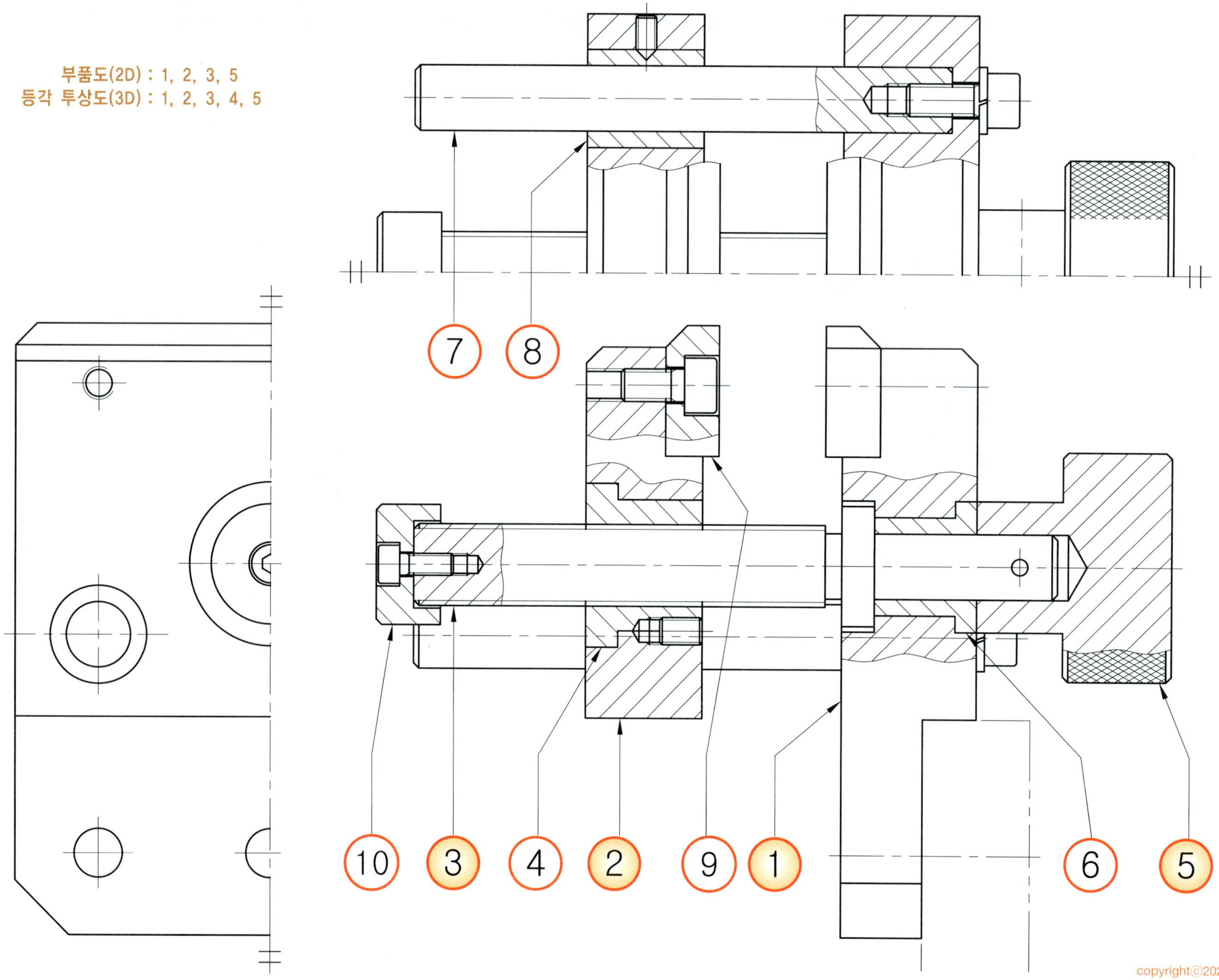

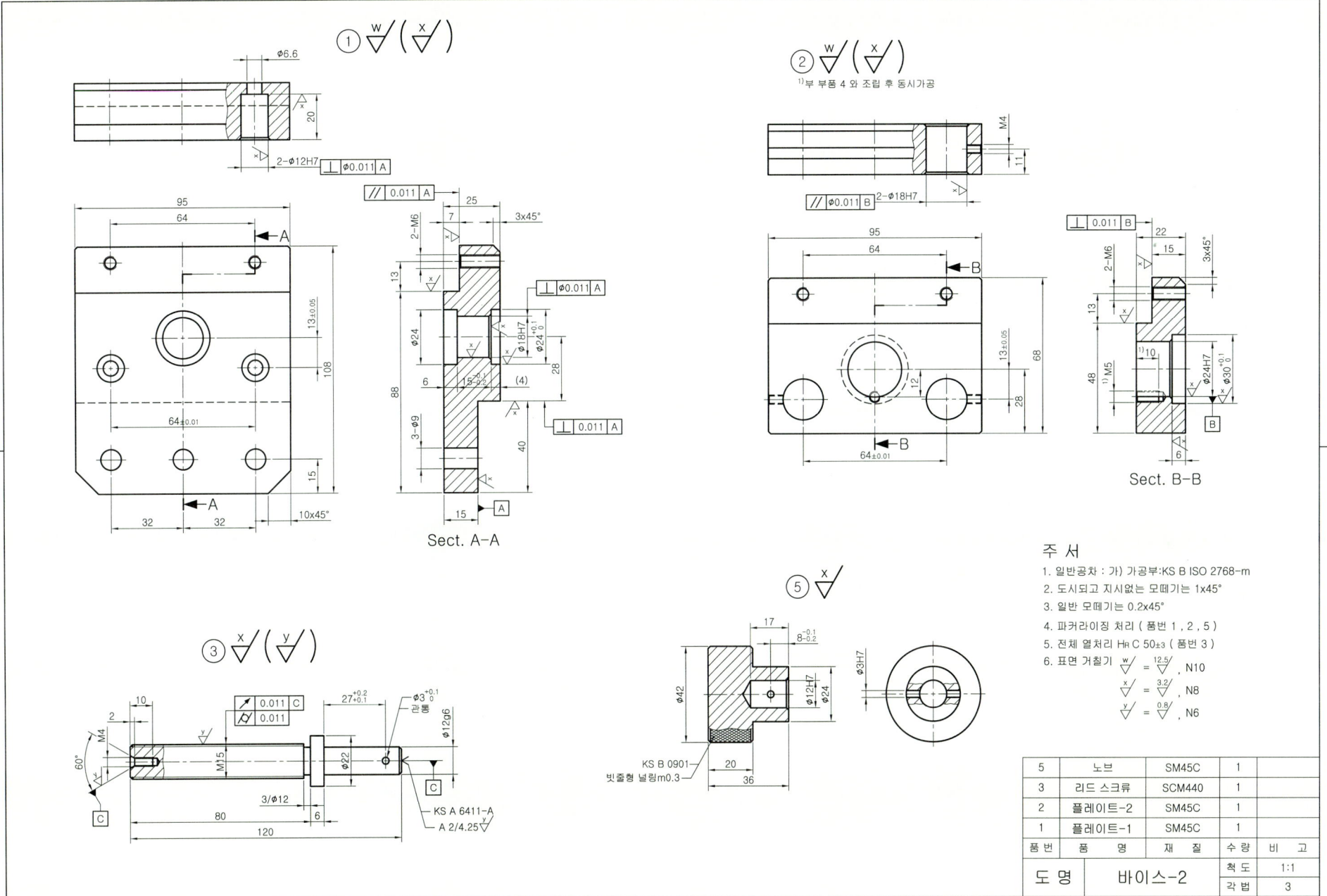

22. 바이스-2 3D 렌더링 등각 투상도 예제 도면(전산응용기계제도기능사)

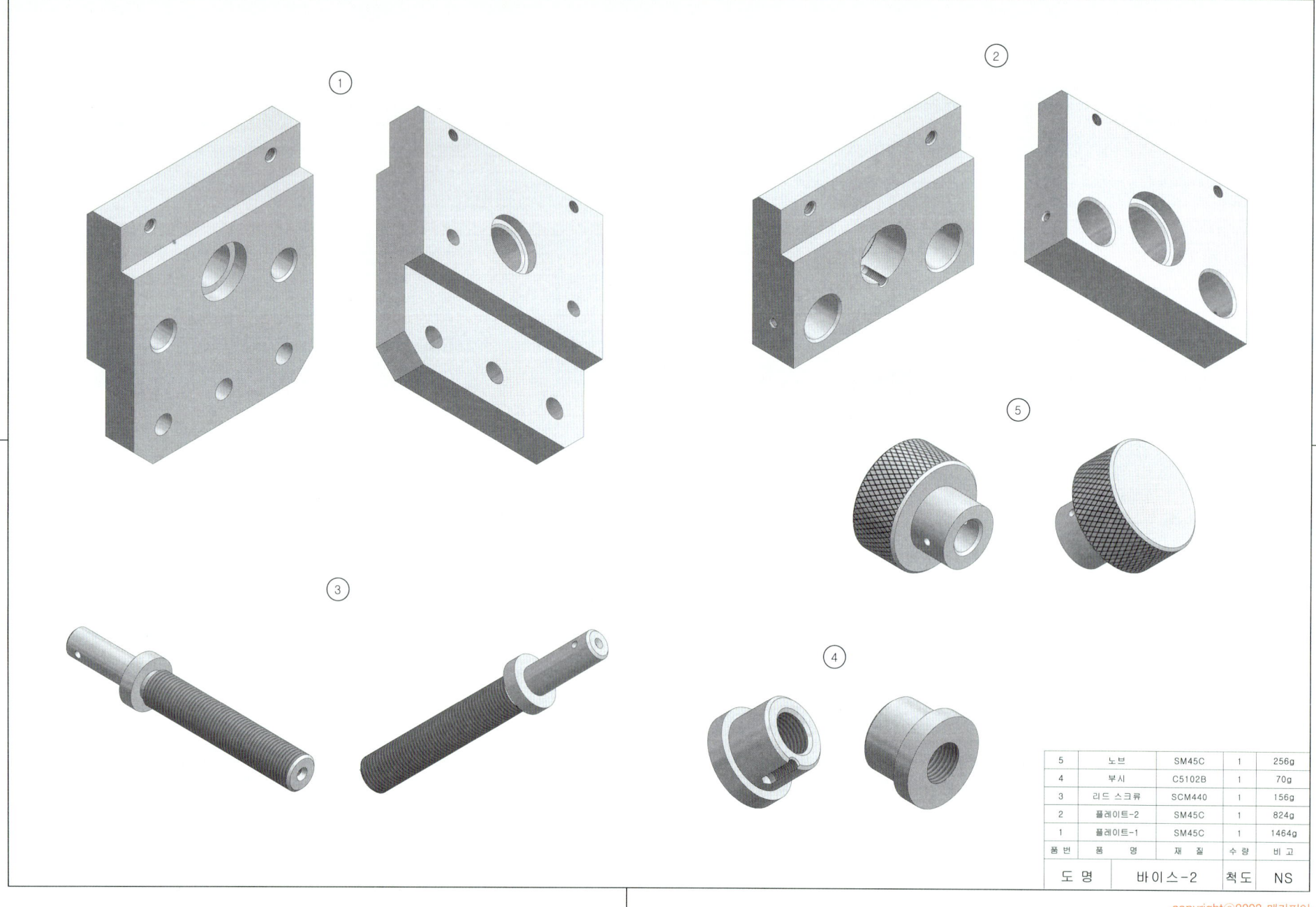

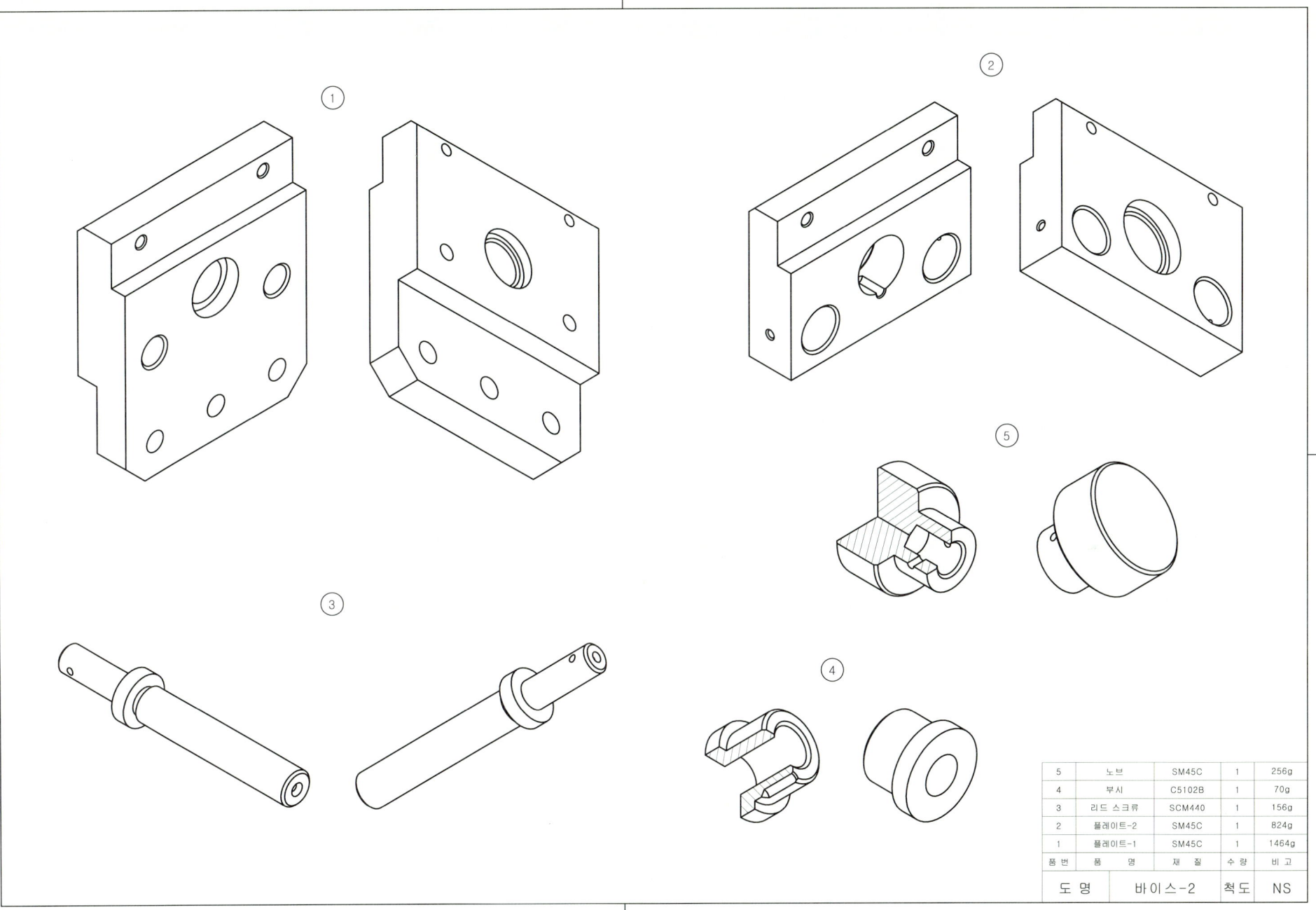

22. 바이스-2 등각 분해도 예제 도면

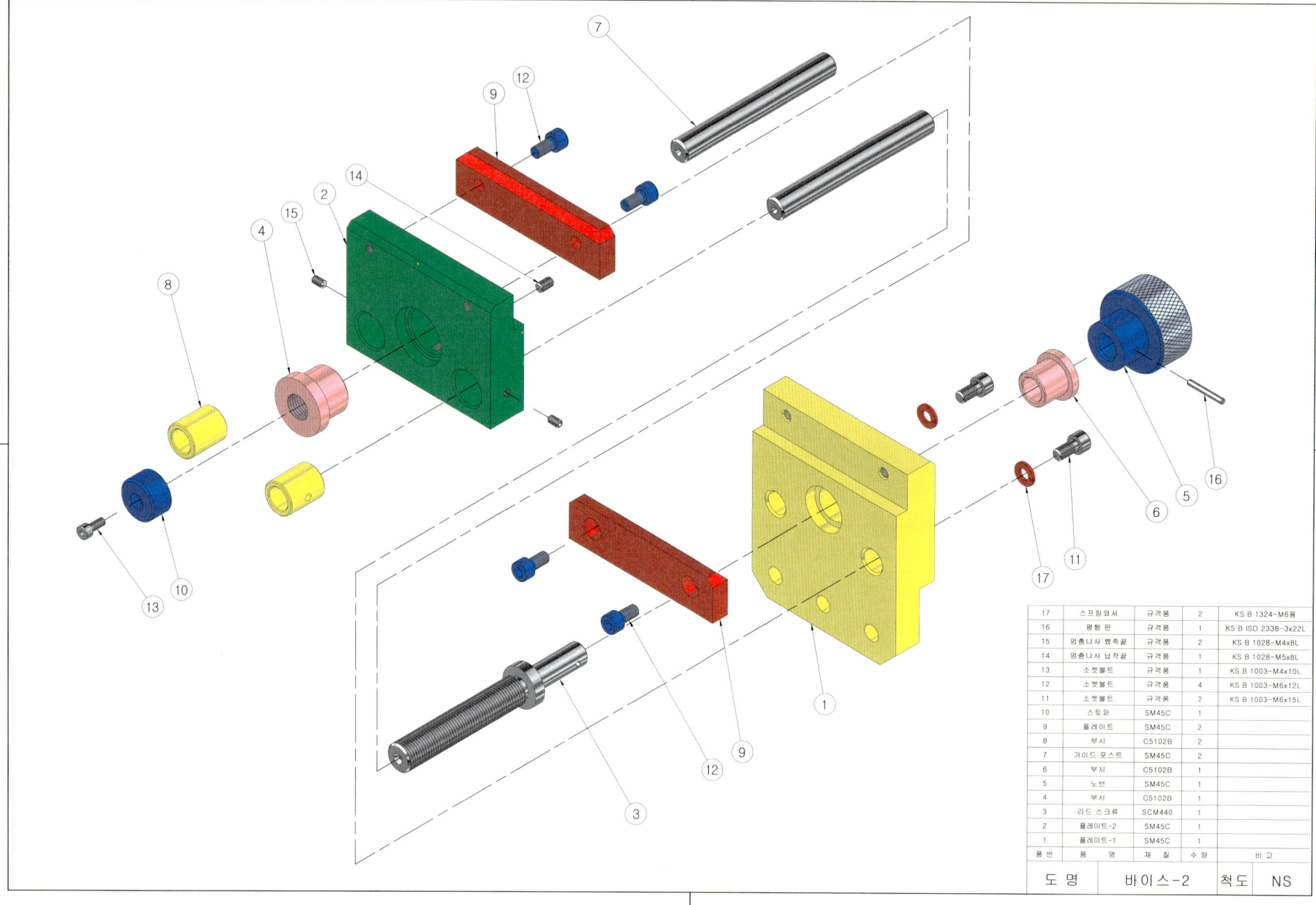

22. 바이스-2 등각 조립도 예제 도면

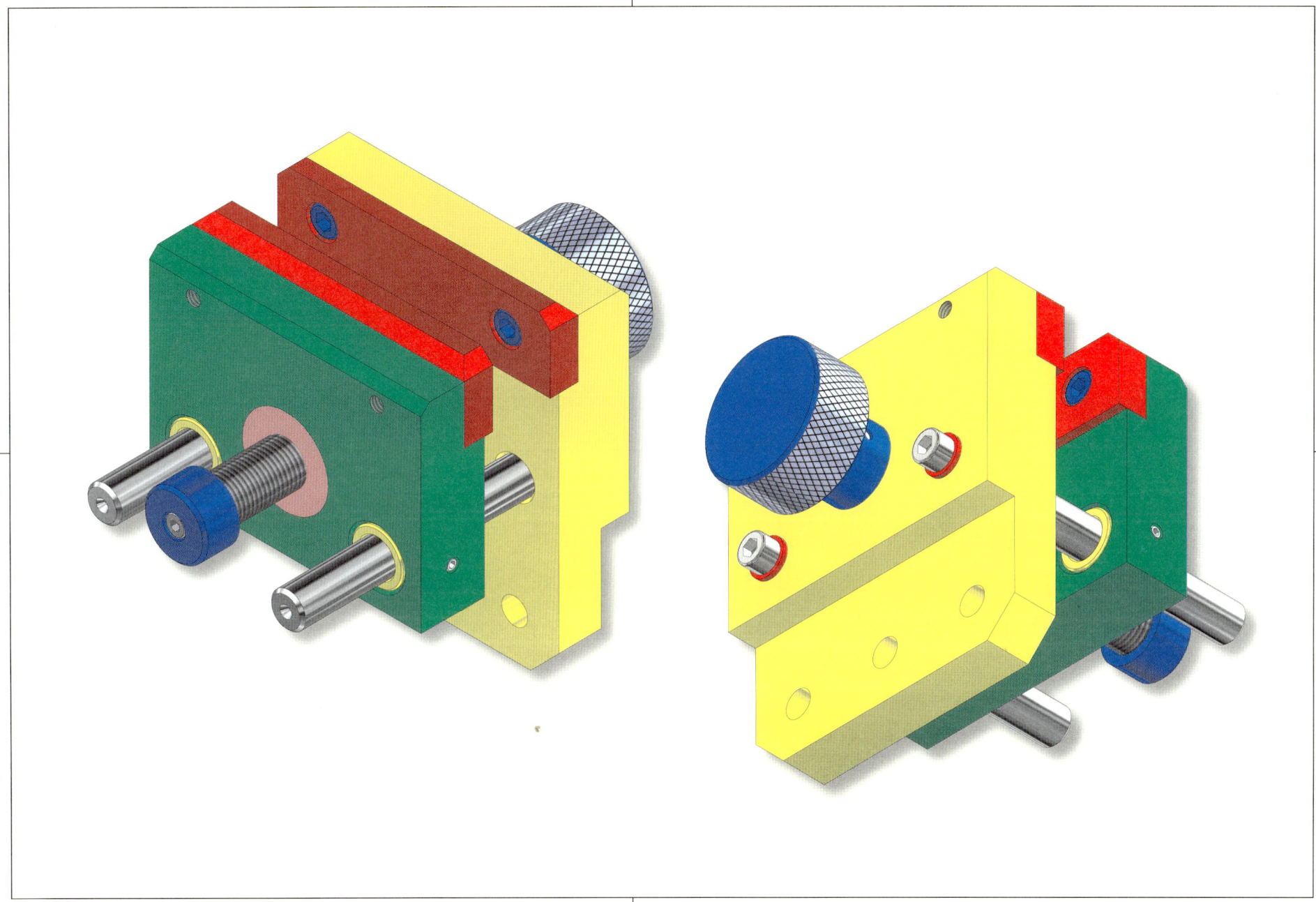

23. 드릴지그-1 2D 과제 도면

 인벤터 실기 무료 동영상 강의 제공 과제

부품도(2D) : 1, 2, 3, 4, 5, 6
등각 투상도(3D) : 1, 2, 3, 4, 5, 6

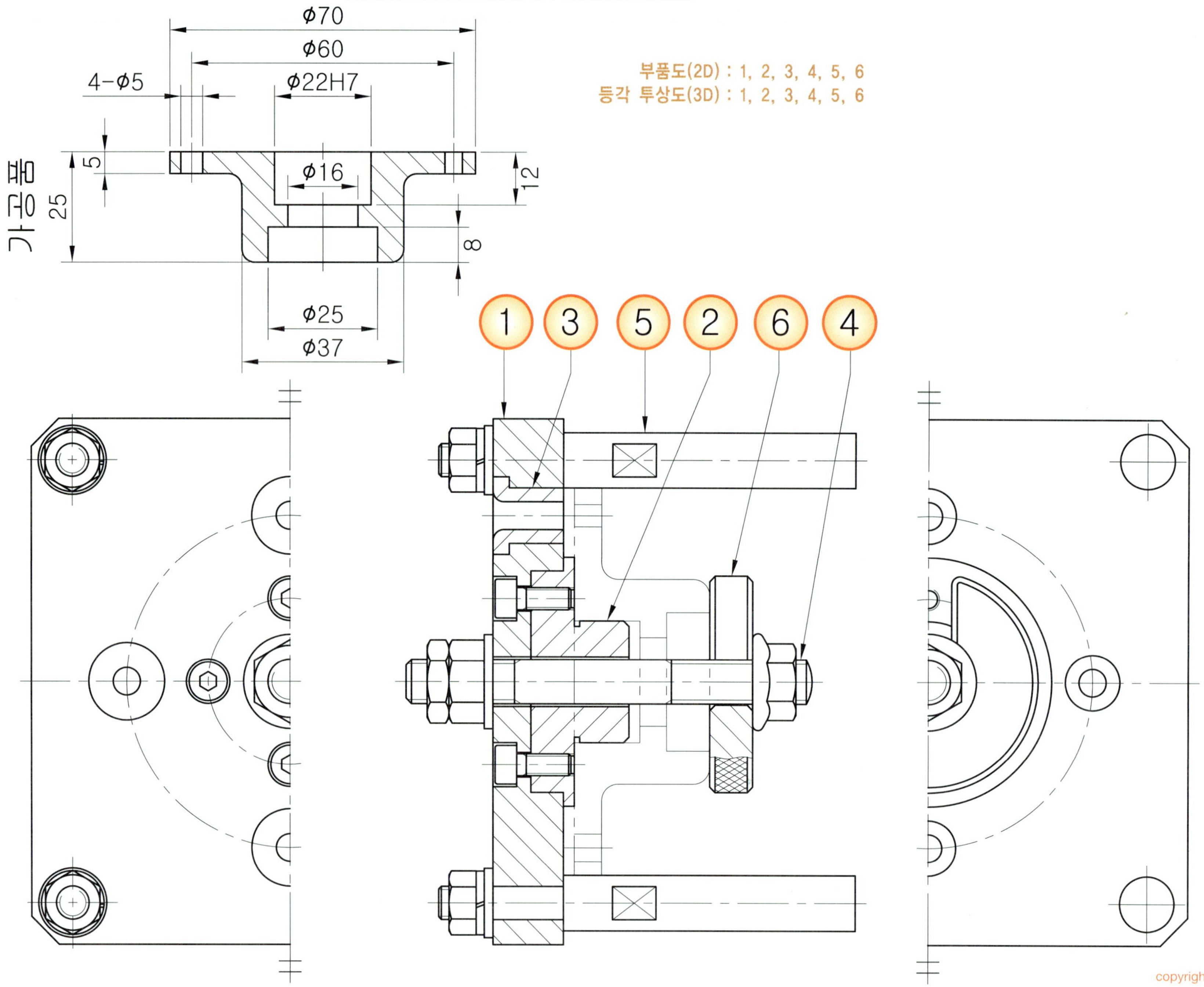

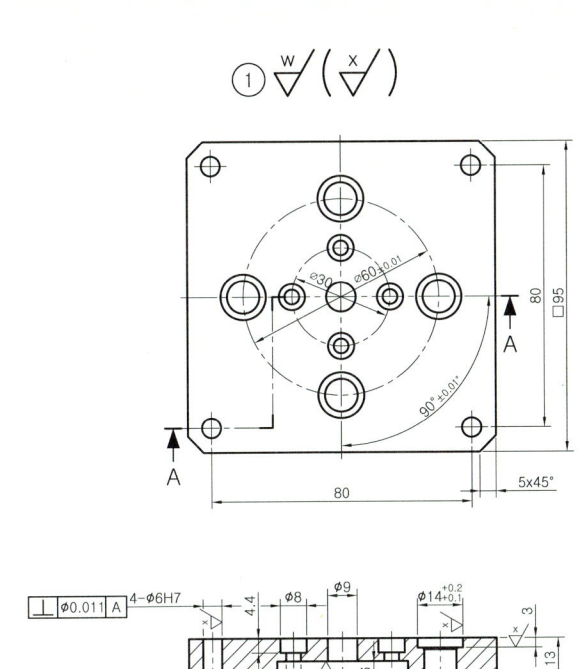
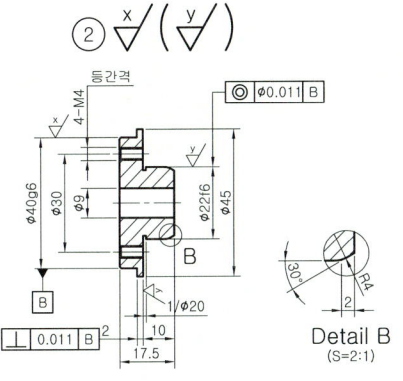
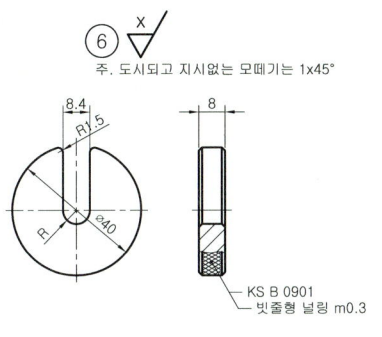
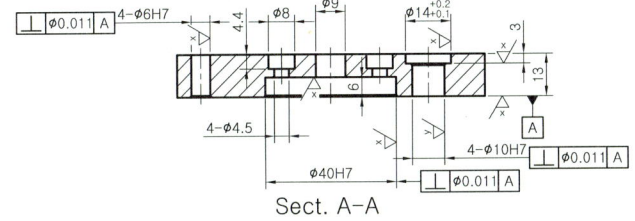
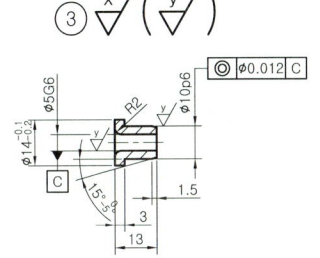
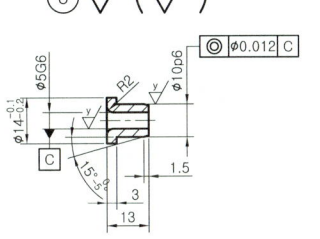
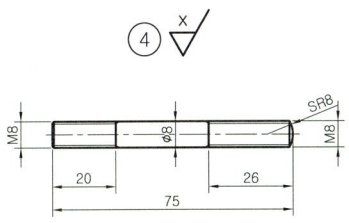

주 서

1. 일반공차 : 가) 가공부:KS B ISO 2768-m
2. 도시되고 지시없는 모떼기는 0.5x45°
3. 일반 모떼기는 0.2x45°
4. 파커라이징 처리 (부품 1 , 4 , 5 , 6)
5. 전체 열처리 HRC 60±3 (부품 2 , 3)
6. 표면 거칠기 w = 12.5/ , N10
   x = 3.2/ , N8
   y = 0.8/ , N6

6	지그용 C형 와셔	SM45C	1	
5	포스트	SM45C	4	
4	로드	SM45C	1	
3	드릴 부시	SKS3	4	
2	로케이터	SM45C	1	
1	플레이트	SM45C	1	
품번	품 명	재 질	수량	비 고
도 명	드릴지그-1		척 도	1:1
			각 법	3

23. 드릴지그-1 3D 렌더링 등각 투상도 예제 도면(전산응용기계제도기능사)

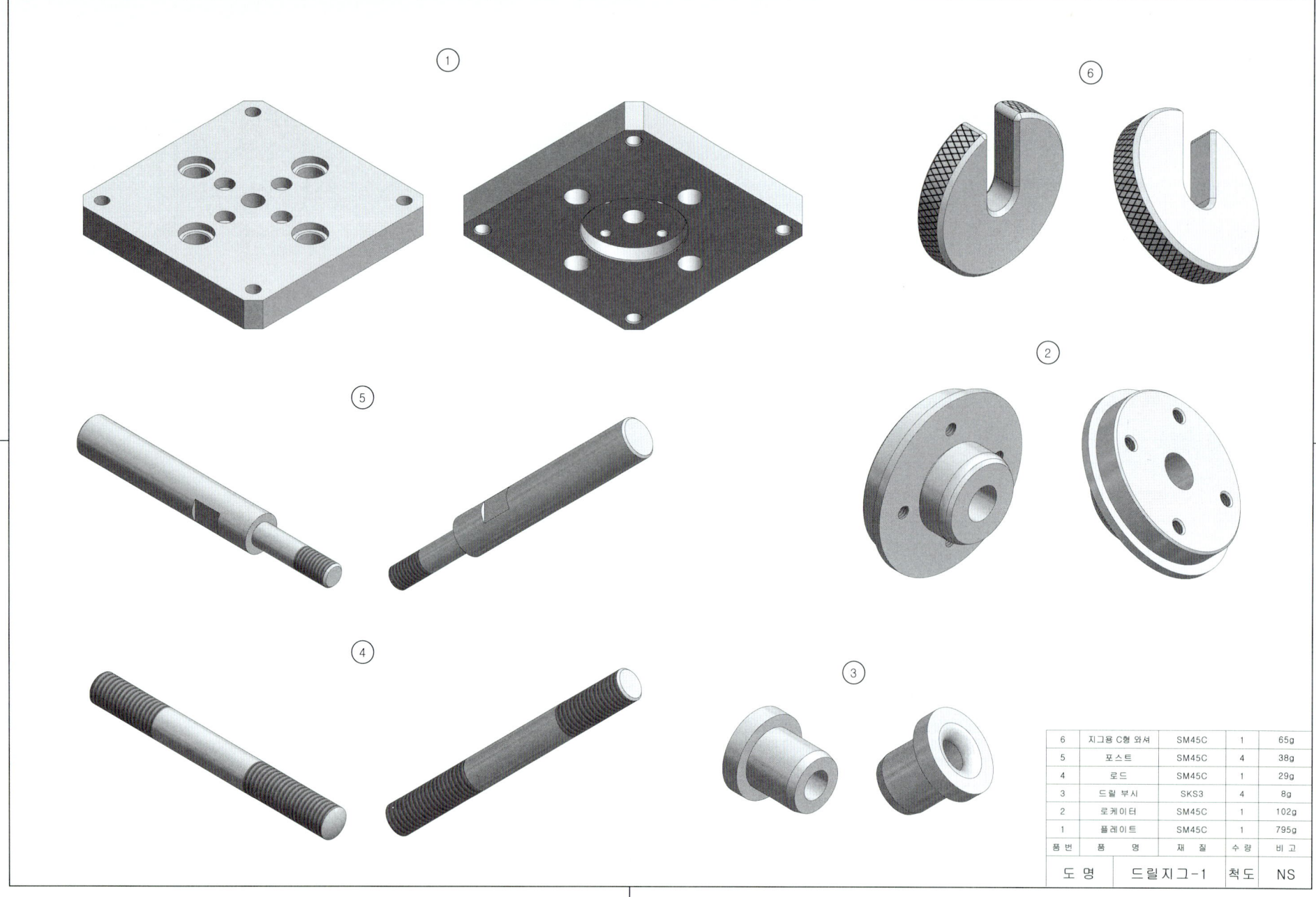

6	지그용 C형 와셔	SM45C	1	65g
5	포스트	SM45C	4	38g
4	로드	SM45C	1	29g
3	드릴 부시	SKS3	4	8g
2	로케이터	SM45C	1	102g
1	플레이트	SM45C	1	795g
품번	품 명	재 질	수량	비 고

도 명	드릴지그-1	척 도	NS

23. 드릴지그-1 3D 모델링도 예제 도면(기계설계산업기사)

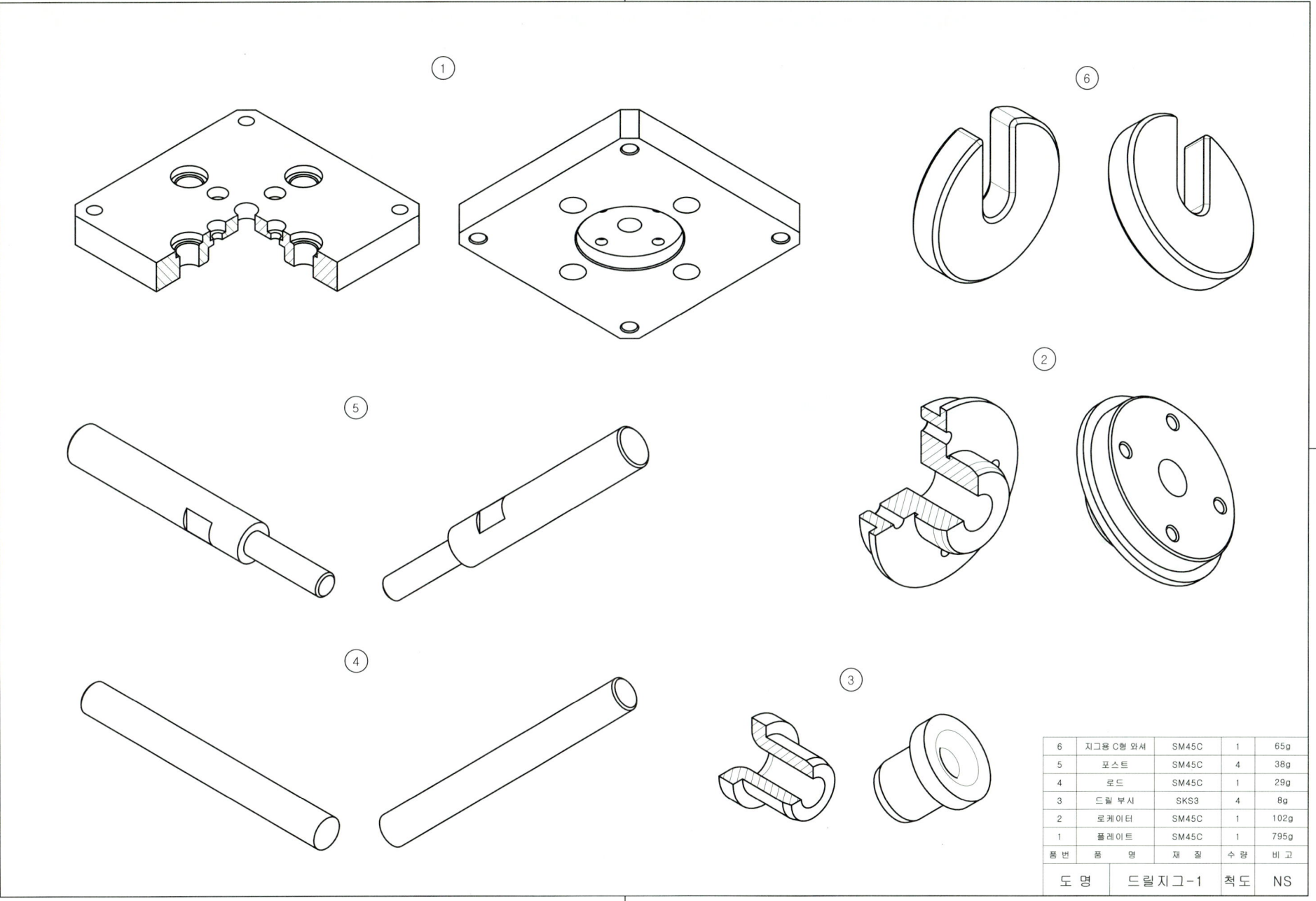

23. 드릴지그-1 등각 분해도 예제 도면

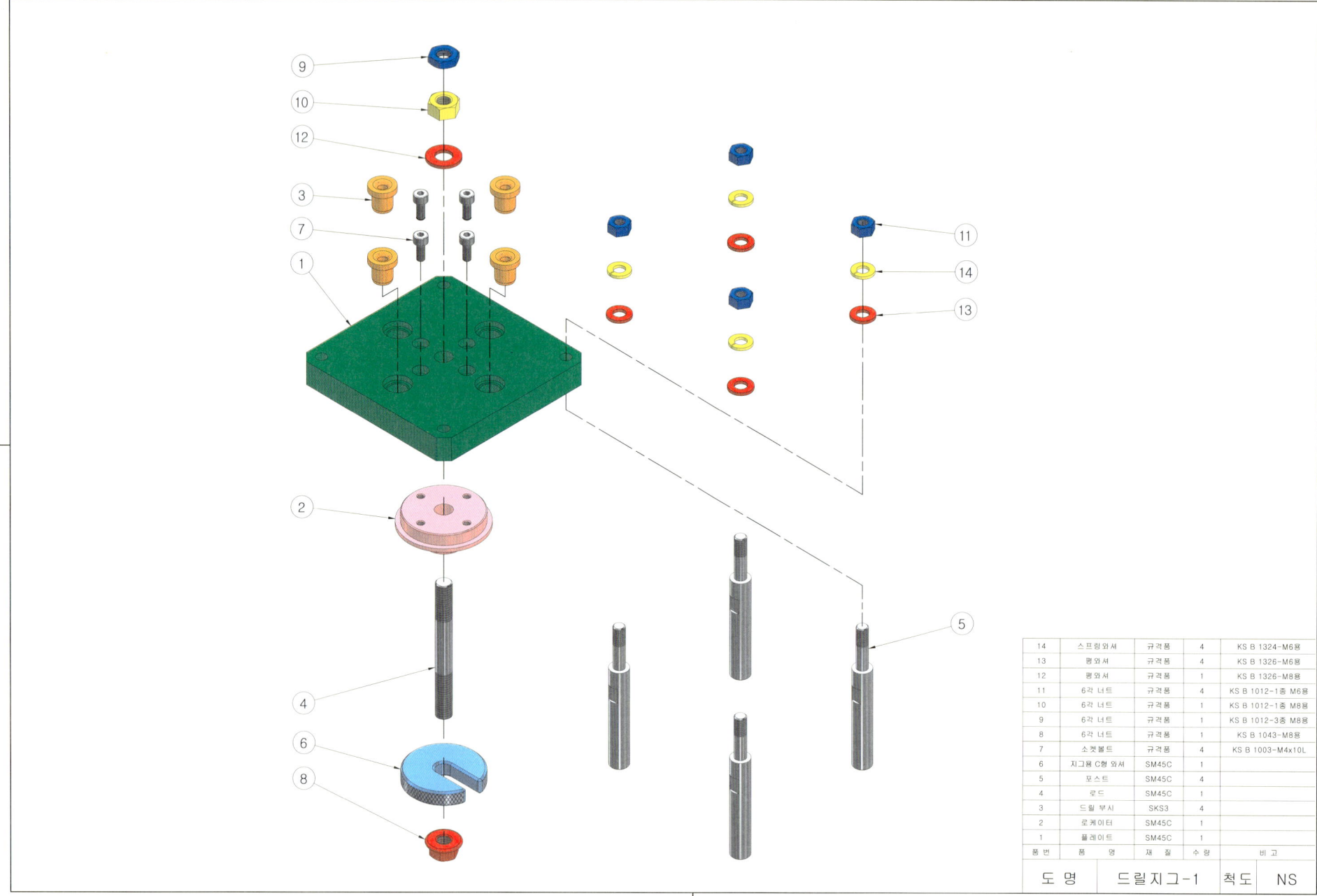

23. 드릴지그-1 등각 조립도 예제 도면

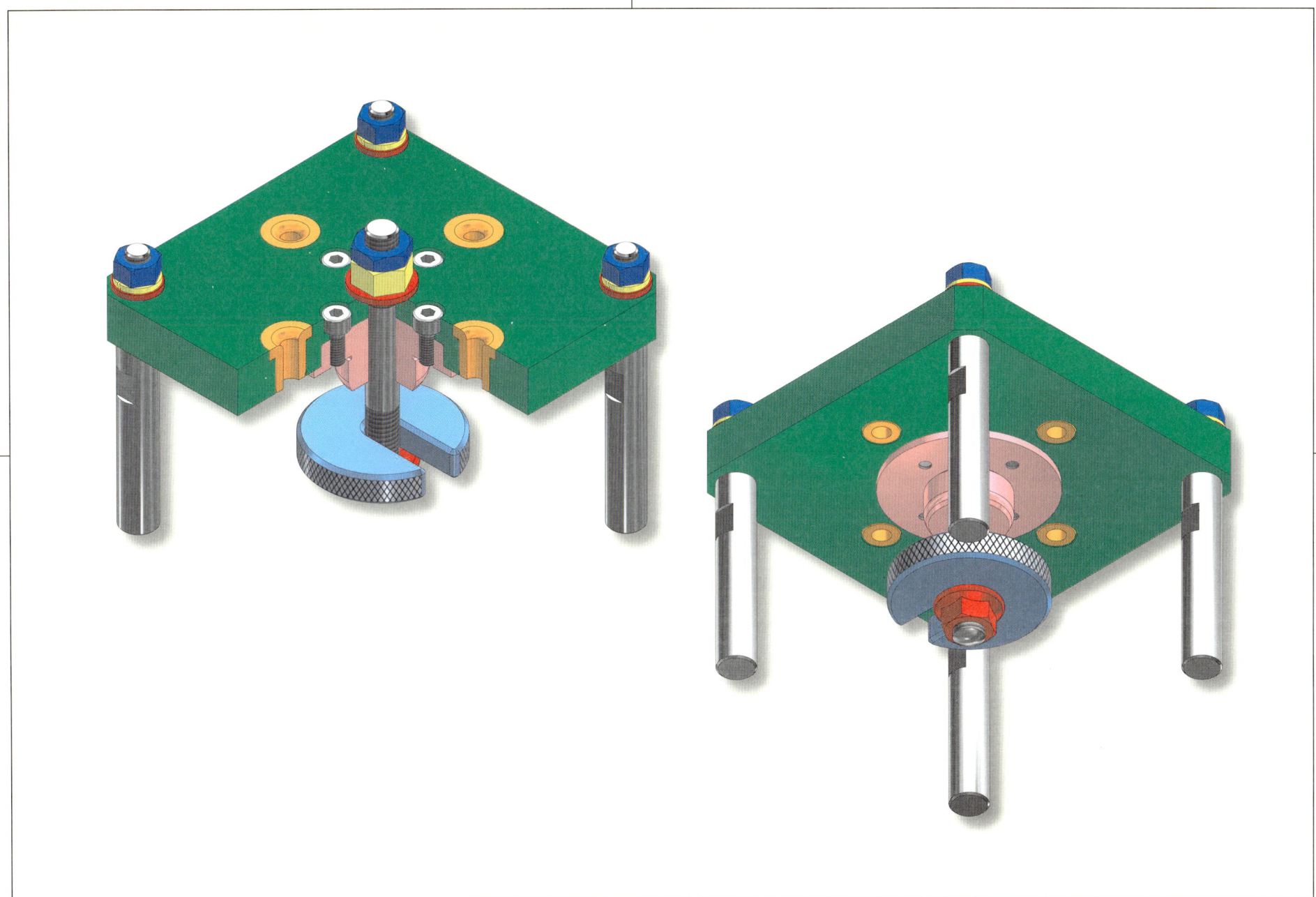

24. 드릴지그-2 2D 과제 도면

부품도(2D) : 1, 2, 3, 4, 6
등각 투상도(3D) : 1, 2, 3, 4, 5, 6

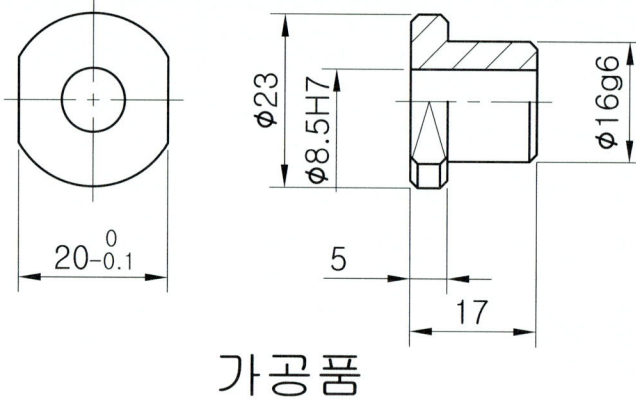

가공품

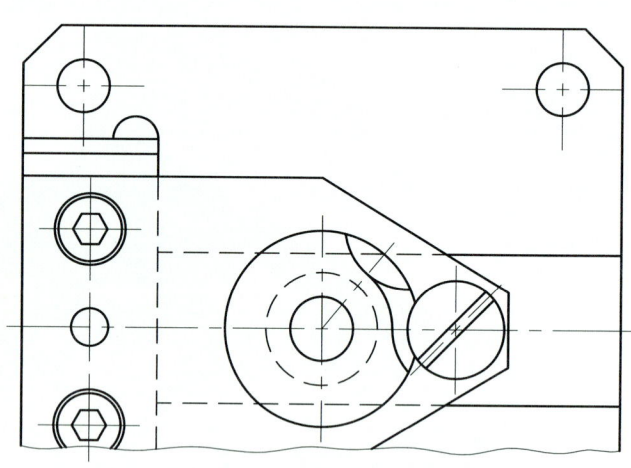

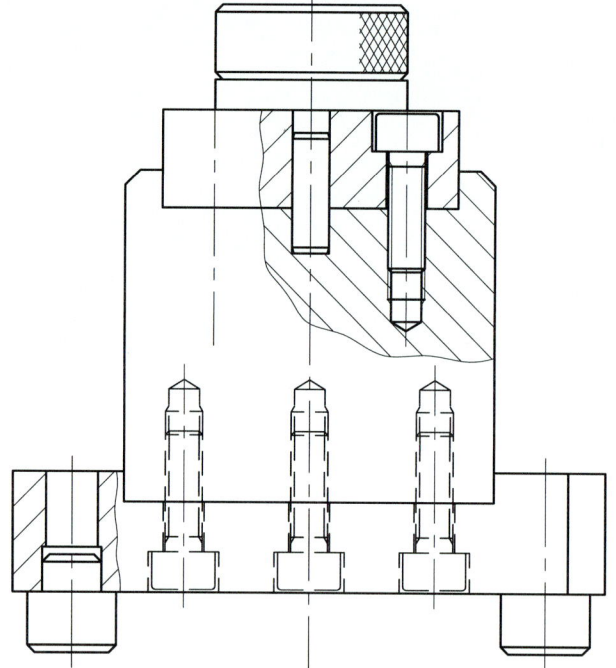

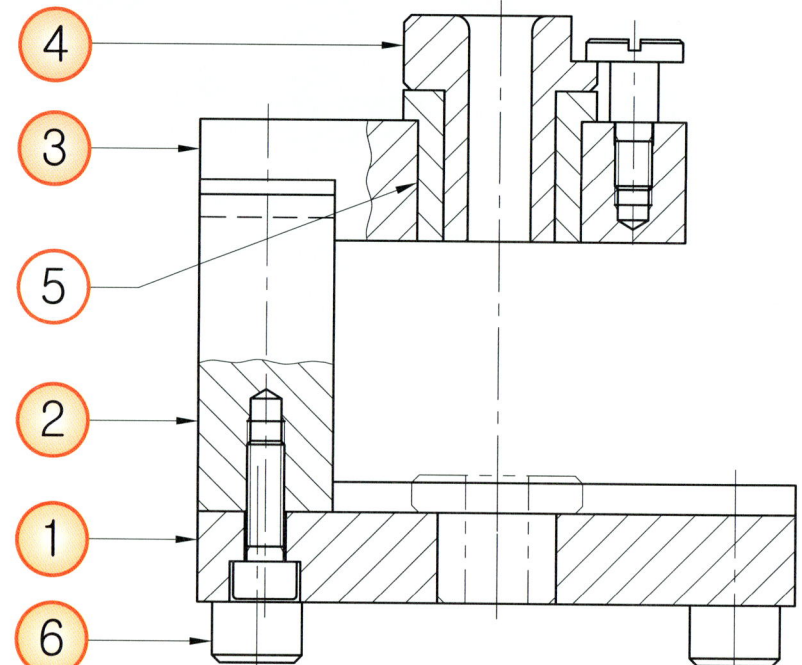

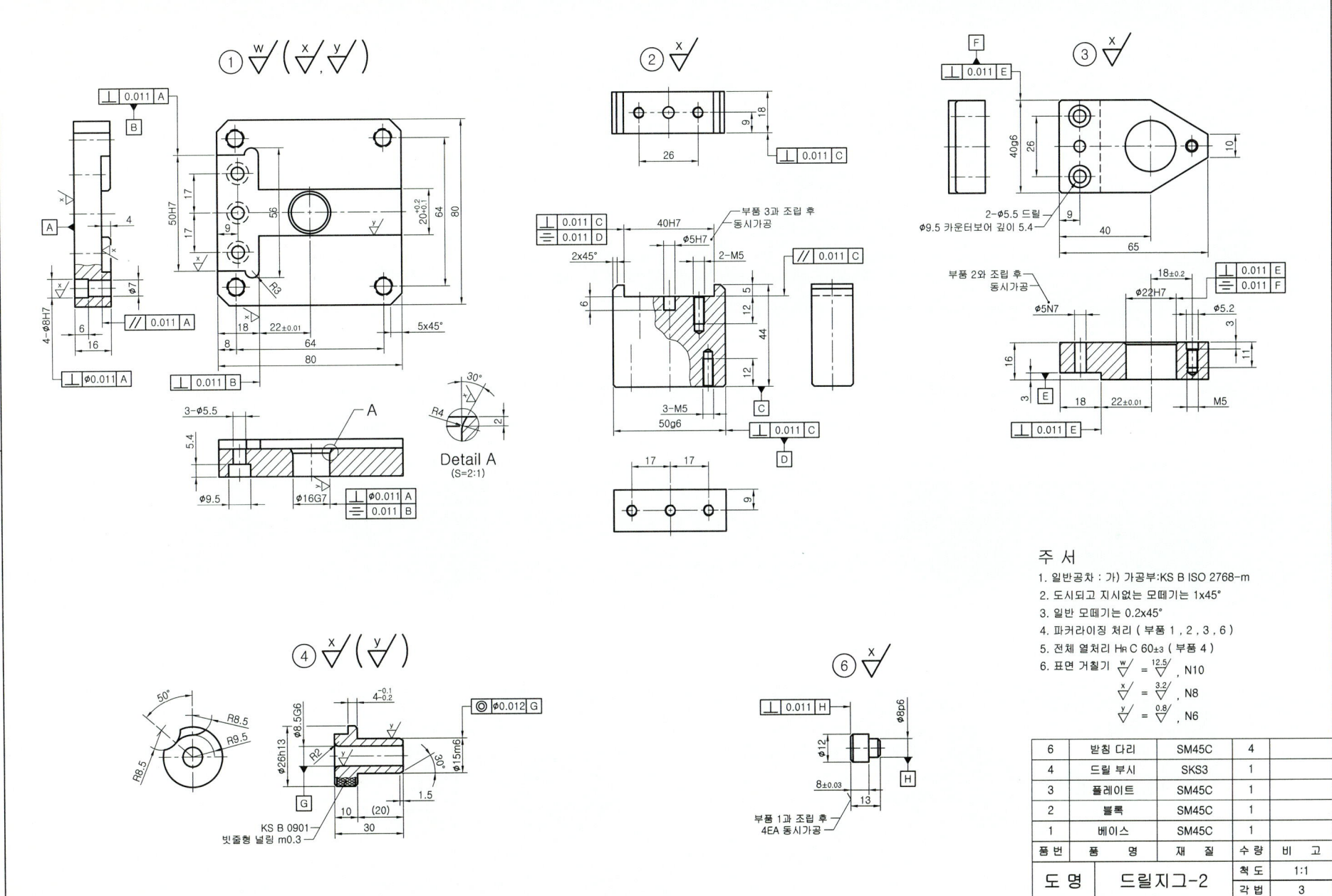

24. 드릴지그-2 3D 렌더링 등각 투상도 예제 도면(전산응용기계제도기능사)

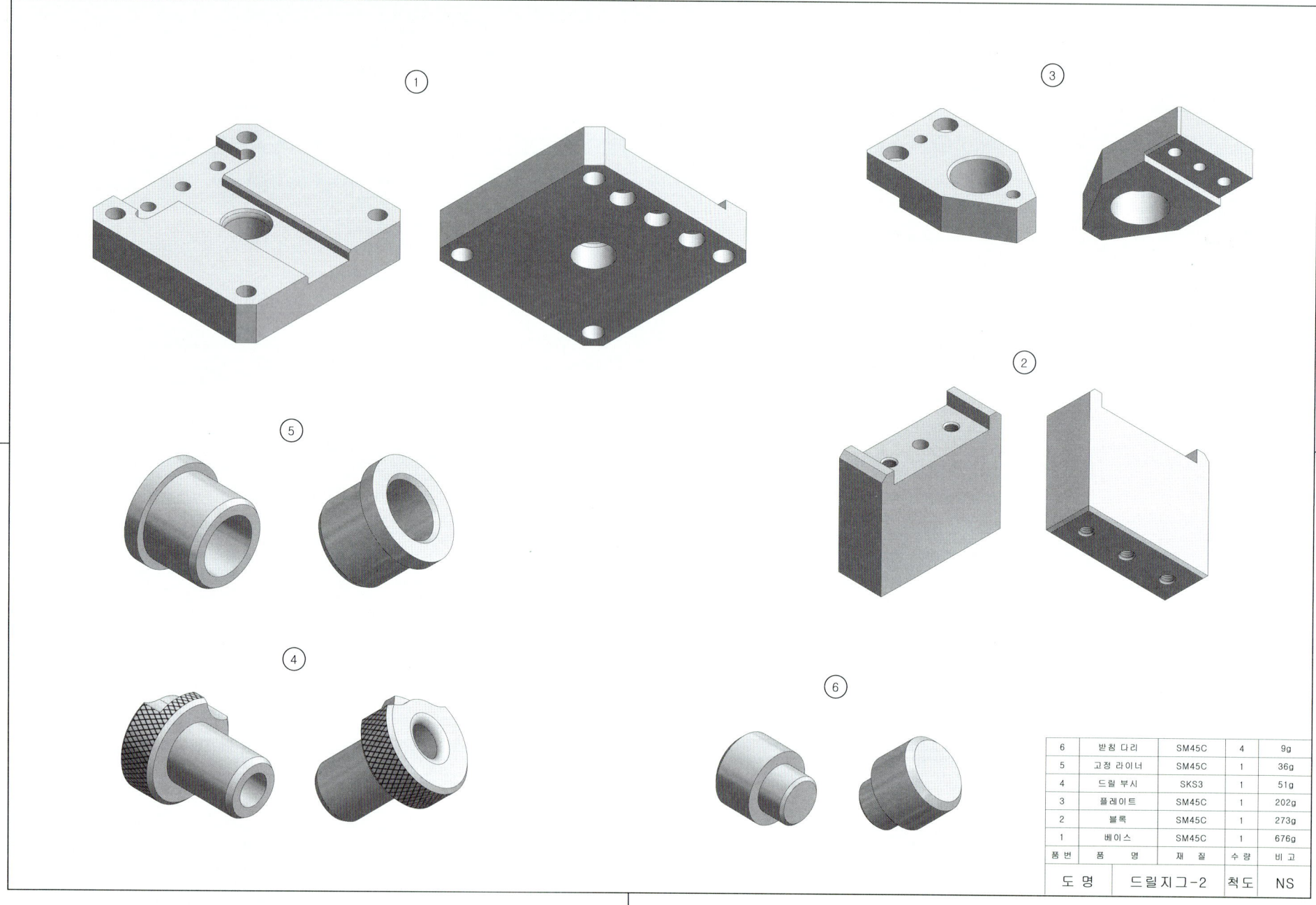

24. 드릴지그-2 3D 모델링도 예제 도면(기계설계산업기사)

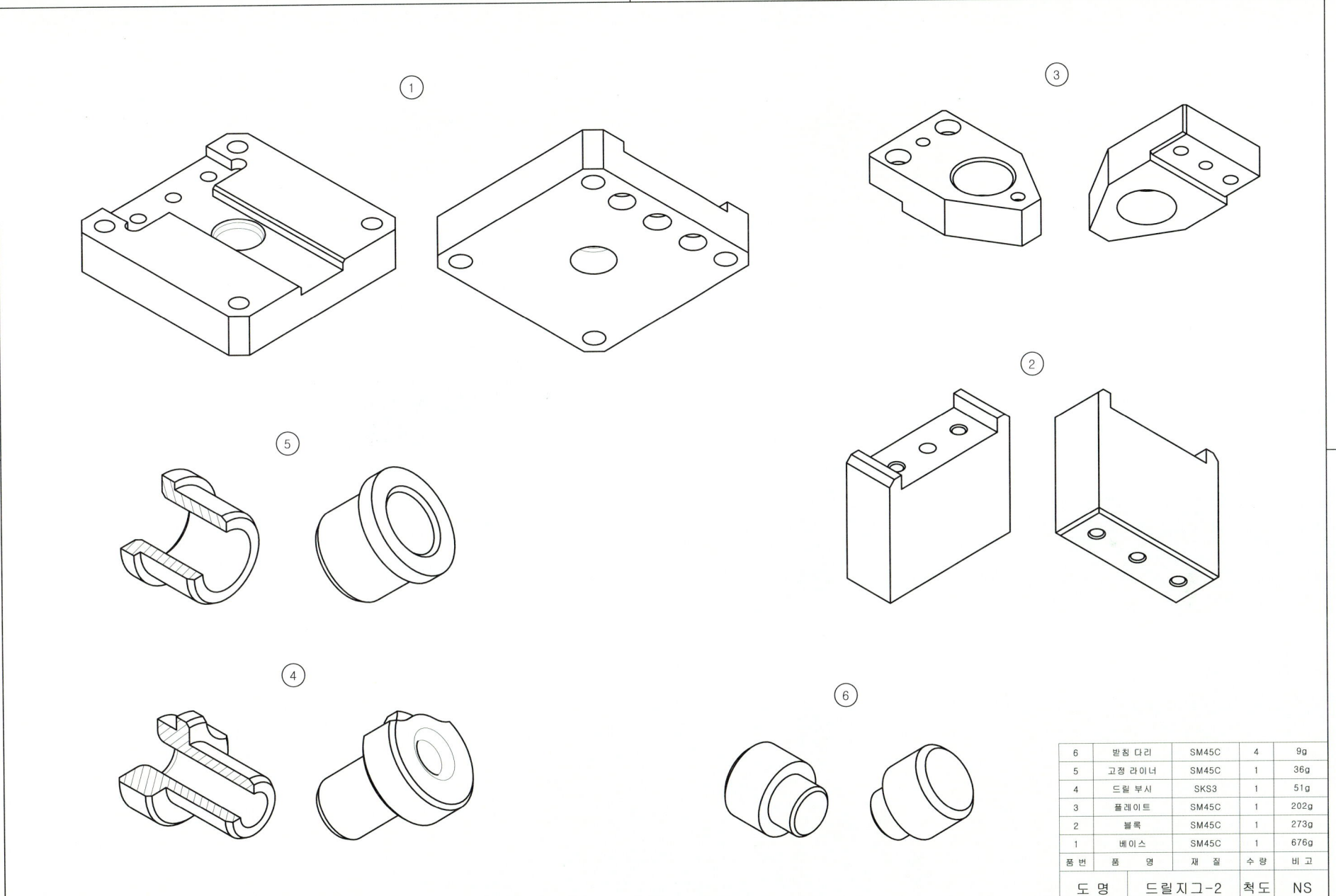

24. 드릴지그-2 등각 분해도 예제 도면

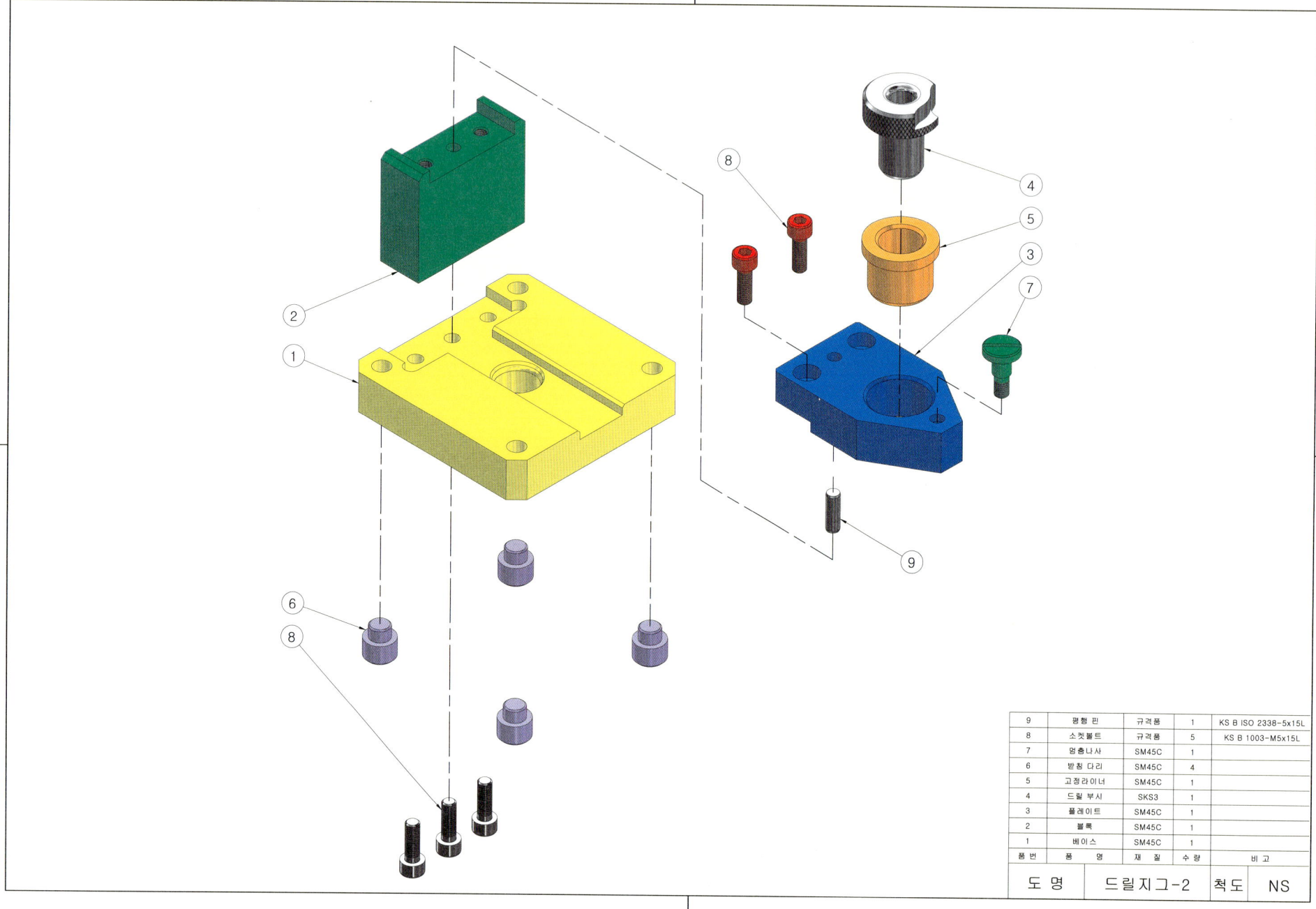

24. 드릴지그-2 등각 조립도 예제 도면

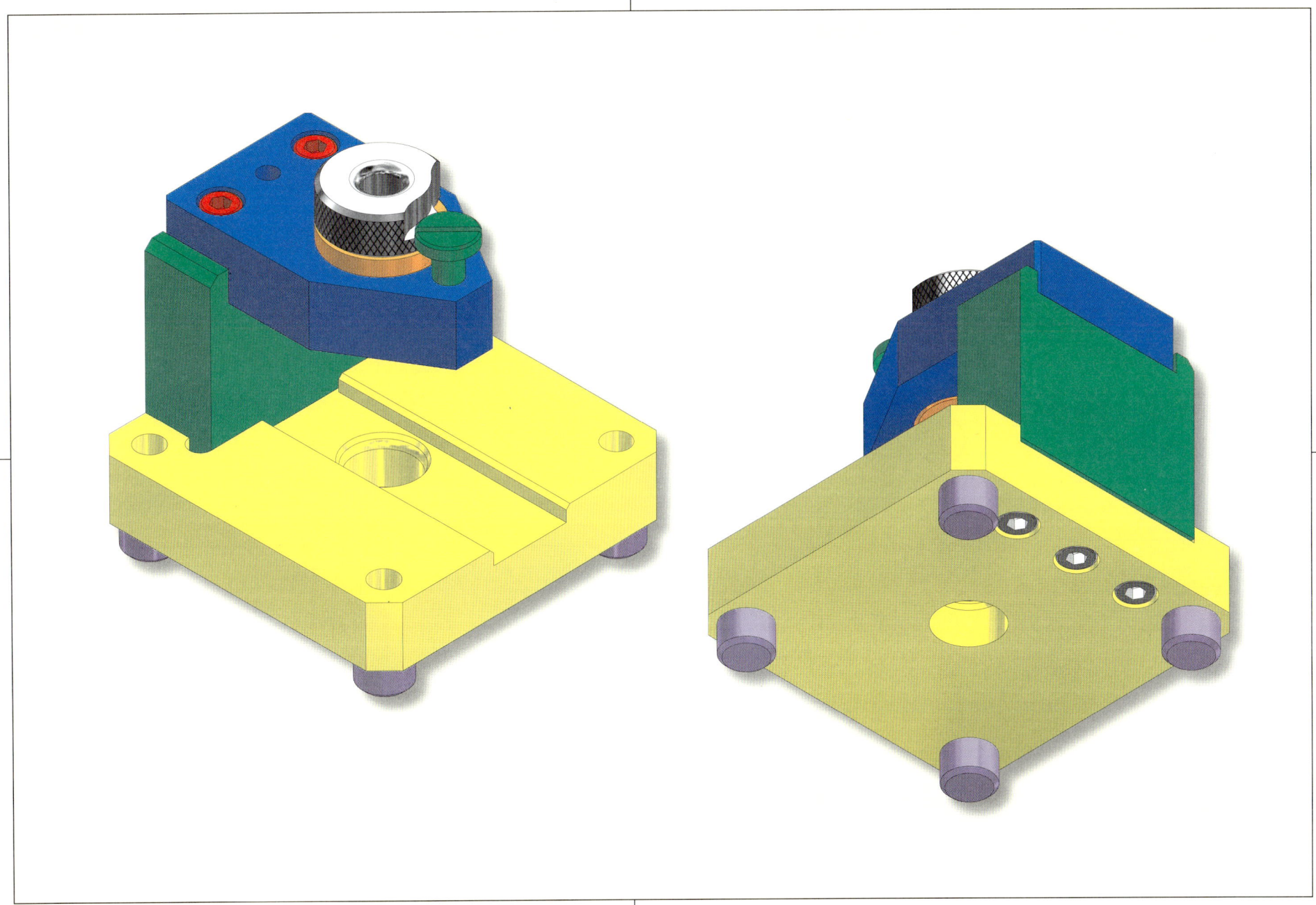

25. 드릴지그-3 2D 과제 도면

부품도(2D) : 1, 2, 3, 4, 5
등각 투상도(3D) : 1, 2, 3, 4, 5, 8

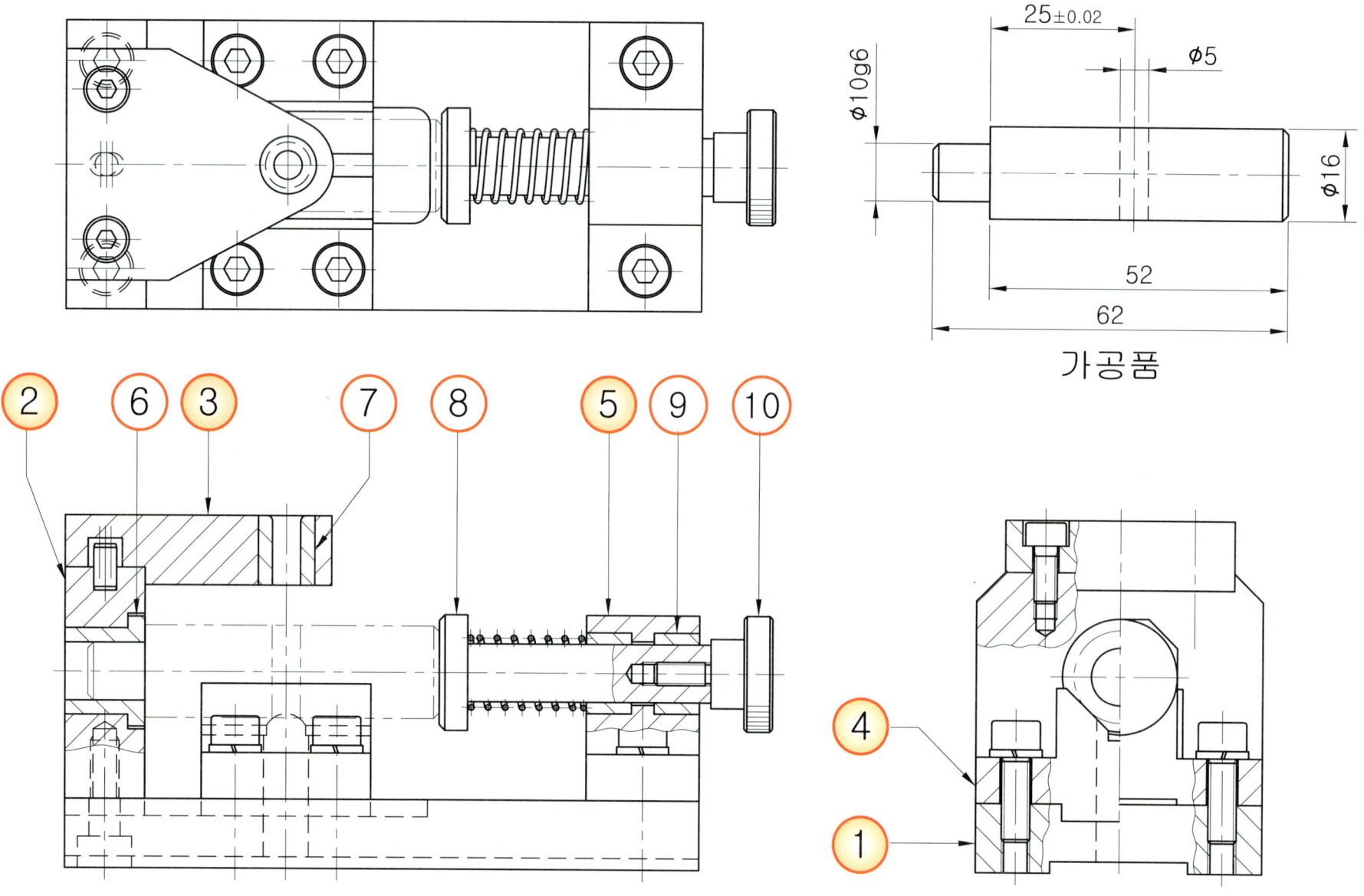

가공품

25. 드릴지그-3 2D 부품도 풀이 도면

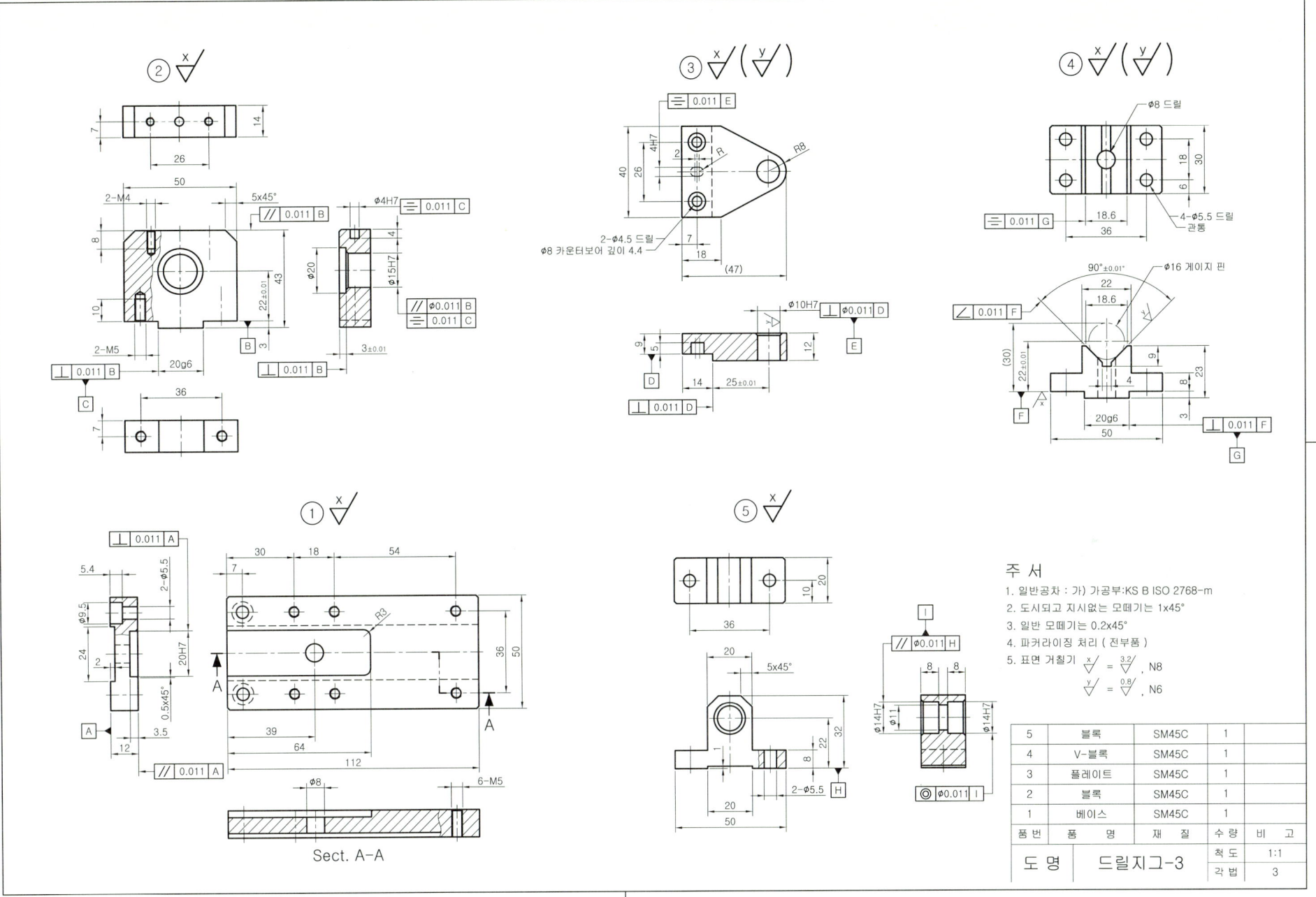

25. 드릴지그-3 3D 렌더링 등각 투상도 예제 도면(전산응용기계제도기능사)

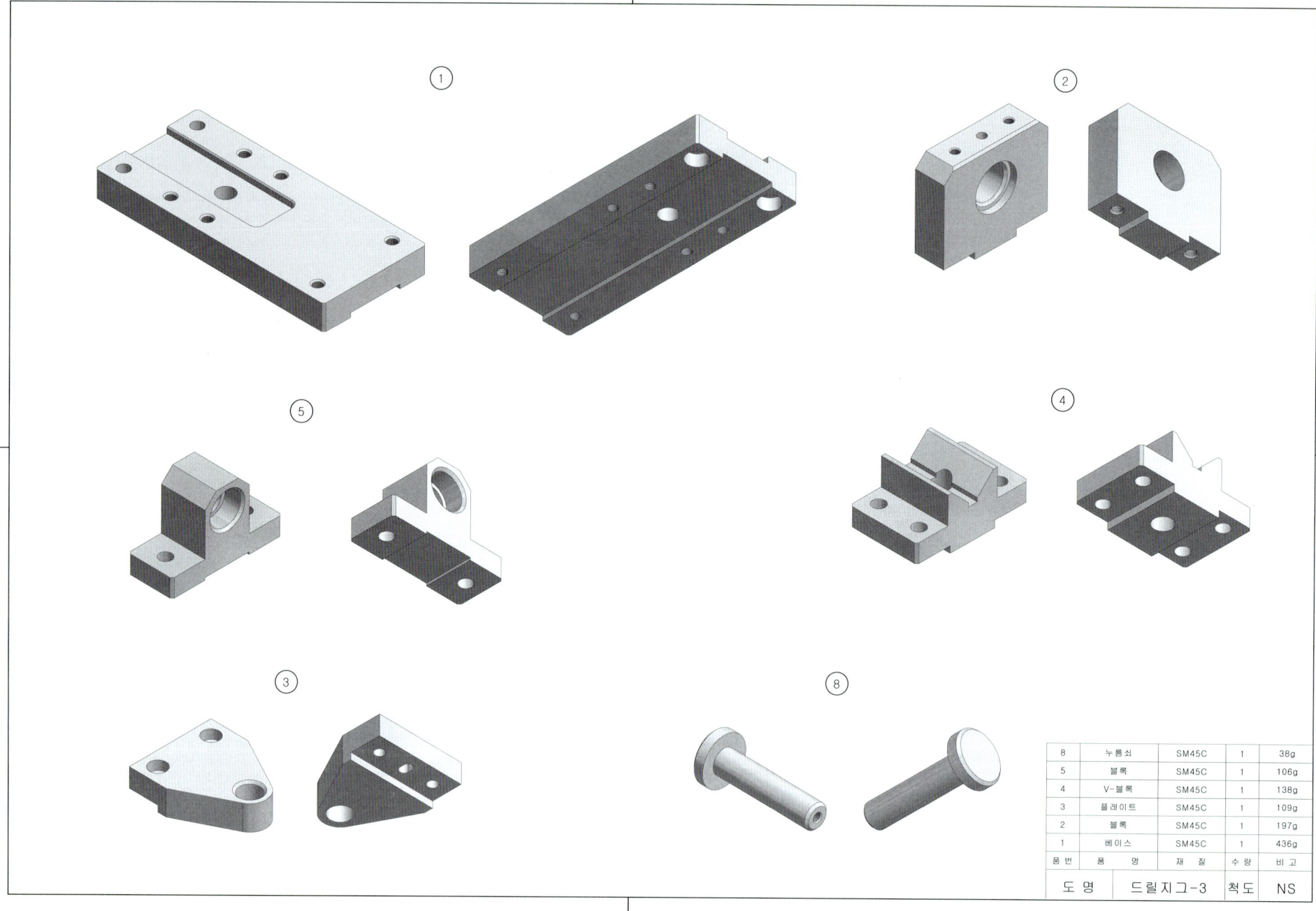

25. 드릴지그-3 3D 모델링도 예제 도면(기계설계산업기사)

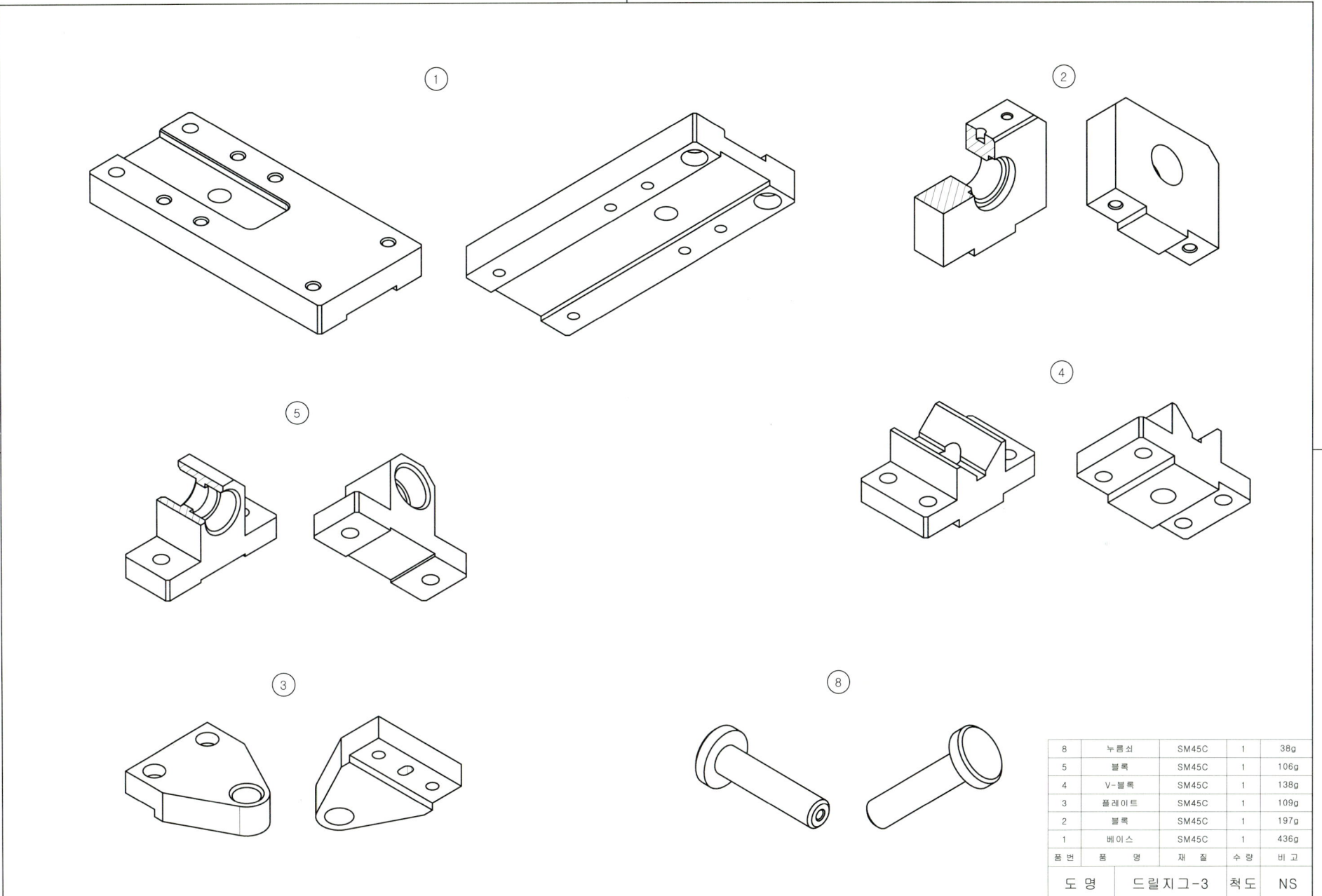

25. 드릴지그-3 등각 분해도 예제 도면

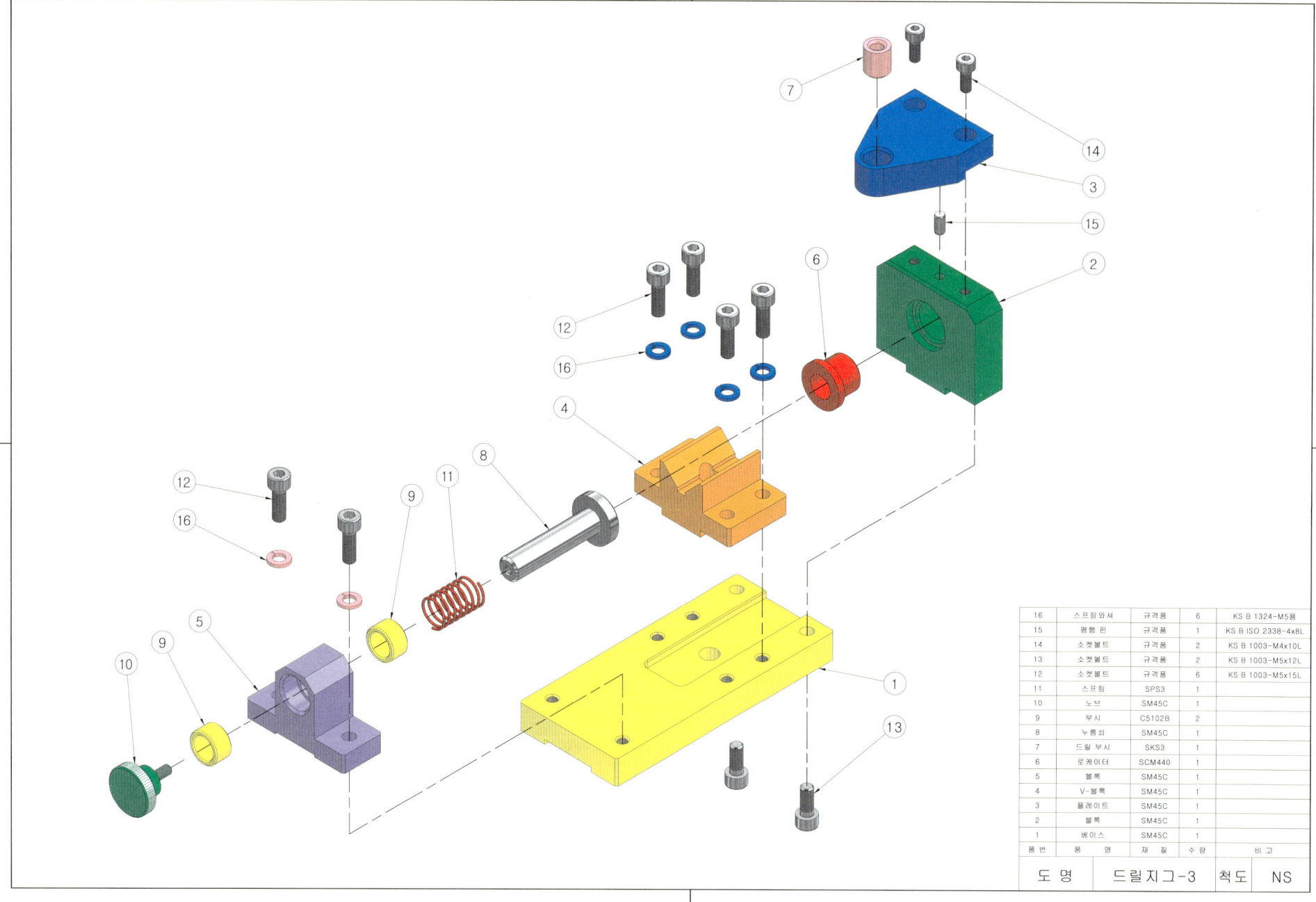

25. 드릴지그-3 등각 조립도 예제 도면

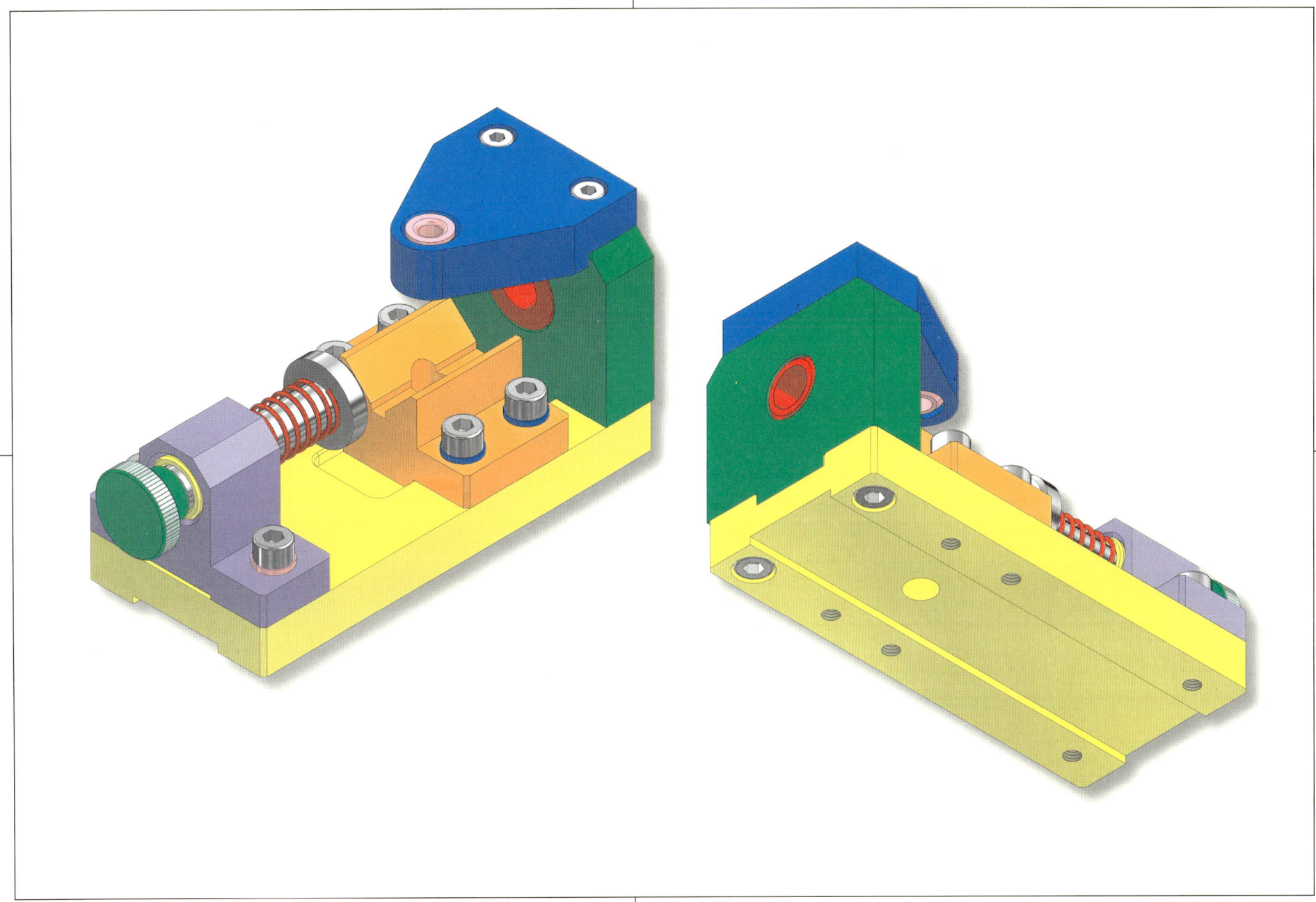

26. 드릴지그-4 2D 과제 도면

부품도(2D) : 1, 3, 5, 6, 8
등각 투상도(3D) : 1, 2, 3, 4, 6

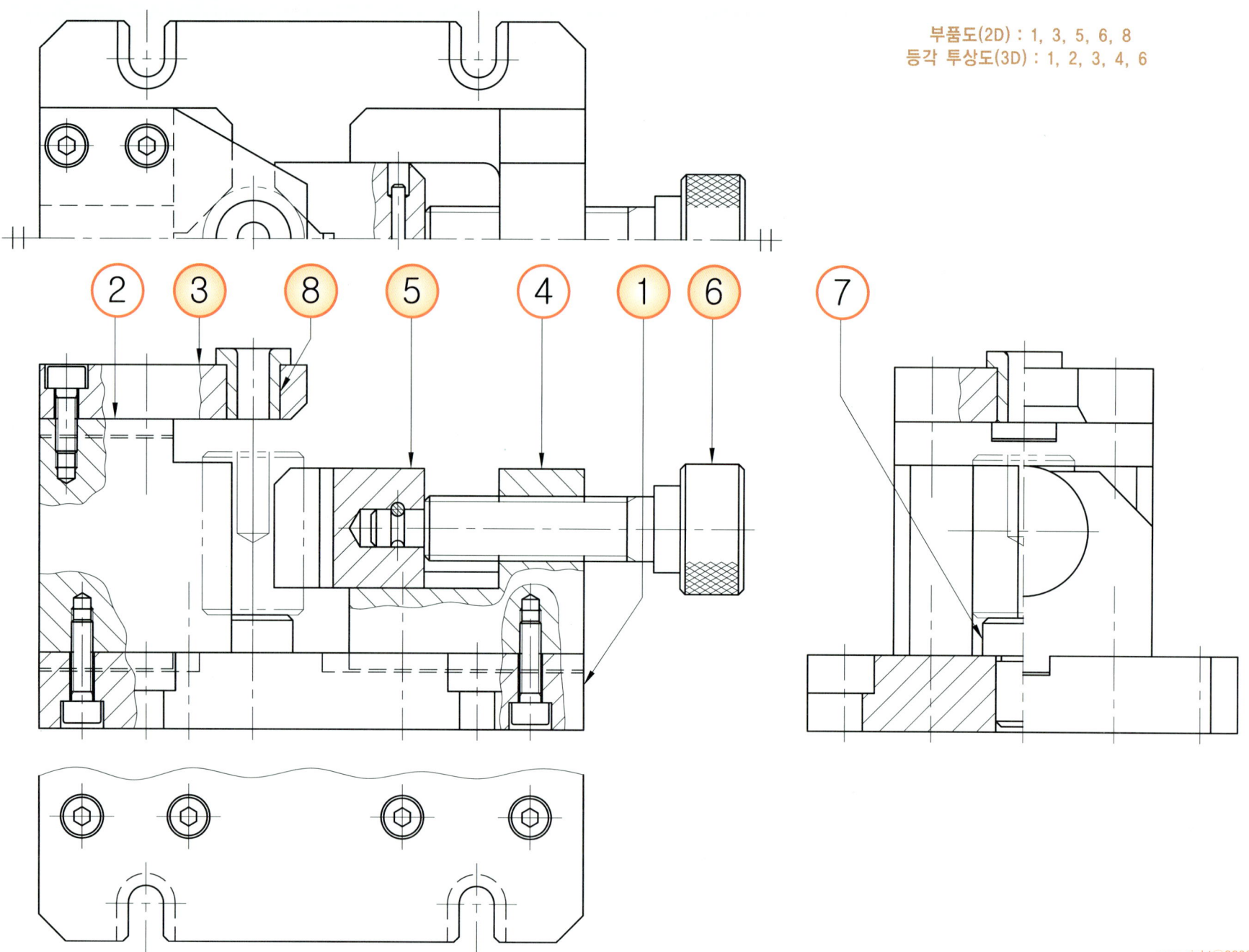

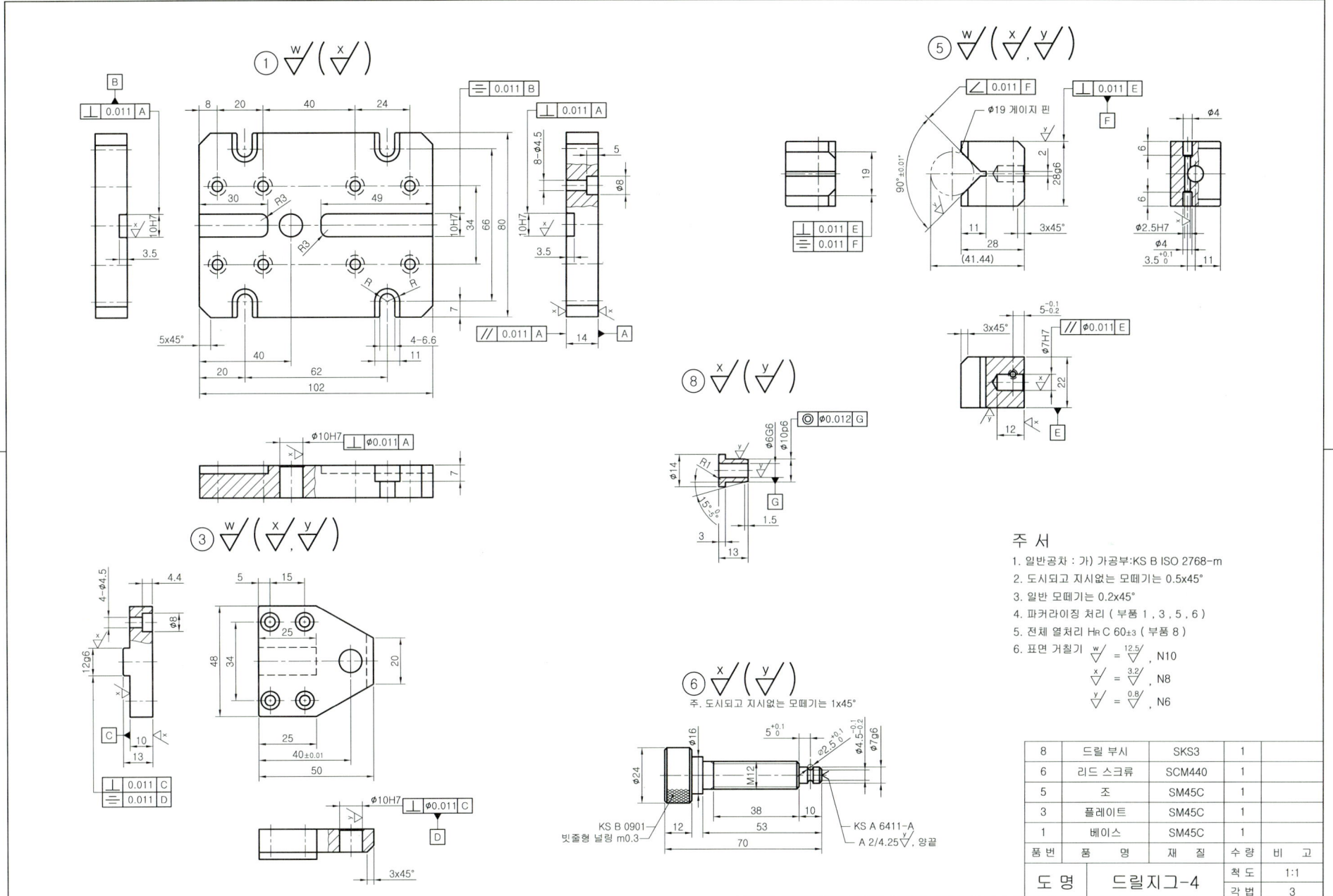

26. 드릴지그-4 3D 렌더링 등각 투상도 예제 도면(전산응용기계제도기능사)

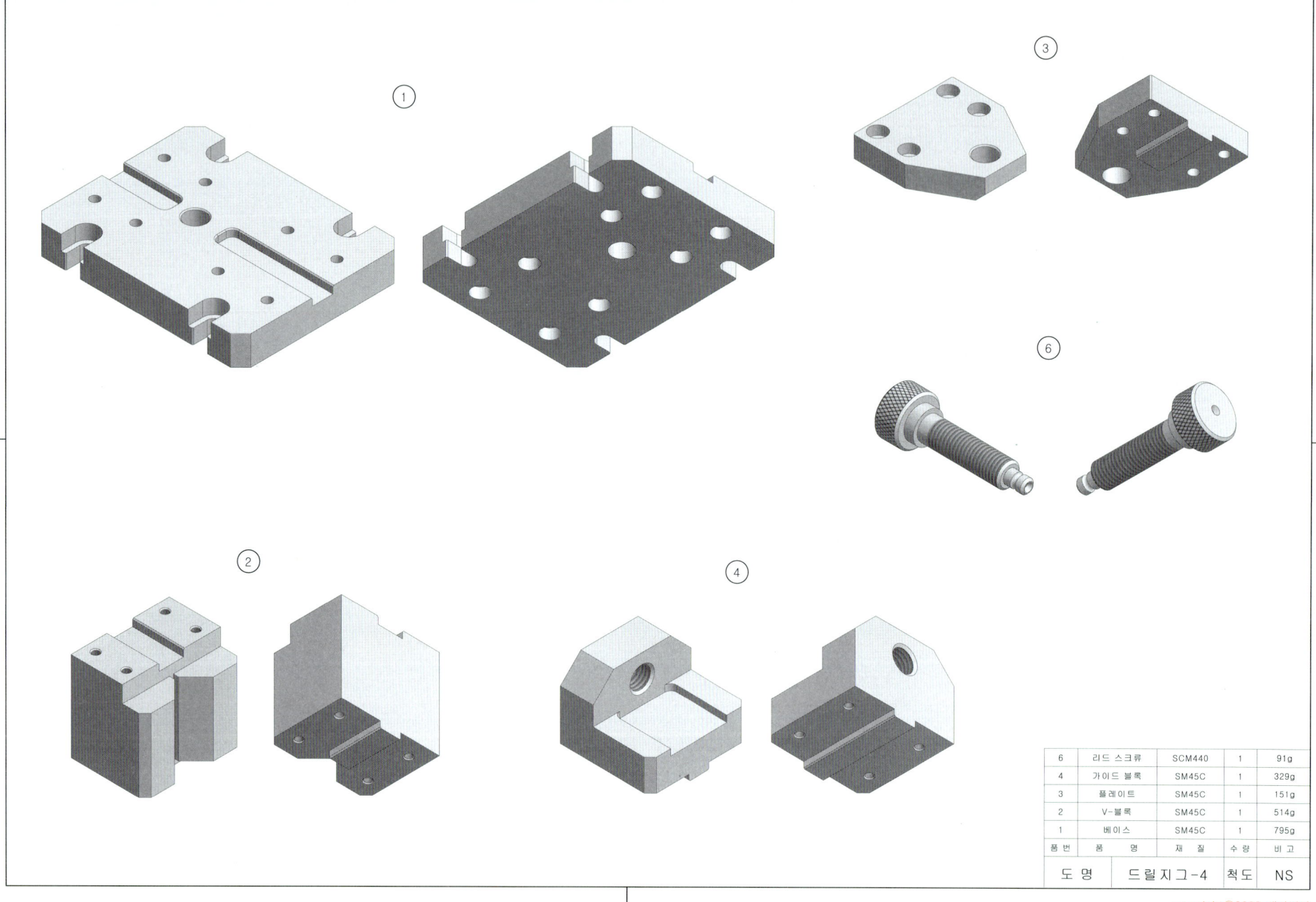

26. 드릴지그-4 3D 모델링도 예제 도면(기계설계산업기사)

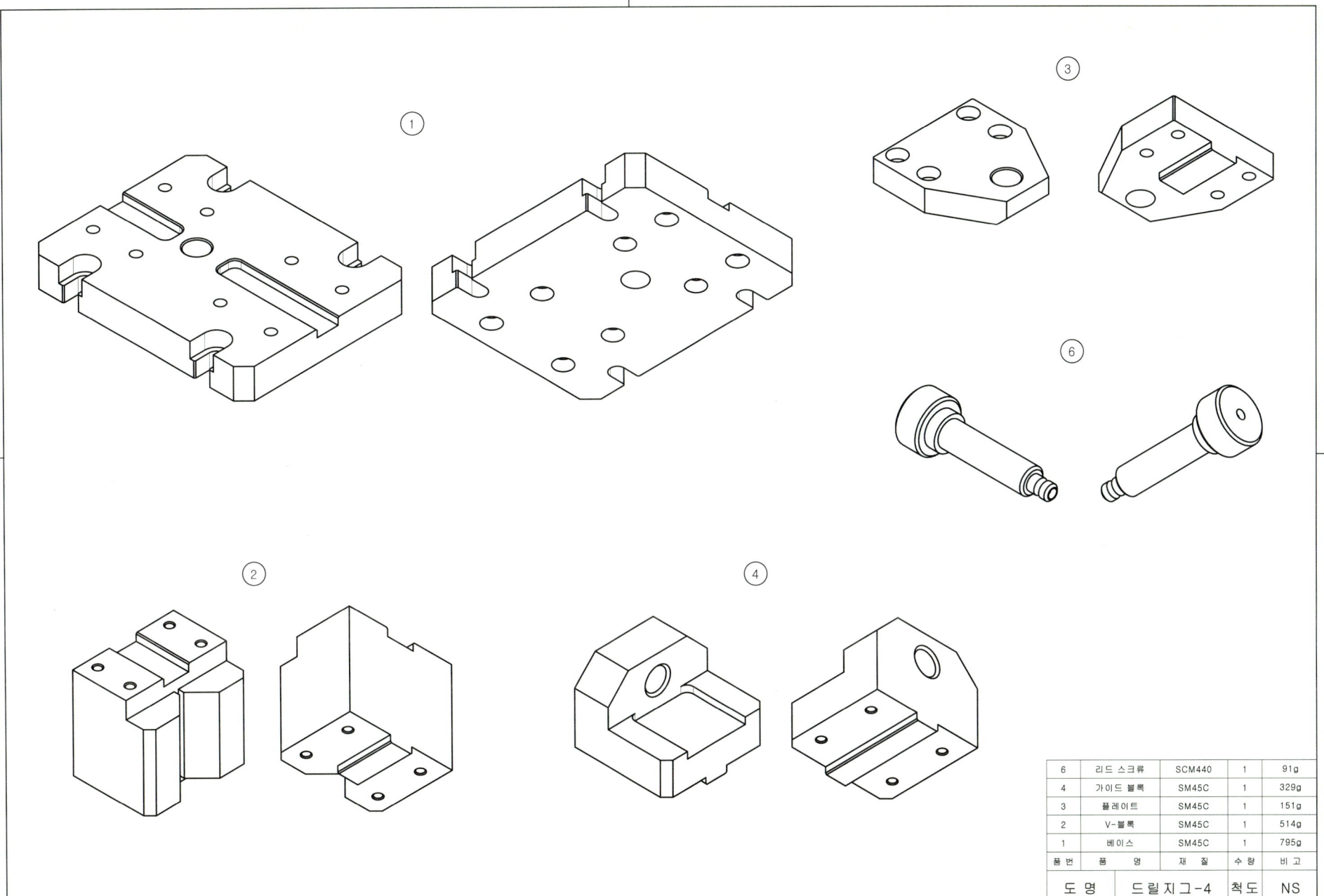

6	리드 스크류	SCM440	1	91g
4	가이드 블록	SM45C	1	329g
3	플레이트	SM45C	1	151g
2	V-블록	SM45C	1	514g
1	베이스	SM45C	1	795g
품번	품 명	재 질	수량	비 고

도 명	드릴지그-4	척도	NS

26. 드릴지그-4 등각 분해도 예제 도면

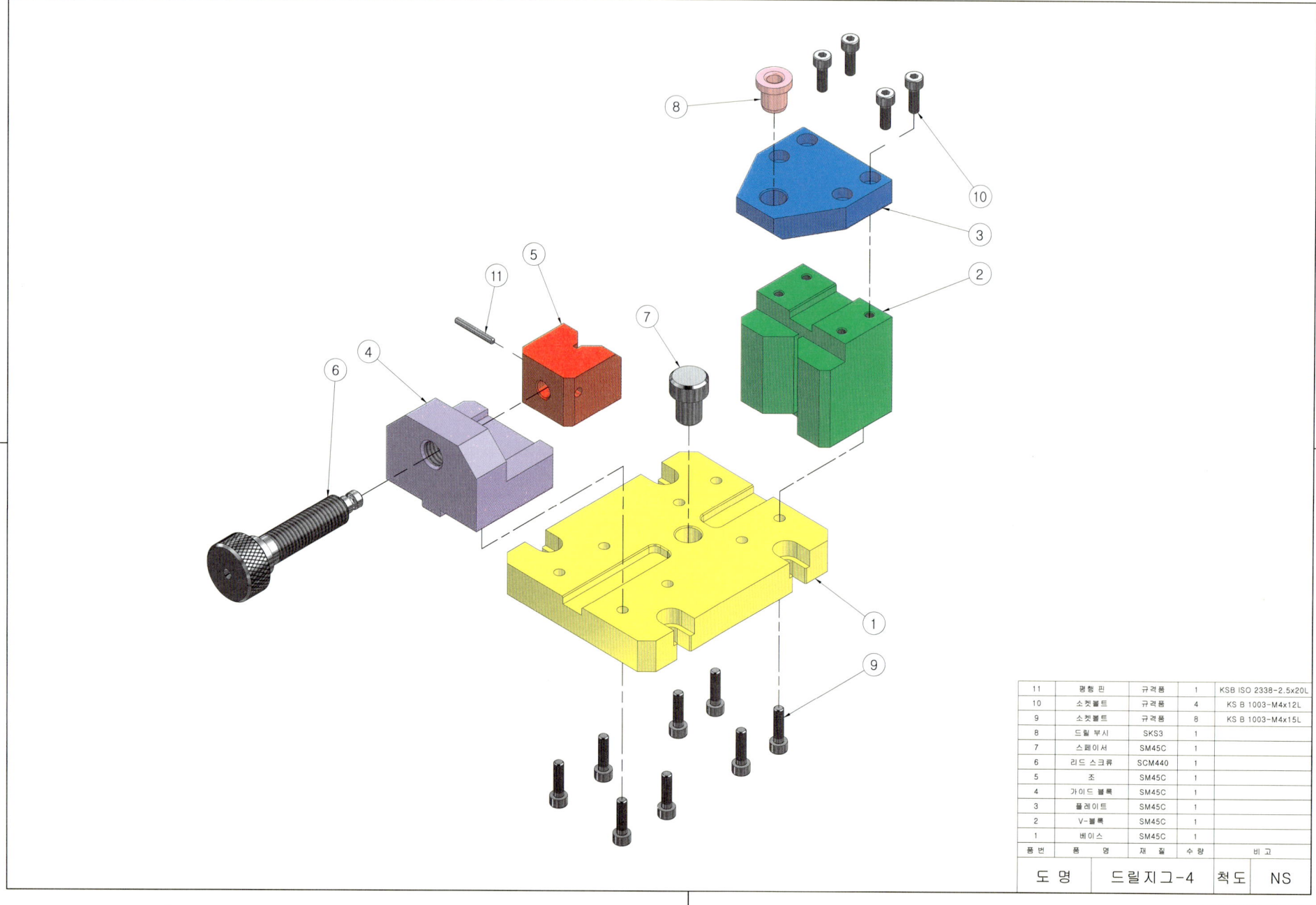

26. 드릴지그-4 등각 조립도 예제 도면

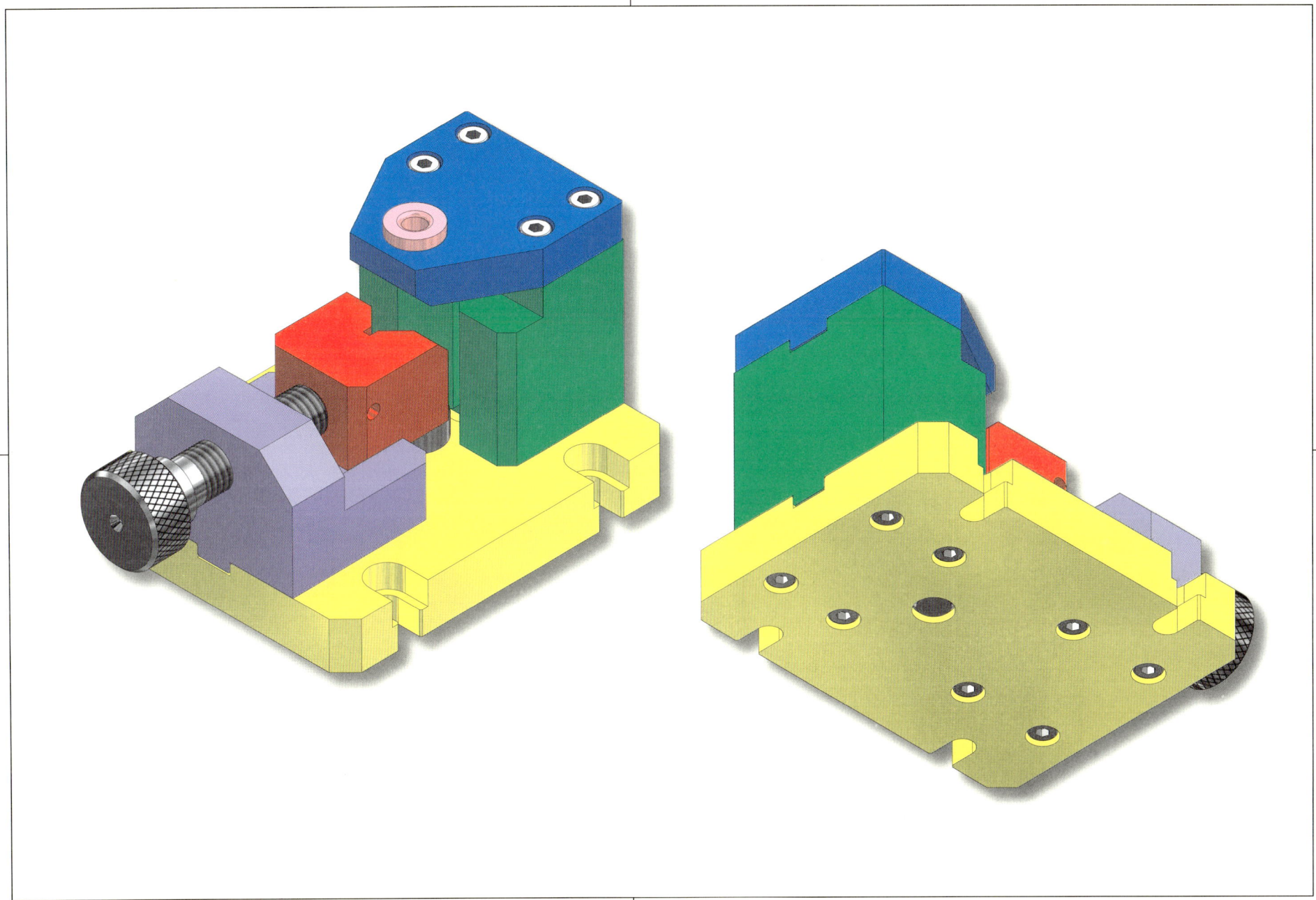

27. 드릴지그-5 2D 과제 도면

부품도(2D) : 1, 2, 3, 4, 7
등각 투상도(3D) : 1, 2, 3, 4, 5, 7

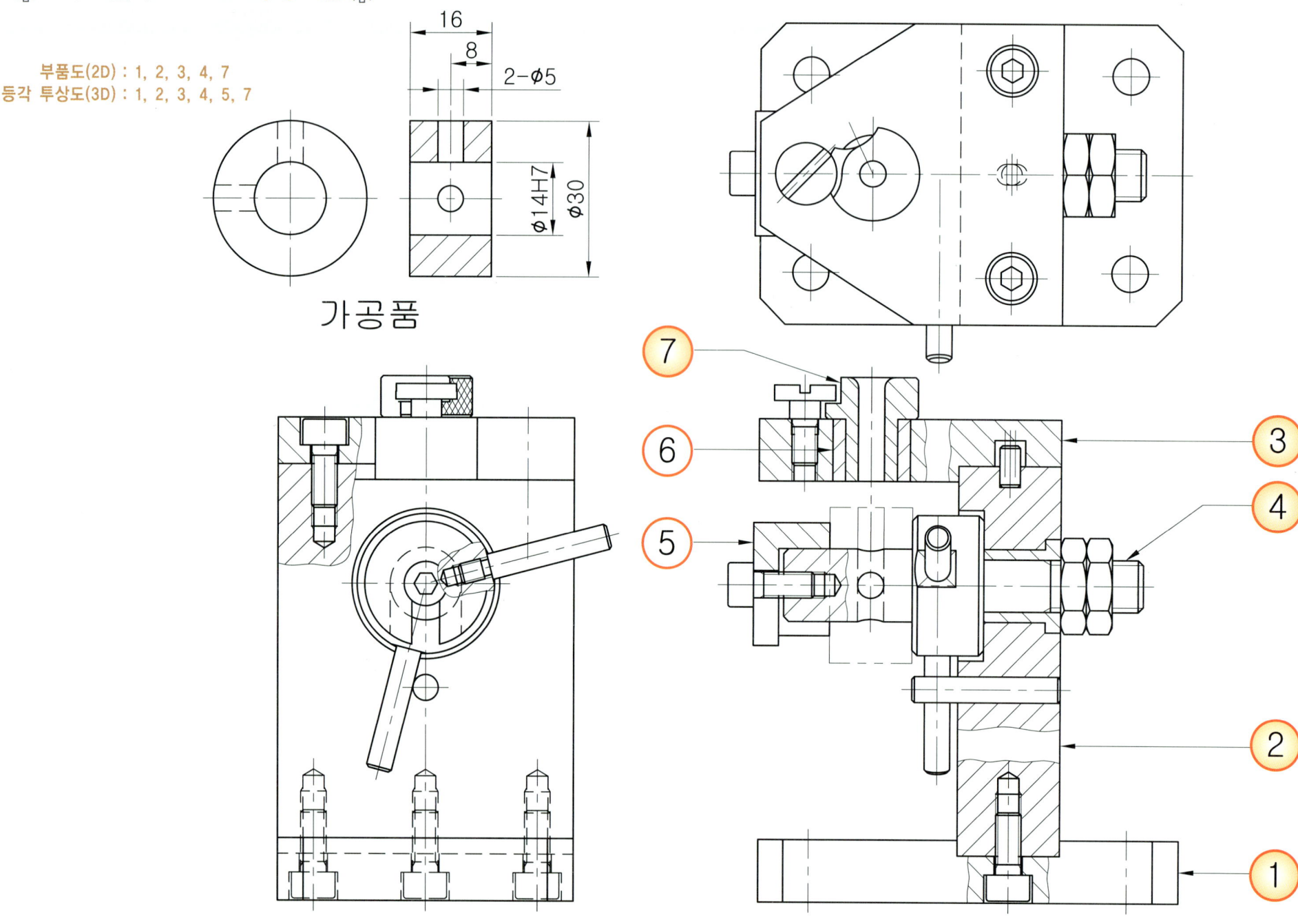

27. 드릴지그-5 2D 부품도 풀이 도면

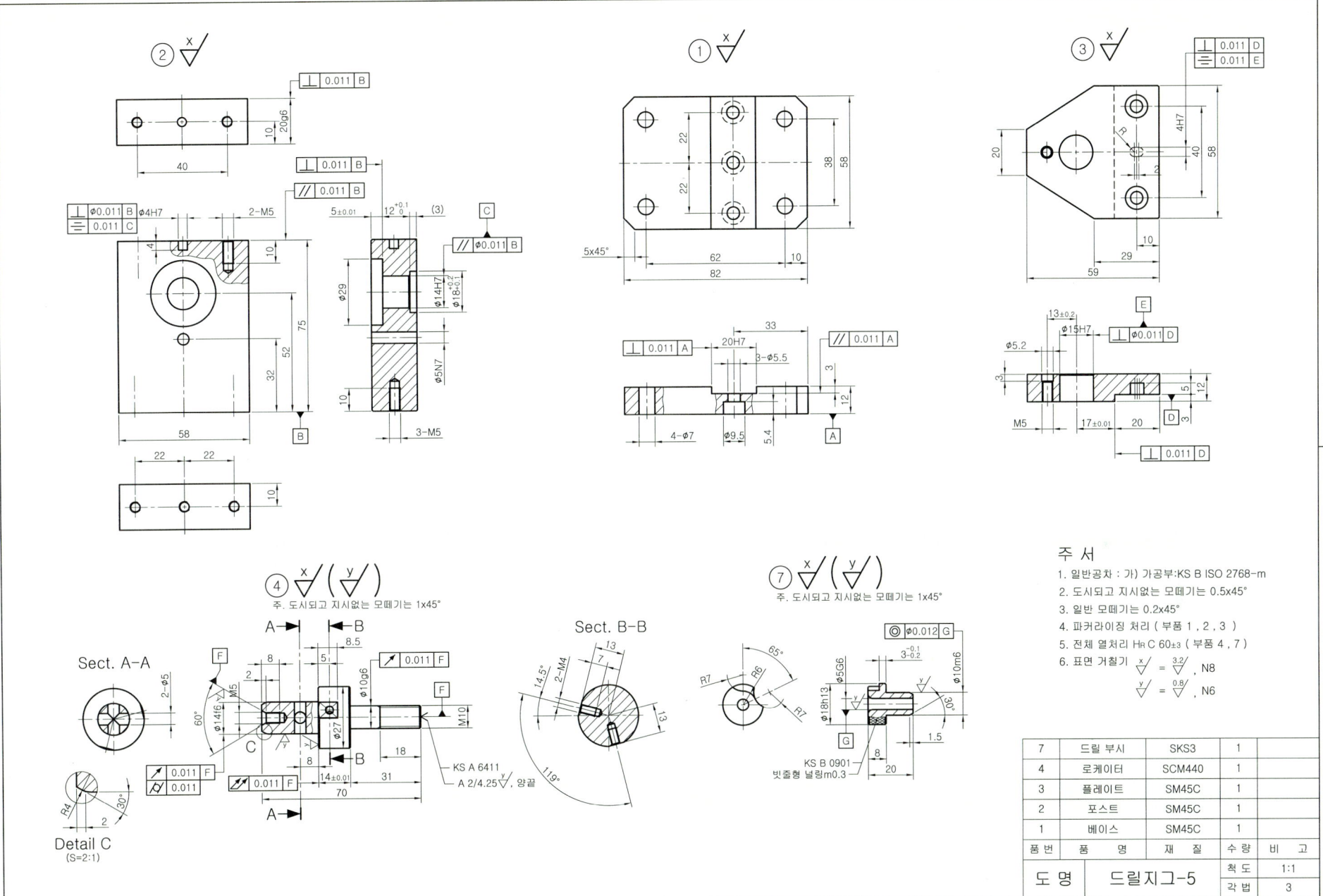

27. 드릴지그-5 3D 렌더링 등각 투상도 예제 도면(전산응용기계제도기능사)

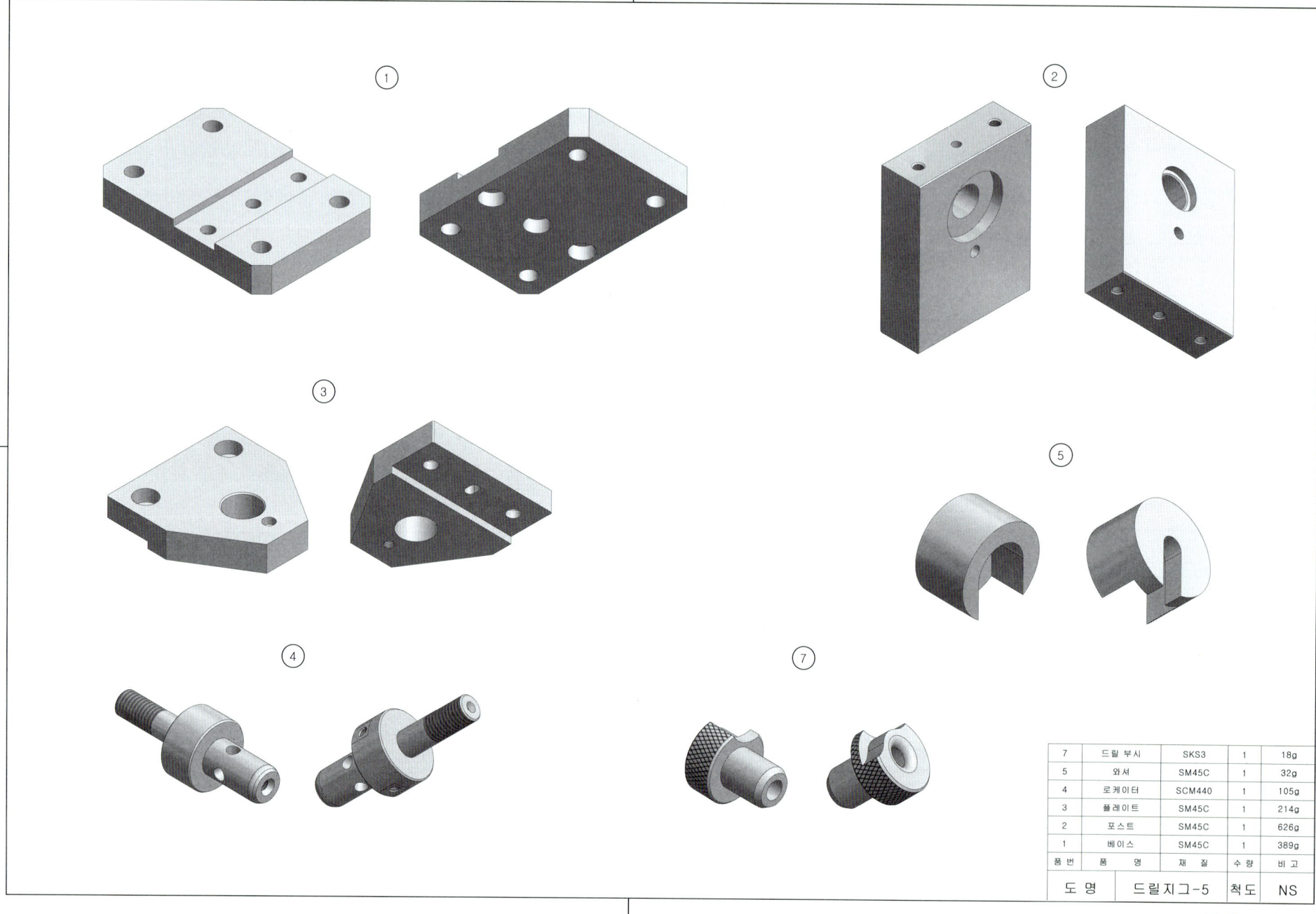

27. 드릴지그-5 3D 모델링도 예제 도면(기계설계산업기사)

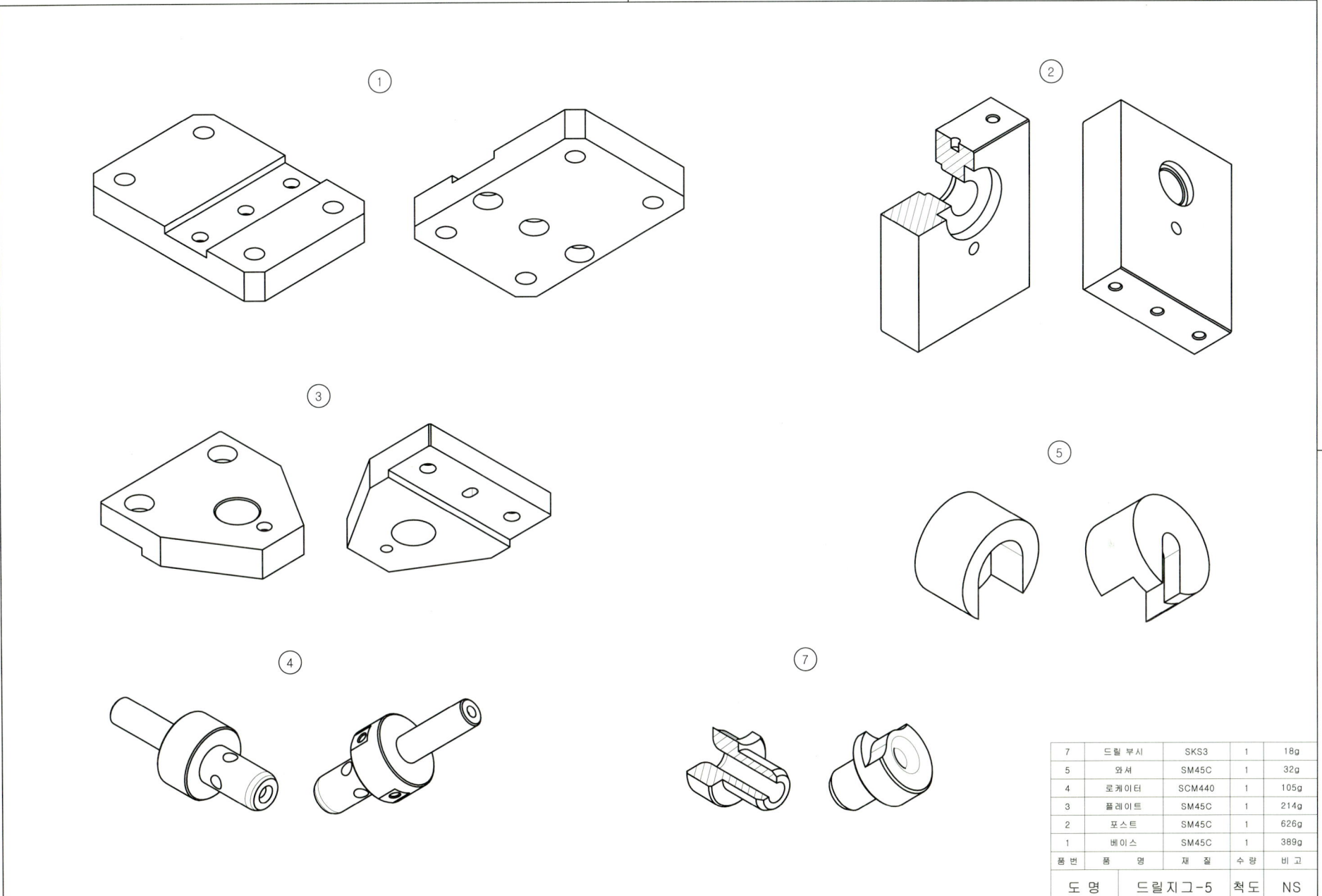

27. 드릴지그-5 등각 분해도 예제 도면

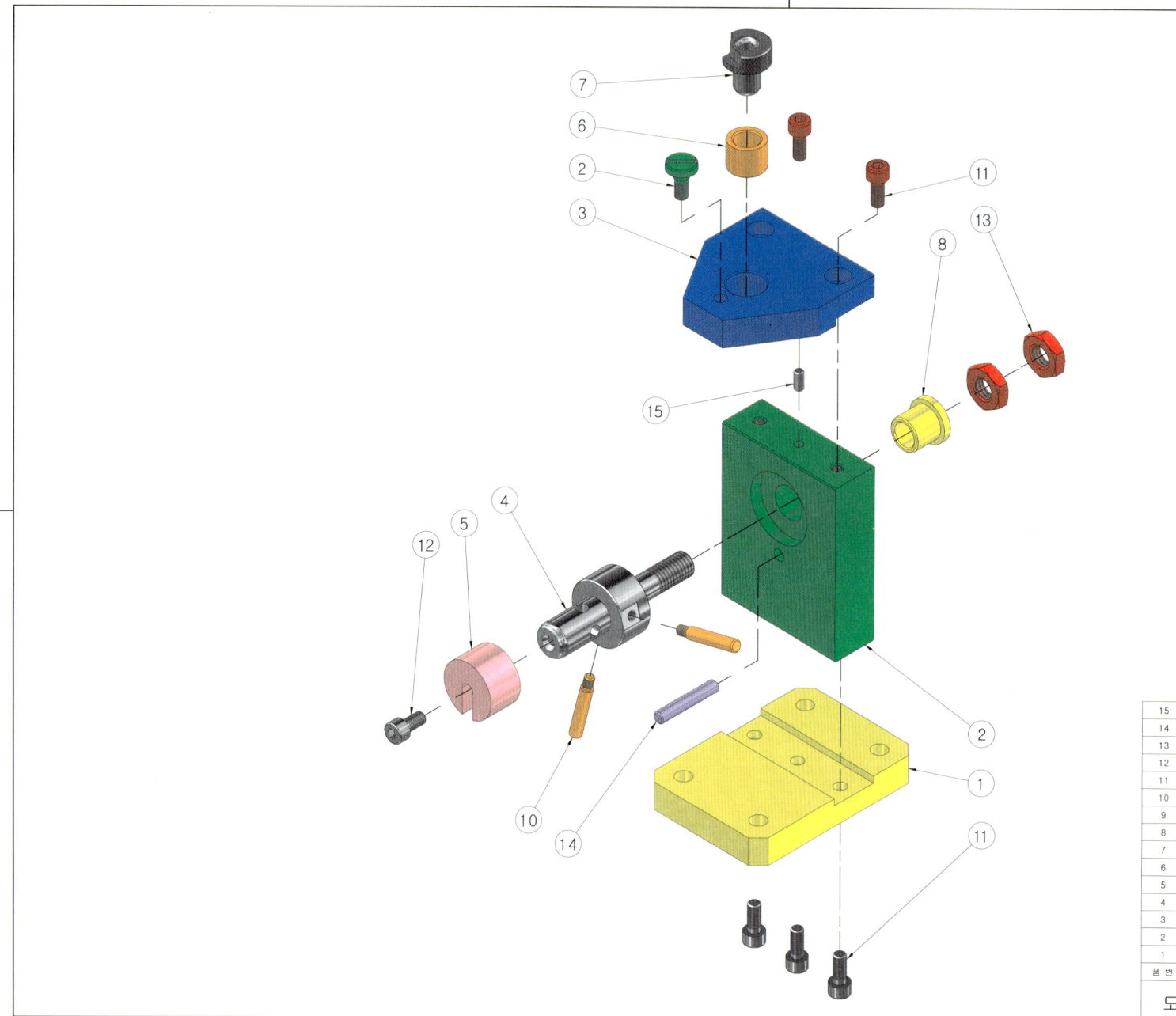

15	평행 핀	규격품	1	KS B ISO 2338-4x8L
14	평행 핀	규격품	1	KS B ISO 2338-5x30L
13	6각 너트	규격품	2	KS B 1012-3종 M10용
12	소켓볼트	규격품	1	KS B 1003-M5x10L
11	소켓볼트	규격품	5	KS B 1003-M5x12L
10	핀	SM45C	2	
9	멈춤나사	SM45C	1	
8	부시	C5102B	1	
7	드릴 부시	SKS3	1	
6	고정라이너	SM45C	1	
5	와셔	SM45C	1	
4	로케이터	SCM440	1	
3	플레이트	SM45C	1	
2	포스트	SM45C	1	
1	베이스	SM45C	1	
품번	품 명	재 질	수량	비 고
도 명		드릴지그-5	척 도	NS

27. 드릴지그-5 등각 조립도 예제 도면

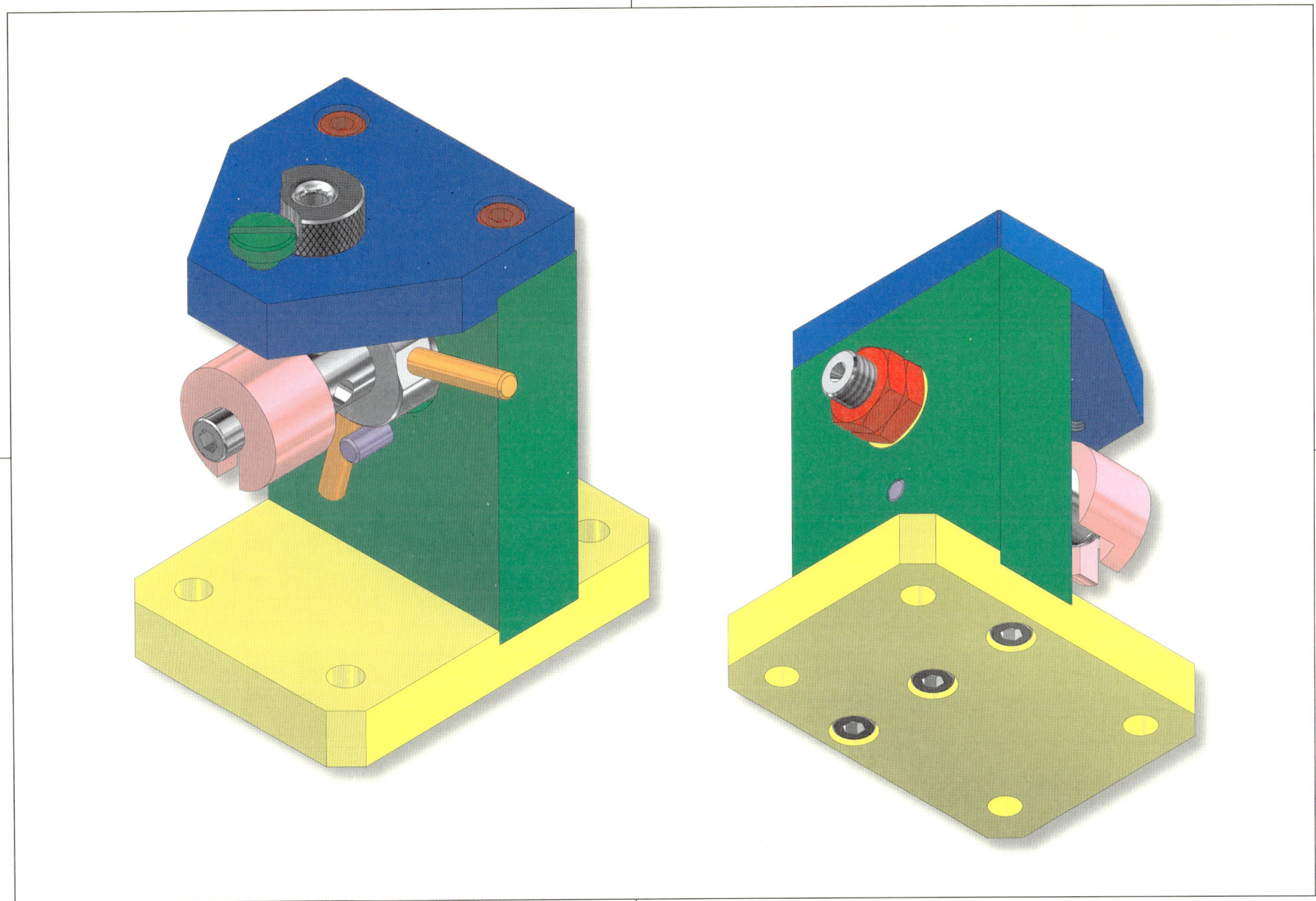

28. 드릴지그-6 2D 과제 도면

부품도(2D) : 1, 2, 3, 5
등각 투상도(3D) : 1, 2, 3, 5, 6, 7

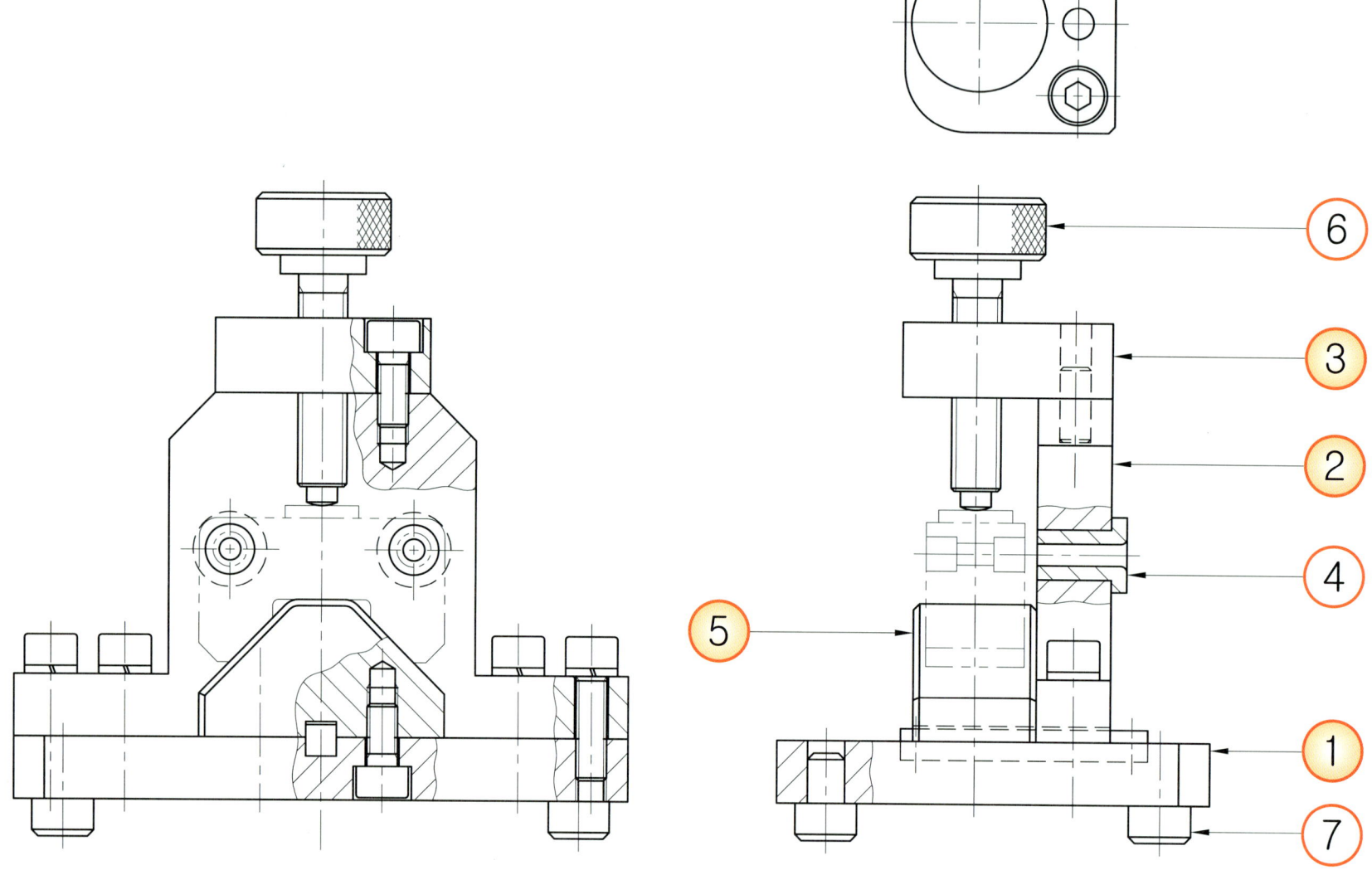

28. 드릴지그-6 2D 부품도 풀이 도면

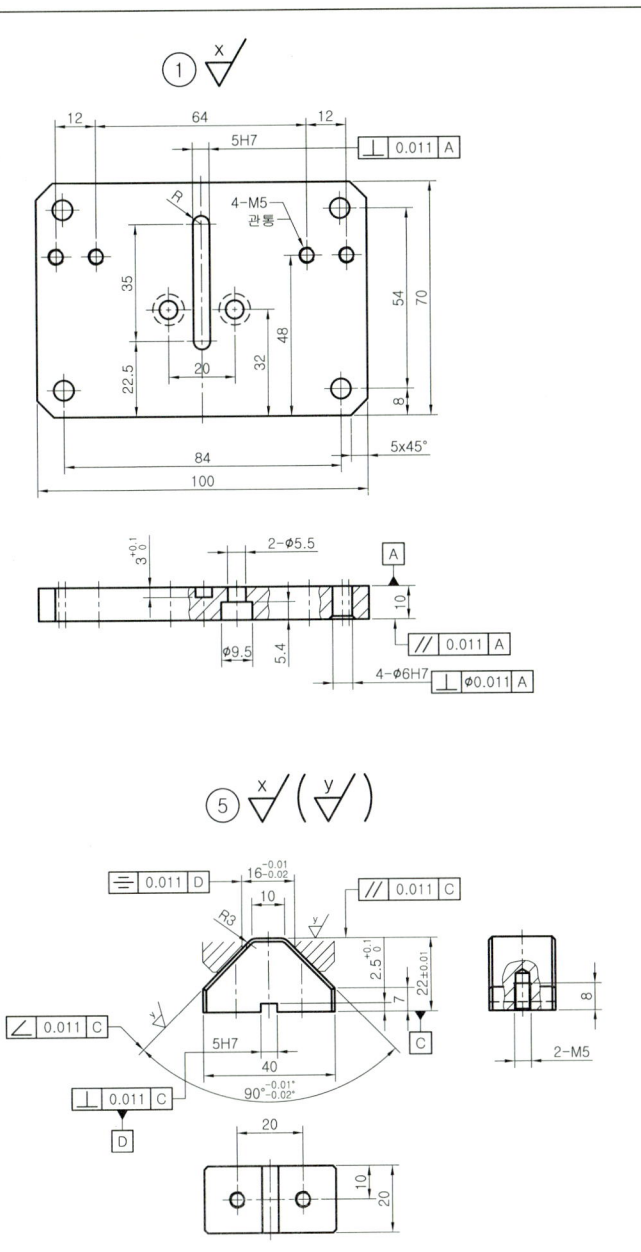

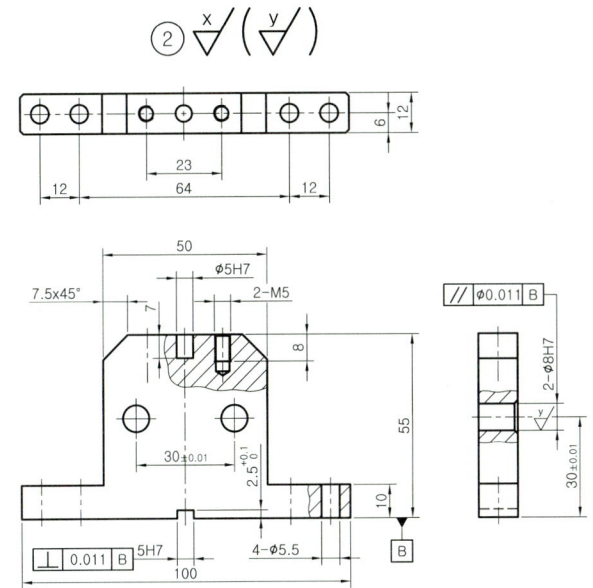

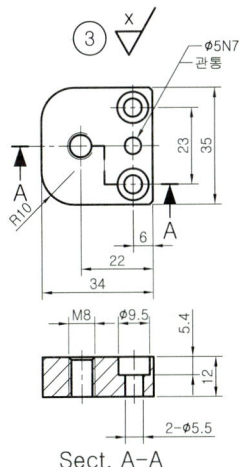

주 서

1. 일반공차 : 가) 가공부:KS B ISO 2768-m
2. 도시되고 지시없는 모떼기는 1x45°
3. 일반 모떼기는 0.2x45°
4. 파커라이징 처리 (부품 1 , 2 , 3)
5. 전체 열처리 H$_R$ C 50±3 (부품 5)
6. 표면 거칠기 $\frac{x}{\nabla} = \frac{3.2}{\nabla}$, N8
   $\frac{y}{\nabla} = \frac{0.8}{\nabla}$, N6

5	로케이터	SM45C	1	
3	플레이트-2	SM45C	1	
2	플레이트-1	SM45C	1	
1	베이스	SM45C	1	
품번	품 명	재 질	수량	비 고

도 명	드릴지그-6	척 도	1:1
		각 법	3

28. 드릴지그-6 3D 렌더링 등각 투상도 예제 도면(전산응용기계제도기능사)

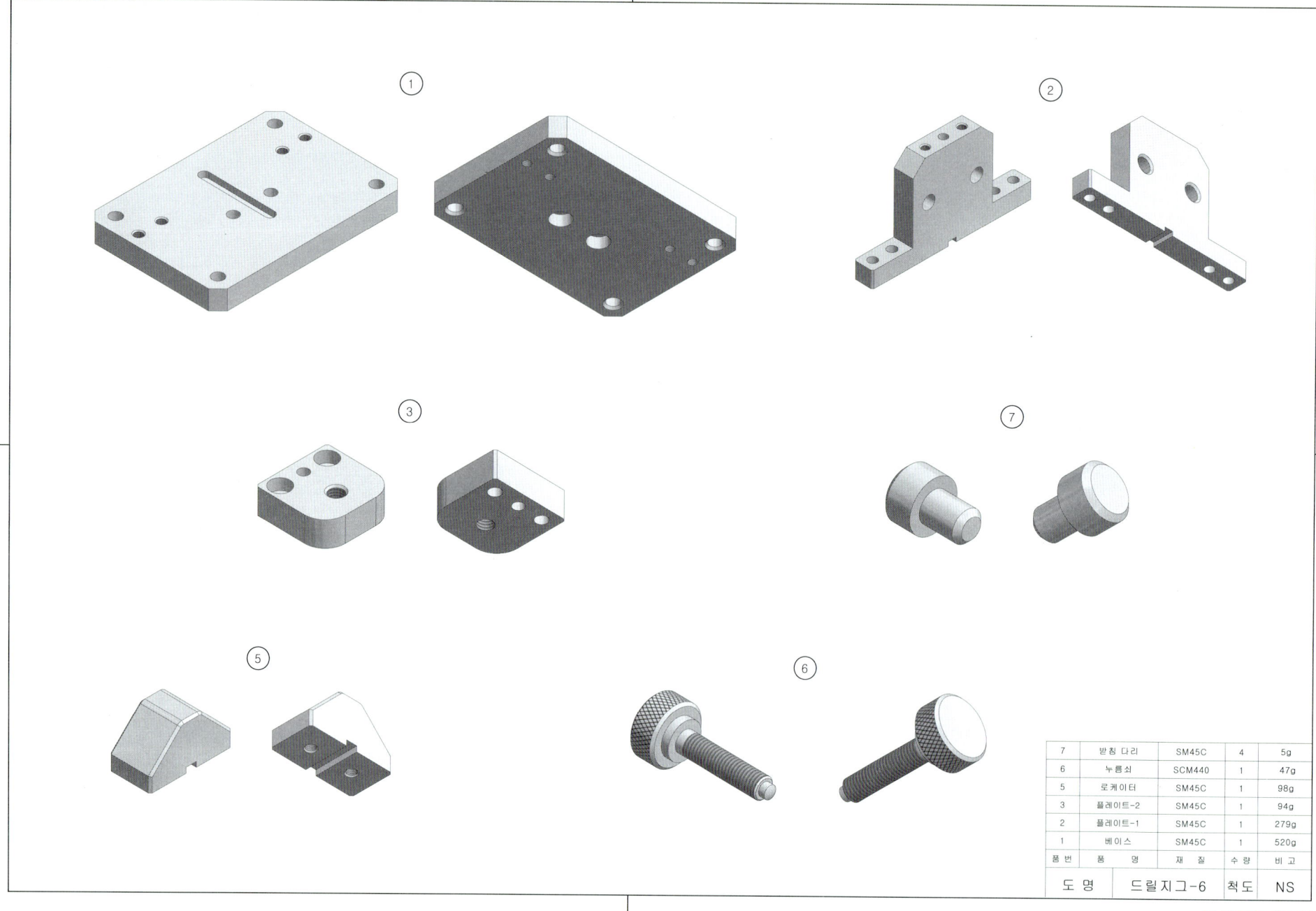

28. 드릴지그-6 3D 모델링도 예제 도면(기계설계산업기사)

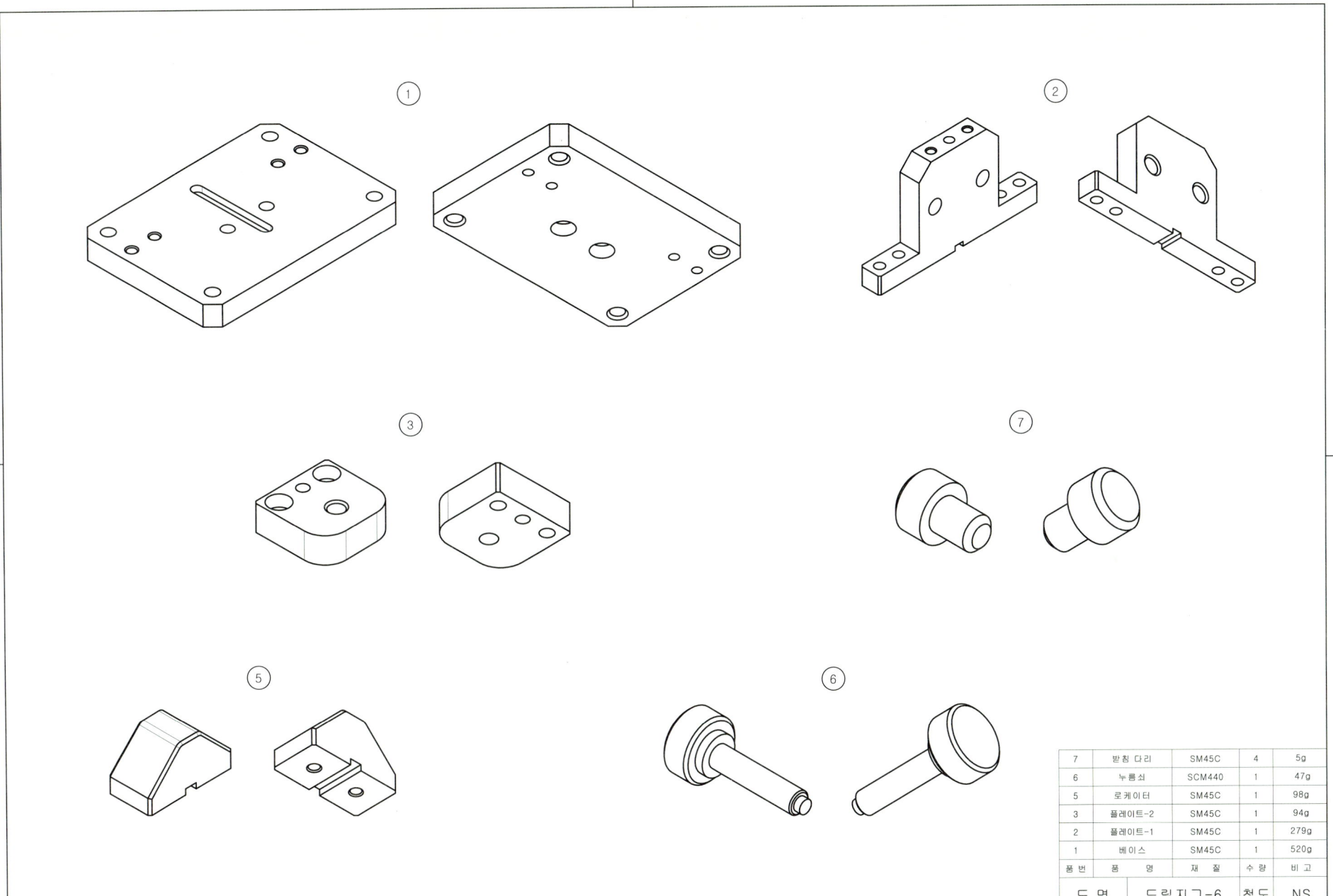

28. 드릴지그-6 등각 분해도 예제 도면

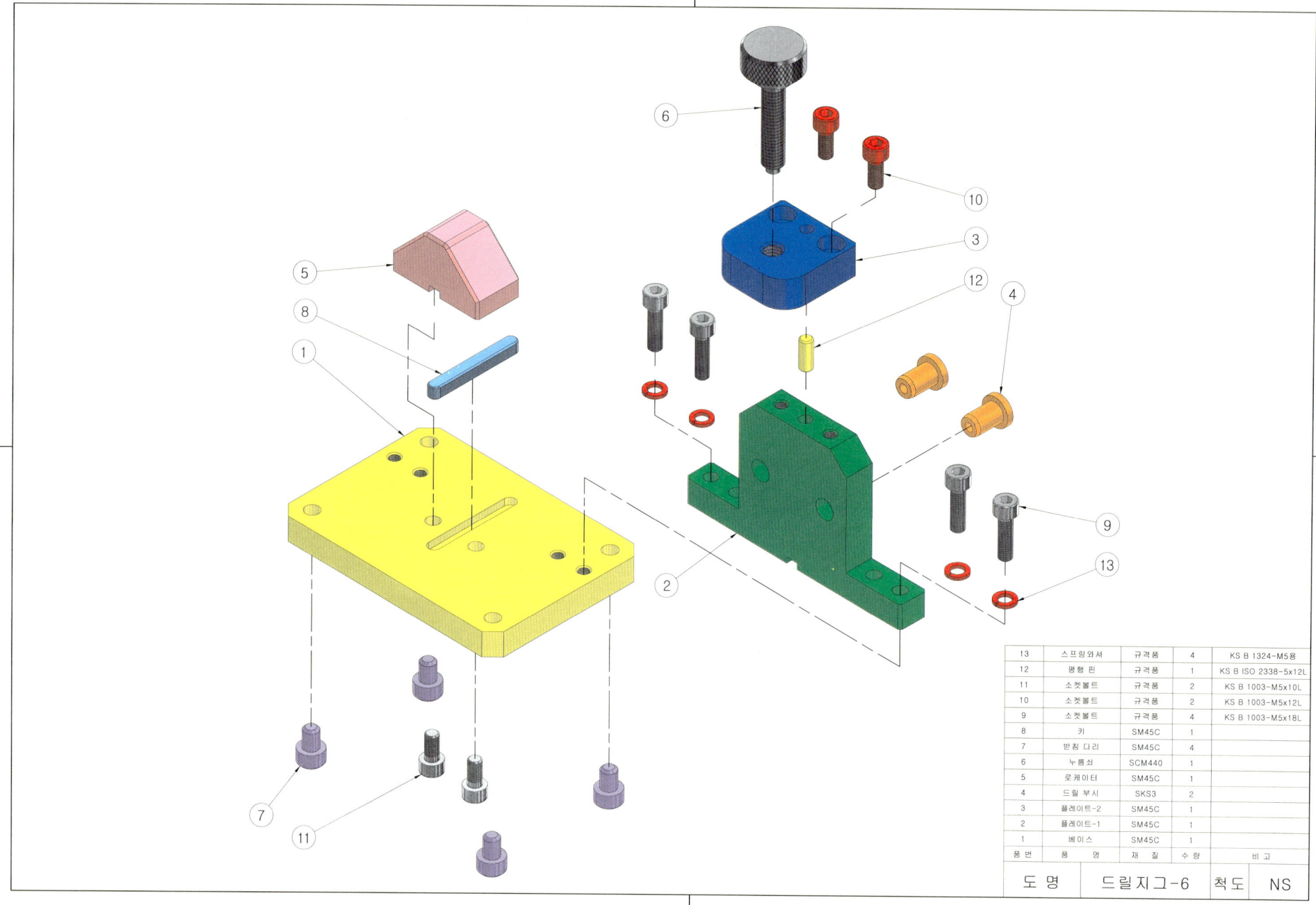

13	스프링와셔	규격품	4	KS B 1324-M5용
12	평행 핀	규격품	1	KS B ISO 2338-5x12L
11	소켓볼트	규격품	2	KS B 1003-M5x10L
10	소켓볼트	규격품	2	KS B 1003-M5x12L
9	소켓볼트	규격품	4	KS B 1003-M5x18L
8	키	SM45C	1	
7	받침 다리	SM45C	4	
6	누름쇠	SCM440	1	
5	로케이터	SM45C	1	
4	드릴 부시	SKS3	2	
3	플레이트-2	SM45C	1	
2	플레이트-1	SM45C	1	
1	베이스	SM45C	1	
품번	품 명	재 질	수 량	비 고

도 명	드릴지그-6	척 도	NS

28. 드릴지그-6 등각 조립도 예제 도면

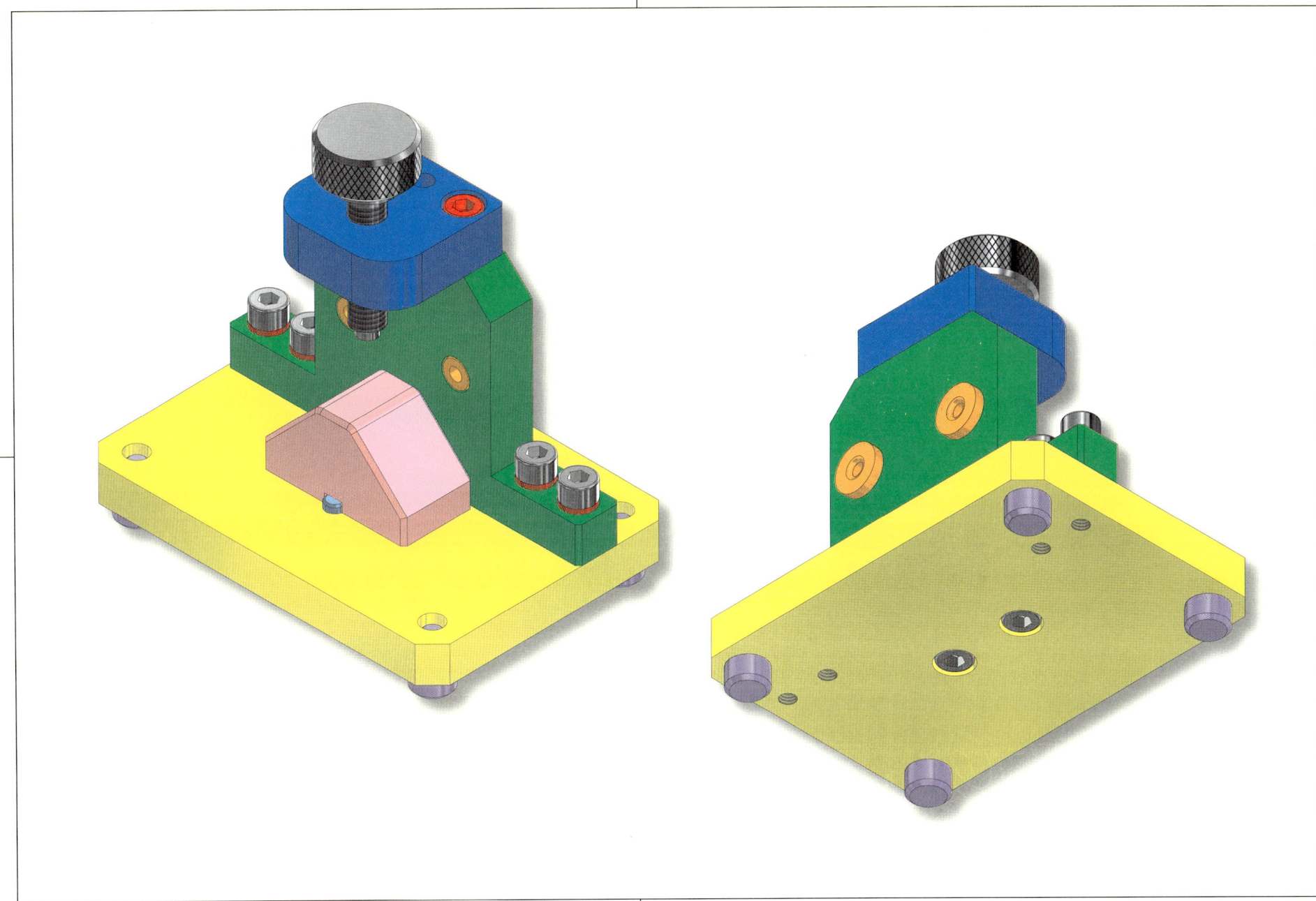

29. 드릴지그-7 2D 과제 도면

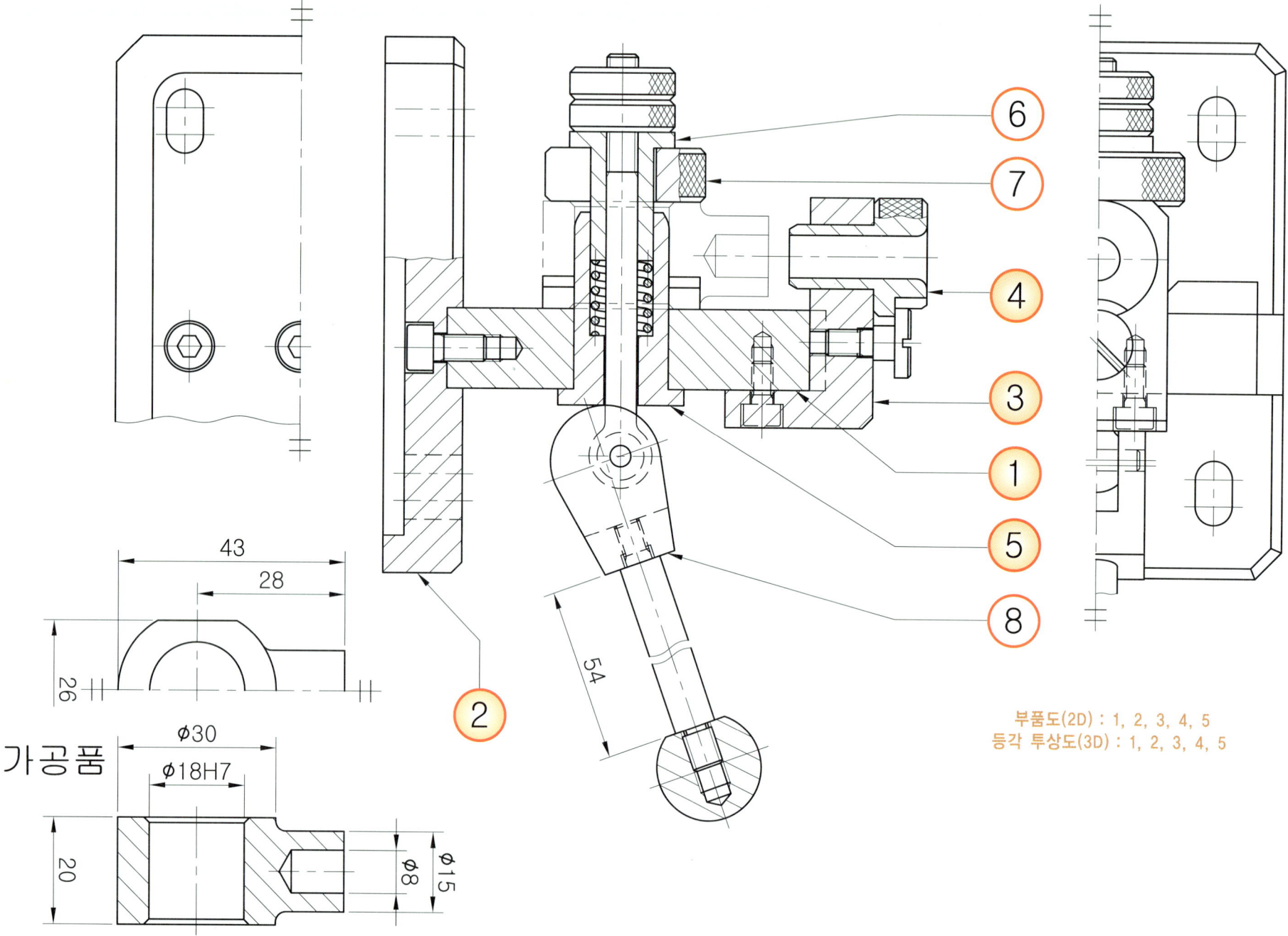

부품도(2D) : 1, 2, 3, 4, 5
등각 투상도(3D) : 1, 2, 3, 4, 5

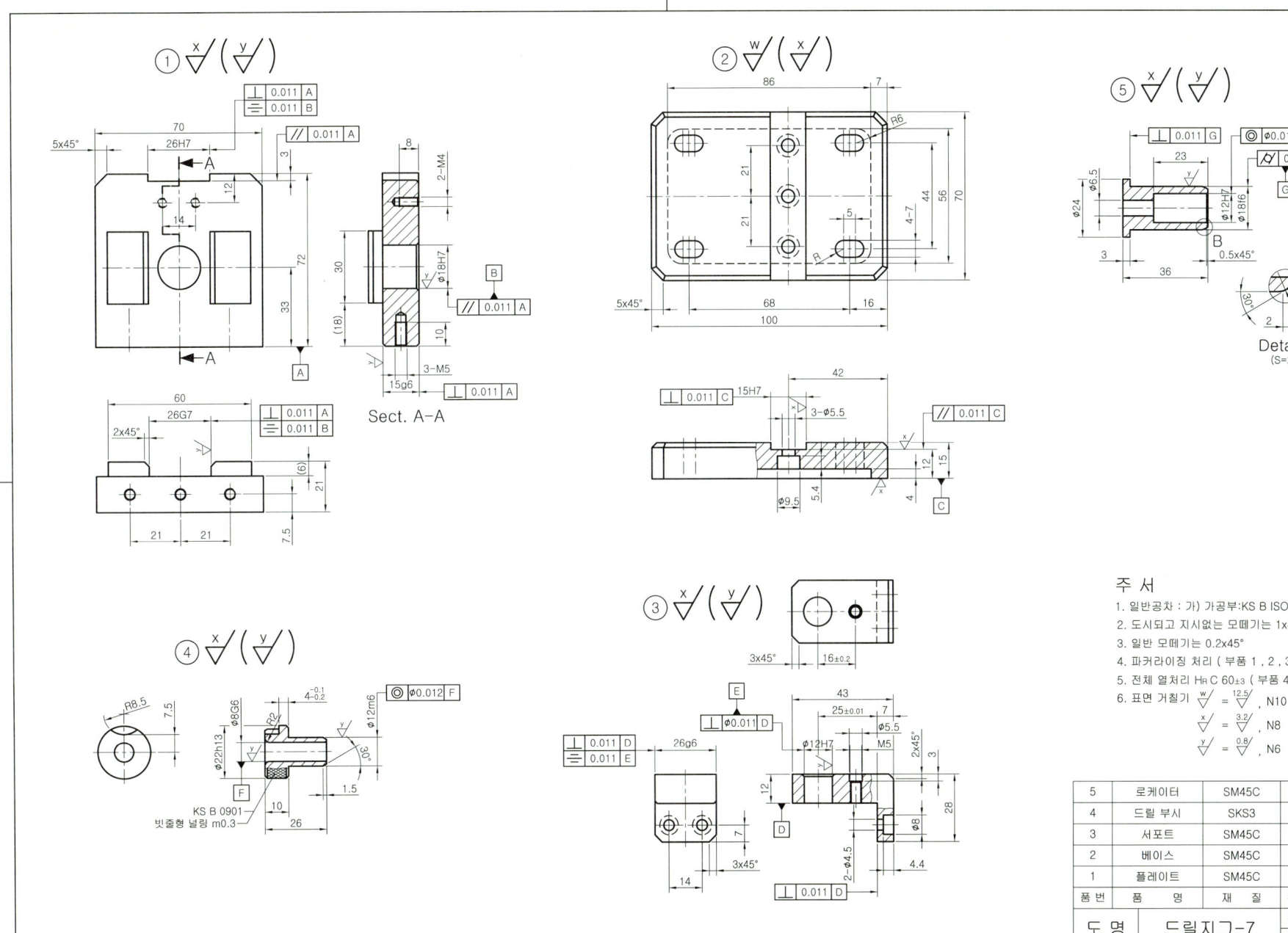

29. 드릴지그-7 3D 렌더링 등각 투상도 예제 도면(전산응용기계제도기능사)

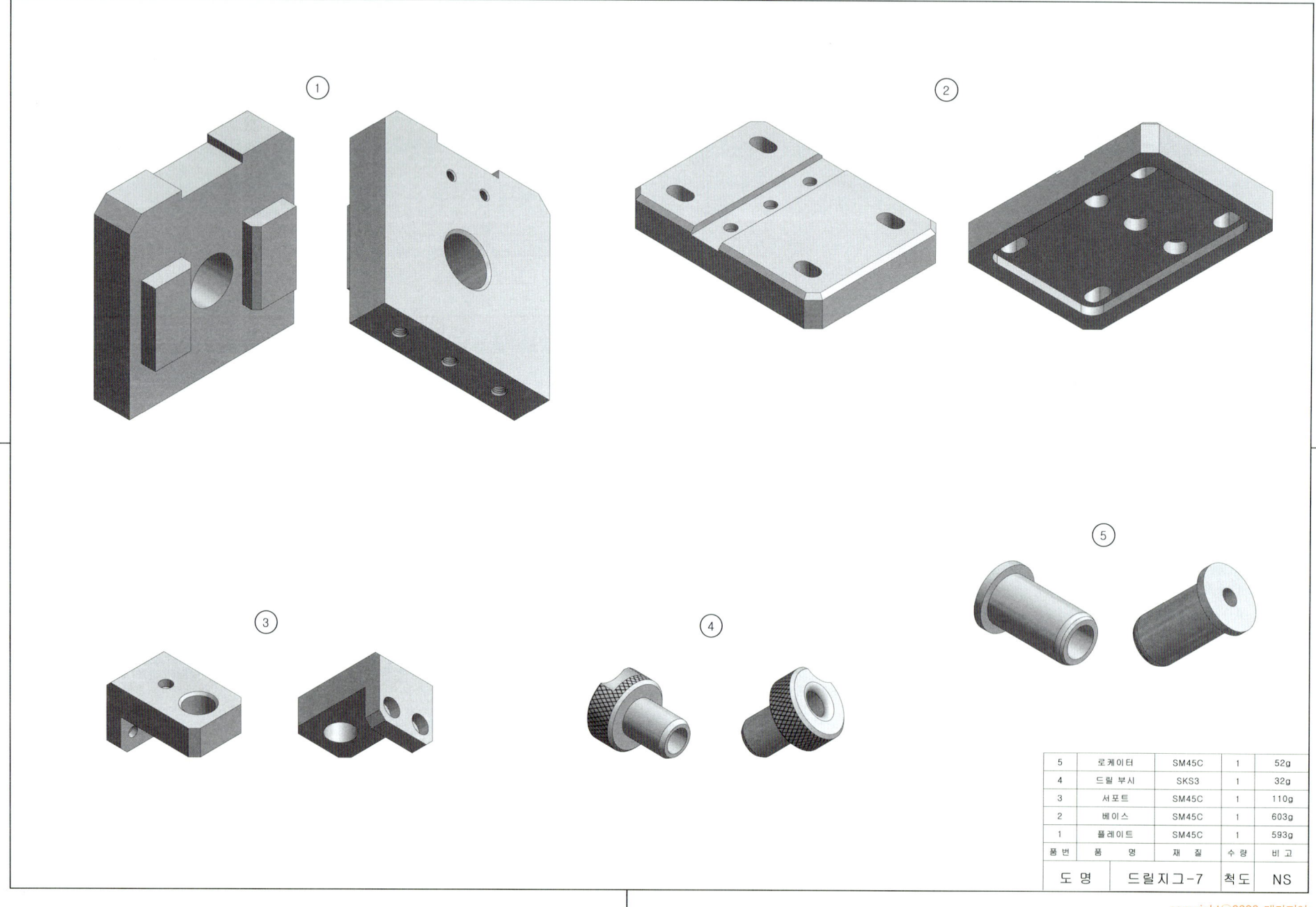

29. 드릴지그-7 3D 모델링도 예제 도면(기계설계산업기사)

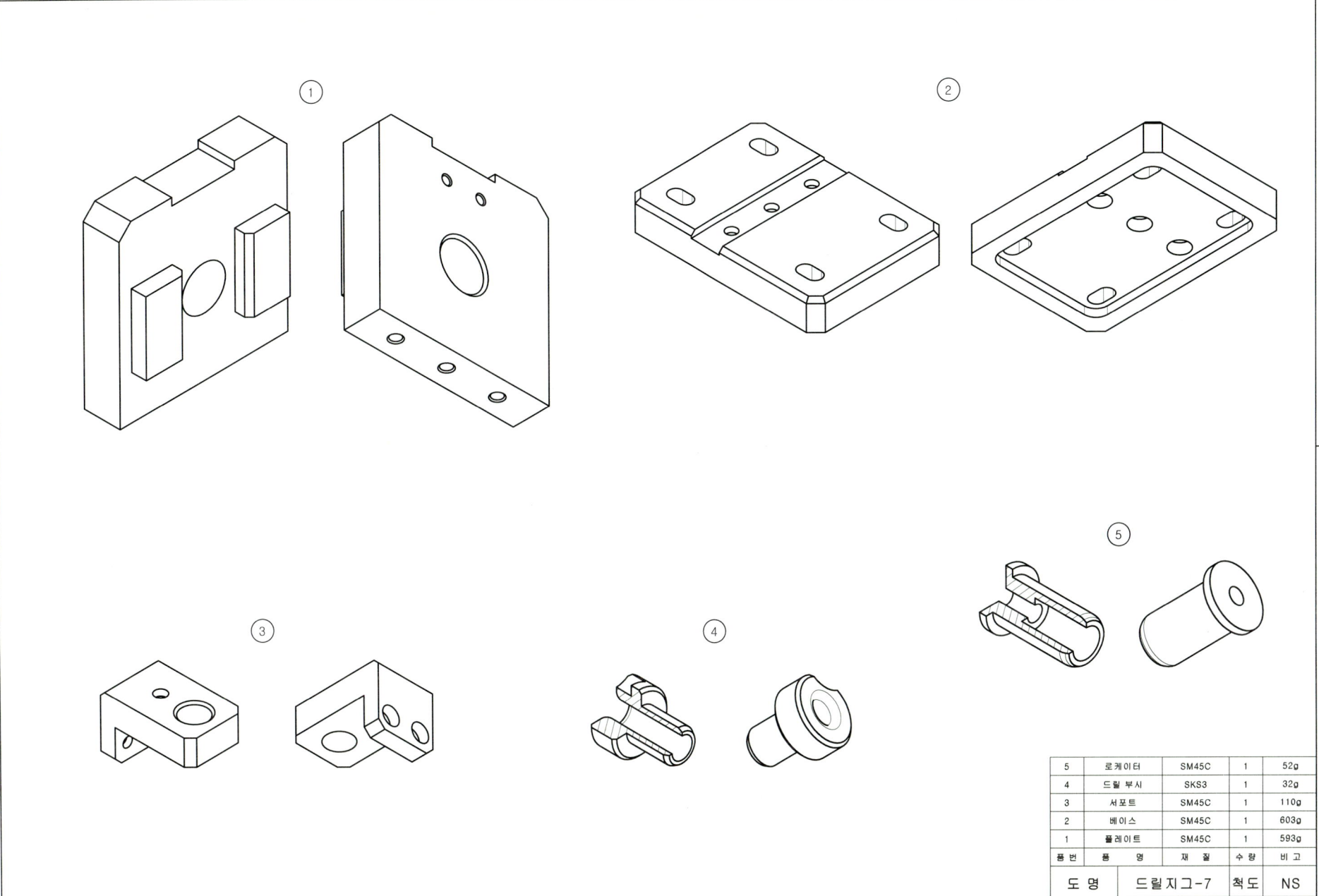

29. 드릴지그-7 등각 분해도 예제 도면

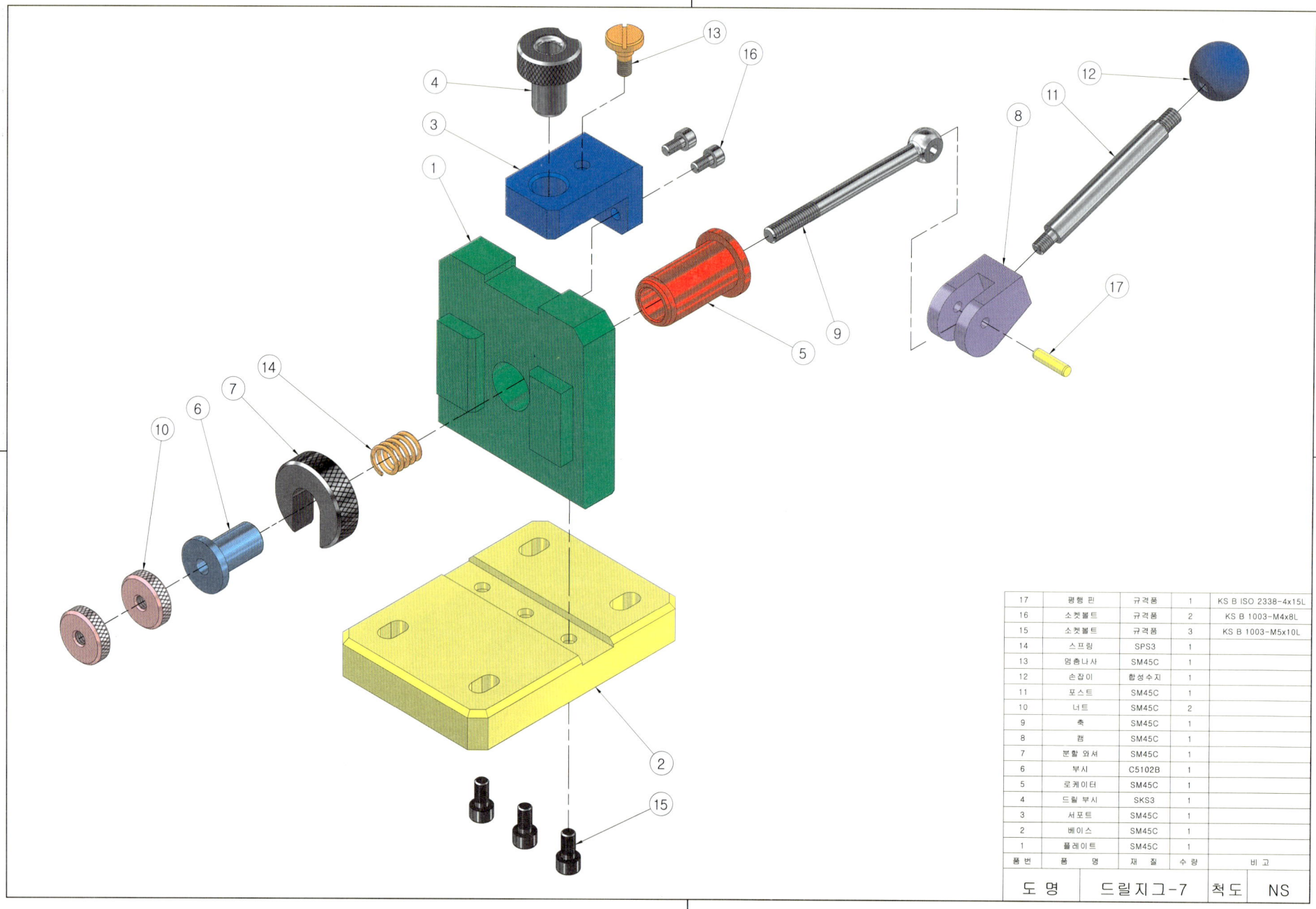

17	평행 핀	규격품	1	KS B ISO 2338-4x15L
16	소켓볼트	규격품	2	KS B 1003-M4x8L
15	소켓볼트	규격품	3	KS B 1003-M5x10L
14	스프링	SPS3	1	
13	멈춤나사	SM45C	1	
12	손잡이	합성수지	1	
11	포스트	SM45C	1	
10	너트	SM45C	2	
9	축	SM45C	1	
8	캠	SM45C	1	
7	분할 와셔	SM45C	1	
6	부시	C5102B	1	
5	로케이터	SM45C	1	
4	드릴 부시	SKS3	1	
3	서포트	SM45C	1	
2	베이스	SM45C	1	
1	플레이트	SM45C	1	
품번	품 명	재 질	수량	비 고
도 명	드릴지그-7		척 도	NS

29. 드릴지그-7 등각 조립도 예제 도면

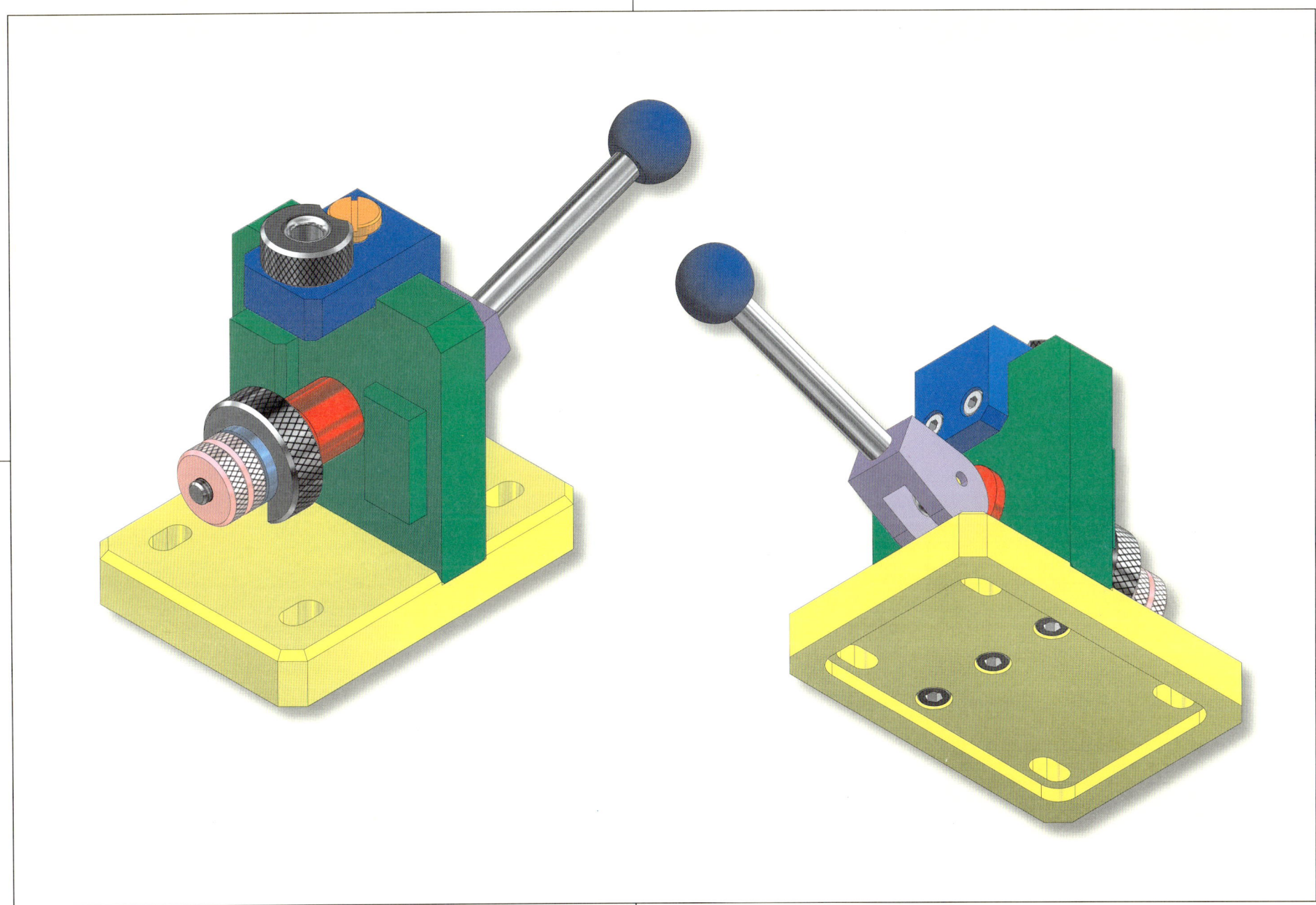

30. 드릴지그-8 2D 과제 도면

부품도(2D) : 1, 2, 3, 4
등각 투상도(3D) : 1, 2, 3, 4, 5

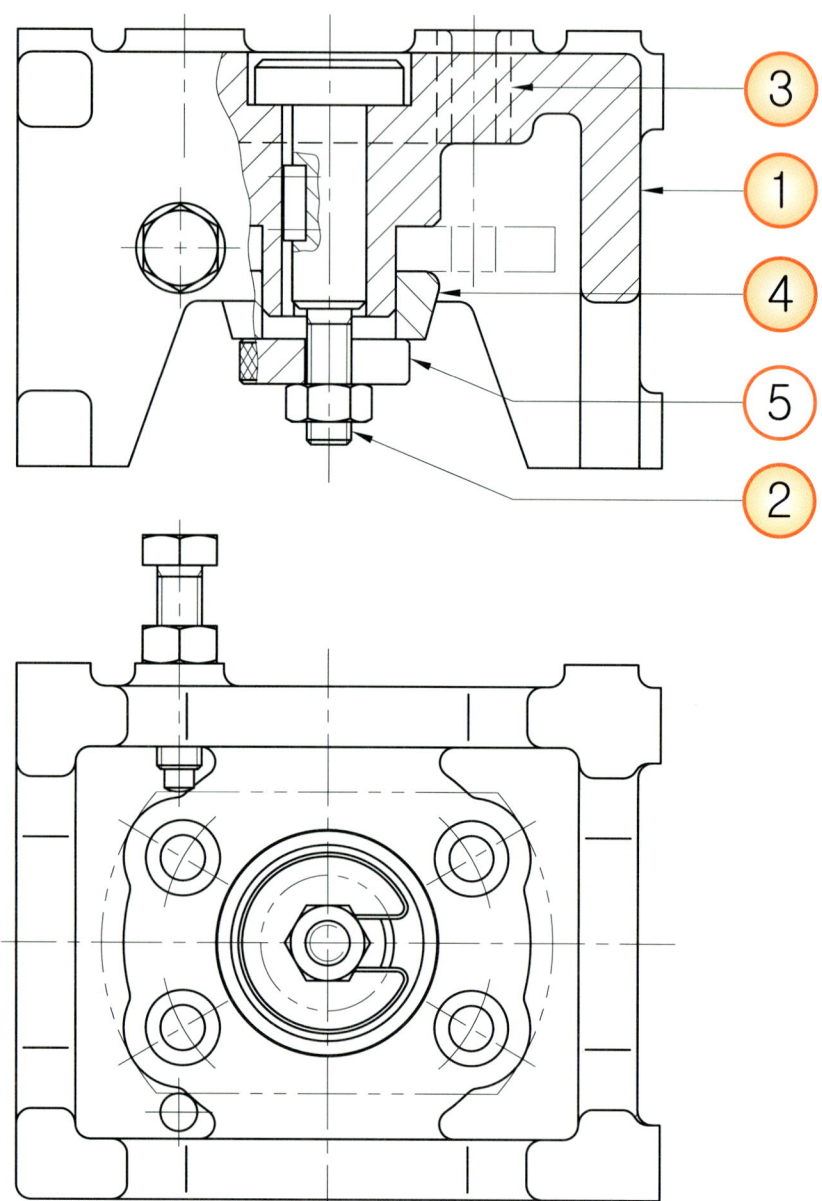
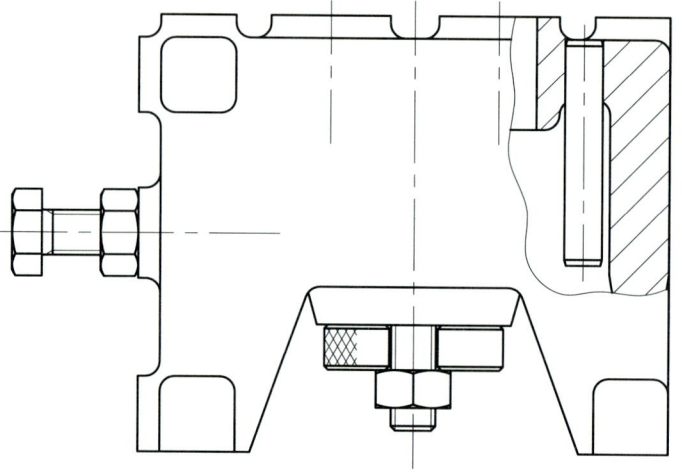
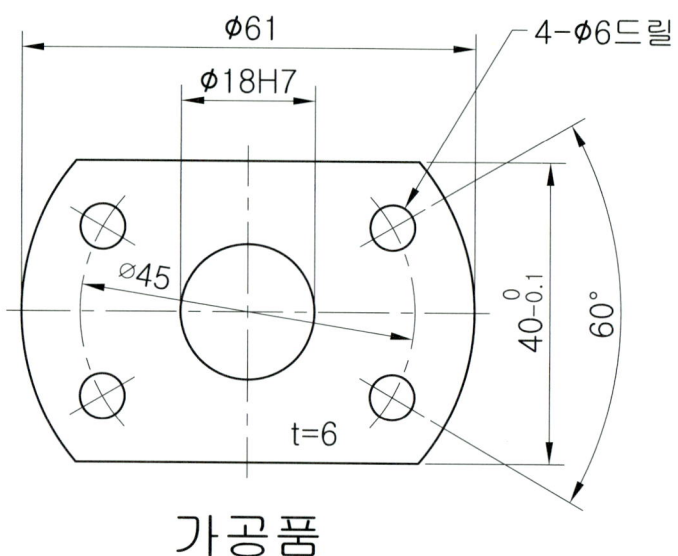

가공품

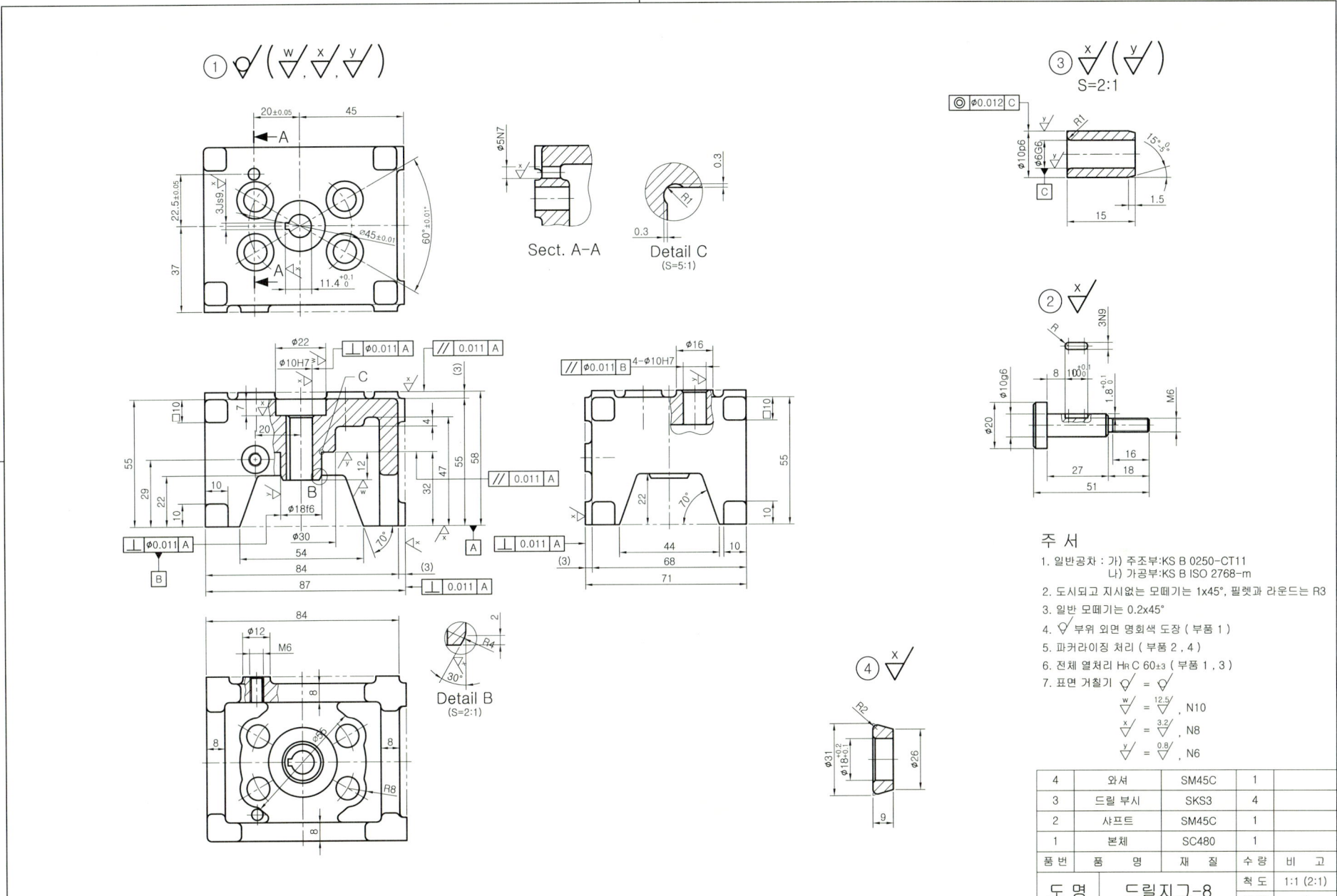

30. 드릴지그-8 3D 렌더링 등각 투상도 예제 도면(전산응용기계제도기능사)

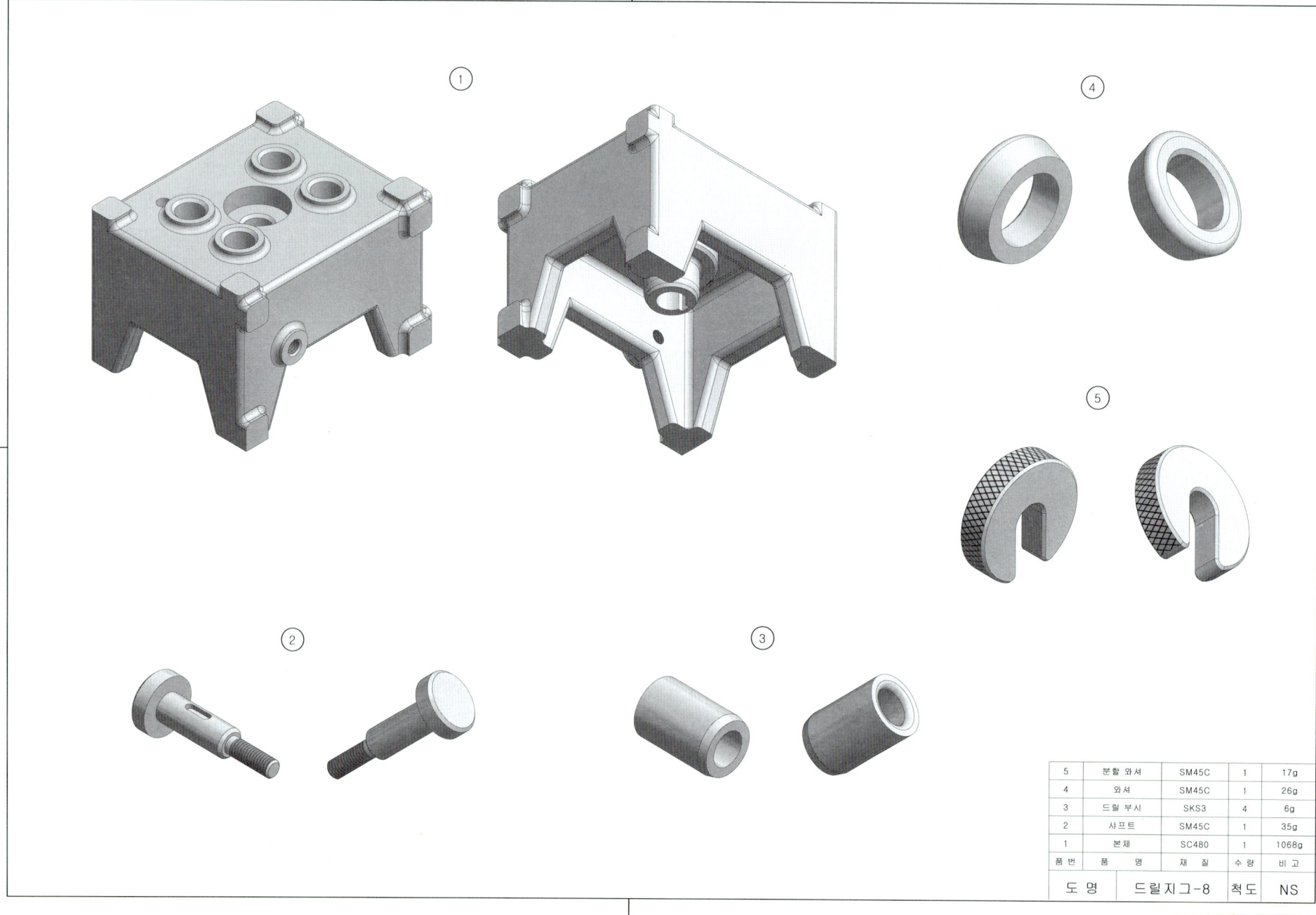

30. 드릴지그-8 3D 모델링도 예제 도면(기계설계산업기사)

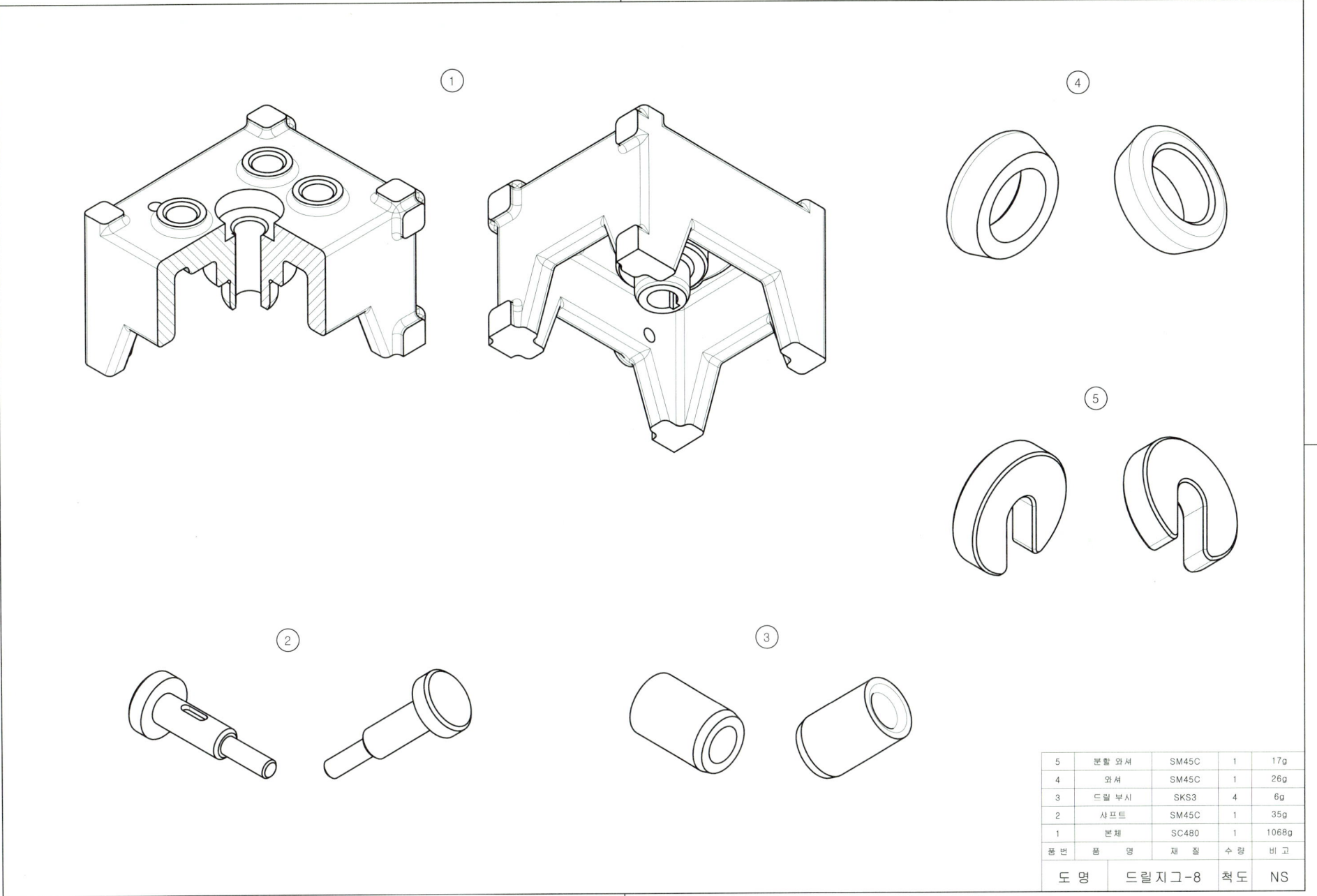

5	분할 와셔	SM45C	1	17g
4	와셔	SM45C	1	26g
3	드릴 부시	SKS3	4	6g
2	샤프트	SM45C	1	35g
1	본체	SC480	1	1068g
품번	품 명	재 질	수량	비 고

도 명	드릴지그-8	척도	NS

30. 드릴지그-8 등각 분해도 예제 도면

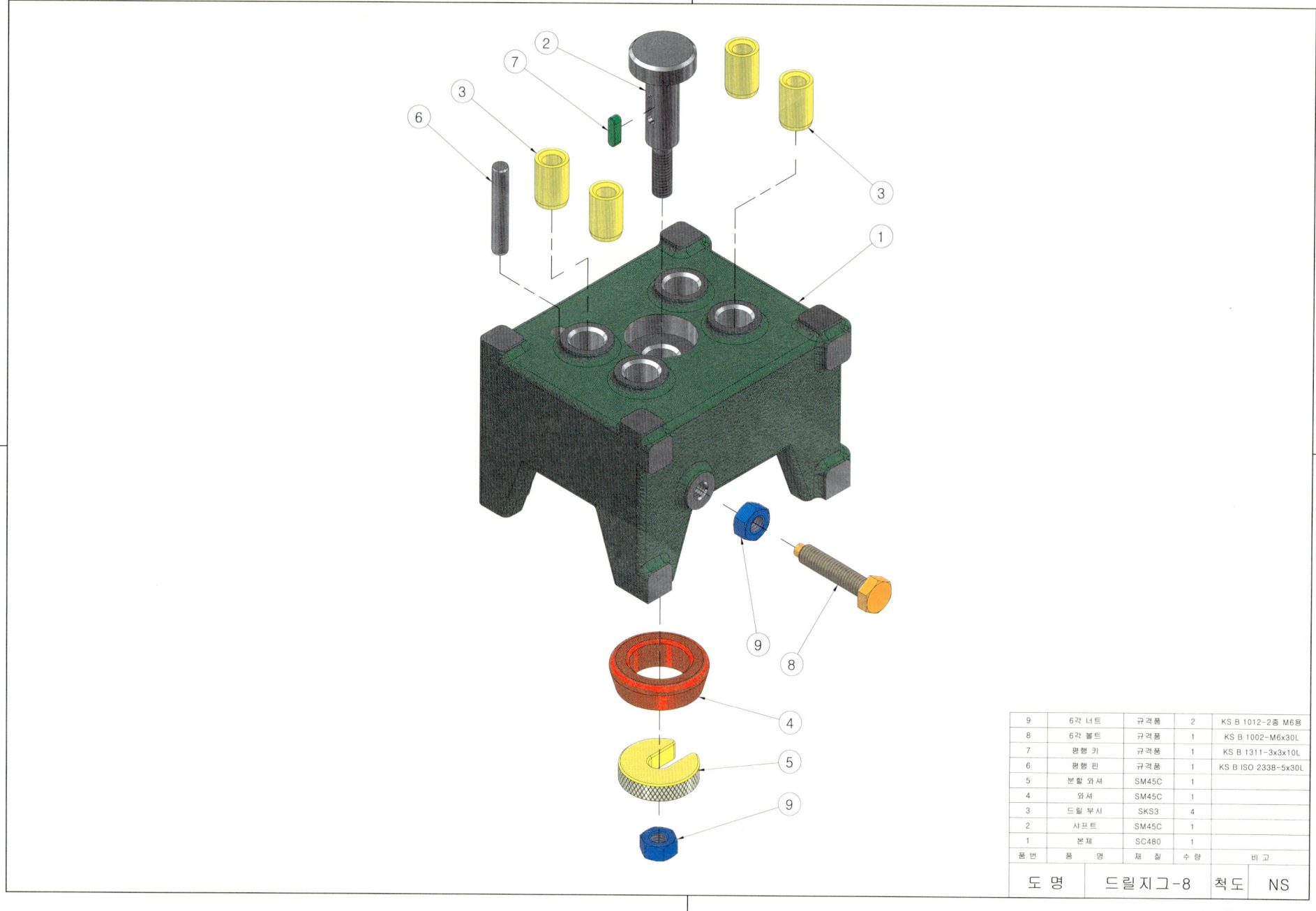

30. 드릴지그-8 등각 조립도 예제 도면

31. 드릴지그-9 2D 과제 도면

부품도(2D) : 2, 3, 4, 5
등각 투상도(3D) : 1, 2, 3, 4

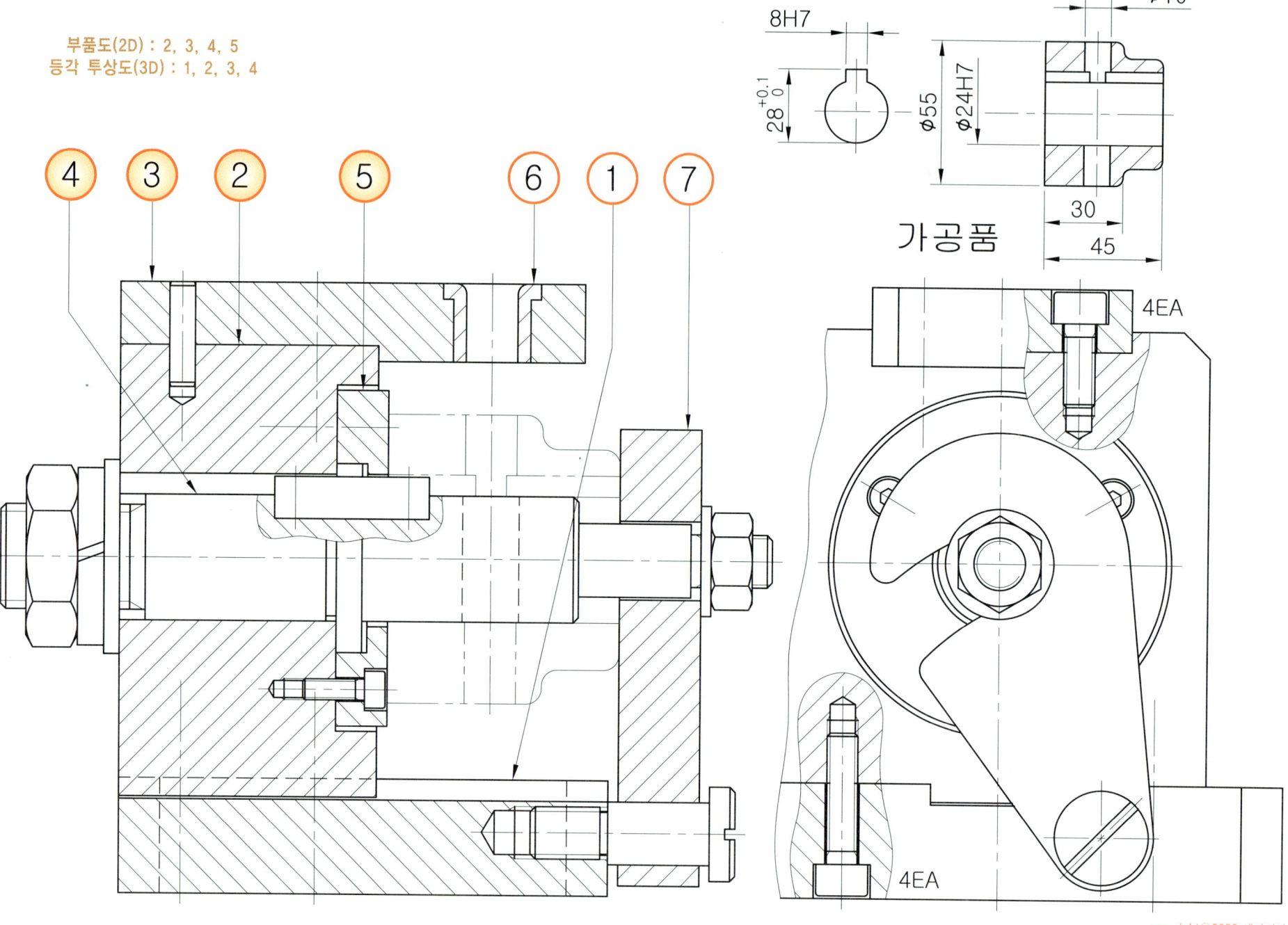

31. 드릴지그-9 2D 부품도 풀이 도면

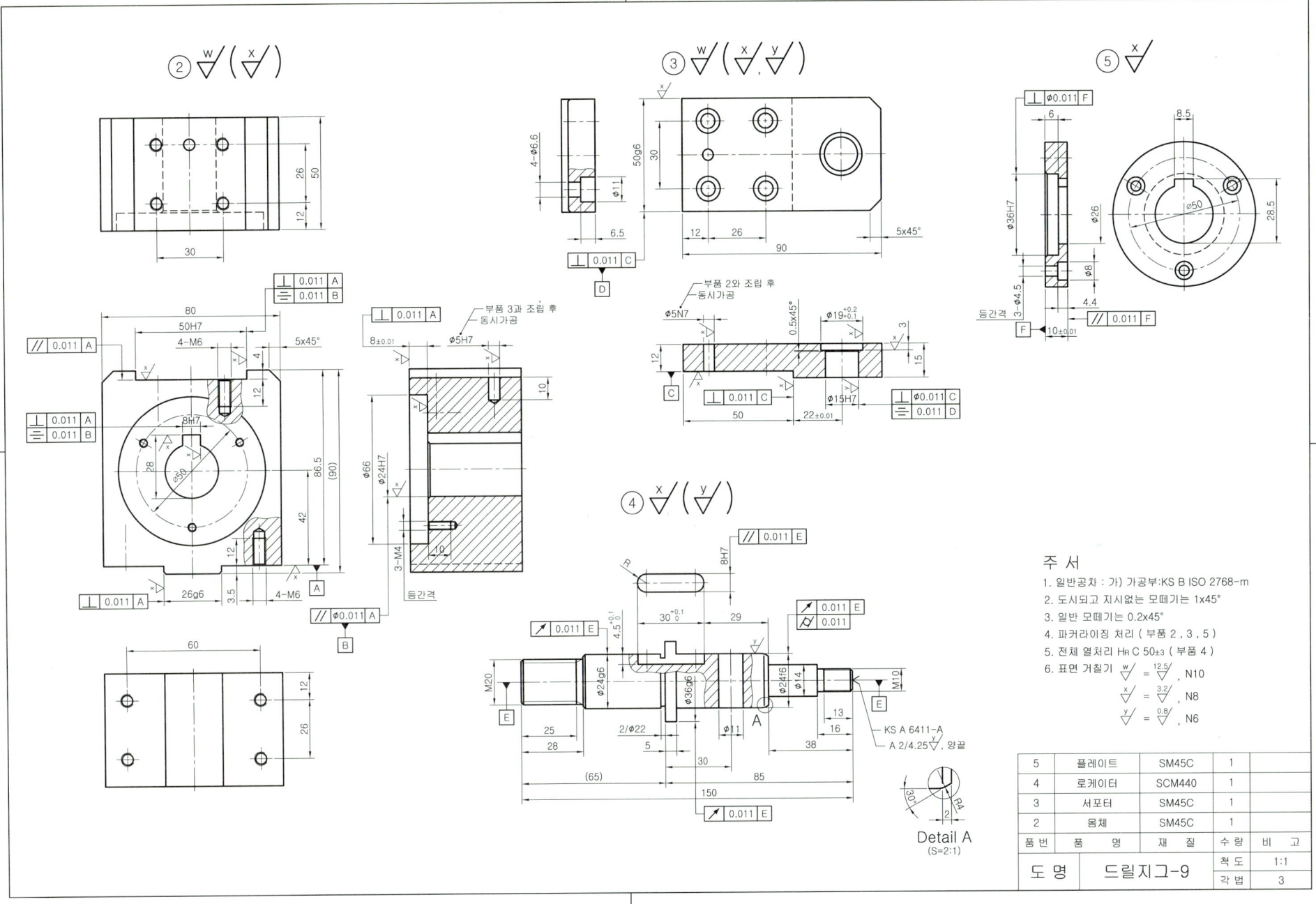

31. 드릴지그-9 3D 렌더링 등각 투상도 예제 도면(전산응용기계제도기능사)

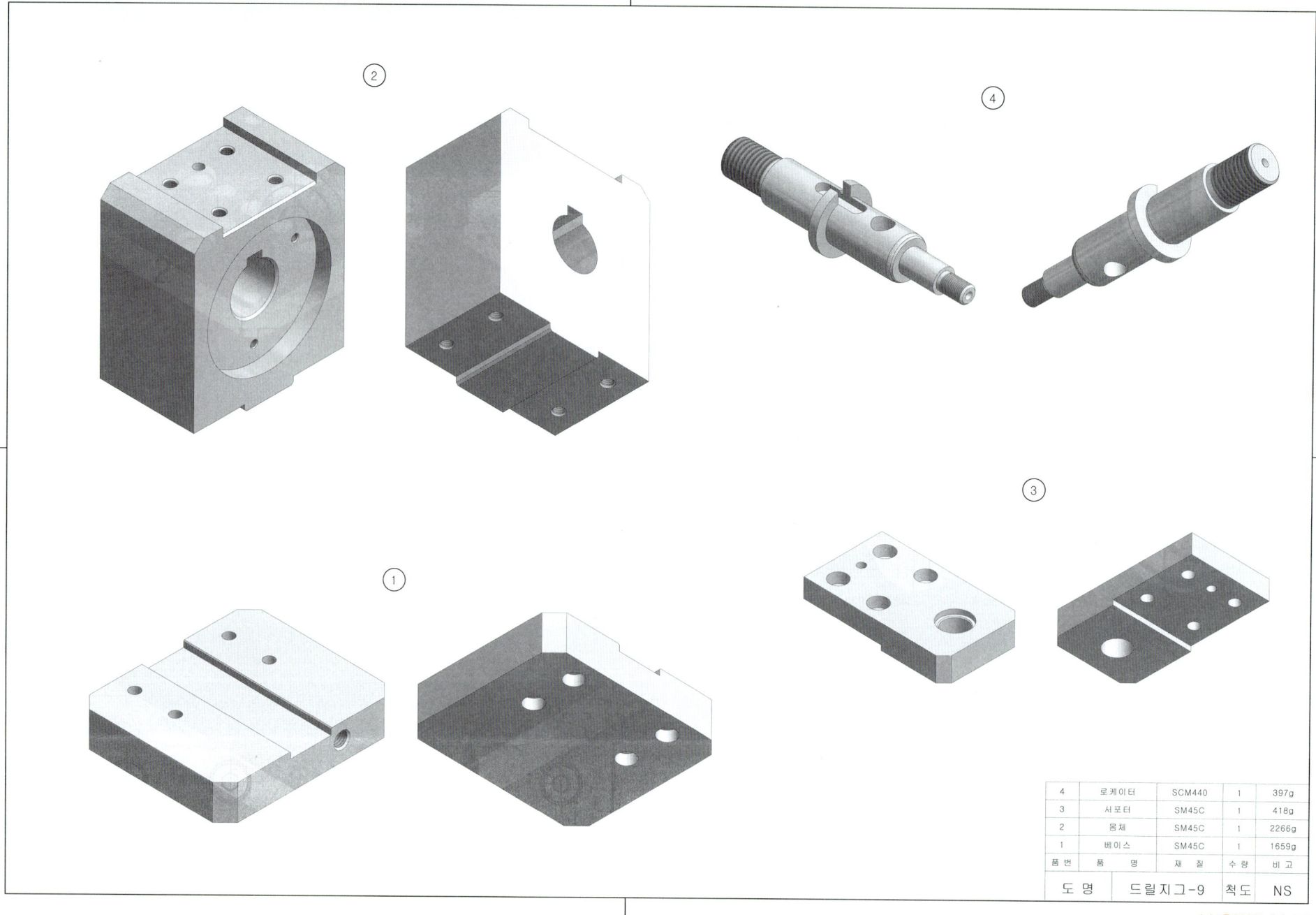

31. 드릴지그-9 3D 모델링도 예제 도면(기계설계산업기사)

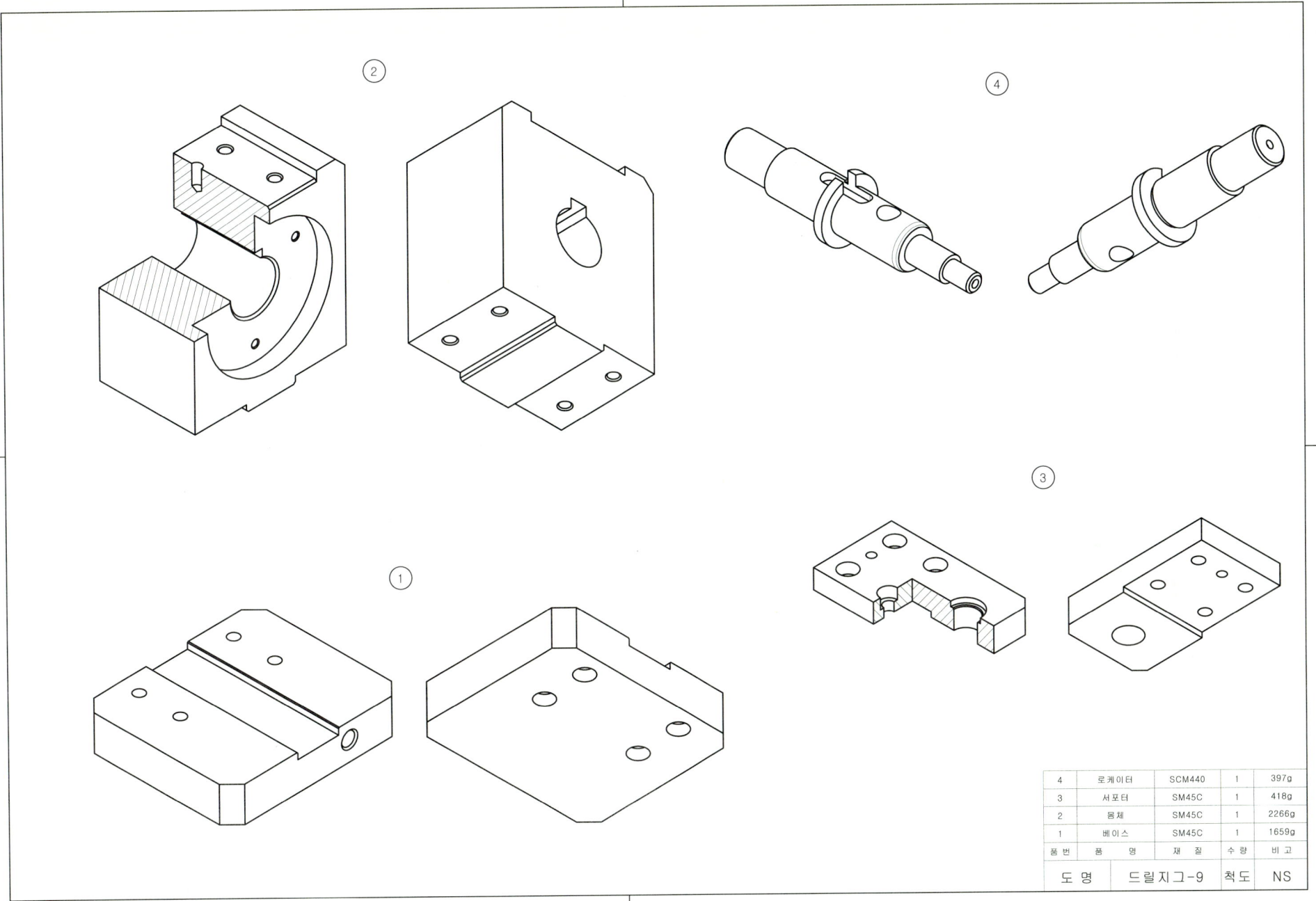

31. 드릴지그-9 등각 분해도 예제 도면

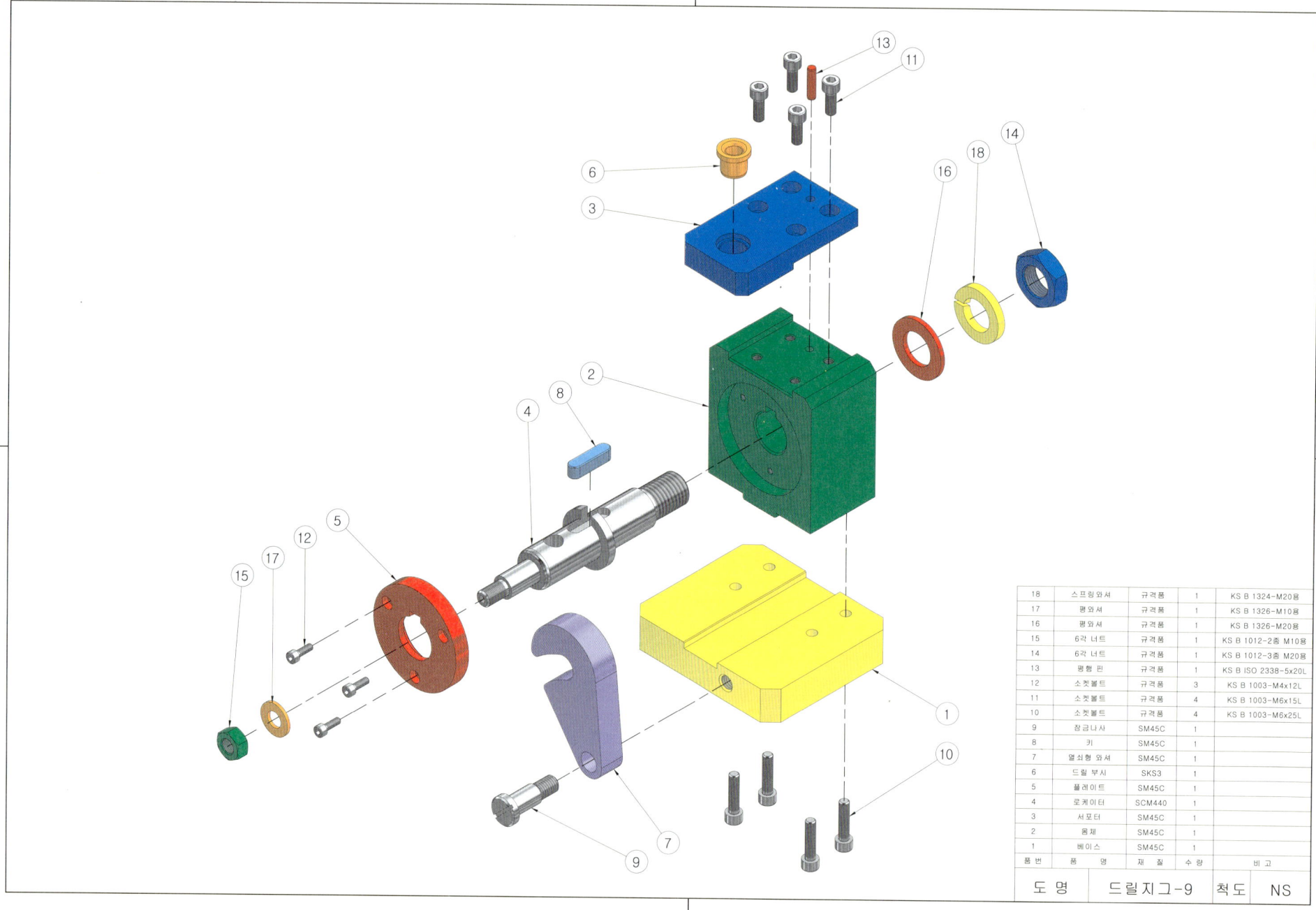

31. 드릴지그-9 등각 조립도 예제 도면

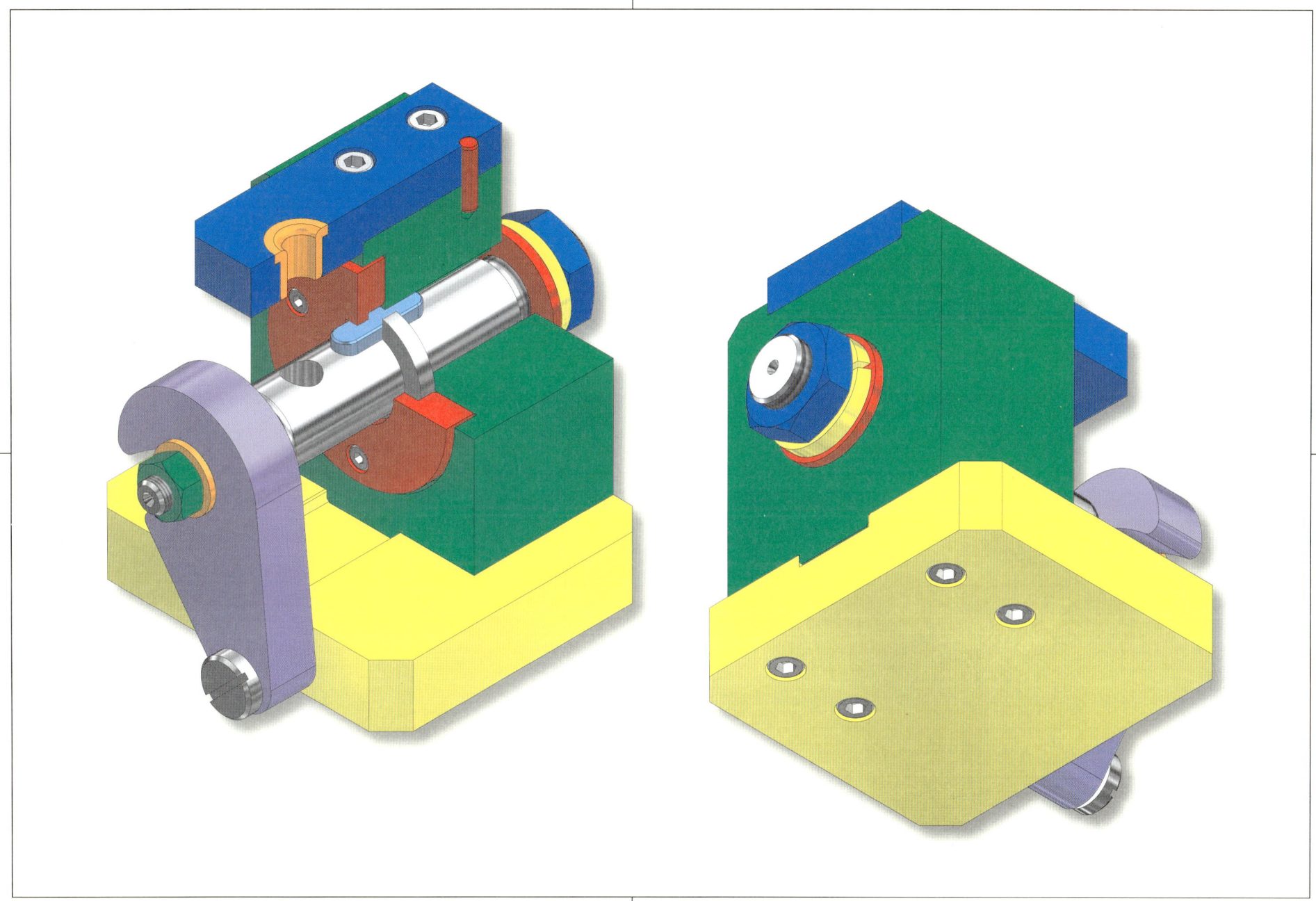

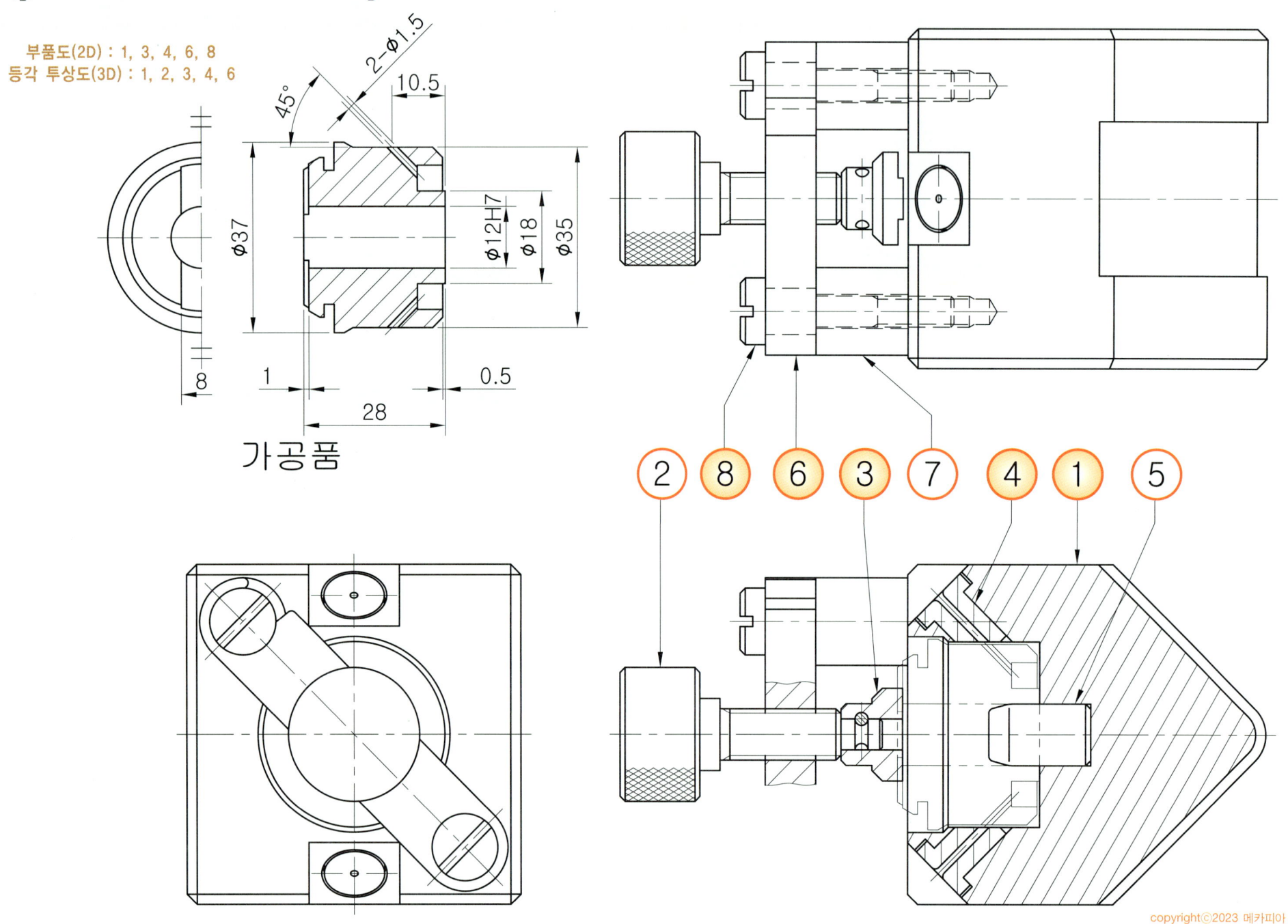

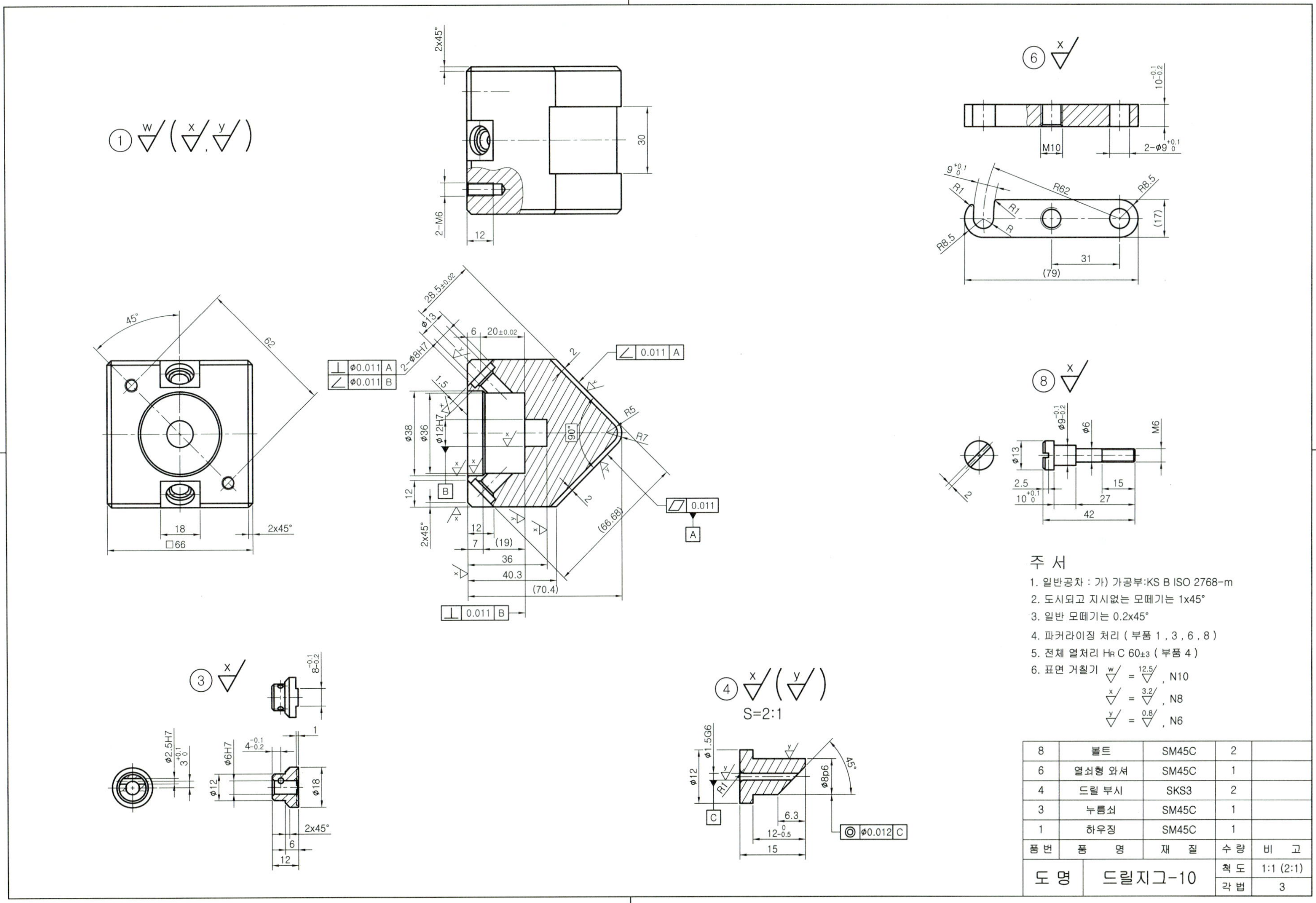

32. 드릴지그-10 2D 부품도 풀이 도면

주 서

1. 일반공차 : 가) 가공부:KS B ISO 2768-m
2. 도시되고 지시없는 모떼기는 1x45°
3. 일반 모떼기는 0.2x45°
4. 파커라이징 처리 (부품 1 , 3 , 6 , 8)
5. 전체 열처리 H_R C 60±3 (부품 4)
6. 표면 거칠기 w/ = 12.5/ , N10
   x/ = 3.2/ , N8
   y/ = 0.8/ , N6

8	볼트	SM45C	2
6	열쇠형 와셔	SM45C	1
4	드릴 부시	SKS3	2
3	누름쇠	SM45C	1
1	하우징	SM45C	1
품번	품 명	재 질	수량	비 고

| 도 명 | 드릴지그-10 | 척 도 | 1:1 (2:1) |
| | | 각 법 | 3 |

32. 드릴지그-10 3D 렌더링 등각 투상도 예제 도면(전산응용기계제도기능사)

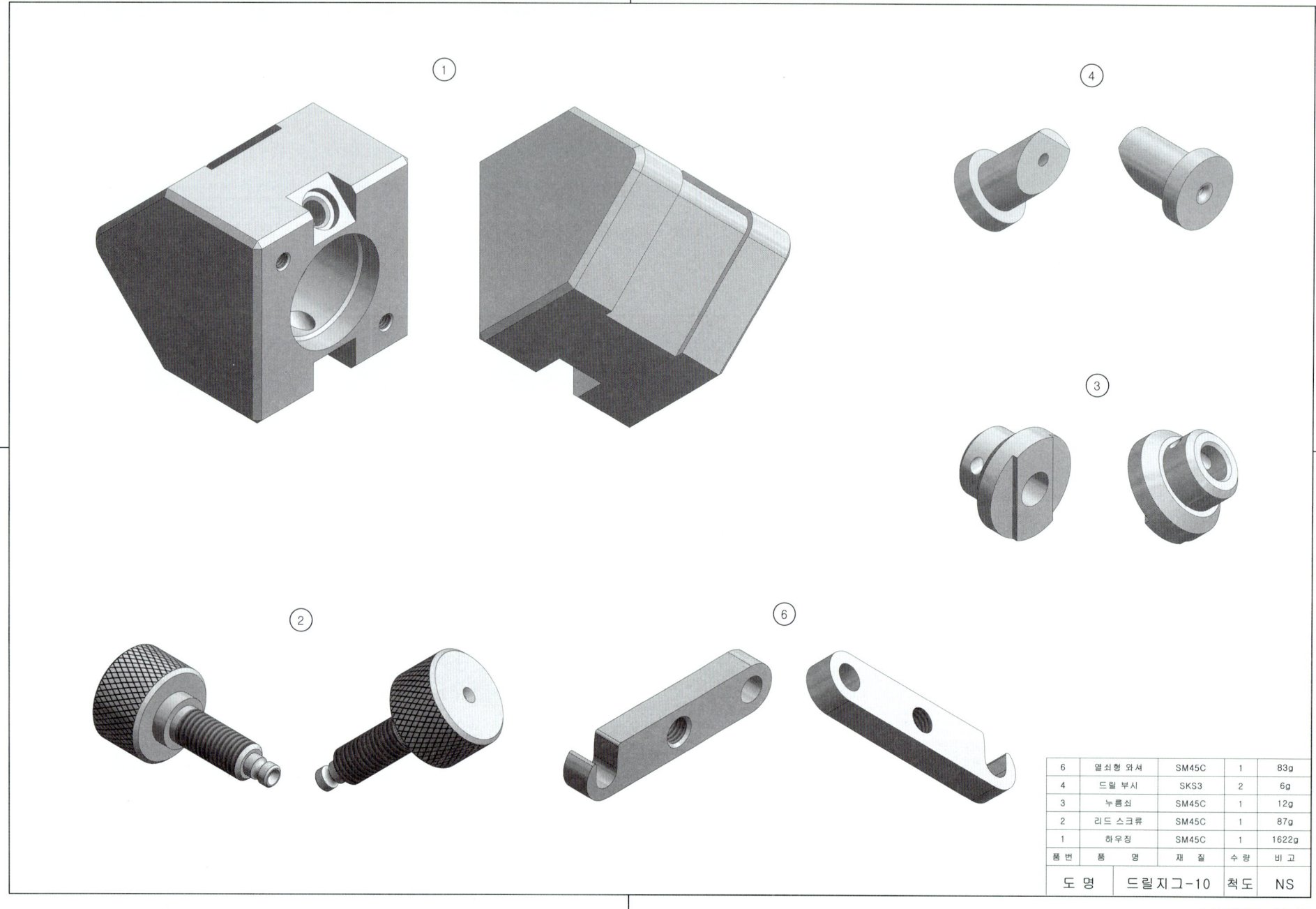

32. 드릴지그-10 3D 모델링도 예제 도면(기계설계산업기사)

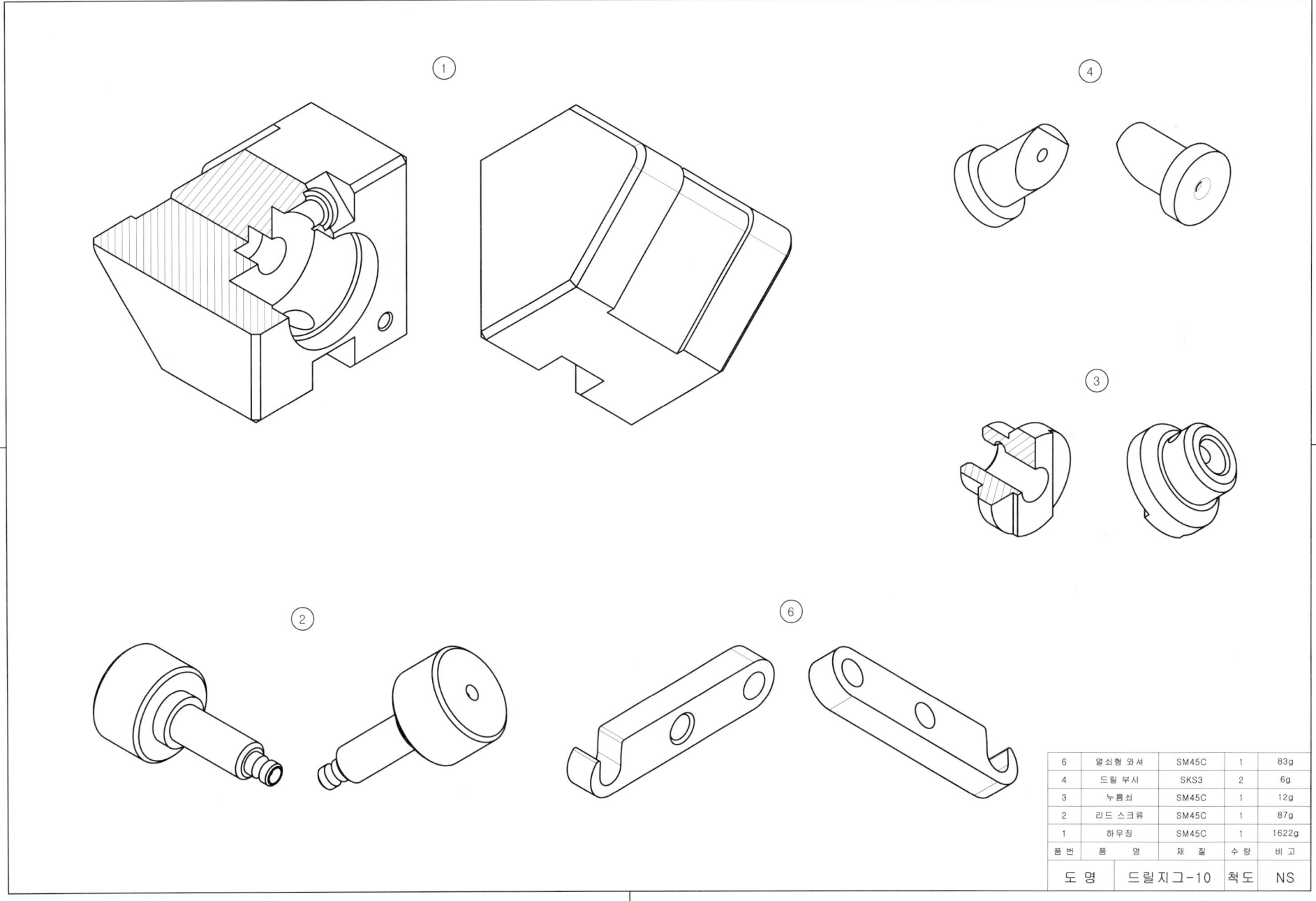

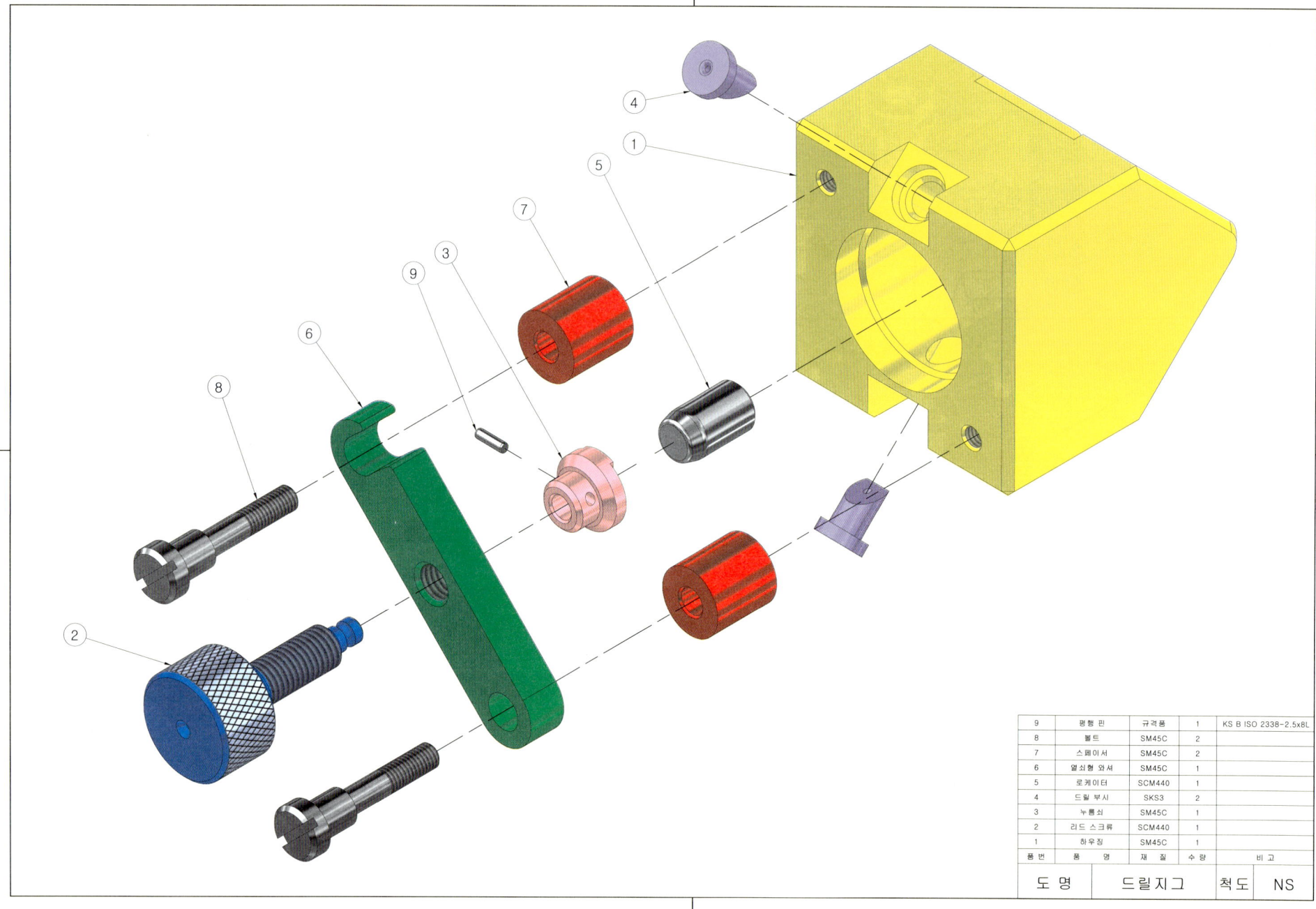

32. 드릴지그-10 등각 조립도 예제 도면

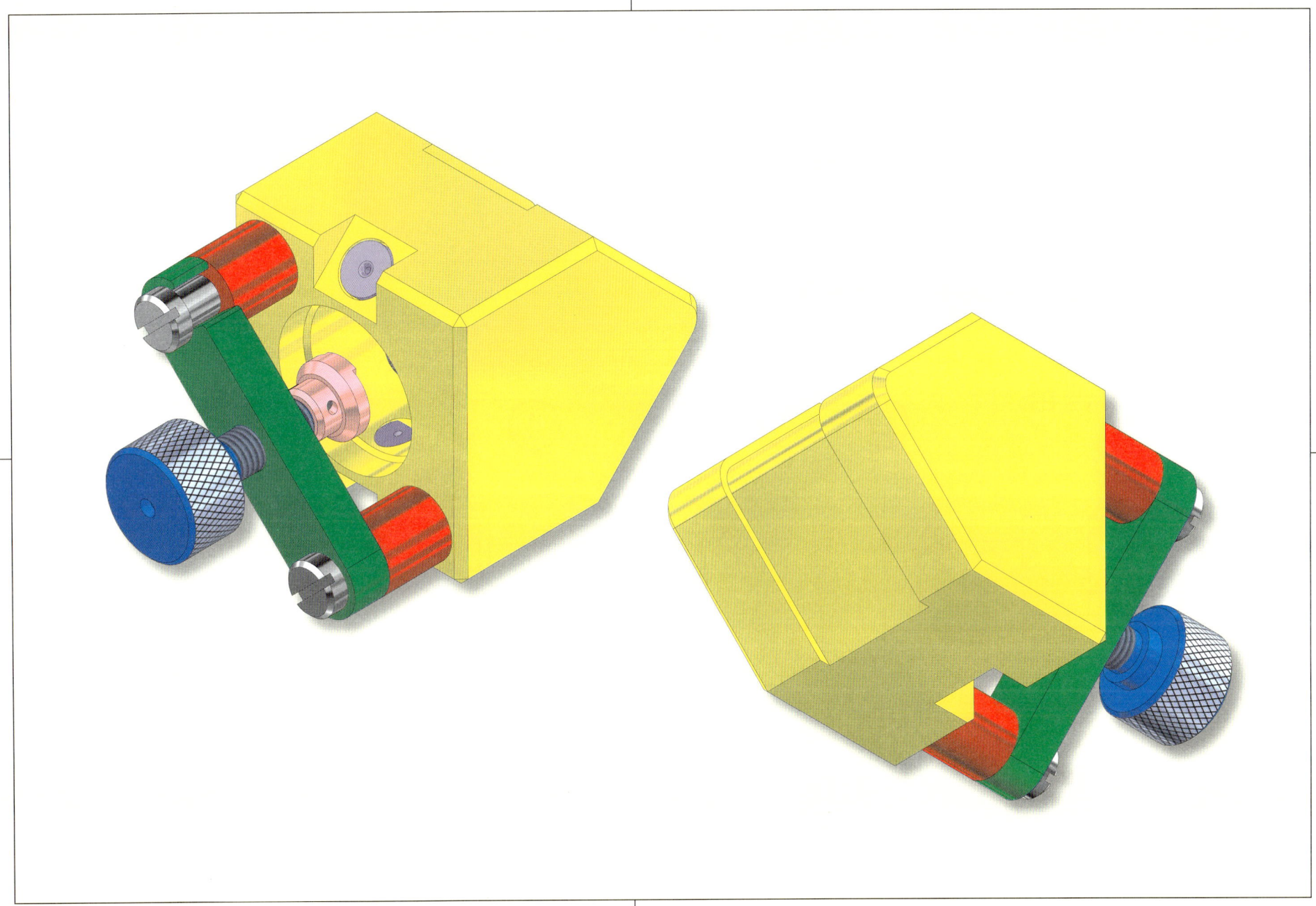

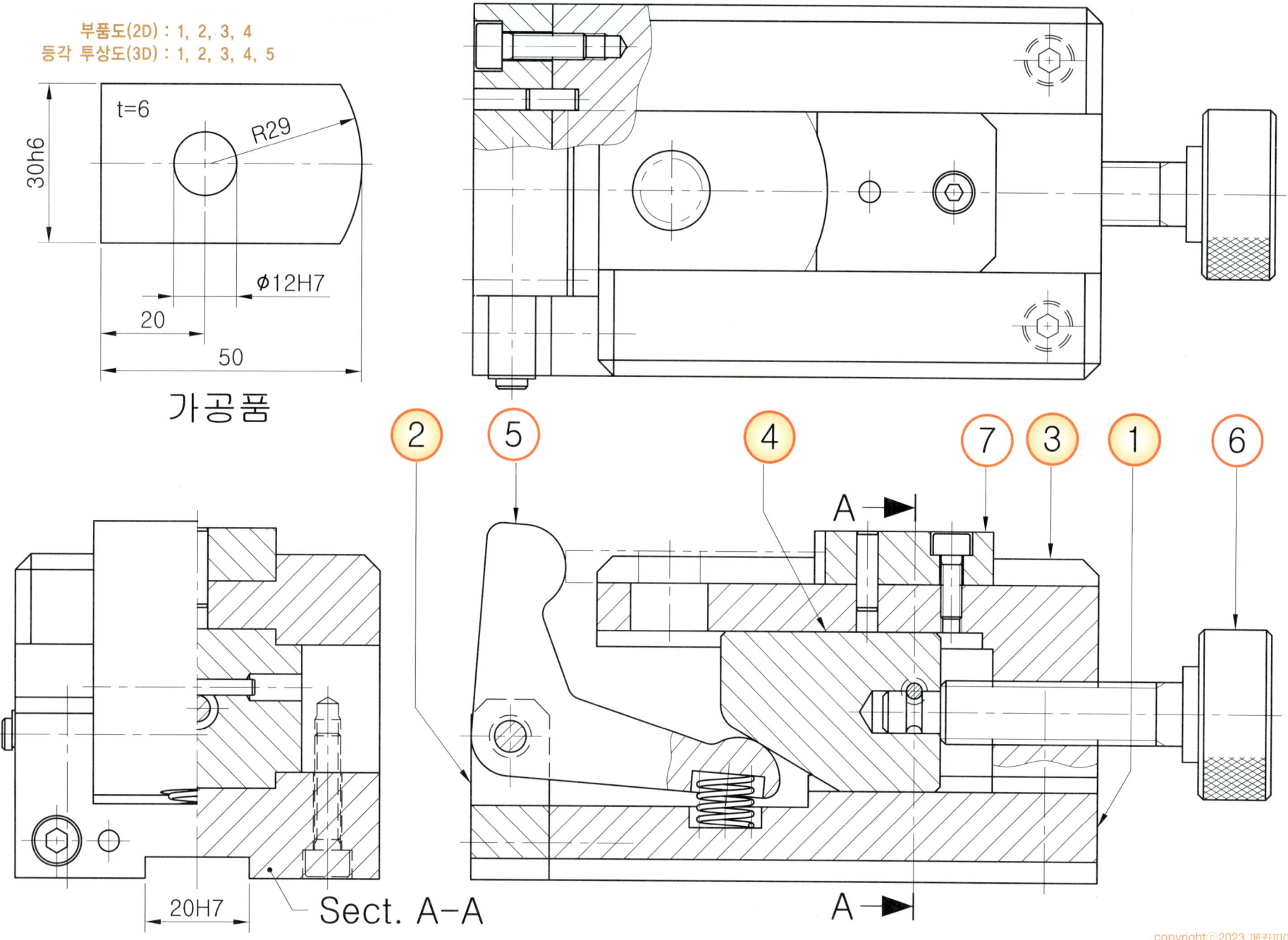

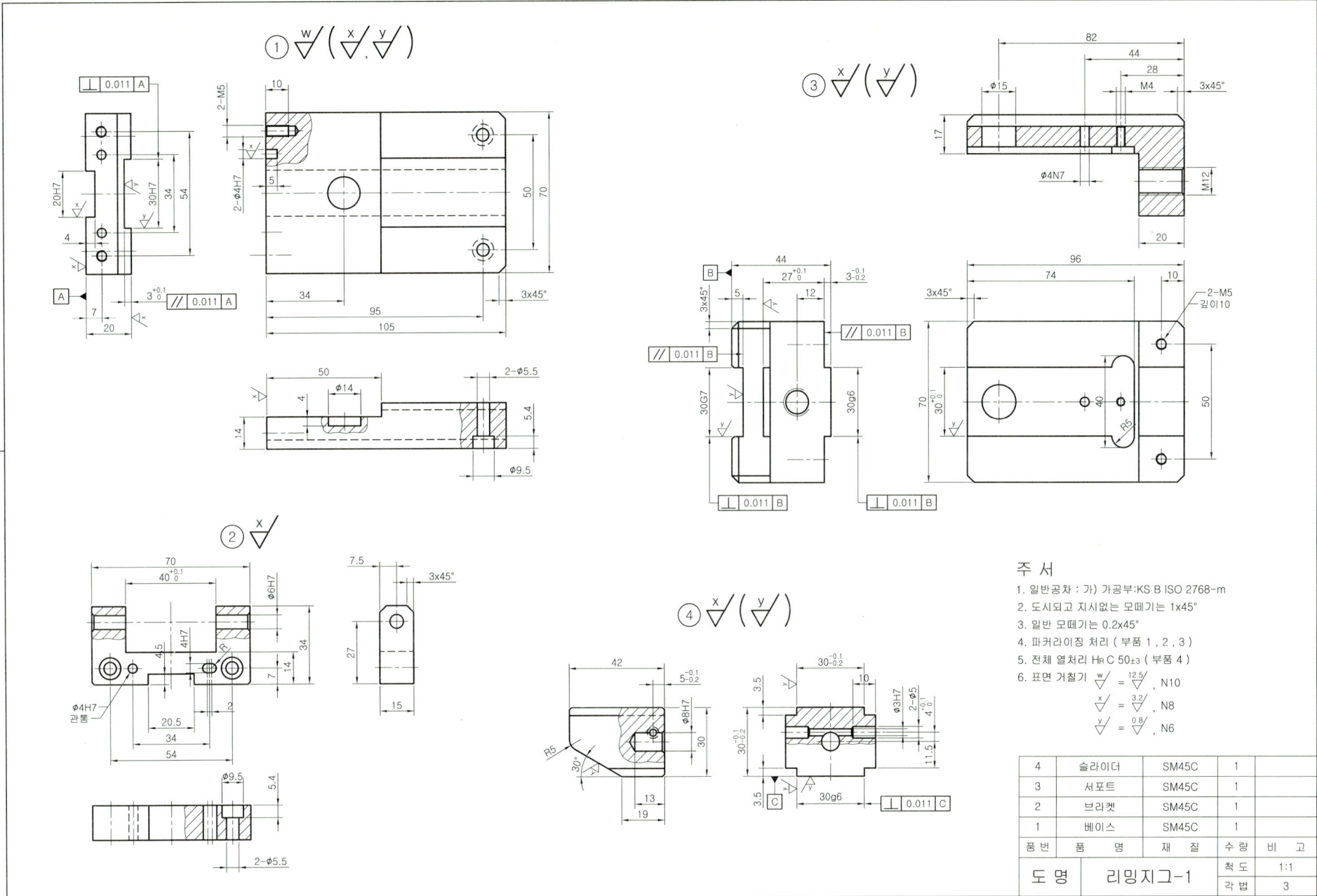

33. 리밍지그-1 3D 렌더링 등각 투상도 예제 도면(전산응용기계제도기능사)

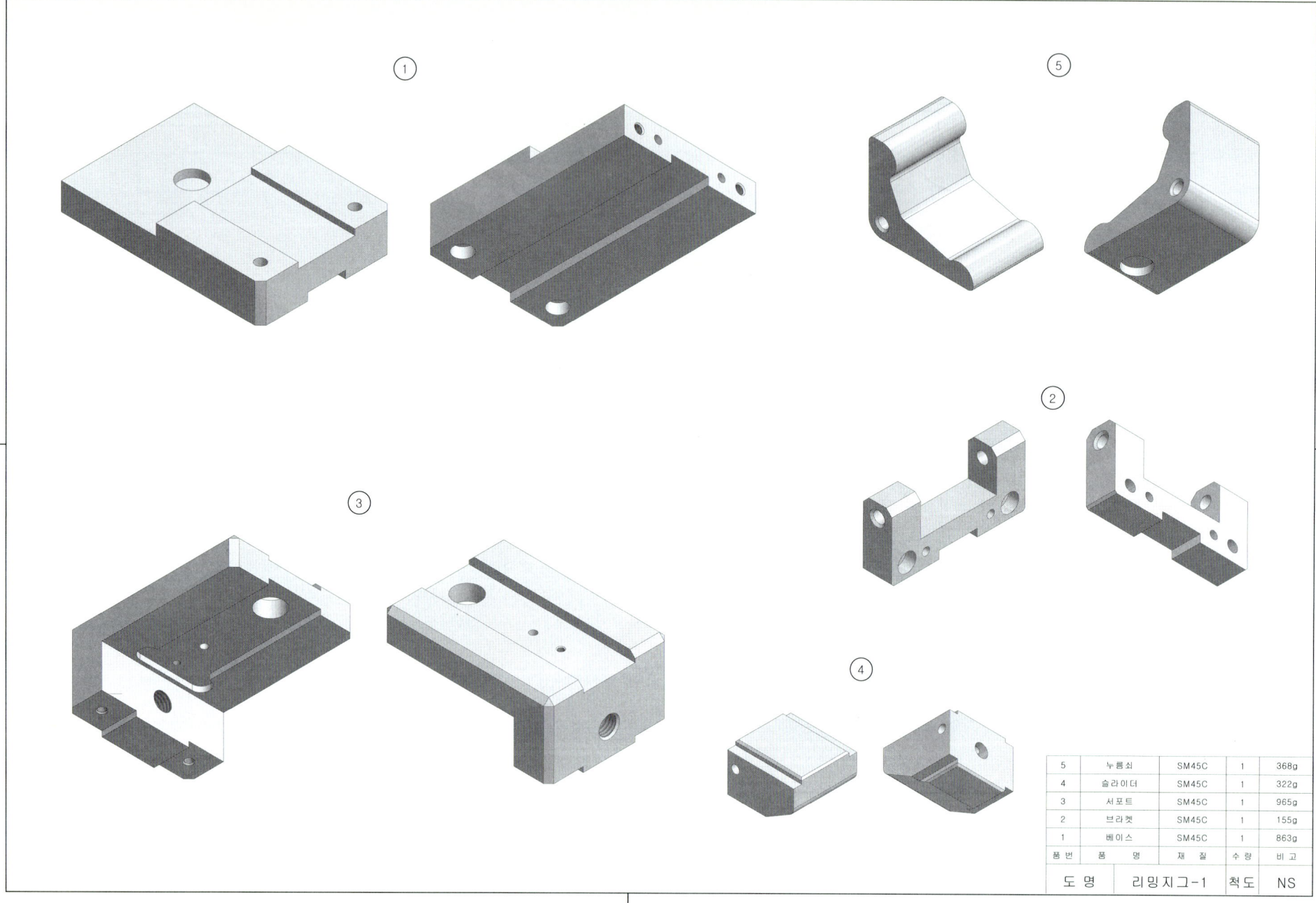

33. 리밍지그-1 3D 모델링도 예제 도면(기계설계산업기사)

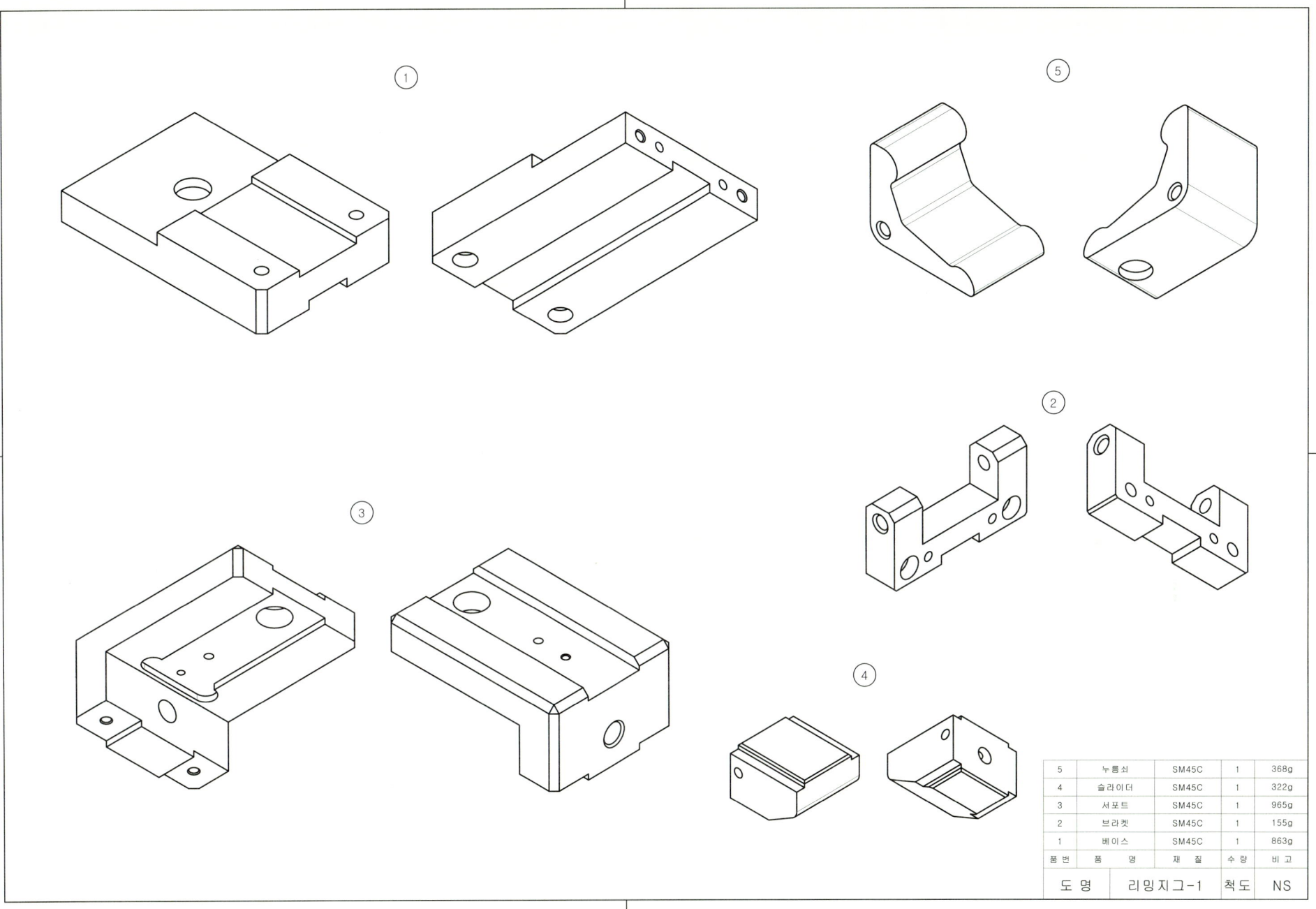

5	누름쇠	SM45C	1	368g
4	슬라이더	SM45C	1	322g
3	서포트	SM45C	1	965g
2	브라켓	SM45C	1	155g
1	베이스	SM45C	1	863g
품번	품 명	재 질	수량	비고

도 명	리밍지그-1	척도	NS

33. 리밍지그-1 등각 분해도 예제 도면

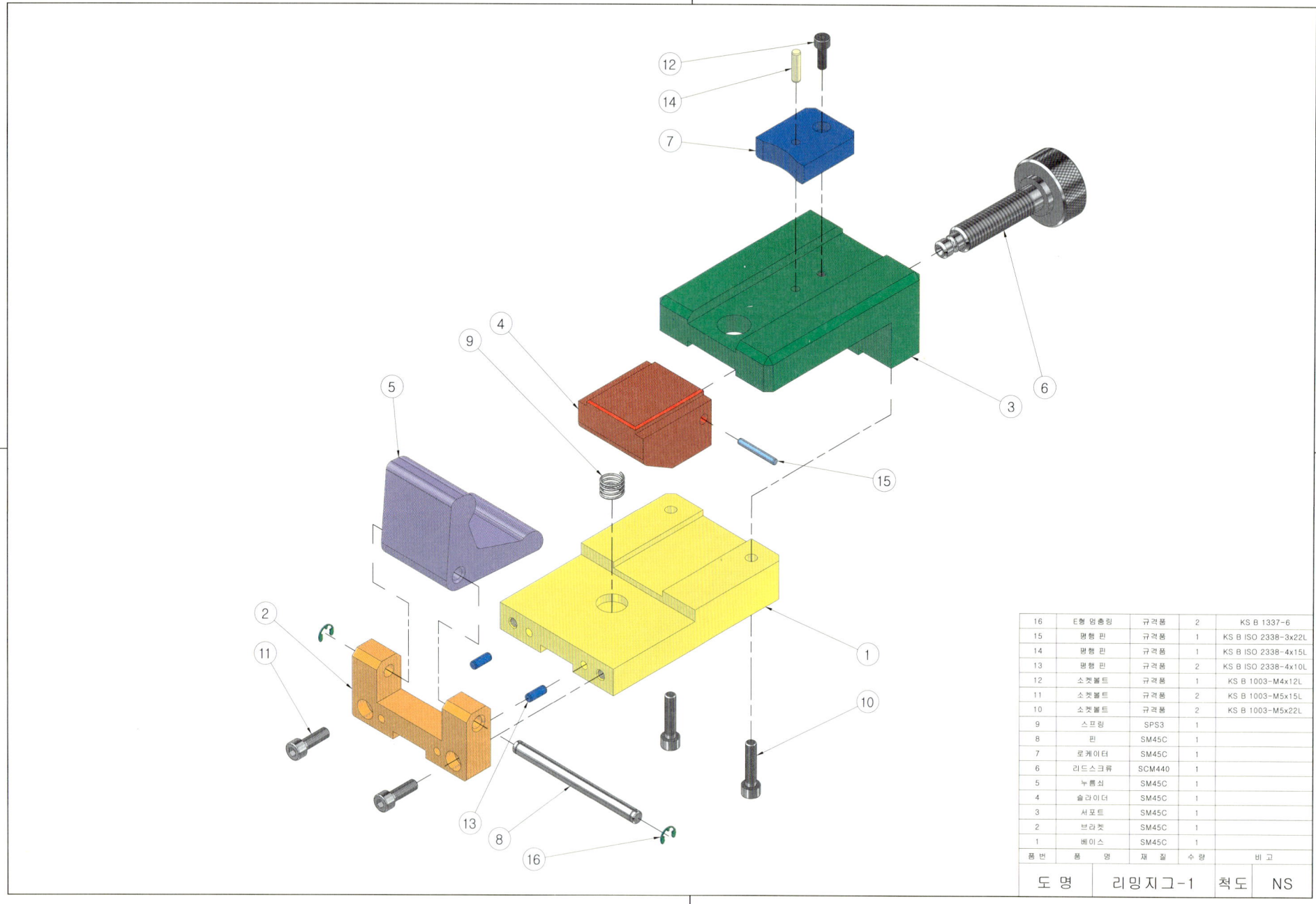

33. 리밍지그-1 등각 조립도 예제 도면

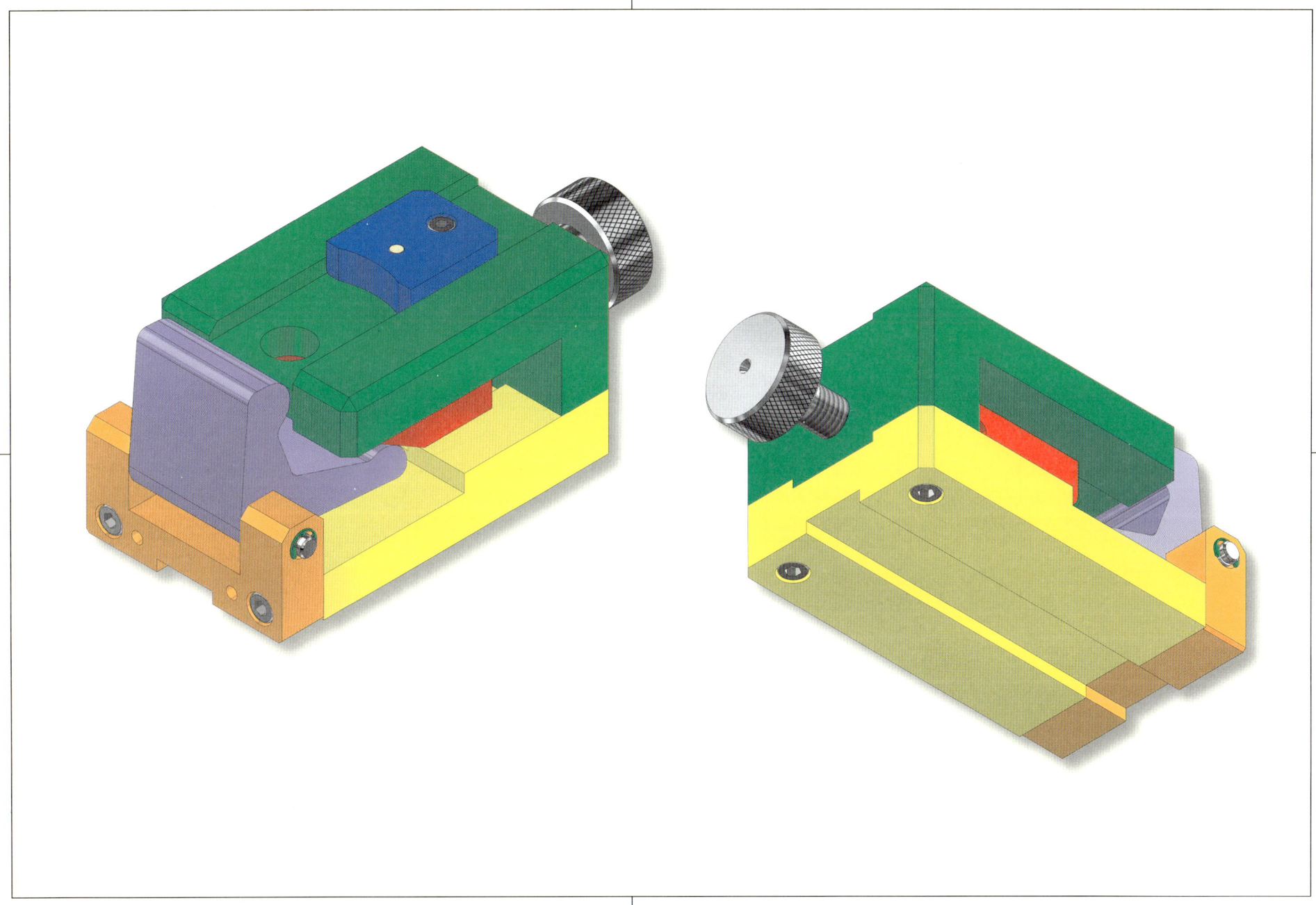

34. 리밍지그-2 2D 과제 도면

부품도(2D) : 1, 2, 4, 6, 7
등각 투상도(3D) : 1, 2, 3, 4, 6, 7

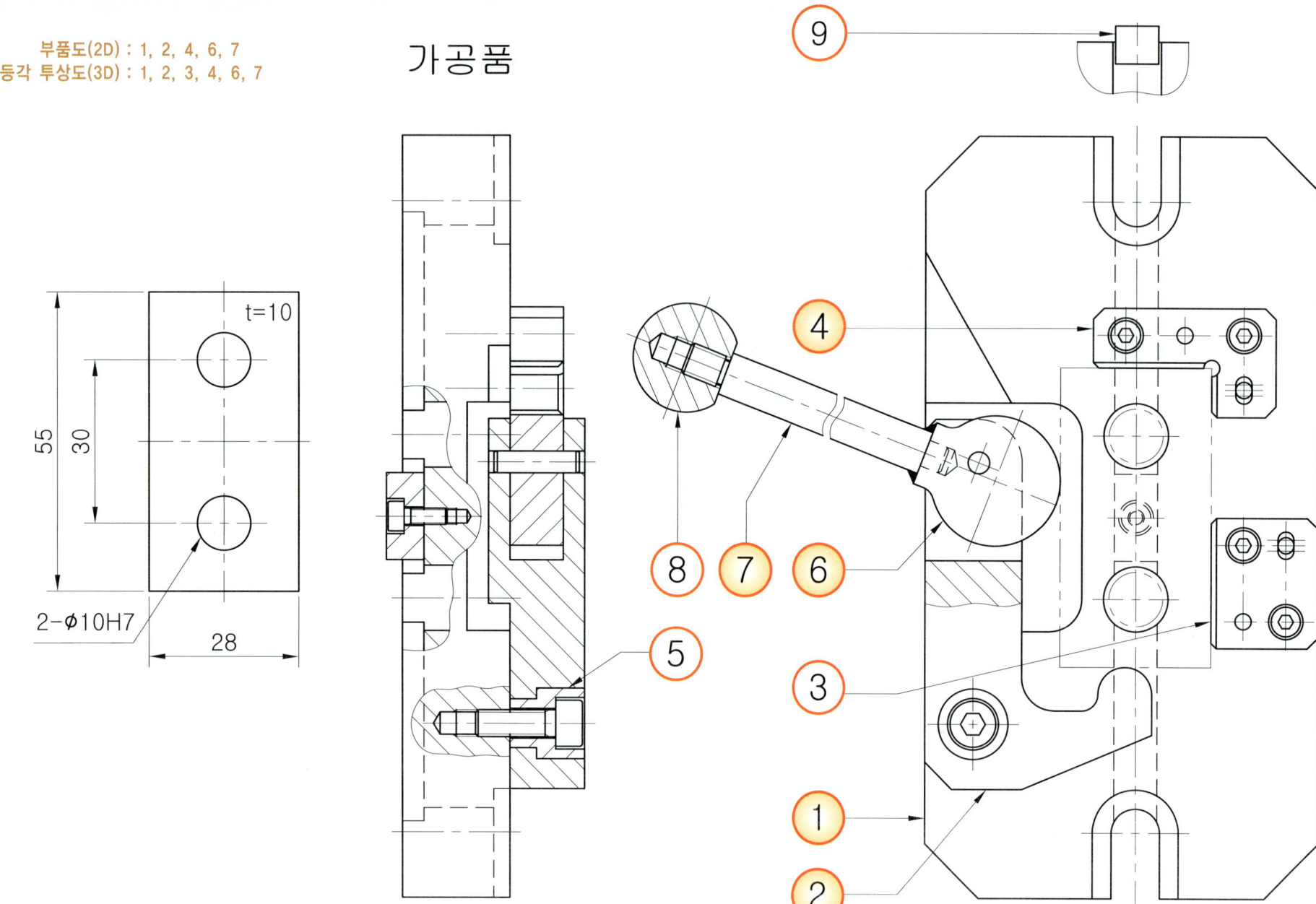

34. 리밍지그-2 2D 부품도 풀이 도면

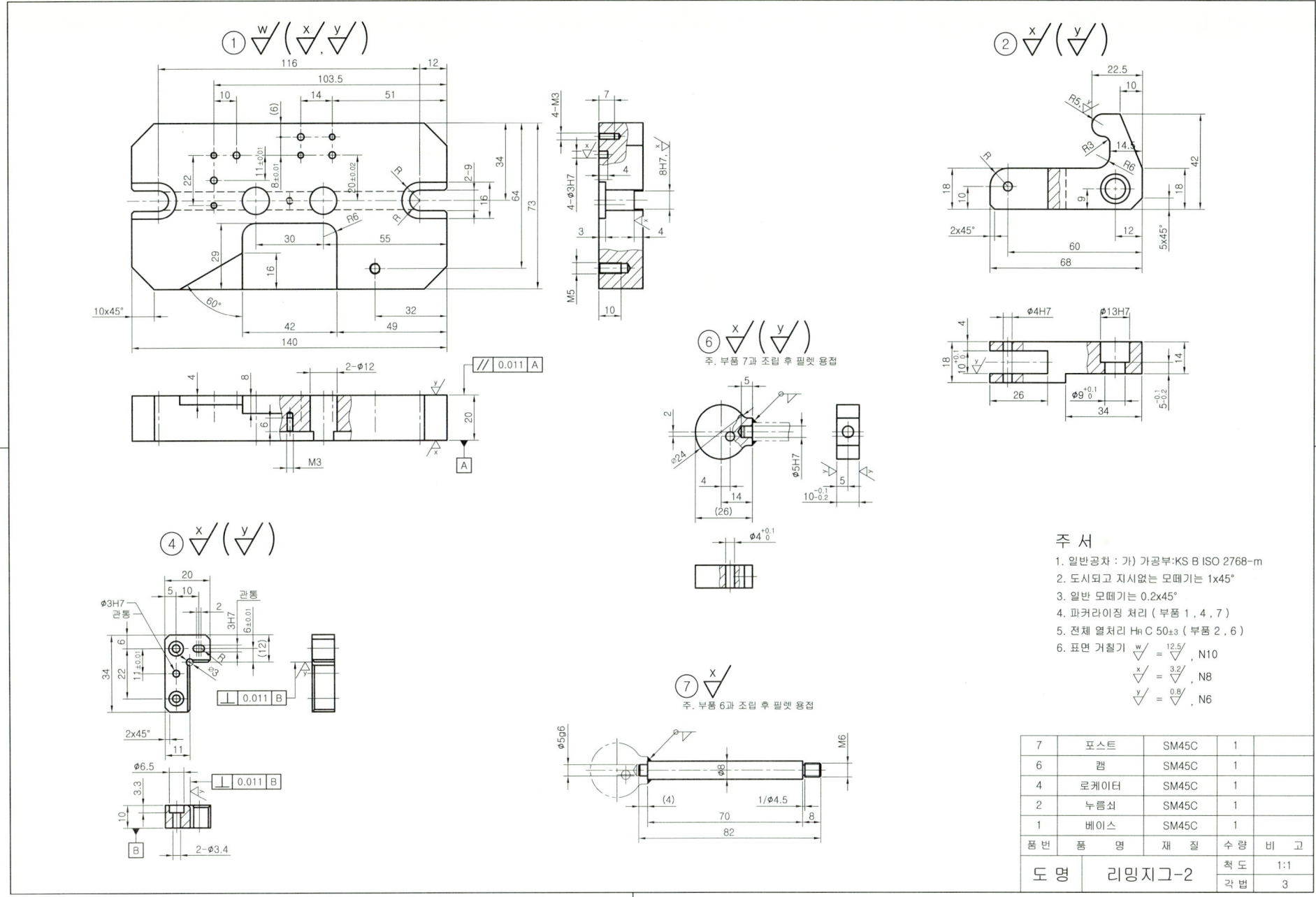

34. 리밍지그-2 3D 렌더링 등각 투상도 예제 도면(전산응용기계제도기능사)

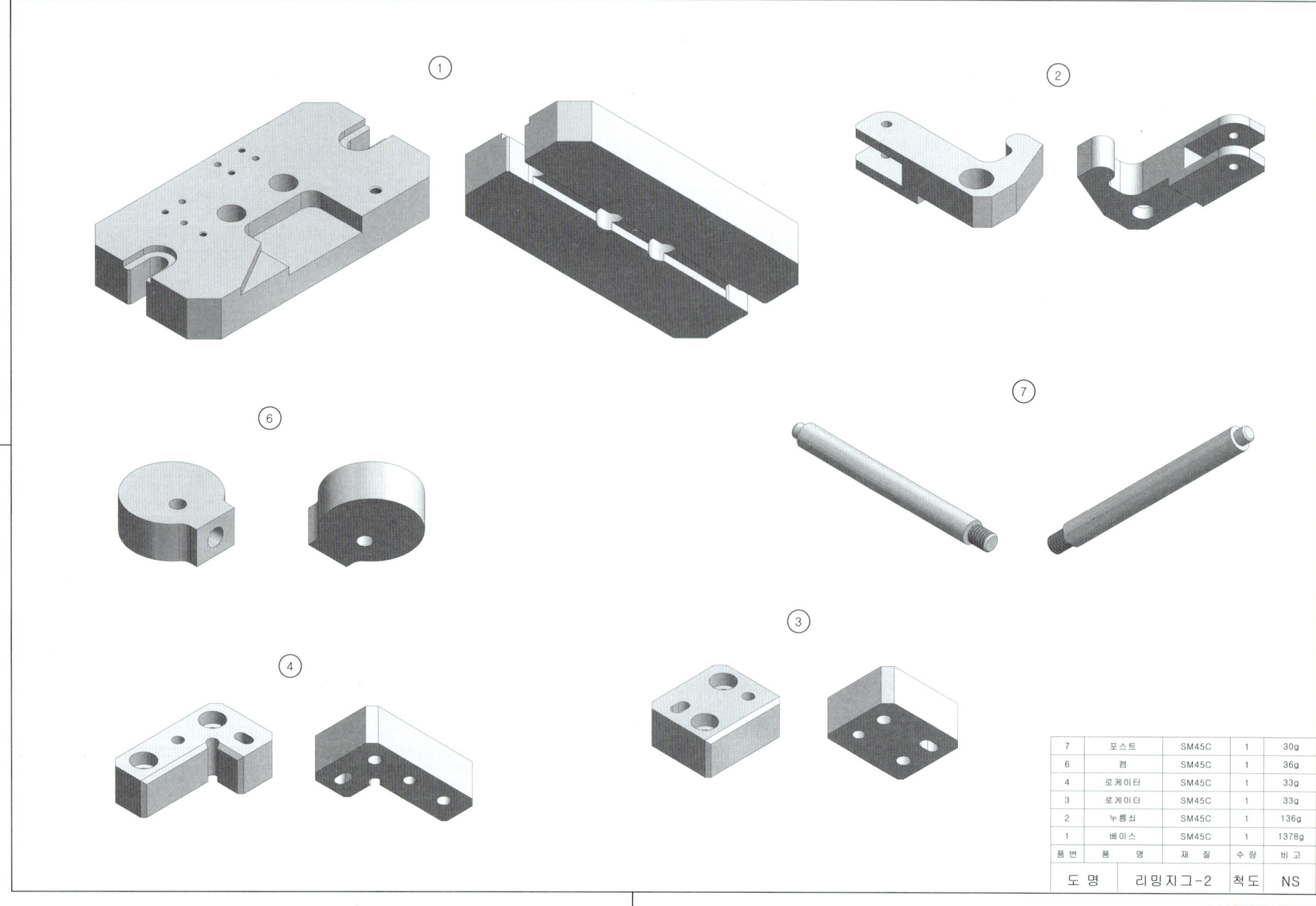

34. 리밍지그-2 3D 모델링도 예제 도면(기계설계산업기사)

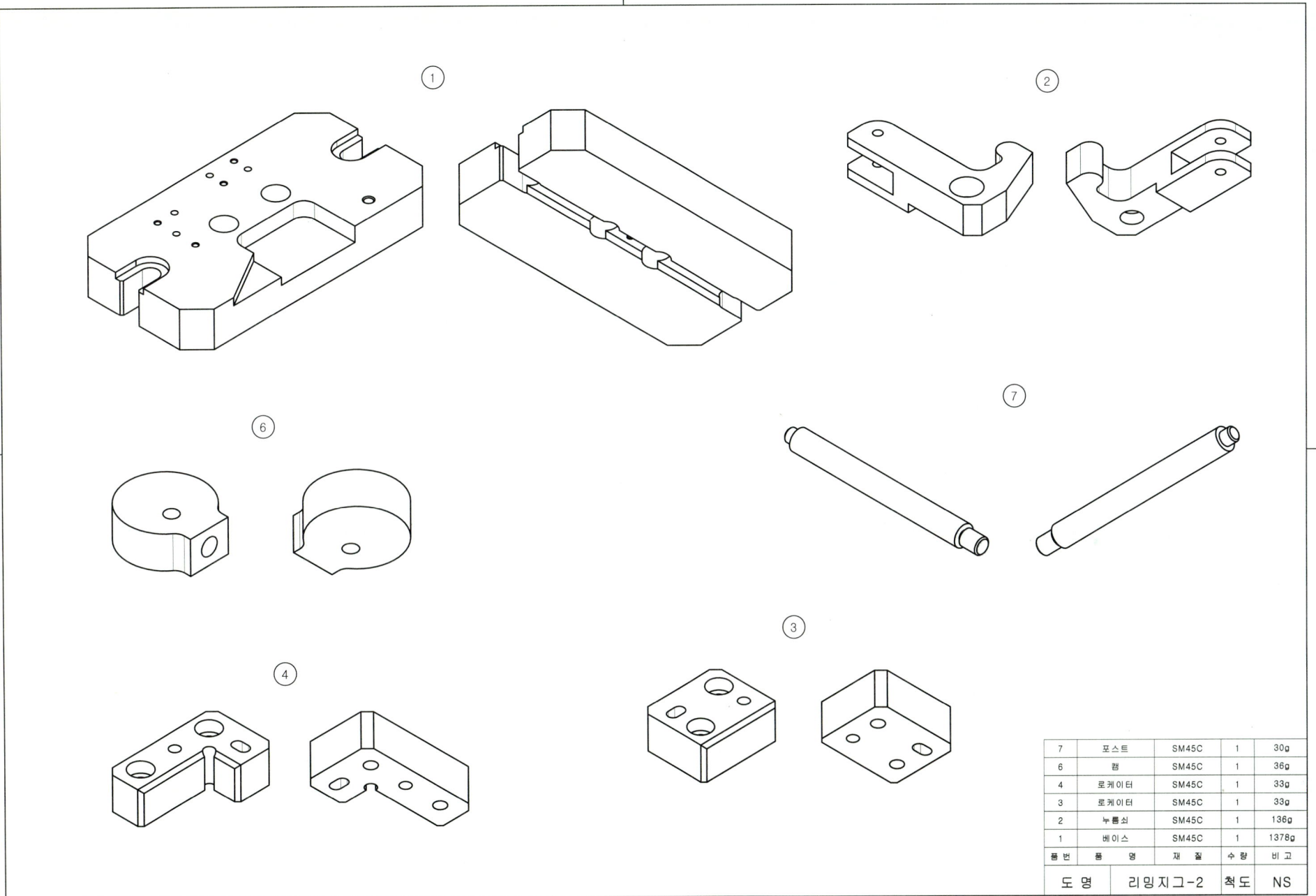

34. 리밍지그-2 등각 분해도 예제 도면

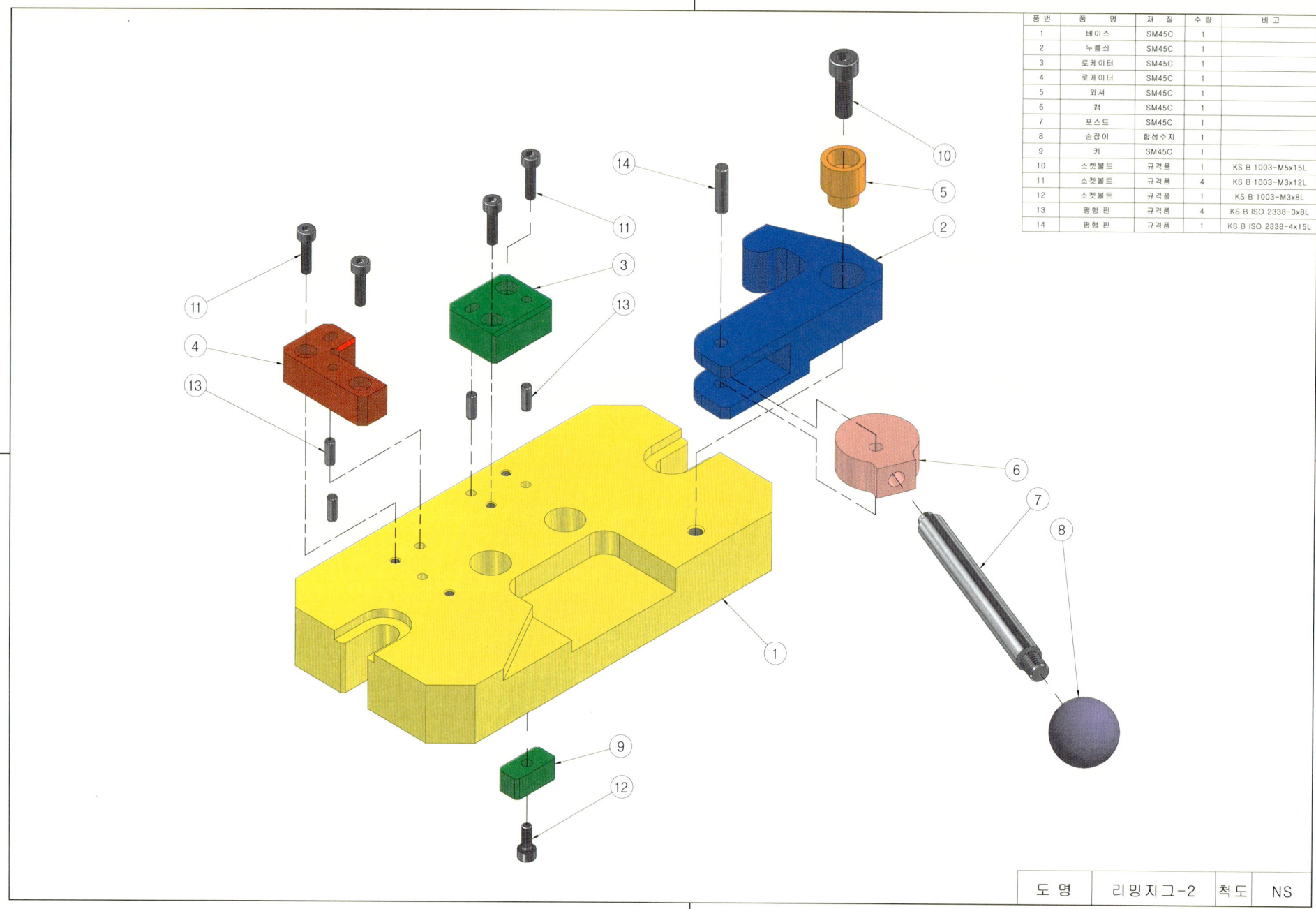

34. 리밍지그-2 등각 조립도 예제 도면

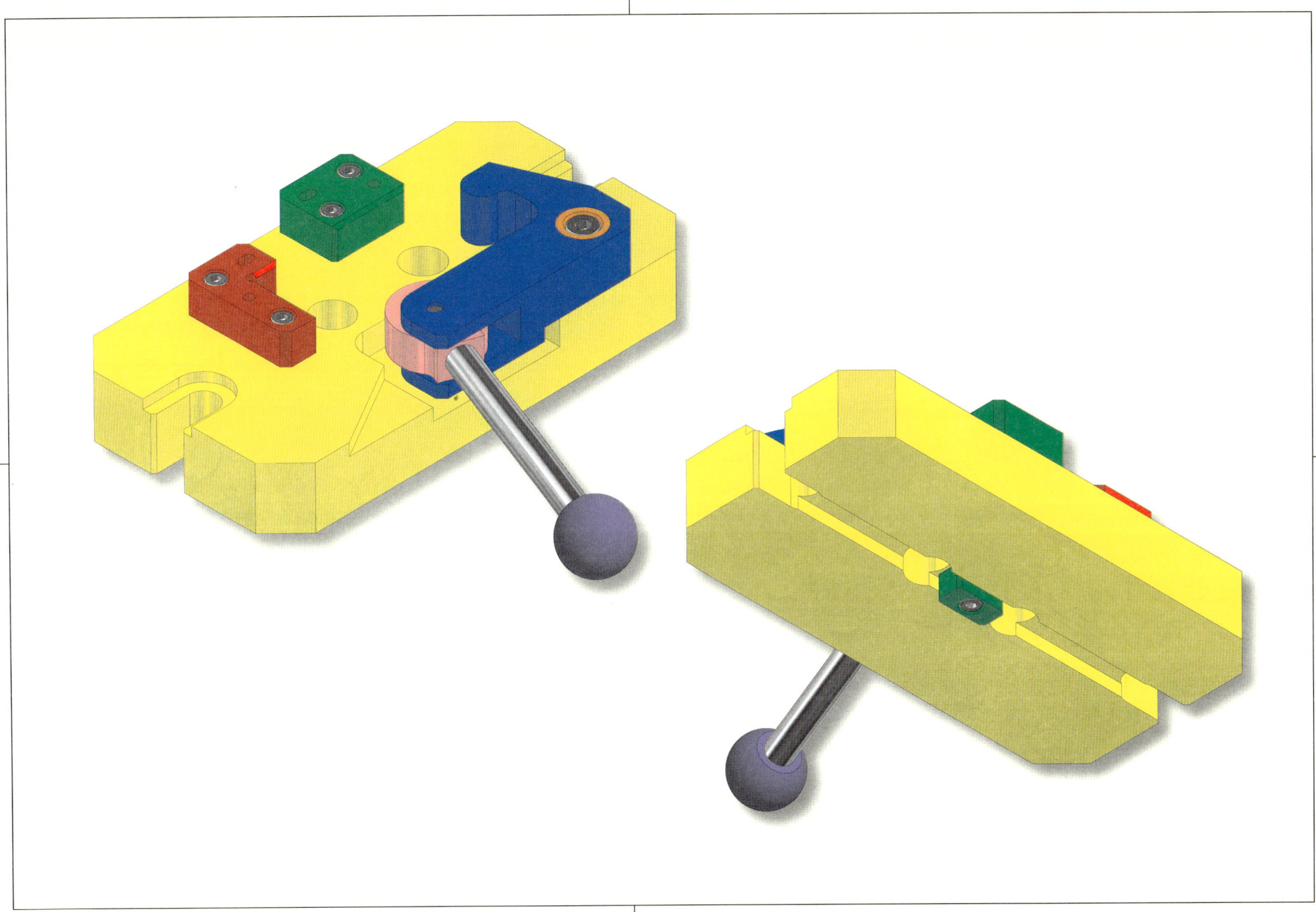

35. 리밍지그-3 2D 과제 도면

부품도(2D) : 1, 2, 3, 5, 6
등각 투상도(3D) : 1, 2, 3, 5, 6, 8

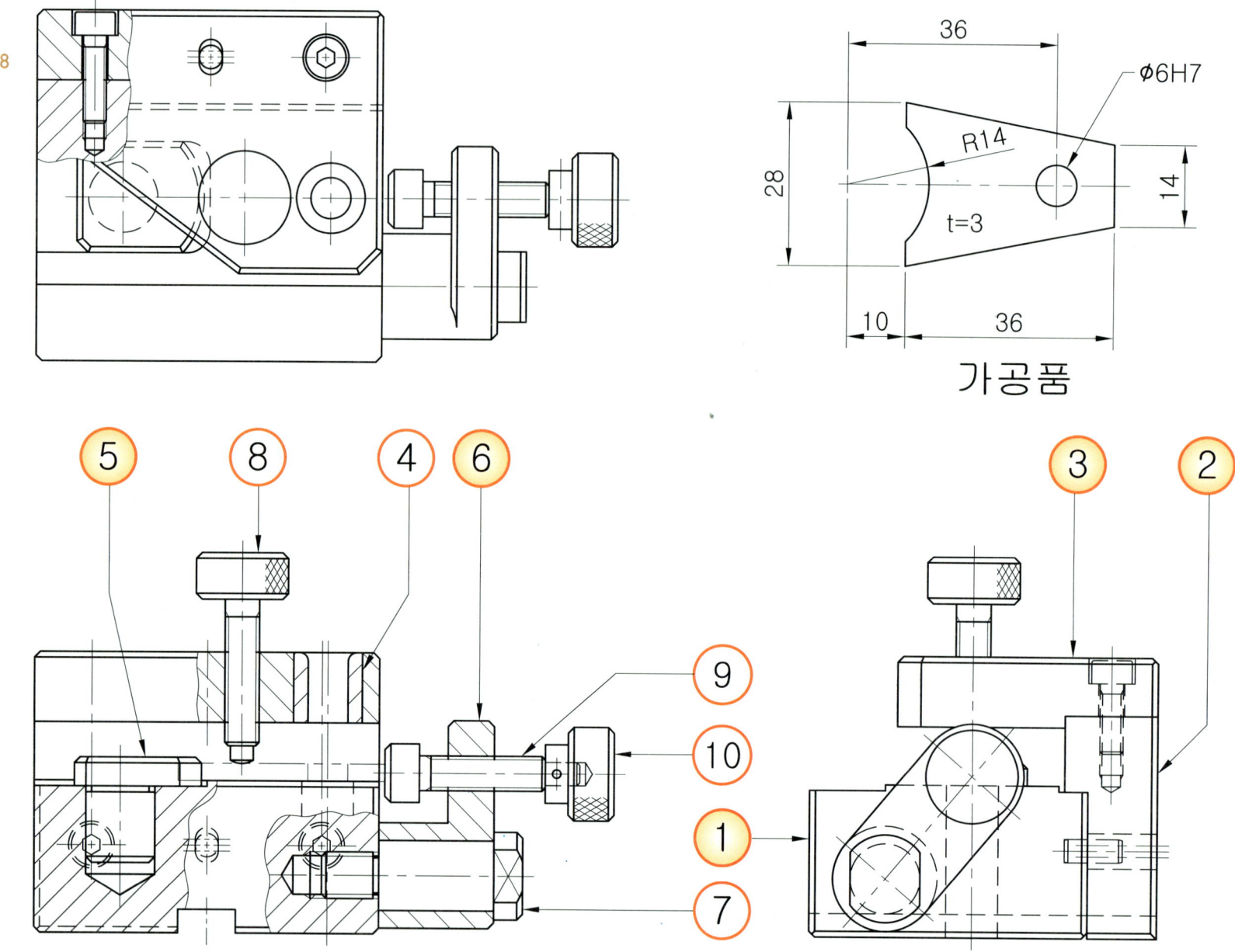

가공품

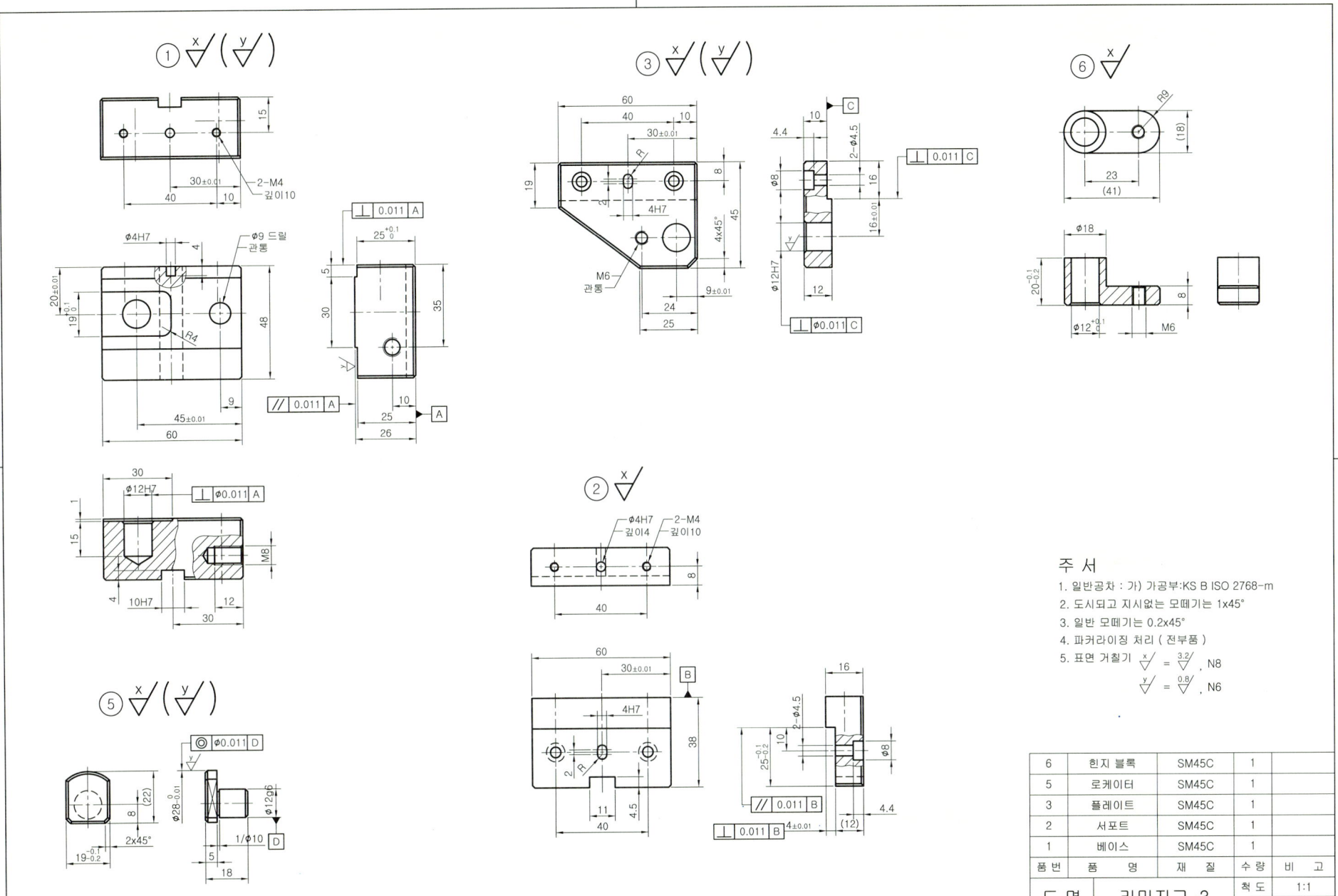

35. 리밍지그-3 3D 렌더링 등각 투상도 예제 도면(전산응용기계제도기능사)

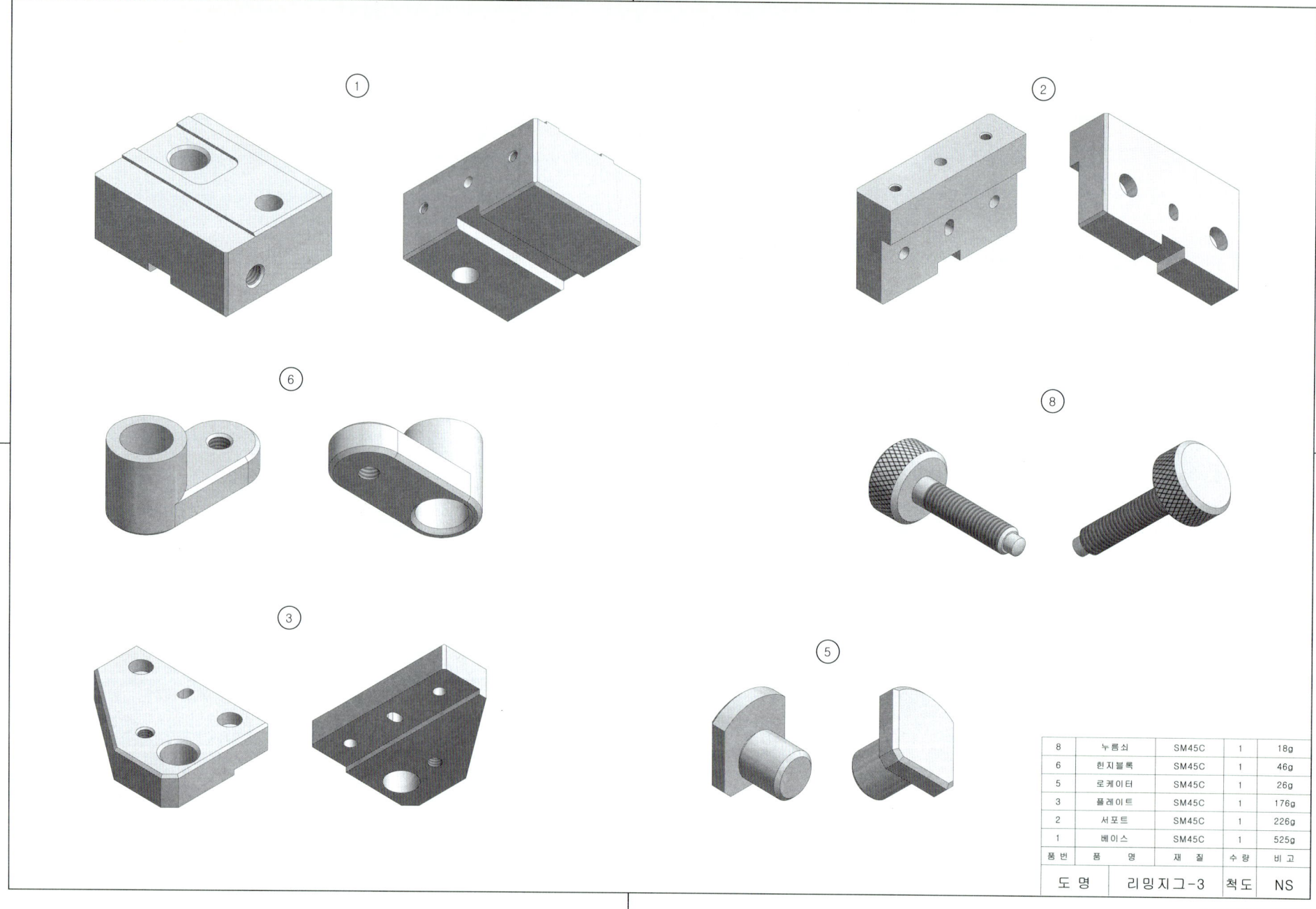

35. 리밍지그-3 3D 모델링도 예제 도면(기계설계산업기사)

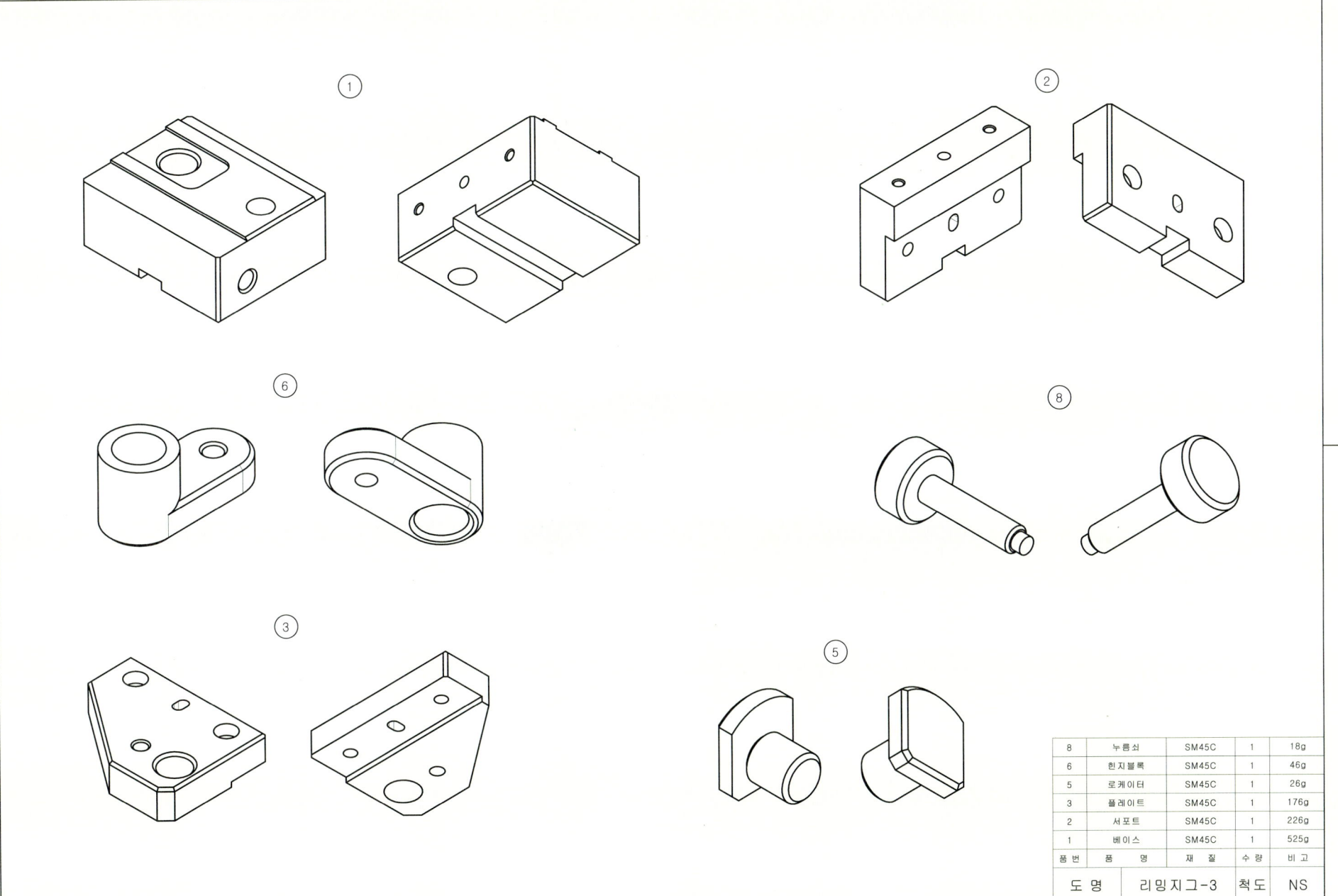

35. 리밍지그-3 등각 분해도 예제 도면

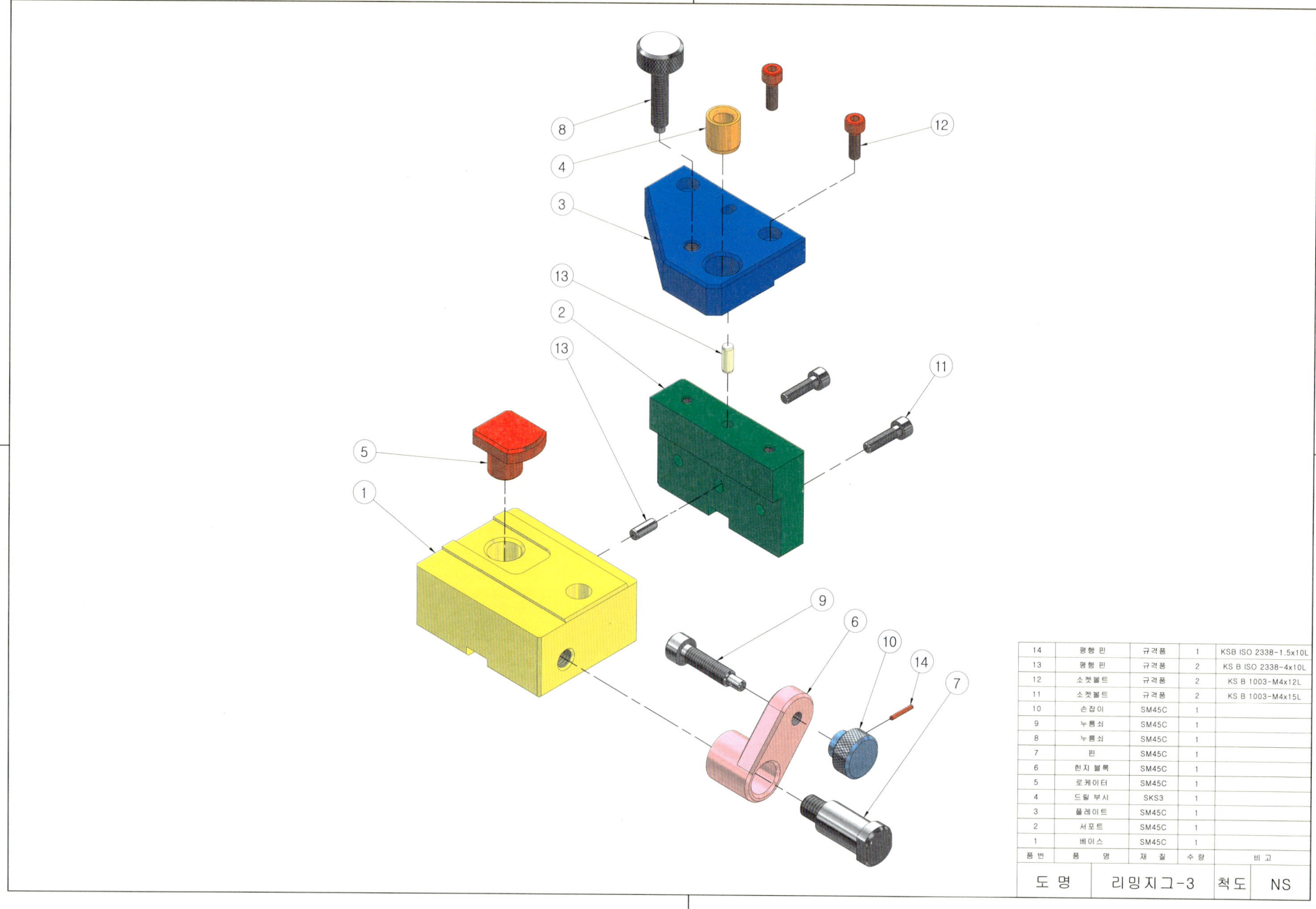

35. 리밍지그-3 등각 조립도 예제 도면

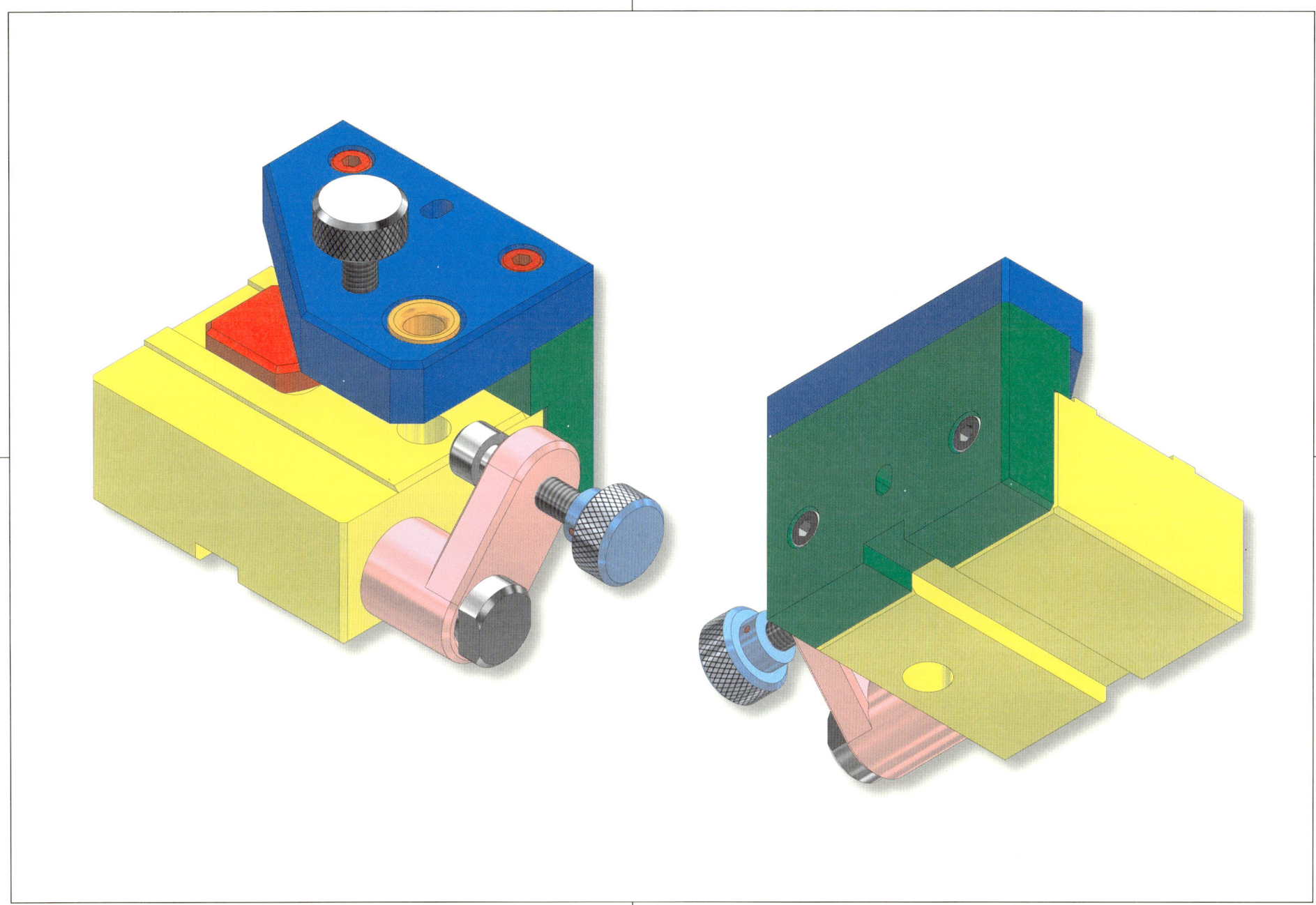

36. 클램프-1 2D 과제 도면

부품도(2D) : 1, 2, 3, 4
등각 투상도(3D) : 1, 2, 3, 4

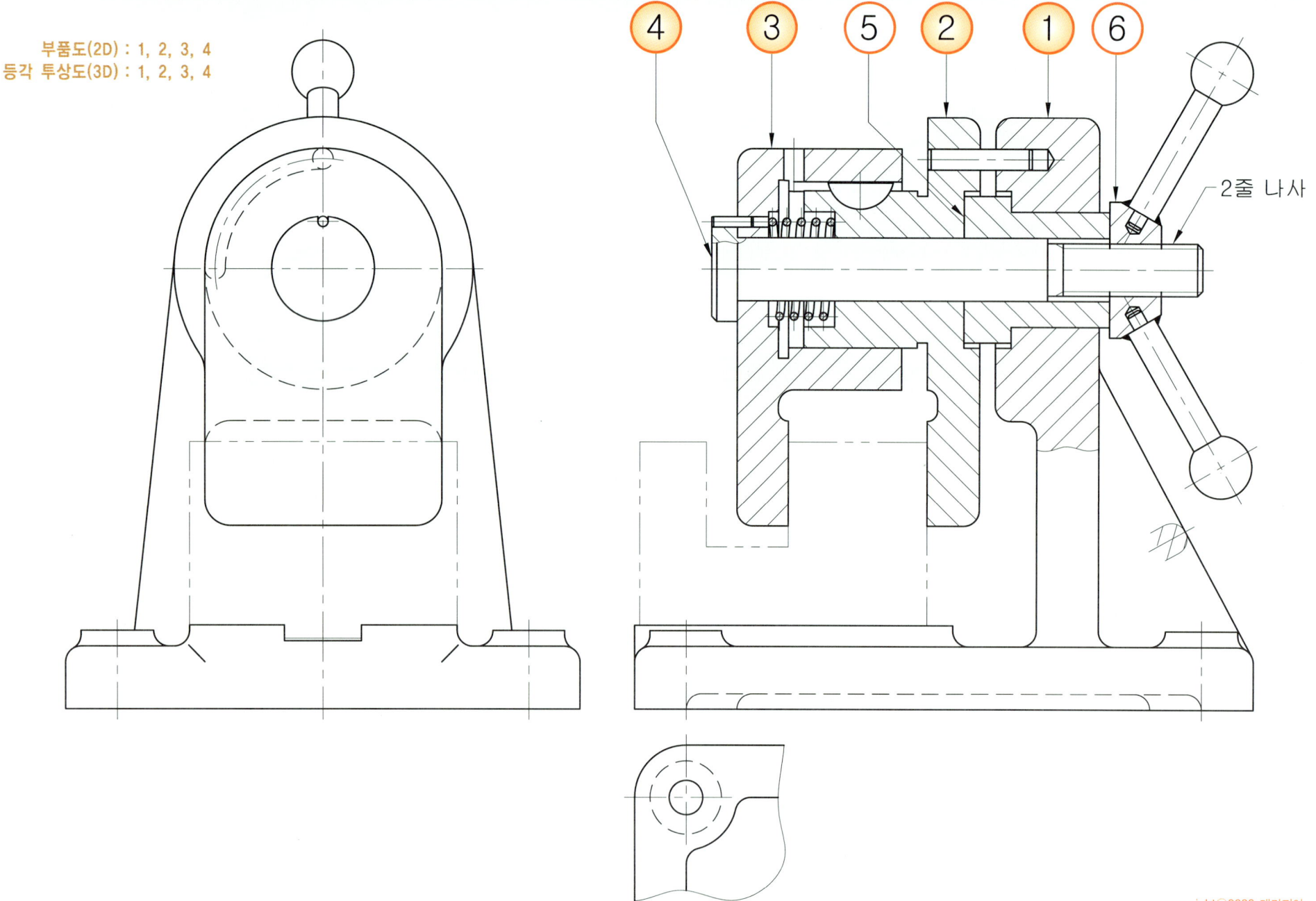

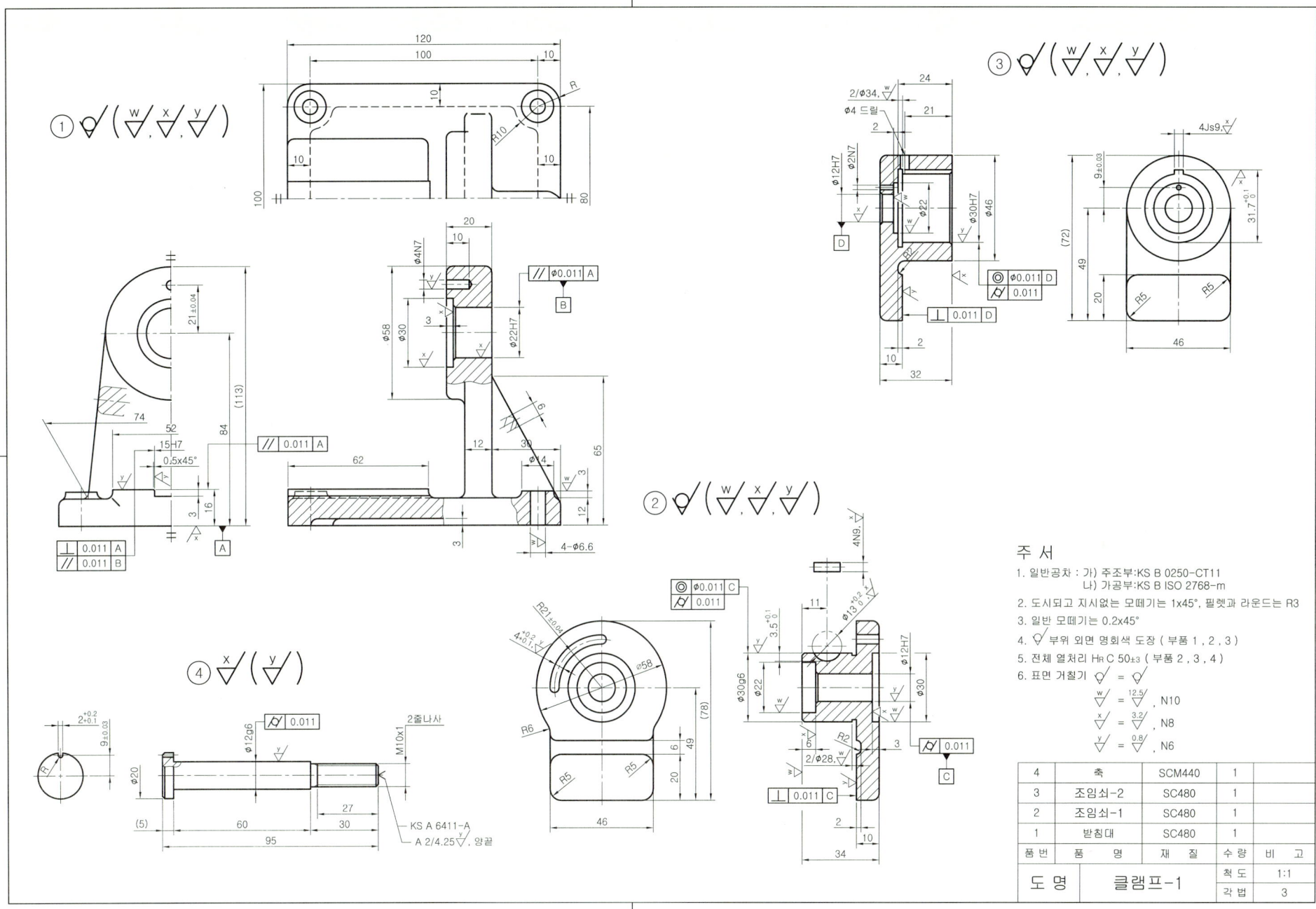

36. 클램프-1 3D 렌더링 등각 투상도 예제 도면(전산응용기계제도기능사)

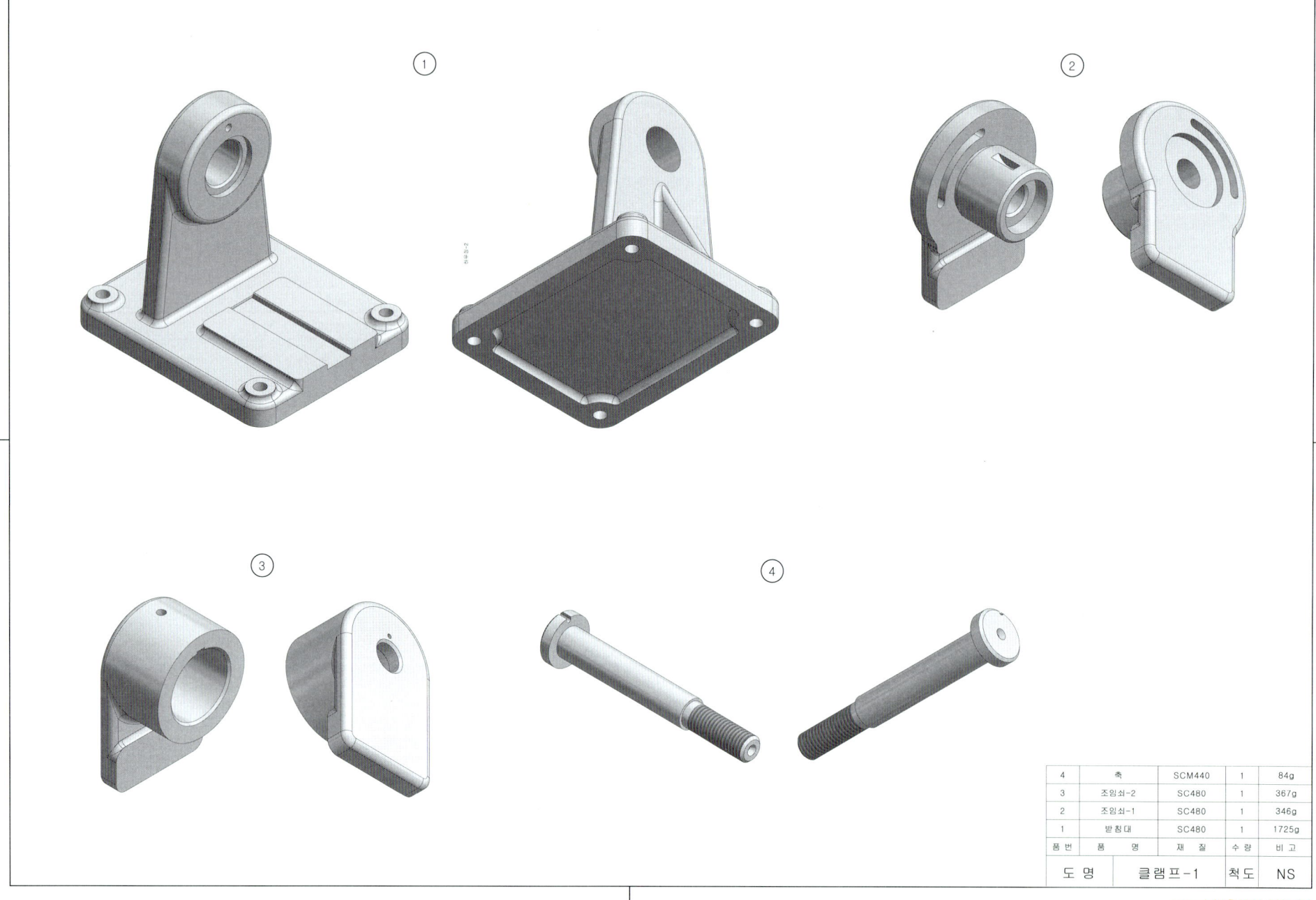

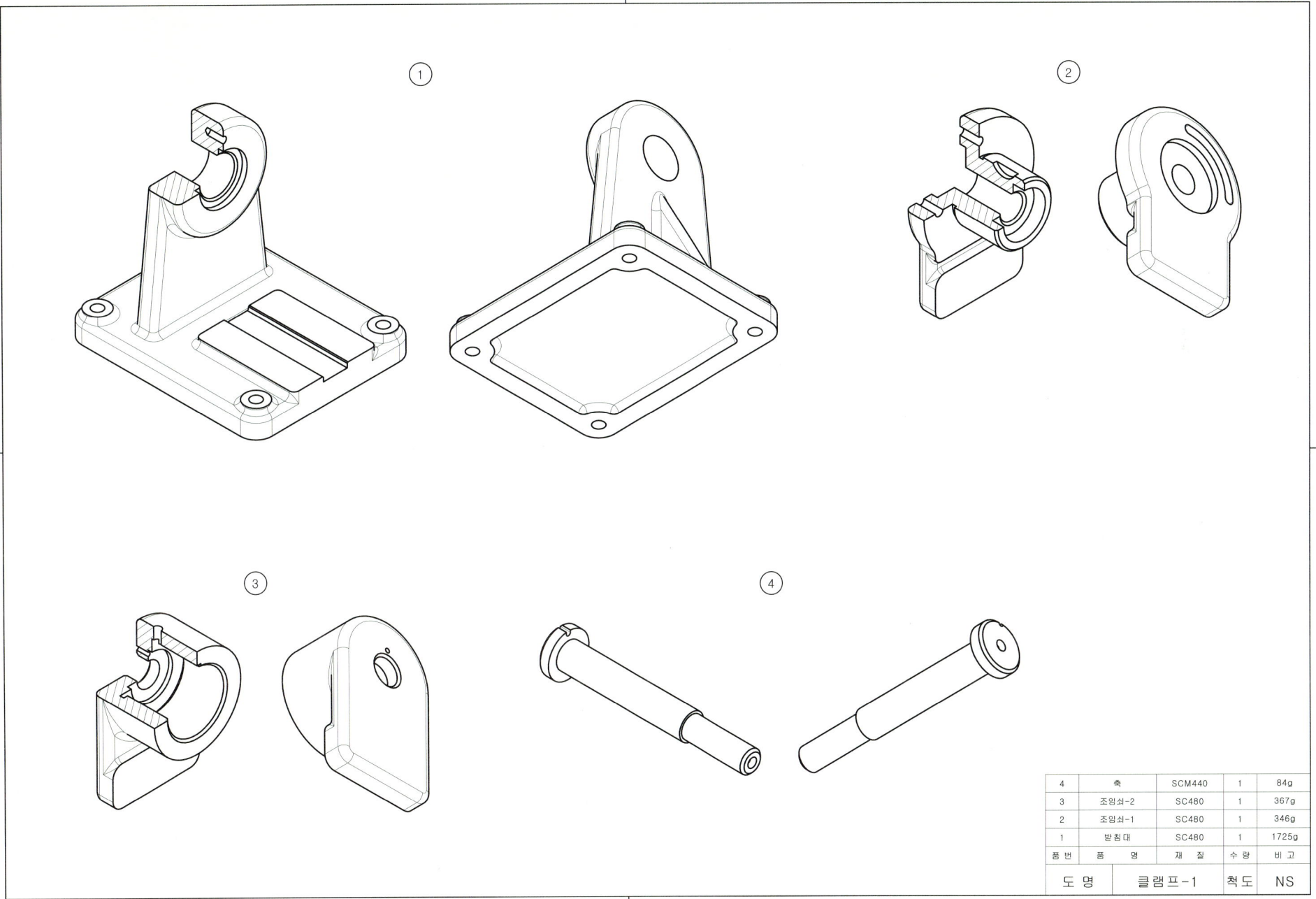

36. 클램프-1 등각 분해도 예제 도면

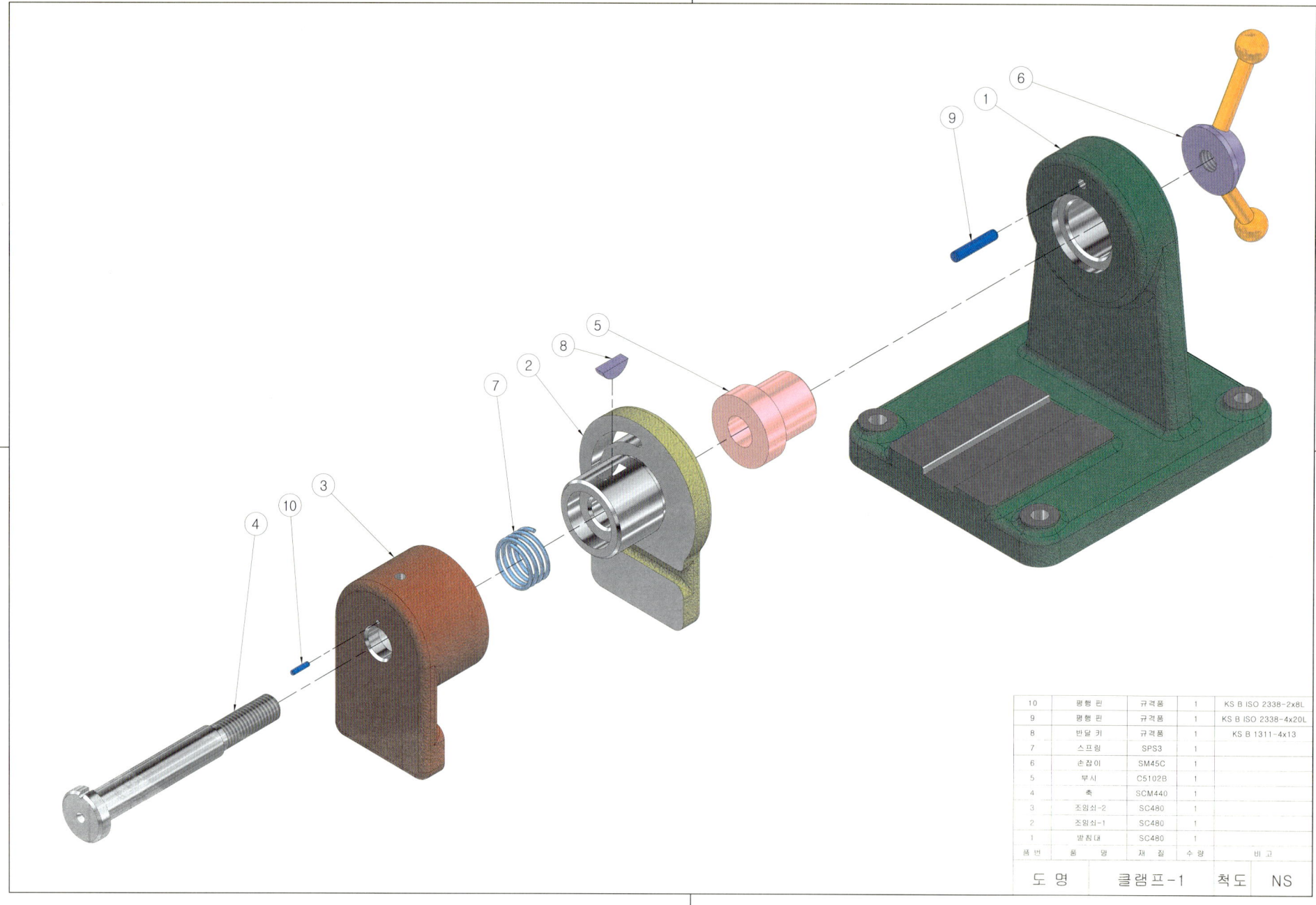

10	평행 핀	규격품	1	KS B ISO 2338-2x8L
9	평행 핀	규격품	1	KS B ISO 2338-4x20L
8	반달 키	규격품	1	KS B 1311-4x13
7	스프링	SPS3	1	
6	손잡이	SM45C	1	
5	부시	C5102B	1	
4	축	SCM440	1	
3	조임쇠-2	SC480	1	
2	조임쇠-1	SC480	1	
1	받침대	SC480	1	
품번	품명	재질	수량	비고

| 도 명 | 클램프-1 | 척도 | NS |

36. 클램프-1 등각 조립도 예제 도면

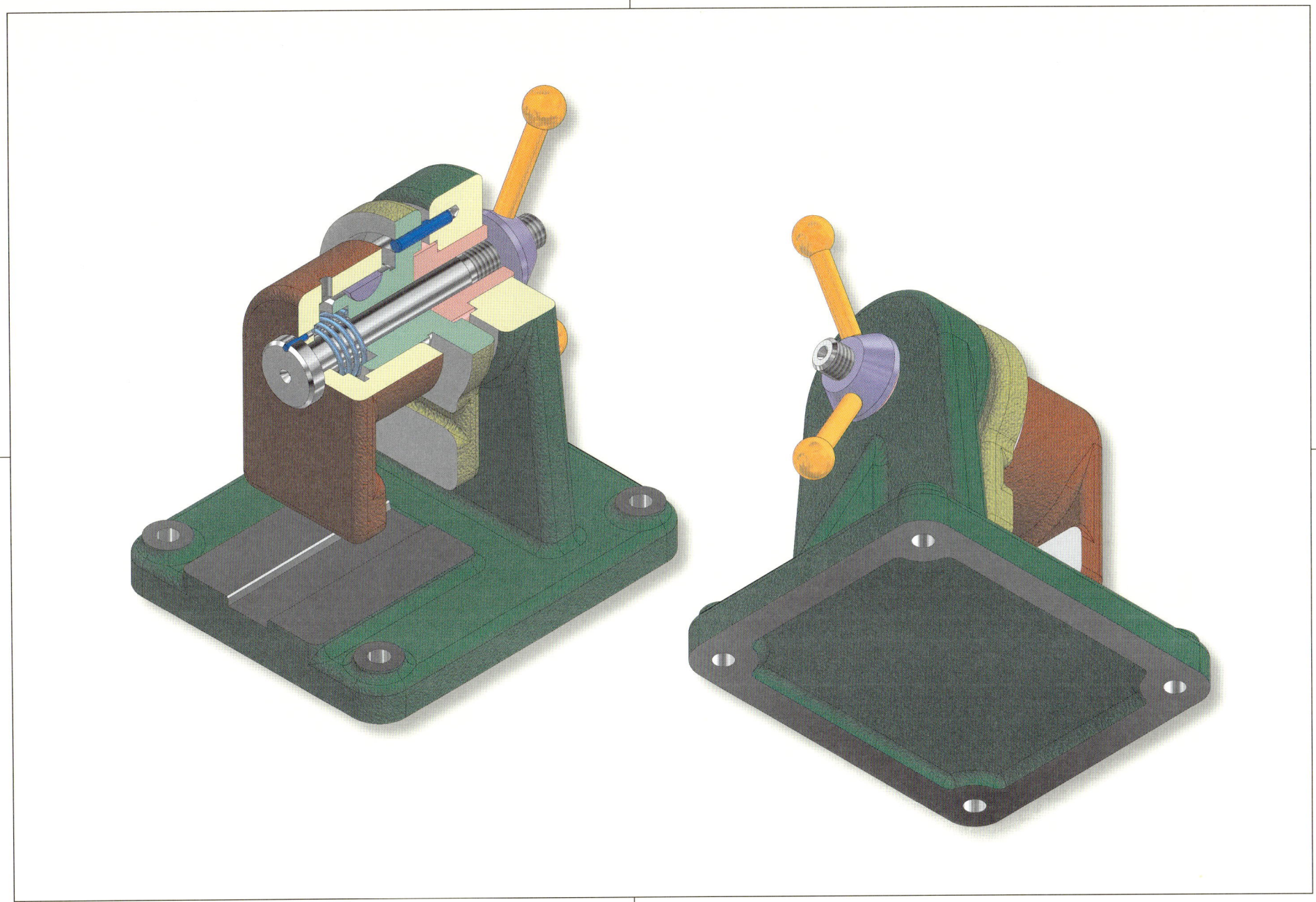

37. 클램프-2 2D 과제 도면

부품도(2D) : 1, 3, 4, 5
등각 투상도(3D) : 1, 2, 3, 4, 5

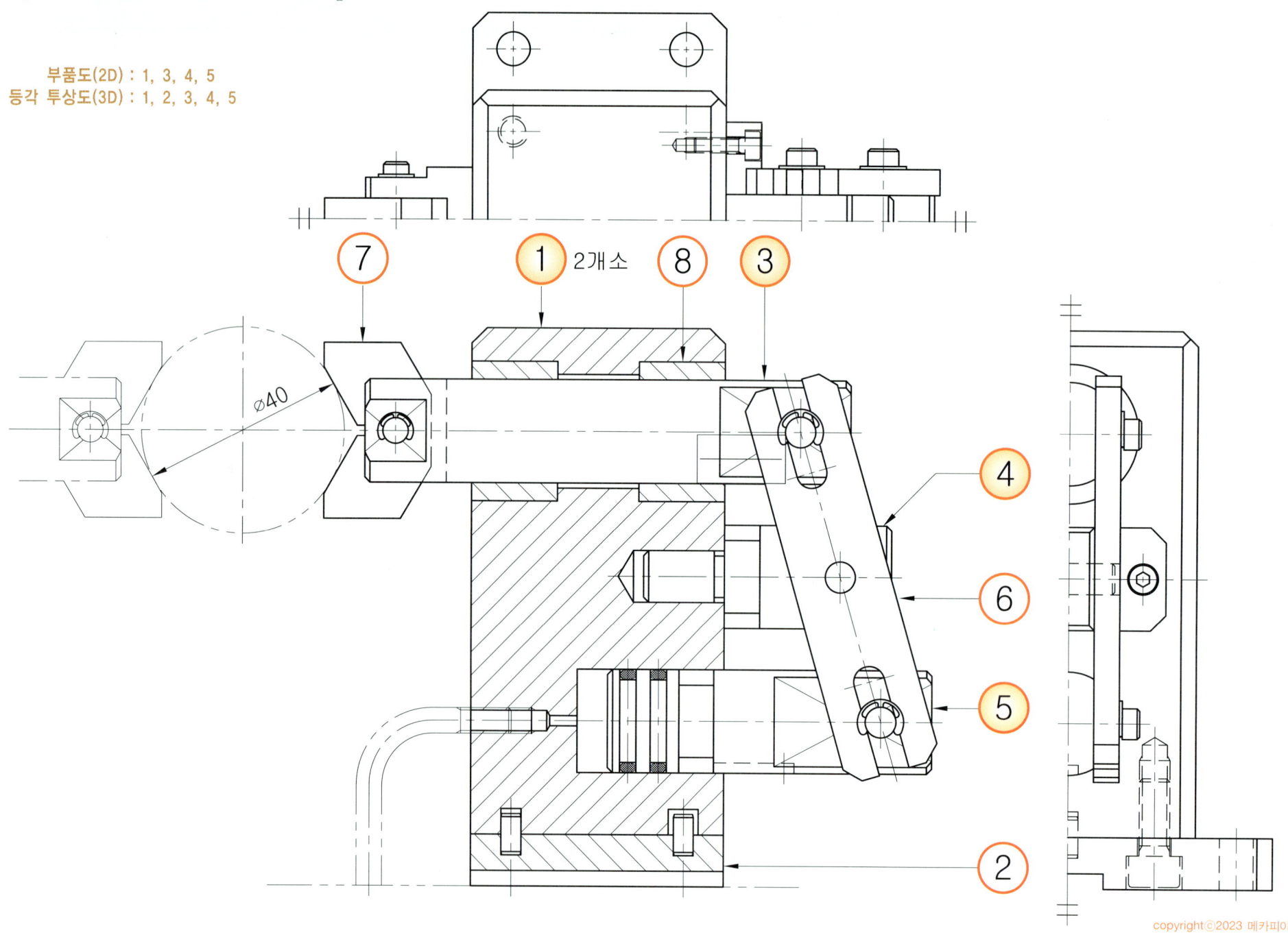

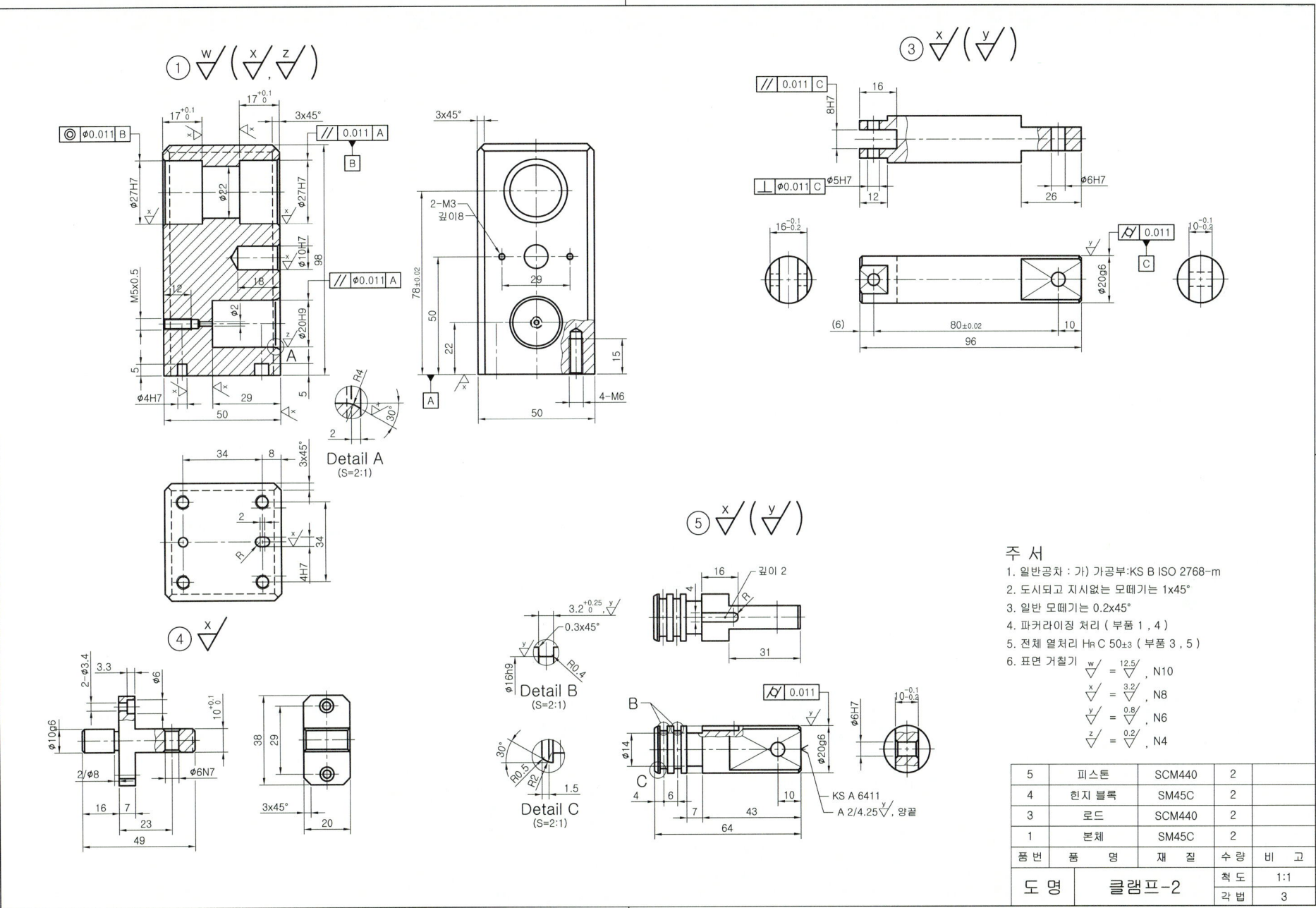

37. 클램프-2 3D 렌더링 등각 투상도 예제 도면(전산응용기계제도기능사)

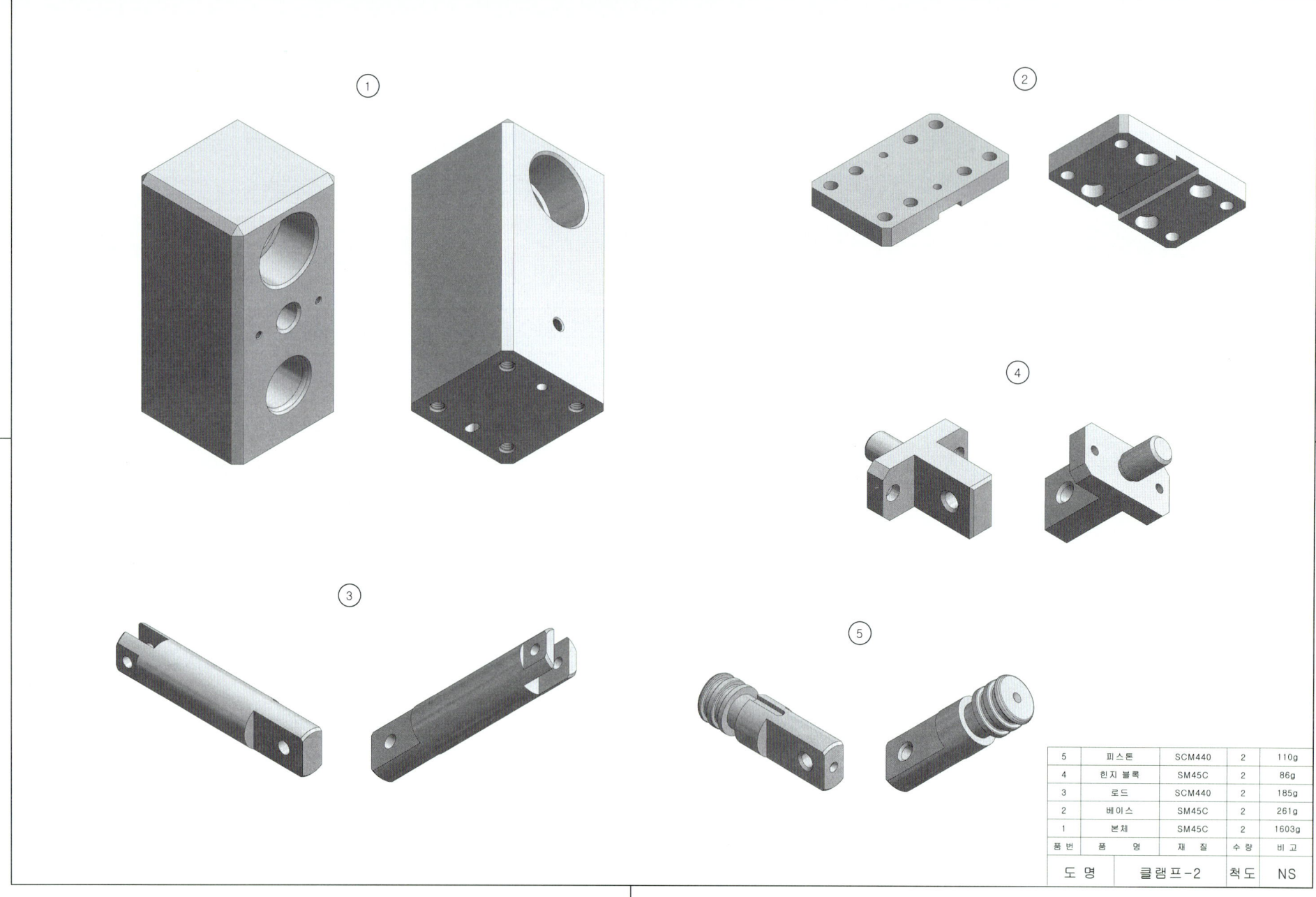

37. 클램프-2 3D 모델링도 예제 도면 (기계설계산업기사)

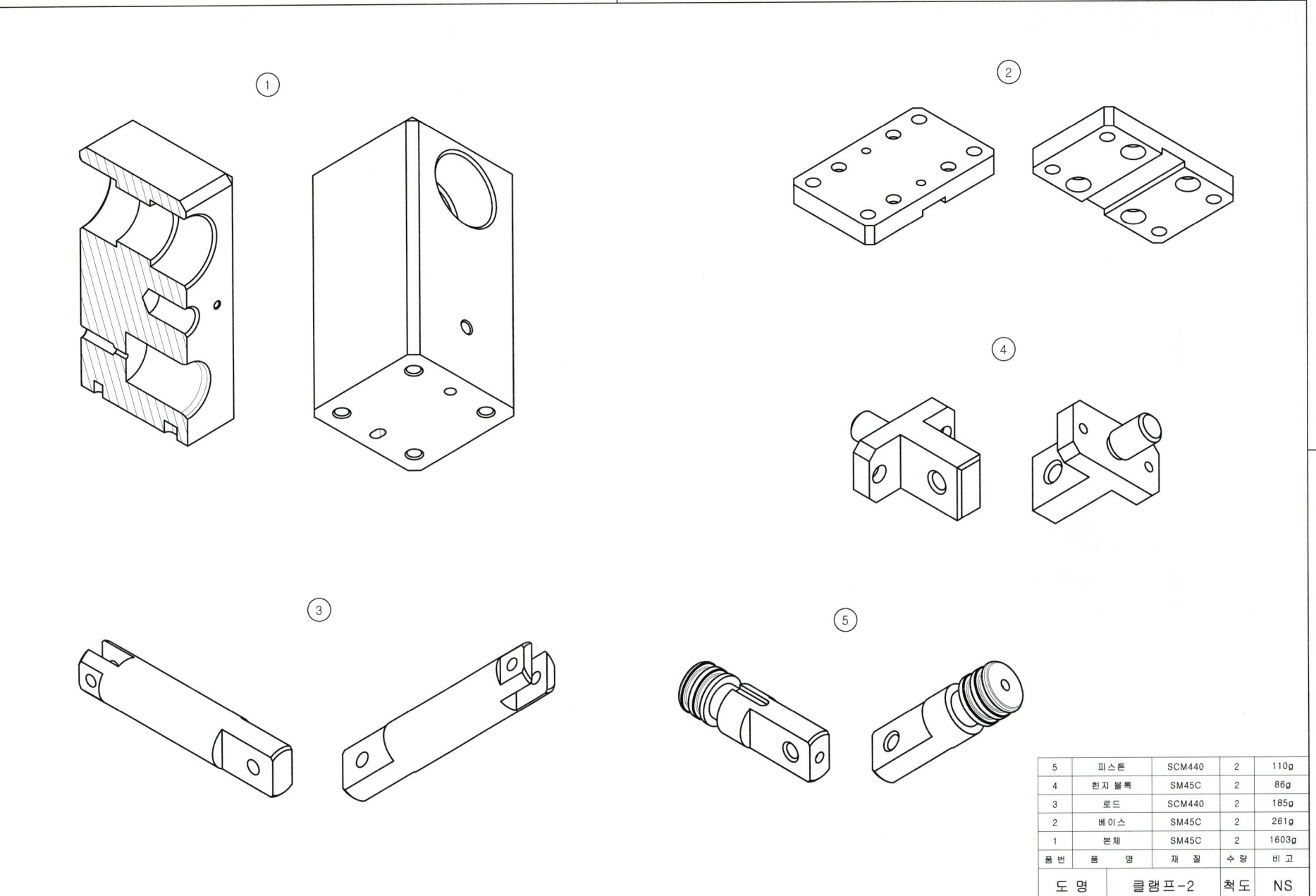

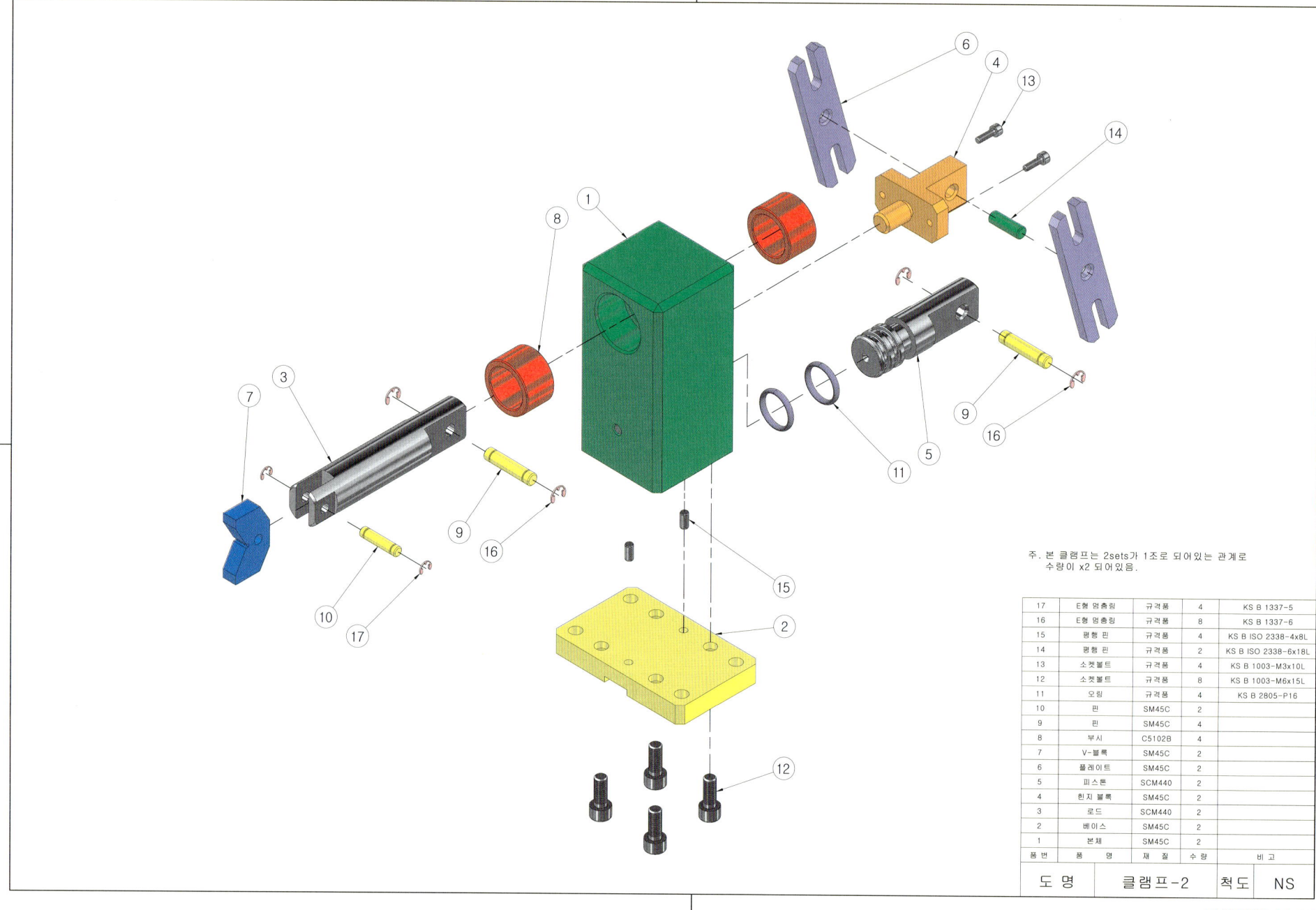

37. 클램프-2 등각 조립도 예제 도면

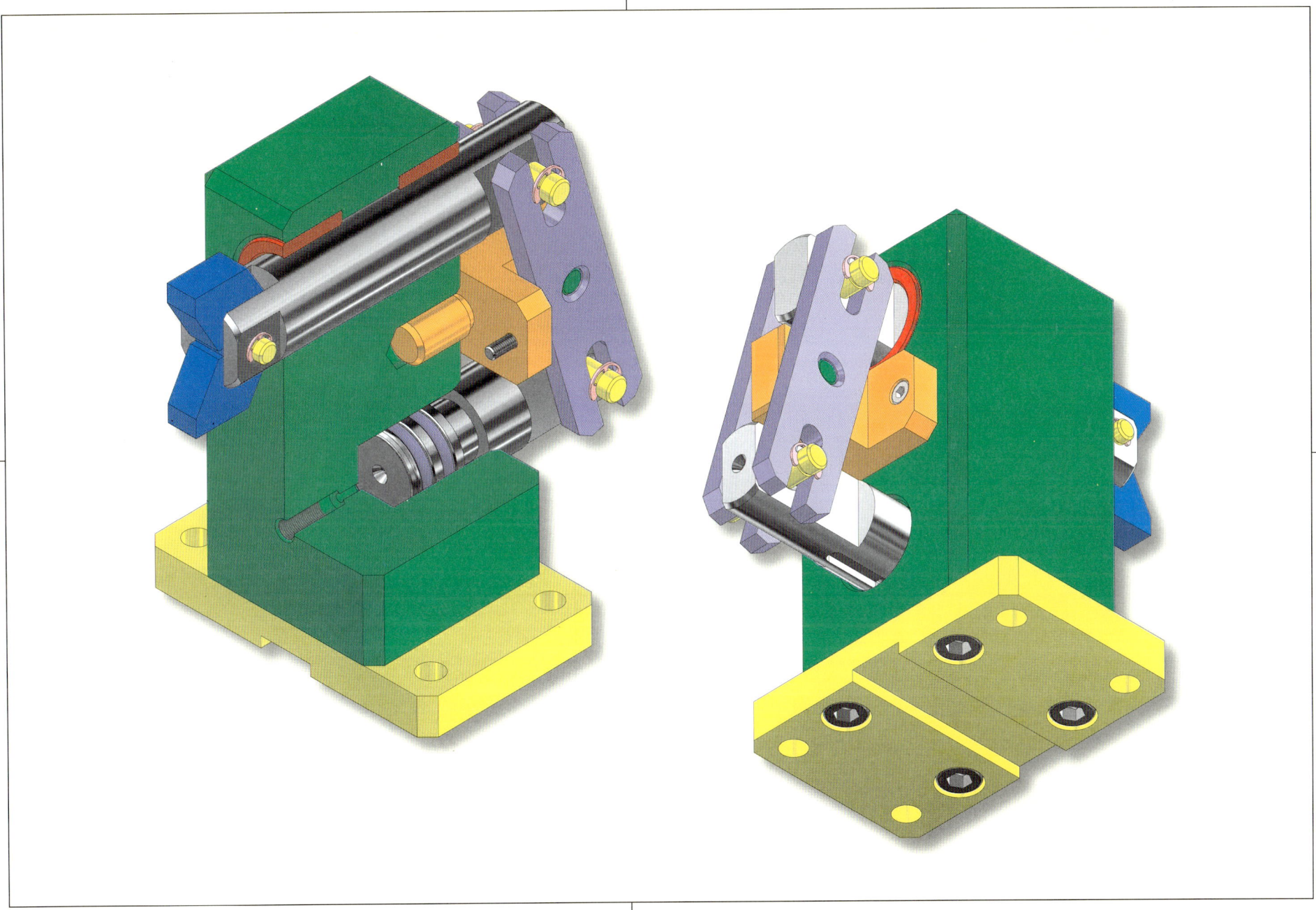

38. 에어척-1 2D 과제 도면

부품도(2D) : 1, 2, 3, 5, 6
등각 투상도(3D) : 1, 2, 3, 5, 6

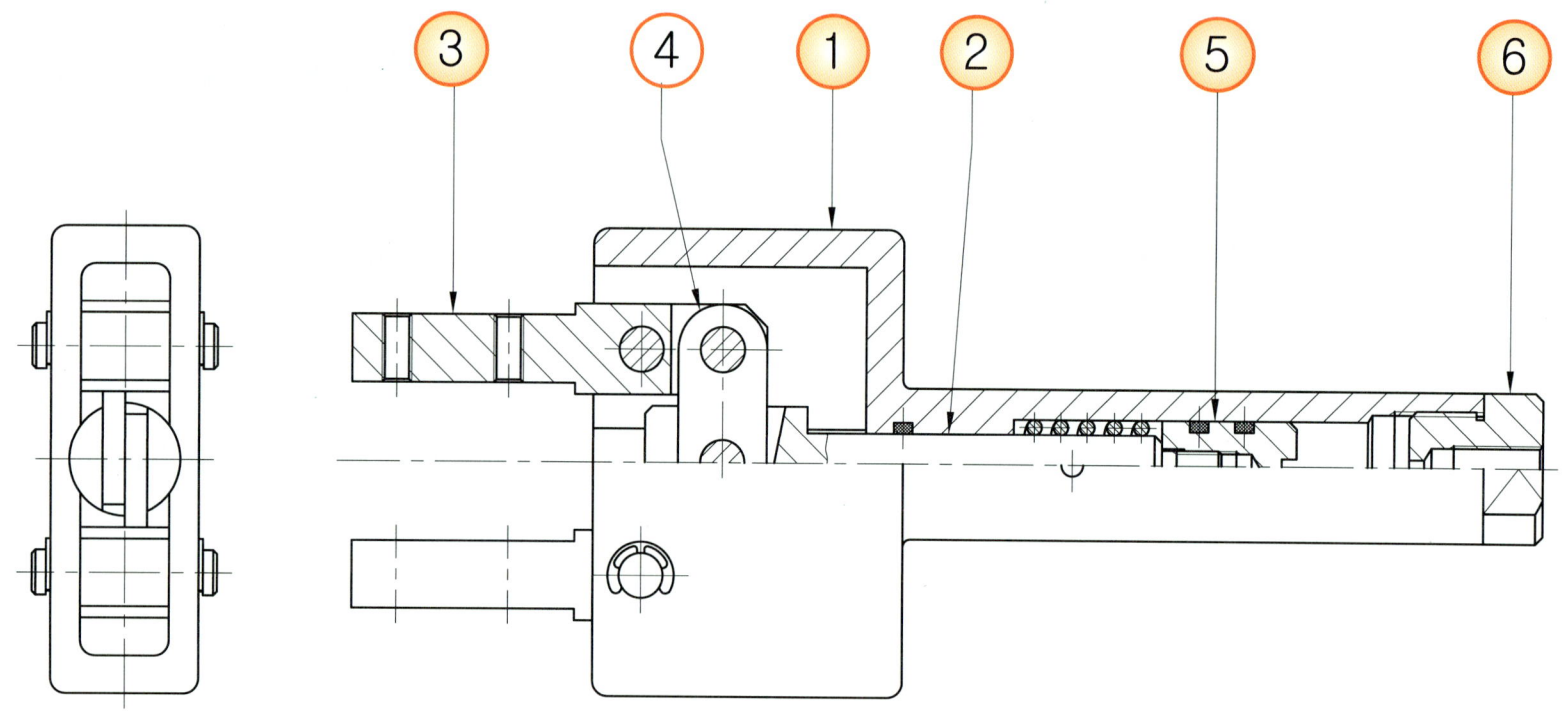

38. 에어척-1 2D 부품도 풀이 도면

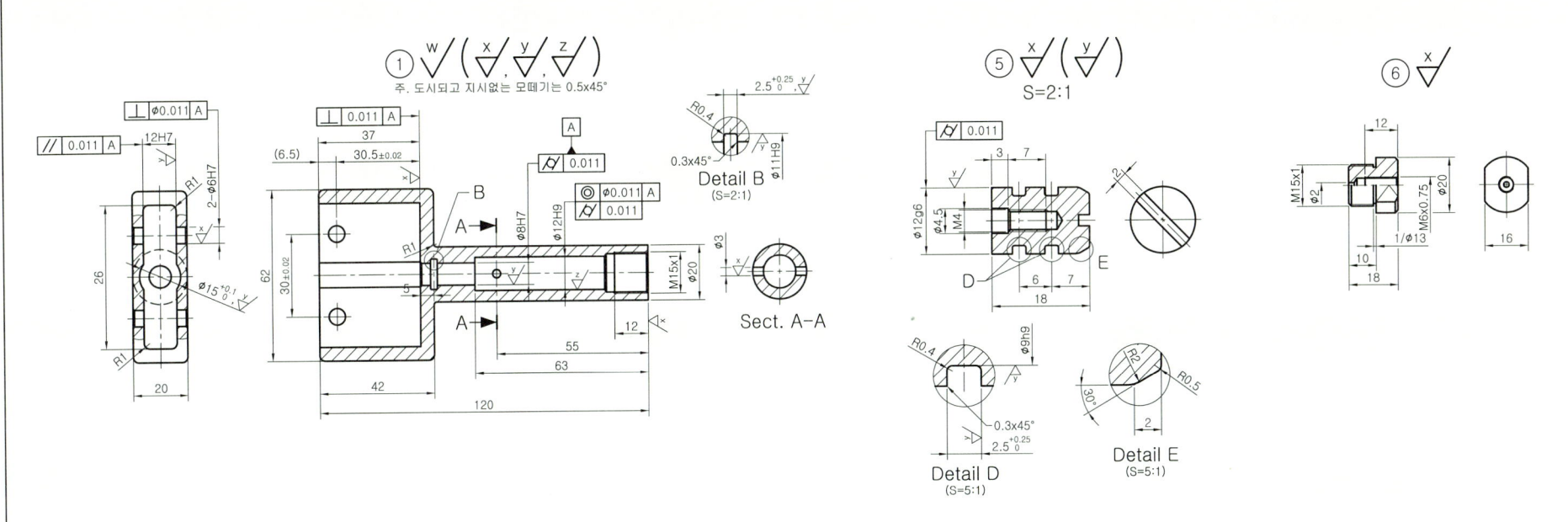

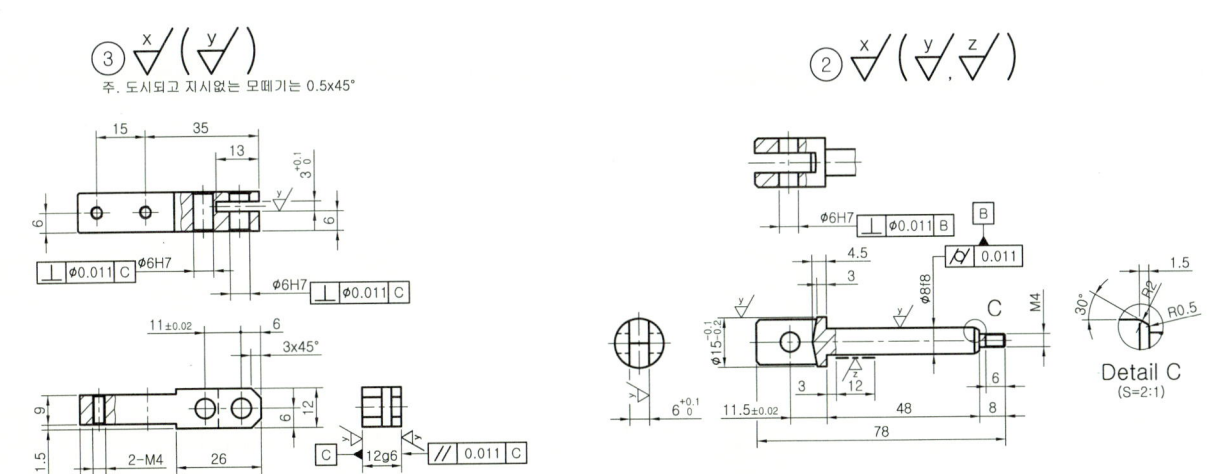

주 서

1. 일반공차 : 가) 주조부:KS B 0250-CT6
   나) 가공부:KS B ISO 2768-m
2. 도시되고 지시없는 모떼기는 1x45°, 필렛과 라운드는 R2
3. 일반 모떼기는 0.2x45°
4. 알루마이트 처리 (부품 1 , 6)
5. 전체 열처리 HRC 50±3 (부품 2 , 3 , 5)
6. 표면 거칠기 w = 12.5
   x = 3.2 , N8
   y = 0.8 , N6
   z = 0.2 , N4

6	커버	ALDC10	1
5	피스톤	SM45C	1
3	핑거	SM45C	2
2	축	SCM440	1
1	하우징	ALDC10	1
품번	품 명	재 질	수량	비 고

도 명	에어척-1	척 도	1:1 (2:1)
		각 법	3

38. 에어척-1 3D 렌더링 등각 투상도 예제 도면(전산응용기계제도기능사)

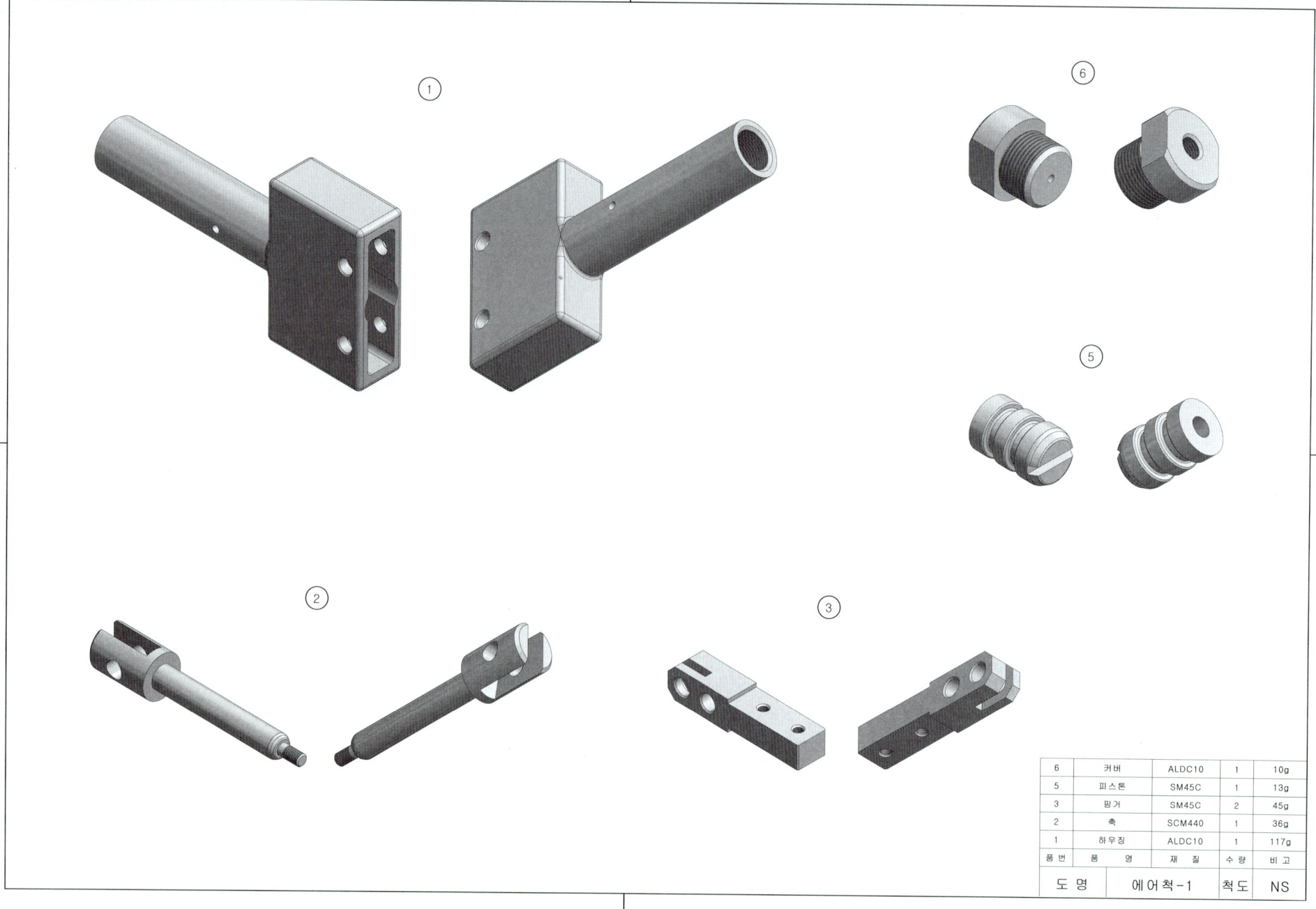

38. 에어척-1 3D 모델링도 예제 도면(기계설계산업기사)

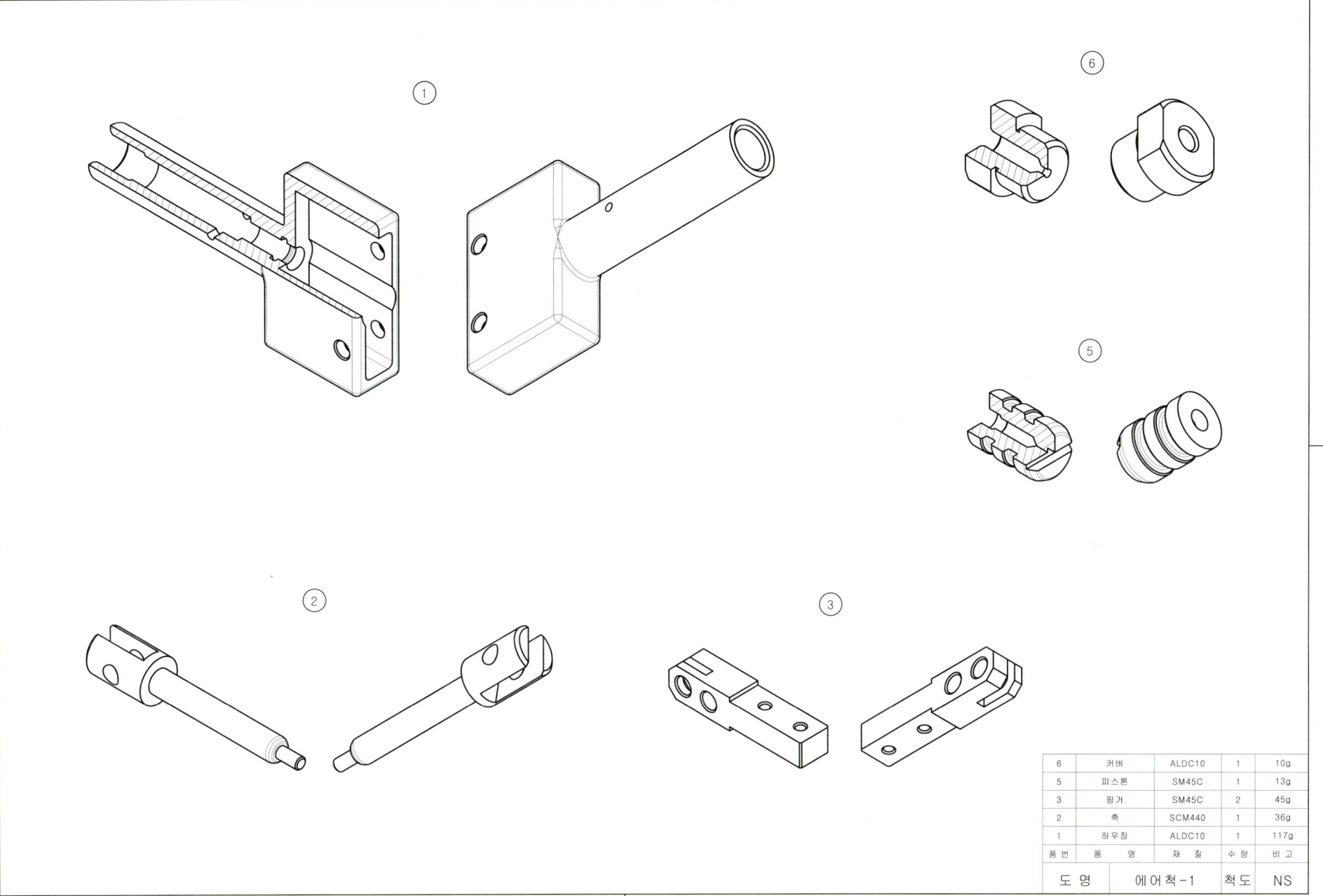

6	커버	ALDC10	1	10g
5	피스톤	SM45C	1	13g
3	핑거	SM45C	2	45g
2	축	SCM440	1	36g
1	하우징	ALDC10	1	117g
품번	품 명	재 질	수량	비 고

도 명	에어척-1	척도	NS

38. 에어척-1 등각 분해도 예제 도면

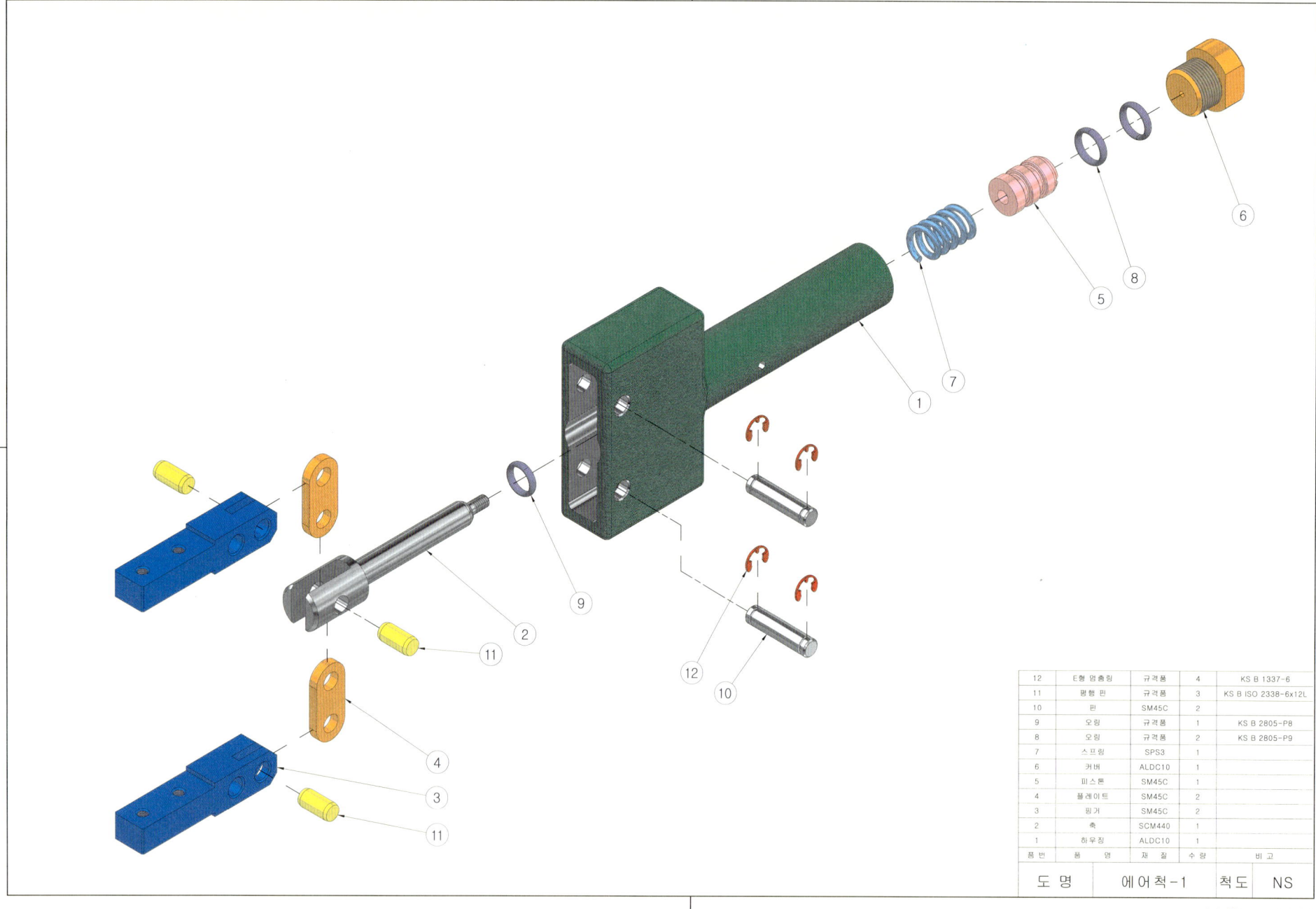

12	E형 멈춤링	규격품	4	KS B 1337-6
11	평행 핀	규격품	3	KS B ISO 2338-6x12L
10	핀	SM45C	2	
9	오링	규격품	1	KS B 2805-P8
8	오링	규격품	2	KS B 2805-P9
7	스프링	SPS3	1	
6	커버	ALDC10	1	
5	피스톤	SM45C	1	
4	플레이트	SM45C	2	
3	핑거	SM45C	2	
2	축	SCM440	1	
1	하우징	ALDC10	1	
품번	품 명	재 질	수 량	비 고

도 명	에어척-1	척 도	NS

38. 에어척-1 등각 조립도 예제 도면

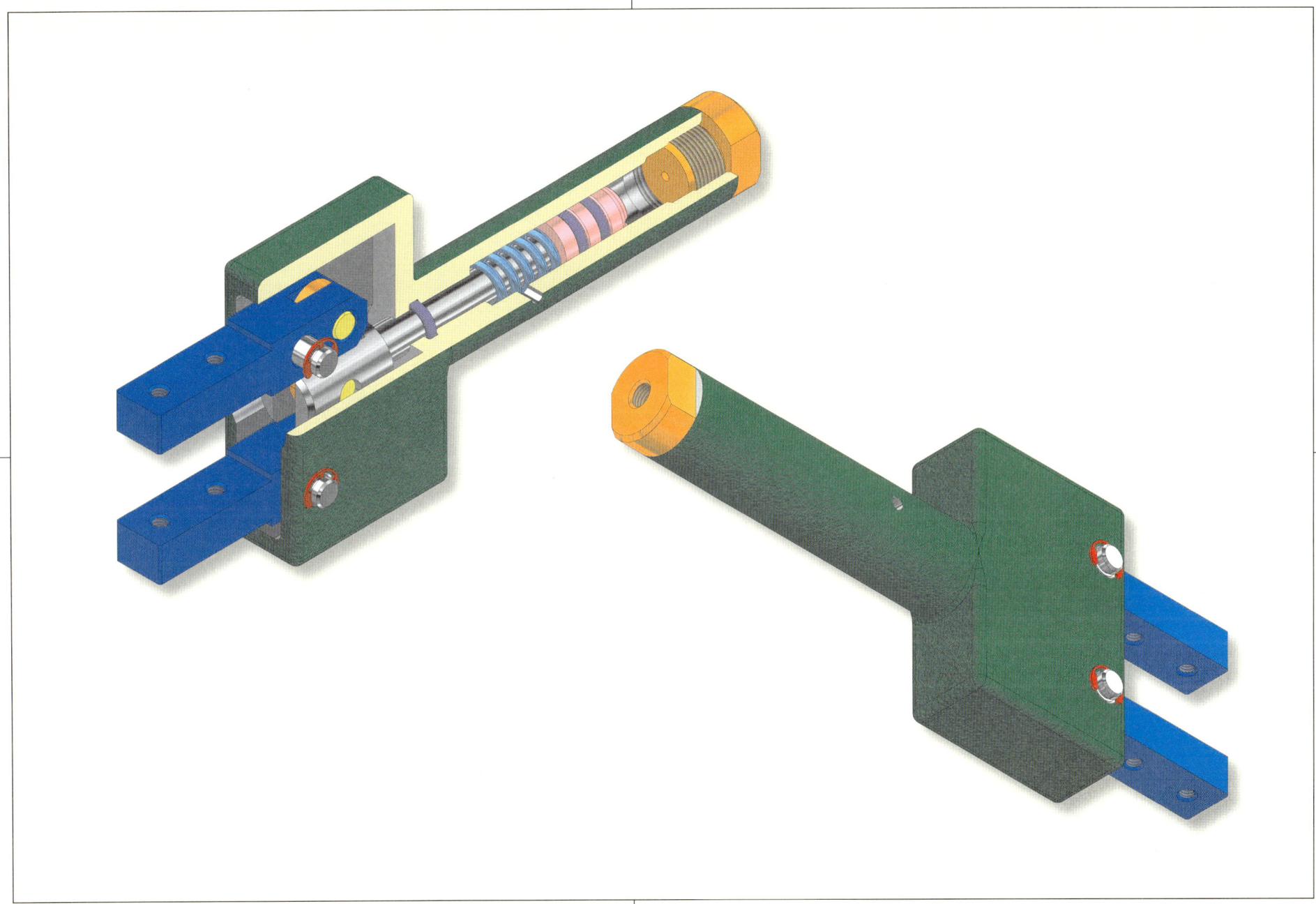

39. 에어척-2 2D 과제 도면

부품도(2D) : 1, 2, 3, 5
등각 투상도(3D) : 1, 2, 3, 4, 5

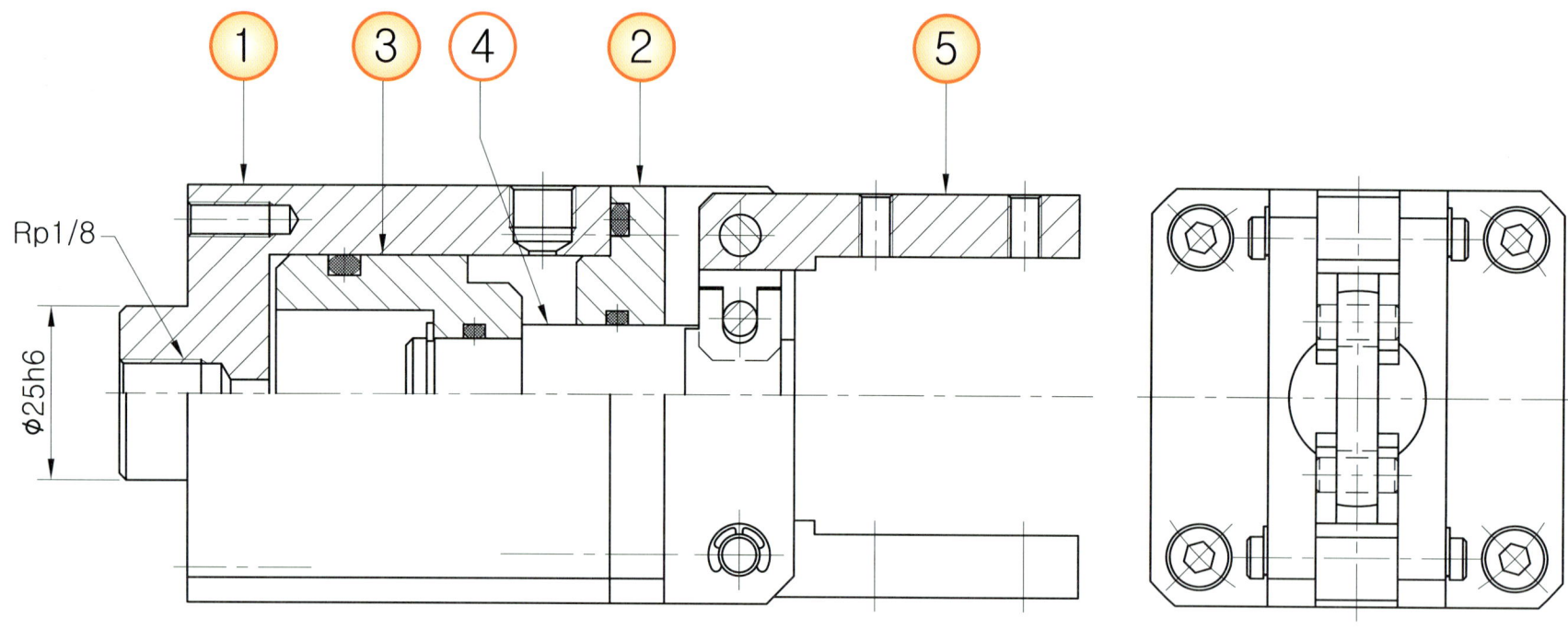

39. 에어척-2 2D 부품도 풀이 도면

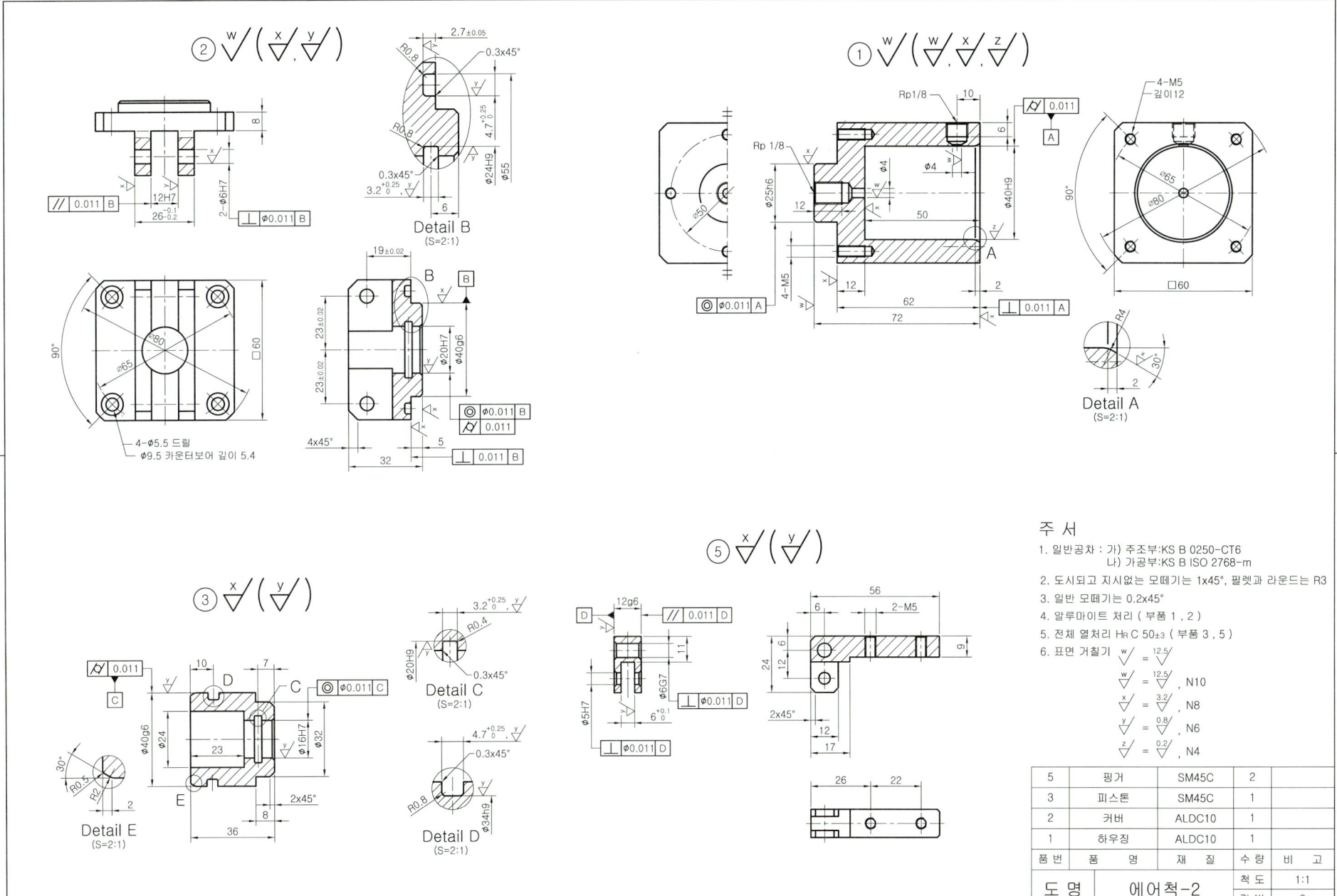

39. 에어척-2 3D 렌더링 등각 투상도 예제 도면(전산응용기계제도기능사)

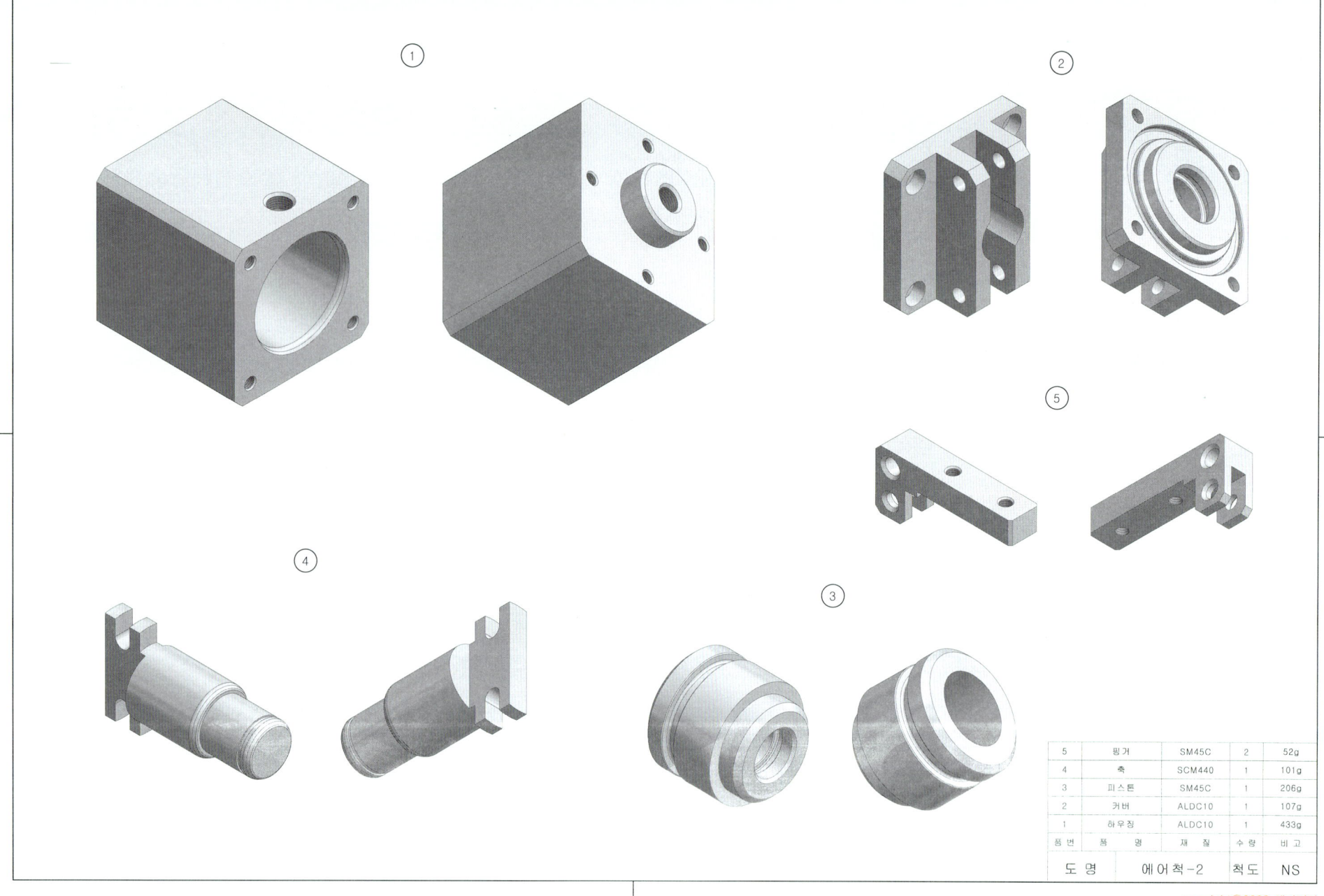

39. 에어척-2 3D 모델링도 예제 도면(기계설계산업기사)

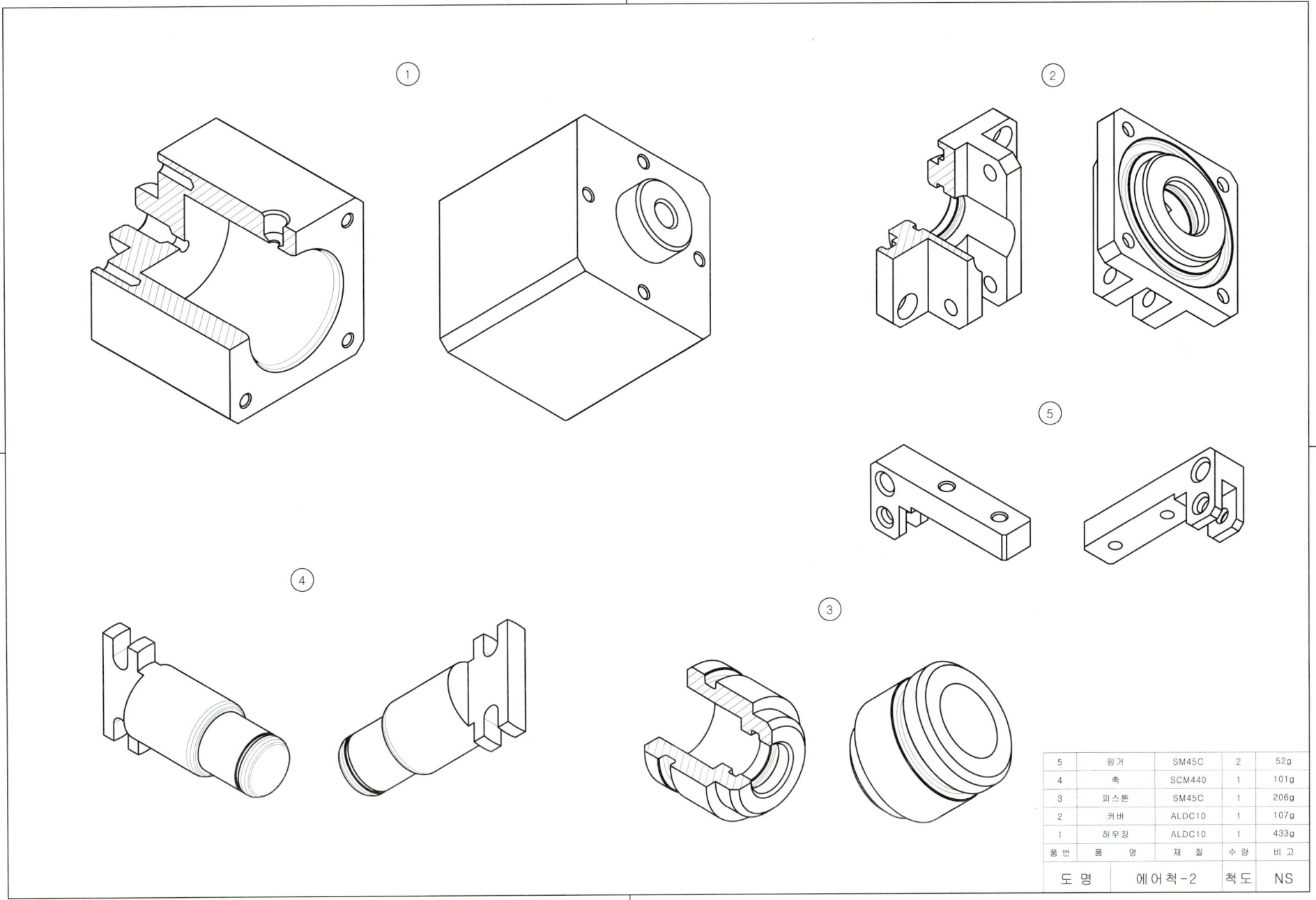

39. 에어척-2 등각 분해도 예제 도면

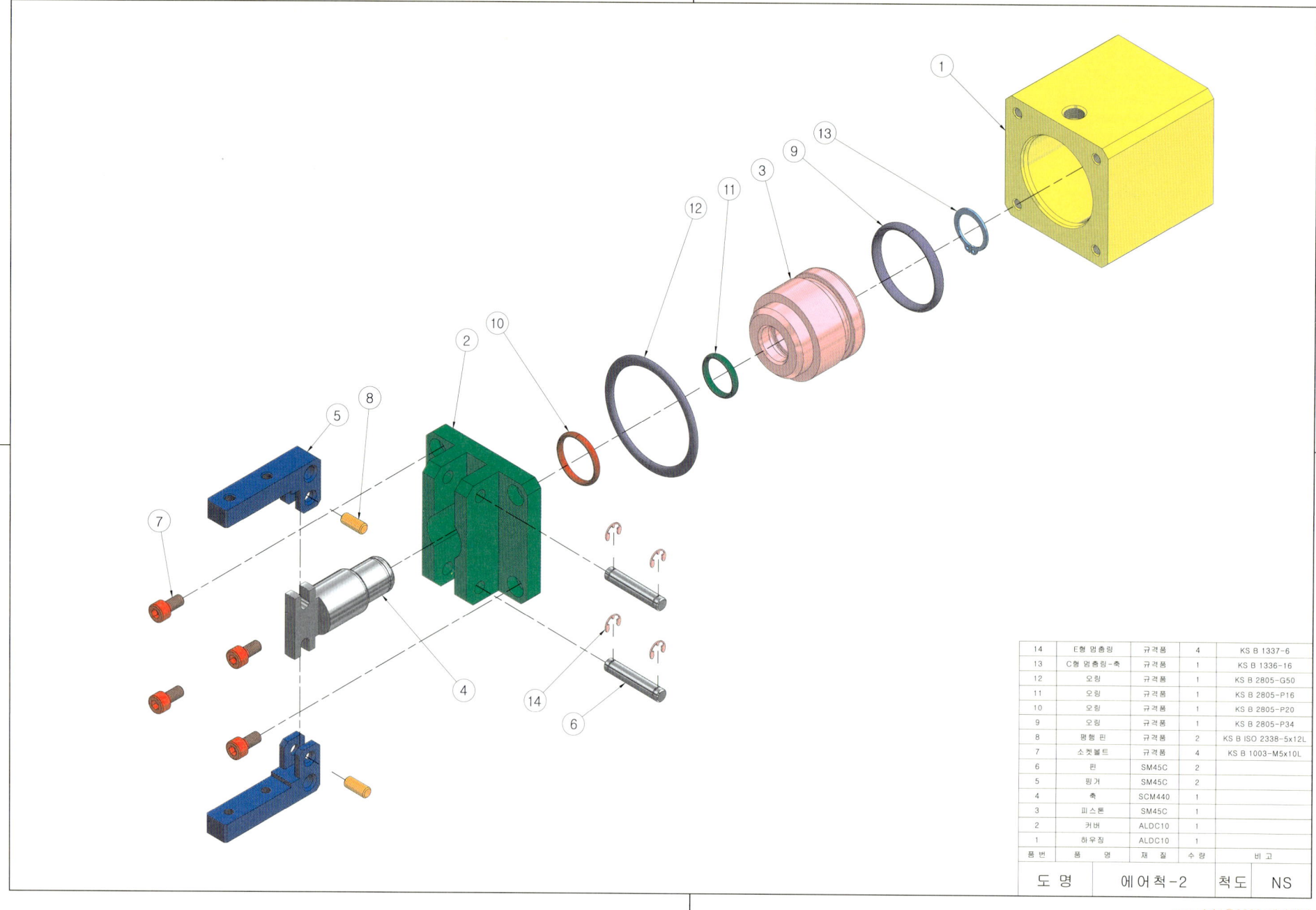

39. 에어척-2 등각 조립도 예제 도면

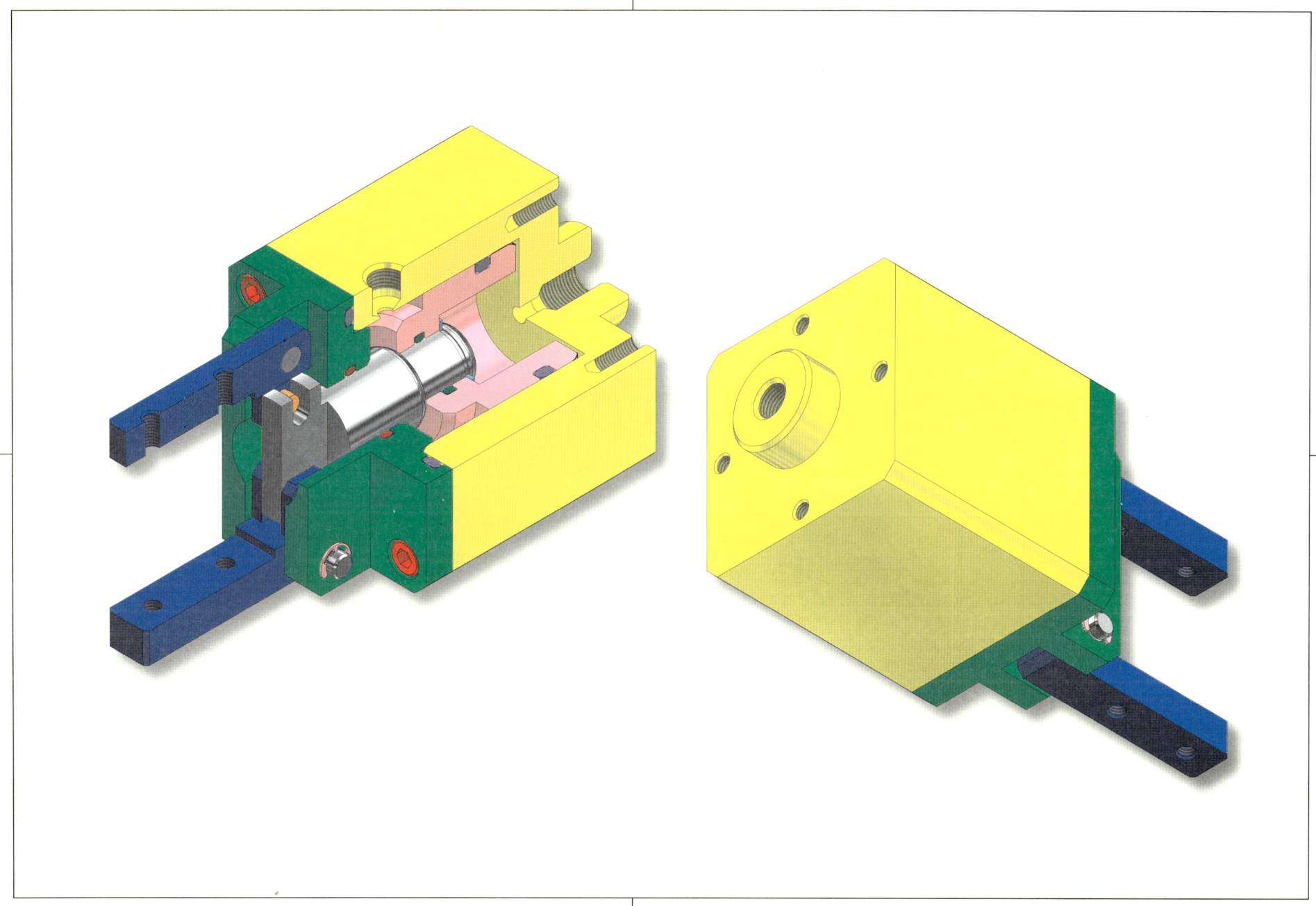

40. 에어척-3 2D 과제 도면

부품도(2D) : 1, 2, 4, 5
등각 투상도(3D) : 1, 2, 3, 4, 5

40. 에어척-3 2D 부품도 풀이 도면

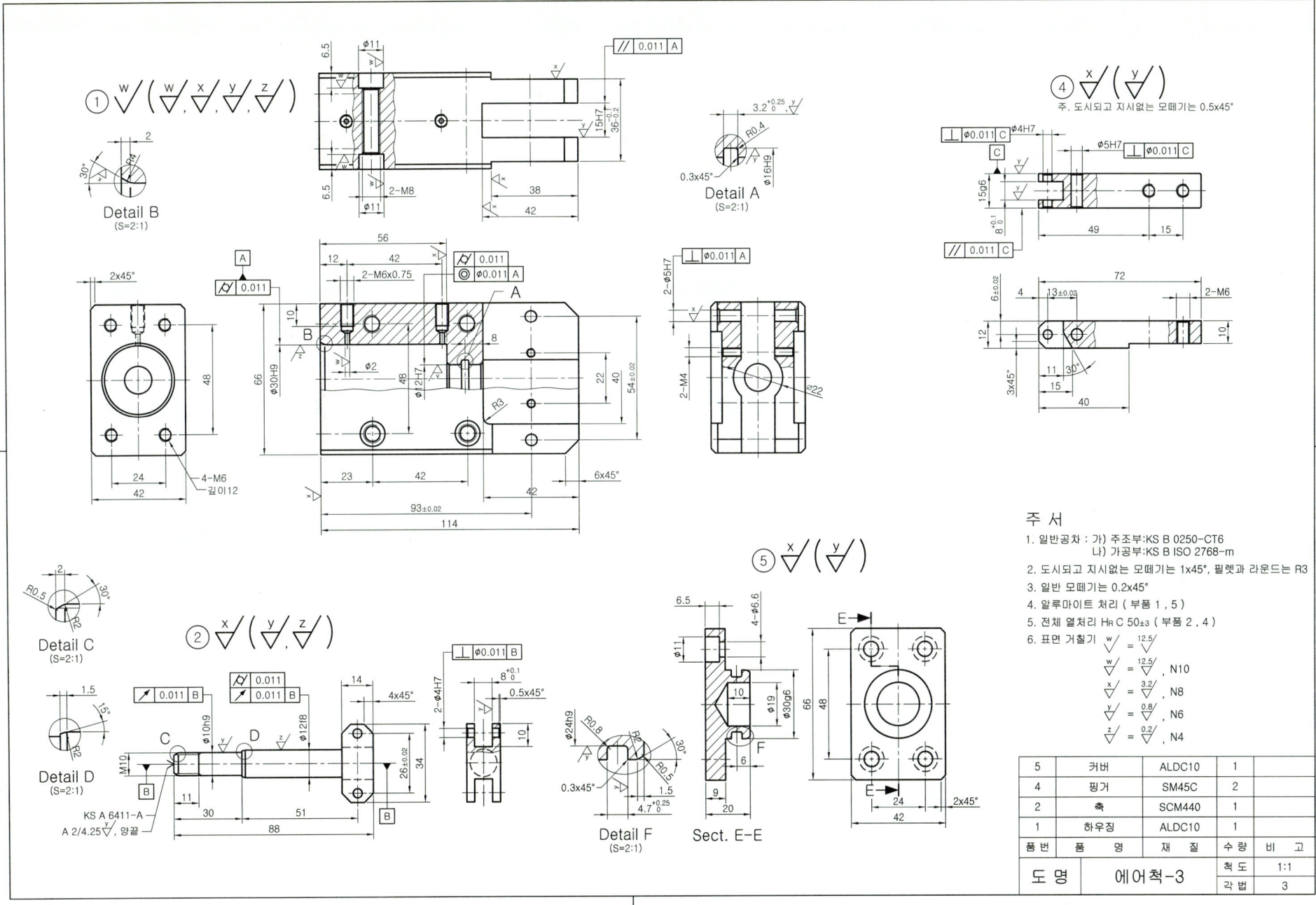

40. 에어척-3 3D 렌더링 등각 투상도 예제 도면(전산응용기계제도기능사)

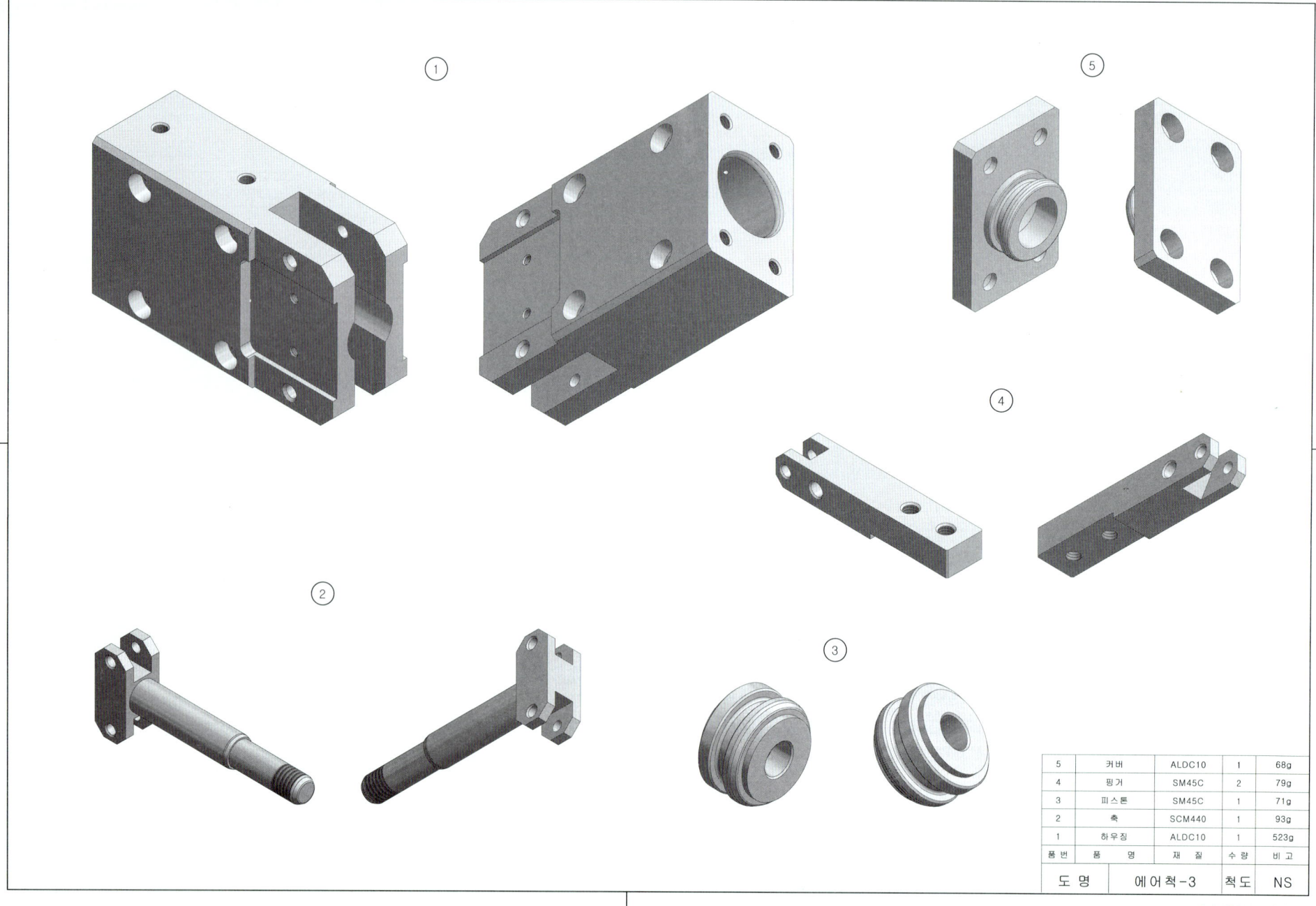

40. 에어척-3 3D 모델링도 예제 도면(기계설계산업기사)

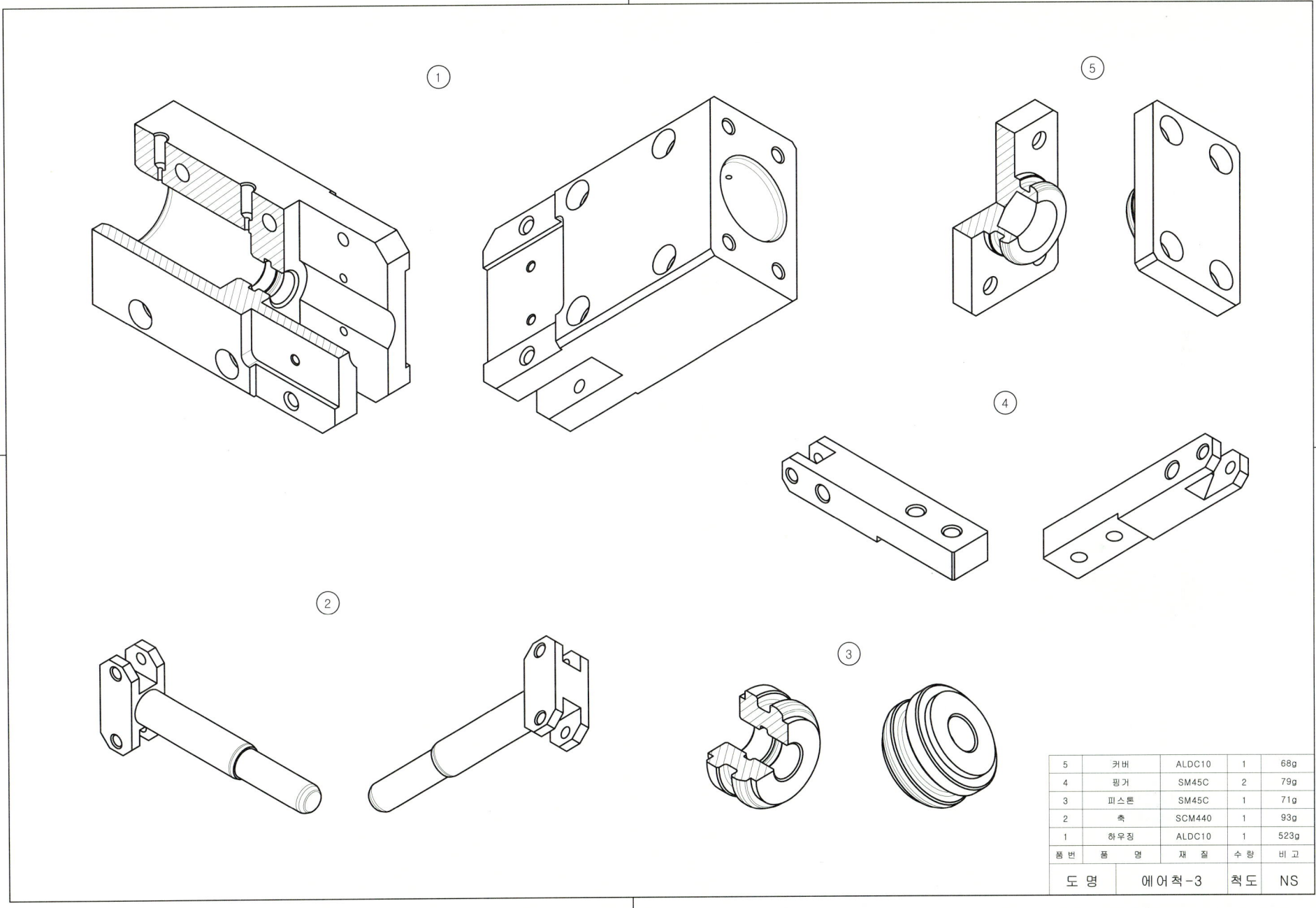

40. 에어척-3 등각 분해도 예제 도면

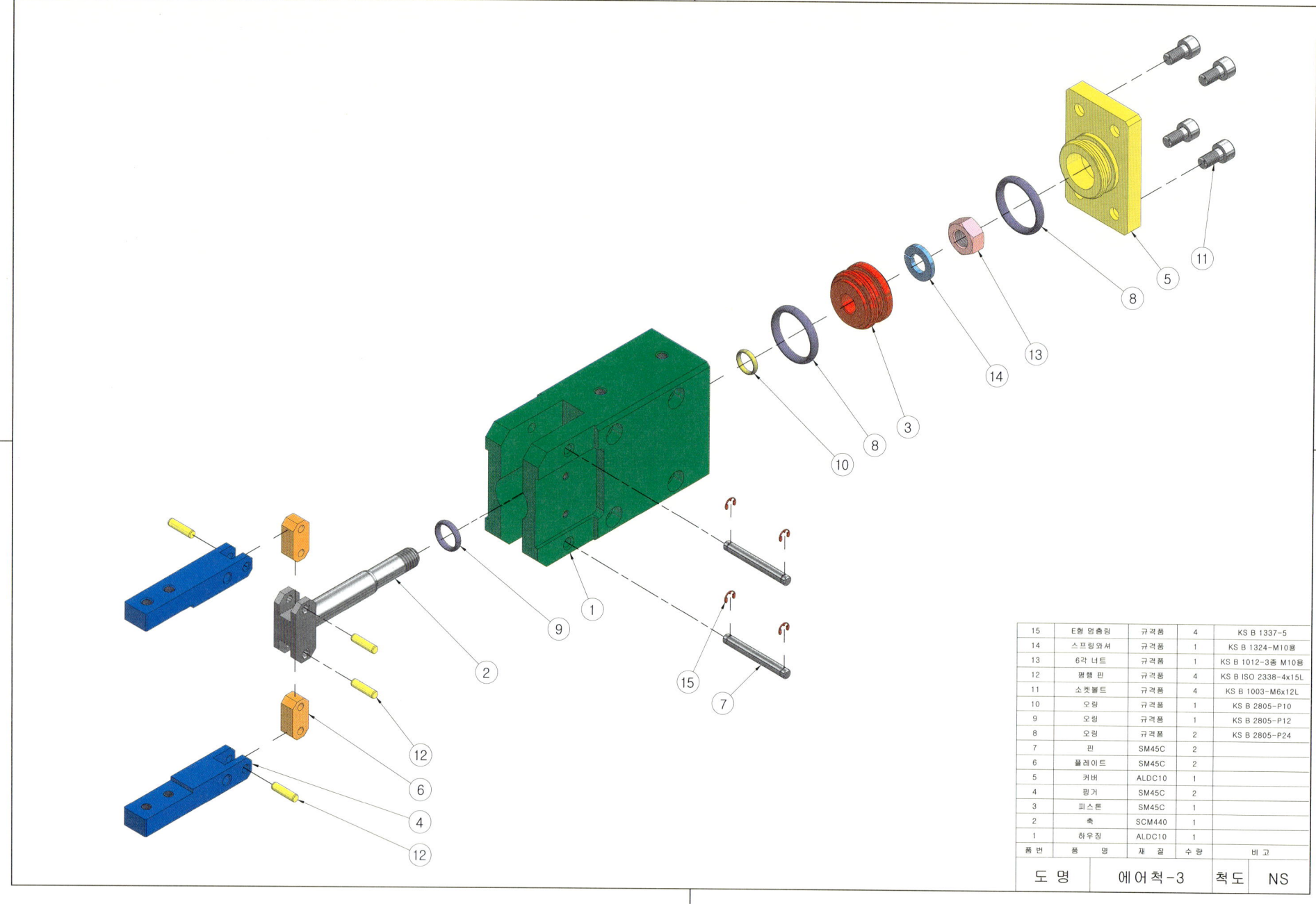

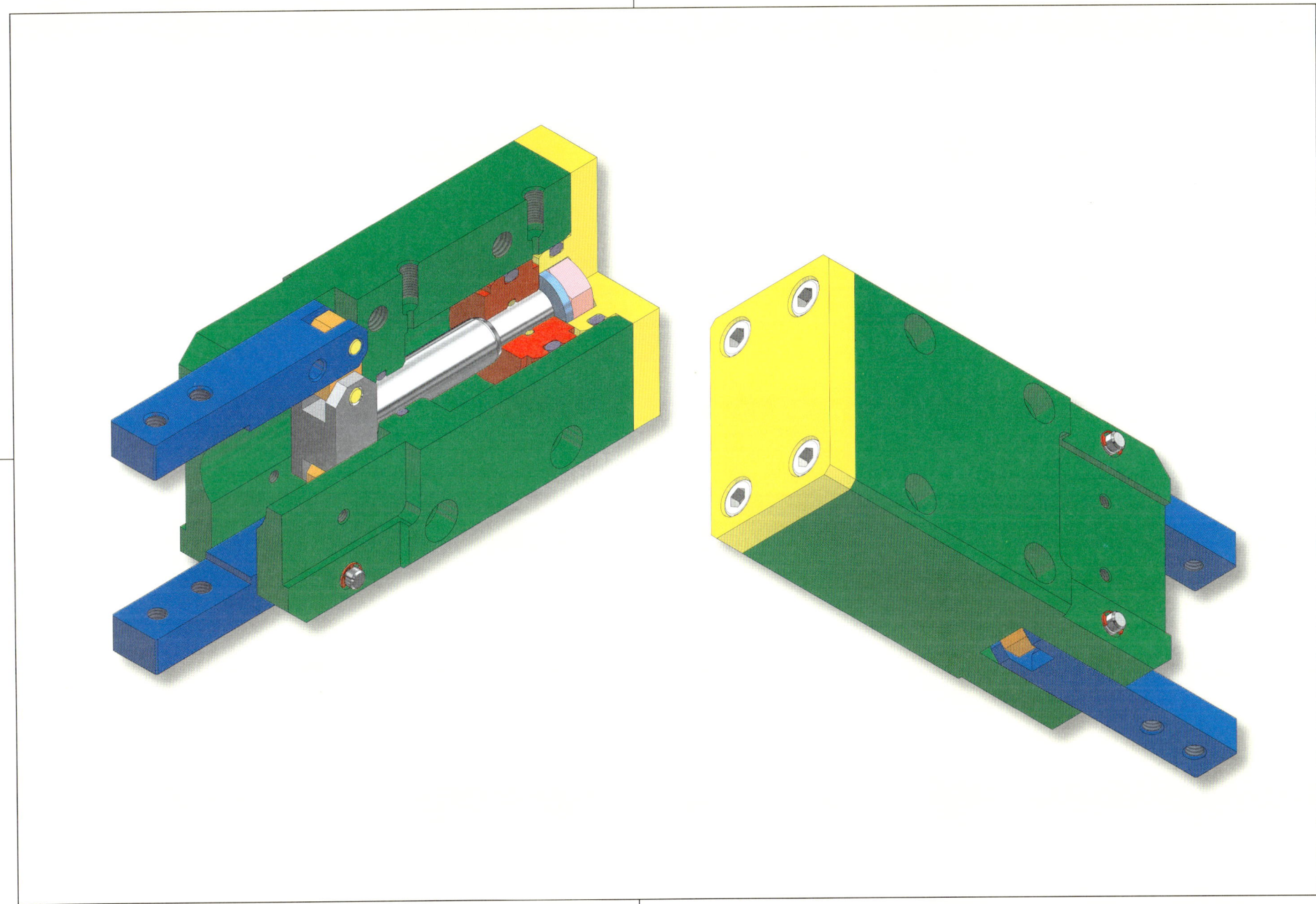

전산응용기계제도 실기

2D도면 작업 & 3D형상 모델링 훈련도집

인 쇄	2023년 5월 10일 초판 1쇄 인쇄
발 행	2023년 5월 15일 초판 1쇄 발행
저 자	메카피아 교육사업부
발행처	도서출판 메카피아
발행인	노수황
대표전화	1544-1605
주 소	서울특별시 영등포구 국회대로76길 18 3층 3호(14) (여의도동, 오성빌딩)
전자우편	mechapia@mechapia.com
팩 스	02-6008-9111
제작관리	조성준
기 획	메카피아 편집부
마케팅	영업부
표지·편집	포인기획
등록번호	제2014-000036호
등록일자	2010년 02월 01일
ISBN	979-11-6248-178-3 13550
정 가	28,000원

※ 이 책은 저작권법에 의해 보호를 받는 저작물로 무단 전재나 복제를 금지하며,
※ 이 책 내용의 전부 또는 일부를 이용하려면 반드시 저작권자나 발행인의 서면동의를 받아야 합니다.
※ 파본 및 낙장은 구입하신 서점에서 교환하여 드립니다.